Equipo de maniobra

27301-07

AF734267

27301-07
Equipo de maniobra

Los temas que se presentarán en este módulo incluyen:

Generalidades

Toda persona que trabaje en el oficio de la construcción participa en actividades de maniobra debido a que la mayoría de los materiales utilizados en la construcción se debe elevar y desplazar por medio de grúas u otros dispositivos de elevación. Las cerchas usualmente se colocan con una grúa. En la construcción de rascacielos, se instalan paredes de cortina empleando grúas. También se desplazan secciones de forma para concreto y vigas pretensadas hasta su lugar de colocación usando grúas. Gran cantidad de los procesos de maniobra simplemente implican el desplazamiento de materiales como maderas, pies de metal, barras de refuerzo y acero estructural desde su lugar de almacenamiento hasta el sitio en el que se los necesita.

Las tareas de maniobra llevan implícita la seguridad. Toda persona que participe en tareas de maniobra debe saber cómo inspeccionar los equipos para asegurarse de que se puedan utilizar sin riesgos y debe ser capaz de seleccionar el equipo de maniobra correcto para una carga y tipo de elevación determinados.

Objetivos

Cuando haya completado este módulo, podrá hacer lo siguiente:

1. Realizar una inspección de seguridad en ganchos, eslingas y otros equipos de maniobra.
2. Seleccionar, inspeccionar, utilizar y efectuar mantenimiento de equipos especiales de maniobra, incluidos:
   - Aparejo de poleas
   - Tornos izadores de cadena
   - Mordazas tensadoras
   - Gatos
   - Remolcadores
3. Nudos de amarre utilizados en las maniobras.

Términos especializados

Amarre
Ángulo de eslinga
Bloque fijo
Cantidad de tramos
Enjaulado
Hidráulico
Recocer
Retorcimiento
Tramo de izamiento
Viga estabilizadora

Materiales necesarios para el estudiante

1. Lápiz y papel
2. Equipo protector personal adecuado

Prerrequisitos

Antes de comenzar este módulo, se recomienda haber finalizado con éxito los cursos *Currículo Básico; Introducción a la Carpintería Nivel Uno; y Estructuras y Acabados de Carpintería Nivel Dos.*

Este mapa del curso muestra todos los módulos del tercer nivel del currículo de *Carpintería*. El orden de entrenamiento sugerido comienza desde abajo y progresa hacia arriba. Los niveles de dificultad aumentan a medida que usted avanza en el mapa del curso. Es posible que el auspiciador del programa de entrenamiento local ajuste el orden de entrenamiento.

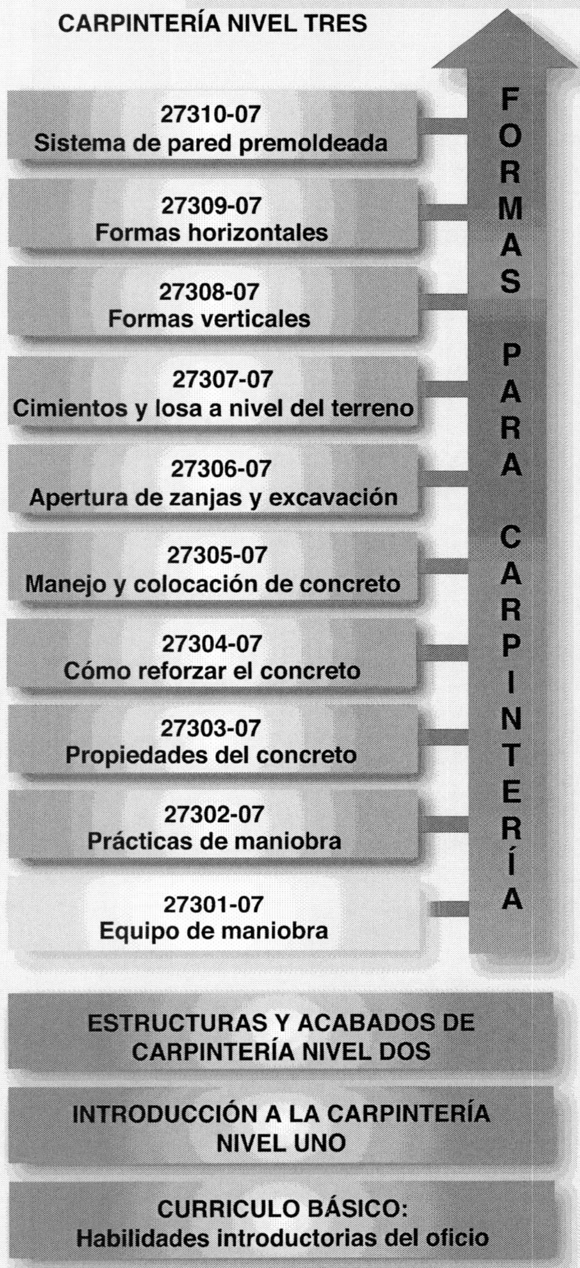

301CMAP.EPS

1.0.0 ◆ INTRODUCCIÓN

Las tareas de maniobra son el desplazamiento planificado y seguro de un objeto de un lugar a otro (*Figura 1*). Sin embargo, el término no se aplica a la operación real de una grúa. También puede incluir el desplazamiento de un objeto de una posición a otra o amarrar un objeto para hacerlo descender. Por ejemplo: frecuentemente se deben elevar las herramientas y equipos utilizados varios pisos para llevarlos al sitio en el que se los necesita. Esta operación de desplazamiento se debe efectuar en forma segura y efectiva. En este módulo se revisa y expande la información procedimental y sobre componentes mecánicos que ya aprendió en *Curriculo Básico*, módulo: *Maniobras básicas*.

El encargado de las maniobras y el operador de la grúa trabajan en conjunto para preparar una elevación. El encargado de las maniobras debe asegurarse de que el operador de la grúa comprenda qué se debe elevar, cuánto pesa y cualquier problema que implique la operación. A la vez, el encargado de las maniobras debe conocer las capacidades y limitaciones de la grúa para poder garantizar que la máquina pueda ejecutar la elevación sin riesgos. Trabajando en equipo, el encargado de las maniobras y el operador de la grúa deben estudiar el área de la elevación en busca de posibles riesgos de seguridad como estructuras y líneas eléctricas y, además, riesgos para los obreros que trabajen en las cercanías.

301F01.EPS

Figura 1 ◆ Una aplicación de maniobras de elevación.

2.0.0 ◆ ACCESORIOS PARA MANIOBRA

Los accesorios utilizados en maniobras incluyen: ganchos, grilletes, pernos de ojo, **vigas estabilizadoras** y de travesaño, y bloques. Estos elementos mecánicos se deben adaptar cuidadosamente a la capacidad de elevación de la grúa o torno izador y las eslingas utilizadas en cada aplicación. Si se combinan elementos con diferentes cargas seguras de trabajo, resulta imposible determinar si se podrá efectuar la elevación en forma segura. Es esencial realizar una inspección y un mantenimiento cuidadosos de todos los accesorios para maniobra para lograr una operación continua. Siempre se deben inspeccionar los accesorios antes de cada uso.

NOTA

Los ganchos para maniobras de elevación se deben marcar o etiquetar correctamente con las capacidades nominales del fabricante y la información relacionada con la aplicación. Si un gancho carece de las marcas correctas, no lo utilice. Además, nunca se debe modificar el equipo de maniobras porque todo cambio podría afectar su capacidad.

2.1.0 Ganchos

Los ganchos para maniobra se utilizan para amarrar eslingas o cargas. Existen seis tipos básicos de ganchos para maniobra; el gancho tipo ojo es el utilizado más comúnmente. Los ganchos de maniobra están equipados con pestillos de seguridad para evitar que un amarre de eslinga se desprenda del gancho cuando se libera la tensión de la eslinga. La capacidad de un gancho para maniobra (en toneladas) queda determinada por su tamaño y dimensiones físicas. El fabricante de los ganchos podrá ofrecerle información sobre la capacidad de un gancho específico.

La carga segura de trabajo del gancho es precisa sólo cuando la carga se suspende del soporte del gancho. Si se aplica la carga de trabajo en cualquier lugar entre el soporte y la punta del gancho, se reduce considerablemente la carga segura, tal como se indica en la *Figura 2*. Algunos fabricantes no permiten que se utilicen sus ganchos en ninguna otra posición.

NOTA

Existen ganchos que se fabrican específicamente para cargas basculantes.

Siempre inspeccione los ganchos antes de cada uso. Busque señales de desgaste en el soporte del gancho. Además, busque fisuras, corrosión grave y retorcimientos en el cuerpo del gancho. El pestillo de seguridad se debe encontrar en buenas condiciones. Mida la apertura de la garganta del gancho; si se ha sobrecargado un gancho o si se está comenzando a debilitar, la garganta se abrirá. Las regulaciones de la OSHA exigen que se cambie el gancho si la apertura de la garganta supera en un 15 por ciento la apertura original o si el cuerpo presenta torceduras de 10 grados respecto de su plano original. En la *Figura 3* podemos ver la ubicación de los puntos de inspección de un gancho.

Nunca utilice un ojo de eslinga sobre un gancho con un diámetro de cuerpo superior al ancho natural del ojo. Nunca fuerce el ojo sobre el gancho. Siempre utilice ojos con un diámetro nominal mínimo igual al del gancho.

2.2.0 Grilletes

Los grilletes se utilizan para amarrar un elemento a una carga o para unir eslingas. Se pueden utilizar para amarrar el extremo de un cabo de alambre a un accesorio de ojo, gancho u otro tipo de conector. Los grilletes se fabrican con diversas configuraciones (*Figura 4*).

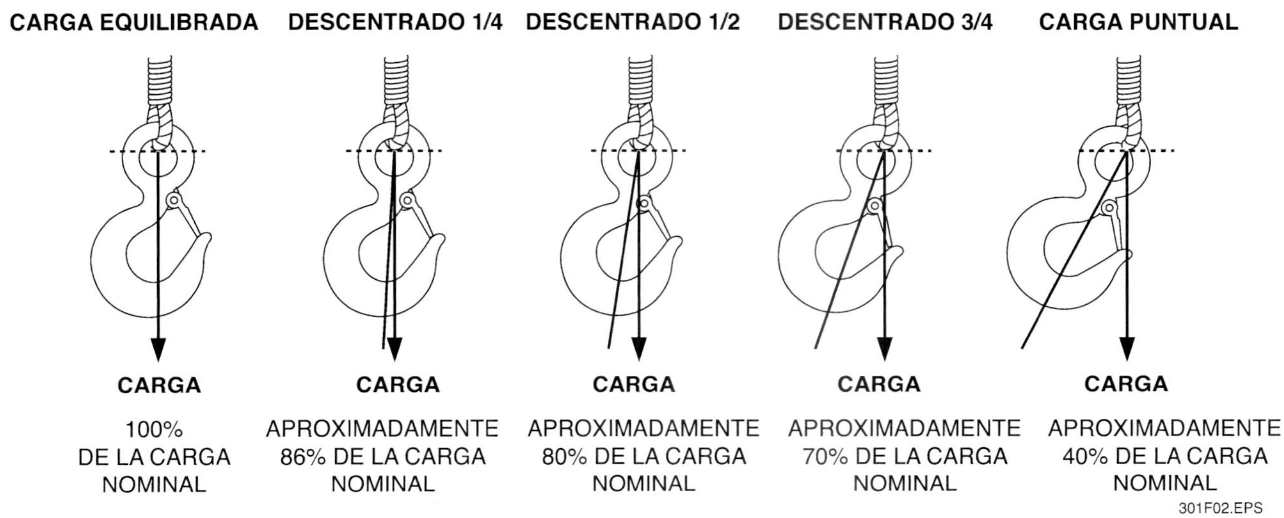

Figura 2 ◆ Carga nominal de un gancho para maniobras de elevación versus ubicación de la carga.

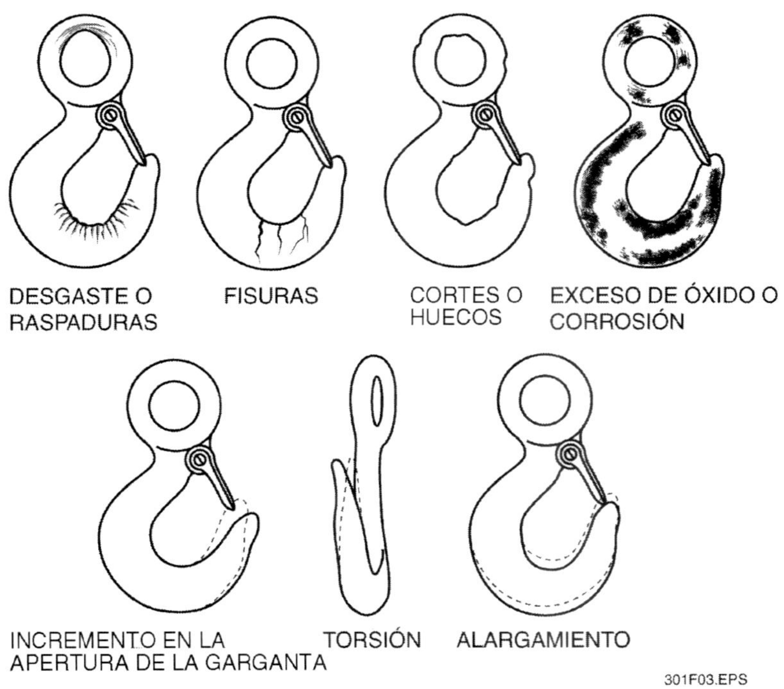

Figura 3 ◆ Puntos de inspección de ganchos para maniobras de elevación.

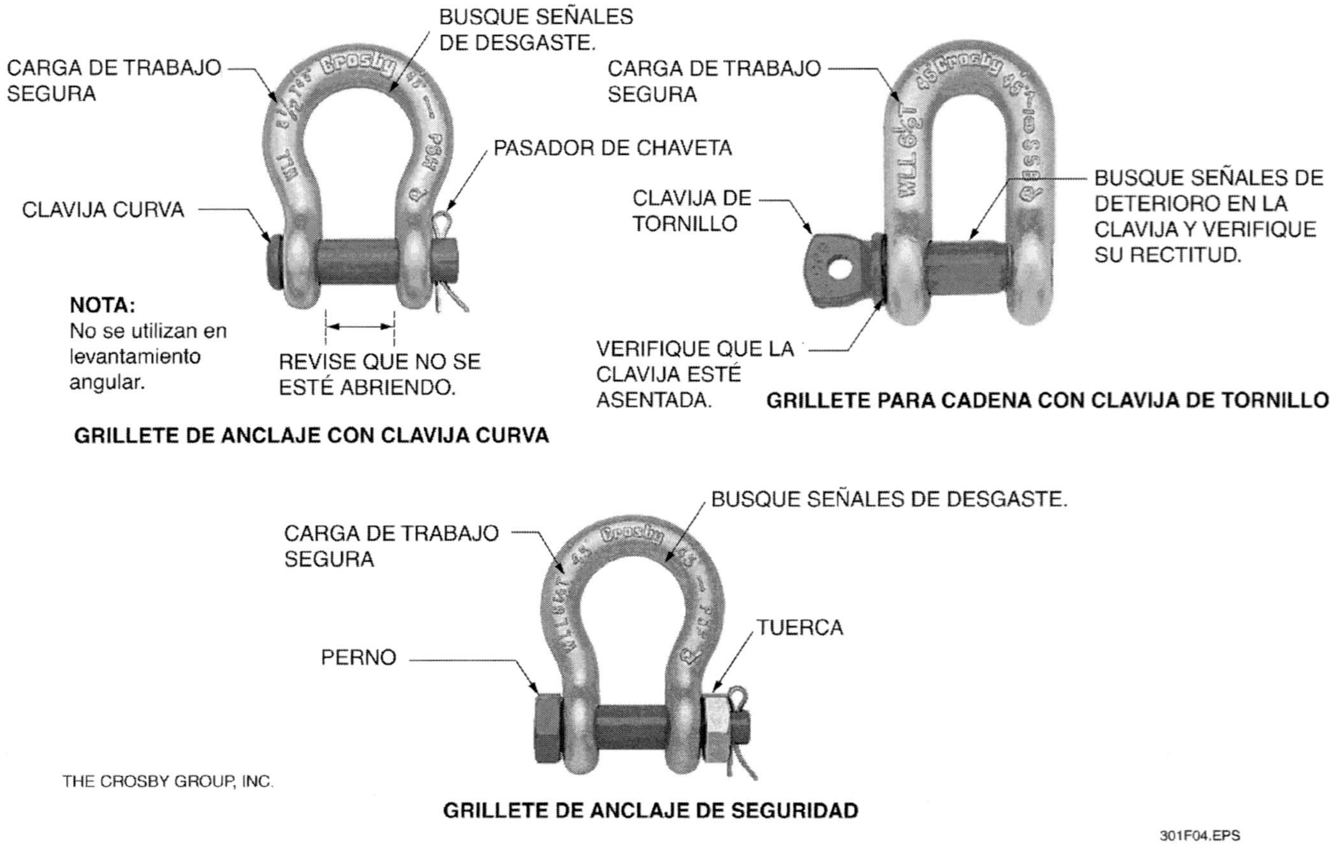

Figura 4 ◆ Grilletes.

Los grilletes utilizados para elevaciones verticales se fabrican con acero de aleación forjado. Se clasifican por el diámetro del acero en la sección curva y no por el tamaño de la clavija. Cuando utilice grilletes, asegúrese de que todas las clavijas estén rectas, de que todas las clavijas de tornillo estén completamente asentadas y de que se utilicen pasadores de chaveta con todos los grilletes con clavija curva. No se debe utilizar ningún grillete con cargas que superen su capacidad nominal.

Nunca se deben reemplazar las clavijas de un grillete con un perno o con la clavija de otro grillete. Los pernos no pueden soportar la fuerza de plegado que normalmente se aplica a una clavija. Los grilletes que estén estirados o tengan coronas o clavijas con un desgaste superior al 10 por ciento se deben destruir y reemplazar. Si se aplica tracción en ángulo a un grillete, se reduce su capacidad. Utilice espaciadores para centrar la carga que se está elevando sobre la clavija. Sólo se pueden utilizar grilletes con capacidades nominales de carga adecuadas para operaciones de elevación. Cuando utilice un grillete en un gancho, la clavija del grillete se debe colgar del gancho. Se pueden utilizar espaciadores en la clavija para que el grillete siempre cuelgue uniformemente del gancho (*Figura 5*). Nunca utilice un grillete con clavija de tornillo en situaciones en las que la clavija pueda girar bajo carga, tal como se muestra en la *Figura 6*.

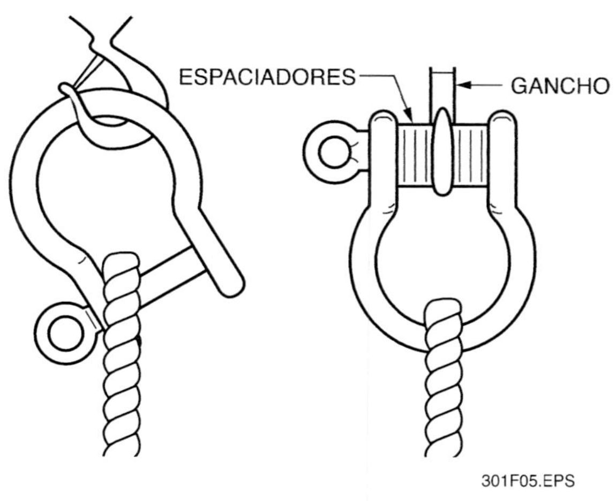

Figura 5 ◆ Tacos separadores utilizados con un grillete para que cuelgue de modo uniforme.

¡ADVERTENCIA!

Los grilletes no se pueden cargar en ángulo a menos que así lo apruebe el fabricante. Consulte los manuales del fabricante para conocer las instrucciones de disminución de capacidad nominal.

2.3.0 Pernos de ojo

Los fabricantes suelen adjuntar pernos de ojo (*Figura 7*) a cargas pesadas para ayudar a elevar la carga. Uno de los tipos de perno de ojo, llamado perno de anillo, está equipado con un anillo de elevación móvil. Los pernos de ojo y los pernos de anillo pueden ser con o sin resalto. Se recomienda el uso de pernos con resalto en aplicaciones de elevación porque se puede utilizar para esfuerzos de elevación ligeramente en ángulo, mientras que el tipo sin resalto está diseñado sólo para elevar cargas en forma vertical. Las cargas siempre se deben aplicar al plano del ojo para reducir las fuerzas de plegado. Este procedimiento resulta particularmente importante cuando se utilizan eslingas de pies de gallo.

Cuando se instala, el resalto del perno de ojo debe quedar en ángulo recto respecto del eje del orificio y estar en pleno contacto con la superficie de trabajo cuando se ajusten las tuercas correctamente. Se pueden emplear arandelas u otros espaciadores adecuados para garantizar que los resaltos entren en firme contacto con la superficie de trabajo. Los agujeros de colada utilizados con pernos de ojo atornillables deben tener una profundidad mínima equivalente a 1½ del diámetro del perno. Se pueden instalar pernos de ojo giratorios en vez de pernos de ojo fijos. Estos dispositivos giran a la posición de elevación deseada y no requieren ninguna reducción en su capacidad nominal.

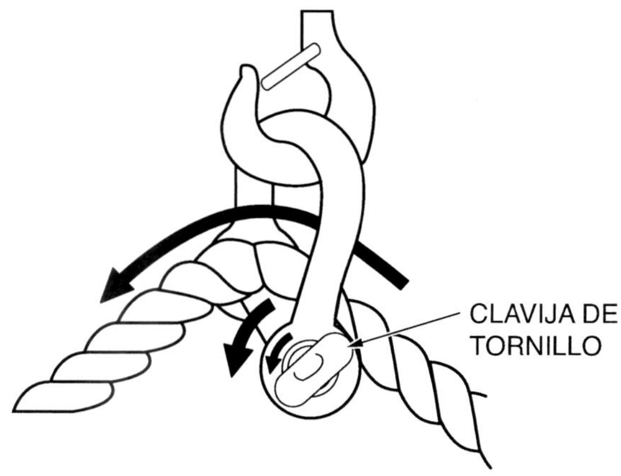

Figura 6 ◆ Ejemplo: cómo puede una cuerda hacer que la clavija de tornillo de un grillete gire bajo carga.

CARRIL INTERNO

Pernos de ojo

La capacidad de los pernos de ojo queda determinada por el tamaño de la rosca, pero la carga segura de trabajo de un perno de ojo se reduce enormemente con cargas angulares. Se puede recurrir a los manuales del fabricante para determinar las condiciones seguras de carga.

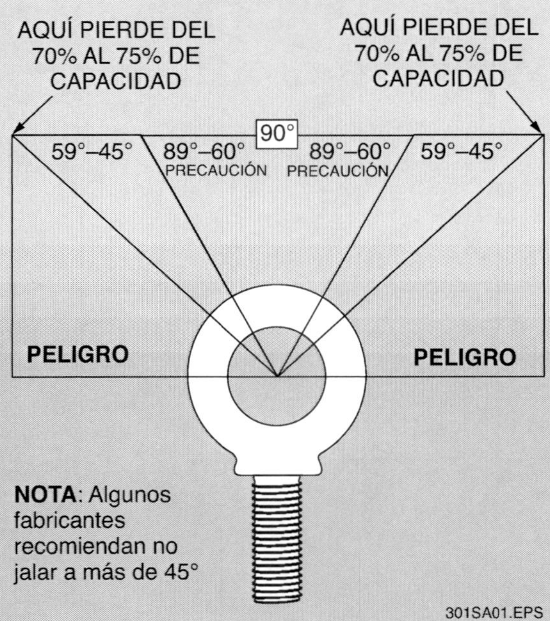

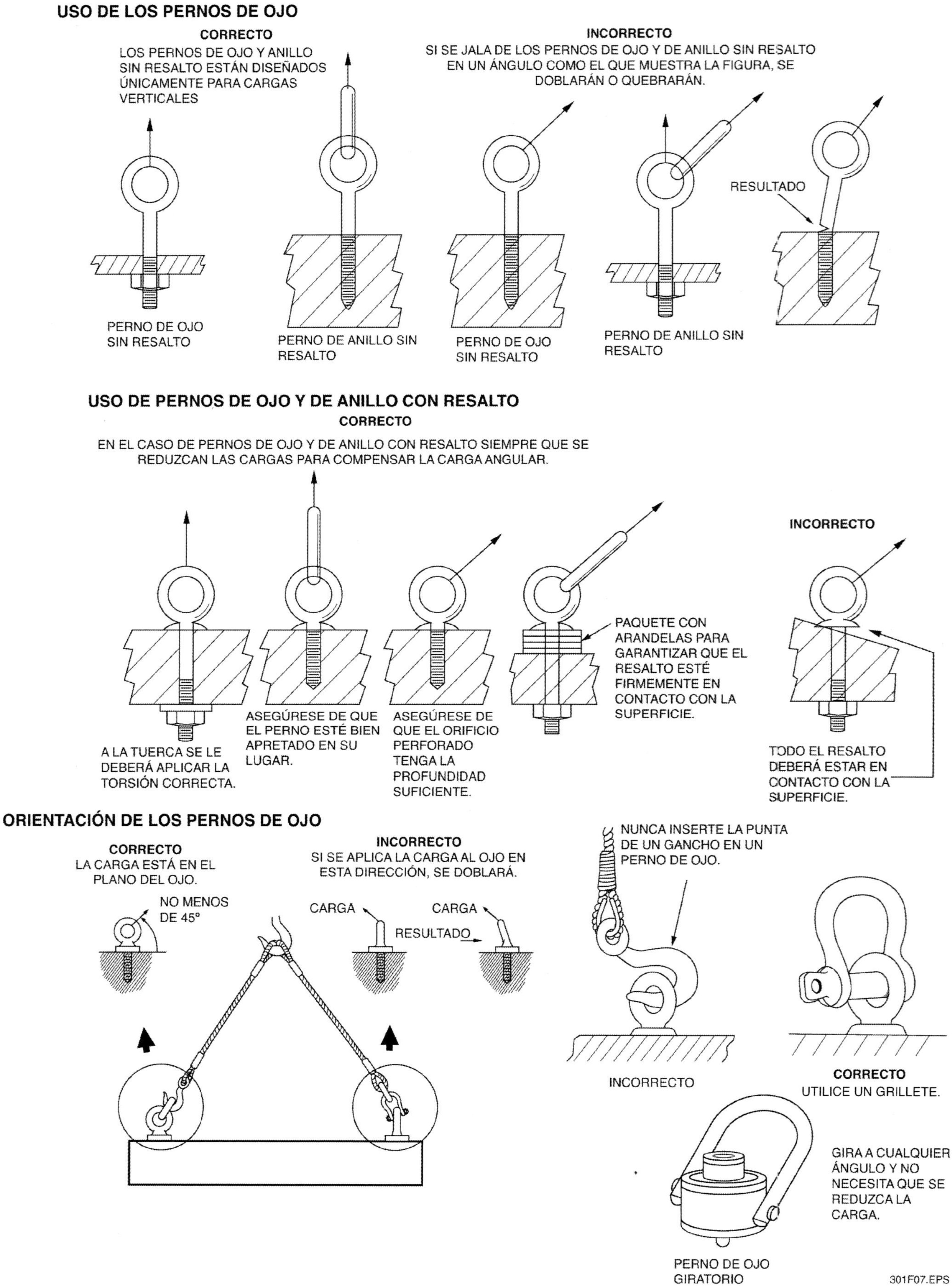

Figura 7 ◆ Instalación de pernos de ojo y pernos de anillo, y criterios de levantamiento.

2.4.0 Orejetas de izamiento

Las orejetas de izamiento (*Figura 8*) habitualmente se sueldan o fijan con pernos o clavijas al objeto que se desea levantar; el fabricante se encarga de estas tareas. Se diseñan y se colocan para equilibrar y hacer de soporte de la carga de manera segura. Las orejetas de elevación se deben utilizar sólo para operaciones rectas y verticales, a menos que estén diseñadas específicamente para cargas angulares. Esto se debe a que pueden doblarse de ser cargado en un ángulo.

Las orejetas de izamiento se deben inspeccionar antes de cada uso en busca de deformaciones, fisuras, corrosión y defectos de soldadura. En caso de descubrir dichas condiciones, se debe retirar de servicio la orejeta de elevación.

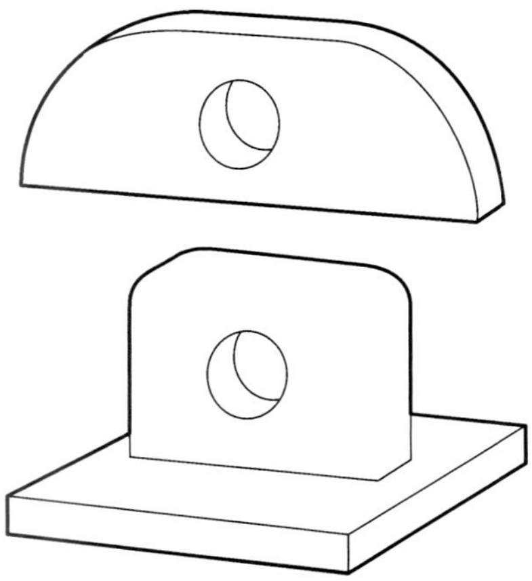

Figura 8 ◆ Dos tipos de orejetas de izamiento.

2.5.0 Tensores

Los tensores se encuentran disponibles en diversos tamaños. Se utilizan para ajustar la longitud de las conexiones del sistema de maniobras. Tres tipos comunes de tensores son los de extremos en forma de ojo, de mordaza y de gancho (*Figura 9*). Se pueden utilizar con cualquier combinación. La carga segura de trabajo para los tensors se puede encontrar en el catálogo del fabricante; esta carga se basa en el diámetro de las varillas roscadas. La carga segura de trabajo de tensores con extremos en forma de gancho es menor que la de los tensores del mismo tamaño con otro tipo de extremos.

Cuando seleccione tensores para sistemas de maniobras tenga en cuenta lo siguiente:

- Los tensores deben estar fabricados con acero de aleación y no se deben soldar.
- Cuando utilice tensores con eslingas de patas múltiples, no utilice más de un tensor por pata.
- No utilice tuercas de fijación en tensores que no las incluyan.
- No se deben apretar los tensores excesivamente. No utilice alargadores para apretarlos. Apriételos con una llave del tamaño adecuado, con la mayor fuerza que pueda a mano.

CARRIL INTERNO

Orejetas de izamiento

Sólo soldar una orejeta de izamiento no es una práctica aceptable. En caso de que se deban fabricar orejetas de izamiento en la obra, deben ser diseñadas por un ingeniero calificado y fabricadas según ese diseño.

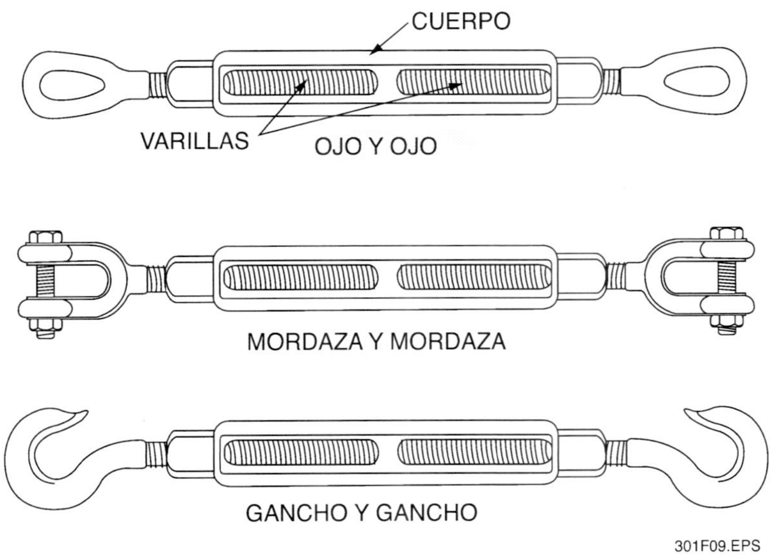

Figura 9 ◆ Tensores.

- No se deben utilizar tensores para cargas angulares a menos que el fabricante lo permita. Si se permiten cargas angulares, la capacidad se debe disminuir de acuerdo con la carga.

Los tensores se deben inspeccionar como se muestra en la *Figura 10*. Si se daña un tensor, retírelo de servicio.

2.6.0 Abrazaderas de vigas

Las abrazaderas de vigas (*Figura 11*) se utilizan para conectar las vigas a los dispositivos de elevación y, de esta forma, poder elevarlas y colocarlas en su lugar. A continuación se ofrecen pautas para utilizar abrazaderas de vigas:

- No utilice abrazaderas artesanales a menos que un ingeniero las diseñe, selle y efectúe pruebas de carga.
- Asegúrese de que la abrazadera se adapte a la viga y de que sea de la capacidad correcta.
- Asegúrese de que las abrazaderas de vigas estén firmemente sujetas a la viga.
- Tome las debidas precauciones al utilizar abrazaderas de vigas cuando se deban efectuar elevaciones en ángulo. La mayoría está diseñada sólo para elevaciones verticales rectas esencialmente. Sin embargo, algunos fabricantes permiten utilizar dos abrazaderas con una eslinga de pies de gallo larga si el ángulo de elevación no excede los 25 grados respecto de la vertical.
- Confirme que la capacidad figure sobre la abrazadera de vigas.
- Amarre el equipo de maniobra a la abrazadera de viga con un grillete.
- No coloque ningún gancho de levante directamente en el ojo de elevación de la abrazadera de viga.
- Nunca sobrecargue una abrazadera de viga más allá de su capacidad nominal.

¡ADVERTENCIA!
Consulte a un ingeniero cuando eleve acero en forma vertical para asegurarse de que se puede sostener la carga.

Se deben inspeccionar las abrazaderas de viga antes de cada uso y se las debe retirar de servicio en caso de observarse alguno de los siguientes problemas:

- Las mordazas de la abrazadera de viga se han abierto más del 15 por ciento respecto de su apertura normal.
- El ojo de elevación está doblado o elongado.
- El ojo de elevación está desgastado.
- La capacidad y el tamaño de la viga son ilegibles.

301F11.EPS

Figura 11 ◆ Aplicación con abrazadera de vigas típica.

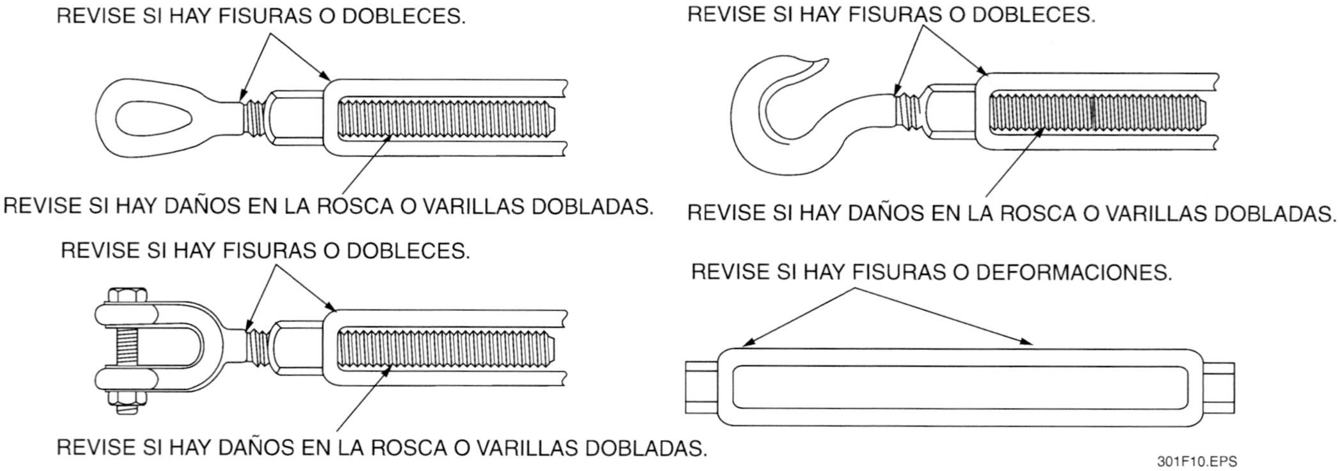

Figura 10 ◆ Puntos de inspección de tensores.

2.7.0 Abrazaderas de placa

Las abrazaderas de placa se fijan a placas de acero estructurales para poder adjuntar el equipo de maniobra y manipular la placa más fácilmente. Existen dos tipos básicos de abrazaderas de placa: la de tipo mandíbula aserrada y la de tipo tornillo.

Las abrazaderas aserradas (*Figura 12*) están diseñadas para sujetar una sola placa para elevarla y se encuentran disponibles con un dispositivo de bloqueo. Las abrazaderas de tornillo se consideran los dispositivos de bloqueo más seguros. Se basan en la acción de sujeción de un tornillo contra la placa para fijarlas. Las abrazaderas aserradas se utilizan sólo para elevaciones verticales mientras que las de tornillo se pueden utilizar desde una posición horizontal y rotar 180 grados. Las abrazaderas de placa están diseñadas para levantar sólo una placa a la vez. Siempre siga las recomendaciones de uso y la carga de trabajo segura sugeridas por el fabricante.

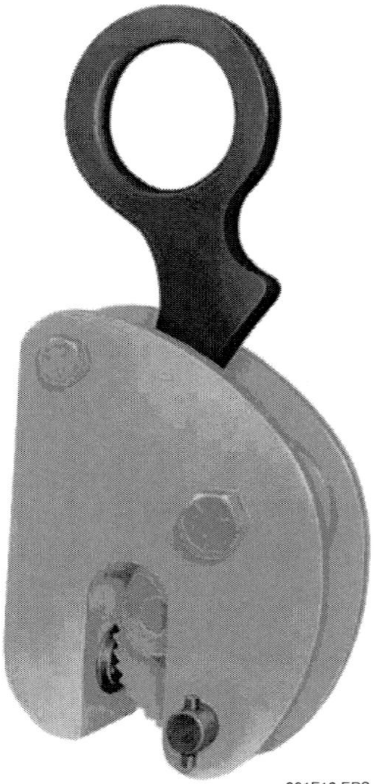
301F12.EPS

Figura 12 ◆ Abrazadera de elevación con mandíbula aserrada.

NOTA

Una abrazadera de placa no se sujetará correctamente si la carga es inferior al 10 por ciento de la capacidad nominal de la abrazadera.

Ponga fuera de servicio las abrazaderas de placa si descubre cualquiera de las siguientes situaciones durante la inspección:

- Modificaciones de la apertura en la placa de mandíbula o desgaste de los dientes de leva
- Fisuras en el cuerpo
- Remaches sueltos o dañados
- Ojo de elevación desgastado, doblado o elongado
- Exceso de óxido o corrosión
- Tamaño de capacidad ilegible

2.8.0 Placas y eslabones de maniobra

Las placas y los eslabones de maniobra (*Figura 13*) se fabrican para usos específicos. Los orificios de las placas o eslabones pueden ser de diferentes tamaños y se pueden colocar en diferentes lugares de las placas, para distintos pesos y tipos de elevaciones. Las placas con dos orificios se denominan eslabones de maniobra. Las placas con al menos tres orificios se denominan placas estabilizadoras. Las placas estabilizadoras se pueden uti-

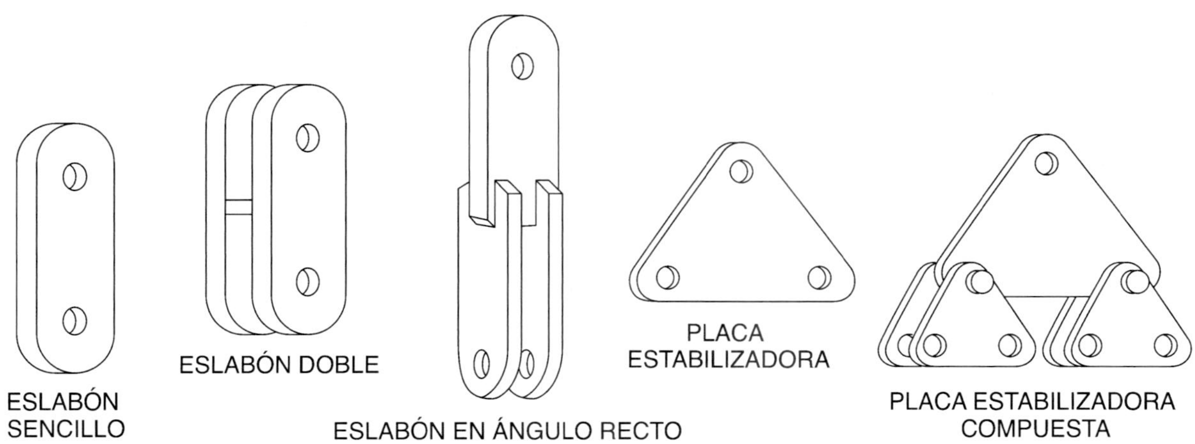

301F13.EPS

Figura 13 ◆ Eslabones y placas para maniobras de elevación.

CARRIL INTERNO

Identificación de vigas

Se aconseja soldar una placa sobre la viga para indicar el peso de la viga. De esa manera, el peso de la viga se puede incluir como factor en la ecuación para calcular el peso de la elevación.

lizar para nivelar cargas cuando los pies de una eslinga son desiguales. Las placas se adjuntan al equipo de maniobra con clavijas o pernos de alta resistencia.

Inspeccione las placas y eslabones de maniobra y, posteriormente, retírelos del servicio si descubre alguna de las siguientes situaciones:

- Fisuras en el cuerpo
- Ojo de elevación desgastado o elongado
- Exceso de óxido o corrosión

2.9.0 Vigas de travesaño y estabilizadoras

Las vigas de travesaño (*Figura 14*) se utilizan para sostener cargas largas durante operaciones de elevación. Si se las utiliza correctamente, ayudan a eliminar el riesgo de vuelco, deslizamiento o doblado de la carga. Reducen los **ángulos de eslinga** bajos y la tendencia de las eslingas a aplastar las cargas. Las vigas estabilizadoras se utilizan para equilibrar la carga en patas de eslinga y para mantener cargas equivalentes en tramos de tornos izadores dobles cuando se efectúan elevaciones en tándem.

Ambos tipos de vigas se suelen fabricar para aplicaciones específicas. Están hechas frecuentemente con tubos pesados, vigas doble T u otro material adecuado. Las barras de travesaño o estabilizadoras fabricadas a medida deben estar diseñadas por un ingeniero y tener su capacidad claramente impresa en el lateral. Se las debe someter a pruebas al 125 por ciento de su capacidad nominal. Se debe registrar y conservar la información de las vigas en un archivo. La capacidad de las vigas diseñadas para ser usadas con varios puntos de amarre depende de la distancia entre dichos puntos.

301F14.EPS

Figura 14 ◆ Uso típico de una viga de travesaño.

Antes de usar una viga de travesaño o estabilizadora, se la debe inspeccionar para verificar lo siguiente:

- Soldaduras sólidas
- Ausencia de fisuras, ranuras, huecos o corrosión
- Estado de los puntos de amarre
- Capacidad nominal
- Tensión del ángulo de eslinga en los puntos de amarre

3.0.0 ◆ ESLINGAS

Entre los tipos habituales de eslingas podemos mencionar: eslingas de cabo de alambre, eslingas sintéticas, eslingas de cadena y eslingas de malla metálica. Las eslingas de cabo de alambre y las eslingas sintéticas se analizan en el *Currículo Básico*, módulo: *Maniobras básicas*. Las eslingas de malla metálica (*Figura 15*) se fabrican habitualmente con malla de alambre o de cadena. Tienen un aspecto similar a las eslingas con trama y resultan adecuadas para situaciones con cargas abrasivas, calientes o con tendencia a cortar otros tipos de eslingas. Las eslingas de malla metálica son resistentes a la abrasión y al corte, sujetan la carga firmemente sin estirarse, pueden soportar temperaturas de hasta 550°F, tienen una superficie suave, no sufren **retorcimiento** ni se enredan y son resistentes a la corrosión. Estas eslingas se encuentran disponibles con diversos tamaños de malla y se las puede recubrir con varias sustancias, como caucho o plástico, para ayudar a proteger la carga con la que se está trabajando.

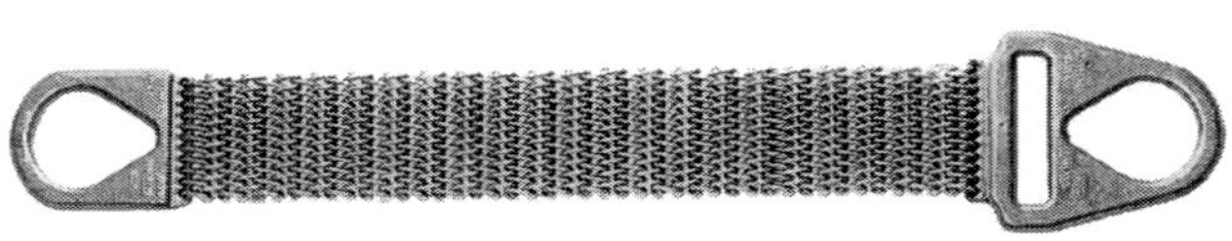

301F15.EPS

Figura 15 ◆ Eslinga de malla metálica.

3.1.0 Capacidad de las eslingas

Las capacidades de las eslingas dependen del material, la construcción, la magnitud de la configuración de enganche, la cantidad y el ángulo de las eslingas para el tipo específico de eslinga que se esté utilizando. La cantidad de tensión sobre la eslinga se ve afectada en forma directa por el ángulo de la eslinga (*Figura 16*). Es por eso que es muy importante lograr los ángulos adecuados de las eslingas para realizar maniobras seguras. Esta información, junto con otros datos pertinentes de maniobra, se puede conseguir de manos de los fabricantes de equipos de maniobra y organizaciones profesionales de la actividad en la forma de guías fáciles de usar como la que se muestra en la *Figura 17*. También se incluye información relacionada con la capacidad de las eslingas en la *Regulación 29 CFR, Sección 1926.251 de la OSHA*, de título *Equipo de maniobra para manipulación de materiales*. En la *Tabla 1* se muestra un ejemplo de una tabla de capacidades típica utilizada con eslingas de cabo de alambre.

NOTA

En la *Figura 16* puede verse que la maniobra de elevación se debe modificar en ángulos inferiores a 30 grados.

La relación D/d se aplica a eslingas de cabo de alambre. Hace referencia a la relación entre el diámetro de la superficie (D) alrededor de la cual se coloca la eslinga y el diámetro de la eslinga (d). Esta relación, específicamente la gravedad de los dobleces de la eslinga, tiene un efecto importante sobre la capacidad de la eslinga. Se han desarrollado cuadros de eficiencia para ayudar a determinar la capacidad real de las eslingas. En la *Figura 18* podemos ver ejemplos de diámetros de cargas y ganchos y un cuadro de relación D/d.

Por ejemplo: piense en una eslinga de cuerda con un diámetro de 1 pulgada con un enganche tipo canasto alrededor de una clavija de grillete de 2 pulgadas. La capacidad de la eslinga en el enganche tipo canasto se establece en 17 toneladas. Analice la parte inferior del cuadro en busca de la relación D/d para 2 pulgadas y encuentre la línea que coincida con la curva de relación. Corresponde con una eficiencia del 65 por ciento. Multiplique la carga nominal de 17 toneladas por 65 por ciento y obtendrá una capacidad real de 11 toneladas. Los ojos de eslinga con clavija o dimensiones de cuerpo que al menos sean equivalentes al diá-

301F17.EPS

Figura 17 ◆ Guías de bolsillo para maniobras de elevación.

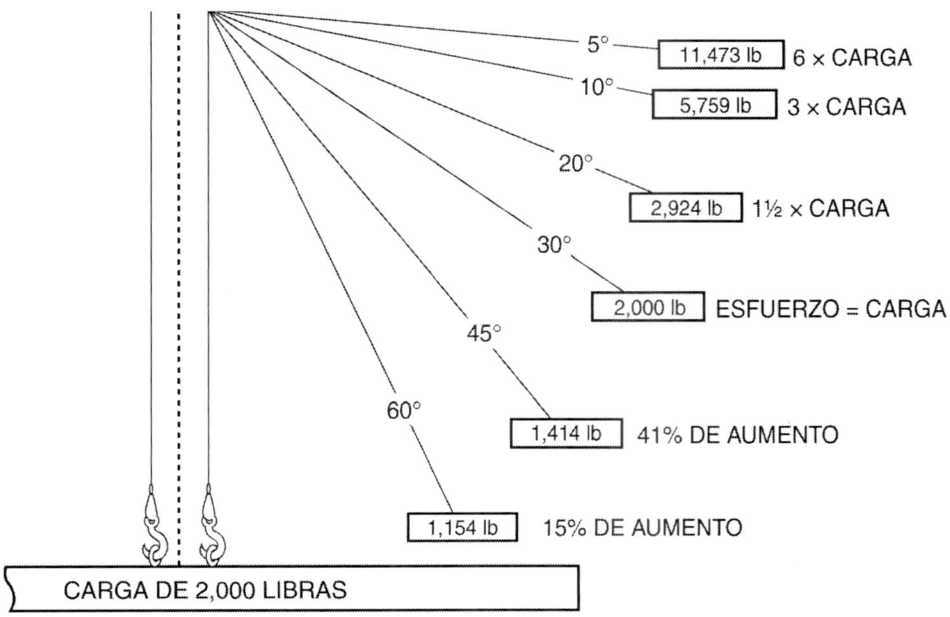

301F16.EPS

Figura 16 ◆ Ángulos de la eslinga.

Tabla 1 Ejemplo de una tabla de capacidades de eslingas de cabo de alambre

CLASS	SIZE (IN.)	RATED CAPACITY - LBS.*						EYE DIMENSIONS (APPROXIMATE)	
		VERTICAL	CHOKER**	BASKET HITCH					
				(vertical legs)	30°	60°	90°	WIDTH (IN.)	LENGTH (IN.)
6 × 19 IWRC	1/4	1,120	820	2,200	2,200	1,940	1,580	2	4
	5/16	1,740	1,280	3,400	3,400	3,000	2,400	2 1/2	5
	3/8	2,400	1,840	4,800	4,600	4,200	3,400	3	6
	7/16	3,400	2,400	6,800	6,600	5,800	4,800	3 1/2	7
	1/2	4,400	3,200	8,800	8,600	7,600	6,200	4	8
	9/16	5,600	4,000	11,200	10,800	9,600	8,000	4 1/2	9
	5/8	6,800	5,000	13,600	13,200	11,800	9,600	5	10
	3/4	9,800	7,200	19,600	19,000	17,000	13,800	6	12
	7/8	13,200	9,600	26,000	26,000	22,000	18,600	7	14
	1	17,000	12,600	34,000	32,000	30,000	24,000	8	16
	1 1/8	20,000	15,800	40,000	38,000	34,000	28,000	9	18
6 × 37 IWRC	1 1/4	26,000	19,400	52,000	50,000	46,000	36,000	10	20
	1 3/8	30,000	24,000	60,000	58,000	52,000	42,000	11	22
	1 1/2	36,000	28,000	72,000	70,000	62,000	50,000	12	24
	1 5/8	42,000	32,000	84,000	82,000	72,000	60,000	13	26
	1 3/4	50,000	38,000	100,000	96,000	86,000	70,000	14	28
	2	64,000	48,000	128,000	124,000	110,000	90,000	16	32
	2 1/4	78,000	60,000	156,000	150,000	136,000	110,000	18	36
	2 1/2	94,000	74,000	188,000	182,000	162,000	132,000	20	40

*RATED CAPACITIES FOR UNPROTECTED EYES APPLY ONLY WHEN ATTACHMENT IS MADE OVER AN OBJECT NARROWER THAN THE NATURAL WIDTH OF THE EYE AND APPLY FOR BASKET HITCHES ONLY WHEN THE D/d RATIO IS 25 OR GREATER, WHERE D=DIAMETER OF CURVATURE AROUND WHICH THE BODY OF THE SLING IS BENT, AND d=NOMINAL DIAMETER OF THE ROPE.
**SEE CHOKER HITCH RATED CAPACITY ADJUSTMENT CHART.

301T01.EPS

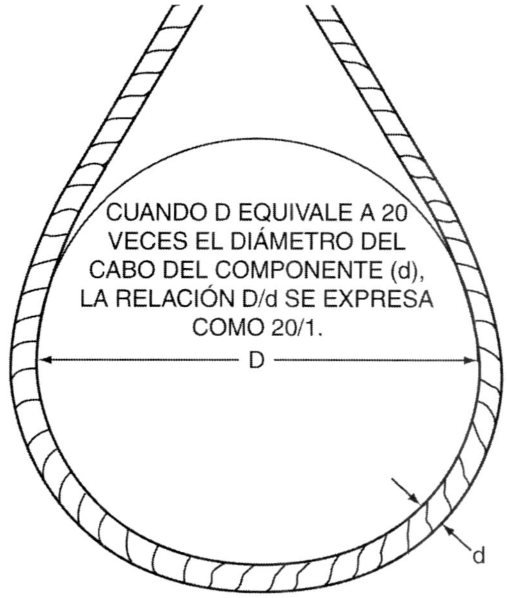

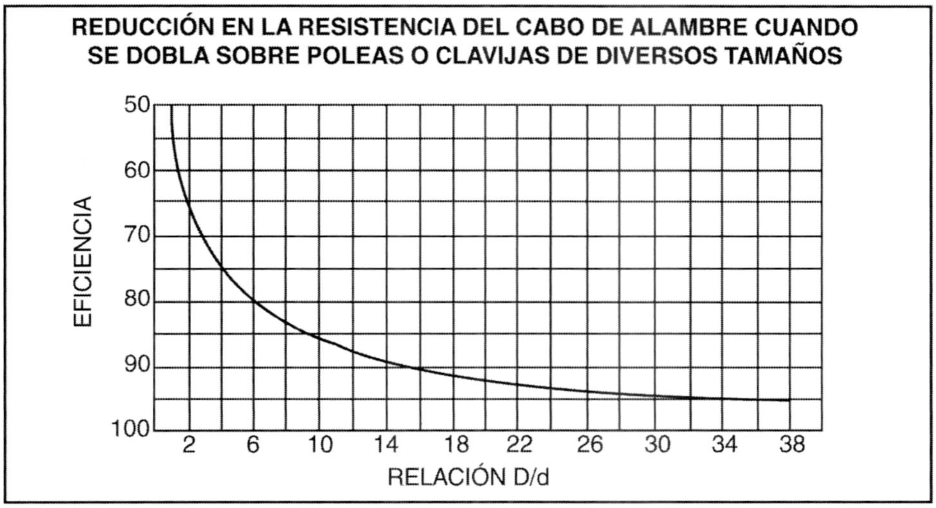

301F18.EPS

Figura 18 ◆ Diámetro de carga y gancho y cuadro de relación D/d para cabo de alambre.

metro de la cuerda se deben utilizar con grilletes y ganchos. Siempre consulte la etiqueta cuando seleccione una eslinga de cabo de alambre.

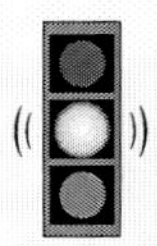

PRECAUCIÓN

Una regla práctica es la relación 20:1. Una eslinga se puede dañar si se la utiliza sobre una clavija de un diámetro demasiado pequeño.

3.2.0 Cuidado y almacenamiento de eslingas

En el *Curriculo Básico*, módulo: *Maniobras básicas* ya aprendió los criterios de inspección para las eslingas. A continuación le ofrecemos algunos recordatorios importantes para la inspección, el cuidado y el almacenamiento de eslingas:

- Guarde las eslingas en una estantería para que no estén en contacto con el piso. La estantería debe encontrarse en un área libre de humedad y alejada de ácidos o emanaciones tóxicas ácidas y temperaturas extremas.
- Nunca deje eslingas en el piso en áreas donde pudieran ser aplastadas por maquinaria pesada.
- Se deben inspeccionar las eslingas cada vez que se las utilice en busca de alambres rotos, retorcimientos, óxido o accesorios dañados. Se deben destruir todas las eslingas defectuosas.

3.2.1 Eslingas de cabo de alambre

Las eslingas de cabo de alambre se deben desechar en caso de encontrar las siguientes condiciones:

- *Alambres rotos*: una señal de rotura grave son diez alambres rotos distribuidos aleatoriamente en un cableado trenzado, cinco alambres rotos en un filamento de un cableado trenzado o al menos un alambre roto en cualquier accesorio.
- *Reducción del diámetro*: el desgaste no debe exceder un tercio del diámetro original de la cuerda. Este tipo de desgaste suele ser causado por la abrasión excesiva de los alambres exteriores, la pérdida de soporte en el núcleo, corrosión interna o externa, fallas de los alambres internos, aflojamiento del trenzado o estiramiento por sobrecarga.
- *Daños por calor*: suelen quedar en evidencia por la decoloración y las picaduras asociadas con fuentes de alta temperatura.
- *Corrosión*: toda oxidación, picadura o decoloración notoria en la cuerda o los accesorios extremos. La corrosión alrededor de un accesorio extremo habitualmente está asociada con alambres rotos cerca de los accesorios extremos. La corrosión puede resultar difícil de detectar cuando se desarrolla internamente en áreas no visibles durante una inspección externa.
- *Accesorios extremos dañados*: este tipo de daño se detecta fácilmente e incluye: fisuras, huecos, ranuras, corrosión grave y evidencia de que el accesorio extremo se pliega dentro de la cuerda.
- *Deformación de la cuerda*: incluye retorcimiento, aplastamiento y **enjaulado**.
- *Saliente del núcleo*: el núcleo sobresale entre los filamentos o los filamentos se separan, dejando el núcleo al descubierto.
- *Destrenzado de una costura*: se desprende una costura.

3.2.2 Eslingas sintéticas con trama y circulares

Cuando efectúe una inspección en eslingas sintéticas o circulares, busque las siguientes condiciones. Descarte las eslingas inmediatamente si reconoce alguna de las siguientes situaciones:

- Quemaduras por ácido o cáusticas
- Derretimiento o carbonización de alguna de las partes de la eslinga
- Orificios, cortes, desgarros o roturas
- Rotura o desgaste de las costuras en empalmes que soportan cargas
- Desgaste abrasivo excesivo (a tal punto que se observan los filamentos coloridos)
- Nudos en cualquier parte de la eslinga
- Picaduras o corrosión excesivas, o accesorios agrietados, deformados, o rotos
- Otros daños visibles que generen dudas acerca de la resistencia de la eslinga
- Rotulado ilegible o ausencia de este

3.2.3 Eslingas de malla metálica

Aunque las eslingas de malla metálica pueden resistir cargas abrasivas o calientes, siguen siendo vulnerables a daños. Se deben desechar las eslingas de malla metálica si, durante su inspección, se encuentra alguna de las siguientes condiciones:

- Una unión soldada o de latón rota a lo largo del borde de la eslinga
- Un alambre roto en cualquier parte de la malla
- Una reducción del 25 por ciento en el diámetro del alambre debido a la abrasión o del 15 por ciento a causa de la corrosión
- Falta de flexibilidad debido a la deformación de la malla
- Deformación del accesorio obturador de forma tal que la profundidad de la ranura se incrementa en un 10 por ciento
- Deformación de cualquier accesorio extremo de forma tal que el ancho de la apertura del ojo se reduce más del 10 por ciento
- Una reducción del 15 por ciento en el área transversal original del metal en cualquier punto

3.3.0 Eslingas de cadena

Algunos trabajos resultan más adecuados para eslingas de cadena que para eslingas de cabo de alambre o con trama. Se recomienda el uso de eslingas de cadena cuando se elevan piezas brutas de fundición que podrían destruir rápidamente las eslingas de alambre doblando los alambres sobre los bordes ásperos. Se utiliza también en aplicaciones con temperaturas elevadas o cuando los obturadores de alambre no son adecuados y, además, para dragados y otros trabajos marítimos ya que tienen una mejor resistencia a la abrasión y a la corrosión que el cable. La información relacionada con los ángulos y las capacidades de la eslinga descriptas anteriormente para eslingas de cabo de alambre o con trama también se aplican a las eslingas de cadena. La *Figura 19* muestra algunas de las configuraciones frecuentes de eslingas de cadena y ganchos.

Un eslabón de cadena tiene dos costados. La falla de cualquiera de los laterales puede hacer que el eslabón se abra y deje caer la carga. Frecuentemente una eslinga de cabo de alambre está compuesta por un máximo 114 alambres individuales y se deben romper todos para que la eslinga se rompa. Las cadenas poseen menos resistencia de reserva y se las debe inspeccionar con más cuidado. Nunca se debe utilizar para operaciones de elevación de rutina.

Las cadenas se estirarán bajo cargas excesivas. Esto causa elongación y estrechamiento de los eslabones hasta que se ligan unos con otros, dando una visible señal de advertencia. Si la sobrecarga es grave, la cadena se romperá con menos advertencia previa que una eslinga de cabo de alambre. Si una soldadura se rompe, el período de advertencia será muy pequeño o nulo.

> **¡ADVERTENCIA!**
>
> Las cadenas se deben inspeccionar cuidadosamente en busca de eslabones debilitados o dañados. Si un eslabón falla, toda la cadena puede quedar inutilizada.

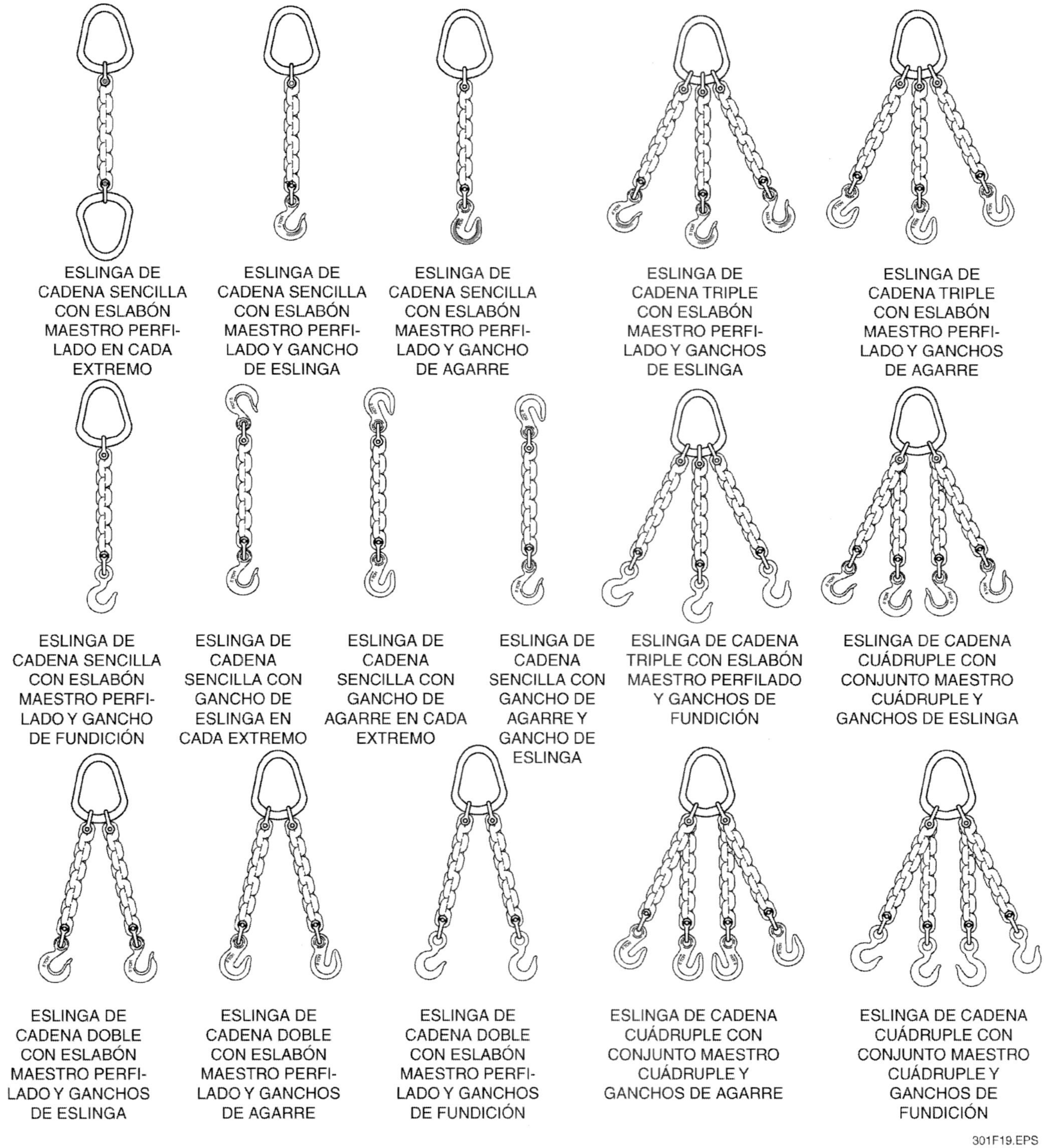

Figura 19 ◆ Eslingas de cadena y ganchos comunes.

Habitualmente, a las cadenas de elevación de hierro se deben **recocer** cada dos años para aflojar el endurecimiento por trabajo. A las cadenas usadas como eslingas se deben recocer anualmente. Después de haber sido recocida seis veces, se debe destruir la cadena. Las cadenas de acero no deben recibir tratamiento térmico después de abandonar la fábrica.

Tenga presente que sólo se permiten cadenas de Grado 8 o superior para elevaciones verticales.

3.3.1 Almacenamiento de eslingas de cadena

Para almacenar las cadenas correctamente, cuélguelas sobre soportes de un edificio o vehículo para reducir el deterioro debido al óxido o a la corrosión causados por el clima. Nunca deje eslingas de cadena en el piso en áreas donde pudieran ser aplastadas por maquinaria pesada. Algunos fabricantes sugieren la lubricación de las cadenas de aleación mientras estén en uso; sin embargo, las cadenas resbalosas aumentan los riesgos de manipulación. Las cadenas recubiertas con aceite o grasa acumulan suciedad y arenisca, lo que puede producir un desgaste abrasivo. Antes de almacenar cadenas en áreas expuestas, recúbralas con una película de aceite o grasa para protegerlas del óxido y la corrosión.

3.3.2 Cuidado e inspección de las eslingas de cadena

Las eslingas de cadena se deben inspeccionar visualmente antes de cada elevación. También se requieren inspecciones anuales y se deben llevar registros de las inspecciones. Deseche las eslingas de cadena si, durante la inspección, descubre alguna de las siguientes condiciones:

- *Desgaste*: si alguna porción de la cadena posee un desgaste de al menos el 15 por ciento, se debe retirar inmediatamente de servicio. El desgaste usualmente se registrará en el punto en el que los eslabones de la cadena se apoyen uno sobre otro o en el exterior de los cilindros del eslabón.
- *Estiramiento*: compare la cadena con su longitud nominal o con un tramo nuevo de una cadena del mismo tipo. Toda elongación es sinónimo de que se ha registrado desgaste o estiramiento. Si el aumento de longitud es del 3 por ciento, se debe efectuar otra inspección cuidadosa. Si el estiramiento supera el 5 por ciento, la cadena se deberá retirar inmediatamente de servicio. Un eslabón que presente un estiramiento importante tiene forma de reloj de arena y los eslabones tienden a apoyarse unos sobre otros. Asegúrese de buscar estiramientos localizados ya que se puede omitir algún eslabón de la cadena muy fácilmente.
- *Estado de los eslabones*: busque eslabones retorcidos, doblados, con cortes, huecos o ranuras.
- *Fisuras*: deseche la cadena si descubre fisuras en cualquier parte.
- *Soldaduras de los eslabones*: la presencia de aletas levantadas en los bordes de soldadura es sinónimo de sobrecarga.
- *Accesorios extremos*: busque señales de estiramiento, desgaste, retorcimiento, plegado, apertura y corrosión.
- *Etiqueta de capacidad*: busque etiquetas faltantes o ilegibles.

4.0.0 ◆ CUERDAGUÍAS

Habitualmente, las cuerdaguías son cuerdas de fibra natural o sintéticas que se utilizan para controlar la oscilación de la carga en actividades de elevación (*Figura 20*). El uso incorrecto de cuerdaguías puede convertir a la operación de elevación más sencilla en una situación peligrosa. Las cuerdaguías se deben utilizar para controlar la oscilación de la carga mientras se desplaza una grúa. También se deben utilizar cuerdaguías cuando se hace girar la grúa en caso de que la rotación de la carga representase un peligro. Se debe utilizar una cuerdaguía con aislamiento durante la operación de una grúa móvil en las cercanías de líneas eléctricas.

Cuando seleccione una cuerdaguía, deberá tener presentes ciertos factores. En comparación con la cuerda sintética, la cuerda de fibra natural es económica y el tipo más común de cuerdaguías. Sin embargo, es notablemente más débil que las cuerdas de fibra sintéticas (nylon, poliéster, polipropileno o polietileno) de las mismas dimensiones y está sujeta a deterioros por exposi-

301F20.EPS

Figura 20 ◆ Uso de una cuerdaguía para controlar la oscilación de una carga suspendida.

CARRIL INTERNO

Aislamiento para cuerdaguía

Cualquier cuerdaguía, incluso una de polipropileno, puede conducir suficiente electricidad de alta tensión como para matar a una persona. Esta energía eléctrica puede provenir de un relámpago o del contacto con una línea eléctrica de alta tensión. Por ese motivo, se recomienda ampliamente el uso de un aislamiento para cuerdaguía.

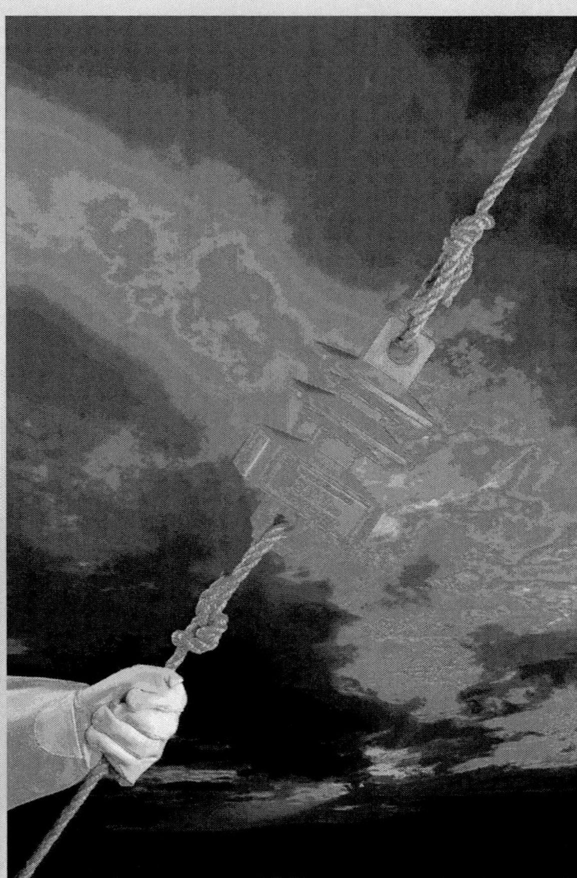

301SA02.EPS

ción a radiación ultravioleta y a daños por efecto del calor y los productos químicos. La cuerda de manila también puede convertirse en conductor de la electricidad si se moja. Las cuerdas sintéticas son livianas y resistentes para sus dimensiones; además, la mayoría es resistente a los productos químicos. Cuando están secas no son buenos conductores de la electricidad, aunque algunas cuerdas sintéticas son propensas a absorber agua y a conducir electricidad. Se prefiere el uso del polipropileno en cuerdaguías. Sin embargo, ninguna cuerda es 100 por ciento no conductora.

La cuerda de manila natural número uno es resistente, duradera y se puede reconocer por su color claro. A medida que disminuyen el grado y la resistencia, el color de la cuerda se oscurece. La resistencia mínima a la ruptura de una cuerda de manila de una pulgada de diámetro es de 9,000 libras. La cuerda de nylon es la más resistente del mercado. Se utiliza en trabajos marítimos y cerca o sobre agua porque el nylon es el material más plástico y flexible, tiene una alta resistencia a la abrasión y se puede guardar mojado sin que se pudra. El poliéster es otro material muy común. Tiene menos plasticidad que el nylon y es dos veces más resistente que la manila. También tiene una excelente resistencia a la abrasión, a los productos químicos y al deterioro por la acción de la intemperie.

El diámetro de una cuerdaguía debe ser lo suficientemente grande como para poder tomarla con las manos, incluso con guantes puestos. Las cuerdas de ½ de diámetro son comunes pero, en ocasiones, se utilizan cuerdas de ¾ pulgada y 1 pulgada de diámetro para cargas pesadas o cuando la cuerdaguía deba ser extremadamente larga. Las cuerdaguías deben ser lo suficientemente largas como para permitir el control de la carga desde su ubicación de elevación original hasta que se coloque en su lugar de destino en forma segura o los demás compañeros de tareas asuman el control de la operación. Se deberán tomar precauciones especiales en situaciones en las que una cuerdaguía demasiado larga pudiera interferir con la manipulación segura de las cargas, como durante el levantamiento de estructuras de acero o coladas de catalizador.

Las cuerdaguías se deben amarrar a las cargas en un sitio que ofrezca las mayores ventajas mecánicas para controlar la carga. A las cargas de gran longitud se deben amarrar cuerdaguías tan cerca de los extremos como resulte posible. La cuerdaguía se debe colocar en un lugar que permita que el personal la retire fácilmente una vez colocada la carga en su destino. Los nudos utilizados para amarrar cuerdaguías se deben atar correctamente para evitar deslizamientos o aflojamientos accidentales pero, a la vez, se debe poder desatar fácilmente una vez colocada la carga en su destino. Uno de los nudos recomendados es el ballestrinque con seguridad de nudo simple y as de guía. Los encargados de maniobras utilizan diferentes nudos para distintos propósitos. En la *Figura 21* se muestran diversos nudos comúnmente utilizados en las maniobras de elevación. En la medida que resulte posible, las cuerdaguías deben ser continuas, no presentar nudos ni empalmes y contar con **amarres** en ambos extremos. Si es necesario unir dos cuerdaguías, se deben empalmar. Si se atan nudos en el medio con extremos libres de las cuerdaguías se pueden generar dificultades.

Para manipular correctamente una cuerdaguía, determine las ventajas mecánicas pretendidas con la cuerdaguía y aléjese de la carga para tener un área libre de obstrucciones. Cuando resulte posible, ubíquese en un sitio desde el que pueda ver la grúa que se está utilizando para la elevación. Mantenga tanto su cuerpo como la cuerdaguía siempre dentro del campo visual del operador de la grúa. Permanezca alerta. No se distraiga durante la elevación. Sea consciente de la ubicación de cualquier exceso de cuerda y no permita que se obstruya ni enrede con nada.

Las cargas de gran tamaño suelen requerir el uso de más de una cuerdaguía. En esos casos, el personal a cargo de las cuerdaguías deberá trabajar en equipo y coordinar sus acciones.

5.0.0 ◆ APAREJO DE POLEAS

El aparejo de poleas es el dispositivo de elevación más básico. Se utiliza para elevar o jalar cargas livianas. Un bloque está compuesto por al menos una polea instalada en un marco de madera o metal con un gancho sujetado a la parte superior. El aparejo es la cuerda que se extiende a través del bloque y se utiliza para elevar y jalar cargas. Algunos equipos de aparejo de poleas tienen un freno que sostiene la carga una vez levantada, otros no. Los tipos de equipos sin freno exigen una fuerza de tracción continua sobre el **tramo de izamiento**; o bien, que se ate el tramo de izamiento para sostener la carga. Existen dos tipos de equipos de aparejos de poleas: simple y compuesto.

Un aparejo de poleas simple está compuesto por una polea y una sola cuerda. Se utiliza para elevar o jalar cargas muy livianas. El gancho de la cuerda se aferra a la carga y se jala de la cuerda manualmente para levantar la carga. La capacidad de carga de este tipo de aparejo de poleas equivale a la capacidad de la línea de carga. El bloque se debe fijar a una estructura de la construcción o a otro soporte empleando un método que proporcione la capacidad de carga adecuada para poder sostener tanto a la carga como al aparejo. En la *Figura 22* se muestra un aparejo de poleas simple.

En un aparejo de poleas compuesto se utiliza más de un bloque. El aparejo tiene un **bloque fijo** superior que se fija a la estructura de la construcción o a otro soporte y un bloque móvil inferior que se fija a la carga. Cada bloque puede tener una o más poleas. Cuantas más poleas tengan los bloques, el aparejo de poleas tendrá mayor **cantidad de tramos** y mayor será la capacidad de elevación. El aparejo de poleas compuesto es capaz de manejar cargas más pesadas que el aparejo simple y exige menos esfuerzo para elevar la carga. En la *Figura 23* se muestra un aparejo de poleas compuesto.

6.0.0 ◆ TORNOS IZADORES DE CADENA

Un torno izador de cadena (también llamado polipasto) es otro dispositivo de elevación muy útil y de uso frecuente. Se utiliza prácticamente para los mismos propósitos que el aparejo de poleas. Los tornos izadores de cadena se deben utilizar sólo para elevaciones rectas y verticales. Pueden dañarse si se utilizan para elevaciones en ángulo. Siempre utilice obturadores con tornos izadores de cadena. La cadena de carga de un torno izador de cadena nunca se debe utilizar para envolver un objeto ni usarse como obturador.

La capacidad de carga de cualquier torno izador de cadena estar indicada en el equipo. Nunca se debe exceder la capacidad. Los tornos izadores de cadena son equipos estándar de la mayoría de

Figura 21 ◆ Nudos comunes para maniobras de elevación.

CARRIL INTERNO

Nudos para maniobras de elevación

Todo maniobrista utiliza básicamente cuatro nudos con mayor frecuencia. Ellos son: as de guía, ballestrinque, nudo llano y vuelta de braza.

- Un as de guía no se desliza ni aprieta la carga cuando se jala del extremo directriz. Este nudo también es muy fácil de desatar independientemente de cuánta presión se ejerza. Lo único que debe hacerse para desatarlo es volver a empujar la cuerda directriz dentro del centro del nudo para aflojarlo.
- Un ballestrinque es un nudo muy simple. Se lo utiliza en tareas de trabajo liviano y sólo en objetos circulares. Para fijar aún más un ballestrinque, se pueden añadir una o dos media vueltas.
- Los nudos llanos se utilizan para amarrar dos cuerdas o para amarrar los extremos de una misma cuerda. Este tipo de nudo también es fácil de desatar: se toman ambas cuerdas desde los extremos del nudo y se las empuja en dirección al centro del nudo.
- La vuelta de braza resulta muy útil para elevar tablones, maderas y tuberías y llevarlos a la posición vertical. Este nudo se debe utilizar con precaución porque puede deslizarse si no se ejerce una presión uniforme sobre el nudo. Si se añade una media vuelta a cierta distancia por encima del nudo se reducirá la probabilidad de que el nudo se deslice y, además, se mantendrá el material en una posición vertical.

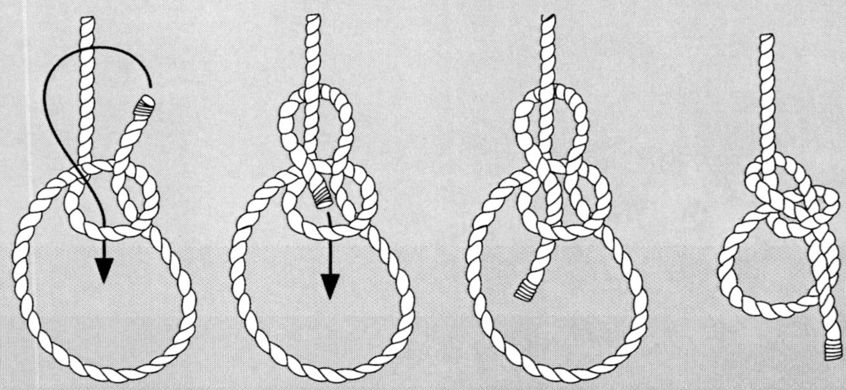

AS DE GUÍA

301SA03.EPS

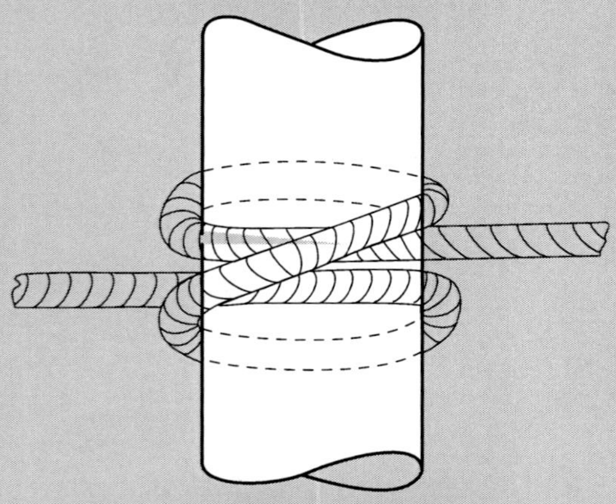

BALLESTRINQUE

301SA04.EPS

NUDO LLANO

301SA05.EPS

los talleres y departamentos de equipos de maniobra porque son confiables, portátiles y fáciles de usar. Algunos tipos comunes de tornos izadores de cadena son: de engranaje cilíndrico con dientes rectos, eléctrico y neumático.

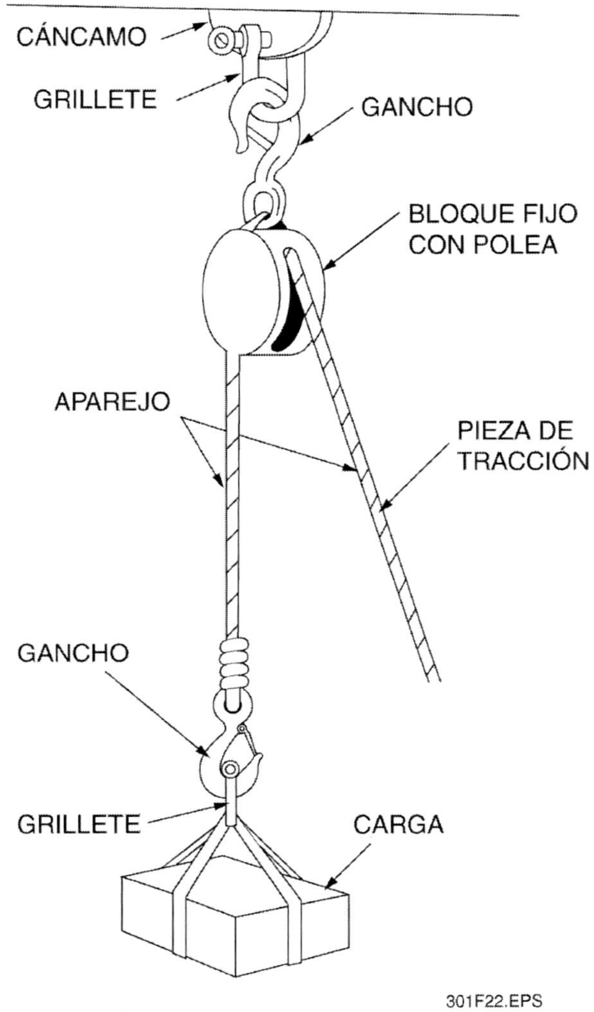

Figura 22 ◆ Aparejo de poleas simple.

Figura 23 ◆ Aparejo de poleas compuesto.

6.1.0 Tornos izadores de engranaje cilíndrico con dientes rectos

El torno izador de engranajes cilíndricos con dientes rectos (*Figura 24*) tiene dos cadenas. Una cadena sin fin (cadena de mano) impulsa una polea única con cavidades que, a su vez, acciona una unidad de reducción de engranajes. La cadena de carga se fija a la unidad de reducción de engranajes y tiene un gancho que se sujeta a la carga. A veces se utiliza una cadena de rodillos como cadena de carga en vez de una cadena con eslabones. El torno izador de engranajes cilíndricos con dientes rectos es el tipo de torno izador de cadena manual más eficiente y el que se utiliza con más frecuencia para cargas más pesadas.

6.2.0 Tornos izadores de cadena eléctricos

Los tornos izadores de cadena eléctricos (*Figura 25*) tienen un funcionamiento muy similar al de los tornos izadores manuales, excepto que tienen un motor eléctrico en vez de una cadena para elevar o bajar la carga. Los tornos izadores eléctricos son el tipo de torno izador más rápido y eficiente. Los tornos izadores de cadena eléctricos comunes se encuentran disponibles con capacidades de ¼ a 5 toneladas, pero se dispone de tornos izadores

Figura 24 ◆ Torno izador de cadena de engranaje cilíndrico con dientes rectos.

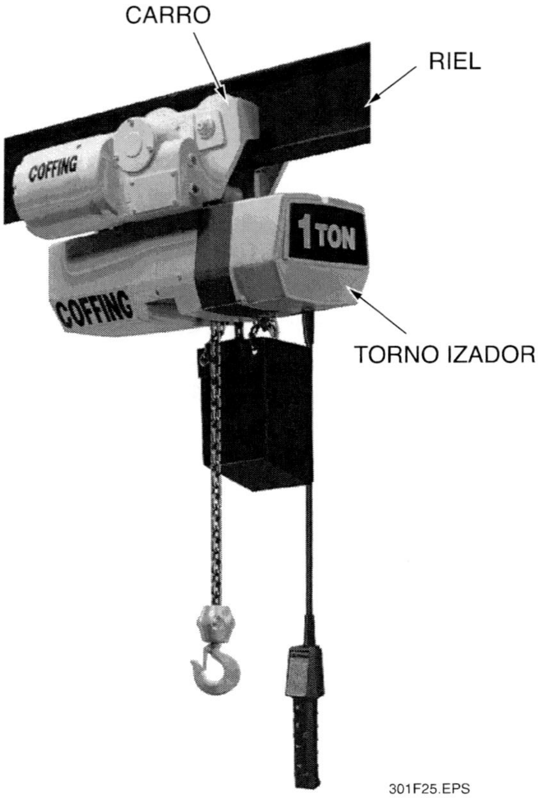

Figura 25 ◆ Torno izador de cadena eléctrico.

para aplicaciones específicas con capacidades mucho mayores. Se controla desde un mando con botón que se sostiene en la mano suspendido de un cable desde el torno izador. Se deben tomar precauciones especiales cuando se eleva una carga con un torno izador de cadena eléctrico ya que resulta difícil determinar cuánta fuerza está ejerciendo el motor eléctrico. Si la carga queda atrapada, el torno izador podría sobrecargarse y dañarse. Si la carga es excesiva, se puede dañar una viga o izador.

6.3.0 Cuidado de los tornos izadores de cadena

Al igual que otros dispositivos de elevación, los tornos izadores de cadena se deben inspeccionar cuidadosamente antes de cada uso. En particular, se debe verificar la cadena para garantizar que no presente defectos. Siga estos pasos para seleccionar, inspeccionar, utilizar y mantener un torno izador de cadena:

Paso 1 Seleccione un torno izador de la capacidad adecuada para manipular la carga.

Paso 2 Inspeccione la cadena de carga y el gancho para asegurarse de que no presenten desgaste, dobleces ni deformaciones excesivas de ningún tipo.

Paso 3 Inspeccione las poleas para asegurarse de que no estén dobladas ni excesivamente desgastadas.

Paso 4 Asegúrese de que el torno izador de cadena esté correctamente lubricado.

NOTA

Si trabaja con un izador de cadena eléctrico, enchufe el motor del torno izador de cadena en un tomacorrientes.

Paso 5 Cuelgue el torno izador de cadena de un soporte adecuado empleando el equipo correcto.

Paso 6 Haga descender el gancho de carga y conéctelo con la carga empleando el equipo correcto.

Paso 7 Levante y ubique la carga.

Paso 8 Desconecte el gancho de carga de la carga.

Paso 9 Retire el torno izador de cadena de su soporte.

Paso 10 Enrolle la cadena para que no se enrede.

Paso 11 Guarde el torno izador de cadena en su lugar.

7.0.0 ◆ TORNOS IZADORES CON PALANCA DE TRINQUETE Y MORDAZAS TENSADORAS

Los tornos izadores con palanca de trinquete y mordazas tensadoras (*Figura 26*) se utilizan para esfuerzos de tracción cortos sobre cargas pesadas. El término mordaza tensadora se utiliza ampliamente para identificar a ambos tipos de equipos, pero no son lo mismo. Una mordaza tensadora emplea un cable, mientras que un torno izador con palanca de trinquete hace uso de una cadena. Los tornos izadores con palanca de trinquete se utilizan para elevaciones verticales pero las mordazas tensadoras tipo cable sólo se pueden utilizar para esfuerzos de tracción horizontales. Las mordazas tensadoras y los tornos izadores con palanca de trinquete son portátiles y fáciles de guardar y usar. Se encuentran disponibles con capacidades de ½ a 6 toneladas.

> **¡ADVERTENCIA!**
> Nunca utilice una mordaza tensadora para elevaciones verticales. Carecen de los mecanismos de freno de seguridad presentes en los tornos izadores con palanca de trinquete para evitar que se deslice la carga.

Un torno izador con palanca de trinquete está compuesto por las siguientes piezas:

- *Gancho de suspensión*: un gancho de acero que se utiliza para colgar la carga.
- *Gancho de carga*: un gancho de acero que se sujeta a la carga.
- *Cadena de carga*: la cadena que se sujeta al gancho de carga y eleva la carga.
- *Palanca de trinquete*: una palanca que acciona el trinquete que hace subir la cadena y eleva o baja la carga.
- *Palanca de arrollado rápido*: una palanca que hace subir o suelta la cadena sin utilizar la palanca de trinquete. No se puede utilizar para elevar o bajar la carga.
- *Liberador de trinquete*: un dispositivo que suelta el trinquete, para que se pueda jalar la cadena. También alterna entre la posición alta o baja del dispositivo.

Siga estos pasos para seleccionar, inspeccionar, utilizar y mantener un torno izador con palanca de trinquete:

Paso 1 Seleccione un dispositivo de la capacidad adecuada para manipular la carga.

Figura 26 ◆ Mordaza tensadora y torno izador con palanca de trinquete.

Paso 2 Inspeccione la cadena y los ganchos para asegurarse de que no presenten desgaste, dobleces o deformaciones excesivas de ningún tipo.

Paso 3 Inspeccione el dispositivo para asegurarse de que no presente ningún tipo de daño.

Paso 4 Cuelgue el dispositivo en un soporte adecuado.

Paso 5 Coloque el liberador de trinquete en la posición media.

Paso 6 Jale de la cadena lo suficiente como para sujetarla a la carga.

Paso 7 Sujete el gancho de carga a la carga; utilice el equipo correcto.

Paso 8 Haga girar la palanca de arrollado rápido para tensar la cadena.

Paso 9 Coloque el liberador de trinquete en la posición alta.

Paso 10 Accione la palanca de trinquete para elevar y posicionar la carga.

Paso 11 Coloque el liberador de trinquete en la posición baja.

Paso 12 Accione la palanca de trinquete para hacer descender la carga hasta su posición y hasta que la cadena pierda su tensión.

Paso 13 Desconecte el gancho de carga de la carga.

Paso 14 Guarde el dispositivo en su lugar.

8.0.0 ◆ GATOS

Un gato es un dispositivo que se utiliza para elevar o bajar equipos. Los gatos también se utilizan para desplazar cargas pesadas en distancias cortas, con buen control sobre el desplazamiento. Los siguientes son los tres tipos básicos de gatos:

- De trinquete
- De tornillo
- **Hidráulicos**

8.1.0 Gatos de trinquete

El gato de trinquete (*Figura 27*), también llamado gato de ferrocarril, se utiliza sólo para elevar cargas de menos de 25 toneladas. Emplea el principio de palanca y punto de apoyo. El recorrido vertical hacia abajo de la palanca levanta la barra de cremallera una muesca por vez. Un mecanismo de bloqueo, llamado seguro, salta automáticamente a su posición para sostener la carga y liberar la palanca para el próximo accionamiento.

Los gatos de trinquete son los gatos de uso general más útiles. Permiten operaciones de elevación, descenso y nivelación seguras. Pueden levantar la carga total del gato sobre la base o sobre el casquete.

8.2.0 Gatos de tornillo

Los gatos de tornillo (*Figura 28*) se utilizan para elevar cargas más pesadas. Existen dos tipos generales de gatos de tornillo: rectos e invertidos. El gato de tornillo emplea el principio de tuerca y tornillo. En el caso de cargas más livianas, una palanca simple aplicará suficiente potencia para hacer girar el tornillo. En el caso de cargas más pesadas, se emplean unidades de reducción de engranajes y dispositivos con trinquete para aumentar la fuerza aplicada por el operador. En el caso de los gatos más pesados, el gato de tornillo es accionado por un motor neumático para lograr elevaciones y descensos más rápidos.

Figura 27 ◆ Gato de trinquete.

8.3.0 Gatos hidráulicos

Los gatos **hidráulicos** (*Figura 29*) son accionados por la presión de un líquido encerrado. Existen dos tipos de gatos hidráulicos. En un tipo la bomba está integrada en el gato. En el otro, la bomba es un componente aparte. Ambos gatos pueden levantar cargas pesadas con un esfuerzo mínimo. El gato hidráulico con bomba aparte ofrece las siguientes ventajas:

- El operario puede accionar la bomba a una distancia segura de la carga.
- El martinete brinda el recorrido más amplio para una altura cerrada determinada.
- Las bombas se pueden accionar manualmente, con un motor eléctrico, neumático o a gasolina.

El gato hidráulico no es tan rápido como el de trinquete pero es excelente para levantar cargas pesadas.

8.4.0 Inspección y uso de los gatos

Con el tiempo, un gato puede dañarse o debilitarse y fallar cuando se le aplica una carga. Para evitar ese tipo de fallas, se deben inspeccionar cuidadosamente todos los gatos antes de cada uso.

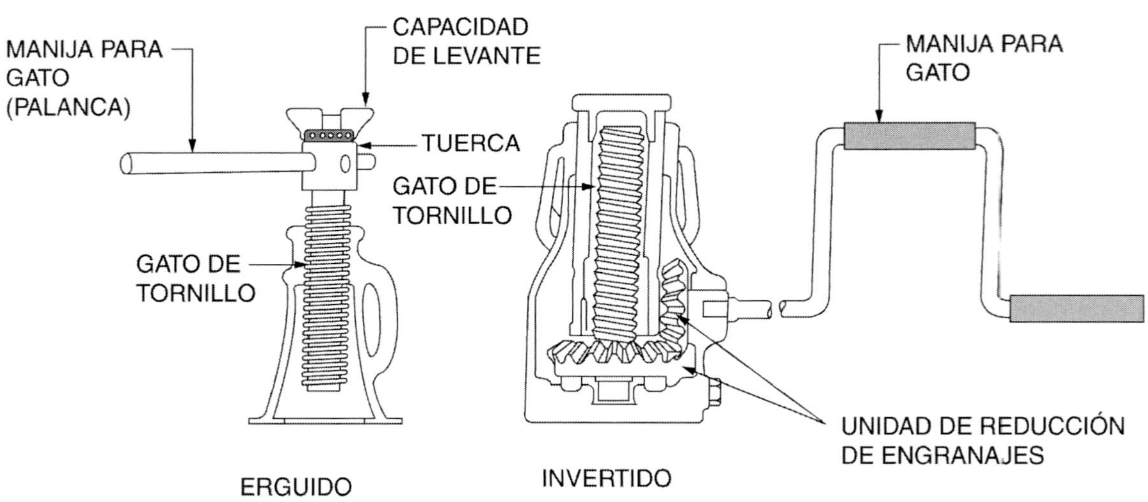

Figura 28 ◆ Gatos de tornillo.

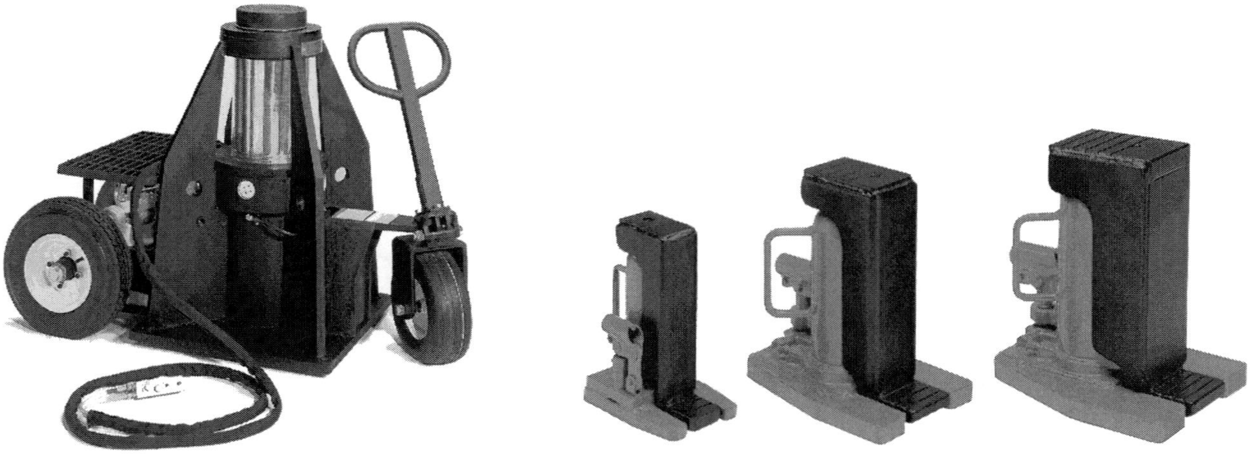

CAPACIDAD DE 100 TONELADAS

CAPACIDAD DE 2 A 10 TONELADAS

301F29.EPS

Figura 29 ◆ Gatos hidráulicos.

Aplique las siguientes pautas cuando utilice gatos:

- Inspeccione los gatos antes de usarlos para asegurarse de que no presenten ningún tipo de daño.
- Utilice tacos de madera intermedios cuando aplique un gato sobre superficies de metal.
- Utilice la palanca para gato correcta y retírela del gato cuando no la utilice.
- Nunca pise una palanca para gato para generar más fuerza.
- Utilice bloqueos o entibados debajo de la carga cuando utilice un gato. Nunca deje un gato debajo de una carga sin haber bloqueado la carga.
- Ubique los gatos correctamente y levante la carga uniformemente para evitar que se desplace o caiga.
- Nunca coloque un gato directamente sobre el suelo cuando efectúe una elevación. Utilice una base sólida.
- Ubique los gatos de modo que la dirección de la fuerza sea perpendicular a la base y la superficie de la carga.
- Nunca exceda la capacidad de carga del gato.
- No aplique extensiones a las palancas para gatos.
- Arriostre las cargas para evitar que los gatos se vuelquen.
- Amarre o bloquee los gatos cuando los utilice en una posición horizontal para desplazar un objeto.
- Nunca utilice un gato sobre rodillos.
- Haga coincidir los gatos de trinquete para lograr una elevación uniforme.
- Mantenga los dedos alejados de los componentes del trinquete cuando baje o eleve un objeto.
- Limpie profundamente todos los conectores de la manguera hidráulica antes de conectarlos.

CARRIL INTERNO

Gatos hidráulicos

Cuando utilice gatos como los gatos con forma de botella que se muestran en este cuadro, asegúrese de que los cilindros cuenten con un soporte firme. Siempre utilice tacos de madera dura para el bloqueo y guíe la carga hacia arriba o hacia abajo con el bloqueo. Diseñe un bloqueo que tenga un espesor que coincida con la extensión del martinete.

301SA06.EPS

9.0.0 ◆ REMOLCADORES

Los remolcadores son cabrestantes operados por fuerza del aire. Se puede utilizar para levantar y bajar objetos o para esfuerzos de tracción. El remolcador se debe anclar firmemente al piso o a una viga de acero empleando un método que soporte cualquier carga que se pudiera aplicar al remolcador. Cuando fije un remolcador a una viga de acero, utilice un elemento intermedio en el obturador. Los remolcadores se pueden ubicar en prácticamente cualquier sitio que resulte práctico de una construcción y la línea de carga se puede extender a través de una serie de bloques hasta el área en la que se debe efectuar la elevación. Los bloques y todos los elementos mecánicos deben tener la capacidad de carga adecuada para manipular la carga que se está levantando. Los controles pueden estar ubicados en el remolcador; o bien, es posible que el remolcador tenga mandos a distancia. Muchas veces, el remolcador se encontrará en un sitio desde el que el operador no puede ver la carga que se está levantando. En este caso, se necesita un encargado de señales para dirigir al operador; esta persona utilizará las mismas señales manuales que se utilizan para dirigir la operación de una grúa. El remolcador tiene un freno tipo banda para sostener la carga. En la *Figura 30* se muestra un remolcador común.

Siga estos pasos para seleccionar, inspeccionar, utilizar y mantener un remolcador:

301F30.EPS

Figura 30 ◆ Remolcador.

Paso 1 Asegúrese de que el remolcador tenga la capacidad adecuada para manipular la carga.

Paso 2 Asegúrese de que se conecte un suministro de aire adecuado al remolcador y de que dicho suministro se encuentre en servicio.

Paso 3 Empuje la palanca de control a la posición baja y desenrolle suficiente cable para fijarlo a la carga.

Paso 4 Sujete el cable a la carga con el equipo correcto.

NOTA

Si la carga está demasiado alejada del remolcador, el operador de la máquina necesitará la ayuda de un maniobrista para que sujete el cable a la carga y dirija el desplazamiento del objeto.

Paso 5 Asegúrese de que el cable se extienda correctamente a través de todos los bloques.

Paso 6 Empuje la palanca de control a la posición alta para levantar la carga.

¡ADVERTENCIA!

Siempre permanezca de pie a un costado el remolcador, detrás de la protección de seguridad mientras opera la máquina.

NOTA

Los remolcadores son equipos de velocidad variable. Si se lleva la palanca de control ligeramente hacia la posición alta, se eleva la velocidad lentamente. Inicie con una velocidad baja; posteriormente, acerque un poco más la palanca a la posición alta para acelerar. Reduzca la marcha a medida que la carga se acerque a su destino.

Paso 7 Empuje la palanca de control a la posición baja para ubicar la carga en su destino.

Paso 8 Empuje la palanca de control a la posición baja para aflojar la tensión del cable.

Paso 9 Desconecte el gancho de carga de la carga.

Paso 10 Accione la palanca de control para ubicar el cable en su posición normal de reclusión.

Resumen

Seleccionar y preparar el equipo de tornos izadores, conectar los cables a la carga para levantarla o moverla, y dirigir la carga hacia el lugar indicado son parte del proceso llamado mecanismo de maniobra. Para realizar este proceso en forma segura y eficiente se debe seleccionar el equipo correcto para cada trabajo de elevación, comprender los riesgos de seguridad y saber cómo evitar accidentes. Los encargados de las maniobras deben tener un gran respeto por los accesorios y las herramientas de su oficio ya que sus vidas pueden depender de su correcto funcionamiento.

Notas

Preguntas de repaso

1. Se permite combinar equipos de maniobras con diferentes capacidades de elevación, siempre que la capacidad de uno de los elementos exceda el peso de la carga.
   a. Verdadero
   b. Falso

2. La carga segura de trabajo de un gancho para maniobras de elevación es precisa sólo cuando se suspende la carga del/de la _____ del gancho.
   a. cuerpo
   b. ojo
   c. garganta
   d. amarre cuadrado

3. La OSHA exige que se cambie un gancho si la garganta presenta una apertura de al menos _____ por ciento respecto de su dimensión original.
   a. 5
   b. 10
   c. 15
   d. 20

4. Un gancho cargado en punta puede trasladar aproximadamente el _____ por ciento de la carga nominal.
   a. 20
   b. 40
   c. 60
   d. 75

5. Las eslingas se sujetan empleando _____.
   a. espaciadores
   b. ojos de eslinga
   c. grilletes
   d. orejetas de izamiento

6. Las siguientes afirmaciones son verdaderas, *excepto* _____.
   a. los grilletes con clavijas desgastadas en más del 10 por ciento deben ser reemplazados
   b. el tamaño de un grillete queda determinado por el tamaño de su clavija
   c. cuando utilice un grillete en un gancho, la clavija del grillete se debe colgar del gancho
   d. si se aplica tracción en ángulo a un grillete, se reduce su capacidad

7. Los agujeros de colada utilizados con pernos de ojo atornillables deben tener una profundidad mínima equivalente a _____ del diámetro del perno.
   a. 1¼
   b. 1½
   c. 1¾
   d. 2

8. ¿Cuál de las siguientes afirmaciones sobre orejetas de izamiento es correcta?
   a. Sólo se las puede utilizar para elevaciones verticales.
   b. Sólo se las puede utilizar para elevaciones en ángulo.
   c. Se utilizan principalmente para elevaciones verticales pero algunas también se emplean para elevaciones en ángulo si están diseñadas para tal fin.
   d. Se utilizan principalmente para elevaciones en ángulo pero algunas también están diseñadas para elevaciones verticales.

9. Las abrazaderas de placa tipo tornillo se utilizan sólo para elevar placas en forma vertical.
   a. Verdadero
   b. Falso

10. Un(a) _____ se puede utilizar para nivelar cargas cuando las patas de una eslinga son desiguales.
    a. eslabón de maniobra
    b. placa estabilizadora
    c. abrazadera de placa
    d. abrazadera de viga

11. Las vigas de travesaño y estabilizadoras fabricadas a medida se deben probar al _____ por ciento de su capacidad nominal.
    a. 100
    b. 125
    c. 150
    d. 200

Preguntas de repaso

12. Las cargas de gran longitud se sostienen con _____ durante operaciones de elevación.
    a. vigas de travesaño
    b. vigas estabilizadoras
    c. placas estabilizadoras compuestas
    d. abrazaderas aserradas

13. Una de las eslingas que mejor se adapta a situaciones de cargas abrasivas, calientes o con tendencia al corte es la eslinga _____.
    a. de cable de alambre
    b. con trama sintética
    c. de arandela aislante sin fin
    d. de malla metálica

14. El término relación D/d hace referencia a la relación entre la eslinga y el/la _____.
    a. distancia del gancho a la carga
    b. diámetro de la superficie sobre la que se envuelve la eslinga
    c. distancia de la carga al suelo
    d. diámetro de la carga

15. Los trabajos de dragado y otras tareas marítimas exigen el uso de eslingas _____ porque resisten mejor la corrosión.
    a. de cadena
    b. con trama sintética
    c. de cuerda de alambre
    d. de malla

16. Se debe desechar una eslinga de cadena si cualquier parte de la cadena presenta un desgaste de al menos el _____ por ciento.
    a. 5
    b. 10
    c. 15
    d. 20

17. ¿Cuál de las siguientes afirmaciones sobre el aparejo de poleas compuesto es correcta?
    a. Tiene más capacidad pero exige más esfuerzo.
    b. El bloque fijo se sujeta a la carga.
    c. Cuantas más poleas tengan los bloques, mayor será la capacidad de carga.
    d. Siempre es necesario amarrar el tramo de izamiento para evitar que caiga la carga.

18. El rango de capacidad de las mordazas tensadoras es de _____ toneladas.
    a. ½ a 6
    b. 2 a 5
    c. 3 a 7
    d. 8 a 10

19. El gato de trinquete puede levantar cargas más pesadas que el gato de tornillo o el gato hidráulico.
    a. Verdadero
    b. Falso

20. El gato de uso general más útil es el gato _____.
    a. de tornillo invertido
    b. hidráulico
    c. de tornillo recto
    d. de trinquete

Términos especializados introducidos en este módulo

Amarre: Medio de fijación para evitar que el cable se desenrosque después de cortarlo.

Ángulo de eslinga: Ángulo formado por las patas de una eslinga con respecto a la horizontal cuando se aplica tensión a la carga.

Bloque fijo: El bloque superior de un aparejo de poleas. Es el bloque que se fija al apoyo.

Cantidad de tramos: Cantidad de cables entre los bloques superior e inferior de un aparejo de poleas. Estos tramos soportan la carga. Los tramos también se conocen como ramales.

Enjaulado: Deformación del cable de acero que hace que los filamentos o torones se separen y sobresalgan como las barras verticales de una jaula para pájaros.

Hidráulico: Que se mueve por medio de la presión de un líquido.

Recocer: Aplicar un tratamiento térmico a un metal para ablandarlo.

Retorcimiento: Doblez de un cable que es tan fuerte que se vuelve permanente y daña los filamentos o hebras individuales.

Tramo de izamiento: Tramo de un dispositivo de izamiento del que se tira a mano para elevar la carga.

Viga estabilizadora: Viga utilizada para distribuir el peso en elevaciones con varias grúas.

Recursos adicionales

Este módulo tiene como objetivo presentar un recurso sólido para el entrenamiento de tareas. Se recomiendan los siguientes trabajos de referencia para profundizar el estudio. Estos son materiales ideales para una capacitación continua más que para el entrenamiento de tareas.

Machinery's Handbook, Última Edición. Erik Oberg, Franklin D. Jones, Holbrook L. Horton, and Henry H. Ryffel. Nueva York, NY: Industrial Press Inc.

Occupational Safety and Health Standards for the Construction Industry, 29 CFR Apartado 1926. Washington, DC: Departamento de Trabajo de las OSHA (OSHA Department of Labor), Oficina de Impresión del Gobierno de EE.UU. (U.S. Government Printing Office).

NCCER hace el esfuerzo de mantener estos libros de texto actualizados y libres de errores técnicos. Apreciamos su ayuda en este proceso. Si tiene una idea para mejorar este libro de texto, o si encuentra algún error, ya sea tipográfico, o de contenido en los libros de texto de *Contren*®, favor de escribirnos usando esta forma o una fotocopia de la misma. Asegúrese de incluir el número exacto del módulo, la página, una descripción detallada, y la corrección, si es aplicable. Su comentario será traído a la atención del comité técnico de revisión. Gracias por su ayuda.

Instructores – si usted encontró que algún material adicional es necesario para enseñar este módulo con eficacia, por favor déjenos saber para poder incluirlos en la lista de Equipo y Materiales en la guía anotada del instructor.

Dirección postal: Departamento de Desarrollo de Productos
National Center for Construction Education and Research
3600 NW 43rd Street, Bldg. G, Gainesville, FL 32606

Fax: 352-334-0932

E-mail: curriculum@nccer.org

Oficio ________ Nombre del Módulo ________

Fecha del Copyright ________ Número del Módulo ________ Número(s) de Página(s) ________

Descripción ________

Corrección (opcional) ________

Su nombre y dirección (opcional) ________

Prácticas de maniobra

27302-07

27302-07
Prácticas de maniobra

Los temas que se presentarán en este módulo incluyen:

Generalidades

Se requieren métodos de maniobra diferentes para las diferentes tipos de carga. En cada levantamiento, se debe tener en cuenta el peso, el tamaño y la forma de la carga. No utilizará el mismo método de sujeción para maniobrar un bulto largo de una barra de refuerzo que para levantar una sección de un muro cortina.

Es imprescindible que haya una comunicación efectiva entre el encargado de maniobras y el operador de la grúa al levantar y mover cargas. Generalmente, se comunican con señales manuales, por lo tanto la persona en tierra que esté guiando al operador de la grúa debe conocer las señales estándar.

Al planificar cualquier levantamiento, lo más importante es conocer el peso de la carga. No se deben exceder los límites de capacidad de las grúas. De hecho, si se tiene que levantar un peso que supere el 75% de la capacidad de la grúa, el levantamiento lo debe planificar un ingeniero calificado. Otro factor importante es el centro de gravedad de la carga. Es fundamental maniobrar la carga de manera equilibrada. Si la carga se desequilibra durante el levantamiento, se podría producir una situación muy peligrosa.

Objetivos

Cuando haya completado este módulo, podrá hacer lo siguiente:

1. Determinar el peso de una carga.
2. Interpretar una tabla de carga.
3. Determinar el centro de gravedad de una carga.
4. Colocar los accesorios para realizar maniobras adecuadamente para los levantamientos de rutina.
5. Utilizar e interpretar las señales manuales.
6. Realizar cálculos sobre la tensión de las eslingas.
7. Identificar los requisitos para un levantamiento planificado por un ingeniero.

Términos especializados

Bloqueo
Centro de gravedad
Dispositivos de prevención de bloqueo doble
Entibado

Materiales necesarios para el estudiante

1. Lápiz y papel
2. Equipo protector personal adecuado

Prerrequisitos

Antes de comenzar este módulo, se recomienda haber finalizado con éxito el *Currículo Básico; Introducción a la Carpintería Nivel Uno; Estructuras y Acabados de Carpintería Nivel Dos*; y *Formas para Carpintería Nivel Tres*, Módulo 27301-07.

Este mapa del curso muestra todos los módulos del tercer nivel del currículo de *Carpintería*. El orden de entrenamiento sugerido comienza de abajo hacia arriba. Los niveles de dificultad aumentan a medida que usted avanza en el mapa del curso. Es posible que el auspiciador del programa de entrenamiento local ajuste el orden de entrenamiento.

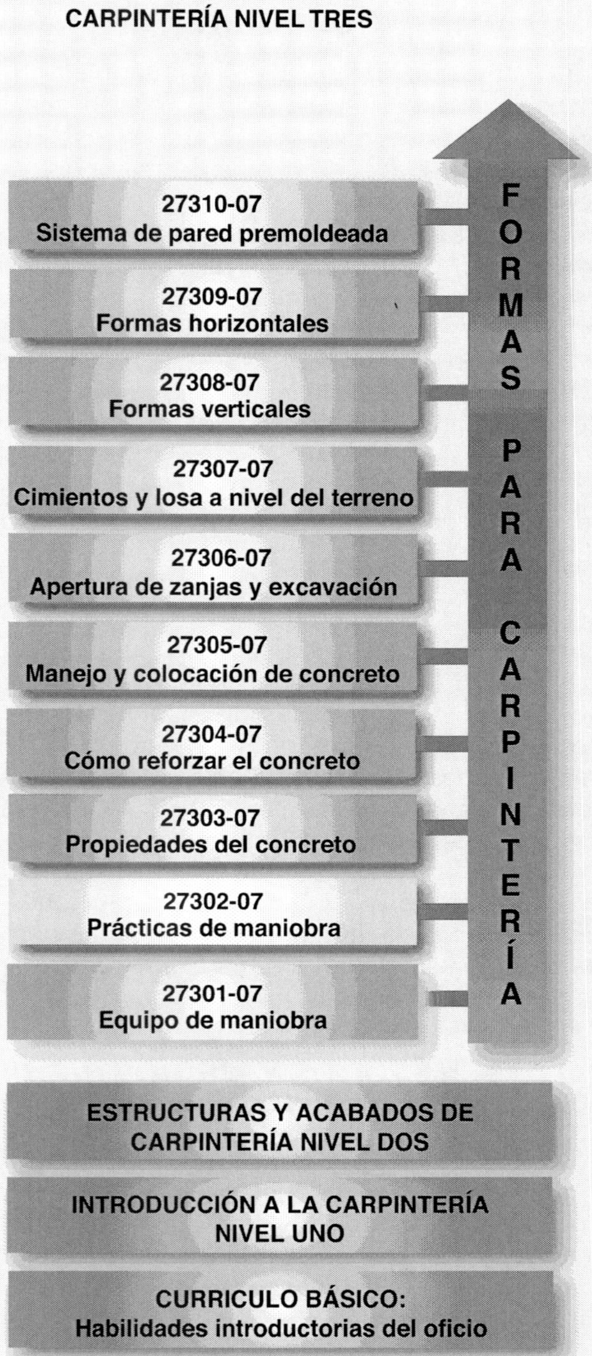

302CMAP.EPS

1.0.0 ◆ INTRODUCCIÓN

Las maniobras incluyen el levantamiento y la traslación de objetos pesados y, por lo general, grandes. Por esa razón, lo que más se debe tener en cuenta al realizar trabajos de maniobra es la seguridad.

Uno de los trabajos más importantes que realiza un encargado de maniobras es guiar al operador de la grúa. Generalmente, esto se realiza mediante señales manuales, que todos los que están involucrados en las maniobras deben memorizar.

Todos los que realizan trabajos de maniobra deben saber cómo seleccionar el equipo adecuado, con la capacidad adecuada, para todos los trabajos de maniobras. Si no se utiliza el equipo adecuado con el método de maniobra adecuado, se pueden sufrir consecuencias graves, como la muerte o la lesión de los trabajadores y el daño del equipo o los materiales.

Todos los dispositivos de levantamiento y las grúas están diseñados con límites y condiciones de capacidad para operar de manera segura. Si no conoce estos límites, podría ocasionar un error fatal. Si se toma la molestia de conocer la manera correcta y segura de hacer el trabajo, tendrá éxito. Es preferible exagerar en la prevención.

Este módulo está diseñado para instruirlo sobre las prácticas de maniobra y las precauciones de seguridad básicas que le permitirán colaborar en las maniobras del equipo y los materiales relacionados con su oficio.

2.0.0 ◆ MÉTODOS Y MEDIOS DE COMUNICACIÓN

Los métodos y los medios de comunicación varían ampliamente en las operaciones de levantamiento. El método indica una diferencia entre la comunicación verbal (hablada) y la no verbal. El modo es lo que se utiliza para facilitar la comunicación. Esto puede incluir, por ejemplo, un megáfono, una radio, señales manuales o banderas.

2.1.0 Medios de comunicación verbal

Los medios de comunicación verbal varían de acuerdo con las exigencias de la situación. Uno de los medios de comunicación verbal más comunes utilizados es la radio portátil (walkie-talkie). Son unidades económicas y compactas de baja potencia que permiten la comunicación verbal entre el operador de la grúa y los señalizadores. Estas unidades son más resistentes y confiables y se utilizan mucho en las obras y las plantas industriales.

Sin embargo, utilizar equipos económicos de baja potencia en un entorno industrial tiene algunas desventajas. Una es la interferencia. Con unidades económicas de baja potencia, la frecuencia utilizada para transmitir la señal puede ser utilizada por muchos otros equipos. Dada esta congestión en la frecuencia, una unidad más potente podría desestabilizar la señal. Otra desventaja es el ruido de fondo. Al intentar enviar una señal en una zona con mucho ruido, la persona que envía la señal involuntariamente puede transmitir ruido. En consecuencia, el receptor obtendrá una señal difícil de entender y distorsionada. El receptor quizá no escuche la transmisión por el gran ruido de fondo en la cabina de la grúa.

Los problemas relacionados con el uso de radios tienen varias soluciones. Para superar los contratiempos relacionados con las unidades de poca potencia, se puede requerir unidades más costosas con capacidad para programar frecuencias específicas y transmitir a un nivel de potencia más alto. Algunas de estas unidades más costosas pueden requerir licencia. Para solucionar el problema del ruido de fondo, se puede emplear auricular y micrófono combinados con cancelación de ruido (*Figura 1*).

Otra solución es un micrófono de garganta opcional. Este dispositivo envía el sonido transmitido directamente al oído y recoge la comunicación de la voz de la mandíbula en la juntura de la oreja. Esto evita que el ruido ingrese al micrófono y bloquea todos los ruidos de fondo al escuchar. Para evitar que se pierda la comunicación, la radio del señalizador generalmente está bloqueada en transmisión, por lo tanto el operador de la grúa puede comprobar si la unidad está transmitiendo o no. En todos los casos, se debe implementar un método de retroalimentación entre el señalizador y el operador de la grúa para que el señalizador sepa si el operador de la grúa recibió la señal.

Otro medio de comunicación verbal es un sistema de conexión permanente (*Figura 1*). Estas unidades evitan algunas de las desventajas del uso de la radio. Cuando se usa este tipo de sistema, es poco probable que haya interferencia de otra unidad, porque este sistema no usa una frecuencia de radio para transmitir información. Al igual que cualquier sistema de telefonía, ocasionalmente puede haber interferencia si el cableado no está protegido adecuadamente contra transmisiones de radio muy fuertes. Una unidad con conexión permanente no es muy portátil ni práctica si necesita mover la grúa con frecuencia. Estas unidades también pueden utilizar auricular y micrófono combinados con cancelación de ruido para minimizar los efectos del ruido de fondo.

SISTEMA DE RADIO OPERADO POR VOZ (VOX) O PUSH-TO-TALK (PTT) [PULSAR PARA HABLAR] CON MICRÓFONO PARA GARGANTA

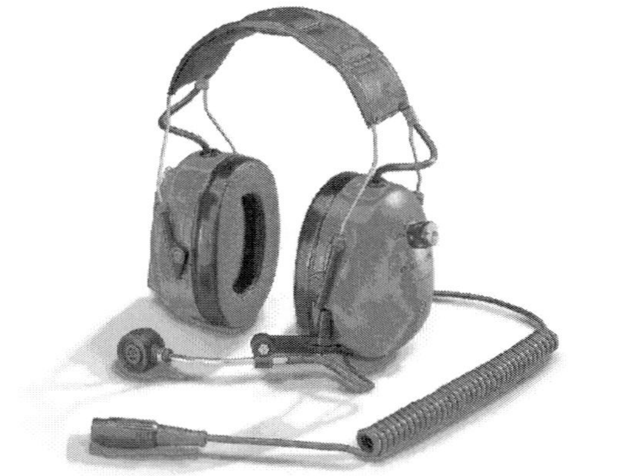

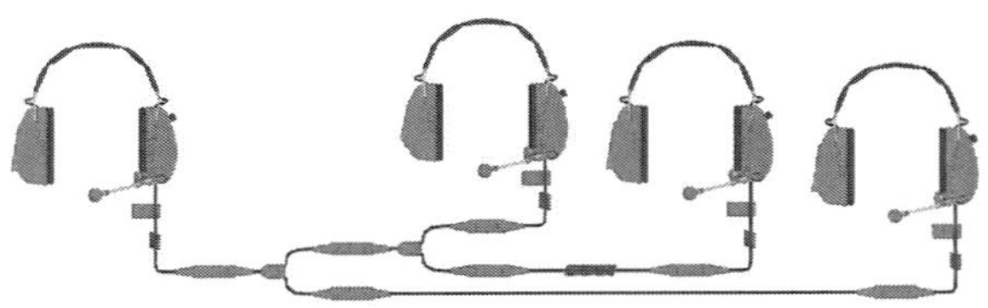

SISTEMA CON CONEXIÓN PERMANENTE DUPLEX CON AMPLIFICADOR EN LÍNEA Y CABLES DE EXTENSIÓN PARA COMUNICACIONES BIDIRECCIONALES SIMULTÁNEAS

302F01.EPS

Figura 1 ◆ Sistemas de comunicación electrónica.

2.2.0 Medios no verbales de comunicación

La comunicación no verbal es el medio de comunicación más utilizada para operar la grúa. Existe una amplia variedad de medios de comunicación no verbales. Por ejemplo, se pueden usar banderas de señales para comunicar el mensaje deseado, ya sea mediante los diferentes colores o mediante la posición específica de las banderas. También se pueden usar sirenas, timbres y silbatos; en estos casos el mensaje lo determina el número de repeticiones y la duración del sonido. La desventaja de estos dos medios es que no existe un significado establecido para ninguna de las diferentes señales, a menos que el emisor y el receptor lo determinen con anterioridad. Además, tenga en cuenta que cuando se utilizan sirenas, timbres y silbatos los niveles de ruido de fondo pueden ser un problema.

El medio de comunicación más común utilizado durante las operaciones de grúa es la *norma de consenso ASME B30.5* de señales manuales (vea desde la *Figura 2* hasta la *18*). De acuerdo con la norma *ASME B30.5*, el operador debe usar señales manuales estándar, a menos que se utilice un equipo de comunicación de voz. Además, se debe publicar la gráfica de señales manuales de modo que quede visible en el lugar de trabajo. La ventaja de usar estas señales manuales es que están bien establecidas y publicadas en un estándar general de la industria. Esto significa que estas señales manuales son reconocidas por la industria como las señales manuales estándar que se utilizan en todos los lugares de trabajo. De esta manera, se garantiza que las señales sean de conocimiento general y tengan un significado universal al llevar a cabo operaciones de levantamiento. Las señales acordadas eliminan las principales barreras que dificultan una comunicación efectiva.

NOTA

Si resulta evidente que el operador de la grúa ha malinterpretado una señal, haga inmediatamente la señal de parada.

Se pueden introducir agregados o modificaciones para las operaciones que no están comprendidas por las señales manuales descritas, como el despliegue de los botalones. El operador y el señalizador deben ponerse de acuerdo con respecto a las señales especiales antes de operar la grúa; y estas señales no deben confundirse con ninguna de las señales estándar.

Si necesita darle instrucciones al operador en forma verbal en lugar de hacer señales manuales, se deben detener todos los movimientos de la grúa antes de hacerlo.

Cuando se mueve una grúa móvil sin la supervisión del encargado de maniobras, se deben dar señales de desplazamiento perceptibles con la bocina de la grúa:

- *Parar*: una señal perceptible
- *Avanzar*: dos señales perceptibles
- *Retroceder*: tres señales perceptibles

TORNO IZADOR: Con el antebrazo en posición vertical y el dedo índice hacia arriba, dibuje un pequeño círculo horizontal con la mano.

MOVIMIENTO ESPERADO DE LA MÁQUINA: La carga adjunta al bloque o bola se eleva verticalmente, con aceleraciones y desaceleraciones suaves.

302F02.EPS

Figura 2 ◆ Torno izador.

DESCENDER: Con el brazo extendido hacia abajo y el dedo índice hacia abajo, dibuje un pequeño círculo horizontal con la mano.

MOVIMIENTO ESPERADO DE LA MÁQUINA: La carga (bloque o bola) desciende lentamente en forma vertical.

302F03.EPS

Figura 3 ◆ Bajar.

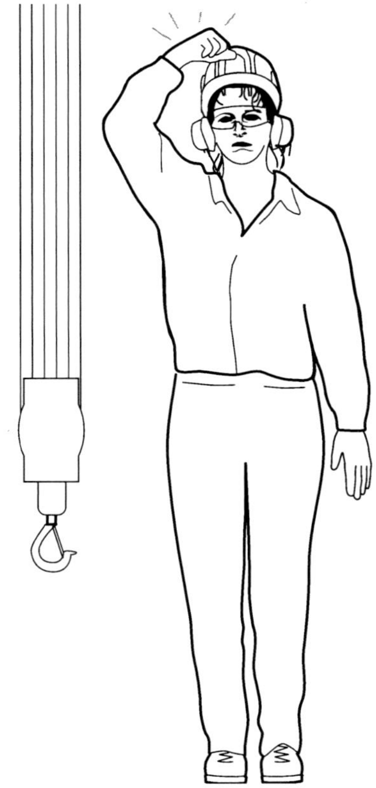

UTILIZAR TORNO IZADOR PRINCIPAL: Golpéese la cabeza con el puño; después, emplee la señal de mano habitual.

MOVIMIENTO ESPERADO DE LA MÁQUINA: Ninguno. Esta señal se utiliza solamente para informar al operador que el encargado de la señalización ha elegido el torno de izamiento principal para ejecutar la acción, y no el torno de izamiento auxiliar.

302F04.EPS

Figura 4 ◆ Usar el torno izador principal.

UTILIZAR LÍNEA AUXILIAR (TORNO IZADOR AUXILIAR): Golpéese el codo con la palma abierta de una mano; después emplee la señal de mano habitual.

MOVIMIENTO ESPERADO DE LA MÁQUINA: Ninguno. Esta señal se utiliza solamente para informar al operador que el encargado de la señalización ha elegido el torno de izamiento auxiliar para ejecutar la acción, y no la grúa principal.

302F05.EPS

Figura 5 ◆ Usar la línea auxiliar.

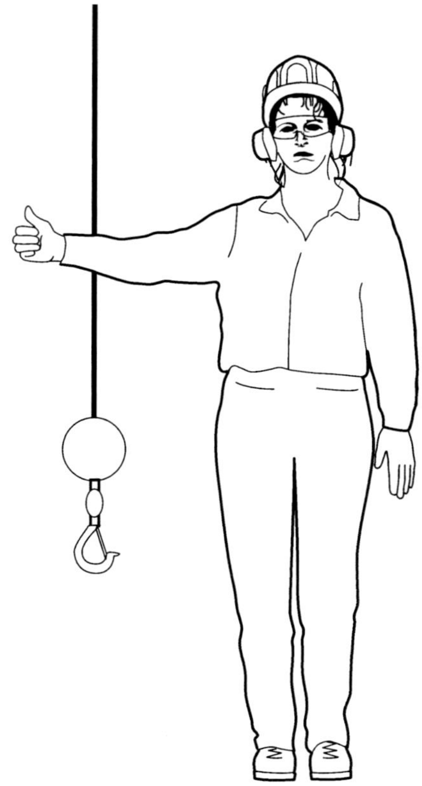

ELEVAR PLUMA: Brazo extendido, dedos cerrados, pulgar hacia arriba.

MOVIMIENTO ESPERADO DE LA MÁQUINA: La pluma se elevará, incrementando así la altura del gancho y reduciendo el espacio libre superior general de la máquina. El radio de operación se reduce lentamente; en consecuencia, posiblemente se incremente la capacidad y estabilidad de la máquina.

302F06.EPS

Figura 6 ◆ Elevar la pluma.

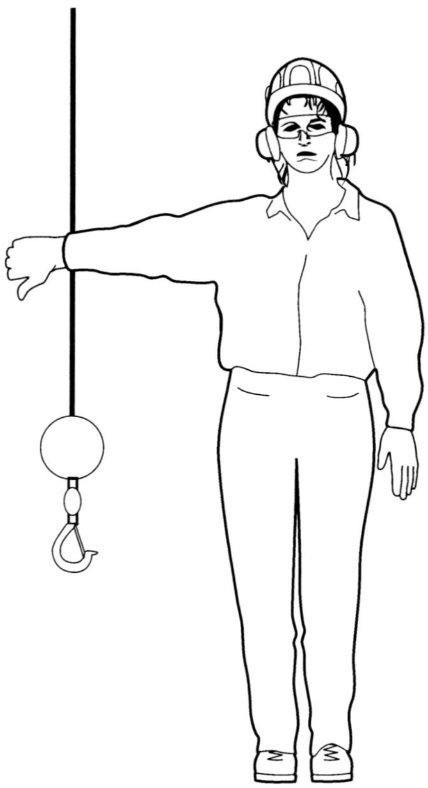

HACER DESCENDER LA PLUMA: Brazo extendido, dedos cerrados, pulgar hacia abajo.

MOVIMIENTO ESPERADO DE LA MÁQUINA: La pluma descenderá, disminuyendo así la altura del gancho y reduciendo el espacio libre horizontal general de la máquina. El radio de operación se incrementa lentamente; en consecuencia, posiblemente se reduzca la capacidad y estabilidad de la máquina.

302F07.EPS

Figura 7 ◆ Bajar la pluma.

MOVER LENTAMENTE: Utilice una mano para dar cualquier señal de movimiento y mantenga inmóvil la otra mano sobre la que indica la señal de movimiento.

MOVIMIENTO ESPERADO DE LA MÁQUINA: El movimiento de la máquina variará según la señal que se esté indicando.

302F08.EPS

Figura 8 ◆ Mover lentamente.

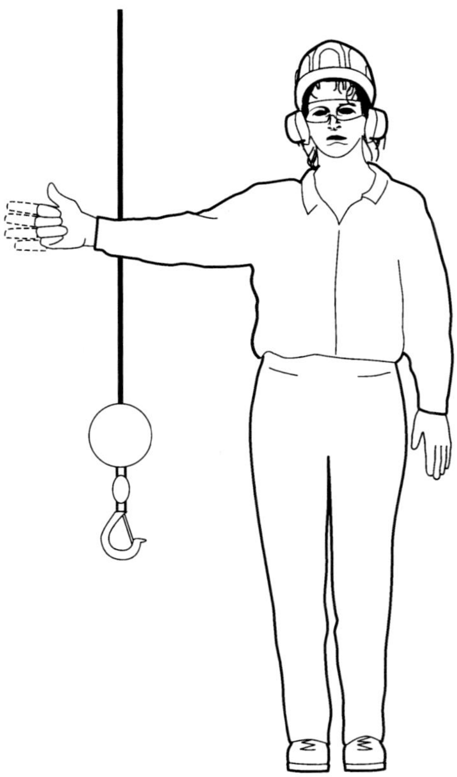

ELEVAR LA PLUMA Y HACER DESCENDER LA CARGA: Con el brazo extendido, los dedos cerrados y el pulgar hacia arriba, flexione los dedos hacia adentro y hacia afuera mientras se desee indicar movimiento de la carga.

MOVIMIENTO ESPERADO DE LA MÁQUINA: La pluma se eleva, reduciendo así el espacio libre superior general de la máquina, a medida que la carga se acerca horizontalmente a la grúa. El radio de operación se reduce lentamente; en consecuencia, posiblemente se incremente la capacidad y estabilidad de la máquina.

302F09.EPS

Figura 9 ◆ Elevar la pluma y bajar la carga.

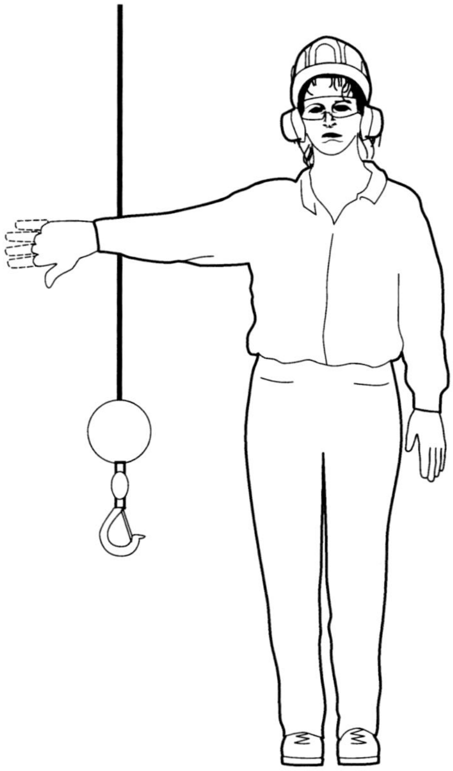

HACER DESCENDER LA PLUMA Y ELEVAR LA CARGA: Con el brazo extendido, los dedos cerrados y el pulgar hacia abajo, flexione los dedos hacia adentro y hacia afuera mientras se desee indicar movimiento de la carga.

MOVIMIENTO ESPERADO DE LA MÁQUINA: La pluma desciende, aumentando así el espacio libre superior general de la máquina, a medida que la carga se aleja horizontalmente de la grúa. El radio de operación se incrementa lentamente; en consecuencia, posiblemente se reduzca la capacidad y estabilidad de la máquina.

302F10.EPS

Figura 10 ◆ Bajar la pluma y elevar la carga.

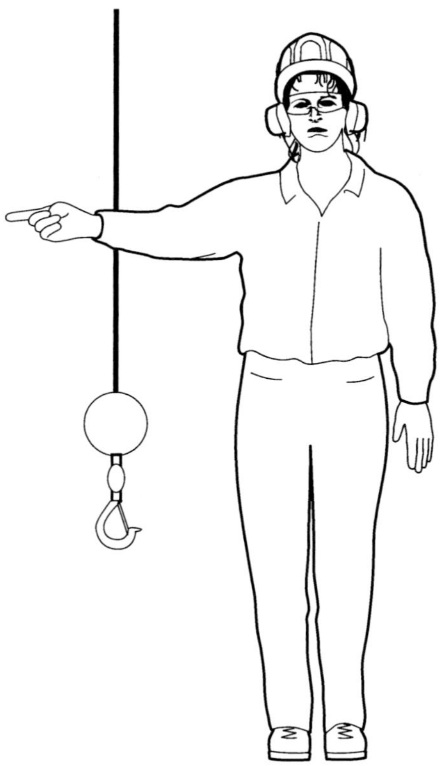

OSCILACIÓN: Con el brazo extendido, señale con los dedos en dirección al oscilador de la pluma. (La oscilación a la izquierda se muestra desde la perspectiva del operador). Utilice el brazo apropiado para indicar la dirección deseada.

MOVIMIENTO ESPERADO DE LA MÁQUINA: La pluma se desplaza alrededor del centro de rotación con la carga (bloque o bola) oscilando en arco (ya sea hacia la derecha o hacia la izquierda) mientras permanece aproximadamente equidistante a un plano de nivel.

302F11.EPS

Figura 11 ◆ Hacer oscilar.

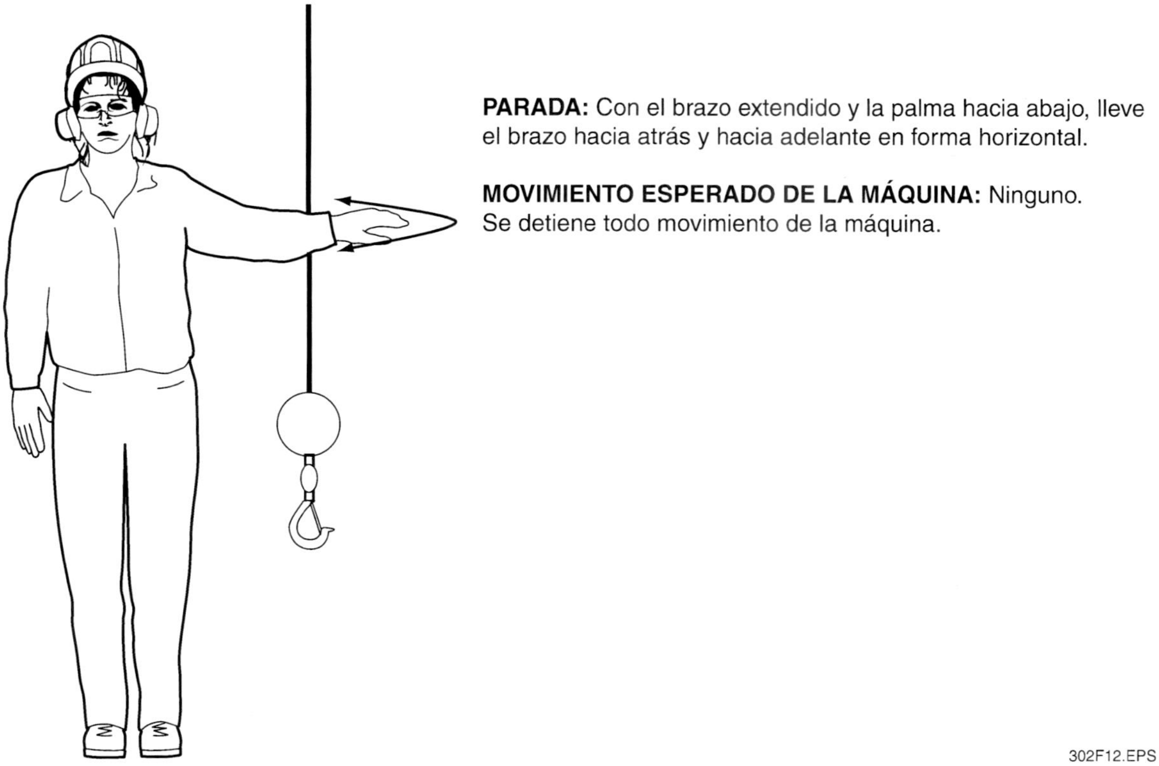

Figura 12 ◆ Parar.

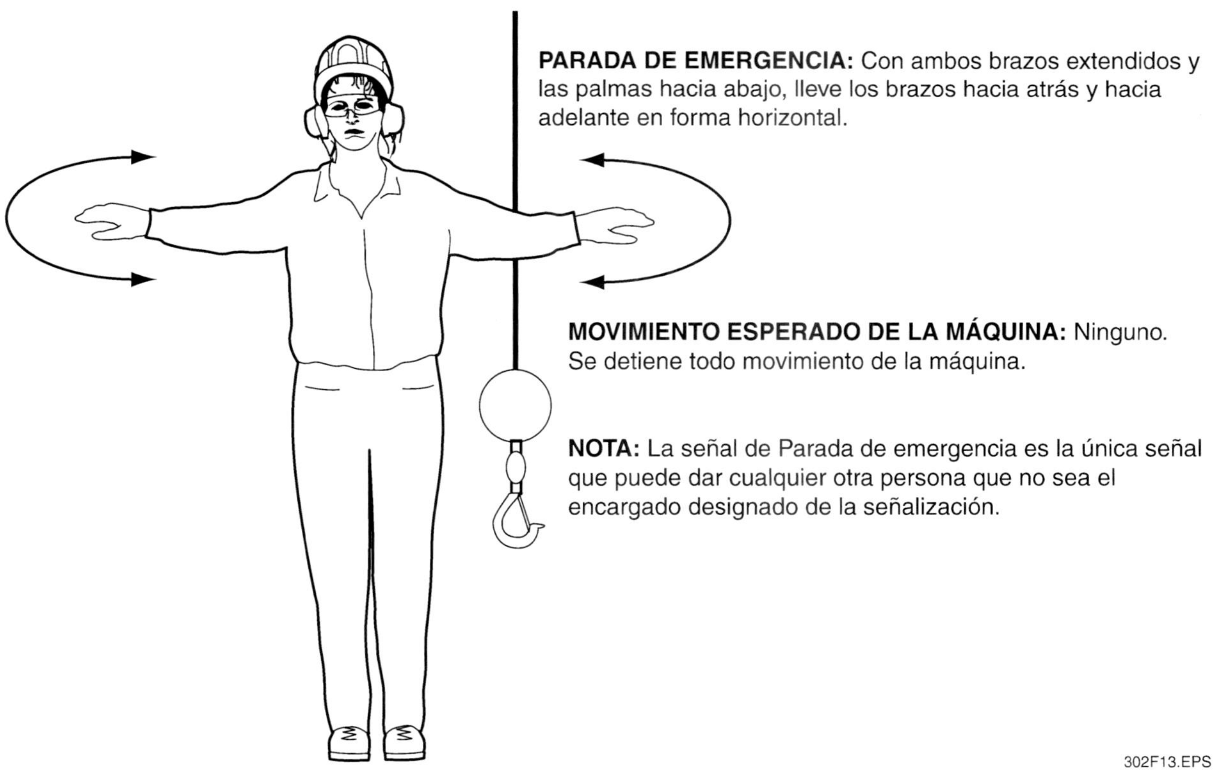

Figura 13 ◆ Parada de emergencia.

DETENCIÓN TOTAL: Tómese las manos frente al cuerpo.

MOVIMIENTO ESPERADO DE LA MÁQUINA: Ninguno.

302F14.EPS

Figura 14 ◆ Detención total.

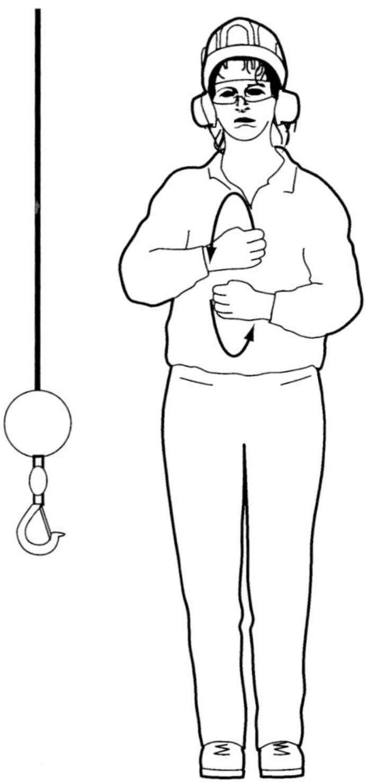

DESPLAZAMIENTO (AMBOS CARRILES): Coloque ambos puños frente al cuerpo y muévalos en forma circular, indicando la dirección del desplazamiento (hacia adelante o hacia atrás).

MOVIMIENTO ESPERADO DE LA MÁQUINA: La máquina se desplaza en la dirección elegida.

302F15.EPS

Figura 15 ◆ Desplazar (ambos carriles).

DESPLAZAMIENTO (UN CARRIL): Bloquee el carril del lado del puño levantado. Desplace el carril opuesto en la dirección indicada por el movimiento circular del otro puño, que se rota verticalmente frente al cuerpo.

MOVIMIENTO ESPERADO DE LA MÁQUINA: La máquina gira en la dirección elegida.

302F16.EPS

Figura 16 ◆ Desplazar (un carril).

Existen ciertos requisitos que exigen la presencia de un señalizador. Cuando el operador de la grúa no puede ver la carga, la zona de descarga o la trayectoria de movimiento, o no puede calcular la distancia, se necesita la presencia de un señalizador. También se necesita un señalizador si la grúa está operando cerca de líneas de alta tensión o hay otra grúa funcionando cerca.

No cualquier persona puede ser un señalizador. Los señalizadores deben tener experiencia y conocimiento sobre todos los métodos de comunicación, estar ubicados a la vista del operador, tener una visión total de la trayectoria de la carga y entender la trayectoria de desplazamiento proyectada de la carga para poder posicionarse en consecuencia. Además, deben tener guantes o ropa bien visibles, responsabilizarse por despejar el radio de operación de la grúa y nunca direccionar la carga por encima de una persona.

NOTA

No le haga señales al operador de la grúa a menos que haya sido designado como señalizador. Sin embargo, si nota una situación peligrosa, todos pueden indicarle al operador de la grúa que se detenga.

A pesar de que se espera que el personal involucrado en las operaciones de levantamiento interprete estas señales cuando son dadas, es aceptable que un señalizador dé una señal verbal o no verbal a un operador que no sea parte del estándar *ASME B30.5*. En esos casos en los que se dan señales no estandarizadas, es importante que tanto el operador como el señalizador entiendan por completo el mensaje.

3.0.0 ◆ CONCEPTOS GENERALES SOBRE LA SEGURIDAD EN LAS MANIOBRAS

Debe estar atento a los peligros inevitables asociados con las maniobras. Dirigirá el movimiento de las cargas por encima y cerca de otros trabajadores, donde la caída de un equipo o un material puede ocasionar un peligro de seguridad serio (*Figura 19*). También puede trabajar en condiciones climáticas extremas donde haya viento, superficies resbaladizas y zonas de trabajo desprotegidas. Cuando trabaja cerca de grúas, siempre mire hacia arriba y esté atento a los peligros que tiene por encima y alrededor suyo.

Como resultado de las reglamentaciones más estrictas de la OSHA (Occupational Safety and Health Administration, Administración de la

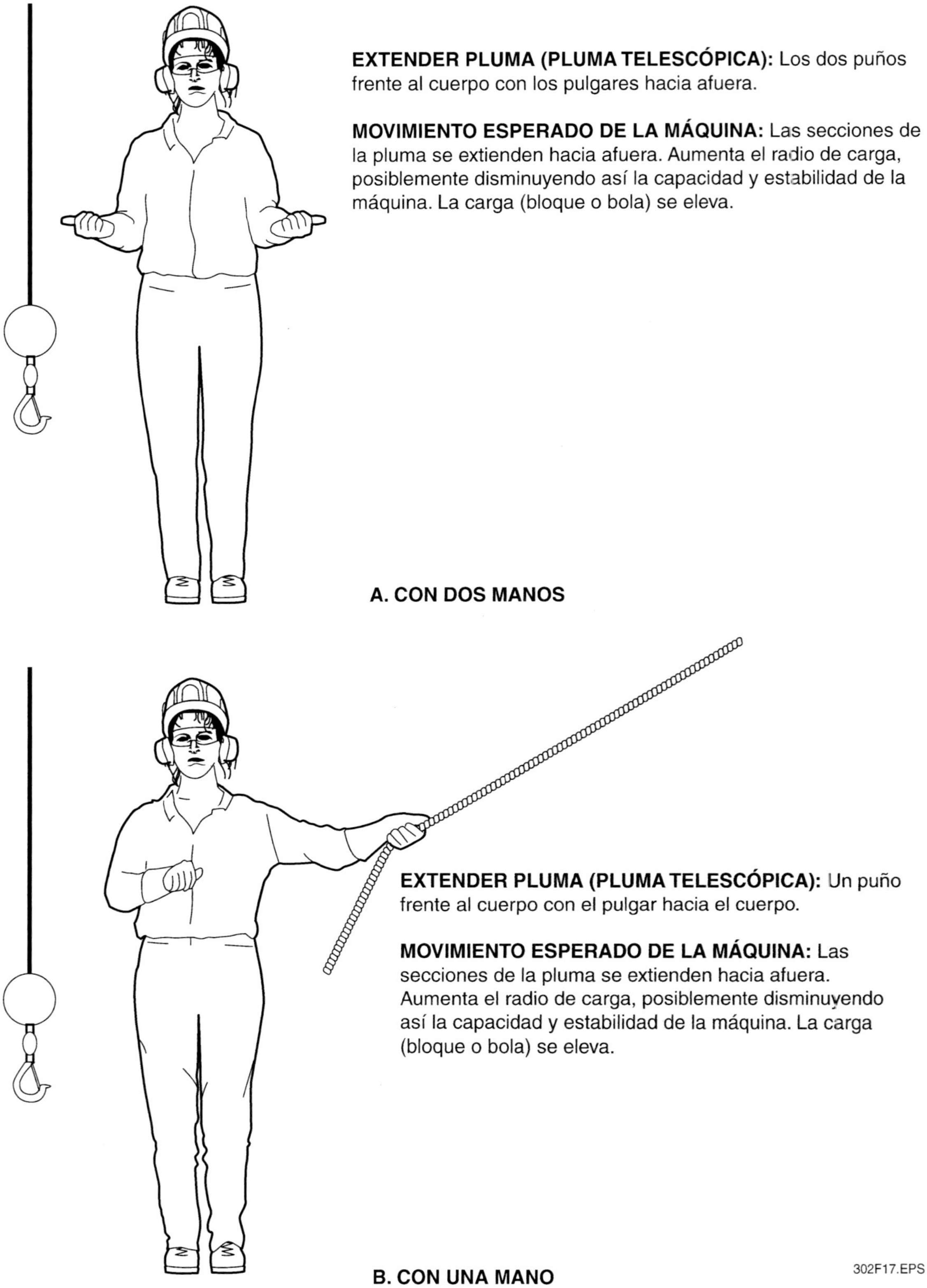

Figura 17 ◆ Extender la pluma.

RETRAER PLUMA (PLUMA TELESCÓPICA): Ambos puños frente al cuerpo con los pulgares enfrentados.

MOVIMIENTO ESPERADO DE LA MÁQUINA: Las secciones de la pluma se retraen. Disminuye el radio de carga, posiblemente aumentando así la capacidad y estabilidad de la máquina. La carga (bloque o bola) desciende.

A. CON DOS MANOS

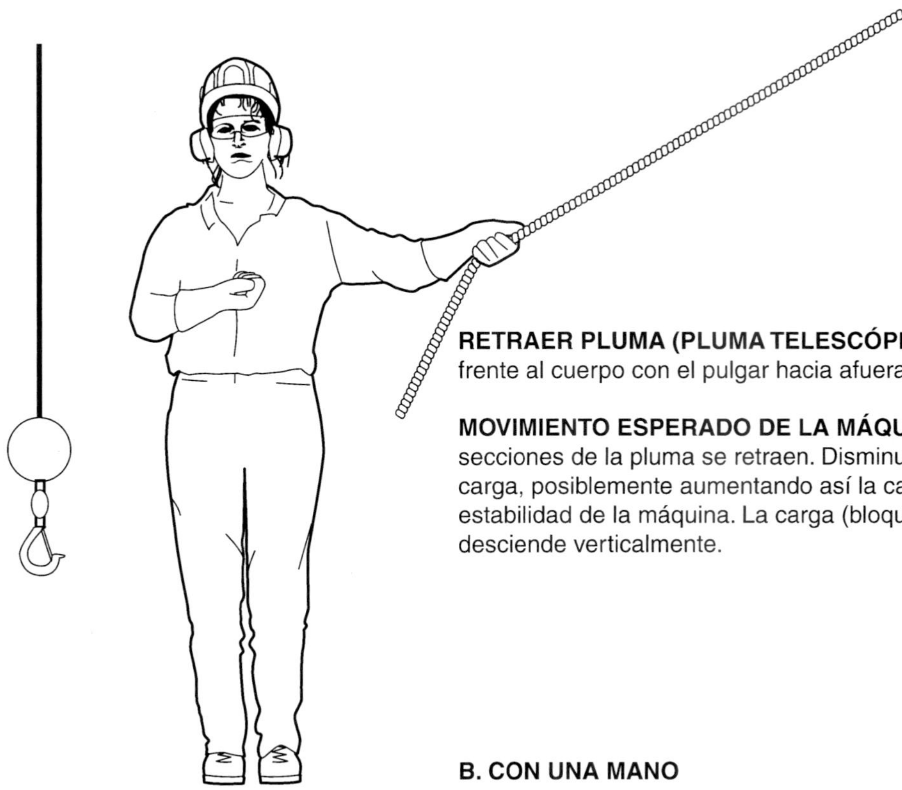

RETRAER PLUMA (PLUMA TELESCÓPICA): Un puño frente al cuerpo con el pulgar hacia afuera.

MOVIMIENTO ESPERADO DE LA MÁQUINA: Las secciones de la pluma se retraen. Disminuye el radio de carga, posiblemente aumentando así la capacidad y estabilidad de la máquina. La carga (bloque o bola) desciende verticalmente.

B. CON UNA MANO

302F18.EPS

Figura 18 ◆ Retraer la pluma.

Salud y Seguridad ocupacionales) y con obreros con más días laborales perdidos, algunos contratistas comerciales de la construcción han implementado políticas de seguridad más rigurosas.

Es muy importante que el empleado tenga conciencia de la seguridad. De esta manera, se pueden reducir o eliminar por completo los casos de empleados lesionados. Se puede reducir el número de empleados lesionados si cada uno de ellos se compromete a concientizarse sobre la seguridad. Su responsabilidad personal es asistir a todos los programas de seguridad del empleado.

La conciencia de la seguridad es la clave para reducir accidentes, lesiones y muertes en el lugar de trabajo. Los accidentes se pueden evitar porque la mayoría provienen del error humano. Se pueden reducir los errores mediante el desarrollo de hábitos laborales de seguridad a partir de los principios de la seguridad en el trabajo.

3.1.0 Protección personal

Los trabajadores tienen la responsabilidad de cuidar su propia seguridad y la de sus compañeros de trabajo. La gerencia tiene la responsabilidad de que cada trabajador que prepara y utiliza el equipo y que trabaja con o cerca de él esté bien entrenado con respecto a los procedimientos de operación y las prácticas de seguridad.

302F19.EPS

Figura 19 ◆ Peligros aéreos.

Siempre tenga en cuenta el entorno cuando trabaja con grúas. Manténgase alerta y sepa la ubicación del equipo todo el tiempo cuando se mueva y trabaje en el área de trabajo.

El equipo de protección personal estándar, que incluye cascos, zapatos de seguridad, guantes y barricadas en las áreas de trabajo (*Figura 20*) es parte de los requisitos importantes de seguridad en cualquier lugar de trabajo.

3.2.0 Equipo y supervisión

Su empleador es responsable de asegurarse de que todo el equipo de tornos izadores sea utilizado por operadores experimentados y entrenados. Los encargados de las maniobras también deben ser capaces de elegir el equipo adecuado para las maniobras y los levantamientos y de dirigir el movimiento de la grúa y la carga para garantizar la seguridad de todo el personal. Las operaciones de maniobra deben ser planeadas y supervisadas por personal competente que asegure que:

- esté disponible el equipo de maniobra adecuado,
- estén disponibles las capacidades nominales correctas de la carga para el material y el equipo de maniobra, y
- el equipo y el material de maniobra tengan buen mantenimiento y estén en buenas condiciones para realizar el trabajo.

El supervisor de maniobras es responsable de:

- garantizar que las maniobras de carga sean las apropiadas,
- supervisar al personal,

302F20.EPS

Figura 20 ◆ Zona de trabajo con barricadas.

- garantizar que el material y el equipo de maniobra cumplan con la capacidad requerida y estén en condiciones seguras,
- garantizar que los pernos para los levantamientos y demás equipo y materiales de maniobra estén instalados correctamente,
- garantizar la seguridad del personal encargado de las maniobras y el resto del personal.

3.3.0 Precauciones básicas para las maniobras

La precaución más importante es determinar el peso de todas las cargas antes de practicar las maniobras de levantamiento. Cuando se dificulta calcular el peso de la carga, se deben agregar indicadores de carga segura o dispositivos para calcular peso al equipo para las maniobras. Es muy importante maniobrar la carga de modo que esté estable y que el **centro de gravedad** esté por debajo del gancho.

La seguridad personal de los encargados de maniobras y los operadores de los tornos izadores depende de su sentido común. Siempre preste atención a las siguientes prácticas de seguridad:

- Lea siempre las indicaciones del fabricante de todo el equipo con el que trabaja. Estas indicaciones proporcionan información sobre las verificaciones de encendido, las inspecciones periódicas y las pautas de inspección. Además, estas indicaciones proporcionan información sobre las configuraciones y las capacidades, además de muchas precauciones de seguridad y restricciones de uso.
- Determine el peso de las cargas, inclusive del mecanismo de maniobra y los accesorios, antes de realizar las maniobras. Si se desconoce, la gerencia de la obra debe proporcionar esta información.
- Conozca la carga de trabajo segura del equipo y el mecanismo de maniobra, y nunca exceda el límite.
- Examine todo el equipo y el mecanismo de maniobra antes de usarlos. Deshágase de todos los componentes defectuosos.
- Informe inmediatamente al supervisor en el caso de que haya equipos defectuosos o condiciones peligrosas. La persona autorizada debe dar la orden para continuar después de que se haya garantizado que las condiciones son seguras.
- Detenga las operaciones de los tornos izadores o las maniobras cuando las condiciones climáticas sean peligrosas para la propiedad, los trabajadores o las personas cercanas cuando, por ejemplo, el viento supere las especificaciones del fabricante, la visibilidad del encargado de las maniobras o el personal encargado de los tornos izadores se vea afectada por la poca luminosidad, el polvo, la neblina, la lluvia o la nieve.
- Reconozca los factores que puedan reducir la capacidad del equipo. Las cargas de trabajo seguras de todo el equipo de torno izadores y de maniobras se basan en las condiciones ideales. Estas condiciones casi nunca se cumplen en condiciones de trabajo.
- Recuerde que las cargas de trabajo seguras del equipo de torno izadores se aplican sólo para cargas de suspensión libre y líneas de tornos izadores verticales. Las cargas laterales y las líneas de torno izadores que no son verticales pueden sobrecargar el equipo más de los límites para el que está diseñado, lo que puede producir una falla estructural sin aviso.
- Asegúrese de que no se supere la carga de trabajo segura del equipo si se expone al viento. Evite tomar por la fuerza, balancear o detener las cargas en suspensión. Las aceleraciones y las desaceleraciones rápidas aumentan en gran medida la presión en el equipo y el mecanismo de maniobra.
- Siga todas las pautas del fabricante y consulte los estándares aplicables para estabilizar las grúas móviles de manera adecuada (*Figura 21*).

3.4.0 Trayectoria de la carga, control de la carga y cuerdaguías

Todas las cargas que son torno izadas en el aire deben tener una cuerdaguía (*Figura 22*). Si una carga es pequeña y las condiciones del aire no la afectan, se puede utilizar una cuerdaguía corta. Si es un objeto grande, se deben utilizar cuerdaguías múltiples. El largo de la cuerdaguía está determi-

302F21.EPS

Figura 21 ◆ Grúa móvil con botalones.

nado por la altura del objeto. Las cuerdaguías deben ser lo suficientemente largas para que los trabajadores puedan estar al costado de la carga y no directamente debajo. Cuando los trabajadores usan cuerdaguías para controlar la carga, deben comunicarse entre ellos y sus colegas involucrados antes de empezar a levantar la carga. Los trabajadores deben asegurarse de que la carga esté equilibrada antes de colocar las cuerdaguías. Necesitan ponerse de acuerdo acerca del posicionamiento de la carga durante el levantamiento y la instalación para que trabajen en colaboración y no en superposición al realizar las maniobras. Además, necesitan tomar las precauciones con anticipación con respecto al área de descarga, como colocar barricadas y ubicar **bloqueos**. Se necesitan al menos dos cuerdaguías en forma permanente. No enrolle las cuerdaguías alrededor de la mano o el cuerpo. No haga un nudo en los extremos de la cuerdaguía a menos que sea un nudo corona. Un trozo de cinta en el extremo es suficiente para que no se desarme el cable.

¡ADVERTENCIA!
Asegúrese de no tener la cuerdaguía envuelta en ninguna parte del cuerpo.

3.5.0 Barricadas

Siempre se deben utilizar barricadas para evitar que se hagan levantamientos por encima de las personas, para prevenir la posibilidad de lesionar al personal que esté en la zona. Siga siempre los requisitos individuales en la obra para la construcción adecuada de las barricadas. Si tiene dudas con respecto al procedimiento adecuado, consulte a su supervisor para que lo oriente antes de continuar con cualquier operación de levantamiento por encima de las personas. Es importante recordar que se deben colocar barricadas en las zonas accesibles dentro del radio de balanceo de la estructura rotativa de la parte trasera de la grúa, para evitar que los empleados y demás personas sean golpeados o aplastados por la grúa (*Figura 23*).

302F22.EPS

Figura 22 ◆ El uso de una cuerdaguía.

3.6.0 Seguridad para la manipulación de la carga

El control seguro y efectivo de la carga implica que el encargado de las maniobras debe cumplir de manera estricta los requisitos de seguridad para la manipulación de la carga. Esto incluye asegurarse de que la trayectoria de balanceo o de la carga esté despejada de personal y obstáculos (*Figura 24*). Mantenga despejadas las trayectorias de balanceo delantera y trasera (*Figura 25*) de la grúa durante el levantamiento. La mayoría de las personas observan la carga cuando está en movimiento, lo que no les permite ver el extremo trasero de la grúa que viene por detrás.

Asegúrese de que no haya personal en el área de descarga, con la excepción de los encargados de las cuerdaguías. Además, asegúrese de que los bloqueos y los entibados necesarios para la carga estén en su lugar antes de posicionar la carga para la descarga. Bajar la carga justo por encima de la zona de descarga y luego colocar los entibados y los bloqueos puede ser peligroso. Nadie debe trabajar debajo de la carga. Se puede completar la distribución de los entibados en el área de descarga antes de preparar la carga. Puede ubicar los bloqueos de la carga después de preparar la carga.

302F23.EPS

Figura 23 ◆ Usar una barrera para aislar la zona del círculo de giro de una grúa.

En ese caso, no quite la presión de carga de la eslinga hasta que los bloqueos estén colocados y asegurados. No intente posicionar la carga sobre los entibados con esfuerzo manual.

Después de fijar el mecanismo de maniobra y cada vez que deba manipular las cargas, siga los siguientes procedimientos:

- Antes del levantamiento, asegúrese de que todas las cargas tengan todas las eslingas aseguradas y adecuadamente equilibradas para evitar que alguna parte se corra.

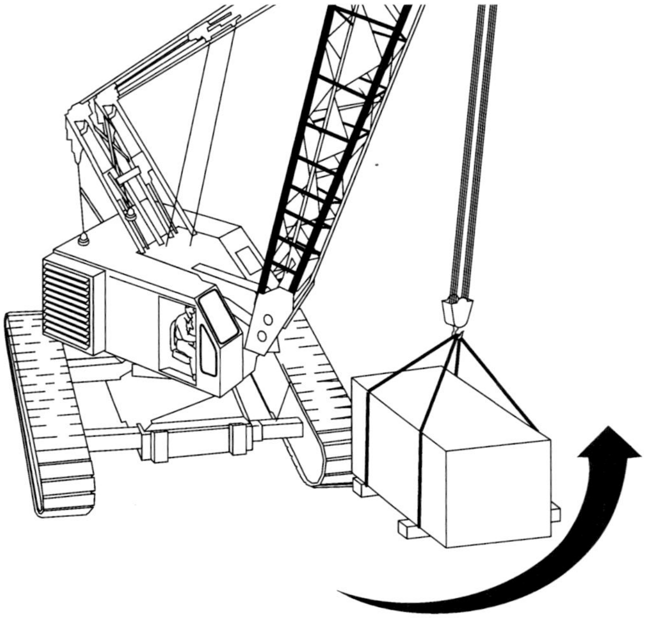

302F24.EPS

Figura 24 ◆ Trayectoria de balanceo frontal.

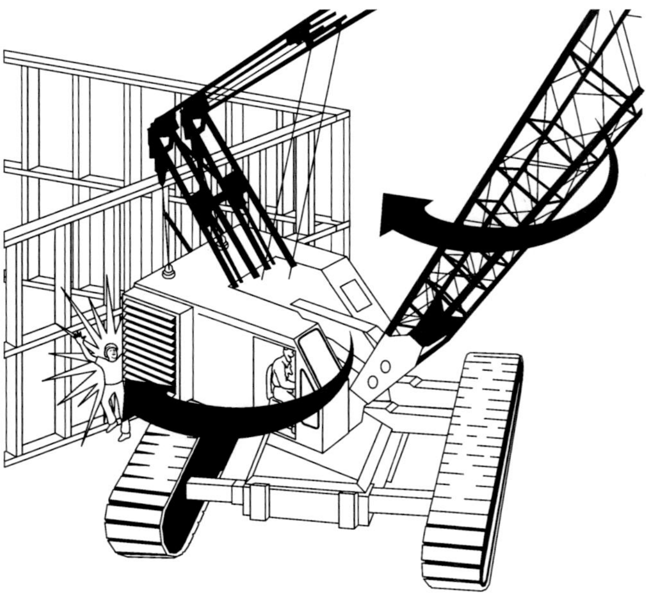

302F25.EPS

Figura 25 ◆ Trayectoria de balanceo trasera.

- Use una o más cuerdaguías para mantener la carga bajo control.
- Después de descargar con seguridad y bloquear apropiadamente todas las cargas, retire las eslingas.
- Use las vigas de izamiento sólo para lo que fueron diseñadas. Sus capacidades de peso y carga de trabajo deben estar visibles en las vigas.
- Nunca envuelva los cables del torno izador alrededor de la carga. Sólo use eslingas u otros dispositivos de levantamiento adecuados.
- No enrosque las líneas de partes múltiples unas con otras.
- Acomode la línea de carga sobre el centro de gravedad de la carga antes de comenzar con el levantamiento.
- Asegúrese de que el cable esté en su lugar sobre el tambor y en las poleas si se han aflojado las cuerdas.
- Cargue y asegure todos los materiales y el equipo que sean torno izados para evitar que se muevan, lo que podría producir un peligro.
- Mantenga las manos y los pies alejados de los puntos de compresión cuando se recoge la cuerda floja.
- Use guantes.
- Verifique que todo el personal esté alejado cuando se levantan o se bajan las cargas o cuando se está tirando de las eslingas por debajo de la carga. Los ganchos se pueden enganchar debajo de la carga y soltarse de manera repentina. Se prohíbe tirar de un obturador por debajo de una carga que se haya fijado en el obturador.
- Nunca se suba en una carga cuando está siendo levantada.
- Nunca permita que la carga se levante por encima del personal.
- Nunca trabaje debajo de una carga suspendida.
- Nunca deje una carga suspendida en el aire cuando el equipo de torno izadores quede sin supervisión.
- Nunca repare una eslinga de manera provisional.
- Nunca levante cargas con una o dos patas de una eslinga de patas múltiples hasta asegurar las eslingas no utilizadas.
- Asegúrese de que todas las eslingas sean del mismo material cuando use dos o más eslingas en una carga.
- Retire o asegure todas las piezas sueltas de una carga antes de moverla.
- Baje las cargas sobre un bloqueo adecuado para evitar dañar las eslingas.
- Nunca permita que la carga toque la grúa.

4.0.0 ◆ TRABAJO EN TORNO A LÍNEAS DE ALTA TENSIÓN

Debe haber un señalizador competente en el lugar todo el tiempo para advertir al operador si alguna de las partes de la máquina o la carga se acerca a la distancia mínima de seguridad de la línea de alta tensión. El señalizador debe controlar todo el tiempo. En la *Tabla 1* y la *Figura 26,* se muestra la distancia mínima de seguridad de las líneas de alta tensión.

> **¡ADVERTENCIA!**
> La causa más frecuente de muerte de los encargados de las maniobras y los encargados de materiales es la electrocución producida por el contacto de la pluma de la grúa, las líneas de carga o la carga con líneas de alta tensión. Para evitar lesiones o la muerte, manténgase alejado de las líneas de alta tensión. Aunque se pueden utilizar o requerir cubiertas para plumas, eslabones aislantes o aparatos de aviso de proximidad, estos dispositivos no alteran las precauciones mencionadas en esta sección.

Tabla 1 Distancias con respecto a líneas de alta tensión

CRANE IN OPERATION (1)	
POWER LINE (kV)	BOOM OR MAST MINIMUM CLEARANCES (feet)
0 to 50	10
50 to 200	15
200 to 350	20
350 to 500	25
500 to 750	35
750 to 1000	45
CRANE IN TRANSIT (with no load and the boom or mast lowered) (2)	
POWER LINE (kV)	BOOM OR MAST MINIMUM CLEARANCES (feet)
0 to 0.75	4
0.75 to 50	6
50 to 345	10
345 to 7500	16
750 to 1000	20

Note 1: For voltages over 50kV, clearance increases 5 feet for every 150 kV.
Note 2: Environmental conditions such as fog, smoke, or precipitation may require increased clearances.

302T01.EPS

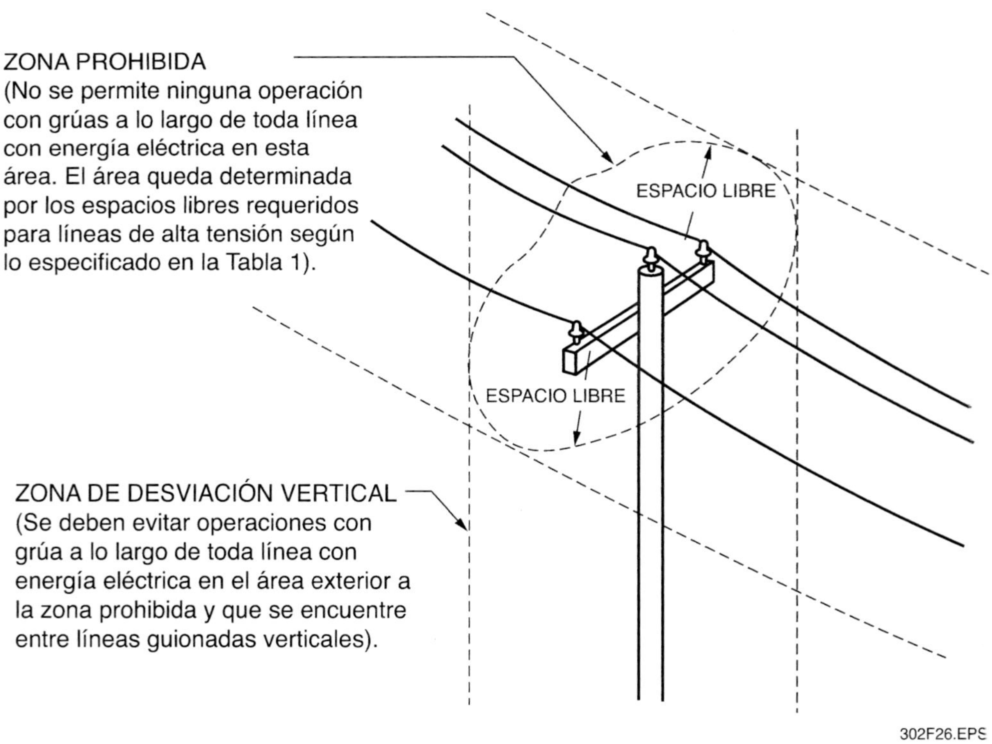

Figura 26 ◆ Zona prohibida y zona de desviación.

En condiciones ideales de trabajo, el dueño de las líneas de alta tensión debe cortar el suministro de energía y conectar a tierra las líneas que sean visibles para el operador de la grúa. Si eso no es posible, respete los siguientes procedimientos y precauciones en caso de que alguna de las partes de la pluma pueda alcanzar la línea de alta tensión:

- Asegúrese de que se haya preparado un permiso de conocimiento de las líneas de alta tensión (consulte el *Apéndice*) o equivalente.
- Coloque barricadas no conductoras para restringir el acceso al área de trabajo.
- Use una cuerdaguía para controlar la carga.
- Los señalizadores calificados, cuya única responsabilidad es verificar que las distancias sean las adecuadas, estén establecidas y se mantengan, deben estar en contacto permanente con el operador de la grúa.
- Los responsables de la operación deben alertar y advertir al operador de la grúa y a todas las personas que trabajan alrededor y cerca de la grúa acerca de los peligros de electrocución o lesiones serias e instruirlos acerca de cómo evitar estos peligros.
- Todo el personal que no sea esencial debe retirarse de la zona de trabajo de la grúa.
- Nadie está autorizado a tocar la grúa o la carga a menos que el señalizador indique que es seguro hacerlo.

Si una grúa o una carga entra en contacto con o se enreda en las líneas de alta tensión, asuma que las líneas de alta tensión están energizadas a menos que se vea que están conectadas a tierra. Cualquier otra suposición podría ser fatal.

Se deben respetar las siguientes pautas en caso de que la grúa entre en contacto con una fuente de alimentación eléctrica:

- El operador debe permanecer en la cabina de la grúa excepto en caso de incendio.
- No deje que nadie toque la grúa ni la carga.
- De ser posible, el operador debe revertir el movimiento de la grúa para cortar el contacto con la línea energizada.
- Si el operador no puede permanecer en la cabina porque hay un incendio o hay chispas, debe saltar de la grúa y caer con los dos pies juntos al suelo. Una vez fuera de la grúa, el operador debe hacer pasos o brincos muy cortos con los pies juntos hasta alejarse de la grúa.
- Comuníquese con las autoridades de energía locales o el dueño de la línea de alta tensión.
- Verifique que las líneas sean seguras y tengan la conexión a tierra adecuada dentro de la visión del operador antes de permitirle al personal acercarse a la grúa o la carga.

CARRIL INTERNO

Líneas de alta tensión

Trabajar cerca de grúas puede ser muy peligroso. Cerca del 40 por ciento de las lesiones y muertes registradas en un período de 10 años fueron causadas por electrocución, que a menudo ocurre cuando la pluma de una grúa entra en contacto con líneas de alta tensión. Como encargado de las maniobras, es de vital importancia estar atento a la proximidad de las líneas de alta tensión.

302SA01.EPS

5.0.0 ◆ SEGURIDAD EN LA OBRA

Para asegurarse de que nadie resulte herido o muerto, se necesita el esfuerzo combinado de todos los involucrados en las operaciones de grúa. Para operar la grúa de manera segura, se deben advertir los peligros y las restricciones en la obra, además de los requisitos del fabricante de la grúa.

¡ADVERTENCIA!

Los transmisores, tales como las torres de radio, también pueden representar un riesgo. Estos transmisores generan una frecuencia de radio (RF) de alta potencia que puede inducir un voltaje peligroso en la pluma de una grúa cercana. En dichas situaciones, la OSHA requiere que el transmisor esté desenergizado o que se utilicen métodos de conexión a tierra para proteger a los trabajadores. En estas situaciones, siempre consulte a su supervisor u oficial de seguridad en el lugar de trabajo.

Si bien los voltajes de RF inducidos de los transmisores no representan un riesgo de electrocución como los voltajes de las líneas de alta tensión, pueden producir chispas en cualquier objeto o persona. Las chispas pueden causar incendios o explosiones de combustible o materiales inflamables. También pueden causar quemaduras dolorosas y choques eléctricos al personal que entre en contacto directo con la grúa o con la carga que la grúa esté levantando.

5.1.0 Peligros y restricciones en la obra

Existen muchos peligros y restricciones en la obra relacionados con las operaciones de grúa. Estos peligros incluyen:

- Los servicios subterráneos como el gas, el petróleo, las líneas eléctricas y telefónicas; el sistema de tuberías de aguas negras y de drenaje; y los tanques subterráneos.
- Las líneas eléctricas o los transmisores de alta frecuencia.
- Las estructuras como los edificios, las excavaciones, los puentes y los rebajes

---

¡ADVERTENCIA!

Las líneas de alta tensión y los problemas ambientales, por ej., climáticos, son causas comunes de lesiones y muertes durante las operaciones de grúa.

El operador y los encargados de las maniobras deben inspeccionar el área de trabajo e identificar los peligros y las restricciones que puedan afectar la operación segura de la grúa. Esto incluye lo siguiente:

- Asegurarse de que el suelo soporte la grúa y la carga.
- Controlar que haya una trayectoria segura para mover la grúa por la obra.
- Asegurarse de que la grúa pueda rotar en los cuadrantes requeridos para el levantamiento planeado.

El operador debe seguir las recomendaciones del fabricante y todas las restricciones locales establecidas en las operaciones de grúa, como las consideraciones con respecto al tránsito o al horario para la disminución de ruido.

6.0.0 ◆ RESPUESTA ANTE EMERGENCIAS

Los operadores y los encargados de las maniobras deben reaccionar de manera rápida y correcta ante cualquier desperfecto de la grúa o cualquier situación de emergencia que se pueda presentar. Deben conocer las respuestas apropiadas ante situaciones de emergencia. La principal prioridad es prevenir lesiones y muertes. La segunda prioridad es prevenir el daño del equipo o las estructuras circundantes.

6.1.0 Incendio

El buen criterio es crucial para determinar la respuesta correcta en caso de incendio. La primera respuesta es detener la operación de la grúa y, si hay tiempo, bajar la carga y asegurar la grúa. En todo caso de incendio, evacue la zona incluso si no se puede bajar la carga o asegurar la grúa. Después de notificar a los servicios de emergencia, una persona calificada puede juzgar si se puede combatir el incendio con un extinguidor. Un extinguidor puede ser muy bueno para combatir un incendio pequeño en la etapa de origen, pero se puede perder el control de un incendio muy rápido. No se confíe demasiado y tenga en cuenta que la prioridad más importante es evitar lesionados o la pérdida de vidas. Incluso los bomberos entrenados con el mejor equipo pueden verse superados por los incendios y sufrir lesiones.

6.2.0 Desperfectos durante las operaciones de levantamiento

Los desperfectos mecánicos durante un levantamiento pueden ser muy graves. Si una falla incrementa el radio de manera inesperada, la grúa puede volcarse o la pluma puede colapsar. Las cargas también pueden caer durante un desperfecto mecánico. Una pérdida repentina de la carga sobre la grúa puede causar un efecto de látigo y hacer que la grúa vuelque o producir una falla en la pluma.

Las redundancias del sistema y las copias de seguridad reducen en gran medida las posibilidades de que ocurran este tipo de fallas en grúas modernas. Sin embargo, las fallas ocurren, por lo tanto esté alerta todo el tiempo.

Si ocurre un problema mecánico, el operador debe bajar la carga inmediatamente. Luego, el operador debe asegurar la grúa, colocar un rotulado de fuera de servicio en los controles e informar a un supervisor sobre el problema. La grúa no se debe operar hasta que un técnico calificado la repare.

6.3.0 Condiciones climáticas peligrosas

Las operaciones de la grúa móvil se llevan a cabo generalmente al aire libre. Bajo ciertas condiciones ambientales, como calor o frío extremos o vientos fuertes, el trabajo se puede tornar incómodo y posiblemente peligroso. Por ejemplo, la nieve y la lluvia pueden tener un efecto considerable en el peso de la carga y la compresión del suelo. En invierno, los neumáticos, los botalones y las orugas se pueden congelar al suelo. Esto puede llevar al operador o al encargado de las maniobras a la conclusión errónea de que la grúa está sobre un terreno estable. De hecho, al agregar peso durante la operación de levantamiento, puede ocasionar que una boya de un botalón, un neumático o una oruga se hundan en el suelo debajo de la superficie congelada. La lluvia intensa puede hacer que el suelo debajo de la grúa se torne inestable, lo que puede desestabilizar la grúa por la erosión o la pérdida de compresión del terreno. Hay otros puntos que hay que tener en cuenta cuando se trabaja bajo estas condiciones adversas.

6.3.1 Vientos fuertes y rayos

Los vientos fuertes y los rayos pueden causar problemas graves en la obra (*Figura 27*). Son peligros importantes que deben tomarse con seriedad. Los operadores de la grúa y los encargados de las maniobras deben estar preparados para tratar con climas extremos, para evitar accidentes, lesiones y daños. Es muy extraño que haya vientos fuertes o relámpagos sin advertencia previa. Esto les da tiempo a los operadores y a los encargados de las maniobras a reaccionar de manera apropiada.

Los vientos fuertes generalmente comienzan como ráfagas menores. Los operadores y los encargados de las maniobras deben estar atentos a las condiciones climáticas cambiantes, como el agravamiento de los vientos, para determinar el momento en el que las condiciones climáticas se pueden volver peligrosas. En caso de vientos fuertes, el operador debe asegurar las operaciones de la grúa lo antes posible. Esto implica colocar la pluma en la posición más baja posible y asegurar la grúa. Luego, todo el personal debe buscar refugio bajo techo lejos de la grúa.

Los rayos generalmente se pueden detectar cuando están a varias millas de distancia. Como regla general, el trueno sigue al relámpago cinco segundos por milla. Sin embargo, tenga en cuenta que una sucesión de rayos puede tocar tierra hasta 8 millas de distancia. Eso significa que una vez que escucha un trueno o ve un relámpago, está lo suficientemente cerca como para que represente un peligro.

En algunas áreas de mucho peligro, los censores de proximidad proporcionan advertencias cuando hay relámpagos en un radio de 20 millas. Una vez que se recibe una advertencia o se divisa un relámpago, los operadores de la grúa deben asegurarse lo antes posible, siguiendo las recomendaciones del fabricante de la grúa.

Una vez que se suspenden las operaciones con la grúa, todo el personal debe buscar refugio bajo techo lejos de la grúa. Espere siempre un mínimo de 30 minutos desde el último rayo o trueno divisado antes de retomar el trabajo.

CARRIL INTERNO

Clima

Las condiciones climáticas pueden afectar las operaciones de grúa. Debido a que alcanzan una gran altura y son de metal, las plumas de las grúas son blancos fáciles de los rayos. Los vientos altos pueden volcar una grúa que tenga la pluma elevada. La persona que esté en el terreno trabajando con el operador de la grúa debe estar alerta para detectar problemas climáticos que puedan afectar la grúa.

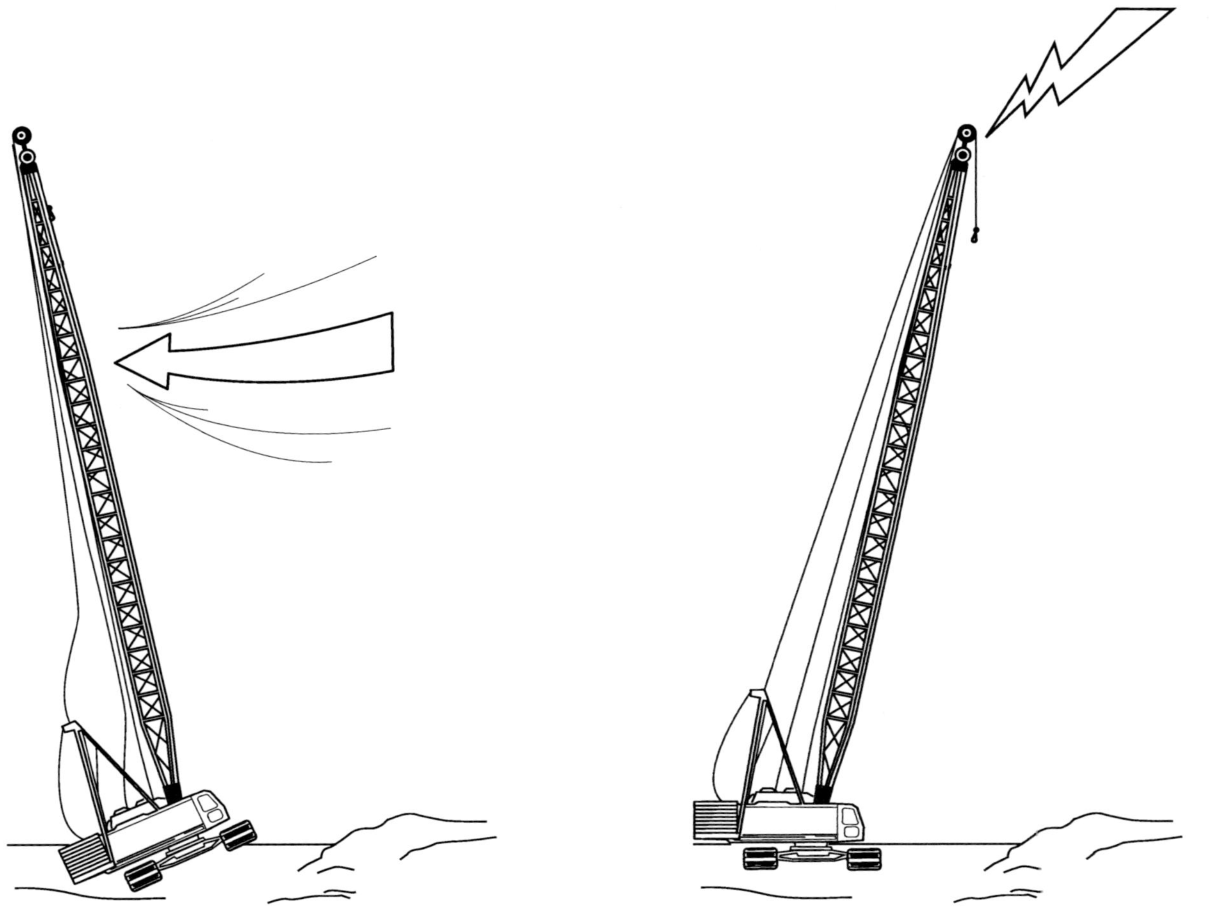

Figura 27 ◆ Peligros por vientos y relámpagos.

¡ADVERTENCIA!
Incluso en la posición más baja, es posible que la pluma sea más alta que las estructuras que lo rodean y un blanco para los rayos.

6.3.2 Condiciones climáticas frías

La gravedad de la lesión causada por la exposición a temperaturas frías anormales depende de la velocidad del viento, el tiempo de exposición, la temperatura y la humedad. El viento y la humead, o una combinación de los dos factores, incrementan el congelamiento.

Siga estas pautas para prevenir lesiones como el deterioro por congelación en climas extremadamente fríos:

- Vista siempre la ropa adecuada.
- Limite la exposición lo máximo posible.
- Tómese descansos cortos y frecuentes.
- Manténgase en movimiento. De ser necesario, ejercite los dedos de los pies y las manos, pero no se sobrefatigue.
- No tome alcohol antes de exponerse al frío. El alcohol puede disminuir su sensibilidad al frío y hacer que esté menos atento a la sobreexposición.
- Si tiene alguna parte de sus prendas o el cuerpo mojados, no se exponga al frío extremo.
- No fume antes de exponerse al frío. Fumar reduce el flujo sanguíneo hacia las extremidades, lo que aumenta el riesgo del deterioro por congelación.
- Aprenda a reconocer los síntomas de la sobreexposición y el deterioro por congelación.
- Coloque las manos frías debajo de la ropa seca contra el cuerpo, por ejemplo, debajo de las axilas.

6.3.3 Síntomas de exposición al frío y tratamiento

Si vive en un lugar con clima frío, es probable que esté expuesto al frío cuando trabaja. Pasar períodos prolongados en el frío puede ser peligroso. Es importante conocer los siguientes síntomas de la exposición al frío y cómo tratarlos:

- Escalofríos
- Entumecimiento
- Temperatura baja del cuerpo
- Adormecimiento
- Debilitación de los músculos

Siga los siguientes procedimientos para tratar la exposición al frío:

Paso 1 Vaya a un lugar cálido lo antes posible.

Paso 2 Quítese la ropa mojada o congelada y todo lo que tenga ligaduras, como collares, relojes, anillos y cinturones.

Paso 3 Vuelva a calentarse con ropa o envolviéndose en una manta.

Paso 4 Tome bebidas calientes, pero no tome alcohol.

Paso 5 Controle si hay deterioro por congelación. Si encuentra deterioro por congelación, busque atención médica de inmediato.

6.3.4 Síntomas y tratamiento del deterioro por congelación

El deterioro por congelación es una lesión que se produce por la exposición a elementos fríos. Ocurre cuando el hielo se cristaliza en los fluidos y los tejidos blandos subyacentes de la piel. Generalmente afecta la nariz, las mejillas, las orejas y los dedos de las manos y los pies. La piel afectada se ruboriza levemente justo antes de que se produzca el deterioro por congelación. Los síntomas del deterioro por congelación incluyen:

- La piel se pone blanca, gris o amarillo pálido. El color indica el daño profundo del tejido. Las víctimas por lo general no notan el deterioro por congelación hasta que alguien les dice del color pálido terso de la piel.
- Se siente un escozor en la piel y luego entumecimiento.
- El dolor en la zona afectada aparece y desaparece.
- Se forman ampollas en la zona.
- La zona afectada por el deterioro por congelación se hincha y se endurece.

Utilice el siguiente procedimiento para tratar el deterioro por congelación:

Paso 1 Proteja la zona congelada para que no se siga congelando.

Paso 2 Caliente la parte congelada lo antes posible.

Paso 3 Solicite atención médica de inmediato.

6.3.5 Condiciones climáticas calurosas

Las condiciones climáticas calurosas pueden ser tan peligrosas como el frío. Cuando alguien se expone al calor excesivo, corre el riesgo de sufrir sobrecalientamiento. Las siguientes condiciones se asocian al sobrecalentamiento:

- *Agotamiento por el calor*: se caracteriza por la piel fría, húmeda y pálida; transpiración pesada con nauseas y posibles vómitos; pulso acelerado y débil; posibles desmayos.
- *Calambres por calor*: pueden ocurrir después de un ataque de agotamiento por el calor. Los calambres se caracterizan por dolor abdominal, nauseas y mareos. La piel se pone pálida con transpiración intensa, contracciones musculares y calambres severos.
- *Golpe de calor*: es una emergencia que pone en riesgo la vida y que requiere atención médica inmediata. Se caracteriza por dolores de cabeza, nauseas y dificultados visuales. La temperatura corporal puede alcanzar 41°C. Además, la piel se calienta, se ruboriza y se seca; la respiración se pone lenta y profunda; posibles convulsiones; pérdida de la conciencia.

Siga estas pautas cuando trabaje en climas calurosos para prevenir el agotamiento por el calor, los calambres o los golpes de calor:

- Beba mucha agua.
- No se sobrefatigue.
- Use ropa liviana.
- Mantenga la cabeza cubierta y el rostro bajo la sombra.
- Tómese descansos cortos y frecuentes.
- En lo posible, descanse en la sombra.

Siga estos procedimientos para proporcionar primeros auxilios ante el agotamiento por el calor:

Paso 1 Saque a la víctima del calor.

Paso 2 Recueste a la víctima y levántele las piernas entre seis y ocho pulgadas.

Paso 3 Si la víctima tiene nauseas, recuéstela de costado.

Paso 4 Aflójele la ropa y sáquele la ropa gruesa.

Paso 5 Póngale paños frescos y mojados.

Paso 6 Ventile a la víctima, pero deténgase si se le pone la carne de gallina o tiene escalofríos.

Paso 7 Haga que la víctima beba medio vaso de agua cada 15 minutos si está completamente conciente y puede tolerarlo.

Paso 8 Si las condiciones de la víctima no mejoran en pocos minutos, llame a los servicios médicos de emergencia (911).

Si usted u otra persona experimenta calambres por calor, siga estas pautas:

- Siéntese o recuéstese en una zona fresca.
- Beba medio vaso de agua cada 15 minutos.
- Estire y masajée suavemente los músculos acalambrados.

Siga estos procedimientos para proporcionar primeros auxilios ante golpes de calor:

Paso 1 Llame a los servicios médicos de emergencias (911) de inmediato.

Paso 2 Saque a la víctima del calor.

Paso 3 Recueste a la víctima de espaldas.

Paso 4 Si la víctima tiene nauseas, recuéstela de costado.

Paso 5 Mueva todos los objetos que estén cerca, dado que los golpes de calor pueden producir convulsiones o ataques.

Paso 6 Refresque a la víctima ventilándola, rociándola con agua fresca, cubriéndola con una sábana mojada o pasándole un paño mojado.

Paso 7 Si la víctima está lo suficientemente despierta y no tiene náuseas, déle de beber pequeñas cantidades de agua fresca (una taza cada 15 minutos).

Paso 8 Coloque bolsas de hielo debajo de las axilas y la ingle.

7.0.0 ◆ EL USO DE GRÚAS PARA LEVANTAR AL PERSONAL

A pesar de que en el pasado era normal usar grúas para levantar personas, las reglamentaciones de la OSHA, como se explica en *29 CFR 1926.550*, desalientan esta práctica. La OSHA no prohíbe específicamente el uso de la grúa para levantar al personal, pero las restricciones sólo lo permiten en situaciones especiales cuando no hay otro método posible. En los casos en los que está permitido, se deben respetar ciertos controles:

- El diseño del cable debe ser el doble de lo normal.
- Se puede usar no más del 50% de la capacidad de la grúa, inclusive para realizar las maniobras.
- Se prohíbe la caída libre.
- Se requieren dispositivos de **prevención de bloqueo dobles** sobre la pluma de la grúa.
- La plataforma debe estar específicamente diseñada para el levantamiento de personal.
- Antes de usar la canasta para personal, se debe probar con el peso apropiado y luego se debe inspeccionar.
- Todos los usos que se quieran llevar a cabo deben pasar una prueba con pesos en lugar de personas.

En las *Figuras 28* y *29*, se muestran los requerimientos para el levantamiento de personal.

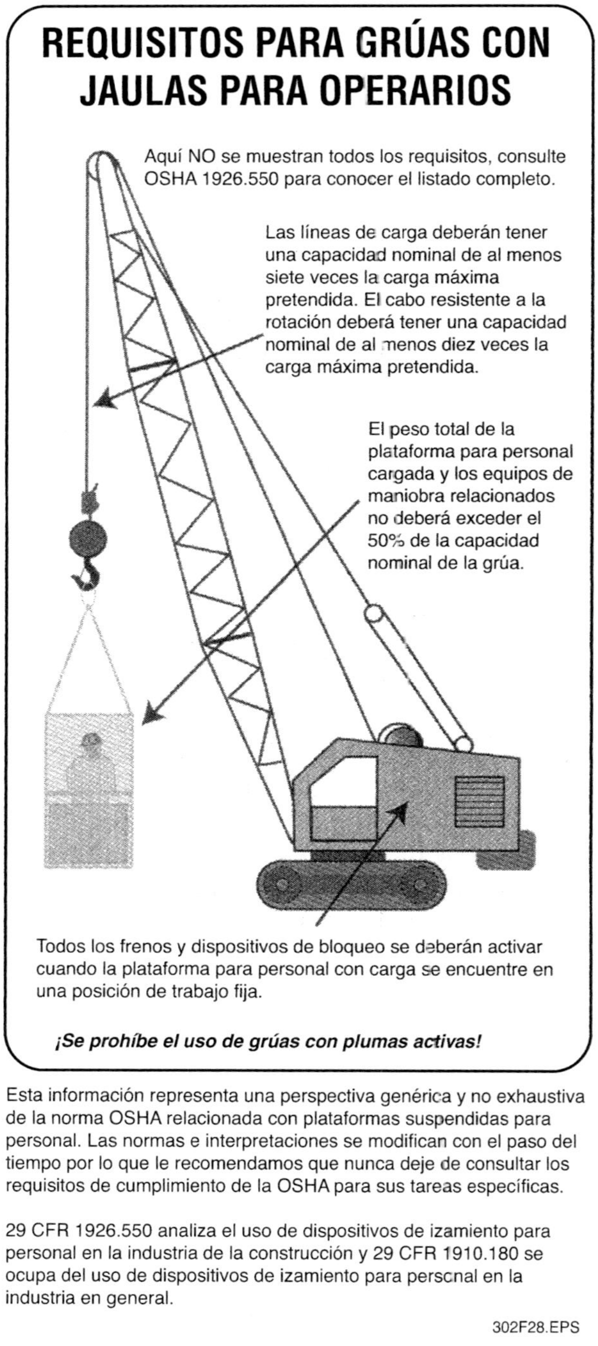

Figura 28 ◆ Requisitos de las grúas con jaulas para operarios.

7.1.0 Carga de la plataforma para personal

La carga de la plataforma para personal no debe exceder la capacidad calificada ni la carga máxima especificada. El número de empleados, sumado al material, que ocupen la plataforma para personal no debe exceder el límite establecido de la plataforma ni la capacidad de carga calificada o la carga máxima especificada.

Las plataformas para personal sólo deben ser utilizadas para los empleados, las herramientas y los materiales necesarios para hacer el trabajo, pero no se deben utilizar para izar sólo materiales o herramientas.

Los materiales y las herramientas que se utilizan durante el levantamiento de personal deben estar asegurados para evitar que se desplacen. Estos elementos deben estar distribuidos de manera uniforme dentro de los límites de la plataforma mientras la plataforma esté suspendida.

7.2.0 Maniobras con la plataforma para personal

Cuando se utiliza una eslinga de pies de gallo con cable de acero para conectar la plataforma para personal a la línea de carga, cada pata de la brida debe estar conectada al eslabón maestro o al grillete de manera que quede la carga dividida de manera uniforme entre los soportes de los pies de gallo (*Figuras 30* y *31*).

Los ganchos sobre los artefactos de la bola de demolición, los bloqueos para cargas bajas u otros artefactos de sujeción se deben poder cerrar y trabar, para evitar que se abra el cuello del gancho. Otra posibilidad es usar un grillete de anclaje de aleación con un perno, una tuerca y una clavija de retención.

El cable de acero, los grilletes, los aros, los eslabones maestros y otros accesorios para realizar maniobras deben soportar, sin fallas, al menos cinco veces la carga máxima deseada aplicada o transmitida a ese componente. En el caso de usar

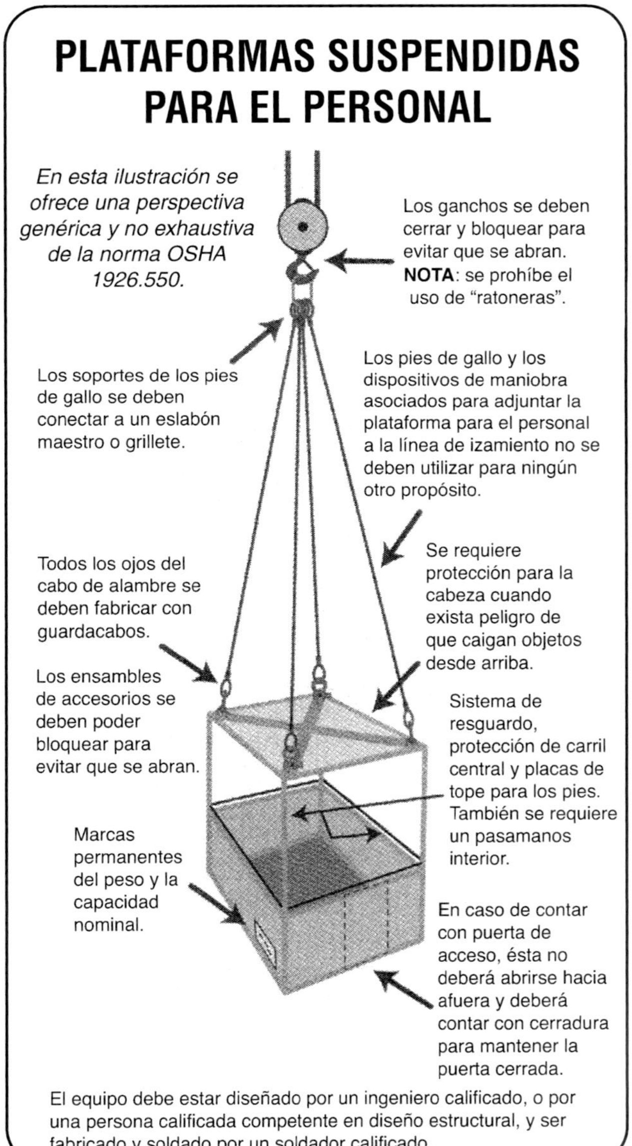

Las reglas de OSHA relacionadas con las plataformas suspendidas para el personal incluyen muchas especificaciones que no se analizan en este libro. Consulte *29 CFR 1926.550* si desea conocer los requisitos de cumplimiento vigentes de la OSHA

302F29.EPS

Figura 29 ◆ Plataformas suspendidas para personal.

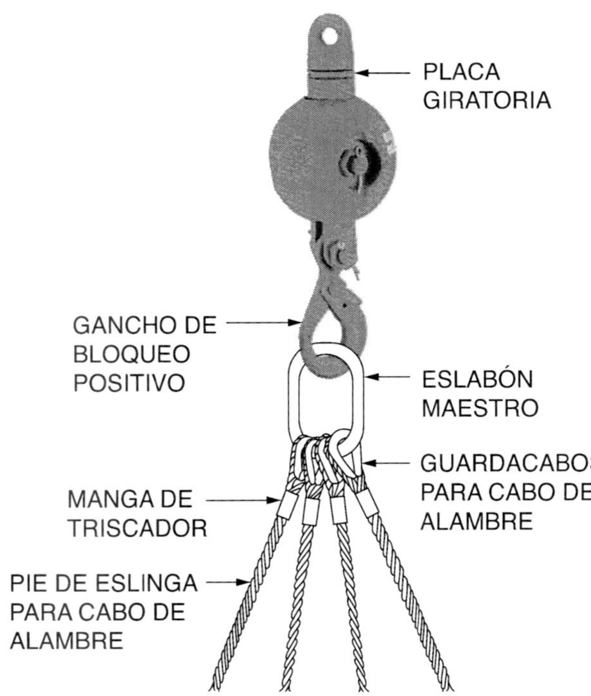

302F30.EPS

Figura 30 ◆ Eslinga de pies de gallo con eslabón maestro.

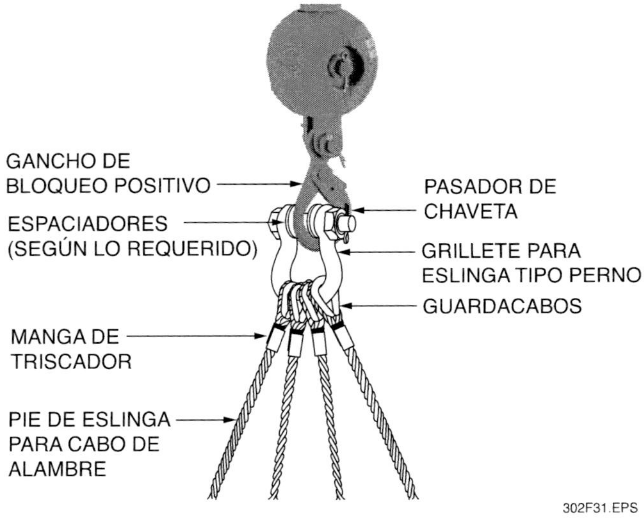

Figura 31 ◆ Eslinga de pies de gallo con grillete.

un cable resistente a las rotaciones, las eslingas deben soportar sin fallas al menos diez veces la carga máxima deseada. Todos los ojos de las eslingas con cable de acero deben estar fabricados con casquillos.

Los pies de gallo y los mecanismos de maniobras relacionados para sujetar la plataforma para personal a la línea del torno izador sólo se deben utilizar para la plataforma y los empleados necesarios, las herramientas y los materiales requeridos, pero no se deben utilizar para ningún otro propósito.

8.0.0 ◆ PLANIFICACIÓN DE LEVANTAMIENTOS

Antes de realizar un levantamiento, la mayoría de las obras o las compañías de construcción requiere una planificación para el levantamiento, completada y firmada por personal competente. Los planes para el levantamiento son obligatorios para levantamientos de estructuras de acero y levantamientos con grúas múltiples. Un plan de levantamiento contiene información relacionada con la grúa, la carga y el mecanismo de maniobras, y enumera todas las restricciones e instrucciones especiales para el levantamiento. Recuerde que, ante cualquier diferencia con el plan de levantamiento original, por más pequeña que sea, se requiere un nuevo plan de levantamiento.

8.1.0 Información del plan de levantamiento

Los levantamientos más importantes siempre requieren un plan de levantamiento. Como política, todo el personal involucrado en el levantamiento debe requerir o preparar un plan. Un plan de levantamiento típico, ya sea para un levantamiento muy importante o uno cotidiano, incluye los siguientes elementos e información. El encargado de las maniobras se ocupa particularmente de la ubicación de la grúa, el cable y el tamaño de las eslingas. En la *Figura 32*, se muestra un ejemplo de un plan de levantamiento.

CARRIL INTERNO

Construcción de elevación

La construcción de elevación se realiza al preparar paneles de paredes de concreto sobre un bloque y elevarlos a su posición adecuada. Se utilizan grúas para levantar los paneles de elevación de concreto y ubicarlos en su lugar una vez que estén moldeados.

302SA02.EPS

LISTA DE VERIFICACIÓN PREVIA AL IZAMIENTO
UTILIZAR PARA IZAMIENTOS QUE SUPEREN EL 75% DE LA CAPACIDAD NOMINAL DE LA GRÚA
SÓLO PARA GRÚAS CON BASE EN TIERRA. GRÚA CON APOYO Y NIVELACIÓN APROPIADOS, MARGEN DEL 1%.

1. Crane Type: ______________________
2. Descripción de la carga: ______________________
3. Radio de operación: ______ Longitud de la pluma: ______ Elevación de la punta de la pluma: ______
4. Ángulo de la pluma con carga: ______ Longitud mínima de la pluma: ______
5. Elevación del izamiento: ______
6. Capacidad de la grúa en el radio de trabajo: (6) ______
   ¿Cuál es el radio máximo con la carga total? ______
7. Peso de la carga: (7) —(______)
   Subtotal ______
8. Deducciones de la grúa:
   a. Capacidad del bloque ______ Peso bloque + ______
   b. Capacidad de la(s) bola(s) ______ Peso bola. + ______
   c. Peso efectivo aguilón + ______
   d. N.º de piezas requeridas para el cabo de alambre: ______
   e. Otros+ ______ + ______
   Peso/pie. x cantidad de pies x piezas utilizadas ____ X ____ X ____ = +______
9. Deducciones totales de la grúa: (9) —(______)
   Subtotal ______
10. Deducciones de los dispositivos de maniobra:
    a. Eslingas: Cant. ____ Tipo ____ Tamaño ____ Cap. ____ Peso + ____
    Cant. ____ Tipo ____ Tamaño ____ Cap. ____ Peso + ____
    b. Grilletes: Cant. ____ Tipo ____ Tamaño ____ Cap. ____ Peso + ____
    Cant. ____ Tipo ____ Tamaño ____ Cap. ____ Peso + ____
    c. Viga(s) de izamiento Cant. ____ _ Cap. ____ Peso + ____
    d. Softeners: Cant. ____ Tipo ____ Tamaño ____ Peso + ____
    e. Dispositivos de maniobra varios: (poleas con un ojo abierto, tensores de tornillo, etc.) Peso + ____
11. Total Rigging Deductions: (11) —(______)
12. Para carga total (sumar 7 + 9+11) = (12) ______
    Para comprobar el margen de seguridad reste la carga total N.º 12 de la línea N.º 6 ______
    Esta cifra y la línea N.º 13 deben coincidir.
13. Margen de seguridad (13) —(______)

Información sobre el izamiento

14. Cantidad de grúas en el izamiento: ______ Use la lista de verificación adicional para cada grúa.
15. Condiciones del suelo: ______ Utilice las placas de bloqueo apropiadas requeridas. Y ___ N __
16. Condiciones climáticas: ______ Wind speed ______ Dirección ______
17. Cables de maniobra de requeridos: Y ____N____ Tamaño ____ Longitud _____Cantidad de cables ______
18. Encargado designado de la señalización: Nombre ______ Observador(es) Y___ N ___ Cantidad de ____
19. Método de señalización: manual ______ Radio ______
20. La cuadrilla de trabajo, ¿ha confeccionado y revisado un Plan de actividades acorde a la situación? Y ____ N ____

Firma

Operador de la grúa: ______ Maniobrista competente: ______
Cuadrilla: ______ ______ ______
______ ______ ______
Superintendente: ______ Fecha: ______ Hora: ______

302F32A.EPS

Figura 32 ◆ Ejemplo de un plan de levantamiento (1 de 2).

INFORMACIÓN AÑADIDA:

CABO DE ALAMBRE— IWRC –EIPS 6 X 19 Y 6 X 37
CAPACIDAD DE LAS ESLINGAS DE EMPALME MECÁNICAS EN TONELADAS

Diámetro (pulgadas)	Peso (lb/pie)	Vertical	Obturador	Vertical Canasto
1⁄8	0.26	1.4	1.1	2.9
½	0.46	2.5	1.9	5.1
⅝	0.72	3.9	2.9	7.8
¾	1.04	5.6	4.1	11
⅞	1.42	7.6	5.6	15
1	1.85	9.8	7.2	20
1⅛	2.34	12	9.1	24
1¼	2.89	15	11	30
1⅜	3.50	18	13	36
1½	4.16	21	16	42
1⅝	4.88	24	18	49
1¾	5.67	28	21	57
1⅞	6.50	32	24	64
2	7.39	37	28	73
2⅛	8.35	40	31	80
2¼	9.36	44	35	89
2⅜	10.4	49	38	99
2½	11.6	54	42	109
2¾	14.0	65	51	130

GRILLETES PARA ANCLAJE DE CLAVIJAS DE TORNILLO CROSBY (G-209, S-209)

Tamaño	Capacidad (t)	Peso (lb)
¾	4¾	3
⅞	6½	4
1	8½	5
1⅛	9½	8
1¼	12	10
1⅜	13½	14
1½	17	18
1¾	25	28
2	35	45
2½	55	86

302F32B.EPS

Figura 32 ◆ Ejemplo de un plan de levantamiento. (2 de 2)

> **NOTA**
> Si una carga excede el 75 por ciento de la capacidad de la grúa, se la considera una carga crítica. Por ley, cualquier carga que exceda el 75 por ciento de la capacidad de la grúa, según la configuración de la grúa, debe ser planificada por un ingeniero. Muchas compañías tienen restricciones más estrictas que el 75 por ciento.

9.0.0 ◆ TABLAS DE CARGA PARA GRÚAS

En una obra, se pueden utilizar uno o más tipos de grúas. Estos pueden incluir grúas con pluma hidráulica o enrejada montadas en orugas o camiones, grúas para terrenos escabrosos o grúas torre. Para dar o recibir instrucciones o calcular las capacidades de carga, se deben entender los términos correctos para los componentes de la grúa.

> **NOTA**
> Las tablas de carga son propias de una grúa particular y deben mantenerse a bordo de la grúa.

9.1.0 Terminología de los componentes de la grúa

En las *Figuras 33, 34* y *35*, se muestran los componentes de la mayoría de las grúas con pluma enrejada montadas en orugas o sobre ruedas.

La terminología de los componentes de la grúa varía en diferentes lugares y algunas veces entre los fabricantes. A continuación, se describen los componentes comunes de la grúa y se identifican algunos de los términos alternativos que se utilizan para los componentes. Algunos de los componentes se describen más detalladamente más adelante en este módulo.

- *Soporte de la base*: esta estructura está compuesta por el chasis, el círculo de giro con marcación, los bastidores de la oruga, los ejes y las bandas de rodamiento, y por el mecanismo de propulsión que forma el elemento más bajo de una grúa. Transmite el peso al suelo. Es el soporte de la oruga para las grúas móviles.
- *Corte de la base*: el corte de la base de una pluma telescópica está sujeto al soporte de la base de una grúa. No funciona como un telescopio, pero cuenta con el pie de la pluma, los soportes de las clavijas y los soportes superiores del cilindro del torno izador de la pluma.
- *Pluma*: una pluma es una pieza de la grúa que se utiliza para proyectar el extremo superior del aparejo izador en alcance o una combinación de altura y alcance. La pluma soporta el peso de la carga y le da a la grúa las capacidades de carga y alcance. Se pueden agregar secciones a la pluma para extender su longitud. La capacidad de una pluma es mayor cuando está en posición vertical y disminuye a medida que se baja.
- *Base de la pluma*: la base de la pluma es la sección más baja de una pluma enrejada seccional que tiene la sujeción (las clavijas del pie de

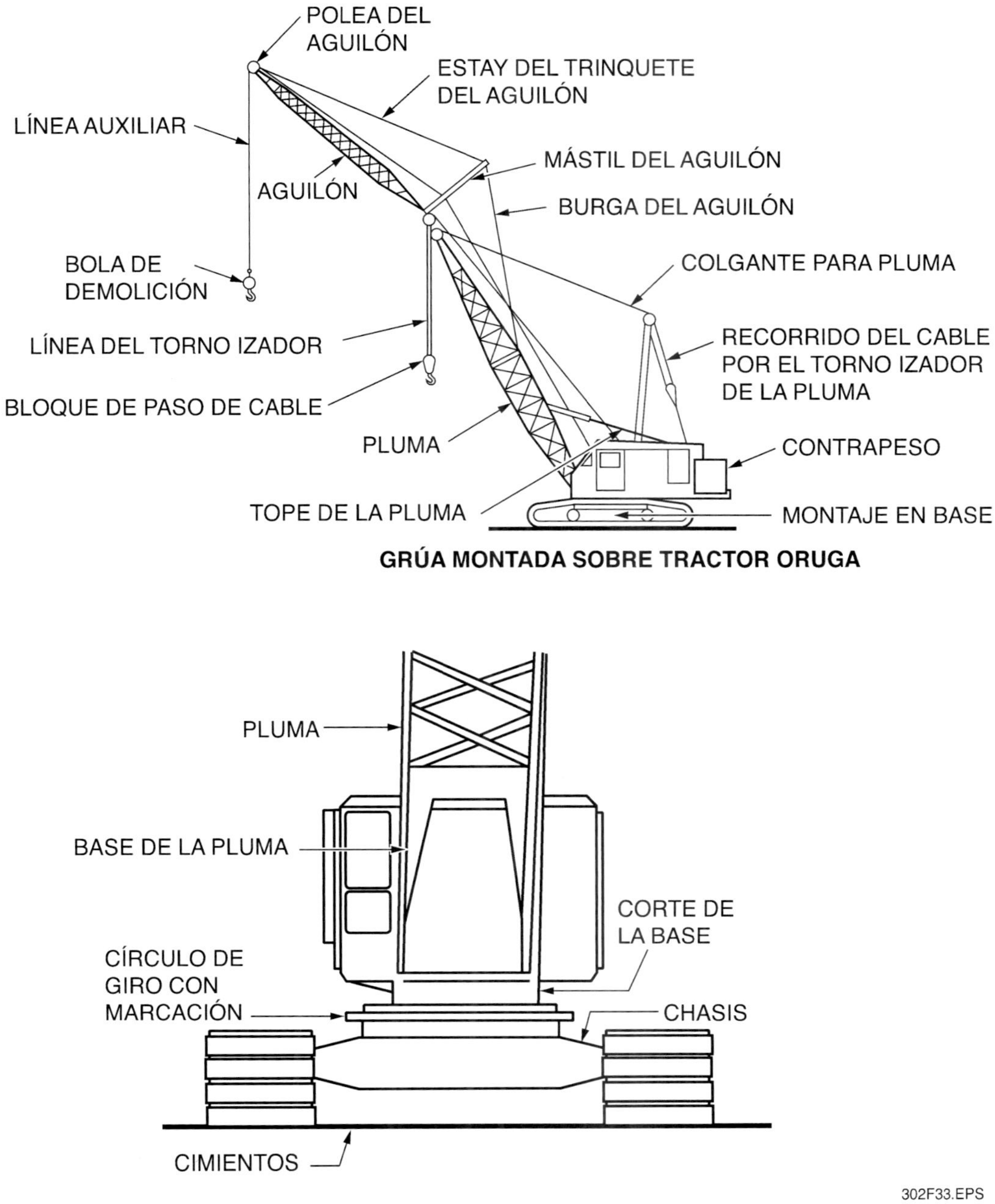

Figura 33 ◆ Componentes de grúas montadas sobre orugas.

la pluma) montada en el extremo inferior. También se le conoce como tope de la pluma o tope.

- *Poleas de la pluma*: las poleas de la pluma son las roldanas por donde pasan las líneas de carga.
- *Chasis*: el chasis es la parte del soporte de la base de la grúa oruga que traslada la estructura superior. Los bastidores laterales de la oruga están sujetos al chasis.
- *Contrapesos*: los contrapesos son los pesos agregados a una grúa para contrarrestar el peso de la carga y alcanzar la capacidad de levantamiento.
- *Tramos de la línea*: vea *cantidad de tramos*.
- *Bola de demolición*: una bola de demolición es un peso agregado a la caída de la carga para vencer la resistencia, lo que permite arrollar el tambor del cable cuando no se está transportando ninguna carga móvil. Una bola de demolición generalmente está equipada con un gancho.
- *Aparejo de la línea del torno izador*: el aparejo del torno izador es un método utilizado para multiplicar la capacidad de tiro o levantamiento de un cable (línea) con varias roldanas en las poleas. El aparejo de línea simple se utiliza para un cable auxiliar y el aparejo de líneas múltiples se utiliza para líneas de cargas principales, de pluma y de aguilón. También vea *cantidad de tramos*.

Figura 34 ◆ Componentes de grúas montadas sobre ruedas.

Figura 35 ◆ Grúa de carga pesada con contrapesos.

- *Aguilón*: un aguilón es una extensión que se agrega a la pluma y se monta en la punta de la pluma. Puede estar alineado con o desviado del eje largo de la pluma. Está equipado con sus propias suspensiones con cable de acero fijo (colgantes) que están ajustadas a un mástil en la punta de la pluma. Un aguilón fijo está soportado por los colgantes para aguilón, llamados burga del aguilón y estay de trinquete del aguilón.
- *Mástil del aguilón o puntal del aguilón*: el mástil o puntal del aguilón es un puntal o bastidor corto montado en la cabeza de la pluma para proporcionar una sujeción para los colgantes del aguilón. También son conocidos como pórtico, caballo o bastidor en A. Con un aguilón de brazo amantillable, los colgantes y los mástiles asociados se pueden llamar en conjunto el estay de trinquete y la burga del aguilón.

- *Poleas del aguilón*: las poleas del aguilón cumplen la misma función que las poleas de la pluma.
- *Pluma enrejada o pluma convencional*: esta pluma está construida con cuatro piezas con puntas longitudinales llamadas cuerdas, ensambladas con piezas transversales o diagonales conocidas como amarras, para formar una armadura de cubierta en dos direcciones. Las cuerdas soportan las fuerzas axiales (perpendiculares) de la pluma y los momentos de doblado, mientras que las amarras resisten las fuerzas de corte.
- *Bloque de carga*: un bloque de carga es el bloque inferior en el sistema de aparejo de una grúa que se mueve con la carga. El bloque de carga es conocido también como bloque móvil.
- *Aguilón de brazo amantillable*: el operador de la grúa puede cambiar el ángulo de la flecha de este aguilón a través del aparejo del aguilón.
- *Botalones*: los botalones son brazos extensibles sujetos al soporte de la base de la grúa que comparten el peso de la grúa con las ruedas e incrementan la estabilidad.
- *Cantidad de tramos*: es la cantidad de cables de acero que soportan el bloque de carga en el sistema de aparejo de una grúa. También se los conoce simplemente como partes o tramos.
- *Colgante*: un colgante es un cable o una varilla sólida con un largo fijo que forma parte de la pluma o del sistema de suspensión del aguilón. También se lo conoce como línea de eje, línea quebrantada, estay de la pluma, línea fija, burga o estay de trinquete.
- *Línea móvil*: la línea móvil es un cable de acero que se extiende por encima de las poleas o los tambores.
- *Línea fija*: una línea fija es una línea que soporta cargas sin pasar por el carrete del tambor. Es una línea que tiene los extremos cerrados. También se le conoce como línea de eje, cable de estay o colgante.
- *Cuerdaguía*: una cuerdaguía generalmente es un cable de fibra que está sujeto a la carga y se utiliza para controlar la rotación o la alineación de la carga con respecto al suelo. Cuando se utiliza una cuerdaguía para las operaciones con cuchara bivalva, está compuesta por un cable de acero para las rotaciones retrasadas y la acción de péndulo de la cuchara.
- *Superestructuras*: las superestructuras son todas las estructuras de rotación menos el anexo del extremo frontal. También se conoce como superestructura superior, superestructura giratoria o estructura superior.
- *Línea auxiliar*: vea *Aparejo de la línea del torno izador*.

9.2.0 Requisitos de la tabla de carga

Los requisitos de la tabla carga explican las medidas y las precauciones más importantes que se deben tener en cuenta para calcular las capacidades de levantamiento. *La Figura 36* es un ejemplo de una gráfica de carga. Las siguientes secciones explican las notas que aparecen en una tabla de capacidad de levantamiento típica.

9.2.1 Condiciones de operación

Las condiciones de operación son las condiciones que afectan las capacidades de levantamiento de la máquina. Cuando se opera la máquina en una superficie desnivelada, la pluma está sujeta a cargas laterales altas que pueden causar el daño o la inclinación de la pluma. La máquina debe estar nivelada dentro del 1% de grado. Para controlar el nivel de la máquina, coloque un nivel de aire en la pista de rodamiento o utilice el nivel de inclinación proporcionado en o cerca de la cabina del operador. En la *Figura 37*, se muestra una grúa que no está nivelada y una grúa que sí lo está.

Verifique las condiciones del suelo antes de hacer un levantamiento. Si no las puede verificar, se debe colocar un tapete de apoyo debajo de la grúa. Los operadores de grúa deben usar su criterio para determinar los efectos de un aumento de la carga causado por el balanceo, el izado, la bajada, la traslación, las condiciones de operación adversas y el desgaste de la máquina.

9.2.2 Radio de operación

Las gráficas sobre la carga requieren la medición del radio de operación. El radio de operación es la distancia horizontal, en pies, desde la línea de centro de rotación al centro de la línea del torno izador vertical o el bloque de carga. Esta medida se toma con la carga en suspensión libre.

9.2.3 Ángulo y largo de la pluma

El ángulo de la pluma es el ángulo entre el plano horizontal y la línea de centro de la base de la pluma, o el tope de la pluma y los insertos. El largo de la pluma se mide desde el punto pivote de la pluma hasta la clavija de polea para punto de pluma. Estas mediciones se muestran en la *Figura 38.*

9.2.4 Elevación del punto de pluma

La elevación del punto de pluma es la distancia vertical desde el nivel del suelo hasta la línea de centro de la polea para punto de pluma principal (*Figura 38*). Esta distancia se mide en pies y cambia cuando cambia el ángulo de la pluma.

MANITOWOC 4100 W-2

LIFTCRANE CAPACITIES

BOOM NO. 22C WITH OPEN THROAT TOP
146,400 LB. CRANE COUNTERWEIGHT
60,000 LB. CARBODY COUNTERWEIGHT
26'6" CRAWLERS EXTENDED

WARNING: This chart will apply only when two 12,000 lb. side ctwts. and two 30,000 lb. carbody ctwts. bear MEC registered Serial Numbers.

LIFTING CAPACITIES: Capacities for various boom lengths and operating radii may be based on percent of tipping, strength of structural components, operating speeds and other factors.

Capacities are for freely suspended loads and do not exceed 75% of a static tipping load. Capacities based on structural competence are shown by shaded areas.

Capacities are shown in pounds. Deduct 1200 pounds from capacities listed when single sheave upper boom point is attached and 1500 pounds when two sheave upper boom point is attached. To comply with B30.5 requirements, upper boompoint cannot be used on the 260 ft. boom. Weight of jib, (see chart A), all load blocks, hooks, weight ball, slings, hoist lines beneath boom and jib point sheaves, etc., is considered part of the main boom load. Boom is not to be lowered beyond radii where combined weights are greater than rated capacity. Where no capacity is shown, operation is not intended or approved.

OPERATING CONDITIONS: Machine to operate in a level position on a firm surface with crawlers fully extended and gantry in working position and be rigged in accordance with and under conditions referred to in rigging drawing No. 190693 and load line specification chard No. 6592-A.

HOIST REEVING FOR MAIN LOAD BLOCK						
No.Parts Of Line	1	2	3	4	5	6
Max Load - Lbs.	32,500	65,000	97,500	130,000	162,500	195,000
No. Parts of Line	7	8	9	10	11	12
Max. Load - Lbs.	227,500	260,000	292,500	325,000	357,500	400,000
No. Parts of Line	13					
Max. Load - Lbs.	430,000					

Crane operator judgement must be used to allow for dynamic load effects of swinging, hoisting or lowering, travel, as well as adverse operating conditions & physical machine depreciation.

OPERATOR RADIUS: Operating is the horizontal distance from the axis of rotation to the center of vertical hoist line or load block with the load freely suspended. Add 14" to boom point radius for radius of sheave when using single part hoist line.

Boom angle is the angle between horizontal and centerline of boom butt and inserts and is an indication of operating radius. In all cases, operating radius shall govern capacity.

BOOM POINT ELEVATION: Boom point elevation, in feet, is the vertical distance from ground level to centerline of boom point shaft.

MACHINE EQUIPMENT: Machine equipped with 26'6" extendible crawlers, 48" treads, 17' retractable gantry, 12 part boom hoist reeving, four 1 3/8" boom pendants, 1st ctwt. 41,900 lbs., 2nd ctwt. 41,500 lbs., 3rd ctwt. 39,000 lbs., two 12,000 lbs. side ctwt's. and two 30,000 lbs. carbody ctwt's.

LOAD AND WHIP LINE SPECIFICATIONS	
LOAD LINE:	1-1/8" - 6 x 31 Warrington-Seale, Extra Improved Plow Steel, Regular Lay, IWRC. Minimum Breaking Strength 65 Ton. (Approx.Weight Per Ft. in Lbs. 2.34)
WHIP LINE:	1-1/8" - Warrington-Seale, Improved Plow Steel, Regular Lay, IWRC. Minimum Breaking Strength 56.5 Ton. Maximum Load - 28,300 Lbs. Per Line. (Approx. Weight Per Ft. in Lbs. 2.34)

MAXIMUM BOOM AND JIB LENGTH LIFTED UNASSISTED				DEDUCT FROM CAPACITIES WHEN JIB IS ATTACHED	
OVER FRONT OF BLOCKED CRAWLERS		OVER SIDE OF EXTENDED CRAWLERS			
BOOM LENGTH	JIB NO. 123	BOOM LENGTH	JIB NO. 123	JIB LENGTH	JIB NO. 123
260'	--	260'	--	30'	3,000 lbs.
250'	--	250'	--	40'	3,600 lbs.
240'	40'	240'	40'	50'	4,200 lbs.
230'	60'	230'	60'	60'	4,900 lbs.
Load block, hook and weight ball on ground to start.					

FOR JIB CAPACITIES, CONSULT JIB CHART.

BOOM LGTH FEET	OPER. RAD. FEET	BOOM ANG. DEG.	BOOM POINT ELEV.	CAPACITY: CRAWLERS EXTENDED
70	16.5	79.7	75.9	460,000
	17	79.3	75.8	400,000
	18	78.5	75.6	380,100
	19	77.6	75.4	363,000
	20	76.8	75.1	347,300
	22	75.1	74.6	319,600
	24	73.4	74.1	293,400
	26	71.7	73.5	266,100
	28	69.9	72.8	237,500
	30	68.2	72.0	214,300
	32	66.4	71.2	195,100
	34	64.6	70.2	178,900
	36	62.8	69.3	165,200
	38	60.9	68.2	153,300
	40	59.1	67.0	143,000
	45	54.1	63.7	122,100
	50	48.9	59.8	106,300
	55	43.2	54.9	93,900
	60	36.9	49.0	84,000
	65	29.4	41.3	75,800
	70	19.5	30.3	63,900

BOOM LGTH FEET	OPER. RAD. FEET	BOOM ANG. DEG.	BOOM POINT ELEV.	CAPACITY: CRAWLERS EXTENDED
80	17	80.6	85.9	392,800
	18	79.9	85.8	378,900
	19	79.2	85.6	361,800
	20	78.5	85.4	346,100
	22	77.0	84.9	318,400
	24	75.5	84.5	292,500
	26	74.0	83.9	265,600
	28	72.5	83.3	237,000
	30	71.0	82.7	213,800
	32	69.5	81.9	194,600
	34	68.0	81.2	178,500
	36	66.4	80.3	164,700
	38	64.8	79.4	152,800
	40	63.3	78.4	142,400
	45	59.2	75.7	121,500
	50	54.9	72.5	105,700
	55	50.4	68.6	93,300
	60	45.6	64.1	83,400
	65	40.3	58.8	75,200
	70	34.4	52.2	68,300
	75	27.4	43.9	52,500
	80	18.2	32.0	53,900

BOOM LGTH FEET	OPER. RAD. FEET	BOOM ANG. DEG.	BOOM POINT ELEV.	CAPACITY: CRAWLERS EXTENDED
90	18	81.1	95.9	355,400
	19	80.4	95.7	346,900
	20	79.8	95.6	336,900
	22	78.5	95.2	317,400
	24	77.2	94.7	291,700
	26	75.9	94.3	264,800
	28	74.5	93.7	236,600
	30	73.2	93.2	213,400
	32	71.9	92.5	194,200
	34	70.5	91.9	178,000
	36	69.2	91.1	164,200
	38	67.8	90.3	152,300
	40	66.4	89.5	142,000
	45	62.9	87.1	121,100
	50	59.3	84.4	105,200
	55	55.5	81.2	92,800
	60	51.5	77.5	82,900
	65	47.3	73.2	74,700
	70	42.8	68.2	67,800
	75	37.9	62.3	62,000
	80	32.4	55.2	57,000
	85	25.8	46.2	52,600
	90	17.1	33.5	45,900

BOOM LGTH FEET	OPER. RAD. FEET	BOOM ANG. DEG.	BOOM POINT ELEV.	CAPACITY: CRAWLERS EXTENDED
100	19	81.4	105.9	332,900
	20	80.8	105.7	327,100
	22	79.6	105.4	316,200
	24	78.5	105.0	290,800
	26	77.3	104.5	263,900
	28	76.1	104.1	236,200
	30	74.9	103.6	212,900
	32	73.7	103.0	193,700
	34	72.5	102.4	177,500
	36	71.3	101.7	163,700
	38	70.1	101.0	151,800
	40	68.9	100.3	141,400
	45	65.8	98.2	120,500
	50	62.6	95.8	104,700
	55	59.3	93.0	92,300
	60	55.9	89.8	82,300
	65	52.4	86.2	74,100
	70	48.7	82.1	67,200
	75	44.8	77.4	61,400
	80	40.5	72.0	56,400
	85	35.9	65.6	52,000
	90	30.7	58.0	48,200
	95	24.5	48.5	44,900
	100	16.3	35.0	39,300

CAUTION! CHECK AMOUNT OF COUNTERWEIGHT ON MACHINE BEFORE USE OF THIS CHART

© Manitowoc 1997

302F36.EPS

Figura 36 ◆ Tabla de carga.

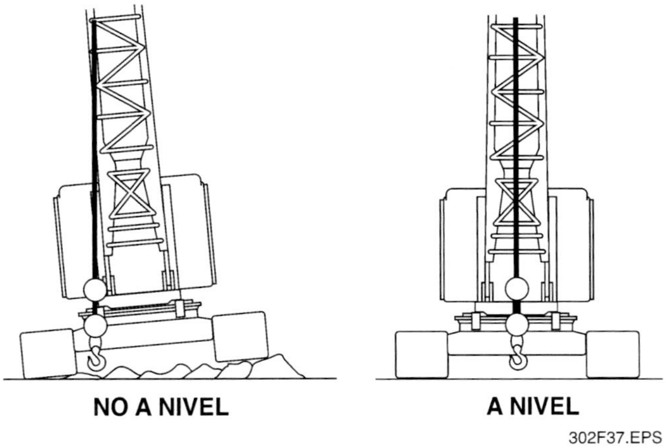

Figura 37 ◆ Grúas niveladas y desniveladas.

9.2.5 Aparejo del torno izador

Se deben respetar las instrucciones de la tabla de carga para aparejar con el torno izador el bloque de carga principal, para asegurarse de que se utilizan los tramos de la línea adecuados. La capacidad máxima del aparejo debe ser mayor o igual a la carga máxima que será izada. Use los tramos de la línea correspondientes para la carga máxima seleccionada. Los tramos de la línea se basan en el límite de rotura categorizado del cable, con un factor de seguridad recomendado. En la *Figura 39*, se muestra una tabla típica para el aparejo del torno izador para el bloque de carga principal tomado del ejemplo de la tabla de carga de la grúa. En la *Figura 40*, se muestra un ejemplo de un aparejo de diez partes.

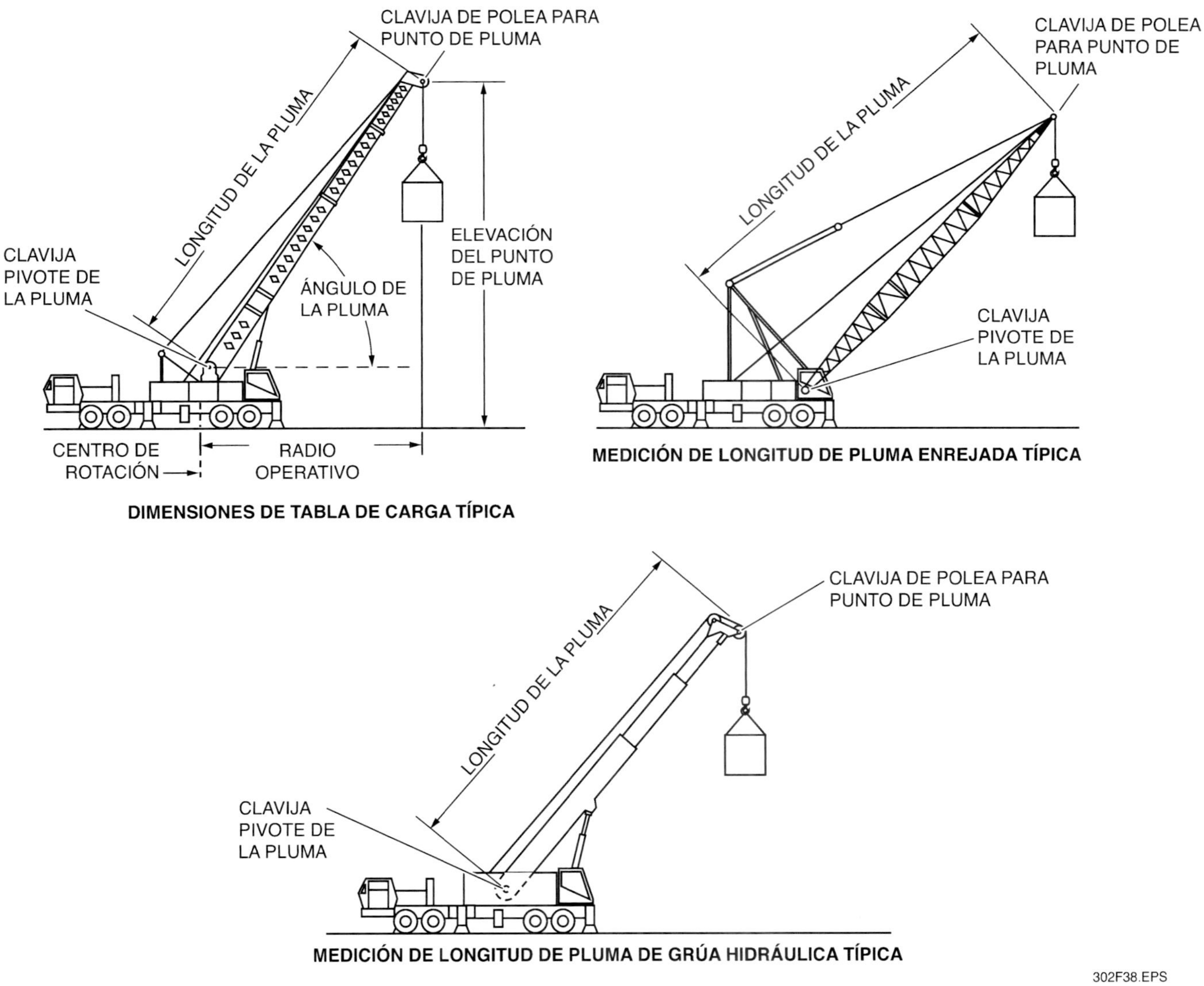

Figura 38 ◆ Medidas de longitud de la pluma, ángulo de la pluma, radio de operación de carga y elevación del extremo de la pluma.

HOIST REEVING FOR MAIN LOAD BLOCK						
No.Parts Of Line	1	2	3	4	5	6
Max Load - Lbs.	32,500	65,000	97,500	130,000	162,500	195,000
No. Parts of Line	7	8	9	10	11	12
Max. Load - Lbs.	227,500	260,000	292,500	325,000	357,500	400,000
No. Parts of Line	13					
Max. Load - Lbs.	430,000					

302F39.EPS

Figura 39 ◆ Tabla para el aparejo del torno izador.

302F40.EPS

Figura 40 ◆ Grúa de carga pesada con un aparejo de diez partes.

9.2.6 Especificaciones para la línea de carga y la línea auxiliar

La línea de carga y la línea auxiliar son partes del equipo de la máquina. Se deben cumplir con los requisitos de resistencia antes de poder usar la tabla de capacidades. La capacidad máxima de la línea auxiliar para un radio de operación en particular está limitada por la carga máxima por línea que aparece en las especificaciones. La carga no puede exceder las capacidades indicadas para el radio en la tabla de capacidades de la pluma principal. El cable de acero debe cumplir con los requisitos recomendados.

9.2.7 Largos máximos de la pluma y el aguilón levantados sin asistencia

La tabla de carga de la grúa también enumera las longitudes máximas de la pluma y el aguilón que pueden levantarse sin asistencia. No intente levantar una pluma o un aguilón más largo de lo permitido bajo las condiciones especificadas en la tabla.

9.2.8 Deducciones de las capacidades

Se debe deducir de las tablas carga el peso de algunos de los componentes de una grúa, para determinar la capacidad de carga máxima de la grúa. A veces se denominan deducciones sobre el gancho. Las deducciones para una grúa con pluma enrejada típica se muestran en la *Figura 41*. Se proporcionan estas deducciones como parte de las tablas de carga. Otras deducciones, también conocidas como deducciones debajo del gancho, consisten en el peso de todo el equipamiento de maniobra, que incluye las vigas de travesaño, los cables, las eslingas, los aros y las abrazaderas, sin incluir la carga.

La capacidad de levantamiento de la máquina cambia cuando usa estilos diferentes de puntas de la pluma o cuando agrega un aguilón. La tabla de deducción de un aguilón muestra el número de libras que se deben deducir de la tabla de carga cuando tiene el aguilón colocado pero no se está utilizando. La deducción depende del largo del aguilón.

Antes de usar la tabla de carga del aguilón, se debe determinar el ángulo de desplazamiento del aguilón. El ángulo de desplazamiento del aguilón es el ángulo desde la línea de centro de la sección superior de la pluma hasta la línea de centro del aguilón. Asegúrese de que la tabla que está utilizando sea la correspondiente al ángulo de desplazamiento del aguilón deseado. En la *Figura 42*, se muestra el ángulo de desplazamiento del aguilón.

10.0.0 ◆ CARGA EQUILIBRADA

Para equilibrar la carga, se debe equilibrar el peso de la carga en varios puntos de levantamiento. Si el peso está concentrado en un punto, el objeto que se debe levantar se puede doblar, quebrar o caer. Al distribuir el peso en varios puntos de levantamiento, se asegura de que la carga esté equilibrada y se pueda levantar con seguridad.

10.1.0 Centro de gravedad

El centro de gravedad es el punto de un objeto donde se concentra el peso. La ubicación del centro de gravedad de una grúa en relación con su punto de apoyo inclinado afecta directamente el brazo de palanca y la estabilidad.

Para entender la relación entre el centro de gravedad y la estabilidad de una grúa, debe entender el principio de brazo de palanca. El principio de brazo de palanca se puede explicar con un simple subibaja (*Figura 43*). Cuando el peso de la

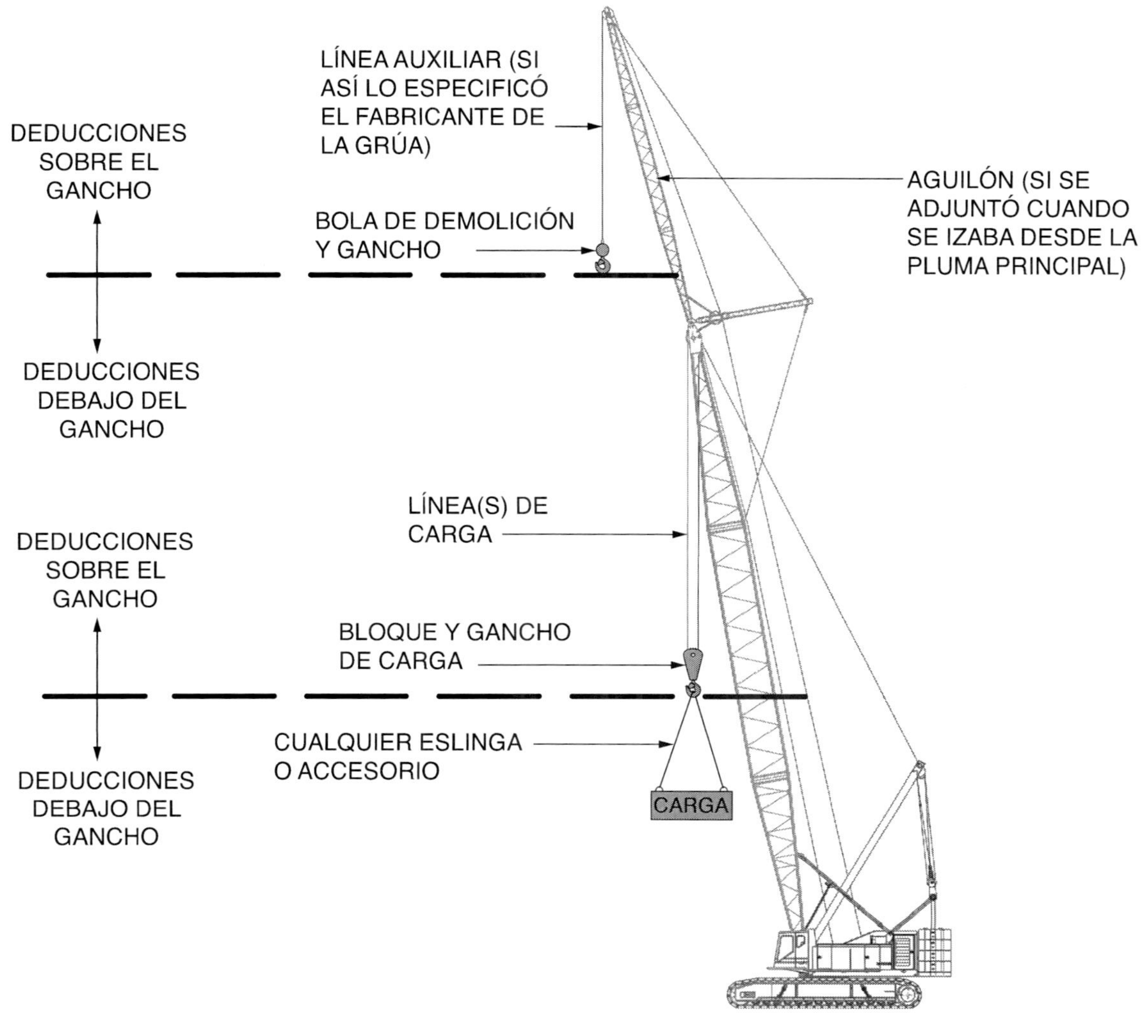

Figura 41 ◆ Deducciones típicas para una grúa con pluma enrejada.

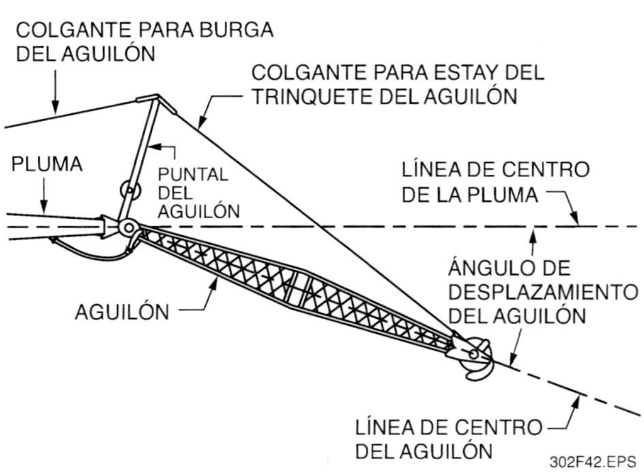

Figura 42 ◆ Ángulo de compensación del aguilón.

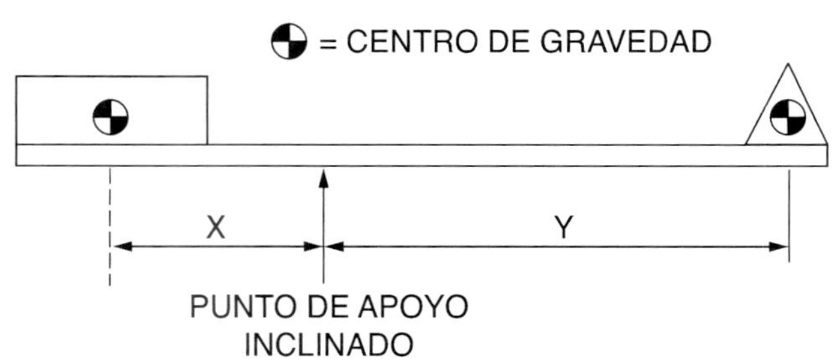

Figura 43 ◆ Subibaja que muestra el brazo de palanca.

carga pesada multiplicado por la distancia (X) desde el centro de gravedad hasta el punto de apoyo inclinado es igual al peso de la carga más liviana multiplicado por la distancia (Y) desde el centro de gravedad en su punto de apoyo inclinado, hay una situación de equilibrio.

Esta relación se ilustra nuevamente con la palanca larga hacia arriba en la *Figura 44*.

Otro ejemplo muestra la relación con la carga más liviana suspendida debajo de la palanca larga (*Figura 45*) como una grúa. Observe que en las tres figuras, las cargas seguirán equilibradas siempre que los pesos de las cargas y las distancias horizontales X e Y sigan siendo los mismos.

El peso y el centro de gravedad de las diferentes partes de las grúas móviles se determinan realizando cálculos o midiendo el peso. Esta información luego se convierte en la base para calcular las capacidades nominales de estabilidad. Las capacidades nominales y la precisión de la información del peso y el centro de gravedad se confirman mediante pruebas.

El centro de gravedad puede cambiar según el cuadrante de operación de la grúa. Cuando la grúa tiene las configuraciones sobre el costado,

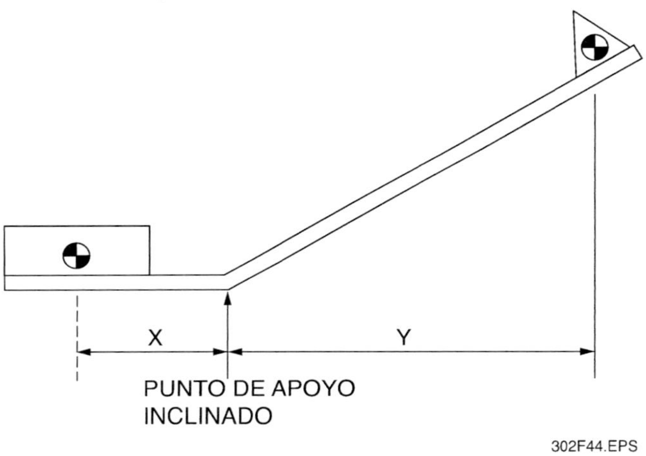

Figura 44 ◆ Palanca acodada.

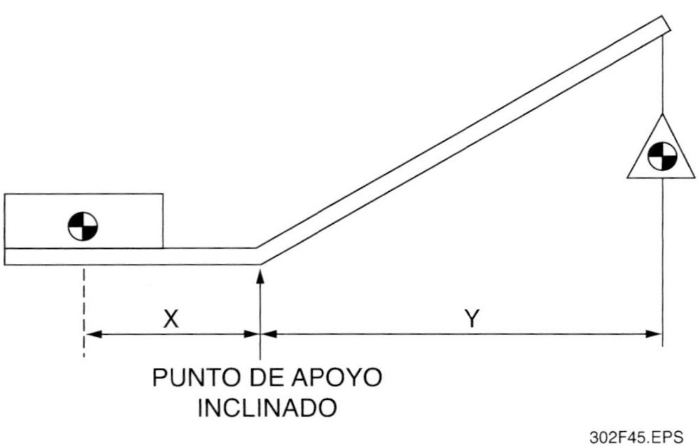

Figura 45 ◆ Palanca en forma de grúa.

sobre el frente o sobre la parte posterior, el centro de gravedad se acerca o se aleja con respecto al punto de apoyo inclinado. A su vez, esto puede incrementar o disminuir el brazo de palanca de la grúa. Para una grúa de terrenos escabrosos, la capacidad máxima de levantamiento real (máximo margen de estabilidad) se obtiene cuando la pluma de la grúa está directamente sobre el frente. La capacidad máxima de levantamiento real de una grúa de camión se obtiene cuando el aguilón está sobre la parte posterior.

10.2.0 Ángulos de las eslingas

El ángulo de la eslinga es el ángulo formado por las patas de una eslinga con respecto a un plano horizontal cuando se pone tensión sobre la carga. La cantidad de tensión sobre la eslinga está directamente afectada por el ángulo de la eslinga. Es por eso que es muy importante lograr los ángulos adecuados de las eslingas para realizar maniobras seguras. *En la Figura 46*, se muestra el efecto de los ángulos de las eslingas al cargar las eslingas. Para determinar realmente la fuerza de la carga sobre una eslinga, se utiliza una tabla de factores. *La Tabla 2* muestra una tabla de factores de la eslinga.

En el ejemplo que se muestra en la *Figura 46*, se utilizan dos eslingas para levantar 2,000 libras. Cuando las eslingas están en un ángulo de 45 grados al medirlas desde un plano horizontal (90 grados entre las patas), hay una tensión de 1,414 libras en cada eslinga. Esto se puede determinar matemáticamente tomando el peso de la carga (2,000 libras) y dividiéndolo por el número de eslingas (2). El resultado es 1,000 libras. Luego, multiplique 1,000 libras por el factor correspondiente en la *Tabla 2* para 45 grados (1.414). El resultado es una tensión de 1,414 libras en cada eslinga, de acuerdo con el ángulo de la eslinga.

Los mejores ángulos de las eslingas son entre 90 y 60 grados con respecto a un plano horizontal (0 grados y hasta 60 grados entre las patas de las eslingas). En la *Figura 46*, se ve un análisis más profundo que muestra que la tensión de las patas de las eslingas es mayor cuando las patas se colocan en un ángulo de 30 grados con respecto a un plano horizontal (un ángulo de 120 grados entre las patas) que cuando las patas están en un ángulo de 60 grados con respecto a un plano horizontal (60 grados entre las patas). Los ángulos mayores son peligrosos.

10.3.0 Conectores de levantamiento

Muchas piezas del equipo y la maquinaria vienen con conectores de levantamiento ya sujetos en posiciones apropiadas para un levantamiento equili-

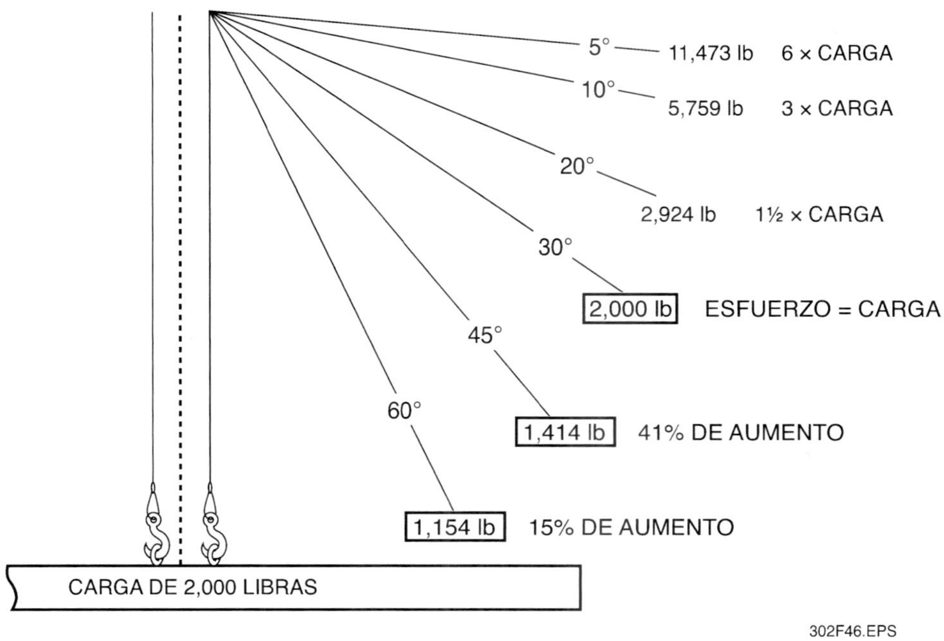

Figura 46 ◆ Ángulos de la eslinga.

Tabla 2 Tabla de factores de eslinga

SLING ANGLE	LOAD ANGLE FACTOR
5°	11.490
10°	5.747
15°	3.861
20°	2.924
25°	2.364
30°	2.000
35°	1.742
40°	1.555
45°	1.414
50°	1.305
55°	1.221
60°	1.155
65°	1.104
70°	1.064
75°	1.035
80°	1.015
85°	1.004
90°	1.000

302T02.EPS

brado. Los conectores de levantamiento pueden ser de producción o bien se pueden fabricar en el lugar sólo si pasan por un proceso de diseño. Los conectores fabricados en el lugar se deben elaborar con materiales aprobados e instalarse con métodos aprobados, para asegurarse de que tengan la capacidad adecuada para la carga que se desee levantar. Algunos conectores comunes de levantamiento son las orejetas de izamiento y los pernos de ojo de izamiento.

10.3.1 Orejetas de izamiento

Las orejetas de izamiento se sueldan o fijan con pernos o clavijas al objeto que se desea levantar. Se diseñan y se colocan para equilibrar y hacer de soporte de la carga de manera segura. A menos que el fabricante permita levantamientos angulares específicos, las orejetas de izamiento se deben usar sólo para levantamientos rectos y verticales, porque se doblan si se cargan en ángulo. En la *Figura 47*, se muestran dos tipos de orejetas de izamiento.

10.3.2 Pernos de ojo de izamiento

Los pernos de ojo de izamiento sólo se usan para equilibrar el peso de la carga. Existen tres tipos de pernos de ojo de izamiento: pernos planos, o sin

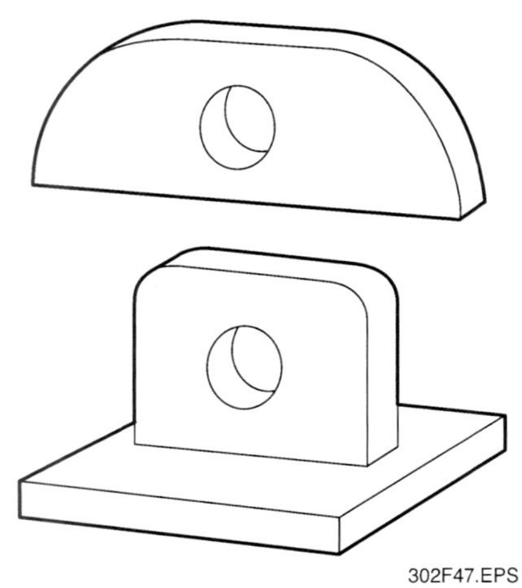

Figura 47 ◆ Orejetas de izamiento.

resalto; pernos de acero de aleación forjado con resalto o casquillo; y pernos de ojo giratorio. El perno de ojo sin resalto se utiliza sólo para levantamientos rectos y verticales, porque se dobla si se carga en ángulo.

Los pernos de ojo con resalto se pueden usar para levantamientos rectos o ángulos leves. El resalto del perno debe estar ajustado contra la superficie de la carga y en contacto con la superficie. Se pueden usar arandelas debajo de los pernos de ojo para asegurarse de que queden bien ajustados. Los pernos de ojo deben estar alineados para que la fuerza se aplique al plano del ojo y evitar que el perno de ojo se doble cuando se tira en ángulo. El perno de anillo con resalto, una clase de pernos de ojo con resalto, está equipado con un anillo de levantamiento adicional. Con la carga angular, se reduce la carga de trabajo segura de los pernos de ojo con resalto y de anillo con resalto. Los pernos de ojo giratorio permiten el levantamiento desde cualquier ángulo sin perder capacidad nominal. En la *Figura 48*, se muestra el criterio de instalación y levantamiento de los pernos de ojo y de anillo.

Cuando levante un objeto con pernos de ojo, use siempre un grillete para cada perno de ojo. Nunca use ganchos con los pernos de ojo, porque pueden doblar o desfigurar el ojo.

11.0.0 ◆ MANIOBRAS CON TUBERÍAS

Las siguientes secciones explican cómo determinar el peso de una carga de tuberías y cómo bloquear, ajustar, levantar y equilibrar la carga. También se dan pautas para descargar una carga de tuberías.

11.1.0 Determinación del peso de las tuberías

Se debe determinar el peso de las tuberías antes de levantarlas. Cada pie de la tubería tiene un peso determinado, según el espesor de la pared y el tamaño nominal de la tubería. Por lo tanto, si sabe el peso por pie y el número total de pies, podrá determinar el peso total de levantamiento. En la *Tabla 3*, se enumera el peso de las tuberías de acero semiduro.

Los números de la primera columna de la izquierda representan el tamaño nominal de las tuberías en pulgadas. Las designaciones y los números de la parte superior representan el espesor de las paredes o schedule. Para usar la tabla, encuentre el punto donde coincida el tamaño nominal con el espesor de pared de las tuberías que utilizará. El número en este bloque es el peso de un pie de tuberías. Para calcular el peso total, multiplique el número total de pies por el peso por pie.

Por ejemplo, para calcular el peso de una tubería de 20 pulgadas Schedule 40 de acero semiblando de 10 pies de largo, lea a través de la tabla desde 20 en la columna de tamaño nominal de tuberías hasta que llegue a la columna Schedule 40. El resultado es 123.1. Este es el peso en libras de 1 pie de tuberías. Multiplique este número por 10 para conocer el peso total de la tubería. La tubería pesa 1,231 libras.

11.2.0 Bloqueo

Debe colocar todo lo que está en el lugar de trabajo, incluso las vigas de acero estructural, la maquinaria y las tuberías, en el bloqueo o el material de estiba. Los bloqueos deben ser de madera dura, preferentemente roble. Deben ser lo suficientemente gruesos para proteger el objeto del contacto con el suelo y permitirle al encargado de las maniobras deslizar un obturador debajo de la carga.

Las tuberías que coloque sobre los bloqueos deben tener cuñas para que no rueden. Las tuberías de diámetros grandes tienen que tener calzas para evitar que rueden. Como regla general, las calzas deben ser de 1 pulgada cada 1 pie de diámetro. Por lo tanto, una tubería de 42 pulgadas necesita una calza con un espesor de alrededor de 3½ pulgadas.

11.3.0 Ajuste

Cuando realiza maniobras de un elemento con un largo mayor a 12 pies o un conjunto de elementos sueltos como barras de refuerzo o tuberías, la regla general es usar dos enganches de obturador lo suficientemente separados para proporcionar la estabilidad requerida para transportar la carga (*Figura 49*).

Para levantar un conjunto de elementos cortos o para mantener la carga en una posición determinada durante el transporte, puede usar un enganche de obturador con doble arrollamiento (*Figura 50*). Para los conjuntos de elementos, es preferible un enganche de obturador de doble arrollamiento de dos ramales. El enganche de obturador con doble arrollamiento se hace envolviendo la eslinga por completo alrededor de la carga y luego envolviendo el extremo de la estrangulación otra vez y pasándolo a través del ojo como con un enganche de obturador convencional. Esto hace que el peso de la carga produzca una acción constrictiva que empalma la carga a la mitad de la eslinga, de manera que quede firme durante el levantamiento.

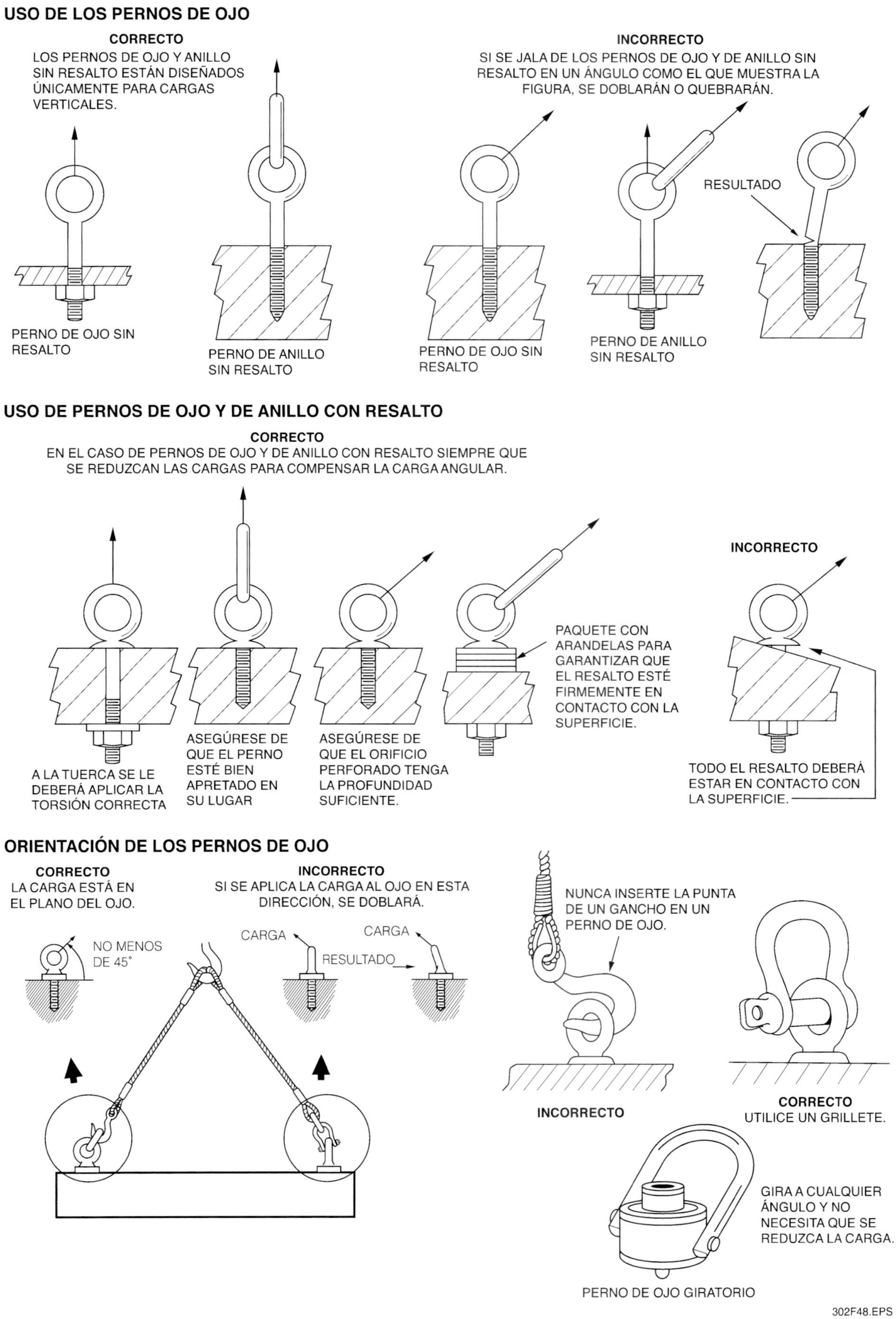

Figura 48 ◆ Instalación de pernos de ojo y pernos de anillo, y criterios de levantamiento.

Si fuerza la estrangulación hacia abajo, aumentará drásticamente la presión sobre la eslinga en el punto de congestión. Para adquirir mayor fuerza de agarre, use un enganche del obturador con doble arrollamiento. La estrangulación de envoltura doble usa el peso de la carga para proporcionar fuerza constrictiva. De esta manera, no necesita forzar la eslinga hacia abajo para dar una estrangulación más ajustada.

Un enganche del obturador de doble arrollamiento es ideal para levantar agrupamientos de elementos como tuberías y acero estructural. Además, mantendrá la carga en una posición específica, lo que lo hace ideal para levantamientos para la instalación de equipos. Para levantar una carga de más de 12 pies de largo, se necesitan dos de estos enganches.

Siga estas pautas para ajustar una carga de tuberías:

- Debe levantar las tuberías del mismo largo en conjunto. Si necesita levantar tuberías de largos muy diferentes, levante cada largo diferente de manera separada.
- Apoye las tuberías sobre los bloqueos para que pueda envolver los obturadores alrededor de la carga.
- Use dos enganches de obturador para levantar una carga de tuberías. Esto permite realizar un levantamiento nivelado y asegura que la tubería no se deslice de la eslinga. Asegúrese de que ambos obturadores sujeten todas las tuberías.

Tabla 3 Pesos de las tuberías de acero semiblando

Nominal Pipe Size (Inches)	Wall Thickness								
	STD	XS	XXS	10	40	60	80	120	160
	Weight Per Foot in Pounds								
2	3.65	5.02	9.03	-	3.65	-	5.02	-	7.06
2.5	5.79	7.66	13.7	-	5.79	-	7.66	-	10.01
3	7.58	10.25	18.58	-	7.58	-	10.25	-	14.31
3.5	9.11	12.51	22.85	-	9.11	-	12.51	-	-
4	10.79	14.98	27.54	-	10.79	-	14.98	18.98	22.52
6	18.97	28.57	53.16	-	18.97	-	28.57	36.42	45.34
8	28.55	43.39	72.42	-	28.55	35.66	43.39	60.69	74.71
10	40.48	54.74	104.1	-	40.48	54.74	64.40	89.27	115.7
12	49.56	65.42	125.5	-	53.56	73.22	88.57	125.5	160.3
14	54.57	72.09	-	36.71	63.37	85.01	106.1	150.8	189.2
16	62.58	82.77	-	42.05	82.77	107.5	136.6	192.4	245.2
18	70.59	93.45	-	47.39	104.8	138.2	170.8	244.1	308.6
20	78.60	104.1	-	52.73	123.1	166.5	208.9	296.4	379.1
22	86.61	114.8	-	58.07	-	197.4	250.8	353.6	451.1
24	94.62	125.5	-	63.41	171.2	238.3	296.5	429.5	542.1
26	102.6	136.2	-	85.73	-	-	-	-	-
28	110.6	146.9	-	92.41	-	-	-	-	-
30	118.7	157.5	-	99.08	-	-	-	-	-
32	126.7	168.2	-	105.8	229.9	-	-	-	-
34	134.7	178.9	-	112.4	244.6	-	-	-	-
36	142.7	189.6	-	119.1	282.4	-	-	-	-
42	166.7	221.6	-	-	330.4	-	-	-	-

302T03.EPS

- Asegúrese de que la parte abierta del gancho esté opuesta al centro cuando use eslingas con ganchos fijos o corredizos.
- No use obturadores de acero semiduro en tuberías pintadas o de acero inoxidable porque puede producir una contaminación cruzada de los metales. Use eslingas con trama de nylon para las tuberías de acero inoxidable.

11.4.0 Levantamiento

Siga estas pautas para levantar una carga de tuberías:

- Use el gancho y la línea de izamiento de la grúa como línea de centro para alinear la carga.
- Asegúrese de controlar el ángulo de la pluma de la grúa para garantizar que la carga no se mueva hacia adelante ni hacia atrás cuando se tensa la línea.
- Aléjese de la carga, colóquese donde el operador pueda verlo e indique todos los ajustes necesarios, con las señales manuales correspondientes. Nunca se pare debajo de la carga.
- Apenas la carga se despegue del suelo, controle su orientación. Si no está nivelada, indíquele al operador que detenga el izamiento de la carga y guíe nuevamente la carga hacia los bloqueos para corregir la posición de los obturadores.
- Manipule todas las cargas con una cuerdaguía.
- Mantenga la carga lo más cerca posible del suelo.

11.5.0 Descargas

Siga estas pautas cuando descargue la carga:

- Almacene todas las tuberías al nivel del suelo.
- Descargue la carga sobre los bloqueos, que sean lo suficientemente largos y gruesos como para soportar la carga.

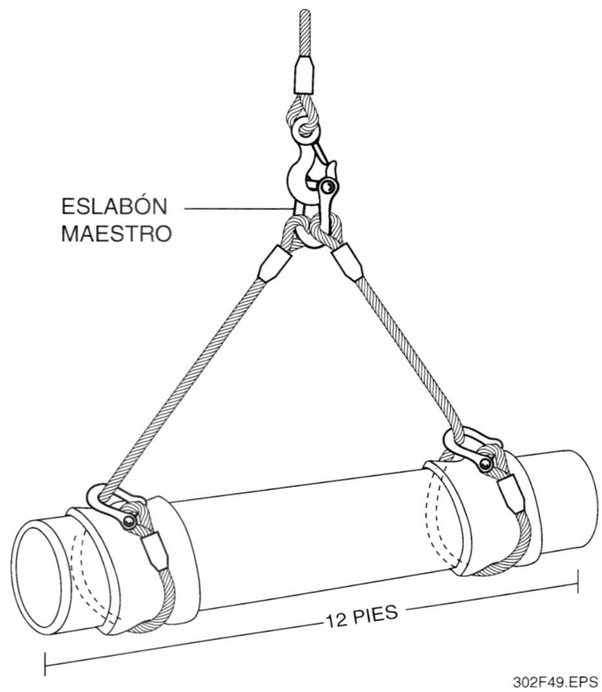

Figura 49 ◆ Enganche de obturador doble.

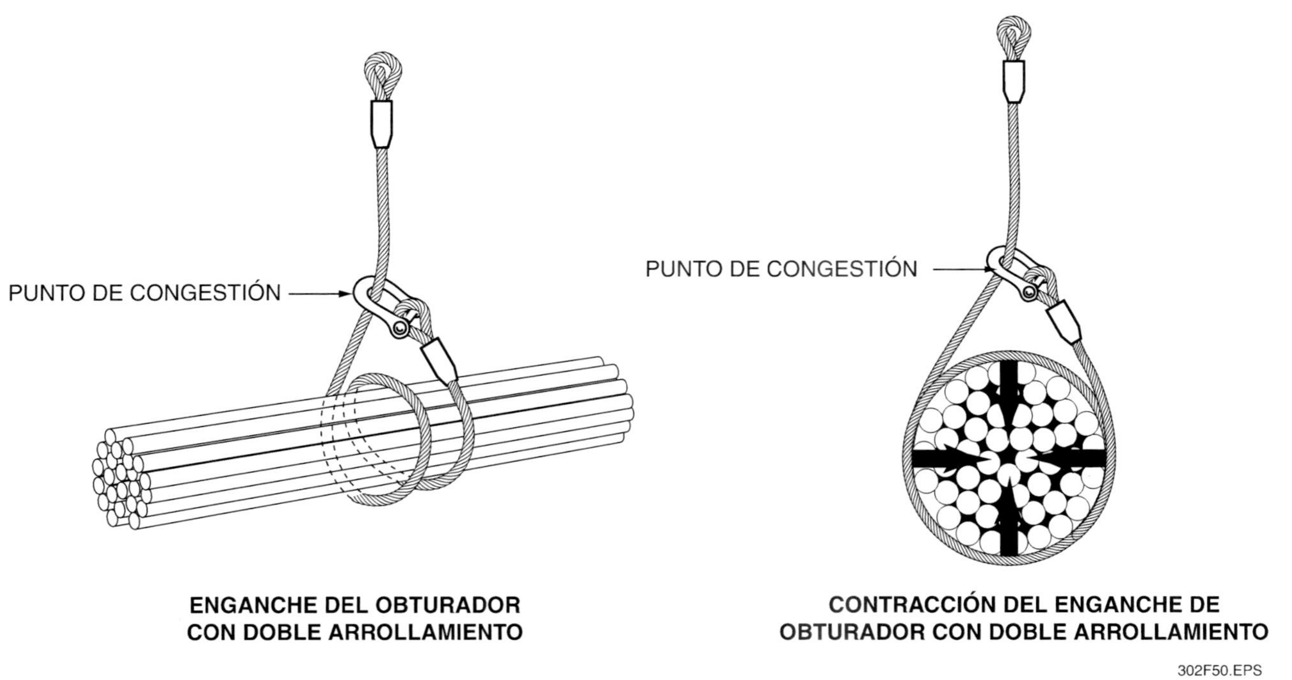

Figura 50 ◆ Enganche de obturador de arrollamiento doble.

- Manténgase a un lado de la carga y guíela hacia los bloqueos con una cuerdaguía. Vaya hasta el extremo de la carga antes de liberar el mecanismo de maniobra.
- Asegúrese de que los obturadores se puedan extraer después de colocar la carga sobre los bloqueos.
- Recuerde que si la carga es de tuberías, éstas rodarán cuando se afloje la tensión. Manténgase alejado de los puntos de compresión y no se pare en una posición donde las tuberías puedan pasar por encima de usted.
- Coloque calzas a los costados de las tuberías para evitar que rueden.
- Coloque las tuberías una al lado de la otra. Evite apilar las tuberías.

12.0.0 ◆ MANIOBRAS CON VÁLVULAS

Maniobrar una válvula correctamente implica saber cómo colocar la eslinga, qué tipo de eslinga usar y qué tipo de válvula se está levantando. Primero, determine de qué material está hecha la válvula. No utilice un obturador de acero semiblando para maniobrar una válvula de acero inoxidable. Use eslingas sintéticas para maniobrar válvulas de acero inoxidable.

Para maniobrar una válvula correctamente, coloque una eslinga sintética de cada lado del cuerpo de la válvula entre el sombrerete y los rebordes. Si la válvula tiene que estar en posición vertical, levante las eslingas con el volante de mano para que la válvula no se pueda inclinar hacia atrás y para que el peso de la válvula quede apoyado de manera uniforme al cuerpo de la válvula. No coloque una eslinga alrededor del volante de mano ni a través de la válvula. El volante de mano no está diseñado para soportar el peso de la válvula. No es seguro maniobrar una válvula alrededor del volante de mano, ni siquiera si mueve la válvula una distancia corta. Si coloca una eslinga a través de la válvula, se destruirá el funcionamiento interno de la válvula, incluso si usa eslingas sintéticas blandas.

13.0.0 ◆ PAUTAS PARA LA DESCARGA Y EL ALMACENAMIENTO DE MATERIALES

Las barras de armadura y otros componentes de acero estructural se encargan al fabricante. Generalmente, se programa para que la entrega de estos materiales coincida con la planificación de la construcción. El acero estructural y de refuerzo generalmente son transportados a la obra en camiones remolcadores o camiones tractores de remolque. Si hay una banda de rodamiento con puntales en la obra, los envíos se pueden hacer con vagones de ferrocarril batea o planos. Cuando se programa que la entrega de acero cumpla con los requisitos de ubicación diaria, las cargas de los camiones se entregan en los puntos de ubicación. Los trabajadores deben estar al tanto de los factores de seguridad que se necesitan para lograr la manipulación, el almacenamiento y el izado de los materiales estructurales de manera eficiente y segura.

Hay tablas disponibles para la mayoría de los tipos de materiales, para que los encargados de las maniobras puedan calcular el peso de una carga. *La Tabla 4* es un ejemplo de una de estas tablas. Al conocer el número y el largo de las barras

Tabla 4 Barras de armadura aprobadas por la ASTM que utilizan el sistema métrico estándar o libras y pulgadas

Bar Size		Nominal Characteristics*					
		Diameter		Cross-Sectional Area		Weight	
Metric	[in.-lb.]	mm	[in.]	mm	[in.]	kg/m	[lbs./ft.]
#10	[#3]	9.5	[0.375]	71	[0.11]	0.560	[0.376]
#13	[#4]	12.7	[0.500]	129	[0.20]	0.944	[0.668]
#16	[#5]	15.9	[0.625]	199	[0.31]	1.552	[1.043]
#19	[#6]	19.1	[0.750]	284	[0.44]	2.235	[1.502]
#22	[#7]	22.2	[0.875]	387	[0.60]	3.042	[2.044]
#25	[#8]	25.4	[1.000]	510	[0.79]	3.973	[2.670]
#29	[#9]	28.7	[1.128]	645	[1.00]	5.060	[3.400]
#32	[#10]	32.3	[1.270]	819	[1.27]	6.404	[4.303]
#36	[#11]	35.8	[1.410]	1006	[1.56]	7.907	[5.313]
#43	[#14]	43.0	[1.693]	1452	[2.25]	11.380	[7.650]
#57	[#18]	57.3	[2.257]	2581	[4.00]	20.240	[13.600]

*The equivalent nominal characteristics of inch-pound bars are the values enclosed within the brackets.

302T04.EPS

de armadura, el encargado de las maniobras puede calcular fácilmente el peso de la carga. En la *Tabla 3*, se proporciona información similar para las tuberías.

13.1.0 Descarga

Los camiones deben hacer las descargas con puntualidad para prevenir el desorden y los riesgos potenciales de seguridad en el lugar de trabajo. Los materiales estructurales que se almacenan en el suelo se deben colocar sobre maderos o bloqueos adecuados para mantenerlos limpios y permitir una manipulación fácil y segura.

Las barras y otros elementos estructurales normalmente se almacenan por medida y forma, y por largo dentro de cada medida. Los rótulos se mantienen en el mismo extremo de cada pieza para poder identificarlas con facilidad. Cuando abre un paquete y retira parte de los elementos, la unidad que tiene el rótulo debe permanecer con el bulto y se debe colocar un número nuevo que indique el inventario restante. Utilizando un solvente, se debe quitar el aceite o la grasa de máquina que se acumula en los elementos. Se debe quitar todo el lodo de los elementos antes de colocarlos.

Puede necesitar un taco separador para descargar los paquetes de barras o de elementos similares. Generalmente, están hechos de una armadura de cubierta fabricada, un trozo de tubería para trabajo pesado o una viga doble "T."

En la mayoría de las cargas, se necesitan cuerdaguías. Las cuerdaguías guían la carga mientras que está siendo izada. Normalmente, se utiliza cable de fibra para este propósito. Para un izado seguro, se requiere un operador de grúa calificado y un señalizador autorizado. Los operadores siguen las instrucciones del señalizador, que utiliza señales manuales, radios o audífonos.

13.2.0 El uso de las eslingas

Nunca levante un paquete por las envolturas de cable que se utilizan para atar el paquete. Para levantar los paquetes, se deben utilizar eslingas. Elija la eslinga apropiada para el material que desea levantar. Controle el peso de cada paquete en el manifiesto de carga y asegúrese de que los tamaños de las eslingas con cables de acero, los ganchos y los grilletes sean seguros. Se deben elegir los obturadores y las eslingas con la resistencia suficiente para levantar la carga.

La carga en cada eslinga depende del número de eslingas y obturadores, el ángulo del obturador y la carga total. Aunque el peso total levantado se puede dividir entre las eslingas que lo soportan, la fuerza de la carga es hacia abajo. Mientras mayor sea el ángulo de la eslinga, mayor será la tensión en la eslinga. Si la línea del torno izador y las eslingas son del mismo material y tamaño, la tensión en cada eslinga debe ser menor o igual a la tensión en la línea de izado. Esto significa que la fuerza de la línea de izado determina la capacidad máxima de la combinación.

Si se utilizan dos eslingas para levantar bultos de hierro estructural, siempre enrosque los bucles en la misma dirección. Si una eslinga se enrosca en los bucles en la dirección incorrecta, el paquete girará cuando se haga el levantamiento, lo que lo hace menos seguro y dificulta la tarea cuando se retiran las barras del paquete. De ser posible, haga un arrollamiento doble en las eslingas para prevenir el deslizamiento tanto de las eslingas como de los elementos del paquete.

Resumen

Una de las tareas importantes que realiza el encargado de las maniobras es guiar al operador de la grúa durante el levantamiento. En algunos casos, se utilizarán comunicaciones por radio. En otros, es necesario utilizar las señales manuales de la *norma de consenso ASME B30.5*. El encargado de las maniobras y el operador deben conocer estas señales de memoria.

Seleccionar y preparar el equipo de tornos izadores, conectar los cables a la carga para levantarla o moverla, y dirigir la carga hacia el lugar indicado son parte del proceso llamado mecanismo de maniobra. Realizar este proceso de manera segura y eficiente requiere seleccionar el equipo adecuado para cada trabajo de levantamiento, entender los riesgos de seguridad y saber cómo evitar accidentes. Los encargados de las maniobras deben tener un gran respeto por los accesorios y las herramientas de su oficio ya que sus vidas pueden depender de su correcto funcionamiento.

El tamaño de una grúa y las enormes cargas que maneja crean un gran potencial de peligro para cualquier persona que esté cerca de la grúa. El operador de la grúa y los encargados de las maniobras deben estar atentos para garantizar que la grúa evite el contacto con líneas de alta tensión y que el personal del lugar no esté en peligro por el movimiento de la grúa o la carga. Debido a los riesgos por inclinación, es importante asegurarse de que la grúa esté nivelada con los botalones desplegados, si corresponde, antes de levantar una carga. Aunque el uso de grúas para el levantamiento del personal solía ser una práctica común, la OSHA no lo aconseja y puede tener lugar únicamente en situaciones especiales y según condiciones especiales.

Notas

Preguntas de repaso

1. La ventaja principal de un sistema de comunicación de conexión permanente es _____.
   a. el bajo costo
   b. la portabilidad
   c. la menor interferencia de radio
   d. la facilidad de uso

2. ¿Qué acción está indicando cuando se golpea la cabeza con el puño y luego hace señales manuales normales?
   a. Usar el torno izador principal.
   b. Bajar.
   c. Usar la línea auxiliar.
   d. Elevar la pluma y bajar la carga.

3. ¿Cuál de las siguientes opciones es un modo de comunicación no verbal?
   a. Zumbador
   b. Radio portátil
   c. Megáfono
   d. Radio con conexión permanente

4. Cuando el señalizador da la señal de detención total, el operador debe _____.
   a. girar la máquina
   b. desplazar la máquina
   c. retraer las secciones de la pluma
   d. no hacer ningún movimiento con la máquina

5. Si resulta evidente que el operador de la grúa ha malinterpretado una señal manual, el encargado de la señalización debe _____.
   a. subir a la cabina y golpear la puerta
   b. buscar a un supervisor
   c. por medio de señales, indicarle al operador que se detenga
   d. alejarse de la grúa lo antes posible

6. Una señal con una sola mano que se realiza con el puño adelante del cuerpo y el pulgar apuntando hacia el cuerpo del señalizador significa _____.
   a. extender la pluma
   b. mover la grúa en mi dirección
   c. hacer oscilar la carga en dirección a mí
   d. indicar que Yo soy el señalizador

7. Cuando se calcula el peso de la carga, *no* se debe tener en cuenta el mecanismo de maniobra ni los accesorios relacionados.
   a. Verdadero
   b. Falso

8. La precaución más importante es determinar el peso de todas las cargas antes de practicar las maniobras de levantamiento.
   a. Verdadero
   b. Falso

9. El momento correcto para determinar el peso de las cargas para realizar las maniobras es después de haber levantado la carga.
   a. Verdadero
   b. Falso

10. Cuando se determinan las cargas de trabajo seguras, éstas se basan en condiciones _____.
    a. ideales
    b. promedio
    c. inusuales
    d. pésimas

11. Se utiliza un(a) _____ para permitir una rotación controlada de la carga para posicionamiento.
    a. cuerdaguía
    b. viga estabilizadora
    c. línea de izado
    d. indicador de carga segura

12. Se utilizan líneas de _____ cuando se requiere un control físico de una carga sin importar la capacidad de la grúa.
    a. bloqueo
    b. Tag
    c. plomo
    d. plomada

13. Los cables de retención se adosan después de que el encargado de la maniobra verifica que la carga esté equilibrada.
    a. Verdadero
    b. Falso

Preguntas de repaso

14. Cuando utiliza dos o más eslingas en una carga, el encargado de las maniobras debe asegurarse de que _____.
    a. el ángulo de la eslinga sea mayor a 30 grados con respecto a un plano horizontal
    b. todas las eslingas estén hechas del mismo material
    c. sólo se utilicen eslingas de cadena
    d. sólo se utilicen eslingas de cabo de alambre

15. La distancia de seguridad mínima con respecto a líneas de alta tensión de hasta 50,000 voltios (o 50kV) es _____ pies.
    a. 10
    b. 15
    c. 20
    d. 25

16. Si una pluma de grúa entra en contacto con una línea de alta tensión, el operador debe _____.
    a. saltar de inmediato de la grúa
    b. detener y apagar la grúa
    c. tratar de retroceder con la grúa para alejarse de las líneas de alta tensión
    d. averiguar si las líneas están energizadas

17. Los vientos fuertes y los rayos, condiciones peligrosas para las grúas, generalmente ocurren sin advertencia.
    a. Verdadero
    b. Falso

18. La gravedad de la lesión ocasionada por la exposición a temperaturas frías anormales depende de todo lo siguiente *excepto* _____.
    a. la velocidad del viento
    b. el tiempo de exposición
    c. la temperatura
    d. la altura

19. Cuando se utilizan grúas para levantar personas, la capacidad de levantamiento de la grúa _____% como factor de seguridad.
    a. aumenta un 10
    b. aumenta un 20
    c. disminuye un 20
    d. disminuye un 50

20. Antes de usar una grúa para realizar levantamientos, se debe nivelar en un margen de _____% de grado.
    a. 1
    b. 2
    c. 5
    d. 10

21. El radio de operación de una grúa es _____.
    a. el largo de la pluma más la distancia desde el extremo de la pluma hasta el suelo
    b. la distancia desde la línea de centro de rotación hasta el centro del bloque de carga
    c. siempre el mismo independientemente de la posición de la pluma
    d. la distancia desde la línea de centro de rotación hasta la parte superior de la pluma o el aguilón

22. Cuando se utilizan dos eslingas en un ángulo de eslinga de 60 grados para levantar una carga de 1,000 libras, ¿cuál es la tensión en cada eslinga? Asumir el factor de carga de un ángulo de eslinga de 1.155.
    a. 577.5 libras
    b. 652.5 libras
    c. 777.5 libras
    d. 1,000 libras

23. *No se pueden* usar pernos de ojo sin resalto para levantamientos angulares.
    a. Verdadero
    b. Falso

24. Con la regla general para medir calzas, una tubería con un diámetro de 24 pulgadas necesitaría una calza de _____ pulgadas de espesor.
    a. 1.5
    b. 2
    c. 2.5
    d. 3.5

25. La manera correcta de maniobrar una válvula es _____.
    a. levantarla por el volante de mano
    b. pasar el obturador a través del cuerpo de la válvula
    c. colocar una eslinga sintética de cada lado del cuerpo de la válvula
    d. enroscar ojos de elevación en los rebordes de la válvula

Términos especializados introducidos en este módulo

Bloqueo: piezas de madera dura utilizadas para apoyar y afirmar el equipo.

Centro de gravedad: el punto en el que un objeto está perpendicular y equilibrado en relación con el campo gravitacional de la tierra.

Dispositivos de prevención de bloqueo doble: son dispositivos que dan advertencias y evitan que ocurra un bloqueo doble. El doble bloqueo ocurre cuando el gancho o el bloque de carga inferior entra en contacto con el bloque de carga superior, el extremo de la pluma, o el mecanismo del extremo de la pluma. El resultado probable es que el cable falle o que la carga o el bloqueo del gancho se suelte.

Entibado: maderas apilados en muelles alternos. Se utilizan para soportar cargas pesadas.

Permiso de conocimiento de las líneas de alta tensión

POWER LINE AWARENESS PERMIT

Today's Date __________ **Job Number** ______________________________

Contractor Name			
Job Address			
Telephone Number		**Fax Number**	

Emergency Contact Number	

Survey

Before beginning any project, you must first survey your work area to find power lines at the job site. (See job-site sketch on reverse side.)

Identify

After finding all of the power lines at your site, identify the activities you'll be doing that may put you or your workers at risk. Mark one or more of the following:

- ☐ Cranes (mobile or truck mounted)
- ☐ Drilling rigs
- ☐ Backhoes/excavators
- ☐ Long-handled tools
- ☐ Other tools/high-reaching equipment
- ☐ Concrete pumper
- ☐ Aerial lifts
- ☐ Dump trucks
- ☐ Ladders
- ☐ Material handling & storage
- ☐ Scaffolding
- ☐ Other__________________

Eliminate or Control

After identifying the power line and high-risk activities on the job site, determine how to eliminate or control the risk of electrocution (a successful determination is often reached only after consultation with the utility).

Mark one or more of the following:

- ☐ Move the activity
- ☐ Change the activity
- ☐ Have the utility de-energize the power line
- ☐ Have the utility move the power line
- ☐ Use barrier protection (insulated sleeves)
- ☐ Use an observer
- ☐ Use warning lines with flags
- ☐ Use non-conductive tools
- ☐ Use a protective technology:
  - ☐ Insulated link
  - ☐ Boom cage guard
  - ☐ Proximity device

Always maintain your minimum safe clearance distance from the power line, except when the utility has de-energized and visibly grounded the power line.

Voltages	Distance from Power Line
Less than 50 kV	10 Feet
More than 50 kV	10'+(0.4")(# of kV over 50 kV)

WARNING!
It is unlawful to operate any piece of equipment within 10' of energized lines

CONSTRUCTION SAFETY COUNCIL

302A01.EPS

Job-Site Sketch

(Draw in location of power lines and their proximity to construction site, including such things as proposed excavations, location of heavy equipment, scaffolding, material storage areas, etc.)

Completed by______________________________________**Date**______________

Title____

Approved by______________________________________**Date**______________

Title____

CONSTRUCTION SAFETY COUNCIL

302A02.EPS

Recursos adicionales

Este módulo tiene como objetivo presentar un recurso sólido para el entrenamiento de tareas. Se recomiendan los siguientes trabajos de referencia para profundizar el estudio. Estos son materiales ideales para una capacitación continua más que para el entrenamiento de tareas.

Crane Safety on Construction Sites (Seguridad de grúas en los lugares de construcción), 1998. Task Committee on Crane Safety on Construction Sites (Comité de tareas sobre la seguridad de grúas en los lugares de construcción). Reston, VA: ASCE.

Rigging Handbook (Manual de maniobras), 2003. Jerry A. Klinke. Stevensville, MI: ACRA Enterprises, Inc.

SERIE EDUCATIVA CONTREN® — COMENTARIOS DEL USUARIO

NCCER hace el esfuerzo de mantener estos libros de texto actualizados y libres de errores técnicos. Apreciamos su ayuda en este proceso. Si tiene una idea para mejorar este libro de texto, o si encuentra algún error, ya sea tipográfico, o de contenido en los libros de texto de *Contren*®, favor de escribirnos usando esta forma o una fotocopia de la misma. Asegúrese de incluir el número exacto del módulo, la página, una descripción detallada, y la corrección, si es aplicable. Su comentario será traído a la atención del comité técnico de revisión. Gracias por su ayuda.

Instructores – si usted encontró que algún material adicional es necesario para enseñar este módulo con eficacia, por favor déjenos saber para poder incluirlos en la lista de Equipo y Materiales en la guía anotada del instructor.

Dirección postal: Departamento de Desarrollo de Productos
National Center for Construction Education and Research
3600 NW 43rd Street, Bldg. G, Gainesville, FL 32606

Fax: 352-334-0932

E-mail: curriculum@nccer.org

Oficio ____ Nombre del Módulo ____

Fecha del Copyright ____ Número del Módulo ____ Número(s) de Página(s) ____

Descripción

____

____

____

____

Corrección (opcional)

____

____

____

Su nombre y dirección (opcional)

____

____

____

Propiedades del concreto

27303-07

27303-07
Propiedades del concreto

Los temas que se presentarán en este módulo incluyen:

Generalidades

La preparación del concreto es mucho más que mezclar cemento pórtland, agua y arena. Todos los que trabajan con concreto deben estar familiarizados con los diferentes tipos, además de sus usos y limitaciones. Si bien el concreto es una mezcla de cemento pórtland, agua y agregados, las proporciones de estos ingredientes varían de acuerdo con las aplicaciones. Además, existen muchos aditivos que se utilizan para alterar las propiedades del concreto y así cumplir con las necesidades específicas del proyecto y las condiciones ambientales. El proceso de curado del concreto no se deja al azar. Para mantener el concreto con un contenido de humedad y una temperatura específicos, se utilizan varios métodos durante el curado. Estos métodos varían de acuerdo con las condiciones climáticas. Por último, se deben tomar y evaluar las muestras de concreto en la obra, para garantizar que cada mezcla cumpla con las especificaciones para el proyecto.

Objetivos

Cuando haya completado este módulo, podrá hacer lo siguiente:

1. Identificar diferentes tipos de concreto y describir sus usos.
2. Identificar los tipos y los tamaños de los agregados del concreto.
3. Identificar los tipos de aditivos del concreto y describir sus usos.
4. Identificar los tipos especiales de concreto y describir sus usos.
5. Calcular los requisitos de volumen del concreto para estructuras rectangulares, cilíndricas o de otras formas geométricas con fórmulas, tablas para concreto o calculadoras para concreto, según corresponda.
6. Identificar los materiales y los métodos de curado del concreto.
7. Identificar los métodos de prueba del concreto.
8. Mezclar el concreto utilizando diferentes agregados y aditivos.
9. Tomar muestras de concreto con un cilindro de prueba.
10. Llevar a cabo pruebas de asentamiento del concreto.
11. Demostrar cómo armar correctamente una caja de curado.

Términos especializados

Agua de exudación
Asentamiento
Caja de curado
Calor de hidratación
Cemento aireado
Cemento resistente al sulfato
Clinker
Concreto curado
Concreto masivo
Concreto plástico
Concreto postensado
Concreto pretensado
Concreto reforzado
Concreto verde
Escoria
Ettringita
Fraguado
Hidratación
Instituto estadounidense de concreto (ACI)
Puzolana
Relación agua-cemento
Resistencia a la compresión

Materiales necesarios para el estudiante

1. Lápiz y papel
2. Equipo protector personal adecuado

303CMAP.EPS

Prerrequisitos

Antes de comenzar este módulo, se recomienda haber finalizado con éxito los cursos *Currículo Básico; Introducción a la Carpintería Nivel Uno; Estructuras y Acabados de Carpintería Nivel Dos;* y *Formas para Carpintería Nivel Tres,* Módulos 27301-07 y 27302-07.

Este mapa del curso muestra todos los módulos del tercer nivel del currículo de *Carpintería*. El orden de entrenamiento sugerido comienza de abajo hacia arriba. Los niveles de dificultad aumentan a medida que usted avanza en el mapa del curso. Es posible que el auspiciador del programa de entrenamiento local ajuste el orden de entrenamiento.

1.0.0 ◆ INTRODUCCIÓN

Este módulo comprende información introductoria acerca de las propiedades del concreto y los materiales para el concreto, estudiada anteriormente en el módulo *Carpintería nivel uno Introducción al concreto, materiales de refuerzo y formas*. Se provee una revisión de la información básica importante acerca de los tipos de cemento, los agregados y los aditivos que se utilizan para preparar concreto, además de la información adicional que trata cada uno de estos temas. Además, se brinda información acerca de las proporciones y las mediciones de mezcla del concreto, algunos tipos especiales de concreto, la prueba de **concreto plástico** y el cálculo de los volúmenes del concreto para las aplicaciones en la obra.

2.0.0 ◆ CONCRETO Y MATERIALES PARA EL CONCRETO

Existen cuatro materiales básicos que se utilizan para preparar concreto: cemento pórtland, agregados finos, agregados gruesos y agua. Además, se utiliza ampliamente un quinto elemento: los aditivos. El término concreto plástico hace referencia al concreto recién mezclado en estado semilíquido y portátil. Los términos **concreto verde** y **concreto curado** se utilizan para referirse al concreto endurecido. El concreto endurecido que aún no ha alcanzado su resistencia estructural se conoce como concreto verde, porque no se completó el proceso de curado: el concreto curado se refiere al concreto endurecido que alcanzó su resistencia estructural. Los tipos diferentes de concreto varían en los materiales básicos o en el agregado de aditivos.

Las propiedades deseables del concreto en estado plástico son:

- *Docilidad*: el concreto plástico se puede moldear casi en cualquier forma. Generalmente, se le utiliza para dar efectos decorativos.
- *Portabilidad*: el concreto plástico se puede trasladar en camiones mezcladores, carretillas motorizadas y no motorizadas, canastos de grúa, cintas transportadoras o bombas hidráulicas.

Las propiedades deseables del concreto curado son:

- *Alta resistencia estructural*: el concreto no reforzado tiene una gran **resistencia a la compresión**. **El concreto reforzado, el concreto pretensado** y **el concreto postensado** tienen una alta resistencia estructural bajo compresión, tensión y presión lateral.
- *Impermeabilidad*: a pesar de que el agua se utiliza para preparar concreto y el concreto puede endurecerse bajo agua, el concreto mezclado con las proporciones adecuadas es prácticamente impermeable en la mayoría de los casos.
- *Durabilidad*: el concreto mezclado y colocado de manera adecuada generalmente sigue adquiriendo resistencia por varios años y se vuelve casi duradero y resistente a la abrasión como la piedra natural más dura.

2.1.0 Cemento Pórtland

El cemento pórtland es un polvo finamente molido hecho de cantidades variadas de materias primas como roca local (piedra caliza), arena, arcilla, mineral de hierro y otros componentes residuales. Estas materias primas se obtienen de las canteras de las rocas locales, de la arcilla y de la arena. La piedra caliza provee una fuente de calcio; la arcilla y la arena, una fuente de sílice. El proceso básico para producir cemento pórtland se muestra en la *Figura 1*.

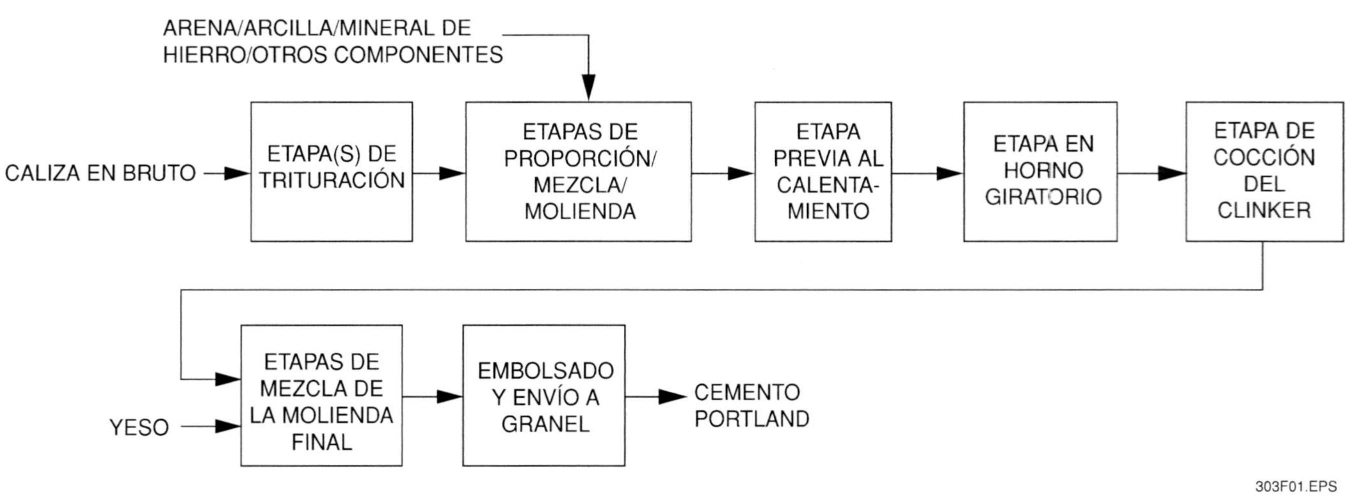

Figura 1 ◆ Proceso de fabricación del cemento pórtland.

CARRIL INTERNO

Hornos

Antes de la invención del horno horizontal giratorio, el cemento se fabricaba en pastones separados utilizando hornos verticales. Esto limitaba en gran medida la cantidad de cemento que se podía producir. Los hornos horizontales giratorios aparecieron en Estados Unidos entre 1880 y 1890. En 1885, F. Ransome, ingeniero inglés, patentó un horno horizontal inclinado con un largo de 60' a 80' que giraba y permitía que el material del horno se moviera gradualmente de un extremo al otro. A principios del siglo XX, Thomas Edison desarrolló y patentó un horno horizontal giratorio, que tenía un largo de 150'. Hoy en día, normalmente se utilizan hornos horizontales que tienen un largo de 300' a más de 500'. Cada mejora en el diseño del horno a lo largo de los años ha permitido la fabricación de cemento en cantidades cada vez más grandes en un proceso continuo en lugar de hacerlo en pastones. El resultado es que se pueden producir cantidades de cemento cada vez más grandes, según sea necesario para cumplir con las demandas en la construcción con concreto.

Primero, se comprime la piedra caliza de cantera en una o más etapas y luego se almacena para procesarla más adelante. El proceso comienza mezclando (combinando) y triturando la piedra caliza con las otras materias primas en las proporciones específicas, de acuerdo con las especificaciones. Luego, se precalienta la materia prima combinada y se pasa a través de un horno horizontal giratorio e inclinado. Un horno típico tiene un diámetro de entre 10 y 15 pies y un largo de 300 pies con chorros de llama generadores de calor ubicados en el extremo inferior. Mientras pasa a través del horno giratorio, la materia prima se calienta en secuencias a temperaturas cada vez más altas que varían entre 2,500°F (1,400°C) y 2,820°F (1,500°C). La materia prima se descompone al procesarla con el calor del horno. Los productos de descomposición reaccionan con la cal y forman compuestos intermedios que, a su vez, forman otros compuestos a medida que continúa el proceso. Después del proceso de horneado, obtendrá nódulos de material del tamaño de canicas conocidos como **clinker**. Los nódulos de clinker generalmente tienen diámetros que varían de 0.2 a 1 pulgada (5 a 25 mm) y cuentan con cuatro compuestos principales por peso: alrededor del 50% de silicato tricálcico (C_3S), 25% de silicato bicálcico (C_2S), 10% de aluminatoferrito tetracálcico (C_4AF) y 10% de aluminato tricálcico (C_3A). El contenido restante incluye sulfatos de álcali e impurezas menores. Se produce alrededor de ⅔ de tonelada de clinker por cada tonelada de materia prima combinada que se mete al horno.

Después del proceso de horneado, se enfría el clinker, luego se pasa por el triturador de bolas para la molienda final hasta que quede polvo fino y para la mezcla con una pequeña cantidad (5%) por peso de yeso (sulfato cálcico deshidratado), para producir el cemento pórtland como producto final. Se agrega el yeso para retrasar el tiempo de **fraguado** del cemento. Los distintos tipos de cemento pórtland tienen propiedades y rendimientos que varían según las materias primas y las proporciones, las temperaturas de calentamiento y el tiempo en el horno giratorio, la velocidad de enfriado del clinker y la fineza de la molienda del clinker utilizado en el proceso. La fineza de las partículas del cemento pórtland repercute en la liberación de calor y la velocidad de la **hidratación**. Mientras más fino sea el cemento, más rápido se hidrata y adquiere resistencia.

El cemento pórtland terminado se almacena en grandes silos a prueba de agua en las plantas de cemento y luego se prepara en bultos o se embala en bolsas de papel resistente a la humedad para el envío. La mayor parte del cemento pórtland se envía en bultos para la entrega y el uso en plantas de concreto preparado. En EE. UU., una bolsa de cemento de portland pesa 94 libras y contiene un pie cúbico de cemento. Las bolsas del cemento pórtland se deben almacenar siempre de manera adecuada. De ser posible, se deben almacenar bajo techo sobre pálets de carga y alejadas de las paredes exteriores. Si almacena el cemento embolsado al aire libre, debe estar sobre pálets de carga sin que tenga contacto con el suelo, en un lugar seco, y cubierto con una envoltura impermeable (*Figura 2*). Independientemente del método de almacenamiento, las bolsas se deben apilar juntas sin dejar espacios, para reducir la circulación de aire entre las bolsas. Es necesario almacenar el cemento de manera adecuada para prevenir la absorción de humedad. El cemento expuesto a la humedad fragua más lento y tiene menor resistencia que cuando está seco. La humedad puede hacer que se formen grumos en el

303F02.EPS

Figura 2 ◆ Bolsas de cemento pórtland almacenadas al aire libre.

polvo del cemento. No se debe usar el cemento seco con grumos que no se pueda hacer polvo al apretarlo con la mano.

2.1.1 Hidratación del cemento Pórtland

Todos los cementos pórtland son cementos hidráulicos. Los cementos hidráulicos fraguan y se endurecen al mojarlos o cuando no tienen aire. Cuando el cemento pórtland usado para preparar concreto se mezcla con agua, cada uno de los compuestos en el cemento se hidratan. Sin embargo, estas reacciones de hidratación se manifiestan a diferentes ritmos. El tamaño de las partículas de cemento afecta la hidratación. Los granos más finos se hidratan más rápido, lo que hace que adquieran resistencia y **calor de hidratación** más rápido, pero se reduce la docilidad y **el agua de exudación**. Los procesos de hidratación en el cemento son complejos. A continuación, se brinda una breve descripción. Se proveen descripciones detalladas sobre los químicos con respecto al proceso de hidratación en el cemento en varias fuentes descritas en la parte posterior de este módulo.

Los silicatos de calcio (C_3S y C_2S) en el cemento hidratan y forman compuestos de hidróxido de calcio de alrededor del 15% al 25% y de hidrato de silicato de calcio del 50% por masa. El hidrato de silicato de calcio es el componente de cimentación más importante en el concreto. Los sulfatos de calcio, el aluminato tricálcico (C_3A) y el agua forman cristales de hidrato de trisulfoaluminato de calcio en forma de varillas, llamados **ettringita**. El aluminato tricálcico y la ettringita se combinan con agua para formar monosulfoaluminato de calcio y otros compuestos. De igual manera, los compuestos de aluminato tricálcico y aluminatoferrito tetracálcico (C_4AF) reaccionan con el agua y con el hidróxido cálcico para formar hidratos de aluminato tetracálcico e hidratos de aluminatoferrito, respectivamente. Tanto el aluminato tricálcico como el aluminatoferrito tetracálcico también reaccionan con el yeso. Las propiedades de resistencia, endurecimiento y fraguado del concreto las determina principalmente el hidrato de silicato de calcio. En los primeros siete días, la resistencia y el fraguado inicial del concreto dependen principalmente de la hidratación del silicato tricálcico en el cemento, cuanto mayores sean los porcentajes de silicato tricálcico mayor será la resistencia resultante. La hidratación del silicato bicálcico en el cemento es más lenta. El concreto adquiere resistencia principalmente después de los primeros siete días. A continuación, se describen las reacciones químicas principales que contribuyen con la resistencia del concreto:

Silicato tricálcico + Agua = Hidrato de silicato de calcio + Hidróxido de calcio + Calor

Silicato bicálcico + Agua = Hidrato de silicato de calcio + Hidróxido de calcio + Calor

Como resultado de varias reacciones químicas, el proceso de hidratación del cemento en el concreto produce cantidades variadas de calor, denominadas calor de hidratación. Con el transcurso del tiempo, la generación de calor experimenta varias transiciones. En la *Figura 3*, se muestra un ejemplo típico. Al principio (etapa 1), la hidrólisis de los compuestos de cemento se produce rápidamente, lo que provoca un incremento rápido de temperatura de varios grados. Esto sucede alrededor de los primeros 15 minutos. Luego, disminuye rápidamente el calor y comienza un período de letargo (etapa 2) que dura hasta tres horas. Durante este tiempo, el concreto está en estado plástico, lo que permite el traslado, el manejo y la colocación. Al final del período de letargo, comienza el fraguado del concreto (etapa 3) y continúa (etapas 3 y 4) aproximadamente por 36 horas, período en el que comienza y continúa la etapa de endurecimiento. Como se muestra, el calor primero aumenta varios grados y luego disminuye. Después de 36 horas, el concreto sigue endureciéndose a medida que el calor disminuye (etapa 5). Se sigue generando calor hasta que no quedan silicatos deshidratados ni agua. Esto puede llevar varios días.

Se pueden seleccionar los materiales utilizados para producir cemento pórtland para reducir o incrementar el calor de hidratación. Los cementos que tienen velocidades de calor de hidratación más altas cuentan con cantidades más altas de silicato tricálcico y aluminato tricálcico, y mayor fineza. Esto es porque el silicato tricálcico y el aluminato tricálcico generan más calor de manera

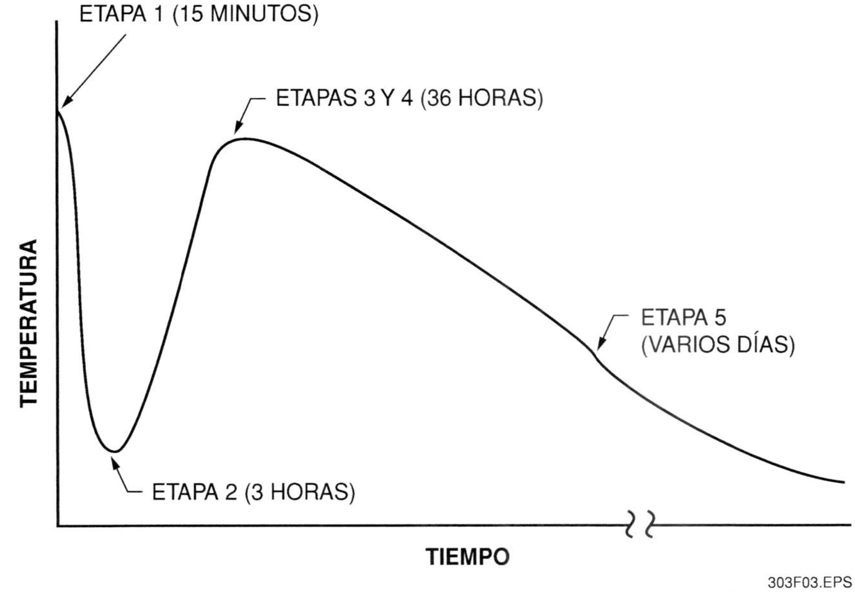

Figura 3 ◆ Curva típica de la velocidad del calor de hidratación durante la hidratación del cemento pórtland.

más rápida que el silicato bicálcico o que otros compuestos de cemento. La **relación agua-cemento**, las temperaturas de colocación y curado, los aditivos minerales y químicos utilizados, y el volumen del cemento involucrado son otros factores que determinan directamente la generación de calor.

2.1.2 Tipos de cemento Pórtland

Los fabricantes utilizan sus propios nombres de marcas, pero casi todos los cementos pórtland respetan las especificaciones de la Sociedad Estadounidense para Pruebas y Materiales Internacional (ASTM International) o el Instituto Nacional Estadounidense de Estándares (ANSI). A continuación, encontrará una breve descripción de varios tipos comunes de cementos pórtland. Encontrará una explicación más detallada de estos cementos pórtland, además de otros cementos menos comunes, en el *Apéndice A*.

Las especificaciones *ASTM C150* con respecto al cemento son las siguientes:

- *Tipo I, Normal*: es un cemento de aplicación general propicio para todos los usos, no resistente a los sulfatos o al incremento no deseado de temperatura debido a la hidratación.
- *Tipo II, Modificado*: es un cemento con resistencia moderada a los sulfitos y generalmente con bajo calor de hidratación. Este cemento se utiliza en concreto para muelles, estructuras grandes y estructuras expuestas al agua de mar. Hoy en día, es el cemento especificado más común.
- *Tipo III, Alta resistencia rápida*: es un cemento que se usa en concreto cuando se deben remover las formas lo antes posible. Por su molienda más fina y las diferentes proporciones de contenido, sólo en 7 días el cemento alcanza una resistencia prácticamente igual a la alcanzada por los Tipos I y II en 28 días.
- *Tipo IV, Baja acumulación de calor*: es un cemento que se utiliza en estructuras muy grandes como represas, donde se necesita una baja acumulación de calor en la hidratación para prevenir la expansión y el agrietamiento de la estructura.
- *Tipo V (o C452, Tipo V), Resistente al sulfato*: es un **cemento resistente al sulfato** que generalmente se usa sólo en concreto expuesto a una intensa acción del sulfato causado por el agua o el suelo con alto contenido de álcali.
- *De Tipos IA a IIIA, Aireado*: es un **cemento aireado** con materiales agregados que generan muchas burbujas diminutas de aire cuando se agrega agua y se mezcla el concreto. Esto mejora la docilidad del concreto, además de la capacidad de resistencia a la congelación y la descongelación, pero también puede reducir la resistencia final.
- *Blanco*: es un cemento finamente molido con un proceso de fabricación controlado que hace que el producto final sea blanco en lugar de gris. Se usa para propósitos arquitectónicos como estuco, paneles para frentes, pintura de cemento y terrazo o cuando se necesita el color del concreto auténtico.

CARRIL INTERNO

Cemento Tipo I y Tipo II

Los cementos pórtland Tipo I y Tipo II representan el 90% de toda la producción de cemento. Un cemento pórtland designado como Tipo I/II significa que el cemento cumple con las especificaciones para el cemento pórtland tanto Tipo I como Tipo II.

¡ADVERTENCIA!

Es peligroso trabajar con cemento seco o concreto húmedo. El polvo del cemento seco puede entrar en las heridas abiertas y puede envenenar la sangre. El polvo del cemento, cuando entra en contacto con los fluidos del cuerpo, pueden causar quemaduras químicas en las membranas de los ojos, la nariz, la boca, la garganta o los pulmones. También puede causar una enfermedad pulmonar fatal conocida como silicosis. El concreto o el cemento húmedos también pueden causar quemaduras químicas en los ojos y la piel. Asegúrese de usar el equipo protector apropiado cuando trabaja con cemento seco o concreto húmedo. Si el concreto húmedo ingresa en las botas impermeables por arriba, quítese las botas y enjuáguese las piernas, los pies, las botas y la ropa con agua limpia lo antes posible. El contacto repetido con el cemento o el concreto húmedo también puede causar una reacción alérgica en la piel conocida como dermatitis del cemento.

2.1.3 Tipos de cementos combinados

Las especificaciones *ASTM C595* o *C1157* incluyen varias clases de cemento combinado, por ejemplo:

- *Tipo IS, Cemento de escoria de horno de alta capacidad pórtland*: se fabrica mezclando cemento pórtland con **escoria** granulada de horno de alta capacidad con una proporción 25-70% por peso. Normalmente, se usa en aplicaciones para la construcción general. Cuando los sufijos A, MS o MH siguen la designación IS, indican que se trata de un cemento IS aireado, resistencia moderada al sulfato o calor de hidratación moderado, respectivamente.
- *Tipo IP y P, Cemento puzolánico pórtland*: se prepara mezclando cemento pórtland con 15-40% de una **puzolana** por peso. Las puzolanas se describen con más detalle más adelante en este módulo. El tipo IP se puede usar para la construcción en general. El tipo P se usa generalmente en estructuras grandes como represas, zapatas (o bases) y pilotes. Cuando los sufijos A, MS o MH siguen la designación IP o P, indican que se trata de un cemento aireado, con resistencia moderada al sulfato o con calor de hidratación moderado, respectivamente.
- *Tipo I(PM), Cemento pórtland puzolánico modificado*: se prepara mezclando cemento pórtland o cemento de horno de alta capacidad pórtland con una puzolana fina de menos del 15% por peso. Se utiliza para la construcción en general. Cuando los sufijos A, MS o MH siguen la designación I(PM), se indica que se trata de un cemento aireado, con resistencia moderada al sulfato o con calor de hidratación moderado, respectivamente.
- *Tipo S, Cemento de escoria*: se prepara mezclando cemento pórtland con un mínimo del 70% de escoria molida de horno de alta capacidad por peso cuando se prepara concreto para la construcción en general. Cuando se prepara mortero, la escoria molida de horno de alta capacidad se mezcla con cal, en lugar de cemento pórtland. El sufijo A utilizado después de la designación S indica que se trata de un cemento S aireado.

CARRIL INTERNO

Cementos de pozo

Existen cementos especiales hechos para el sellado de pozos petroleros. Estos cementos tienen las propiedades de tener un fraguado lento y de ser resistentes a las presiones y a las temperaturas altas. Los cementos de pozo generalmente están hechos de clinker de cemento pórtland o de cementos combinados. Existen nueve clases de cemento de pozo, designadas de la A a la J, especificadas por el Instituto Estadounidense del Petróleo. Cada una de las clases está especificada para usarse en pozos de diferentes profundidades, temperaturas y entornos con sulfato.

- *Tipo I(SM), Cemento pórtland modificado de escoria*: se prepara mezclando cemento pórtland con menos del 25% de escoria granulada de horno de alta capacidad por peso. Se utiliza para la construcción en general. Cuando los sufijos A, MS o MH siguen la designación I(SM), se indica que se trata de un cemento I(SM) aireado, con resistencia moderada al sulfato o con calor de hidratación moderado, respectivamente.

2.2.0 Agregados utilizados en el concreto

Los agregados utilizados para preparar concreto son materiales sólidos químicamente inertes. Varían en tamaño desde partículas pequeñas de arena hasta rocas gruesas. Los agregados constituyen alrededor del 60% al 80% del volumen del concreto. Algunos agregados utilizados normalmente son la arena natural, la grava, la piedra triturada y la escoria de horno de alta capacidad. La selección de un agregado en particular para el uso depende de las características deseadas del concreto. Los agregados utilizados para preparar concreto deben ser duros y fuertes, y se deben procesar para asegurarse de que no tengan capas de arcilla u otros materiales ni químicos absorbidos.

Hoy en día, el concreto reciclado también se utiliza como un agregado en concreto nuevo. El uso de concreto reciclado ayuda a ahorrar materiales naturales y elimina la necesidad de tirar el concreto viejo en zonas de desechos. Las piezas viejas de concreto se procesan para remover los contaminantes, se aplastan, se dividen en tamaños adecuados para utilizar como agregados y se filtran. Algunas de las aplicaciones típicas para el concreto nuevo preparado con agregados de concreto reciclado incluyen: pavimentos, resaltos, barreras centrales, aceras, soleras y cimientos de puentes. Después del proceso, tanto los agregados nuevos como los reciclados se deben manejar y almacenar de manera que se evite la contaminación. Se deben tener algunas consideraciones al preparar concreto nuevo, como la resistencia, el tamaño, la forma y la limpieza del material de los agregados seleccionados para el uso.

2.2.1 Resistencia

El cemento sólo une los agregados del concreto. Gran parte de la resistencia del concreto curado depende de la resistencia de las piezas de los agregados, además del medio de fijación del cemento. El concreto de alta resistencia no se puede preparar con agregados que sean estructuralmente débiles, como la piedra arenisca, el esquisto o el carbón. Los agregados que ya están divididos, agrietados, descascarados o son blandos no se deben utilizar en el concreto normal.

2.2.2 Tamaño

De acuerdo con *ASTM C33*, los agregados finos deben tener un diámetro de 0.19" (4.75 mm) o menor. La arena natural o fabricada normalmente se utiliza como un agregado fino. Los agregados finos son necesarios para lograr docilidad y alisar superficies. Las partículas finas ayudan a rellenar los espacios entre las partículas más grandes. Sin embargo, un exceso de agregados finos requiere más mezcla de cemento y agua para lograr la resistencia correcta, lo que incrementa el costo.

Los agregados gruesos tienen un diámetro mayor a 0.19" (4.75 mm); generalmente son grava lavada, piedra triturada o escoria. Para lograr un concreto promedio, el agregado más grande que generalmente se usa es de aproximadamente 1½" (37.5 mm) de diámetro. Como regla general, el agregado con el tamaño más grande utilizado nunca debe ser más grande de un quinto del espesor de una sección de pared finalizada, un tercio del espesor de una losa o tres cuartos del ancho del espacio más estrecho por donde necesitará pasar el concreto durante la colocación. Al utilizar agregados del tamaño máximo permitido, generalmente se obtiene una contracción de secado menor y un costo más bajo, pero no necesariamente aumenta la resistencia del concreto. La National Sand and Gravel Association (Asociación Nacional de la Grava y la Arena) indica que, para un factor y un **asentamiento** de cemento en particular, la resistencia a la compresión de las mezclas de concreto rico aumenta a medida que disminuye el tamaño de los agregados de 2½" (63.5 mm) a ⅜" (9.5 mm) y que la utilización de agregados mayores a ¾" no mejora significativamente la resistencia.

El concreto normal utiliza agregados finos y gruesos en los rangos definidos anteriormente y pesa de 140 a 160 libras por pie cúbico. En ciertas mezclas de concreto especiales, se utilizan agregados mucho más livianos o mucho más grandes y pesados.

Los agregados proporcionados al azar generalmente producen un concreto de inferior calidad, porque se comprimen tanto que la mezcla de fijación de cemento y agua no puede fluir con libertad ni cubrir todas las superficies del agregado. Para obtener las características deseadas del concreto, se deben utilizar las cantidades precisas de los agregados finos y gruesos.

CARRIL INTERNO

De galones a libras

Para convertir galones de agua al peso equivalente en libras, multiplique los galones por 8.33. Por ejemplo, 5 galones de agua pesan 41.65 libras ($5 \times 8.33 = 41.65$). Una regla práctica general recomienda usar 5 o 6 galones de agua por cada bolsa de 94 libras de cemento en la mezcla. Si se utilizan 5 galones de agua y una bolsa de cemento, la relación a/c resultante es 0.44 ($41.65 \div 94 = 0.44$).

2.2.3 Forma

La piedra y la grava naturales o la piedra y la grava trituradas producen concreto con aproximadamente la misma resistencia. De hecho, un tipo de concreto de alta resistencia se prepara usando sólo roca triturada. Sin embargo, con materiales triturados se logra una mezcla de concreto más áspero con mayor cantidad de vacíos entre las partículas de los agregados gruesos que entre los agregados redondeados del mismo tamaño. Esto, en cambio, requiere el uso de más arena y consecuentemente más cemento y agua para producir una consistencia de concreto en particular. En estos casos, se puede usar un aditivo reductor de agua para aumentar la resistencia. A veces, el contenido de agregados gruesos triturados de piezas prolongadas o finas está limitado a un máximo de un 10% a un 15% por peso, para minimizar las mezclas de concreto áspero cuyas superficies pueden estar sujetas a roturas durante el acabado.

2.2.4 Limpieza

No se deberían usar los agregados que están contaminados por la presencia de suciedad, arcilla, sílex (una roca como un pedernal astilloso), carbón, lignito (un tipo de carbón marrón y blando), aceite u otras impurezas orgánicas. En la mayoría de los casos, la presencia de estos materiales interferirá con la resistencia o la apariencia del concreto curado y terminado.

2.3.0 Agua para el concreto

En general, para preparar concreto se puede usar cualquier agua potable (a menos que sea extremadamente dura o contenga demasiados sulfatos). Si la calidad del agua se desconoce o es cuestionable, debe ser analizada o se debe hacer cubos de mortero y probarlos con cubos de control preparados con agua potable. Para que el agua pase las pruebas, los cubos de prueba deben mostrar la misma resistencia a la compresión que los cubos de control después de un tiempo de curado de 28 días.

Las concentraciones altas de cloruros, sulfatos, álcalis, sales y otros contaminantes tienen efectos corrosivos en el concreto o en las varillas de refuerzo de metal, las mallas y los cables. Los sulfatos pueden desintegrar el concreto, mientras que el álcali, el carbonato de sodio y los bicarbonatos pueden afectar los tiempos de endurecimiento y la resistencia del concreto.

El agua mezclada con el concreto provoca las reacciones químicas de la hidratación en el cemento, para formar una pasta que se endurece y cobra resistencia a medida que envuelve los agregados. La resistencia del concreto depende de la relación agua-cemento. La relación a/c (agua-cemento) se define como el peso del agua utilizada en la mezcla dividido por el peso del cemento utilizado en la mezcla. Por ejemplo, una mezcla hecha con 235 libras de agua y 470 libras de cemento tiene una relación a/c de 0.5 ($235 \div 470 = 0.5$). A menor cantidad de agua utilizada, menor es la relación a/c y más fuerte es el concreto, siempre que la relación no sea demasiado baja como para sacrificar la docilidad del concreto fresco. A medida que aumenta la relación a/c, la porosidad de la pasta del cemento en el concreto aumenta, lo que hace que el concreto reduzca su resistencia.

2.4.0 Aditivos del concreto

Los aditivos son materiales que no constituyen los ingredientes principales del concreto. La mayoría se agrega a la mezcla del concreto en pequeñas cantidades que generalmente varían entre el 2 y el 5% del peso del cemento antes o durante el proceso de mezclado, con el fin de modificar las propiedades del concreto mientras se encuentra en estado plástico o endurecido. Las muestras de concreto que contienen aditivos se deben probar y evaluar por completo con los métodos de prueba de la ASTM para el asentamiento, el aireado, el tiempo de fraguado, la resistencia a la compresión, la resistencia a la flexión, la resistencia a la congelación y la descongelación, y el cambio de volumen antes de decidir si los aditivos son aptos para la aplicación en cuestión. Antes de usar un aditivo, también se debe determinar si causará corrosión en los metales incrustados o de refuerzo o un cambio de color no deseado del concreto curado. Además, se debe determinar si está disponible el equipo dispensador preciso y apropiado y si se necesita alguna condición de manejo, mezclado o acabado.

Existen dos tipos de aditivos: químicos y minerales.

2.4.1 Aditivos químicos

Los aditivos químicos se utilizan para reducir el costo de la construcción, modificar las propiedades del concreto endurecido y asegurar la calidad del concreto durante el mezclado, el traslado, la colocación y el curado. Funcionan para afectar la hidratación o son absorbidos por las partículas del cemento. Hay muchas categorías de aditivos químicos que se utilizan normalmente.

- *Agentes aireantes*: estos agentes producen millones de células o burbujas de aire minúsculas en la pasta del cemento. Estas células de aire alivian las presiones internas en el concreto al dar espacio para la expansión de agua cuando se congela. De esta manera se previene el agrietamiento y el descascarillado. Las células de aire también mejoran la durabilidad y la docilidad y reducen el agua de exudación y la separación de los agregados antes de poder fraguar el concreto. Estos agentes transmiten las mismas cualidades al concreto que el **cemento aireado**. La ventaja es que se puede variar al momento de mezclar el concreto para adaptarse a las condiciones o los requisitos locales. Estos agentes se utilizan normalmente en condiciones climáticas frías, pero por lo general no se utilizan para el concreto estructural. El aire atrapado en el concreto es aire que no pudo salir de los vacíos en el vertido. Es una zona débil y también puede aparecer como agujeros o depresiones en la superficie cuando se fragua el concreto. El aireado está compuesto por pequeñas burbujas distribuidas intencionalmente en la mezcla, para dar espacio a la expansión de agua que se puede congelar cuando se fragua el vertido.
- *Agentes de aceleración*: estos agentes se utilizan normalmente para modificar las propiedades del concreto en climas fríos. Aceleran el tiempo de fraguado y proveen resistencia al concreto con anticipación, lo que permite comenzar antes con las operaciones de acabado. Además, reducen el tiempo necesario para el curado y la protección adecuados.
- *Agentes reductores/retardantes de agua*: existen varios tipos de agentes reductores de agua o reductores/retardantes de agua que reducen entre un 5% y un 10% de agua sin alterar la consistencia del concreto. La reducción de agua permite la producción de un concreto de mucha resistencia. Si el agua no se reduce, se alcanza un alto nivel de docilidad (concreto de flujo). Los agentes reductores de agua también retrasan el proceso de curado. En estos casos, los aceleradores como el cloruro cálcico se utilizan algunas veces para contrarrestar este efecto.
- *Agentes reductores de agua de alto rango*: estos agentes, también denominados plastificantes o superplastificantes, se utilizan para reducir el contenido de agua de un 12% a un 30%, por lo tanto aumentan la resistencia disminuyendo el agua necesaria para otorgarle docilidad al concreto. Generalmente, se utilizan en proyectos muy grandes que requieren altos niveles de docilidad. El concreto preparado con superplastificantes tiene altos niveles de líquido y circula con facilidad, por lo tanto se puede colocar con poca vibración o compactación. El período de fácil docilidad generalmente dura entre 30 y 60 minutos. Luego, pierde la docilidad rápidamente.
- *Agentes colorantes*: los agentes colorantes se utilizan para decorar o como advertencia o identificación. El concreto íntegramente de color se logra agregando un agente colorante líquido o en polvo durante el proceso de mezclado. Esto produce una coloración uniforme en toda la mezcla. Otro tipo de agente colorante son los endurecedores de colores. Son agregados tipo cemento en polvo fino que se rocían sobre el

CARRIL INTERNO

Cemento hidráulico

Las estructuras romanas que aún se mantienen en pie, como la Vía Apia y el Coliseo, se construyeron con un cemento hidráulico hecho de una mezcla de cal hidráulica y cenizas volcánicas finas (una puzolana) obtenidas del Monte Vesubio. El nombre puzolana tiene su origen en la ciudad de Pozzuoli, que fue ubicada cerca de un recurso principal de cenizas volcánicas del Monte Vesubio utilizadas por los romanos.

concreto recién colocado. La humedad del concreto activa y adhiere el agente para producir una superficie más densa con terminación de color. Además, produce manchas de colores, que reaccionan químicamente con la cal en el concreto. Graban y adhieren color suavemente en la superficie del concreto.

2.4.2 Aditivos minerales

Los aditivos minerales, comúnmente conocidos como materiales de cementación suplementarios, se utilizan principalmente para reducir la cantidad de cemento utilizado para hacer concreto, lo que disminuye el costo del concreto. Los aditivos minerales también se utilizan en algunas aplicaciones para reducir la permeabilidad, incrementar la resistencia o afectar otras propiedades del concreto. Los aditivos minerales pueden ser hidráulicos o puzolánicos por naturaleza. Los aditivos minerales hidráulicos, como la escoria granulada de alto horno, reaccionan directamente con agua y forman compuestos similares al cemento. En su estado natural, los materiales puzolánicos, denominados puzolanas, no tienen propiedades de cementación. Sin embargo, cuando están finamente molidos y se utilizan en una mezcla para concreto, reaccionan con álcali e hidróxido cálcico, un producto de hidratación del cemento pórtland, para producir compuestos similares al cemento.

Los materiales puzolánicos tienen silicatos reactivos o aluminosilicatos. Algunas de las puzolanas comúnmente utilizadas incluyen cenizas volátiles, humo de sílice, metacaolina y ceniza de cáscara de arroz. La ceniza volátil se produce como un derivado de la combustión del carbón en dispositivos eléctricos a carbón. El humo de sílice emana de los desechos de la industria de metal de silicona. Se usa ampliamente en la fabricación de concretos de mucha resistencia como en construcciones de gran altura. Además, se utiliza cuando el concreto se expone a ambientes abrasivos o corrosivos. La metacaolina se produce de la caolina térmicamente activada de mucha pureza con arcilla. La ceniza de cáscara de arroz es un derivado natural que proviene del proceso del arroz. Las puzolanas se usan ampliamente en aplicaciones de **concreto masivo**, como represas o estructuras muy grandes, donde se requiere el calor de hidratación reducido y se puede tolerar el contenido de cemento reducido.

2.4.3 Aditivos especializados

Existe un número de aditivos especiales disponibles que no se utilizan comúnmente. Estos aditivos incluyen formadores de gases, lechadas de cemento, expansores o reductores, aparejos, antioxidante, fungicida, germicida e insecticida. Los productos están disponibles para la cementación y el sellado de superficies de concreto. Algunos de esos productos, bajo varios nombres específicos, emplean una reacción entre los compuestos de silicona y el hidróxido de calcio en concreto para formar superficies muy duras. Este tratamiento, aplicado después de completar el vertido, produce una superficie más densa y más impermeable. Se usan compuestos de epoxi y poliuretano para sellar y rellenar grietas en el concreto. Entre dichas capas, existen muchas opciones de colorantes, lo que permite hacer diseños geométricos o incluso ilustraciones en los pisos. Los aditivos especializados como estos se usan generalmente bajo la supervisión del fabricante o un especialista. Los aditivos más usados, ya descritos anteriormente, además de aditivos especiales seleccionados, se describen con más detalle en el *Apéndice B*.

3.0.0 ◆ PROPORCIONES Y MEDICIONES DE LA MEZCLA PARA CONCRETO NORMAL

Las propiedades apropiadas de docilidad del— concreto cuando está fresco y resistencia y durabilidad cuando está endurecido —dependen de la cuidadosa selección, proporción y mezcla de sus ingredientes. Cuando se prepara el concreto, se usan diferentes proporciones de materiales de acuerdo con la aplicación deseada. Una mezcla para concreto típica está compuesta por un 10% a un 15% de cemento pórtland, de un 60% a un 75% de agregados finos o gruesos y de un 15% a un 20% de agua. Cuando se utiliza aireado en las mezclas para concreto, éste generalmente representa entre un 5% y un 8%. Cuando se usan aditivos, representan aproximadamente entre un 2% y un 5%. Las proporciones utilizadas en una mezcla se deben medir por peso, y no por volumen. A continuación, se describen algunas consideraciones acerca de la proporción de materiales específicos en una mezcla para concreto:

- *Cemento*: cuanto mayor sea el contenido de cemento en la mezcla, mayor será la resistencia y la durabilidad del concreto. Por el contrario, cuanto menor sea el contenido, también disminuirá la resistencia y la durabilidad del concreto.

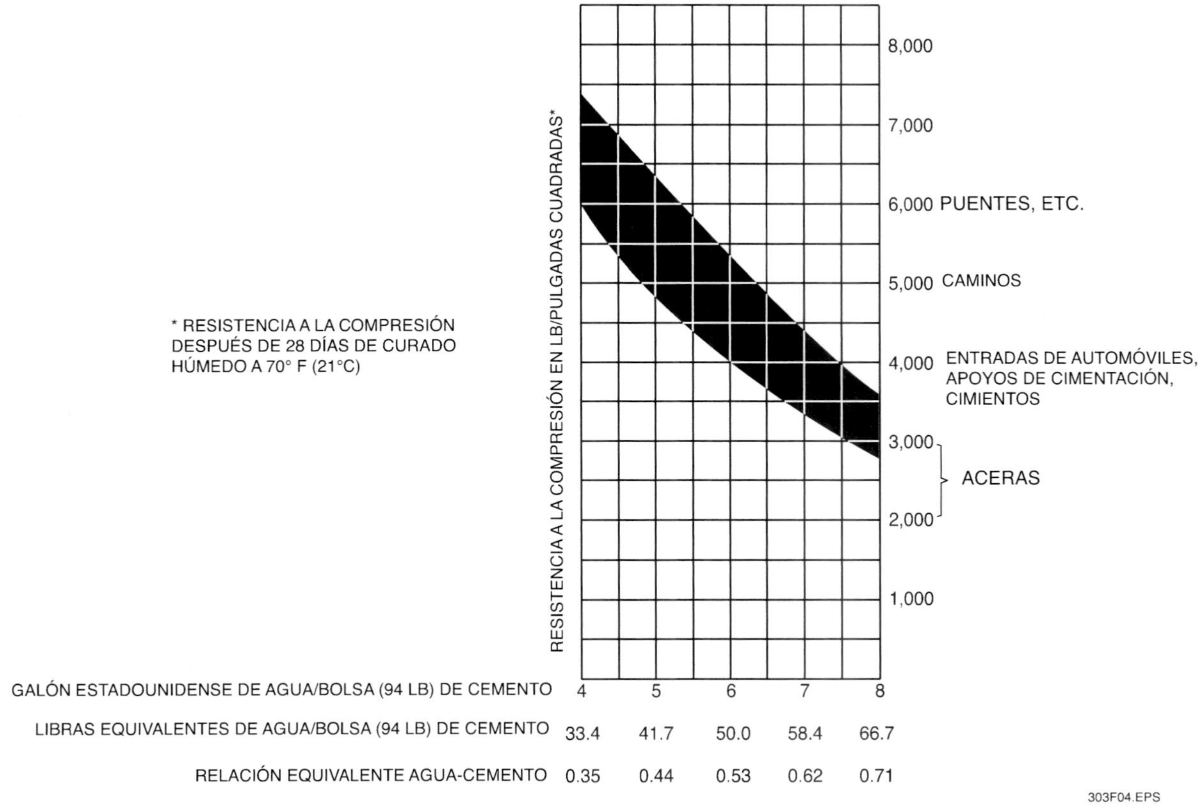

Figura 4 ◆ Resistencia típica del concreto para varias relaciones agua-cemento utilizando cemento pórtland Tipo I.

- *Agua*: cuanto mayor sea la cantidad de agua, más débil será el concreto endurecido. Es preferible usar la menor cantidad de agua posible, sólo lo suficiente como para lograr la docilidad de la mezcla. El agua no debe contener cantidades excesivas de impurezas como sulfatos, cloruros, álcali y sólidos. Estas impurezas pueden causar eflorescencia, manchas, inestabilidad de volumen y durabilidad reducida del concreto. Algunas también pueden causar la corrosión de las barras de refuerzo y otros materiales de refuerzo. Se debe ajustar la cantidad de agua utilizada en una mezcla para concreto para tener en cuenta todas las condiciones de humedad del agregado en la mezcla. Por ejemplo, se debe considerar el contenido de humedad de la arena mojada utilizada en la mezcla.
- *Agregados*: si usa demasiados agregados finos, puede dar como resultado una mezcla sin agregados gruesos en la capa superior del concreto, después del proceso de compactación. Esto hace que el concreto sea menos duradero. Si usa demasiados agregados gruesos, puede dar como resultado una mezcla en la que los agregados sobresalgan de la superficie superior del concreto después de la compactación.

En el proceso de mezclado, el cemento y el agua inicialmente se combinan para formar una pasta de cemento que cubre cada partícula de los agregados en la mezcla. Debido a la hidratación, la pasta de cemento se endurece con el transcurso del tiempo y cobra resistencia. Como se describe anteriormente, la resistencia de la pasta de cemento depende de la relación agua-cemento. Se logra un

CARRIL INTERNO

La regla de los seis

Una regla general para el mezclado del concreto se denomina la regla de los seis. Establece que se debe usar un mínimo de seis bolsas de cemento y seis galones de agua por yarda cúbica de concreto. Si se está mezclando concreto aireado porque el concreto estará sometido a la congelación y la descongelación, se recomienda que el contenido de aire sea del 6%. La regla también establece que el período de curado en el que el concreto se mantiene húmedo debe ser de por lo menos seis días.

concreto de alta calidad cuando se utiliza la relación agua-cemento más baja, de manera que no afecte la docilidad del concreto fresco. La mayoría del concreto se hace con una relación agua-cemento de 0.35 a 0.71. En la *Figura 4*, se muestra un ejemplo del rango de resistencia típico de un concreto hecho con un cemento pórtland Tipo I con varias relaciones agua-cemento. Como se muestra, una relación agua-cemento de 0.44 da como resultado una solidez de compresión que varía entre 4,800 y 6,400 libras por pulgada cuadrada (psi): una relación de 0.53 que da como resultado una resistencia que varía entre 4,000 y 5,400 psi. Los concretos que tienen una resistencia de hasta 7,000 psi son considerados concretos convencionales. Aquellos con una resistencia que varía entre 7,000 y 14,500 psi son considerados concretos de alta resistencia. La resistencia del concreto para cualquier relación agua-cemento varía en un rango específico, por las variaciones en los materiales cementosos, junto con variaciones causadas por la calidad de los agregados.

PRECAUCIÓN

Dado que la relación agua-cemento es fundamental para determinar la resistencia del concreto, nunca agregue más agua al concreto premezclado entregado en la obra. Si agrega agua, disminuirá la resistencia del concreto por debajo de lo especificado para el trabajo.

Las especificaciones del proyecto para calcular la relación de las mezclas para concreto son de dos tipos generales: especificaciones de la composición y especificaciones del desempeño. Con las especificaciones de la composición, los requisitos de proporción-volumen generalmente se dan como 1:2:3, lo que significa una parte de cemento, dos partes de arena y tres partes de agregados por volumen con agua sólo limitada por la cantidad máxima de asentamiento permitida. Las especificaciones de la composición se determinan generalmente por peso, ya sea kilogramos por metro cúbico o libras por yarda cúbica, y generalmente sólo cubren un contenido de cemento mínimo junto con la relación agua-cemento, generalmente por peso. El **Instituto estadounidense de concreto (ACI)** ha desarrollado muchas tablas para usarse como guía. La información presentada en estas tablas se puede utilizar para producir una mezcla para concreto que estará del lado de la seguridad tanto en la resistencia como en la durabilidad.

Las especificaciones de desempeño responsabilizan al contratista o al productor del concreto con respecto a la resistencia y la durabilidad del concreto. Las especificaciones generalmente establecen la resistencia requerida, el contenido mínimo de cemento o la máxima relación agua-cemento, la consistencia medida por el asentamiento, el aireado (en caso de ser necesario) y generalmente algunas limitaciones sobre los tamaños y las propiedades de los agregados. Al mantener las limitaciones al mínimo, los contratistas o los productores de concreto pueden usar las tablas como un punto de partida para diseñar (con ayuda del laboratorio) la mezcla para concreto más efectiva de acuerdo con las condiciones del lugar. Estos tipos de especificaciones generalmente requieren que el contratista o el productor de concreto prueben un número de muestras curadas de las mezclas para concreto propuestas, para determinar y demostrar la resistencia y la durabilidad.

4.0.0 ◆ TIPOS ESPECIALES DE CONCRETO

Además de las mezclas normales de concreto, existe un número de tipos especializados de concreto para aplicaciones específicas. Algunos de estos tipos especiales de concreto no parecen en absoluto concreto normal durante la colocación. Anteriormente, se trataron muchos tipos especiales de concreto en *Carpintería nivel uno, Introducción al concreto, materiales de refuerzo y formas* y se explican más en detalle en el *Apéndice* C. Estos incluyen los siguientes:

- Concreto masivo
- Concreto fuerte o alta resistencia
- Concreto compactado por rodillo
- Concreto liviano
- Concreto con agregados precolocados (preempacado)
- Concreto pesado (alta densidad)

Otros concretos especiales con los que se puede encontrar son:

- *Concreto refractario*: es un concreto compuesto por cemento de aluminato cálcico y agregados refractarios (resistentes al calor). Se utiliza en aplicaciones de alta temperatura como los pedestales para el lanzamiento de naves en programas espaciales.
- *Concreto con autoconsolidación*: el concreto con autoconsolidación también se denomina de autocompactación, de autonivelación o de autocolocación. Es un concreto de alto rendimiento preparado con aditivos superplastificantes. Se utiliza en aplicaciones que requieren que el concreto fluya por zonas estrechas sin separación ni requerir vibración.

- *Concreto sin agregados finos*: es un concreto preparado sólo con agregados gruesos en la mezcla. Como resultado, cuando se endurece se pone poroso y tiene una densidad mucho más baja que la del concreto convencional. Se usa principalmente para capas de drenaje bajo depósitos, pisos de sótanos y aplicaciones similares.
- *Concreto gunitado*: el concreto gunitado, comúnmente conocido como concreto proyectado, es un tipo de concreto que es rociado en una estructura. Se utilizan dos métodos: mezcla húmeda o mezcla seca. Con el método de mezcla húmeda, el concreto previamente mezclado, junto con el agua necesaria para la hidratación, se bombea desde una tolva de espera hacia la boquilla de una manguera pulverizadora, donde se usa aire comprimido para expulsar el concreto ya mezclado a alta velocidad sobre la superficie estructural. En el método de mezcla seca, los ingredientes mezclados secos sólo se mueven de una tolva de espera a la boquilla de la manguera pulverizadora. Una vez allí, se agrega agua a la mezcla seca y luego se expele el aire comprimido de alta velocidad en una superficie estructural. El proceso de mezclado del material seco y el agua no se completa totalmente en la boquilla, sino que finaliza cuando la mezcla alcanza y cubre la superficie estructural. En el mercado, el concreto producido por el método de mezcla seca se conoce como gunita. Sin embargo, es más común el término concreto proyectado para denominar el concreto producido para ambos métodos. El concreto proyectado se usa mucho para la construcción de túneles, piscinas empotradas en el terreno y control de erosión.

5.0.0 ◆ CURADO DEL CONCRETO

Después de su colocación y el acabado, el concreto nuevo se debe curar manteniéndolo a un contenido de humedad y una temperatura satisfactorios por un período específico, generalmente entre 5 y 7 días para el concreto convencional. Este proceso colabora con la reacción química de la hidratación entre el cemento y el agua en el concreto. Cualquier pérdida de agua por la evaporización demora o evita el proceso de hidratación. Por esta razón, la superficie del concreto nuevo se debe mantener húmeda. Para evitar que la humedad se evapore prematuramente en el concreto nuevo, se le puede mantener húmedo cubriéndolo con papel para curado impermeable o tejido plástico. El curado en húmedo se puede llevar a cabo mojando el concreto con mangueras o rociadores o utilizando esteras o sábanas de algodón húmedas, como las que se muestran en la *Figura 5*. Otro método normalmente utilizado cubre la superficie del concreto con compuestos de curado disponibles en el mercado, que sellan la humedad. En condiciones climáticas frías, donde es necesario evitar que se congele el concreto, se pueden usar mantas aislantes disponibles en el mercado, bloques de fibra de vidrio o losas de celdas plásticas expandidas, dado que sirven de protección contra la penetración de la nieve o el agua. Los métodos y los materiales utilizados para alcanzar el curado apropiado se tratan con más detalle en el *Apéndice D*.

303F05.EPS

Figura 5 ◆ Curado de un piso de concreto utilizando mantas de curado humedecidas.

CARRIL INTERNO

Toma de muestras y pruebas de concreto

La toma de muestras y las pruebas de concreto fresco para su aprobación en proyectos de trabajos públicos y comerciales grandes generalmente son llevadas a cabo por un técnico de pruebas de campo de Grado 1 (o equivalente) certificado por ACI. Estos técnicos están certificados para llevar a cabo las siguientes tareas y pruebas de conformidad con las especificaciones de ASTM: Muestras (*ASTM C172*), Asentamiento (*ASTM C143*), Peso unitario (*ASTM C138*), Contenido de aire (*ASTM C173 y C231*), Cilindros de moldeado (*ASTM C31*) y Temperatura (*ASTM C1064*).

PARA PENSAR

Prueba del concreto

Aquí se muestra un ejemplo de un formulario utilizado para registrar los resultados de las pruebas de concreto. ¿Puede dar dos o más razones por las que piensa que es importante probar el concreto?

Cliente ______

Proyecto ______

Datos del terreno		**Datos del concreto**
Fecha de la muestra		PSI especificados de resistencia a los 28 días
Muestra por		Diseño de mezcla
Planta		Galones de agua
Vehículo de carga n.º	Boleta n.º	Aditivo
Tiempo (en pastones)	(Muestras)	% de aire por volumen
Peso unitario	% de aire	Cemento
Temp. (aire)	(Mezcla)	Agregado fino
Fecha de recepción	Edad (días)	Agregado grueso
Datos enviados por		Comentarios:

Lab. n.º ______

Resultados de la prueba de resistencia a la compresión

DIÁM. EN PULG DEL CIL.	PULG. DE ASENTAMIENTO	CURADO	FECHA DE PRUEBA	EDAD (DÍAS)	PLANO DE FALLA	RESISTENCIA A LA COMPRESIÓN (PSI)

Lugar de colocación del concreto ______

303SA01.EPS

6.0.0 ◆ PRUEBA DEL CONCRETO

Algunos de los estándares más comunes ampliamente aceptados para determinar las características y las propiedades del concreto son publicados por la ASTM y se describen a continuación.

- *Asentamiento*: *ASTM C143* describe el método para la prueba de asentamiento del concreto con cemento pórtland.
- *Contenido de aire*: *ASTM C231* describe la prueba del contenido de aire del concreto mezclado fresco mediante el método de presión.
- *Tiempo de fraguado*: *ASTM C403* describe la prueba del tiempo de fraguado de una mezcla de concreto mediante la resistencia de penetración.
- *Resistencia a la compresión*: *ASTM C31* describe la confección y el curado de los especímenes de cilindro para las pruebas de compresión del concreto y los especímenes de vigas para las pruebas de flexión. *ASTM C39* describe el método de prueba de la resistencia a la compresión de los cilindros de concreto moldeado.
- *Resistencia a la flexión*: *ASTM C78* describe el método de prueba para la resistencia a la flexión del concreto.
- *Resistencia a la congelación y la descongelación*: *ASTM C666* describe el método de prueba para medir la resistencia del concreto a la congelación y la descongelación.
- *Cambio de volumen*: *ASTM C157* describe el método de prueba para medir el cambio de volumen del mortero de cemento y del concreto.

Hay otros estándares de la ASTM utilizados para probar las propiedades y las características de los agregados, el cemento y el concreto. Algunos de los estándares adicionales cubren las pruebas para dichas características como la resistencia a la tensión, el peso unitario y el rendimiento unitario, la uniformidad de la mezcla, el contenido de agregados gruesos y el módulo de elasticidad. Además de los métodos de prueba de la ASTM, otros organismos tienen diferentes métodos de evaluación del concreto y del cemento aplicables. Entre estas agencias se incluyen la Asociación Estadounidense de Carreteras Estatales y Oficiales del Transporte, el Instituto Estadounidense de Concreto, la Oficina Federal de Reclamaciones y el Cuerpo de Ingenieros del Ejército.

Algunas de las pruebas provistas en los estándares de la ASTM se dividen en aquellos que generalmente se pueden llevar a cabo en el campo y aquellos que generalmente se llevan a cabo en el laboratorio. En este módulo, se tratarán los métodos para la prueba de asentamiento y el moldeado de un cilindro para la prueba de compresión. Sin embargo, se debe tener en cuenta que la prueba del concreto para una o dos propiedades, como la docilidad o la resistencia a la compresión, puede derivar en conclusiones erróneas que sugieran el uso de una mezcla de concreto en particular, además de los aditivos, para la aplicación deseada. Por ejemplo, no sería apropiado el uso de un concreto con alta resistencia a la compresión y con poca resistencia a la congelación y a la descongelación para la construcción de una carretera. De igual manera, en la mayoría de las estructuras no sería apropiado el uso de un concreto con alta resistencia a la compresión y con una alta contracción de secado. Es importante que las características de una mezcla de concreto, especialmente aquellas con aditivos, sean evaluadas por completo en relación con el uso final del concreto.

6.1.0 Muestras de concreto

Los procedimientos para tomar una muestra de concreto dependen del equipo con que se toma la muestra. *ASTM C172* describe métodos apropiados para tomar las muestras. La conformidad con los métodos apropiados es fundamental para obtener resultados confiables y se considera el factor más importante en la prueba del concreto.

¡ADVERTENCIA!

El concreto es tóxico. Los químicos presentes en el concreto húmedo pueden ser absorbidos a través de la piel o de una herida abierta y envenenar la sangre. El concreto húmedo también puede causar quemaduras químicas en los ojos y la piel. Debe usarse el equipo de protección personal apropiado. Si el concreto ingresa en las botas impermeables por arriba, quítese las botas y enjuáguese las piernas, los pies, las botas y la ropa con agua limpia lo antes posible. El contacto repetido con el concreto húmedo también puede causar una reacción alérgica en la piel (dermatitis del cemento).

A continuación, se enumeran los procedimientos de *ASTM C172* para tomar muestras.

- Para camiones o mezcladores fijos, siga las siguientes indicaciones:
  - Obtenga dos o más muestras de concreto en intervalos de espacio regular durante la descarga de la porción media la mezcla. Obtenga las muestras a menos de 15 minutos de cada una.

- Asegúrese de que el ritmo de descarga la mezcla de la mezcladora esté regulado por el ritmo de rotación del tambor y no por el tamaño de la apertura de la puerta de acceso.
- Con un receptáculo no absorbente como una carretilla, obtenga cada porción ya sea interceptando el chorro de concreto o desviando el chorro por completo adentro del receptáculo.
- Lleve las muestras de concreto al lugar donde se moldearán los especímenes de prueba. Asegúrese de que las muestras estén protegidas contra los efectos del sol, el viento y la contaminación.
- De ser necesario, clasifique las partículas de los agregados en 1½" (38 mm). Luego, mezcle bien las muestras individuales hasta que queden uniformes, antes de probarlas, y empiece con las pruebas en el período requerido. Empiece con las pruebas de asentamiento o de contenido de aire en cinco minutos y con el moldeado del cilindro o de la viga en 15 minutos.

• Para los mezcladores para pavimentación, se debe descargar toda la mezcla y se deben recolectar las muestras de al menos cinco porciones diferentes de la pila. Los límites de compactación, protección y tiempo son los mismos que los descritos anteriormente.

• Para camiones mezcladores sin cubierta, agitadores y demás equipos, tome muestras mediante el procedimiento más apropiado de los descritos anteriormente.

6.2.0 Prueba de asentamiento del concreto

La prueba de asentamiento se utiliza para determinar la docilidad del concreto. La prueba es la distancia, en pulgadas, que se comba la parte superior del pilote cónico de concreto fresco después de extraer el molde para cono estandarizado. Si el asentamiento es demasiado bajo, el concreto puede fluir poco, lo que puede resultar en que el concreto no tenga la consolidación adecuada. Si es demasiado alto, el concreto de flujo libre puede provocar la pérdida del mortero a través de formas, presiones excesivas en forma y separaciones y demoras en el acabado del concreto. El asentamiento del concreto debe respetar las especificaciones de la estructura. Encontrará los rangos típicos de asentamiento para varios tipos de construcción en la *Tabla 1*.

NOTA

Toda la prueba de asentamiento desde el principio del llenado hasta la finalización en el levantamiento del cono se debe llevar a cabo en 2½ minutos. Si el concreto se derrama o una porción se desprende del cono en dos pruebas consecutivas, el concreto carece de la plasticidad y la cohesión necesarias para que funcione la prueba de asentamiento. *ASTM C31* exige vibrar el concreto que tiene un asentamiento menor a 1" (25 mm) para consolidarlo; para asentamientos de 1" a 3" (25 a 75 mm), se puede tratar con la varilla o con vibración; y para asentamientos mayores a 3" (75 mm), se debe tratar con la varilla.

ASTM C143 detalla los procedimientos para efectuar una prueba de asentamiento y se resume de la siguiente manera:

Paso 1 Se coloca un cono humedecido (*Figura 6*) sobre una superficie firme, nivelada, humedecida y no absorbente, y se lo sostiene en su lugar pisando sobre las soleras de la base.

Paso 2 El cono se rellena con concreto fresco (a un tercio lleno del volumen) y se lo hace vibrar o se lo aplasta con varillas de manera uniforme por toda la superficie, 25 veces, con una varilla de apisonamiento de acero de ⅝" con un extremo curvo (*Figura 7*).

PRECAUCIÓN

El uso de una barra de refuerzo como varilla de apisonamiento puede generar resultados imprecisos en las pruebas, porque las deformaciones de la barra de refuerzo introducirán aire en el concreto.

Tabla 1 Rangos típicos de asentamiento

	Asentamiento (pulg.)*	
Tipo de construcción	**Máximo**	**Mínimo**
Paredes reforzadas de cimientos y zapatas	4	2
Paredes no reforzadas de zapatas, ataguías y paredes de subestructura	3	1
Losas, vigas y muros reforzados	5	2
Columnas de edificios	5	3
Pavimentos	2	1
Aceras, entradas de automóviles y losas a nivel del terreno	4	2
Construcción maciza pesada	2	1

*Cuando no se usan vibradores de alta frecuencia, los valores pueden aumentar en un 50 por ciento, pero en ningún caso el asentamiento debe superar las 6 pulgadas.

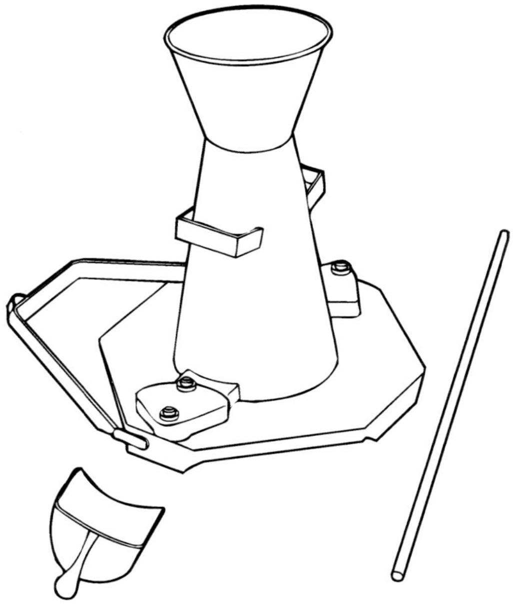

303F06.EPS

Figura 6 ◆ Molde para cono de asentamiento.

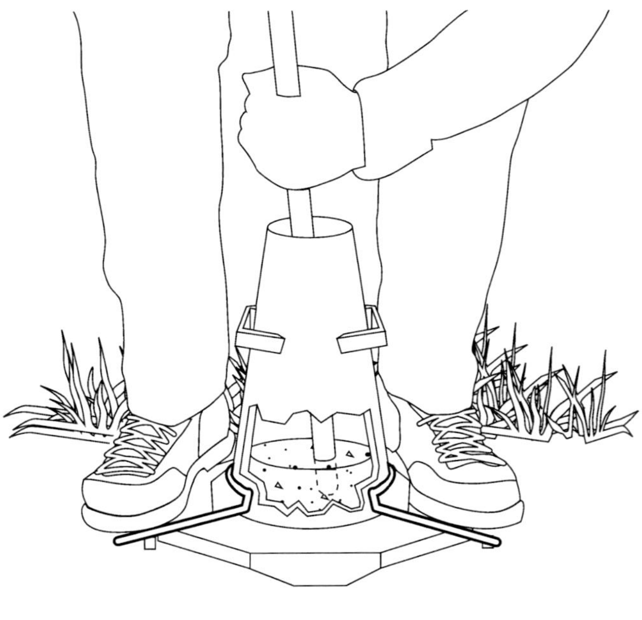

303F07.EPS

Figura 7 ◆ Molde para cono lleno en un tercio.

Paso 3 Se agrega la siguiente capa de concreto fresco hasta llenar el cono en sus dos tercios por volumen. Esta capa se vibra o se aplasta con la varilla, de manera uniforme 25 veces. La varilla debe penetrar sólo la primera capa (*Figura 8*).

Paso 4 Posteriormente, el cono se apila al sobreflujo y se vibra o aplasta la tercera capa con la varilla, de manera uniforme, 25 veces; la varilla sólo penetra la segunda capa (*Figura 9*). Si el concreto se derrama hacia abajo por debajo de la parte superior del cono, se añade más concreto para mantener el nivel del concreto por encima de la parte superior del cono.

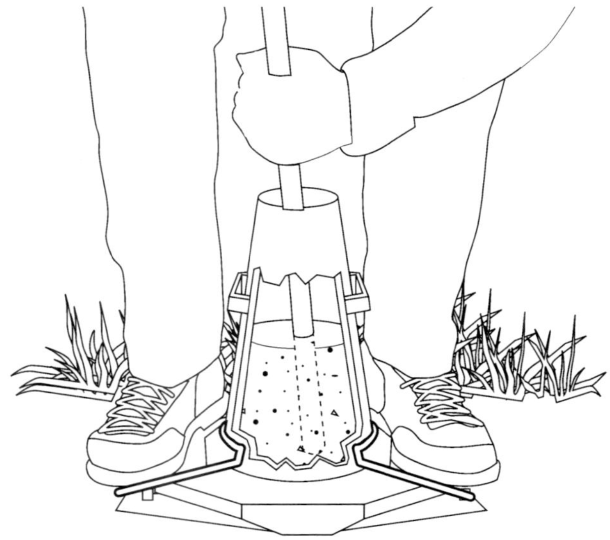

303F08.EPS

Figura 8 ◆ Molde para cono lleno en dos tercios.

Paso 5 Después de tratar con la varilla o con vibración, se raspa el exceso de concreto con la varilla para retirarlo de la parte superior del cono (*Figura 10*) y se limpia todo resto de concreto derramado alrededor de la base del cono.

Paso 6 Posteriormente, y con los agarres manuales, se levanta el cono verticalmente. Esto debe hacerse lenta y cuidadosamente en no más de 3 a 7 segundos y, a la vez, se debe evitar cualquier movimiento giratorio o golpear el concreto moldeado. A continuación, el cono se coloca boca abajo al lado del concreto apisonado (pero sin tocarlo) y se extiende la varilla, cruzando el cono, sobre el concreto.

Paso 7 Se mide la distancia desde la parte inferior de la varilla de apisonamiento hasta la parte superior cóncava del concreto en el centro original del cono de concreto al ¼" (6 mm) más cercano para determinar el asentamiento del concreto (*Figura 11*). Registre el asentamiento y deseche la muestra de prueba de concreto.

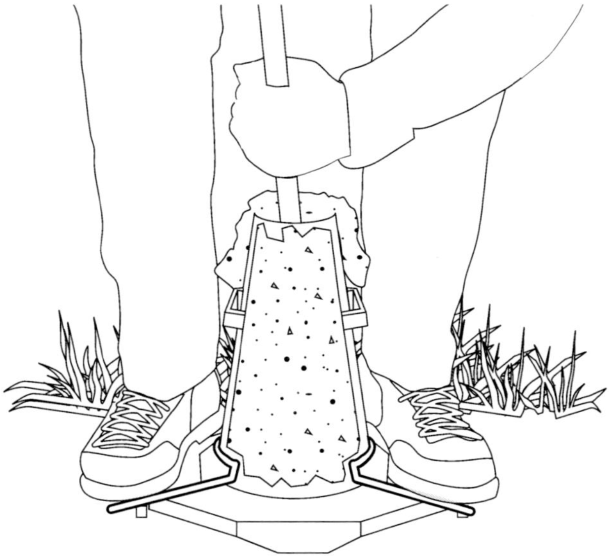

303F09.EPS

Figura 9 ◆ Molde para cono lleno y derramándose.

303F10.EPS

Figura 10 ◆ Nivelación de la parte superior del molde para cono.

6.3.0 Pruebas de compresión del concreto

La prueba de compresión mide la resistencia del concreto en estado endurecido. La prueba real de la resistencia a la compresión del concreto se lleva a cabo en un laboratorio fuera de la obra. El único trabajo que se lleva a cabo en la obra es la preparación de uno o más cilindros de concreto con el concreto tomado como muestra para la prueba de compresión. La toma de muestras de concreto y la preparación y el manejo de los cilindros se deben llevar a cabo con cuidado y de manera adecuada, dado que tener resultados equivocados puede ser costoso.

Generalmente, las especificaciones requieren que se tomen muestras de al menos dos especímenes de resistencia a la compresión por cada 150 yardas cúbicas o fracción de cada clase de concreto colocado cualquier día. Sin embargo, algunas especificaciones del trabajo pueden requerir pruebas más frecuentes. Las muestras para los especímenes se toman como se describe anteriormente. Los especímenes cilíndricos se moldean y luego, por lo general, se curan en laboratorio, como se describe en *ASTM C31* y se prueban en laboratorio como se describe en *ASTM C39*. El moldeado de los ejemplares cilíndricos de 6" × 12" (150 mm × 300 mm) estándar se completa de la siguiente manera:

Paso 1 Los moldes cilíndricos utilizados para la prueba a la resistencia pueden ser de cartón tanto de uso único como reutilizable (*Figura 12*). Se deben verificar de manera que cumplan con *ASTM C470*.

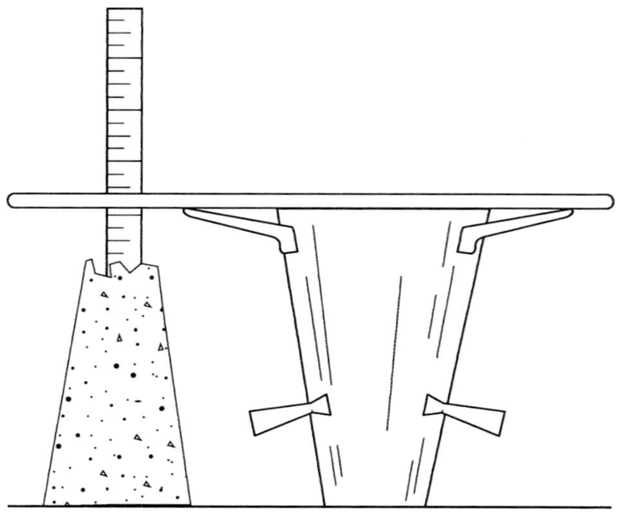

303F11.EPS

Figura 11 ◆ Medición del asentamiento del concreto.

303F12.EPS

Figura 12 ◆ Moldes cilíndricos utilizados para la prueba de resistencia.

Paso 2 Se colocan los moldes sobre una superficie lisa, firme y nivelada.

Paso 3 Se rellenan los moldes en tres capas iguales con concreto mezclado justo antes de tomar las muestras y se deben vibrar o aplastar con la varilla de la misma manera que se hace durante la prueba de asentamiento. Vea las *Figuras 13, 14* y *15*. Cuando se hacen varios especímenes, cada molde debe tener las mismas capas colocadas y vibradas o aplastadas con la varilla al mismo tiempo. El exceso de concreto debe estar en la parte superior del molde.

¡ADVERTENCIA!

El concreto es tóxico. Los químicos presentes en el concreto húmedo pueden ser absorbidos a través de la piel o de una herida abierta y envenenar la sangre. El concreto húmedo también puede causar quemaduras químicas en los ojos y la piel. Debe usarse el equipo de protección personal apropiado. Si el concreto ingresa en las botas impermeables por arriba, quítese las botas y enjuáguese las piernas, los pies, las botas y la ropa con agua limpia lo antes posible. El contacto repetido con el concreto húmedo también puede causar una reacción alérgica en la piel (dermatitis del cemento).

CARRIL INTERNO

Resistencia del concreto

La resistencia del concreto generalmente está establecida como un mínimo de resistencia a la compresión en 28 días de curado para el concreto en varios elementos estructurales. La resistencia a la compresión depende principalmente del tipo de relación agua-cemento y la calidad del agregado. Lo más importante es la relación agua-cemento. Generalmente, mientras más baja sea la relación agua-cemento, mayor será la resistencia a la compresión del concreto. La resistencia a la compresión de 28 días para las mezclas estándar de concreto de mezcla lista comercial generalmente está en el rango de 3,000 a 4,000 psi.

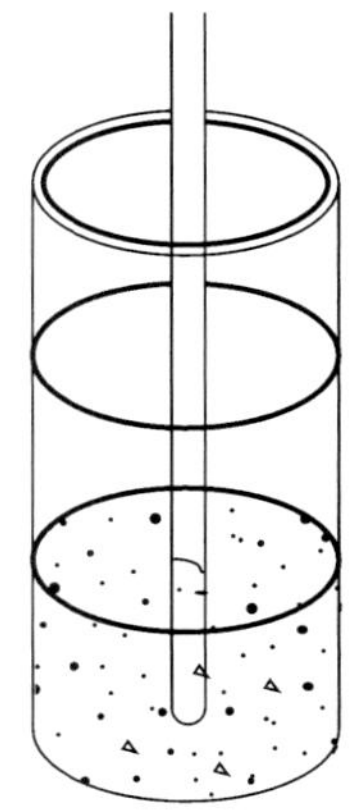

303F13.EPS

Figura 13 ◆ Molde cilíndrico lleno en un tercio.

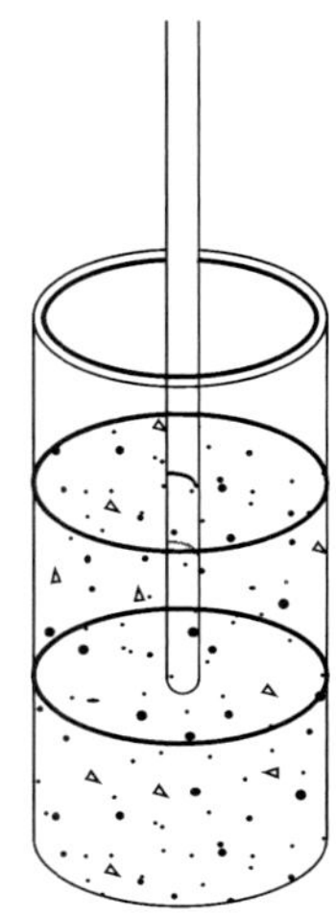

303F14.EPS

Figura 14 ◆ Molde cilíndrico lleno en dos tercios.

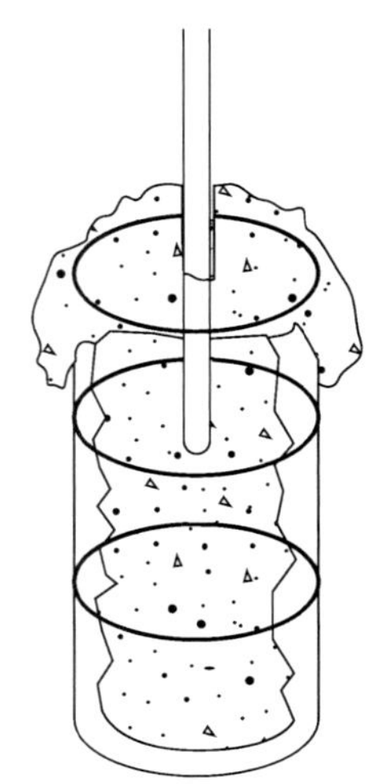

303F15.EPS

Figura 15 ◆ Molde cilíndrico lleno y derramándose.

Probadores de temperatura y aireado

CARRIL INTERNO

Se utiliza una sonda de temperatura (medidor de madurez) y un probador de aireado para medir la temperatura y el contenido de aire de las muestras de concreto que están siendo probadas.

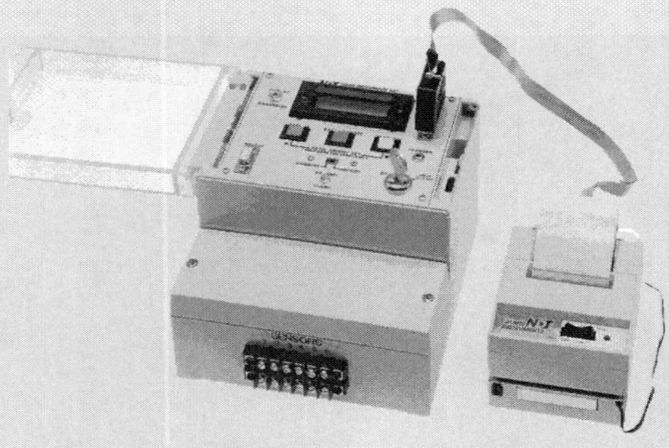

MEDIDOR DE MADUREZ

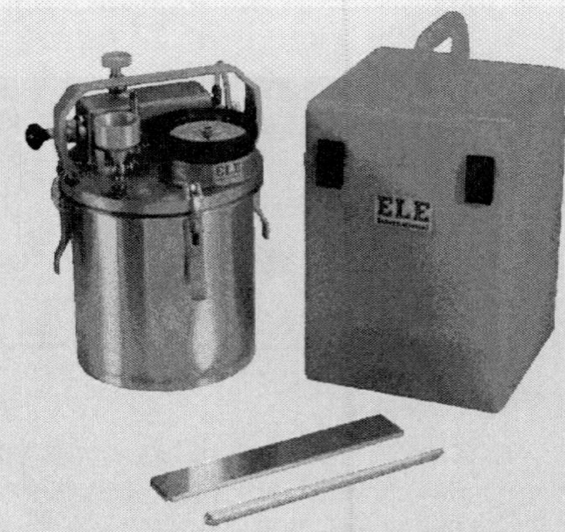

MEDIDOR DE INCORPORACIÓN DE AIRE DE PRECISIÓN

EQUIPO DE PRUEBA PARA INCORPORACIÓN DE AIRE DE MUESTRA

303SA02.EPS

Paso 4 Después de tratar con la varilla o con vibración, se raspa el exceso de concreto con una regla o pieza recta (*Figura 16*). Los especímenes de concreto deben estar identificados (rotulados) con rótulos de metal o similares enumerados de manera consecutiva. Los rótulos deben estar marcados con el nombre del proyecto, las proporciones de mezcla, la fecha, el asentamiento, el contenido de aire, la temperatura, la ubicación en la estructura y los años en los que las muestras serán probadas, junto con la identidad de la persona que hace el cilindro. Los cables de rotulado están, por lo general, enterrados en los ejemplares de concreto en el borde del cilindro.

Paso 5 Tape todos los contenedores de muestra para evitar la pérdida de humedad y luego deje pasar 24 horas para que el concreto fragüe antes de movilizar los ejemplares. Es importante no mover los ejemplares antes de que termine el período de 24 horas, porque el movimiento puede hacer que los agregados en el espécimen se asienten en la parte inferior y de esa manera no se puedan obtener resultados precisos de la prueba.

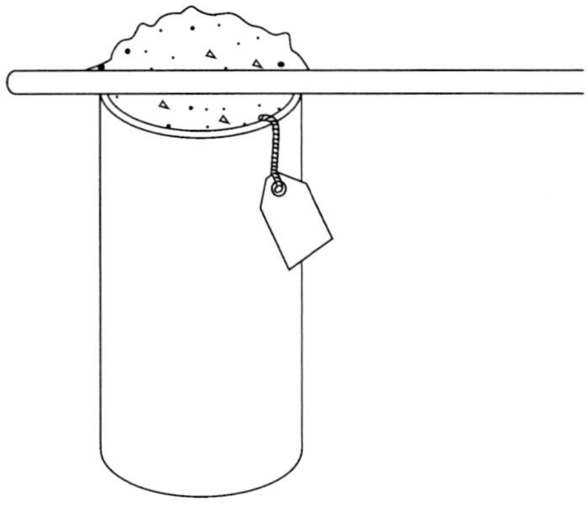

303F16.EPS

Figura 16 ◆ Nivelación de la parte superior del molde cilíndrico después de que han sido insertados los cables de rotulado.

Paso 6 Después de que haya pasado el período de 24 horas, los especímenes de concreto se pueden enviar a un laboratorio para el proceso de curado. Generalmente, se quitan los moldes cilíndricos y luego se colocan en condiciones cálidas y húmedas para que se curen por el período establecido (por lo general, 28 días). Otros ejemplares se pueden conservar en la obra para que se puedan curar bajo condiciones de trabajo reales. Los moldes conservados en la obra se colocan en una **caja de curado**. Por lo general, los moldes cilíndricos para estos especímenes se quitan al mismo tiempo que se quitan las formas para la pared, la columna o la losa relacionadas. También se puede curar una mezcla de concreto tanto en laboratorio como en la obra, con el fin de comparar las características de los ejemplares curados bajo las condiciones ideales de laboratorio con aquellos curados bajo condiciones reales.

Paso 7 Una vez que los ejemplares de cilindro se hayan curado durante el período deseado, se hace la prueba de compresión en una máquina (*Figura 17*) de conformidad con *ASTM C39*.

7.0.0 ◆ CÁLCULO DEL VOLUMEN DEL CONCRETO

El cálculo del volumen del concreto necesario para un trabajo se detalla brevemente en *Carpintería Nivel uno*. Dado que se requiere la medición y el cálculo precisos de las cantidades de concreto para llevar a cabo un trabajo con concreto económico, el tema se describe más detalladamente en esta sección. Recordará que la mayoría de las estructuras de concreto se pueden dividir en dos o más formas rectangulares, circulares u otras. El volumen de concreto para cada forma se puede calcular de manera individual y los resultados obtenidos para cada forma se pueden sumar para obtener el volumen total requerido de concreto para la estructura.

303F17.EPS

Figura 17 ◆ Máquina para pruebas en laboratorio de la resistencia a la compresión.

Los planos para un proyecto proveerán las dimensiones para las diferentes porciones de una estructura de concreto y estas dimensiones se utilizan para calcular el volumen de concreto necesario para la estructura. Para propósitos de referencia, en el *Apéndice E* se proveen fórmulas de área o volumen para varias formas geométricas y una tabla para la conversión de pulgadas a fracciones de un pie o un equivalente decimal.

7.1.0 Cálculos de volumen en formas rectangulares

Para determinar los volúmenes de concreto para estructuras rectangulares, puede usar calculadoras de volumen de concreto o se pueden calcular manualmente con fórmulas y tablas para concreto. Independientemente del método utilizado, se necesita conocer el largo, el ancho y el espesor de la estructura rectangular de concreto. Normalmente, las dimensiones utilizadas para el largo y el ancho (o el alto) de la estructura se expresan en pies. De acuerdo con la calculadora o el método utilizado, el espesor se expresa tanto en pies como en pulgadas.

7.1.1 Cálculo del volumen del concreto mediante tablas para concreto y fórmulas

Primero se describe el cálculo manual del volumen del concreto rectangular mediante fórmulas y tablas para concreto porque ambos métodos proveen tareas e información de referencia en común para los métodos de cálculo manual y con la calculadora para concreto.

El método con fórmula utiliza la siguiente fórmula:

$$\text{Yardas cúbicas de concreto (redondeado hasta la siguiente } \tfrac{1}{4} \text{ yarda)} = \frac{\text{ancho o alto (pies)} \times \text{largo (pies)} \times \text{espesor (pies)}}{\text{27 (pies cúbicos/yardas)}}$$

Para usar la fórmula, todas las dimensiones en pulgadas se deben convertir a pies y/o fracciones de pie y luego en un equivalente decimal. Por ejemplo:

$$7'' = \tfrac{7}{12}' \text{ o } 7 \div 12 = 0.58'$$

$$8'' = \tfrac{8}{12}' \text{ o } \tfrac{2}{3}' \text{ o } 2 \div 3 = 0.66'$$

$$23'' = \tfrac{23}{12}' \text{ o } 23 \div 12 = 1.92'$$

Aquí se provee un ejemplo para el cálculo de volumen con el método de fórmula para determinar la cantidad de concreto requerida para el plan para el apoyo, la losa de piso y la pared parcial, que se muestra en la *Figura 18*.

Paso 1 Se debe determinar todo el largo del apoyo y de la pared. Dado que la pared está centrada sobre el apoyo, el largo de la pared es 8" menor al largo de la zapata. Si tomamos el lado largo de la pared y el apoyo, obtendremos un largo de 25'. Por lo tanto, no contamos el apoyo dos veces, sino que restamos los 2' del apoyo y la pared del otro largo, que es 20' hacia el extremo exterior del apoyo. Eso nos da el siguiente resultado:

El largo del apoyo y la pared = 25' + (20' – 2') = 43' cada uno de la pared y la zapata

Paso 2 Determinar el largo y el ancho de la losa de piso. La losa se superpone con la zapata por 8", por lo tanto tiene 16" desde el extremo exterior en ambas direcciones. Eso significa que podemos restar 16" a cada uno de los largos totales y obtendremos el largo y el ancho de la losa de piso:

Largo = 25' – 16" = 25' – 1.33' = 23.67'

Ancho = 20' – 16"= 20' – 1.33' = 18.67'

Paso 3 Con la fórmula, determinar el volumen del concreto para la pared, el apoyo y la losa:

$$\text{Volumen} = \frac{\text{ancho o altura (pies)} \times \text{longitud (pies)} \times \text{espesor (pies)}}{\text{27 (pies cúbicos/yardas)}}$$

$$\text{Pared} = \frac{4 \times 43 \times 0.67}{27} = \frac{115.24}{27} = 4.27 \text{ yardas cúbicas}$$

$$\text{Apoyo} = \frac{2 \times 43 \times 0.67}{27} = \frac{57.62}{27} = 2.13 \text{ yardas cúbicas}$$

$$\text{Losa} = \frac{18.67 \times 23.67 \times 0.5}{27} = \frac{221.0}{27} = 8.18 \text{ yardas cúbicas}$$

Paso 4 Sumar los volúmenes de la pared, el apoyo y la losa:

4.27 + 2.13 + 8.18 = 14.58
redondeado a 15 yardas cúbicas

Para el plan mostrado, se requerirán 15 yardas cúbicas de concreto.

Cuando usa una tabla para concreto como la que se muestra en la *Figura 19*, primero debe hacer lo siguiente:

- Convertir todas las dimensiones de pulgadas a pies o a fracciones de un pie y en un equivalente decimal, luego calcular el área:

Área (pies cuadrados) = largo (pies) × ancho o alto (pies)

- Colocar el espesor deseado (en pulgadas) en la tabla y anotar el número en pies cuadrados en la tabla para ese espesor. El número en pies cuadrados representa el área que cubrirá una yarda cúbica de concreto en ese espesor.
- Dividir el área calculada por el número en pies cuadrados de la tabla para determinar las yardas cúbicas de concreto requerido.

$$\text{Yardas cúbicas requeridas (redondeado a la próxima } \tfrac{1}{4} \text{ yarda)} = \frac{\text{área (en pies cuadrados)}}{\text{pies cuadrados (número de la tabla)}}$$

Aquí se da un ejemplo para el cálculo de volumen con la tabla para concreto, para determinar la cantidad de concreto requerido para el plan para el apoyo, la losa de piso y la pared parcial, que se muestra en la *Figura 18*.

Paso 1 Se debe determinar todo el largo del apoyo y de la pared. Dado que la pared está centrada sobre el apoyo, el largo de la pared es el mismo que el del apoyo:

Largo de la pared y el apoyo = 25' + (20' – 2') = 43'

Paso 2 Determinar el área de la zapata y la pared:

Área de la pared = 4' × 43' = 172 pies cuadrados

Área de la zapata = 2' × 43' = 86 pies cuadrados

Paso 3 Determinar el largo, el ancho y el área de la losa de piso:

Largo = 25' – 16" = 25' – 1.33' = 23.67'

Ancho = 20' – 16" = 20' – 1.33' = 18.67'

Área de la losa = 23.67' × 18.67' = 441.92 pies cuadrados

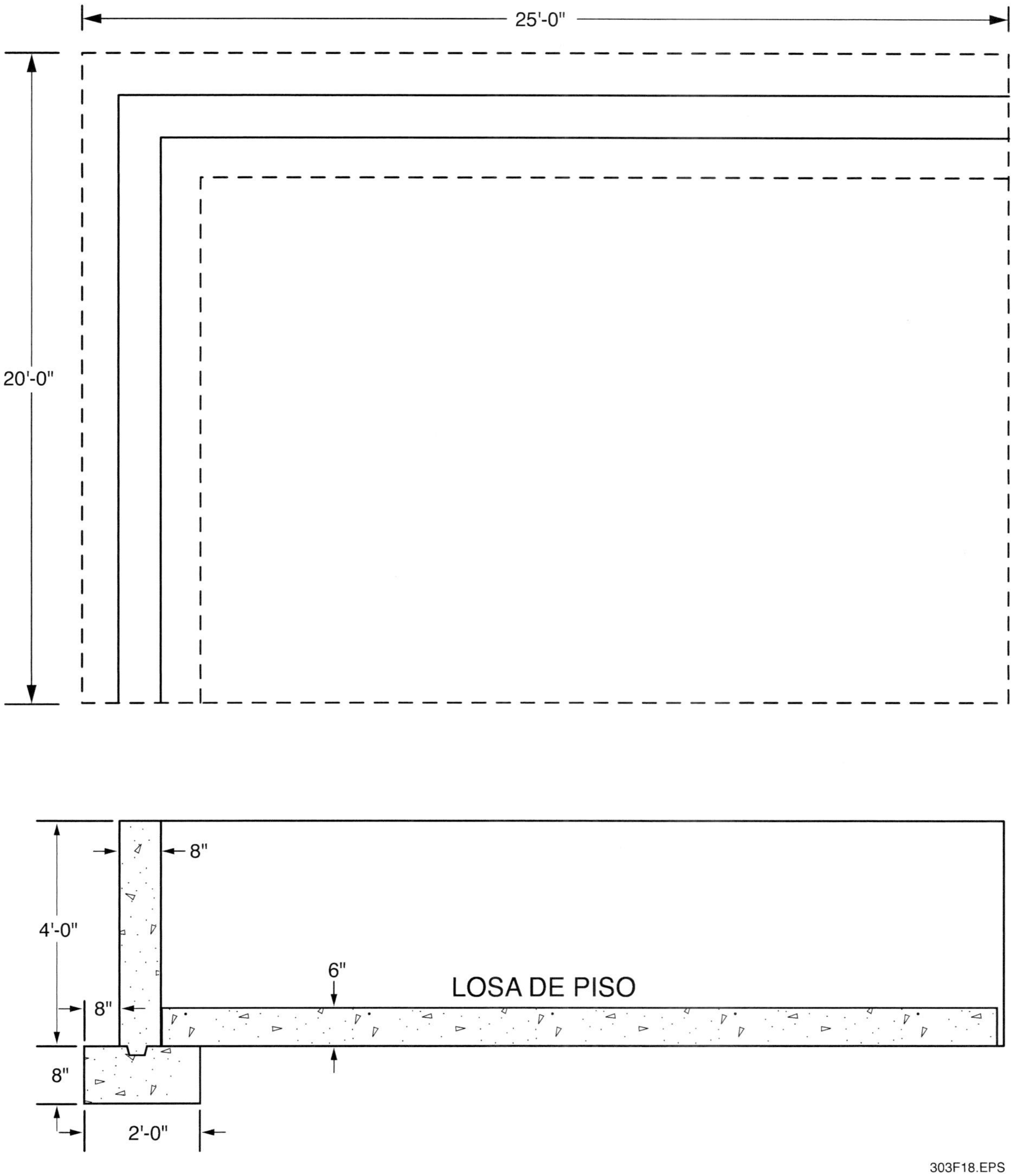

Figura 18 ◆ Plan para el apoyo, la losa de piso y la pared parcial.

Para pensar

El volumen del concreto

Verificar que una yarda cúbica de concreto es más que suficiente para rellenar una forma hecha de 2 × 4s para una calzada que tiene 4' de ancho y 20' de largo.

UNA YARDA CÚBICA DE CONCRETO COLOCARÁ:					
ESPESOR	PIES CUADRADOS	ESPESOR	PIES CUADRADOS	ESPESOR	PIES CUADRADOS
1"	324	5"	65	9"	36
1¼"	259	5¼"	62	9¼"	35
1½"	216	5½"	59	9½"	34
1¾"	185	5¾"	56	9¾"	33
2"	162	6"	54	10"	32.5
2¼"	144	6¼"	52	10¼"	31.5
2½"	130	6½"	50	10½"	31
2¾"	118	6¾"	48	10¾"	30
3"	108	7"	46	11"	29.5
3¼"	100	7¼"	45	11¼"	29
3½"	93	7½"	43	11½"	28
3¾"	86	7¾"	42	11¾"	27.5
4"	81	8"	40	12"	27
4¼"	76	8¼"	39	15"	21.5
4½"	72	8½"	38	18"	18
4¾"	68	8¾"	37	24"	13.5

303F19.EPS

Figura 19 ◆ Porción de una tabla para concreto típica.

Paso 4 De la tabla para concreto en la *Figura 19*, determinar el número en pies cuadrados para los espesores de la pared, el apoyo y la losa:

Espesor de la pared = 8" = 40 pies cuadrados

Espesor del apoyo = 8" = 40 pies cuadrados

Espesor de la losa = 6" = 54 pies cuadrados

Paso 5 Determinar las yardas cúbicas de concreto requerido usando la fórmula:

$$\text{Pared} = \frac{172}{40} = 4.3 \text{ yardas cúbicas}$$

$$\text{Apoyo} = \frac{86}{40} = 2.15 \text{ yardas cúbicas}$$

$$\text{Losa} = \frac{441.92}{54} = 8.18 \text{ yardas cúbicas}$$

Paso 6 Sumar los volúmenes de la pared, el apoyo y la losa:

$$4.3 + 2.15 + 8.18 = 14.63$$

redondeado en 15 yardas cúbicas

Para el plan mostrado, se requerirán 15 yardas cúbicas de concreto.

7.1.2 Determinación del volumen del concreto utilizando una calculadora para concreto

Otra forma de calcular el volumen del concreto es utilizando una calculadora electrónica para concreto. Algunas de estas calculadoras son una parte integral de los programas de computadora orientados a la construcción. Otras calculadoras fáciles de usar con programas para el volumen de concreto son gratis, gracias a la mayoría de los proveedores de concreto de mezcla lista en sus sitios web. Todas estas calculadoras funcionan prácticamente de la misma manera. Se muestra un ejemplo en la *Figura 20*. Para usar estas calculadoras para calcular un volumen rectangular se requiere que sepa las mismas dimensiones (largo, ancho o alto y espesor) para las paredes, el apoyo y las losas que se necesitaron para llevar a cabo los cálculos manuales mediante la fórmula o la tabla para concreto. Una vez que se conocen las dimensiones, simplemente ingrese el ancho y el largo de la estructura en pies y el espesor, ya sea en pies o pulgadas, en la calculadora. A continuación, haga clic en el botón de calcular y lea la res-

CARRIL INTERNO

Calculadoras para concreto con regla deslizante

Antes de que se usaran masivamente las calculadoras electrónicas para calcular el volumen del concreto, se utilizaban muy a menudo las calculadoras para concreto con regla deslizante, como la que se muestra aquí. Su uso era limitado para los cálculos de volúmenes mayores a media yarda cúbica. Además, los resultados de la calculadora se tenían que apreciar a ojo entre las marcas de la regla, lo que hacía que los resultados estén sujetos a algunas variaciones.

Para usar la calculadora, se requiere:

- Colocar el espesor en pulgadas del objeto rectangular en la Escala A y el ancho (o el alto) en pies en la Escala B.
- Mover la parte deslizante de la calculadora para alinear el valor del espesor deseado en la Escala A con el valor del ancho (o el alto) deseado en la Escala B.
- Colocar el largo del objeto en la Escala C y leer el volumen del concreto requerido en yardas cúbicas en la Escala D directamente opuesto al largo en la Escala C.

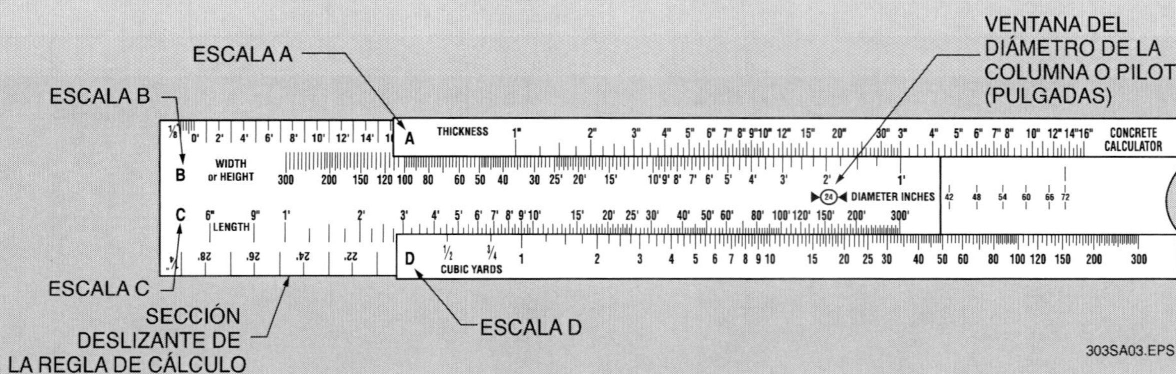

puesta expresada en las yardas cúbicas requeridas. En la *Figura 20*, se muestran los resultados del volumen calculado para las mismas estructuras de pared, apoyo y losa que se muestran en la *Figura 18* y calculadas manualmente arriba.

También se usan mucho las calculadoras portátiles como la que se muestra en la *Figura 21*. Cuando se utilizan estos dispositivos, se hacen cálculos del volumen de concreto de acuerdo con las instrucciones del fabricante de la calculadora.

7.2.0 Cálculos del volumen del concreto circular

El volumen del concreto requerido para un pilote o una columna circular se puede calcular con la siguiente fórmula:

$$\text{Yardas cúbicas de concreto} = \frac{\pi \times \text{radio}^2 \text{ (pies cuadrados)} \times \text{altura (pies)}}{27 \text{ (pies cúbicos/yardas)}}$$

Donde:

$\pi = 3.14$

Radio = diámetro (pies) de columna ÷ 2

Las pulgadas se expresan en fracciones o en equivalentes decimales

Aquí se da un ejemplo del cálculo de volumen circular para determinar el volumen del concreto requerido para el plan para la columna circular que se muestra en la *Figura 22*.

Paso 1 Determinar el radio de la columna:

$$4' \div 2 = 2.0'$$

Paso 2 Calcular el volumen utilizando la fórmula:

$$\text{Yardas cúbicas de cono} = \frac{\pi \times \text{radio}^2 \text{ (pies cuadrados)} \times \text{altura (pies)}}{27 \text{ (pies cúbicos/yardas)}}$$

$$\text{Columna} = \frac{3.14 \times (2)^2 \times 30}{27} = \frac{376.8}{27} = \text{13.96 redondeado hasta 14 yardas cúbicas}$$

Para el plan mostrado, se requerirán 14 yardas cúbicas de concreto.

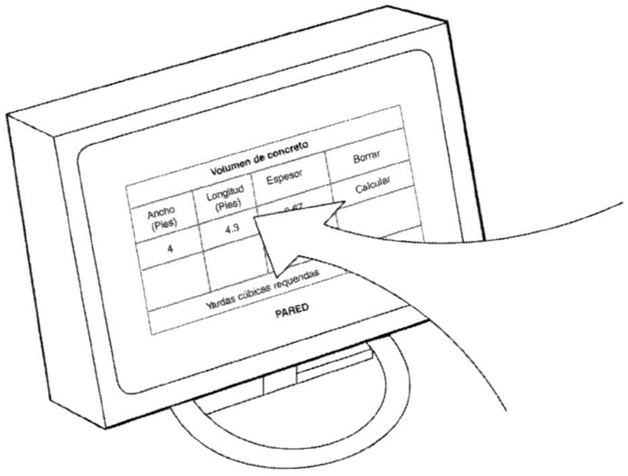

Volumen de concreto			
Ancho (Pies)	Longitud (Pies)	Espesor	Borrar
4	4.3	0.67	Calcular
		○ Pulgadas ◉ (Pies)	
Yardas cúbicas requeridas			4.26815

PARED

Volumen de concreto			
Ancho (Pies)	Largo (Pies)	Espesor	Borrar
2	43	0.67	Calcular
		○ Pulgadas ◉ (Pies)	
Yardas cúbicas requeridas			2.13407

APOYO DE LA CIMENTACIÓN

Volumen de concreto			
Ancho (Pies)	Largo (Pies)	Espesor	Borrar
18.67	23.67	0.5	Calcular
		○ Pulgadas ◉ (Pies)	
Yardas cúbicas requeridas			8.18368

LOSA

Volumen de concreto		
Altura (Pies)	Diámetro (Pulgadas)	Borrar
30	48	Calcular
Yardas cúbicas requeridas		13.9626

COLUMNA

303F20.EPS

Figura 20 ◆ Calculadora de volumen del concreto en el sitio web.

Como con las medidas de volumen rectangular, se puede hacer el mismo cálculo para nuestra columna de ejemplo con una calculadora electrónica para concreto. El resultado para nuestra columna de ejemplo utilizando una calculadora en línea se muestra en la *Figura 20*. Observe que la dimensión para el diámetro de la columna no se ingresa en pies sino en pulgadas cuando se usa esta calculadora.

NOTA

Al usar alguno de los tres métodos para calcular el volumen del concreto que se necesita para un trabajo, se debe tener en cuenta el factor de los desechos. Generalmente, se agrega alrededor del 5% del volumen calculado para dar cuenta de los desechos. Para trabajos más grandes, los carpinteros experimentados solicitan el número requerido de cargas llenas de camiones (generalmente 12 yardas cúbicas por carga) y luego especifican la cantidad requerida que se necesita para la última carga de camión una vez que se conoce el volumen total del con-

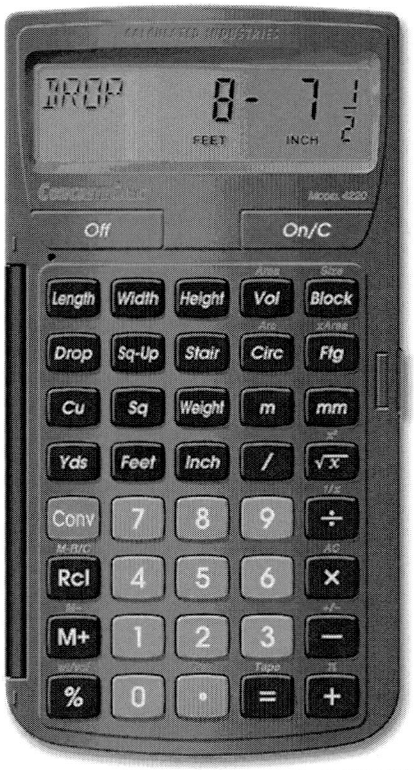

303F21.EPS

Figura 21 ◆ Calculadora electrónica portátil para concreto típica.

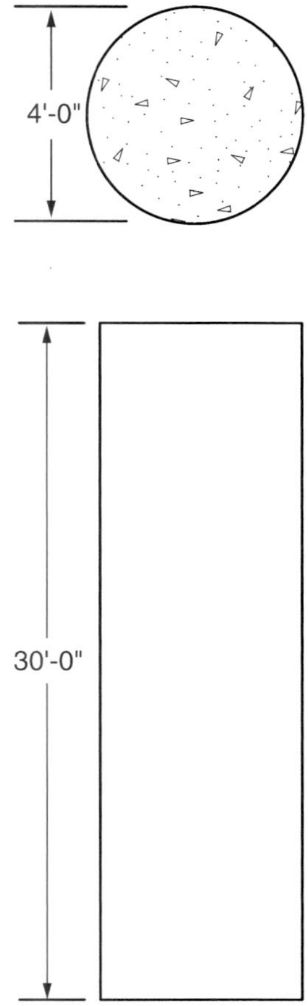

303F22.EPS

Figura 22 ◆ Plan para columna circular típica.

Resumen

El concreto está compuesto por cemento pórtland, agregados finos y gruesos, y agua. Estos ingredientes se mezclan en proporciones específicas de acuerdo con lo que definan los ingenieros en cada proyecto. Muchas mezclas de concreto también contienen aditivos. Existen muchos tipos de aditivos que se utilizan para modificar las propiedades del concreto. Por ejemplo, pueden acelerar o retardar el tiempo de fraguado del concreto para adaptarse a las condiciones climáticas. Se debe tener especial cuidado cuando se usa agua, porque, al agregar agua a la mezcla, se puede reducir la resistencia del concreto. Los concretos actúan de manera diferente. A lo largo de los años, los ingenieros han desarrollado muchos tipos diferentes de concreto para aplicaciones específicas. El concreto se debe probar cuando se entrega en la obra, para asegurarse de que cumpla con las especificaciones del proyecto. Los métodos de prueba incluyen la prueba de asentamiento y la prueba de compresión.

Notas

Preguntas de repaso

1. Los materiales básicos utilizados para hacer concreto son _____.
   a. cemento pórtland, agua y aditivos
   b. arena, agua y agregados
   a. agregados, agua y cemento pórtland
   b. aditivos, agregados y agua

2. En Estados Unidos, una bolsa de cemento pórtland pesa _____ libras.
   a. 85
   b. 94
   c. 100
   d. 105

3. La resistencia y el fraguado inicial del concreto durante los primeros siete días es causado principalmente por la hidratación del/de la _____ en el cemento pórtland.
   a. silicato tricálcico
   b. aluminato tricálcico
   c. aluminatoferrito tetracálcico
   d. silicato bicálcico

4. El cemento con baja acumulación del calor se utiliza cuando _____.
   a. se encuentran temperaturas de colocación bajas
   b. las formas se deben quitar lo antes posible
   c. se encuentran altas concentraciones de sulfato granulado
   d. es necesario prevenir la dilatación y las fisuras

5. El cemento aireado se usa para _____.
   a. aumentar la resistencia a la congelación y la descongelación
   b. aumentar la resistencia
   c. aumentar la resistencia al sulfato
   d. reducir la docilidad

6. Los agregados conforman alrededor del _____% del volumen del concreto.
   a. 15 al 20
   b. 30 al 40
   c. 40 al 50
   d. 60 al 80

7. Un pie cúbico de concreto normal con agregados finos y gruesos pesa de _____ libras.
   a. 130 a 150
   b. 140 a 160
   c. 150 a 170
   d. 160 a 180

8. Los aditivos reductores de agua se utilizan en el concreto para _____.
   a. reducir la docilidad
   b. disminuir el tiempo de curado
   c. aumentar la resistencia
   d. aumentar la resistencia a la congelación y la descongelación

9. El concreto de alta resistencia se define como concreto con una resistencia a la compresión superior a _____ psi.
   a. 4,000
   b. 5,400
   c. 6,000
   d. 7,000

10. El curado en húmedo del concreto se puede llevar a cabo con _____.
    a. compuestos de curado
    b. papel para curado
    c. revestimiento plástico
    d. esteras de algodón

11. La prueba de asentamiento del concreto se describe en _____.
    a. *ASTM C31*
    b. *ASTM C78*
    c. *ASTM C143*
    d. *ASTM C157*

12. Cuando se recopilan muestras de concreto plástico para pruebas, los agregados de más de _____ se deben quitar con una criba húmeda.
    a. 1½"
    b. 1¼"
    c. 2¼"
    d. 2½"

Preguntas de repaso

13. Las pruebas de asentamiento se deben llevar a cabo de principio a fin en _____ minutos.
    a. 1½
    b. 2⅛
    c. 2¼
    d. 2½

14. Los moldes cilíndricos para la prueba de resistencia deben respetar las disposiciones de _____.
    a. *ASTM C290*
    b. *ASTM C403*
    c. *ASTM C470*
    d. *ASTM C666*

15. Cuando se calcula usando la fórmula, el volumen de concreto necesario para una losa con un ancho de 15', un largo de 18' y un espesor de 6" es _____ yardas cúbicas.
    a. 4
    b. 5
    c. 6
    d. 7

Términos especializados introducidos en este módulo

Agua de exudación: Tipo de separación en el que cierta cantidad de agua de una mezcla tiende a ascender hacia la superficie del concreto recién vertido.

Asentamiento: Distancia que se combará un cono de tamaño estándar hecho de concreto recién mezclado. Esto se conoce como prueba de asentamiento.

Caja de curado: Cajón aislado diseñado para mantener las muestras de prueba de concreto a temperatura y humedad constantes.

Calor de hidratación: Calor que se desprende al mezclar el cemento pórtland con agua. Se debe a la reacción química exotérmica entre el cemento y el agua. El calor que se desprende aumenta la temperatura del concreto.

Cemento aireado: Tipo de cemento con un aditivo que produce muchas burbujas de aire pequeñas cuando se agrega el agua y se mezcla el concreto. Esto mejora la docilidad y la resistencia a la congelación y la descongelación del concreto, pero también puede reducir la resistencia mecánica final del concreto.

Cemento resistente al sulfato: Cemento utilizado generalmente en concreto expuesto a la acción agresiva del sulfato causada por el agua o la tierra con alto contenido de álcali.

Clinker: Material producido en un horno de cemento mediante la fundición. El clinker está compuesto por nódulos que se muelen con una pequeña cantidad de yeso para producir cemento.

Concreto curado: Concreto que se ha endurecido y alcanzado resistencia estructural.

Concreto masivo: Concreto usado en represas, canales de desagüe y otras estructuras de gran tamaño. Básicamente es lo mismo que el concreto normal, excepto que se usa agregado de hasta 6" o más de diámetro. Se usan aditivos con frecuencia, como los agentes reductores/retardadores del agua y la puzolana, para disminuir el calor y el contenido de cemento, y para aumentar la resistencia.

Concreto plástico: Concreto que se mezcla por primera vez y se encuentra en un estado semilíquido y moldeable.

Concreto postensado: Concreto colocado por entre armaduras de acero (como varillas o cables de acero) aisladas del contacto con el concreto por medio de un recubrimiento o lubricante. Después de curado el concreto, se tensan las varillas o cables para dar una mayor resistencia estructural.

Concreto pretensado: Concreto que se coloca por entre la armadura de acero pretensado en un lecho de colada. Cuando el concreto ha curado, se quita el lecho de colada y la armadura pretensada comprime el concreto, lo que produce una gran resistencia estructural. Nunca debe cortarse el concreto pretensado sin consultar a un ingeniero estructural.

Concreto reforzado: Concreto que se ha colocado por entre algún tipo de refuerzo de acero. Después de curado el concreto, la armadura provee mayor resistencia a la tracción y al corte por compresión diametral. Casi todo el concreto se arma y refuerza de alguna manera.

Concreto verde: Concreto que se ha endurecido pero que todavía no ha alcanzado resistencia estructural.

Escoria: Producto de un horno de alta capacidad u otro proceso de fundición de metal que está formado en su mayor parte por silicatos y otros compuestos de desecho más livianos que el metal y que se quitan de la superficie del metal fundido.

Ettringita: Cristales en forma de varilla que se generan por la reacción del yeso y el aluminato tricálcico (C_3A) en las primeras etapas de la hidratación del cemento, y que revisten la superficie de los granos de cemento en estado plástico. Esta reacción permite una fragua normal. Sin la ettringita, el concreto fraguaría y se endurecería casi inmediatamente.

Fraguado: Proceso mediante el cual el cemento se mezcla con agua, comienza a endurecerse y se vuelve imposible de trabajar.

Hidratación: Acción catalítica del agua que solidifica las sustancias químicas del cemento pórtland. El agua interactúa con estas sustancias químicas y forma el gel de hidrato de silicato de calcio.

Instituto Estadounidense de Concreto (ACI): Organismo que estudia y promueve el uso del concreto.

Puzolana: Aditivo mineral silíceo o silíceo y aluminoso que, en sí, tiene pocas o ninguna propiedad de cimentación. Las puzolanas no son cementos, pero cuando las partículas son muy finas y se mezclan con el hidróxido de calcio que se encuentra en el concreto y el agua, se comportan como cemento, y aceleran el fraguado y curado del concreto.

Relación agua-cemento: La relación existente entre la cantidad de agua y cemento, determinada generalmente por peso (peso del agua dividido por el peso del cemento), en una mezcla de concreto. La relación agua-cemento incluye todos los componentes cementosos del concreto, incluida la ceniza volátil y las puzolanas, así como el cemento pórtland.

Resistencia a la compresión: Resistencia medida de un espécimen de concreto a la carga de compresión axial; se expresa en libras por pulgada cuadrada (psi) de la sección transversal. Resistencia máxima a la compresión que puede soportar el concreto.

Apéndice A

Tipos de cementos Pórtland

Especificaciones/Estándar	Características/Usos
ASTM C150 Tipo I (Normal)	Este cemento de aplicación general es adecuado para todos los usos cuando no se requieren las propiedades de los otros tipos de cemento. Se utiliza cuando no estará expuesto a los sulfatos del suelo o el agua o a una temperatura elevada cuestionable proveniente del calor de hidratación. Se puede usar para pavimentos, calzadas, estructuras de concreto reforzado, puentes, tanques, depósitos, conductos subterráneos, tuberías de agua y unidades de mampostería. Este cemento generalmente cumple con las especificaciones del Tipo II, además de las especificaciones del Tipo I.
ASTM C150 Tipo II (Modificado)	Este cemento tiene resistencia moderada al sulfato y bajo contenido de álcali con o sin calor moderado de hidratación. Este cemento se utiliza en estructuras grandes como muelles, rebajes pesados y muros de retención pesados. Este tipo de cemento generalmente está especificado en el concreto expuesto al agua de mar.
ASTM C150 Tipo III (alta resistencia rápida)	Este cemento se produce por triturado más fino y utilizando un porcentaje más algunos componentes junto con un poco más de yeso. El concreto que utiliza este cemento tiene una resistencia a la compresión de 3 días igual a la resistencia lograda en 7 días con los cementos Tipo I o II. La resistencia lograda en 7 días es casi igual a la resistencia lograda en 28 días con los cementos Tipo I o II; sin embargo, la resistencia después de 6 meses sólo es igual a (o levemente menor a) la resistencia con los cementos Tipo I o II después de 28 días. Este cemento se utiliza cuando se deben quitar las formas lo antes posible. Además, su período de curado controlado también se puede reducir en condiciones climáticas frías.
ASTM C150 Tipo IV	Este cemento se produce utilizando una proporción diferente de algunos componentes al compararlo con los cementos Tipo I, II o III. El calor de hidratación es menor que para otros tipos y aumenta lentamente. La resistencia se logra mucho más lento, pero después de 1 o 2 años es mayor si continúa el curado. Este cemento generalmente se utiliza en concreto para estructuras muy grandes como represas, donde las relaciones superficie-volumen son bajas. En caso de estar disponible, generalmente se lo hace sólo por pedido especial con tonelajes muy grandes y plazos de entrega prolongados. Requiere un curado mucho más largo y cuidadoso que con otros tipos de cemento.
ASTM C150 o C452 Tipo V (resistente al sulfato)	Este cemento, con contenido de compuesto de alúmina reducido, se utiliza en (re-expuesto a los sulfatos de suelo de álcali o sulfatos de aguas subterráneas, como los que se encuentran en los estados del oeste. Por lo general, están disponibles sólo en plantas de Canadá o del oeste de EE. UU. y tal vez sea necesario hacer el pedio por adelantado. Normalmente, no se recomienda para la exposición al agua de mar, porque el mecanismo de los sulfatos es diferente. Este tipo de cemento adquiere resistencia con mayor lentitud que el cemento normal.

ASTM C150 Tipos IA, IIA, IIIA, IVA o VA (aireados)	Durante el proceso de fabricación, se agregan cantidades pequeñas de materiales a los cementos del Tipo I al V. Este material produce muchas burbujas de aire individuales y pequeñas en el concreto cuando se agrega agua y se mezcla el concreto. De esta manera, se mejora la capacidad del concreto para resistir la congelación y la descongelación. Si se combina con un aditivo reductor de agua, el cemento aireado también reduce la cantidad de agua necesaria en la mezcla, lo que aumenta la resistencia mientras que el concreto plástico adquiere mayor docilidad. Estos tipos generalmente están especificados donde se utiliza el cemento embolsado y no hay disponibles aditivos ni equipos de aireado en la obra. Lamentablemente, la cantidad de agente aireado no puede variarse para compensar para otros factores que afecten el aire en el concreto. Estos tipos generalmente están disponibles sólo en Canadá y al este de EE. UU. en forma limitada y normalmente no se utilizan para concreto estructural.
ASTM C150 o C175 (Blanco)	Este cemento, cuando está molido fino, cumple con los requisitos de C150 Tipos I, II y III, excepto que el proceso de fabricación es controlado para que el producto terminado sea blanco en lugar de gris. Se usa principalmente para propósitos arquitectónicos como paneles para frentes, terrazo, estuco, pintura de cemento o cuando se agregan aditivos de colores para el concreto de color.
ASTM C595 o C1157 (cementos combinados)	Estos cementos también se los denominan *cementos de escoria de horno de alta capacidad cementos puzolánicos pórtland* (designados como Tipo IP o IPA si están aireados). Los cementos están compuestos por combinaciones granuladas de cemento pórtland con puzolana natural o calcinada (entre ellas, cenizas volátiles y humo de sílice) o escoria de horno de alta capacidad enfriada con aire. También pueden estar compuestos por combinaciones de cal de escoria y cal puzolánica. Generalmente, aunque no siempre, estos cementos proveen mayor resistencia a la reacción del agregado de álcali, al sulfato y a los químicos del agua de mar. Ambos aumentan la docilidad del concreto. Sin embargo, necesitan un tiempo de curado mayor y son menos resistentes al daño producido por la sal de descongelación y de deshielo. Tienen una liberación de calor más baja y adquieren resistencia de manera lenta, especialmente en temperaturas bajas. Las combinaciones de puzolana pórtland se utilizan principalmente para estructuras hidráulicas grandes, como pilotes de puentes y represas. Las combinaciones de escoria pórtland se pueden utilizar en la construcción general de concreto cuando no se requieren las propiedades específicas de otros tipos de cemento.
ANSI Cemento plástico y cemento de pistola	El cemento plástico se produce triturando un agente plastificante mineral con cemento pórtland que cumple con los requisitos del cemento Tipo I o II. Este cemento se utiliza para estuco y yeso de cemento pórtland. Debido al alto contenido de aire, no se recomienda su uso para propósitos estructurales.
Tipos S, K y M (cementos expansivos)	Estos tipos se utilizan con refuerzo para mantener el concreto tensionado, lo que inhibe la contracción de secado y minimiza las grietas de las losas de piso a nivel del terreno. Tienen una baja resistencia al sulfato y están disponibles sólo por pedido especial. Dado que la expansión es difícil de controlar, no se utilizan para otros tipos de trabajo estructural.

Apéndice B

Aditivos del concreto

Aditivo	Características/Usos
Agentes aireantes	Si bien los agentes aireantes se pueden agregar en el punto de fabricación del cemento, es mejor agregar el agente en el momento que se mezcla el concreto, para que se pueda controlar la cantidad, para producir aireado en el rango deseado de 4% a 7% por volumen para la mezcla de concreto específica. El aireado produce burbujas de aire diminutas (que no se ven a simple vista), lo que mejora la resistencia del concreto a los efectos internos y superficiales del agua de congelación y descongelación. El aireado reduce la separación del cemento, los agregados y el agua. Además, reduce el agua que se escurre del concreto, aumenta el volumen y mejora la docilidad y la manipulación del concreto plástico. En el volumen deseado de 4% a 7%, el aireado aumenta la resistencia de un concreto pobre de cemento pero reduce la resistencia final después del curado de las mezclas de concreto rico de cemento alrededor de un 20%, a menos que esté combinado con un aditivo reductor de agua, lo que aumenta la resistencia del concreto. Además, debido a la reducción del escurrimiento, se debe tener cuidado al terminar la superficie de concreto lo antes posible antes de que el agua de la superficie se evapore, para evitar la formación de ampollas superficiales. Como regla general, generalmente se requiere aireado para el concreto de losa exterior que se expone a la congelación y la descongelación. En la mayoría de los casos, no se utiliza en concreto estructural.
Agentes de aceleración (ASTM C494 y ASTM D98)	Existen muchos agentes que aceleran el endurecimiento del cemento pórtland. Entre ellos, los aceleradores que cumplen con ASTM C494 Tipo C (de aceleración) y Tipo E (reductor de y de aceleración). Sin embargo, el tipo más común y económico es el cloruro de calcio puro que cumple con los requisitos de ASTM D98 y que se agrega en cantidades que no exceden el 2% por peso. Lamentablemente, el cloruro de calcio aumenta la contracción de secado del concreto, aumenta sólo temporalmente la resistencia temprana a la compresión y a la flexión, disminuye la resistencia del concreto a la congelación y la descongelación y a los sulfatos, y provoca la corrosión inaceptable del acero pretensado, el acero reforzado, el metal galvanizado o el aluminio incrustado o que está en contacto con el concreto. En consecuencia, está prohibido su uso en concreto pretensado y generalmente está prohibido su uso en concreto reforzado. De ser posible, se deben considerar otras soluciones para la resistencia temprana, como el uso de cemento pórtland Tipo III, la disminución del contenido de agua, el aumento del contenido de cemento o el curado en una temperatura más alta.
Agentes impermeables	Estos aditivos generalmente son jabones a base de estearatos, oleatos o ciertos productos a base de petróleo. Pueden reducir la penetración de agua de poros visibles y pueden retardar la penetración de la lluvia en bloques o concreto poroso. No impermeabilizan el concreto y no resisten la transmisión de humedad a través del concreto no saturado. El concreto mezclado y con las proporciones apropiadas es impermeable, y ocurren filtraciones sólo cuando hay fallas donde estos aditivos no tienen eficacia. Los aditivos impermeabilizantes suelen provocar el aireado durante el mezclado y muchos de los beneficios se basan en la capacidad de aireado.

Reductor de agua o tiempo de retardante de agua Agentes (ASTM C494)	Ciertos compuestos orgánicos se utilizan para reducir los requisitos de agua o retardar el fraguado del concreto. Están clasificados por ASTM C494 como: • Tipo A, rango normal/medio reductor de agua • Tipo B, retardante de agua • Tipo D, rango normal/medio reductor de agua y retardante de agua • Tipo F, rango alto reductor de agua • Tipo G, rango alto reductor de agua y retardante de agua *Características de rango normal*—Los agentes reductores de agua, que también retardan los tiempos de fraguado de 1 a 3.5 horas, reducen el contenido de agua del 5% al 10% para una consistencia de concreto en particular, lo que a su vez aumenta la resistencia del concreto. Cuando se desea alcanzar una docilidad mayor, se recomienda utilizar aditivos reductores de agua en lugar de agregar más agua a la mezcla. Para economizar, se puede utilizar menos contenido de cemento en una mezcla de concreto para obtener una resistencia equivalente. En general, se debe tener más cuidado para mantener la humedad del concreto durante el curado, ya que los reductores de agua generalmente reducen el escurrimiento de agua. Se debe observar que los aditivos Tipo A y Tipo F pueden contener cloruro de calcio para contrarrestar el retraso del agente reductor de agua. *Características de rango medio*—Estos aditivos son similares a los aditivos de rango normal, pero incluyen un surfactante no iónico. No existe una clasificación de ASTM para estos materiales. Reducen el agua hasta un 12%. *Características de rango alto*—Estos aditivos son agentes dispersantes poderosos y no son retardadores inherentes. También se denominan *superplastificantes* o aditivos con HRW (agua de rango alto). Con estos aditivos, se puede reducir el agua entre un 20% y un 30%, lo que a su vez permite hacer concreto de mucha resistencia (más de 14,000 psi [97 MPa]) y colocarlo en obra con una resistencia temprana muy alta. La vida activa corta de la mezcla permite reparar o volver a usar las formas rápidamente. Cuando no se reduce el agua, se puede hacer concreto con mucha docilidad (concreto de flujo) con contenido de cemento moderado.
Agentes para la docilidad	A veces, se utilizan algunos derivados de alginato y celulosa para aumentar la docilidad de una mezcla de concreto y disminuir el esfuerzo en la colocación. Sin embargo, en la mayoría de los casos, los agentes aireantes o los agentes reductores de agua son más que suficientes para este propósito.
Puzolanas (ASTM C618, ASTM C1240) o minerales finos	Generalmente, se agregan minerales o puzolanas finamente divididas al concreto para expandir el volumen de la pasta o quitar la graduación deficiente de los agregados, mejorar la docilidad, aumentar la resistencia, reducir el calor de hidratación y reducir el contenido de cemento. Se pueden clasificar como inertes (cuarzo o cal), cementosos (cementos naturales, cal hidráulica o escoria granulada de horno de alta capacidad) o puzolana (cenizas volátiles, humo de sílice o natural). Los tipos puzolánicos y cementosos generalmente contribuyen al aumento de la resistencia del concreto y permiten la reducción del cemento requerido. El curado en húmedo del concreto puzolánico debe ser continuo por un período largo para aumentar la resistencia. Si se logra un curado en húmedo lo suficientemente largo, la resistencia final excederá a la del concreto hecho sólo con cemento pórtland. Cuando se lo utiliza con HRW, se puede producir concreto de alta resistencia (15,000 psi [103 MPa] o mayor). Además, al reducir el contenido de cemento pórtland, las puzolanas reducen el calor de hidratación. También pueden ayudar a proteger el concreto de la expansión destructiva de los agregados reactivos al álcali. Las puzolanas son particularmente efectivas cuando se las utiliza en aplicaciones de concreto masivo o en concreto para estructuras muy grandes (como represas) donde se obtiene una buena resistencia final porque el concreto básicamente queda siempre húmedo debido al gran tamaño de la estructura.
Agentes colorantes	Los pigmentos colorantes secos, similares a los aditivos minerales finamente divididos, se pueden combinar con cemento seco antes de mezclar el concreto para propósitos decorativos, como advertencia o identificación. Los aditivos colorantes están disponibles como colores naturales o inertes o como materiales sintéticos, y se utilizan en cantidades entre el 2% y el 10% por peso del cemento. Los aditivos deben ser permanentes (que no se decoloren) cuando se los expone a los rayos ultravioletas, deben ser estables ante la presencia de álcalis y no deben afectar las características del concreto. El cemento pórtland blanco que se utiliza en lugar del cemento pórtland gris siempre resultará en colores más limpios y auténticos. En todo caso, se deben realizar muestras de prueba para su aprobación. Además, se debe ordenar la cantidad de aditivos de colores de la mezcla del mismo fabricante para completar el trabajo. Si se utiliza concreto aireado, los aditivos de colores pueden requerir el agregado de una cantidad considerable de agentes aireantes para producir concreto con el aireado deseado.

Apéndice C

Tipos especiales de concreto

Tipo	Descripción/Aplicación
Concreto masivo	Este tipo de concreto se define como cualquier volumen de concreto que requiere medidas para minimizar el calor de hidratación y las fisuras causadas por la contracción. Generalmente, se lo asocia con represas, canales de desagüe, cimientos muy grandes y pilares de puentes. El concreto masivo básicamente no tiene diferencias con ningún concreto normal, excepto que generalmente utiliza agregados grandes (hasta 6' de diámetro o mayor). Cuando se lo coloca inicialmente, luce como una pila de arena y rocas cubiertas con cemento húmedo. En el concreto masivo, también se utilizan extensamente aditivos. Los agentes reductores de agua, las puzolanas y los agentes retardantes son particularmente beneficiosos para la reducción del calor y la contracción, además de mantener o incrementar la resistencia y la durabilidad. El concreto masivo generalmente se coloca en bloques o monolitos grandes. Con el control de temperatura adecuado, no existen realmente límites para la longitud del bloque. El asentamiento para concreto masivo generalmente se prueba con agregados por encima de 1.5" (40 mm) quitados con la mano y con filtros de humedad. La compactación del concreto masivo siempre se lleva a cabo con vibradores mecánicos.
Concreto fuerte/o alta resistencia	Estas mezclas de concreto no son necesariamente lo mismo. El concreto de alta resistencia se define como concreto que cumple con los requisitos de uniformidad y desempeño especiales que no siempre se pueden obtener utilizando ingredientes convencionales, procedimientos de mezclado normales y procedimientos de curado típicos. Esto puede incluir tales características como valores altos de elasticidad, alta densidad, baja permeabilidad y alta resistencia al sulfato. El concreto de alta resistencia se define como concreto que tiene una resistencia a la compresión de más de 6,000 psi (92 MPa). El concreto fuerte no siempre requiere alta resistencia. Ambos tipos de concreto generalmente incluyen puzolanas y reductores de agua de rango alto, por lo tanto se pueden utilizar relaciones bajas de agua-cemento. El mezclado, el transporte, la colocación y la compactación deben estar controlados y vigilados con cuidado para estos tipos de concreto, para asegurar resultados uniformes. El curado óptimo se logra con un curado en húmedo de 28 días o más.
Concreto de agregados compactación cuidadosa locados (preempacados)	El concreto con agregados precolocados o preempacados implica la colocación y la de los agregados gruesos y secos en formas. Luego, después de humedecer los precoagregados, el cemento fluidificado con agregados finos (lechada) se extrae mediante bombeo desde la parte inferior hasta la parte superior de las formas para formar el concreto. Los aditivos como las puzolanas y los reductores de agua de rango alto se utilizan para fluidificar la lechada, para rellenar por completo todos los vacíos en los agregados gruesos. Dado que las partículas de los agregados gruesos están en contacto entre ellas, el concreto tiene una contracción de curado muy baja y una resistencia muy buena. Este método para la colocación del concreto se usa ampliamente para el revestimiento de represas y en la reparación de túneles y canales de desagüe. También, se los utiliza para la colocación de concreto pesado.

Concreto compactado por rodillo (RCC)

Se utilizan dos tipos generales de concreto RCC para la colocación de concreto en áreas grandes con pocos o sin refuerzos. El primero es un RCC masivo con bajo contenido de cemento que se utiliza para la construcción de represas u otras estructuras muy grandes, donde el control de la acumulación de calor es fundamental pero que no se necesita mucha resistencia. El segundo es un RCC para pavimentado con alto contenido de cemento donde la resistencia es fundamental y donde la superficie debe ser resistente a la abrasión. Ambos tipos son mezclas muy rígidas sin asentamiento. Ambos requieren la compactación de los rodillos de vibración de 10 toneladas. El RCC masivo tiene una composición muy similar al concreto masivo normal, excepto que es más seco y utiliza menos cemento. Cuando se coloca, luce como una pila de arena y rocas húmedas. Después de la colocación, el RCC masivo se traslada y se nivela con explanadoras antes de pasarlo por los rodillos. Luego de pasarlo por los rodillos, es importante que las superficies se mantengan húmedas hasta colocar la siguiente capa o hasta que termine el período de curado.

El RCC para pavimentado tiene una composición similar al concreto convencional, excepto que no tiene asentamiento. El tamaño máximo de los agregados aproximadamente es ¾" (19 mm). Las puzolanas se utilizan en la mezcla para reducir los requisitos del cemento y los retardantes se utilizan para extender la vida activa. El RCC para pavimentación de dos líneas es colocado sin formas de manera continua por dos máquinas especiales (de fijación) para pavimentación de alta compactación que operan cerca, a la par y de manera escalonada. Los rodillos de vibración de 10 toneladas y las cortadoras de borde los siguen de cerca para finalizar la compactación y proveer la superficie lisa final antes de que fragüe la mezcla. El curado del RCC para pavimentación es fundamental; dado que no existe agua de exudación, las superficies deben estar húmedas inmediatamente después de pasar los rodillos y se deben mantener húmedas hasta que se termine el período de curado. En algunos casos, se han utilizado compuestos de curado formadores de membranas con éxito aplicados en espesor doble.

Concreto pesado (alta densidad)

Este tipo de concreto se define como un concreto muy denso hecho con un agregado que pesa más que el agregado normal. Este tipo de concreto se utiliza principalmente como blindaje contra la radiación, en la construcción de contrapesos o en cualquier instalación donde se desee incrementar la densidad o el peso muerto sin incrementar el volumen. El concreto pesado varía de 150 a 400 libras por pie cúbico (2,403 a 6,810 kg/m^3). Los agregados primarios utilizados son el hierro (en la forma de dobleces, perforaciones, etc.), minerales de hierro triturado, barita (mineral blanco, amarillo o incoloro compuesto por sulfato de bario) y escoria. Debido al gran peso, se requiere un cuidado adicional y un aumento en la resistencia de las formas y en el manejo del equipo. Se utilizan dos métodos para colocar concreto pesado: el método convencional (mezcla, transporte y colocación) o el método con agregados precolocados. Se utilizan aditivos como las puzolanas y los reductores de agua de rango alto para incrementar la resistencia y para dar docilidad o fluidez en ambos métodos.

Concreto liviano

El concreto con agregados livianos generalmente se clasifica como de baja densidad, liviano de resistencia estructural y livianos de resistencia moderada.

- *Concreto de baja densidad*—Este tipo se utiliza principalmente para aislamiento y pesa de 15 a 50 libras por pie cúbico (de 240 a 800 kg/m^3) con resistencias que varían de 50 a 1,000 psi (de 0.35 a 6.9 MPa). Los materiales que más se utilizan como agregados son la perlita, la vermiculita y la espuma celular.
- *Concreto liviano estructural*—Este tipo generalmente se utiliza como un sustituto apropiado, con resistencia reducida (2,500 psi [17.3 MPa] mínimo), para concreto normal a fin de reducir la carga muerta sobre los apoyos, las paredes de cimientos y las columnas. La reducción permite apoyos y cimientos más pequeños y columnas más pequeñas y en menor cantidad, lo que reducen significativamente el costo de la estructura. Este tipo pesa de 90 a 120 libras por pie cúbico (1,440 a 1,900 kg/m^3).
- *Concreto liviano de resistencia moderada*—Este tipo hace de soporte de los concretos livianos estructurales y de baja densidad con una resistencia que varía de 1,000 a 2,500 psi (de 6.9 a 17.3 MPa) y pesa de 50 a 90 libras por pie cúbico (de 800 a 1,440 kg/m^3). Este tipo de concreto tiene la resistencia suficiente para techos.

Apéndice D

Materiales y métodos de curado

Tipo	Descripción
Agua	El curado en húmedo con agua es el método de curado ideal, dado que cubrir el concreto con agua previene la pérdida de humedad del concreto. El agua se puede aplicar inicialmente con pulverizadores (para prevenir el daño a la superficie) y luego con rociadores de regado después de que el concreto haya fraguado. Para las losas planas, también se puede retener el agua en la superficie utilizando arena o diques. El agua utilizada para preparar concreto es apropiada para el curado del concreto.
Compuestos líquidos de curado formadores de membrana (ASTM C308 y ASTM C1315)	Los compuestos líquidos de curado formadores de membrana generalmente son soluciones solventes de resinas o ceras. Están disponibles en transparente, blanco, gris o negro y algunos tienen propiedades especiales (ASTM C1315) que sellan el concreto y permiten que se adhiera pintura, revestimiento elástico, tablas para piso o alfombra a la superficie. Cuando se aplican en los espesores recomendados, estos compuestos generalmente aseguran que el concreto no se seque por negligencia. Sin embargo, estos productos pueden decolorar el concreto.
Papel para curado (ASTM C171) y revestimiento plástico	Está disponible el revestimiento de papel o el revestimiento plástico impermeable, reforzado con filamentos de nylon o con soporte con papel que cumple la función de los compuestos de curado. Se debe aplicar el revestimiento deseado al concreto lo antes posible sin desfigurar la superficie. Tanto el papel como el plástico impermeables tienen la misma ventaja que los compuestos formadores de membranas y no decoloran el concreto. Sin embargo, deben estar anclados y sellados con seguridad en los bordes para prevenir el daño provocado por el viento y la evaporación.
Carpetas y mantas	Se puede lograr el curado en húmedo utilizando carpetas de curado de arpillera o de algodón. Una vez mojadas, estas mantas darán humedad al concreto por un tiempo razonable, según la humedad relativa. Eliminan la necesidad de rociar el concreto constantemente para mantenerlo húmedo. Las carpetas generalmente están compuestas por una cubierta de paño de arpillera, yute o algodón rellenas con revestimientos de algodón en rama o borra de algodón. Son similares a las carpetas utilizadas para proteger muebles en camionetas cuando están en movimiento. Para la preparación del concreto en invierno, hay disponibles mantas aislantes para prevenir el daño de las temperaturas frías al concreto en proceso de curado. Generalmente, están disponibles con valores de aislación que varían de R-2 a R-8. También se pueden usar bloques o rollos aislantes normales de fibra de vidrio comerciales o losas de celdas plásticas expandidas con valores R iguales o mayores. En ambos casos, para ser efectivos deben estar en contacto cercano con el concreto y, con la excepción de las losas de celdas plásticas expandidas, deben estar protegidas de la lluvia, la nieve o el hielo con cubiertas impermeables, para mantener el valor de aislamiento.

Apéndice E

Fórmulas para formas geométricas y tablas de conversión

ÁREA DE FIGURAS PLANAS

NOMBRE FÓRMULA	FORMA
(A = Área) Paralelogramo $A = B \times a$	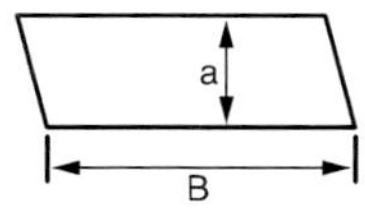
Trapezoide $A = \frac{B + C}{2} \times a$	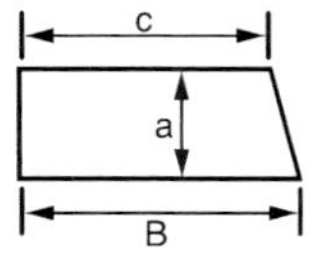
Triángulo $A = \frac{B \times a}{2}$	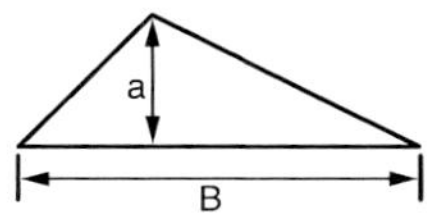
Trapecio Dividir en 2 triángulos A = Suma de los 2 triángulos Ver arriba	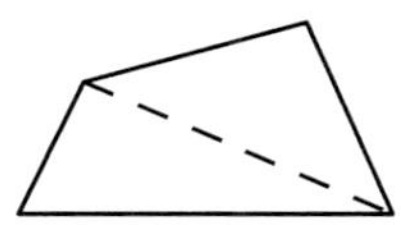
Polígono regular $A = \frac{\text{Suma de los lados (l)}}{2 \times \text{Radio (R)}}$	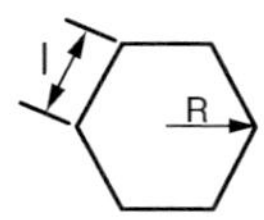
Círculo $\pi = 3.14$ (1) πR^2 A = (2) $.784 \times D^2$	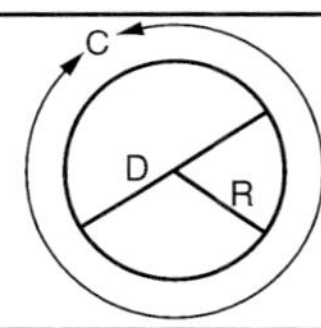
Sector (1) $\frac{a^2}{360^\circ} \times \pi R^2$ A = (2) Long. del arco $\times \frac{R}{2}$ ($\pi = 3.14$)	
Segmento A = Área del sector menos el triángulo (Ver arriba)	
Elipse $A = M \times m \times .7854$	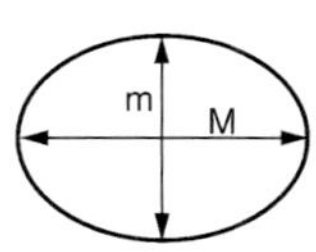
Parábola $A = B \times \frac{2a}{3}$	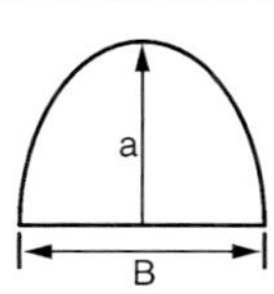

VOLUMEN DE LOS CUERPOS

NOMBRE FÓRMULA	FORMA
(V - volumen) Cubo $V = a^3$ (en unidades cúbicas)	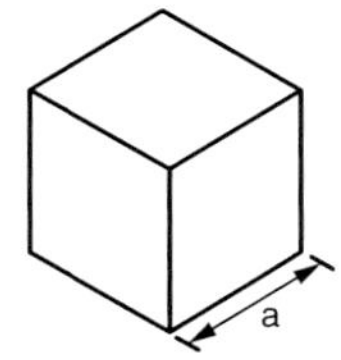
Cuerpos rectangulares $V = L \times Alt \times a$	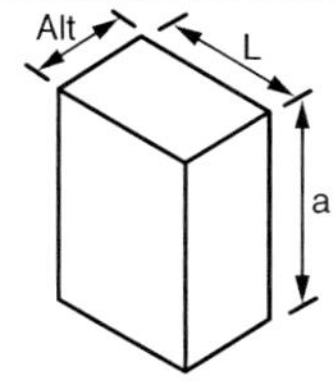
Prismas $V(1) = \frac{B \times A}{2} \times a$ $V(2) = \frac{l \times R}{2} \times 6 \times a$ V = Área de lado $\times$ a	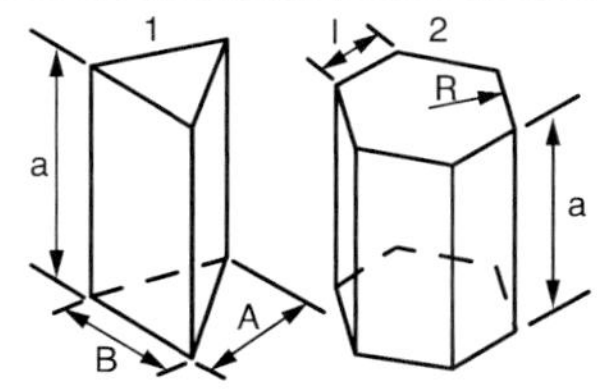
Cilindro $V = \pi R^2 \times a$ ($\pi = 3.14$)	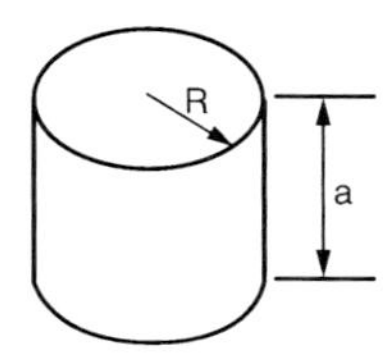
Cono $V = \frac{\pi R^2 \times a}{3}$ ($\pi = 3.14$)	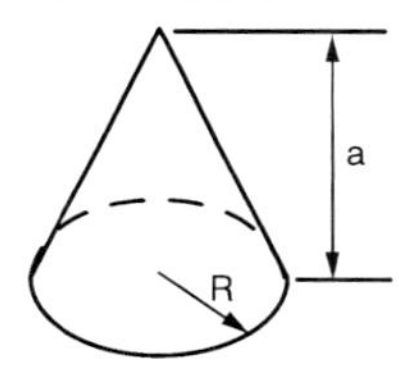
Pirámides $V(1) = L \times Alt \times \frac{a}{3}$ $V(2) = \frac{B \times A}{2} \times \frac{a}{3}$ V = Área de la base $\times \frac{a}{3}$	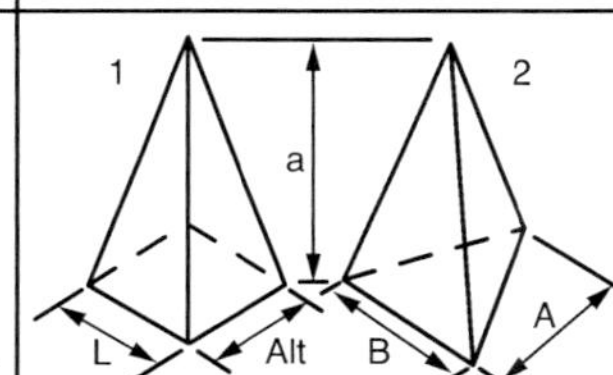
Esfera $V = \frac{1}{6} \pi D^3$	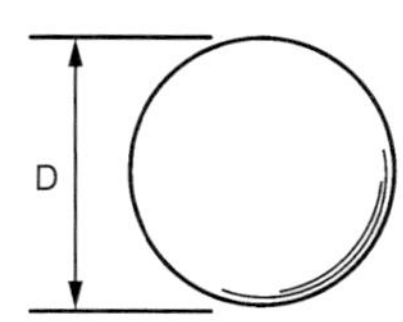
Anillo circular (Toro) $V = 2\pi^2 \times Rr^2$ V = Área de la sección $\times 2\pi R$	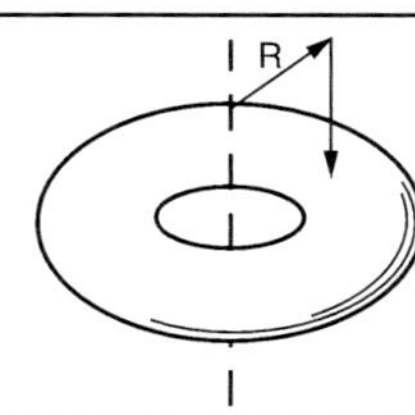

303A01.EPS

Tabla de conversiones para cambiar las medidas (en pulgadas) a las fracciones y partes decimales de un pie

Pulgadas	Parte de un pie en fracciones	Parte de un pie en decimales
1	1/12	0.08
2	1/6	0.17
3	1/4	0.25
4	1/3	0.33
5	5/12	0.42
6	1/2	0.50
7	7/12	0.58
8	2/3	0.67
9	3/4	0.75
10	5/6	0.83
11	11/12	0.92
12	1	1.00

Conversión métrica de libras a gramos o kilogramos

1 libra (16 onzas) = 5 453.6 gramos o 0.4536 kilogramos (kg)

TABLA DE CONVERSIÓN AL SISTEMA MÉTRICO

inches		m m
fractions	decimals	
—	.0004	.01
—	.004	.10
—	.01	.25
1/64	.0156	.397
—	.0197	.50
—	.0295	.75
1/32	.03125	.794
—	.0394	1.
3/64	.0469	1.191
—	.059	1.5
1/16	.062	1.588
5/64	.0781	1.984
—	.0787	2.
3/32	.094	2.381
—	.0984	2.5
7/64	.109	2.778
—	.1181	3.
1/8	.125	3.175
—	.1378	3.5
9/64	.141	3.572
5/32	.156	3.969
—	.1575	4.
11/64	.172	4.366
—	.177	4.5
3/16	.1875	4.763
—	.1969	5.
13/64	.203	5.159
—	.2165	5.5
7/32	.219	5.556
15/64	.234	5.953
—	.2362	6.
1/4	.250	6.350
—	.2559	6.5
17/64	.2656	6.747
—	.2756	7.
9/32	.281	7.144
—	.2953	7.5
19/64	.297	7.541
5/16	.312	7.938
—	.315	8.
21/64	.328	8.334
—	.335	8.5
11/32	.344	8.731
—	.3543	9.
23/64	.359	9.128
—	.374	9.5
3/8	.375	9.525
25/64	.391	9.922
—	.3937	10.
13/32	.406	10.319
—	.413	10.5
27/64	.422	10.716
—	.4331	11.
7/16	.438	11.113
29/64	.453	11.509
15/32	.469	11.906
—	.4724	12.
31/64	.484	12.303
—	.492	12.5
1/2	.500	12.700
—	.5118	13.
33/64	.5156	13.097
17/32	.531	13.494
35/64	.547	13.891
—	.5512	14.
9/16	.563	14.288
—	.571	14.5
37/64	.578	14.684
—	.5906	15.
19/32	.594	15.081
39/64	.609	15.478
5/8	.625	15.875
—	.6299	16.
41/64	.6406	16.272
—	.6496	16.5
21/32	.656	16.669
—	.6693	17.
43/64	.672	17.066
11/16	.6875	17.463
45/64	.703	17.859
—	.7087	18.
23/32	.719	18.256
—	.7283	18.5
47/64	.734	18.653
—	.7480	19.
3/4	.750	19.050
49/64	.7656	19.447

inches		m m
fractions	decimals	
25/32	.781	19.844
—	.7874	20.
51/64	.797	20.241
13/16	.8125	20.638
—	.8268	21.
53/64	.828	21.034
27/32	.844	21.431
55/64	.859	21.828
—	.8661	22.
7/8	.875	22.225
57/64	.8906	22.622
—	.9055	23.
29/32	.9062	23.019
59/64	.922	23.416
15/16	.9375	23.813
—	.9449	24.
61/64	.953	24.209
31/32	.969	24.606
—	.9843	25.
63/64	.9844	25.003
1	1.000	25.400
—	1.0236	26.
1-1/32	1.0312	26.194
1-1/16	1.062	26.988
—	1.063	27.
1-3/32	1.094	27.781
—	1.1024	28.
1-1/8	1.125	28.575
—	1.1417	29.
1-5/32	1.156	29.369
—	1.1811	30.
1-3/16	1.1875	30.163
1-7/32	1.219	30.956
—	1.2205	31.
1-1/4	1.250	31.750
—	1.2598	32.
1-9/32	1.281	32.544
—	1.2992	33.
1-5/16	1.312	33.338
—	1.3386	34.
1-11/32	1.344	34.131
1-3/8	1.375	34.925
—	1.3779	35.
1-13/32	1.406	35.719
—	1.4173	36.
1-7/16	1.438	36.513
—	1.4567	37.
1-15/32	1.469	37.306
—	1.4961	38.
1-1/2	1.500	38.100
1-17/32	1.531	38.894
—	1.5354	39.
1-9/16	1.562	39.688
—	1.5748	40.
1-19/32	1.594	40.481
—	1.6142	41.
1-5/8	1.625	41.275
—	1.6535	42.
1-21/32	1.6562	42.069
1-11/16	1.6875	42.863
—	1.6929	43.
1-23/32	1.719	43.656
—	1.7323	44.
1-3/4	1.750	44.450
—	1.7717	45.
1-25/32	1.781	45.244
—	1.8110	46.
1-13/16	1.8125	46.038
1-27/32	1.844	46.831
—	1.8504	47.
1-7/8	1.875	47.625
—	1.8898	48.
1-29/32	1.9062	48.419
—	1.9291	49.
1-15/16	1.9375	49.213
—	1.9685	50.
1-31/32	1.969	50.006
2	2.000	50.800
—	2.0079	51.
2-1/32	2.03125	51.594
—	2.0472	52.
2-1/16	2.062	52.388
—	2.0866	53.
2-3/32	2.094	53.181
2-1/8	2.125	53.975
—	2.126	54.
2-5/32	2.156	54.769

inches		m m
fractions	decimals	
—	2.165	55.
2-3/16	2.1875	55.563
—	2.2047	56.
2-7/32	2.219	56.356
—	2.244	57.
2-1/4	2.250	57.150
2-9/32	2.281	57.944
—	2.2835	58.
2-5/16	2.312	58.738
—	2.3228	59.
2-11/32	2.344	59.531
—	2.3622	60.
2-3/8	2.375	60.325
—	2.4016	61.
2-13/32	2.406	61.119
2-7/16	2.438	61.913
—	2.4409	62.
2-15/32	2.469	62.706
—	2.4803	63.
2-1/2	2.500	63.500
—	2.5197	64.
2-17/32	2.531	64.294
—	2.559	65.
2-9/16	2.562	65.088
2-19/32	2.594	65.881
—	2.5984	66.
2-5/8	2.625	66.675
—	2.638	67.
2-21/32	2.656	67.469
—	2.6772	68.
2-11/16	2.6875	68.263
—	2.7165	69.
2-23/32	2.719	69.056
2-3/4	2.750	69.850
—	2.7559	70.
2-25/32	2.781	70.6439
—	2.7953	71.
2-13/16	2.8125	71.4376
—	2.8346	72.
2-27/32	2.844	72.2314
—	2.8740	73.
2-7/8	2.875	73.025
2-29/32	2.9062	73.819
—	2.9134	74.
2-15/16	2.9375	74.613
—	2.9527	75.
2-31/32	2.969	75.406
—	2.9921	76.
3	3.000	76.200
3-1/32	3.0312	76.994
—	3.0315	77.
3-1/16	3.062	77.788
—	3.0709	78.
3-3/32	3.094	78.581
—	3.1102	79.
3-1/8	3.125	79.375
—	3.1496	80.
3-5/32	3.156	80.169
3-3/16	3.1875	80.963
—	3.1890	81.
3-7/32	3.219	81.756
—	3.2283	82.
3-1/4	3.250	82.550
—	3.2677	83.
3-9/32	3.281	83.344
—	3.3071	84.
3-5/16	3.312	84.1377
3-11/32	3.344	84.9314
—	3.3464	85.
3-3/8	3.375	85.725
—	3.3858	86.
3-13/32	3.406	86.519
—	3.4252	87.
3-7/16	3.438	87.313
—	3.4646	88.
3-15/32	3.469	88.106
3-1/2	3.500	88.900
—	3.5039	89.
3-17/32	3.531	89.694
—	3.5433	90.
3-9/16	3.562	90.4877
—	3.5827	91.
3-19/32	3.594	91.281
—	3.622	92.
3-5/8	3.625	92.075
3-21/32	3.656	92.869
—	3.6614	93.

inches		m m
fractions	decimals	
3-11/16	3.6875	93.663
—	3.7008	94.
3-23/32	3.719	94.456
—	3.7401	95.
3-3/4	3.750	95.250
—	3.7795	96.
3-25/32	3.781	96.044
3-13/16	3.8125	96.838
—	3.8189	97.
3-27/32	3.844	97.631
—	3.8583	98.
3-7/8	3.875	98.425
—	3.8976	99.
3-29/32	3.9062	99.219
—	3.9370	100.
3-15/16	3.9375	100.013
3-31/32	3.969	100.806
—	3.9764	101.
4	4.000	101.600
4-1/16	4.062	103.188
4-1/8	4.125	104.775
—	4.1338	105.
4-3/16	4.1875	106.363
4-1/4	4.250	107.950
4-5/16	4.312	109.538
—	4.3307	110.
4-3/8	4.375	111.125
4-7/16	4.438	112.713
4-1/2	4.500	114.300
—	4.5275	115.
4-9/16	4.562	115.888
4-5/8	4.625	117.475
4-11/16	4.6875	119.063
—	4.7244	120.
4-3/4	4.750	120.650
4-13/16	4.8125	122.238
4-7/8	4.875	123.825
—	4.9212	125.
4-15/16	4.9375	125.413
5	5.000	127.000
—	5.1181	130.
5-1/4	5.250	133.350
5-1/2	5.500	139.700
—	5.5118	140.
5-3/4	5.750	146.050
—	5.9055	150.
6	6.000	152.400
6-1/4	6.250	158. 750
—	6.2992	160.
6-1/2	6.500	165.100
—	6.6929	170.
6-3/4	6.750	171.450
7	7.000	177.800
—	7.0866	180.
—	7.4803	190.
7-1/2	7.500	190.500
—	7.8740	200.
8	8.000	203.200
—	8.2677	210.
8-1/2	8.500	215.900
—	8.6614	220.
9	9.000	228.600
—	9.0551	230.
—	9.4488	240.
9-1/2	9.500	241.300
—	9.8425	250.
10	10.000	254.001
—	10.2362	260.
—	10.6299	270.
11	11.000	279.401
—	11.0236	280.
—	11.4173	290.
—	11.8110	300.
12	12.000	304.801
13	13.000	330.201
—	13.7795	350.
14	14.000	355.601
15	15.000	381.001
—	15.7480	400.
16	16.000	406.401
17	17.000	431.801
—	17.7165	450.
18	18.000	457.201
19	19.000	482.601
—	19.6850	500.
20	20.000	508.001

303A02.EPS

Recursos adicionales

Este módulo tiene como objetivo presentar un recurso sólido para el entrenamiento de tareas. Se recomiendan los siguientes trabajos de referencia para profundizar el estudio. Estos son materiales ideales para una capacitación continua más que para el entrenamiento de tareas.

American Concrete Institute. www.concrete.org.

Cement Association of Canada. www.cement.ca.

Effect of Cement Characteristics on Concrete Properties (Efecto de las características del cemento en las propiedades del concreto), 2005. Johansen, Taylor y Tennis. Skokie, IL: Portland Cement Association.

Portland Cement Association. www.cement.org.

NCCER hace el esfuerzo de mantener estos libros de texto actualizados y libres de errores técnicos. Apreciamos su ayuda en este proceso. Si tiene una idea para mejorar este libro de texto, o si encuentra algún error, ya sea tipográfico, o de contenido en los libros de texto de *Contren®*, favor de escribirnos usando esta forma o una fotocopia de la misma. Asegúrese de incluir el número exacto del módulo, la página, una descripción detallada, y la corrección, si es aplicable. Su comentario será traído a la atención del comité técnico de revisión. Gracias por su ayuda.

Instructores – si usted encontró que algún material adicional es necesario para enseñar este módulo con eficacia, por favor déjenos saber para poder incluirlos en la lista de Equipo y Materiales en la guía anotada del instructor.

Dirección postal: Departamento de Desarrollo de Productos
National Center for Construction Education and Research
3600 NW 43rd Street, Bldg. G, Gainesville, FL 32606

Fax: 352-334-0932

E-mail: curriculum@nccer.org

Oficio ______ Nombre del Módulo ______

Fecha del Copyright ______ Número del Módulo ______ Número(s) de Página(s) ______

Descripción ______

______

______

______

Corrección (opcional) ______

______

______

Su nombre y dirección (opcional) ______

______

______

Cómo reforzar el concreto

27304-07

27304-07

Cómo reforzar el concreto

Los temas que se presentarán en este módulo incluyen:

Generalidades

En cualquier estructura construida con concreto, los cimientos, así como todas las paredes y los pisos de concreto, estarán reforzados. Si no se utiliza la cantidad y el tipo correcto del material para el refuerzo, es posible que ocurra una falla catastrófica de la estructura. La gran mayoría del material de refuerzo son barras de acero que se insertan en la forma antes de que se vierta el concreto. Es crucial utilizar el material y los soportes de refuerzo correctos, colocarlos según los esquemas del proyecto y utilizar los métodos correctos para amarrar el material para el refuerzo. Si bien este proceso puede parecer sencillo a simple vista, en realidad requiere entrenamiento y experiencia para hacerlo correctamente.

Objetivos

Cuando haya completado este módulo, podrá hacer lo siguiente:

1. Describir las aplicaciones de las barras de refuerzo, los usos del concreto estructural reforzado y los procesos básicos relacionados con la colocación de las barras de refuerzo.
2. Reconocer e identificar los dobleces de las barras estandarizados por el Instituto Estadounidense de Concreto (ACI).
3. Leer e interpretar listas de barras y describir la información que se encuentra en ellas.
4. Enumerar los tipos de amarres que se utilizan en las barras de refuerzo.
5. Establecer las tolerancias permitidas en la fabricación de barras de refuerzo.
6. Demostrar el uso apropiado de los amarres comunes para las barras de refuerzo.
7. Describir los métodos con los que se pueden cortar y doblar las barras de refuerzo en el campo.
8. Usar las herramientas y el equipo necesarios para la instalación de las barras de refuerzo.
9. Usar de manera segura las herramientas y el equipo seleccionados para cortar, doblar e instalar los materiales de refuerzo.
10. Explicar la necesidad del recubrimiento de concreto en la colocación de barras de refuerzo.
11. Explicar y demostrar cómo colocar las barras en las paredes, columnas, vigas, vigas maestras, viguetas y losas.
12. Identificar empalmes solapados.

Términos especializados

Rebaje
Fleje
Lista de barras
Viga
Pila
Paquete de barras
Ataguía
Columna
Caballetes de columna
Columna con armadura en espiral
Zunchos de columna
Recubrimiento de concreto
Empalme de contacto
Viga continua
CRSI
Muro de doble cortina
Pasador
Cara posterior
Losa plana
Viga maestra
Cabecero
Doblado pronunciado
Doblador manual
Gancho
Enganches
Empalme solapado
Doblado leve
Cara anterior
Cabezal de pilote
Paso
Diagramas de colocación
Concreto reforzado
Muro de retención
Planificación
Viga simple
Muro de cortina simple
Camisa
Tramo
Doblado especial
Empalmes alternados
Estribos
Fajas
Barras de apoyo
Barras de temperatura
Patrón
Zuncho
Alambre de amarre
Orificio de drenaje

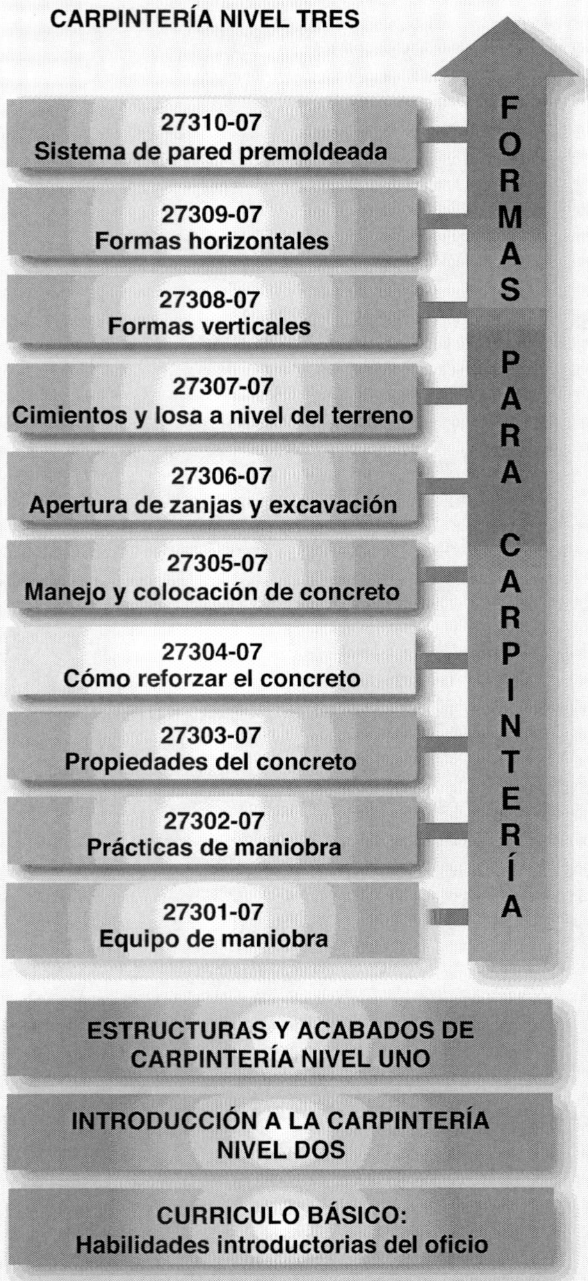

304CMAP.EPS

Prerrequisitos

Antes de comenzar este módulo, se recomienda haber finalizado con éxito los cursos *Currículo Básico; Introducción a la Carpintería Nivel Uno; Estructuras y Acabados de Carpintería Nivel Dos;* y *Formas para Carpintería Nivel Tres,* Módulos 27301-07 al 27303-07.

Este mapa del curso muestra todos los módulos del tercer nivel del currículo de *Carpintería.* El orden de entrenamiento sugerido comienza de abajo hacia arriba. Los niveles de dificultad aumentan a medida que usted avanza en el mapa del curso. Es posible que el auspiciador del programa de entrenamiento local ajuste el orden de entrenamiento.

Materiales necesarios para el estudiante

1. Lápiz y papel
2. Equipo protector personal adecuado
3. Una copia de las normas de la Sociedad Estadounidense para Pruebas y Materiales (ASTM)
4. Una copia de las normas del ACI

1.0.0 ◆ INTRODUCCIÓN

El concreto es, casi indiscutiblemente, nuestro material de construcción más importante. Instalado y reforzado correctamente, puede servir en forma segura como estructura de apoyo para grandes edificios, puentes, caminos y represas. Pero, sin los refuerzos correctos, es muy probable que las estructuras de concreto sufran accidentes. Se necesitan trabajadores capacitados y con mucho conocimiento para seleccionar, colocar y fijar varillas de acero (barras de refuerzo) y mallas de alambre soldado en formas para concreto, para cimientos, paredes, pisos, **vigas, columnas** y pilotes.

El concreto tiene una buena resistencia a la compresión pero es poco resistente a la tensión, o si lo somete a fuerzas laterales o de corte. En el pasado se han utilizado muchas clases de refuerzos patentados para el concreto. Actualmente, el acero es el material que se usa generalmente. Esto se debe a que tiene casi el mismo índice de expansión y contracción con el calor y el frío que el concreto. Además, las armaduras modernas cumplen con las normas de la ASTM que rigen tanto la forma como los tipos de acero utilizados. Como alternativa al refuerzo con acero, algunas veces se agregan a las mezclas de concreto fibras fabricadas en acero, fibra de vidrio o plásticos como el nylon a modo de refuerzo.

En este módulo se presentan los aspectos básicos de los materiales de refuerzo, junto con las diversas tareas relacionadas con la colocación de dichos materiales. Se utilizan muchos términos comerciales especiales en esta área de la construcción. Estudie las definiciones de estos términos comerciales, que encontrará en el glosario, y consúltelos frecuentemente mientras lea este módulo.

2.0.0 ◆ ASPECTOS GENERALES DEL CONCRETO REFORZADO

El concreto es una mezcla de cemento, agregado fino (arena), agregado grueso (piedra), agua y, posiblemente, al menos un aditivo. Al variar las proporciones de la mezcla, se puede generar concreto con diferentes resistencias a la compresión.

CARRIL INTERNO

Barras de refuerzo (también conocidas como varillas)

Son agrupamientos de barras de refuerzo usados para reforzar al concreto.

304SA01.EPS

Estos valores de resistencia suelen variar entre aproximadamente 2,000 y 6,000 libras por pulgadas cuadrada (psi). El concreto también se puede conseguir con valores más elevados de resistencia. El concreto suele afirmarse en cuestión de horas y alcanzará su resistencia de diseño en aproximadamente 28 días. El **concreto reforzado** es una combinación de concreto y acero. Combina la resistencia a la compresión del concreto con la resistencia a la tensión (o jalado) del acero.

La adherencia del concreto a la superficie de las barras de refuerzo de acero y/o malla de alambre y la resistencia provista por la deformación de las barras (o lóbulos), evita que las barras se deslicen por el concreto. De esta manera, los dos materiales actúan como uno solo. Esta adherencia se denomina unión del concreto.

Uno de los propósitos principales del acero de refuerzo es controlar las fisuras que se forman en el concreto por cargas de tensión y corte, además de las provocadas por la expansión y contracción ocasionadas por los cambios de temperatura y la contracción del concreto. El concreto tiene una elevada resistencia a la compresión pero poca resistencia a la tensión; por eso, la contracción del concreto a medida que cura, junto con fuerzas de doblado o corte, puede causar fisuras. Para evitarlo, el concreto se refuerza con acero, que posee una alta resistencia a la tensión, de manera que la combinación presente en el producto final puede resistir fuerzas desde cualquier dirección. Si bien es inevitable que ocurran algunas fisuras, el uso de acero de refuerzo da como resultado fisuras pequeñas en lugar de grandes. El concreto sin reforzar probablemente presente fisuras grandes, que pueden derivar en fallas del concreto.

En algunos casos, el acero de refuerzo se utiliza puramente para controlar las fisuras en una losa, y no da ningún soporte estructural. El refuerzo con malla de alambre suele utilizarse para este fin, pero también puede utilizarse una barra de refuerzo N.° 3 en centros de 12 pulgadas. En esa aplicación, la barra de refuerzo se denomina acero de temperatura.

Solamente la cantidad y el tipo correctos de refuerzo, colocado en las ubicaciones apropiadas, puede funcionar según se planeó durante el diseño. El refuerzo del concreto siempre debe seleccionarse y colocarse según los diagramas y las especificaciones del ingeniero.

2.1.0 Resistencia a las fuerzas de las barras de refuerzo

Las barras de refuerzo tienen un uso más eficaz en las siguientes aplicaciones:

- *Vigas simples* (losas, viguetas y **vigas maestras**) – *La Figura 1* muestra que la mitad superior de la **viga** está sometida a compresión, y la mitad inferior a tensión, por lo que el acero se coloca en la parte inferior, lo bastante lejos de la base para lograr la cantidad apropiada de **cubierta de concreto** (desarrollado más adelante). Para resistir la tensión diagonal, se colocan **estribos** de manera vertical a través de la viga, como se muestra en la *Figura 2*. Los estribos tienen una distancia menor entre sí cerca del soporte, y mayor cerca del sector medio del **tramo**.
- ***Vigas continuas*** *por más de un tramo*: estas son vigas que se deforman hacia abajo entre los soportes, y que presentan una elevación sobre los soportes. El acero es necesario en la parte inferior entre los soportes, y en la parte superior por encima de éstos, como se muestra en la *Figura 3*.
- *Vigas sobresalientes, de soporte interno y en voladizo*: deben colocarse barras de tensión en la parte superior de las vigas sobresalientes y en voladizo, y llevarse dentro del tramo o soporte principales, como se muestra en la *Figura 4*.
- *Muros de retención* ***en voladizos***: se necesitan barras principales en el lateral que se dirijan hacia la tierra. Vea la *Figura 5*.

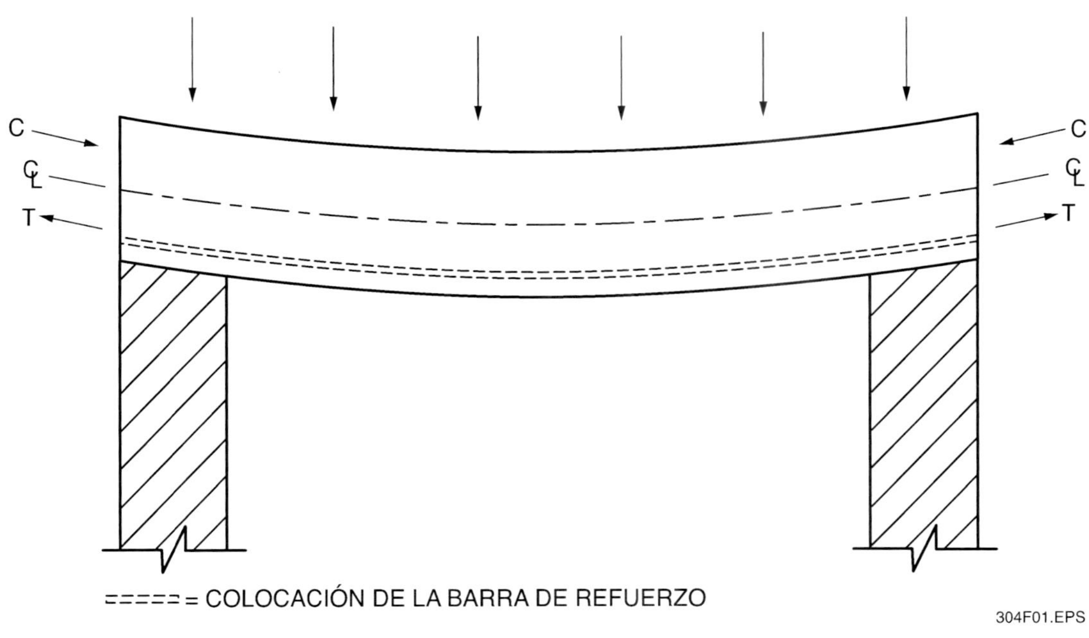

Figura 1 ◆ Colocación de barras de refuerzo.

> **NOTA**
> La desviación que se muestra en las *Figuras 1, 3* y *4* se ha exagerado.

- *Zapatas combinadas*: sostienen las cargas de las columnas en dos o más puntos. Se colocan barras rectas cerca de la parte superior de la losa entre las columnas. Se colocan barras con armadura debajo de los extremos de las columnas. Las barras cruzadas de la parte inferior impiden que el concreto se combe. Vea la *Figura 6*.
- *Zapatas rectangulares*: las barras se colocan en dos direcciones (en ángulos rectos una con respecto a la otra) a una distancia prescrita de la base de la zapata, como se muestra en la *Figura 7*. (Téngase en cuenta que la deformación está exagerada).
- *Esquinas interiores*: las barras de refuerzo se extienden más allá de la esquina desde cada dirección y un **gancho** les da anclaje, si es necesario.
- *Escaleras y descansos*: las barras continúan a través del punto de tensión y se doblan dentro de las losas de la escalera y los descansos. Vea la *Figura 8*.
- *Columnas*: en las columnas, lo más común es el uso de acero de refuerzo para las fuerzas de compresión. Si se utilizara únicamente concreto, la altura de la columna sería limitada. Las barras de refuerzo son 20 veces más resistentes que un área de concreto equivalente, por lo que se utilizan para soportar parte del peso de la columna. Las barras de las columnas verticales están sometidas a compresión, y se doblarán si no están restringidas. **Los zunchos de columna** (*Figura 9*) o las **columnas con armadura en espiral** actúan para evitarlo.

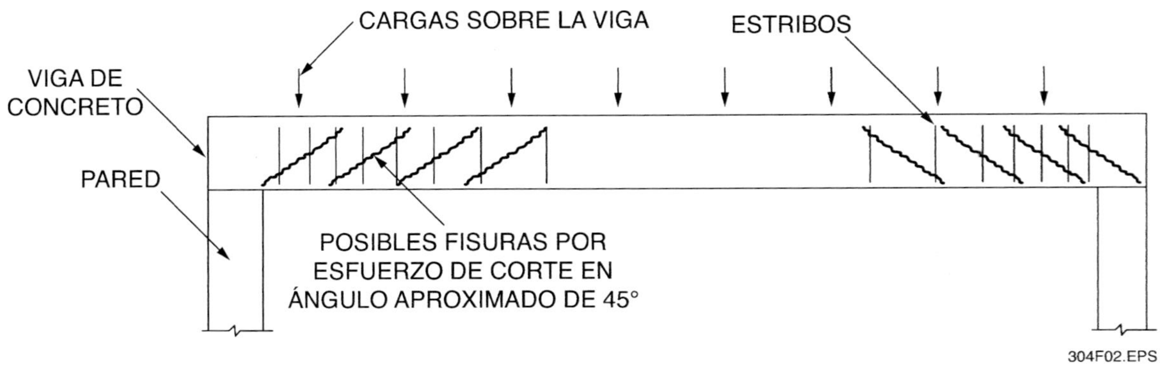

Figura 2 ◆ Colocación de estribos

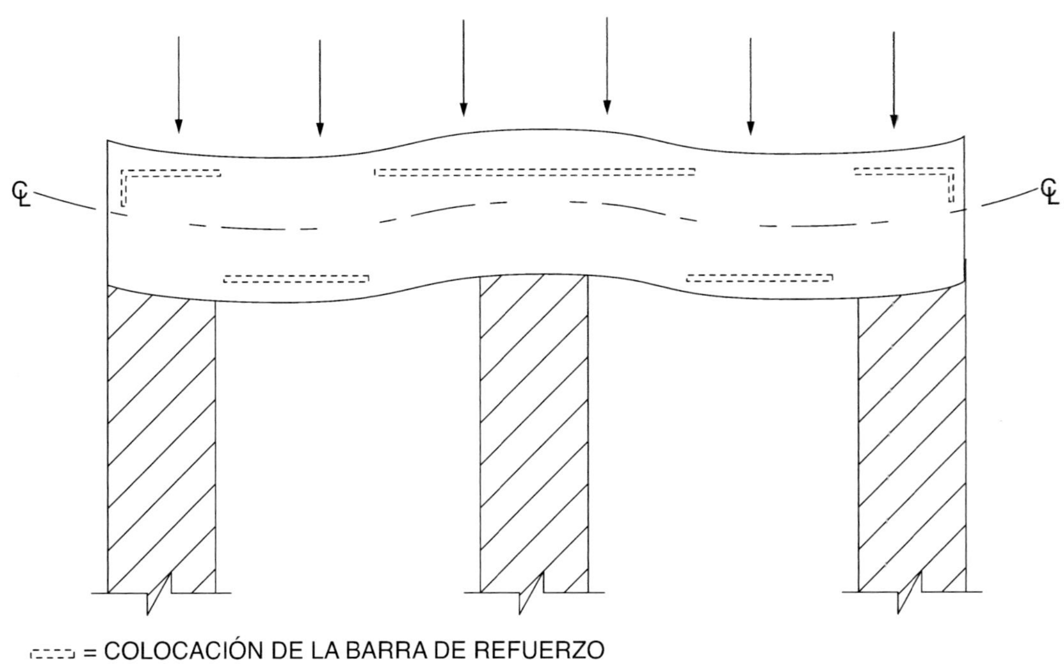

Figura 3 ◆ Viga continua.

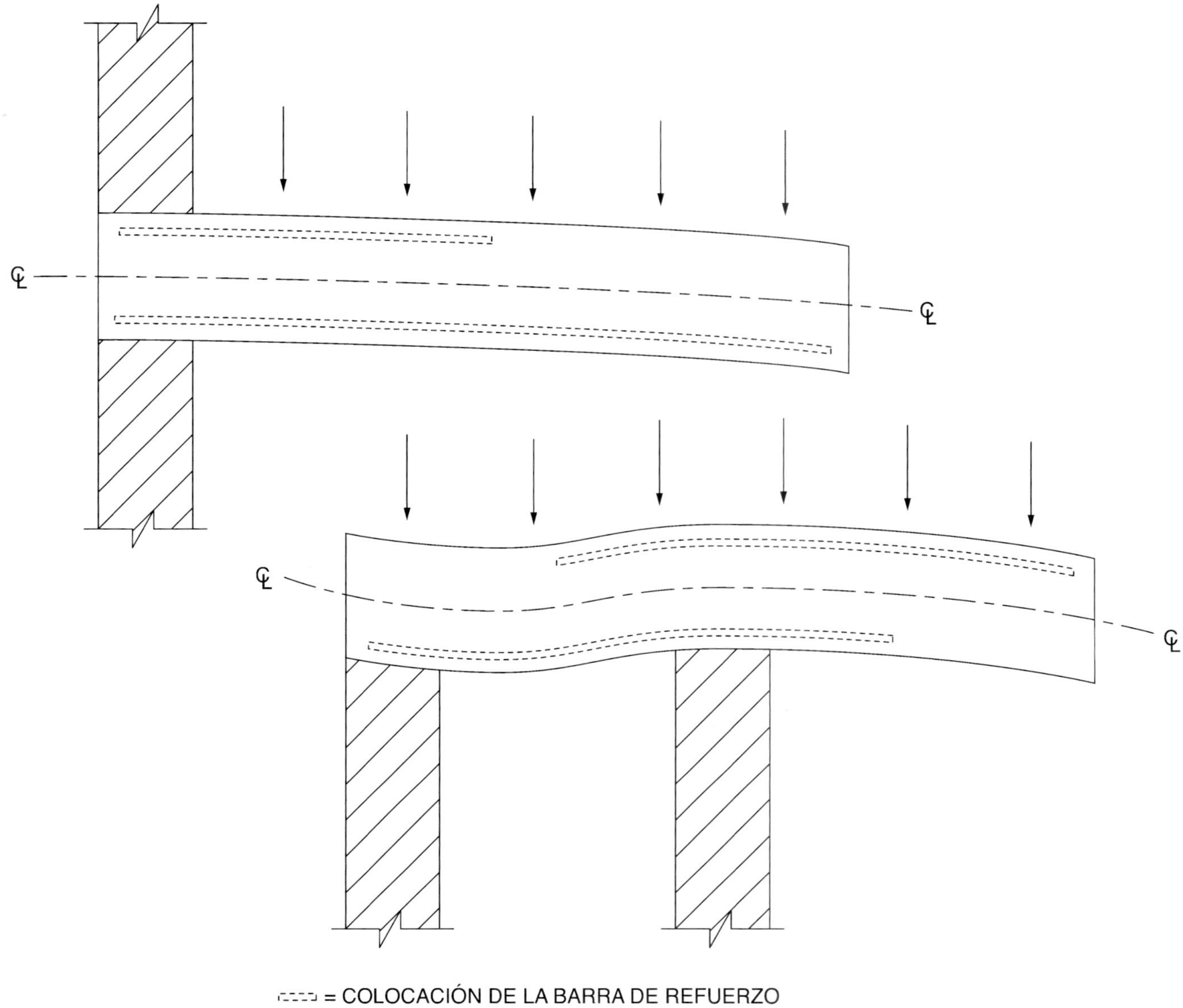

Figura 4 ◆ Vigas en voladizo y sobresalientes.

2.2.0 Uso del concreto estructural reforzado

El concreto estructural reforzado tiene varias aplicaciones en las estructuras y los pisos de edificios de varios pisos, en paredes, techos en bóveda, placas plegadas, puentes y elementos pretensados o premoldeados de todo tipo. La expresión arquitectónica de la forma combinada con un diseño funcional puede lograrse fácilmente con el concreto estructural reforzado. Los arquitectos, ingenieros y contratistas reconocen que hay valores económicos y de producción inherentes en el uso del concreto estructural reforzado, tal como lo evidencia la gran cantidad de estructuras en las que se utiliza.

2.3.0 Edificios

Las estructuras y los pisos de los edificios realizados en concreto reforzado se construyen con el piso de vigueta que se muestra en la *Figura 10*. La ilustración muestra un cuadrado exterior y una columna redonda interior. Este tipo de piso de vigueta de concreto reforzado está compuesto por una serie de nervaduras (vigas pequeñas) con una losa superior, que se moldean de una vez con las vigas de soporte.

Las construcciones con concreto reforzado especial incluyen arcos, bóvedas y domos. El arco de concreto se curva solamente en una dirección, y su grosor es variable, más delgado en el centro y más grueso hacia los soportes. El techo en bóveda de cañón también está curvado en una dirección, pero los tramos están sostenidos entre estructuras rígidas. El domo es una losa de curvatura doble.

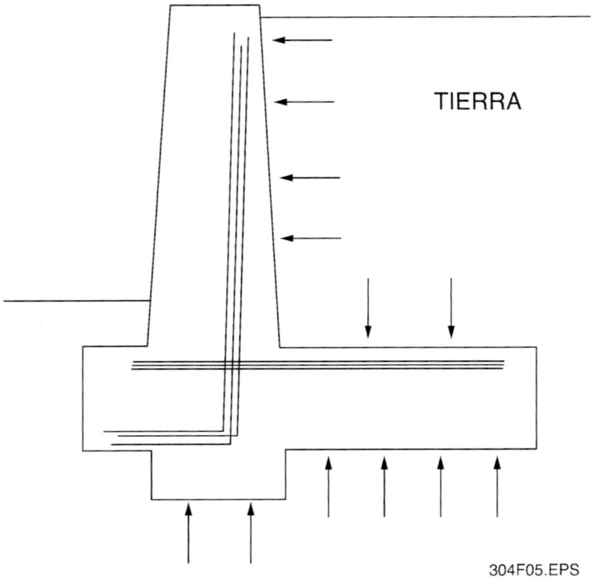

Figura 5 ◆ Muro en voladizo.

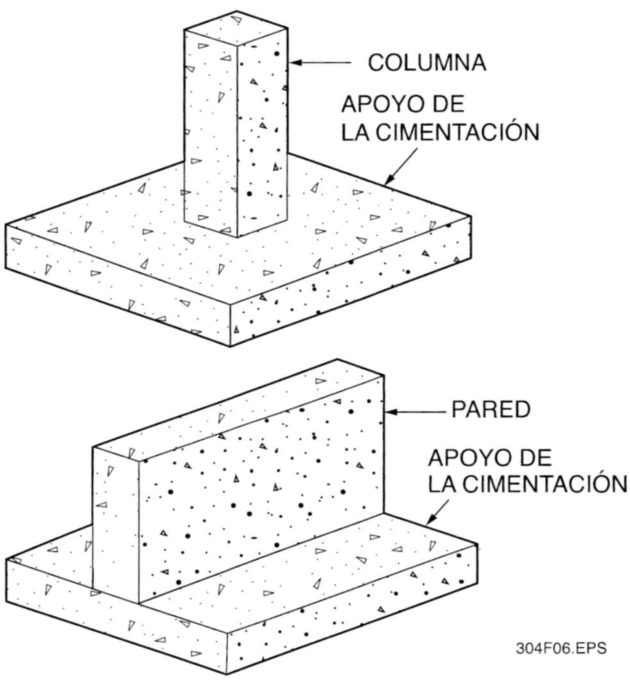

Figura 6 ◆ Zapatas combinadas.

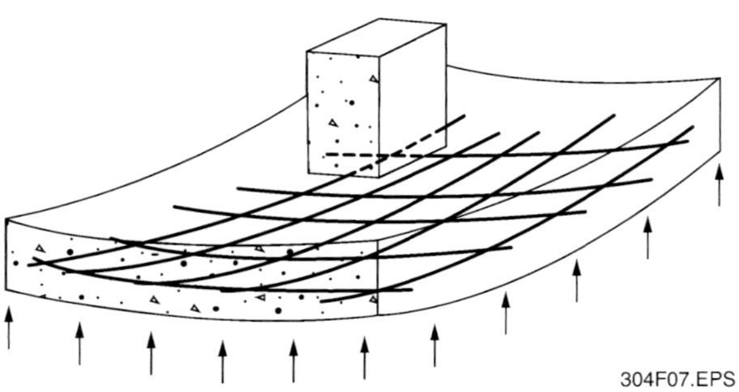

Figura 7 ◆ Zapata rectangular.

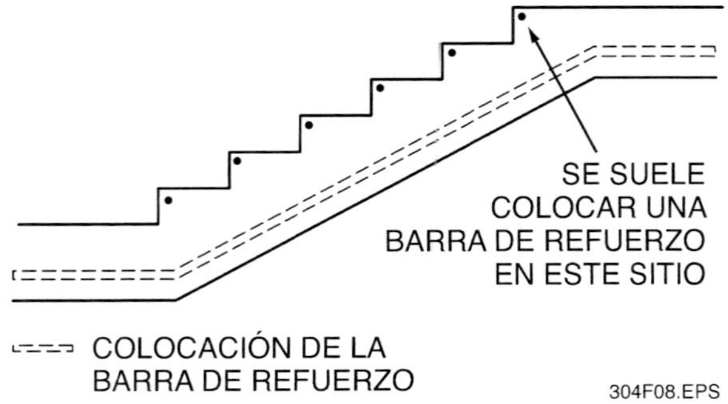

Figura 8 ◆ Escalera.

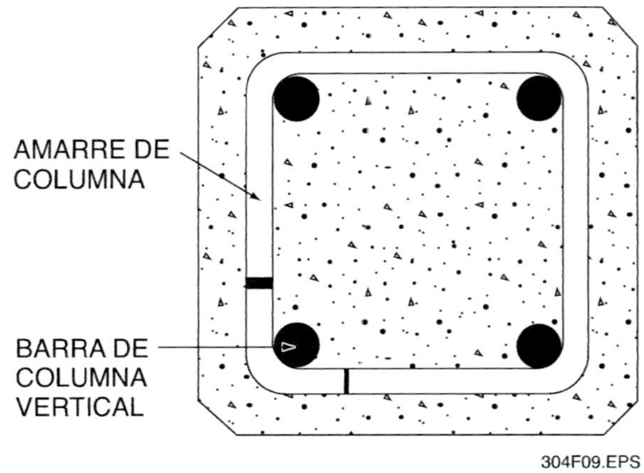

Figura 9 ◆ Zunchos de columna.

CARRIL INTERNO

Malla de tejido de alambre soldado

Son rollos de malla de tejido de alambre soldado utilizados para reforzar el concreto.

En general, los muros de cortina se prefabrican fuera del lugar de trabajo, y luego se llevan para su colocación. Los muros de cortina constan de una o más capas de barras verticales y horizontales en un muro sostenido por la estructura de concreto o acero estructural del edificio, con independencia del muro que está debajo (vea la *Figura 11*).

2.4.0 Puentes

Algunas unidades de construcción de puentes se asemejan las utilizadas en la construcción de edificios y sirven para propósitos similares. Estas unidades incluyen zapatas, pilares, **ataguías**, muros, vigas y losas.

Generalmente, los puentes de viga (*Figura 12*) se utilizan para tramos cortos. Si se utiliza un solo tramo, los soportes de extremo se llaman **rebajes** o **pilas** de extremo. Cuando se utilizan dos o más tramos, los apoyos intermedios se llaman pilares o pilas intermedias.

Un puente de estructura rígida (*Figura 13*) en general consta de zapatas, muros y una losa de tablero colada como una unidad, que forma un elemento en forma de U.

El puente en arco tiene muchas variaciones, una es la configuración de puente de tímpano abierto y tramos múltiples. El puente de viga maestra tubular (*Figura 14*) está sostenido por rebajes y pilares en forma muy semejantes a los de los puentes de viga simple.

3.0.0 ◆ REQUISITOS GENERALES

Esta sección presenta los requisitos generales para trabajar con acero de refuerzo, así como las herramientas, el equipo y los métodos de fabricación.

Figura 11 ◆ Unidad de muro premoldeada.

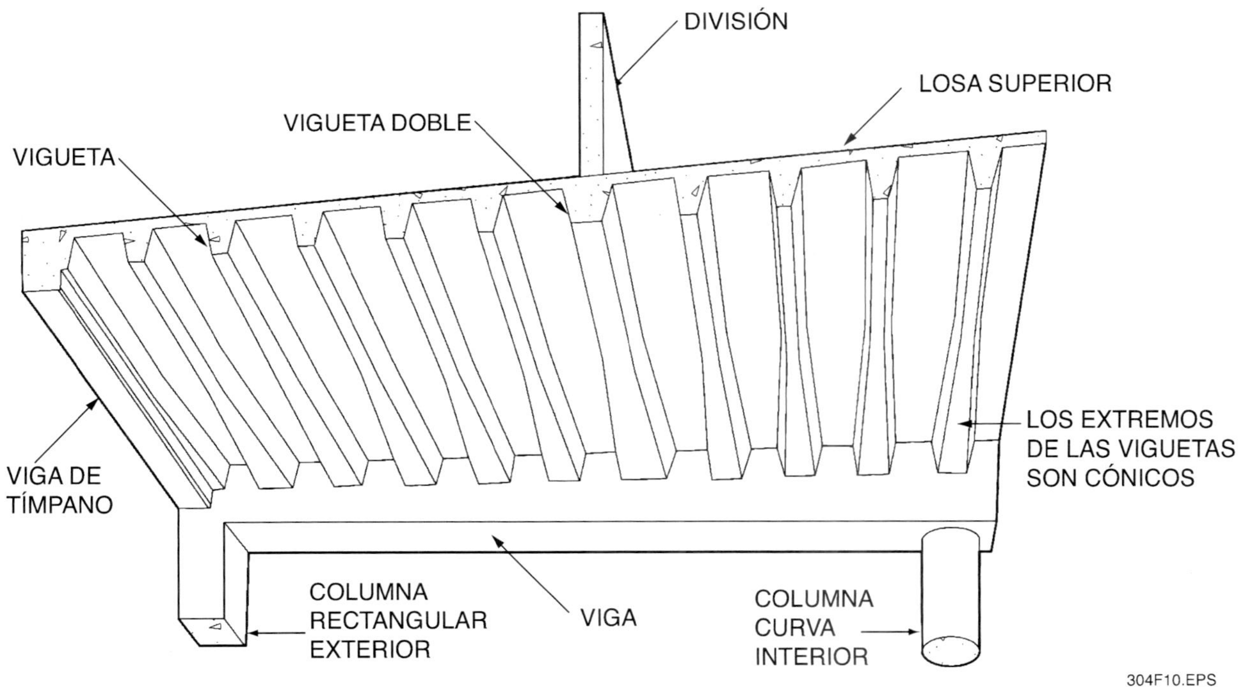

Figura 10 ◆ Piso de viguetas.

Zunchos de columna

CARRIL INTERNO

Los zunchos de columnas como los que se muestran aquí ayudan a mantener las barras de refuerzo verticales en la columna ya colocada.

304SA03.EPS

3.1.0 Barras de refuerzo

Las barras de refuerzo, también llamadas varillas de refuerzo, se encuentran disponibles en varios grados. Estos grados varían en la resistencia a la fluencia, la resistencia última, el porcentaje de alargamiento, los requisitos de la prueba de doblado y la composición química. Además, las barras de refuerzo pueden estar recubiertas con diversos compuestos, tales como resina epoxy, para utilizarlas en concreto en los casos en que la corrosión podría ser un problema. Para obtener una situación uniforme en todos los Estados Unidos, la ASTM ha establecido especificaciones estándares para estas barras. Estos grados estarán indicados en los rótulos del paquete de barras, en los códigos de color, en las marcas hechas en las barras o en las listas de materiales. A continuación, se indican las especificaciones:

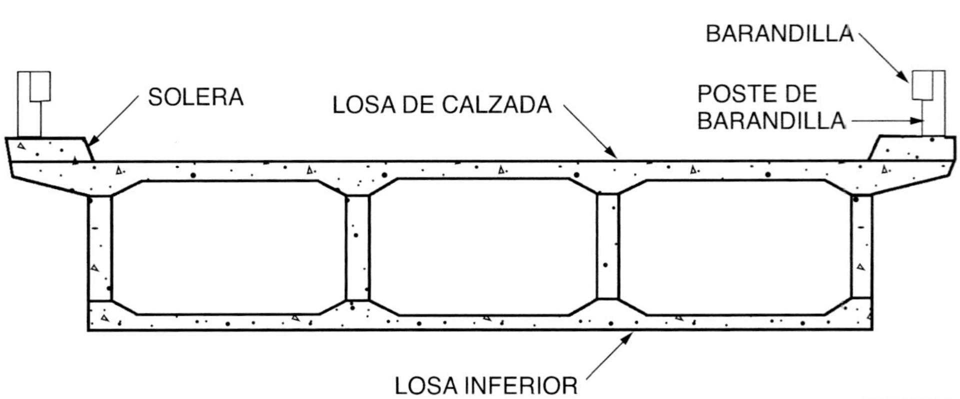

304F12.EPS

Figura 12 ◆ Puente de viga.

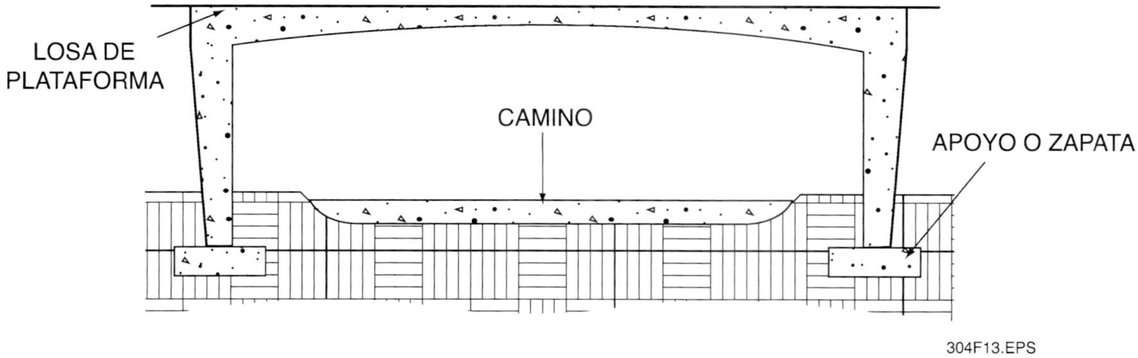

Figura 13 ◆ Puente de estructura rígida.

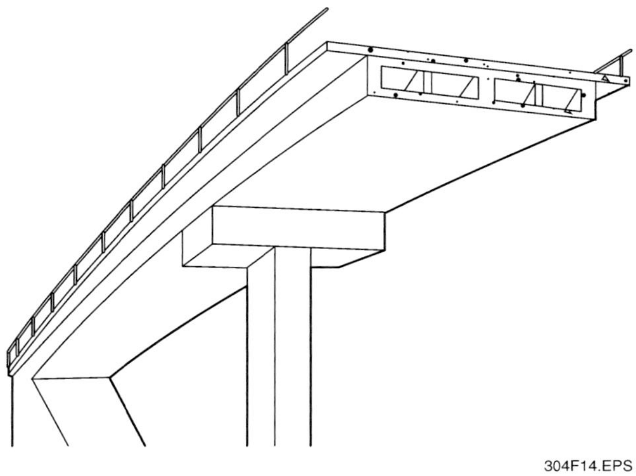

Figura 14 ◆ Puente de viga maestra tubular.

- *A615 – Especificación de la norma para las barras de acero al carbono deformadas y lisas para el refuerzo del concreto*
- *A996 – Especificación de la norma para las barras de acero para rieles y ejes deformadas para el refuerzo de concreto (Esta norma reemplaza la A616 y la A617)*
- *A706 – Especificación de la norma para las barras de acero de baja aleación deformadas y lisas para el refuerzo del concreto*

La configuración estándar para las barras de refuerzo es la barra deformada. Se pueden imprimir diferentes patrones en las barras, según sea la planta que las produjo, pero todas tienen indicaciones según las especificaciones que exige la ASTM. La característica de deformación mejora la unión entre el concreto y la barra, e impide que ésta se mueva en el concreto.

Las barras lisas no tienen marcas y son redondas, sin deformaciones y se utilizan para fines especiales, como para los **pasadores** en las juntas de expansión en los que las barras deben deslizarse en una **camisa,** para las juntas de expansión y contracción en el pavimento de carreteras, y para columnas con armadura en espiral.

Las barras deformadas están designadas con un número en once tamaños estándares (métricos o en pulgadas-libras), como se muestra en la *Tabla 1*. El número indica el diámetro aproximado de la barra en octavos de pulgada o en sistema métrico (mm). Por ejemplo, una barra N.° 5 tiene un diámetro aproximado de ⅝ pulgada. La dimensión nominal de una barra deformada (nominal no incluye la deformación) es equivalente a la de una barra lisa que tiene el mismo peso por pie.

Como se muestra en la *Figura 15*, la identificación de la barra se realiza según las especificaciones de la ASTM, que exige que cada productor de barras indique la siguiente información en la barra:

- Letra o símbolo para indicar la planta del productor
- Número correspondiente al número de tamaño de la barra (*Tabla 1*)
- Símbolo o marca para indicar el tipo de acero (*Tabla 2*)
- Marca para designar el grado (*Tabla 3*)

El grado representa la fluencia mínima (resistencia a la tensión) medida en kips por pulgada cuadrada (ksi) o en megapascales (MPa) que el tipo de acero utilizado soportará antes de extenderse (alargarse) y ya no regresar a su longitud original. Actualmente, la barra de refuerzo más usada es la de grado 420. Generalmente, las barras se envían desde la planta en paquetes de longitudes de 60 pies.

La fabricación de las barras se efectúa, en el caso de las barras rectas, al cortarlas según longitudes específicas de las existencias de 60 pies de largo. Las barras dobladas se cortan a la longitud deseada igual que las barras rectas, y luego se derivan a una máquina de doblado que mejor se corresponda con el tipo de doblez y tamaño de la barra. La *Tabla 1* ofrece información sobre el tamaño y el peso para diversas barras, de modo que se pueda seleccionar el equipo de manipulación y doblado apropiado.

Tabla 1 Barras de armadura aprobadas por la ASTM que utilizan el sistema métrico estándar o libras y pulgadas

		Características nominales*					
Tamaño de la barra		Diámetro		Área transversal		Peso	
Métrico	[pulg.-lb.]	mm	pulg.	mm	pulg.	kg/m	[lbs./ft]
#10	[#3]	9.5	[0.375]	71	[0.11]	0.560	[0.376]
#13	[#4]	12.7	[0.500]	129	[0.20]	0.944	[0.668]
#16	[#5]	15.9	[0.625]	199	[0.31]	1.552	[1.043]
#19	[#6]	19.1	[0.750]	284	[0.44]	2.235	[1.502]
#22	[#7]	22.2	[0.875]	387	[0.60]	3.042	[2.044]
#25	[#8]	25.4	[1.000]	510	[0.79]	3.973	[2.670]
#29	[#9]	28.7	[1.128]	645	[1.00]	5.060	[3.400]
#32	[#10]	32.3	[1.270]	819	[1.27]	6.404	[4.303]
#36	[#11]	35.8	[1.410]	1006	[1.56]	7.907	[5.313]
#43	[#14]	43.0	[1.693]	1452	[2.25]	11.38	[7.65]
#57	[#18]	57.3	[2.257]	2581	[4.00]	20.24	[13.60]

*Las características nominales equivalentes de las barras en pulg.-libras son los valores entre corchetes.

304T01.EPS

El acero de refuerzo sin recubrimiento que no ha sido contaminado por aceite, grasa ni conservantes, por lo general se oxidará cuando se almacene, incluso por períodos breves y bajo techo. Existen estudios, algunos realizados hace más de 70 años, que han demostrado que el óxido y las cascarillas de laminación en realidad mejoran la unión entre el acero y el concreto. Otros estudios han demostrado que la manipulación normal (mover, doblar, etc.) del acero reforzado con mucha oxidación lo prepara lo suficiente para la unión apropiada con el concreto sin esfuerzos adicionales para eliminar el óxido.

Para reducir la congestión en las construcciones de coladas cuando barras con varios extremos de gancho convergen desde diversas direcciones, la norma *A970 de la ASTM* permite el uso de barras de refuerzo con cabeza (HRB). La cabeza es una placa de acero rectangular o circular que puede soldarse, roscarse o forjarse en el extremo de la barra de refuerzo.

La *norma A955M de la ASTM* se estableció en 1996 para estandarizar las barras de refuerzo de acero inoxidable (SSRB). Estas barras, que han estado en uso durante un tiempo, se utilizan en ambientes altamente corrosivos o cuando se debe utilizar un refuerzo no magnético. La especificación *A955M* define a estas barras de refuerzo en unidades métricas, y los requerimientos son idénticos a los que establece la norma *A615 de la ASTM.*

Tabla 2 Tipos de acero de barras de refuerzo

Símbolo/Marca	Tipo de acero
A	Para ejes (ASTM A617)
S o N	Desbastado (ASTM A615)
I o IR	Para rieles (ASTM A616)
W	De baja aleación (ASTM A706) (para pliegues soldados, juntas a tope, etc.)

304T02.EPS

3.2.0 Fabricación

Cuando se habla del acero de refuerzo, los términos fabricación y producción no deben confundirse. La producción de acero de refuerzo da como resultado una barra conformada de un tipo` y grado de acero específico, que se crea de una longitud recta. La fabricación de acero de refuerzo es el proceso de cortar y doblar las barras de refuerzo para satisfacer las necesidades particulares del trabajo, según lo requieren los **diagramas de colocación**. Gran parte de la fabricación se realiza en talleres, pero una cierta cantidad también debe hacerse en el campo.

Tabla 3 Grados de barras de refuerzo

Grado	Identificación	Resistencia a la fluencia mínima
40 y 50	Ninguna	40,000 a 50,000 psi (40 a 50 ksi)
60	Una línea o el número 60	60,000 psi (60 ksi)
70	Dos líneas o el número 70	70,000 psi (70 ksi)
420	El número 4	420 MPa (60,000 psi o 60 ksi)
520	El número 5	520 MPa (75,000 psi o 70 ksi)

304T03.EPS

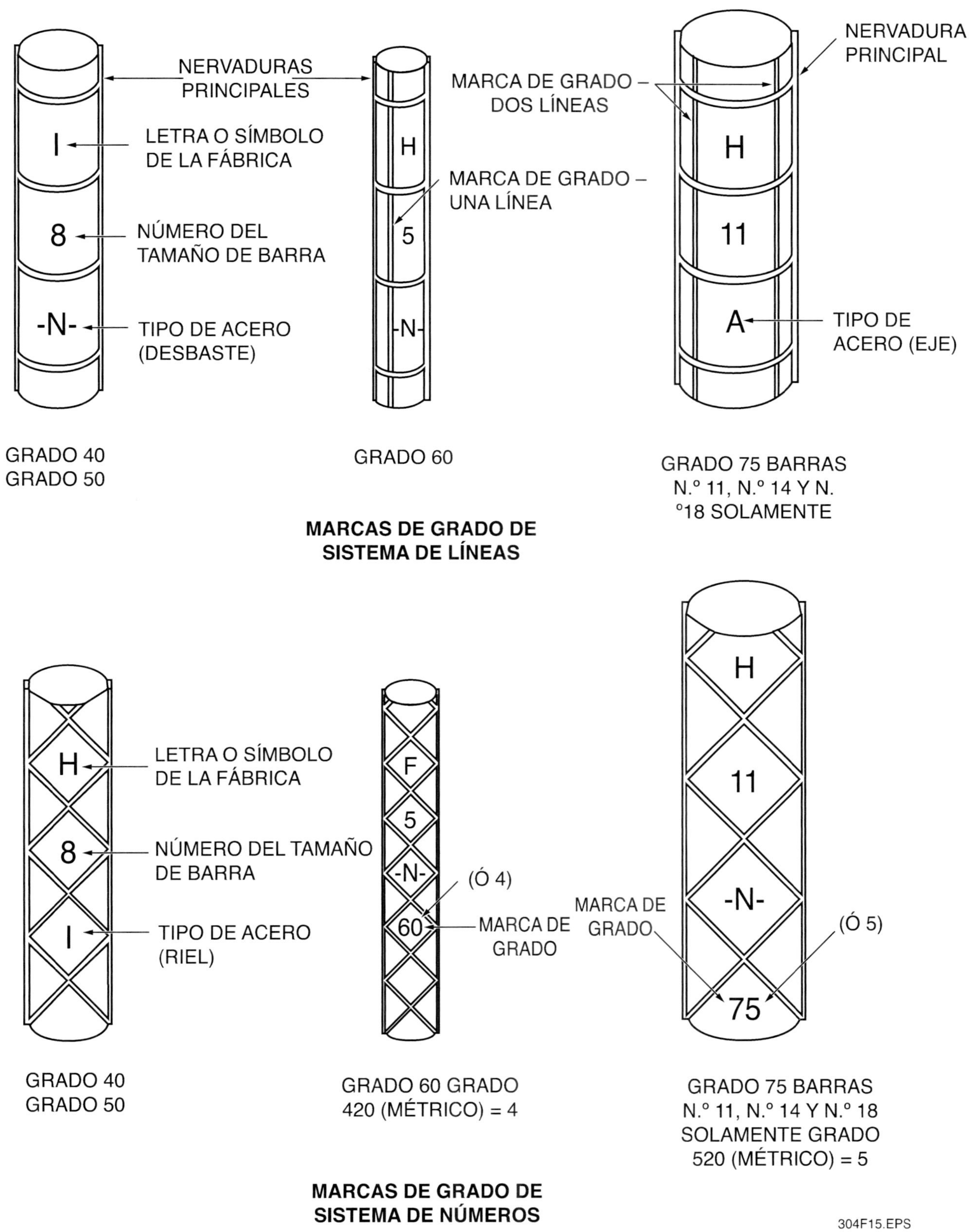

Figura 15 ◆ Identificación de las barras de refuerzo.

CARRIL INTERNO

Estructura de concreto moderna

Cuando se terminó en 1990, este edificio de 65 pisos y 961' de altura que se encuentra en el 311 South Wacker Drive en Chicago era el edificio de concreto más alto del mundo. En 1996 perdió el título ante las Torres Petronas de Kuala Lumpur City Center en la capital de Malasia.

304SA04.EPS

3.2.1 Herramientas

Las herramientas y el equipo utilizados por el trabajador que realiza el refuerzo incluyen los siguientes elementos:

- Casco
- Calzado aprobado por la OSHA
- Cinturón de cuero de 2 pulgadas
- **Carrete de alambre de amarre** (debe ser de buena calidad, no escatime costos)
- Bolsa portaherramientas (modelo Klein)
- Alicates de corte lateral (cortadores de alambre)
- Cinta de 25 pies, 1 pulgada de ancho
- Porta keel, es decir, tinte rojo (para guardar la esteatita, la tiza o la crayola para marcar las barras)
- Guantes con palma de cuero (resistentes al calor y las pinchaduras)
- Anteojos de seguridad
- Nivel
- Plomada
- Cizalla (para cortar barras de refuerzo)
- Maza (para alinear las barras de refuerzo)
- **Doblador manual** para doblar las barras de refuerzo (N.°5 y menores)

Para cortar mallas o alambres de tamaños pequeños, se utilizan alicates laterales o una cizalla. Las varillas de hasta ⅝ pulgada (15.875 mm) de diámetro se cortan con alguna clase de máquina de accionar manual o antorcha de corte. Las barras de refuerzo más grandes pueden cortarse con una cierra de cinta portátil, una cierra tronzadora o una antorcha de corte.

3.2.2 Barras fabricadas

El Instituto Estadounidense de Concreto (ACI) y el Instituto del Concreto con Armadura de Acero (**CRSI**) han estandarizado los tipos más comunes de dobleces de barras y asignado a cada uno un número o una letra precedida por un número. Esas designaciones las utilizan los ingenieros, fabricantes, inspectores y trabajadores del hierro. La información sobre dobleces de barras suele encontrarse en los diagramas de colocación y en las **listas de barras**.

La *Figura 16* ilustra los dobleces de barra típicos que están estandarizados por el ACI. La letra y/o número rodeados con un círculo junto a cada detalle de un doblez de barra indica su tipo.

Excepto que se indique lo contrario, todos los **ganchos** se forman de acuerdo con los tamaños recomendados para los ganchos de 180 grados, tal como se especificó en la última edición de la *norma 315 de ACI*. La dimensión y geometría de los ganchos estándares se muestran en la *Figura 17* y en la *Tabla 4*.

Es importante no omitir ninguna de las letras de un tipo de doblez estándar. De hacerlo, el resultado será una barra de diferente forma. Por ejemplo, la barra tipo 4 sin la dimensión A o G sería una barra con armadura recta.

Cada dimensión de los dobleces de barra estandarizados se indica con una letra. Estas dimensiones se leen de extremo exterior a extremo exterior; es decir, desde el diámetro externo de las barras.

CARRIL INTERNO

Puente de concreto

Esta estructura de concreto de 1,345" y colada en el lugar está hecha de ocho tramos, incluidos seis tramos interiores de 177" cada uno. Esta sostenida por columnas octogonales de 7" colocadas sobre pilotes de 8" de diámetro.

304SA05.EPS

3.2.3 Listas de barras

Tal como lo indica su nombre, una lista de barras es una enumeración de las barras de refuerzo que componen un envío. El fabricante la prepara e incluye una lista integral de las barras de refuerzo para un envío completo, o una lista aparte de barras para cada carga dentro de un envío. Los fabricantes obtienen la información de los planos.

Una lista de barras es útil para todos los involucrados en la colocación y fabricación de acero de refuerzo. El fabricante la utiliza para doblar, rotular, enviar y hacer la factura. El equipo de campo la utiliza para controlar las cantidades al descargar un envío, clasificar las barras, enviar las barras correctas a la zona apropiada del trabajo, y para la colocación de las barras en las formas.

3.2.4 Información de la lista de barras

Los fabricantes en general utilizan sus propios formularios para las listas de barras. Algunas veces, las barras rectas y las barras dobladas se colocan en hojas aparte, o pueden colocarse en la misma hoja. Sin embargo, hay cierta información común a todas las listas de barras.

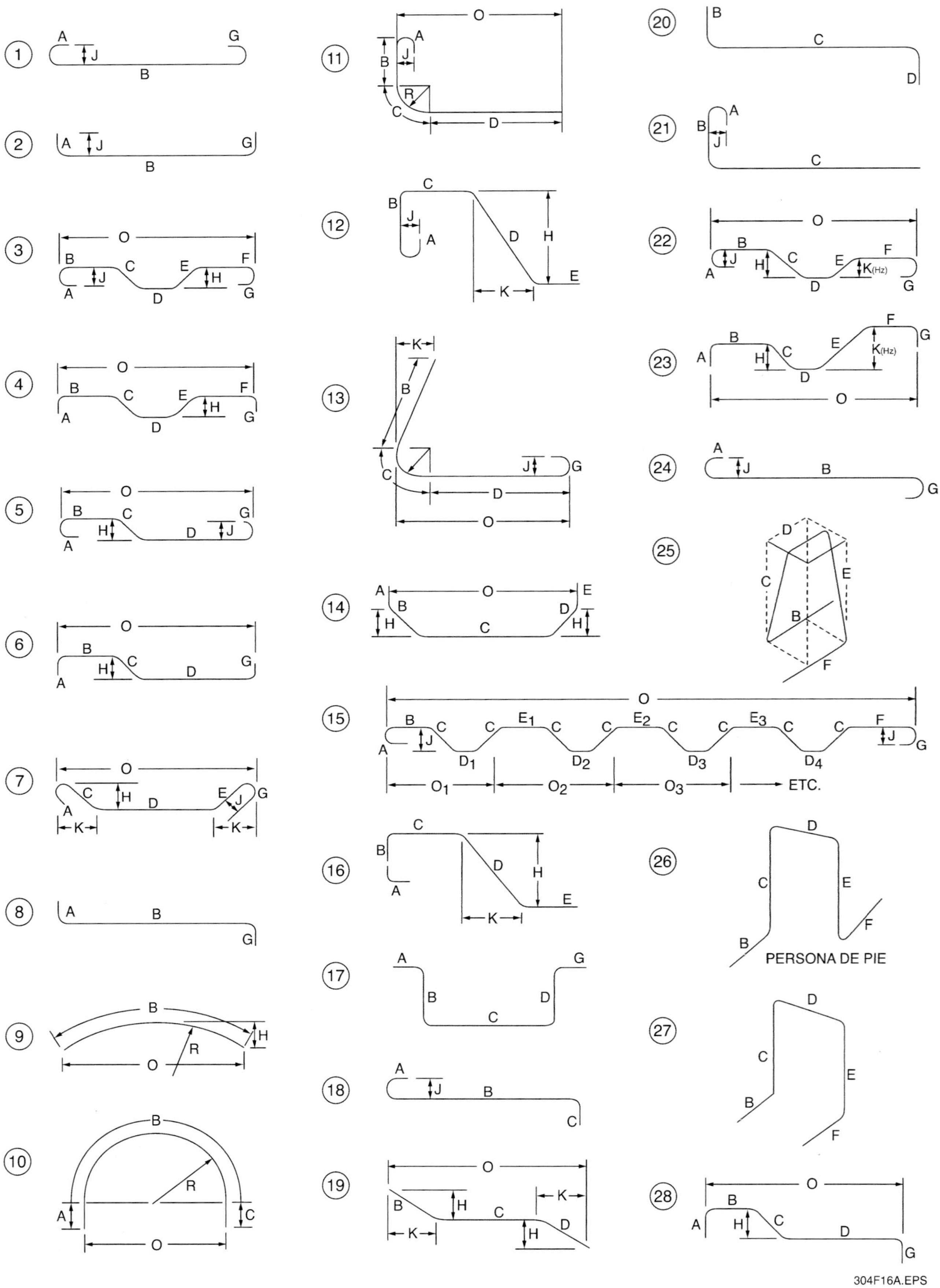

Figura 16 ◆ Dobleces de barra típicos (1 de 2).

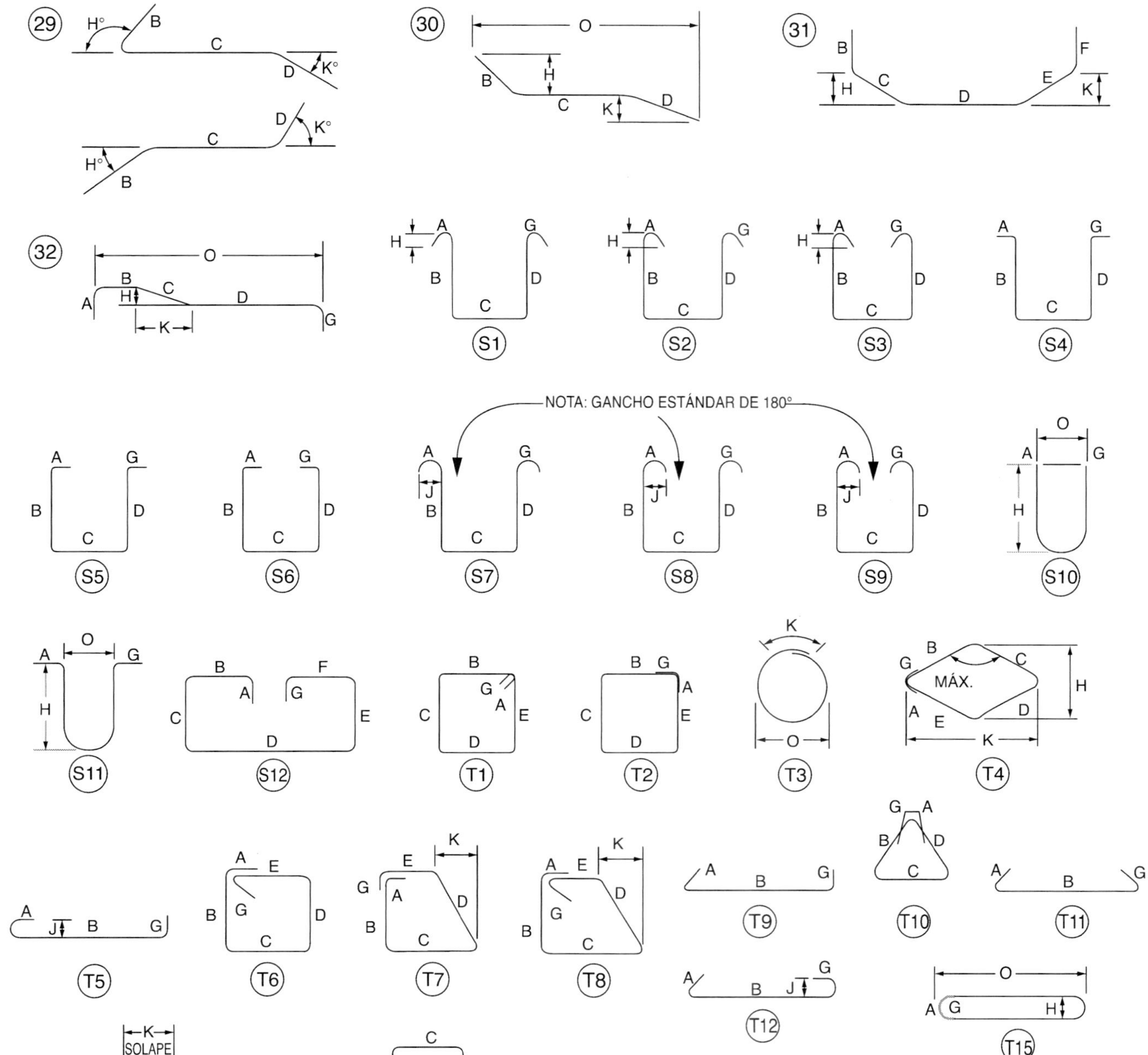

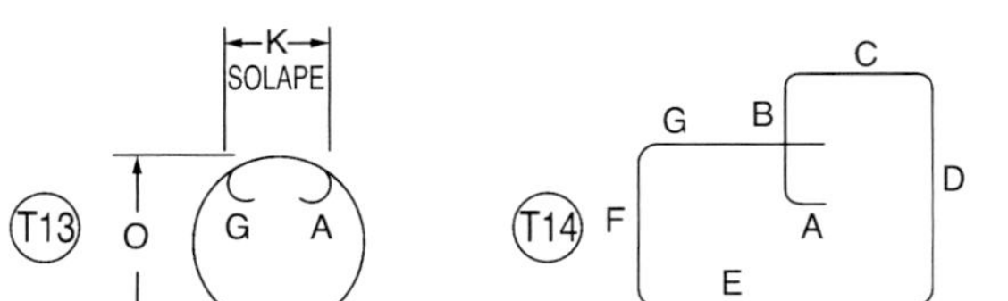

NOTAS:

1. Todas las dimensiones se indican de extremo exterior a extremo exterior de la barra, excepto A o G en ganchos estándares de 180° y 135°.
2. La dimensión J en ganchos de 180° sólo se debe mostrar cuando sea necesario restringir el tamaño del gancho; de lo contrario, se deben utilizar ganchos estándares.

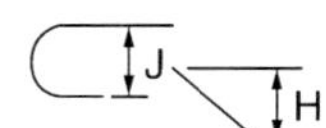

3. Cuando no se indique la dimensión J, J será igual o menor que H en barras con armadura. Se deberán indicar los casos en que J pueda exceder a H.
4. La dimensión H en estribos se debe mostrar cuando sea necesario para incrustar en concreto.
5. Cuando las barras se deban doblar con más precisión que las tolerancias de doblado estándares, se deberán indicar límites para las dimensiones de doblado que requieran fabricación más detallada.
6. Las figuras encerradas en círculos muestran los tipos.
7. Los tipos S1-S9, S11 y T1-T9 se aplican solamente a los tamaños de barra N.° 3 - N.° 8 inclusive.
8. R (dimensiones de radio) es el radio de la barra (tipos 9, 10, 11, 13).
9. El tipo 33 no acepta deducción por doblado en los topes, dimensión C.
10. En el caso de los tipos 12, 14, 16, 19, 22, 23, 29, 30 y 31, calcule la deducción por doblado en forma variable, entre 45° y 90°.

A menos que se indique lo contrario, el diámetro D es el mismo para todos los dobleces y ganchos de una barra.

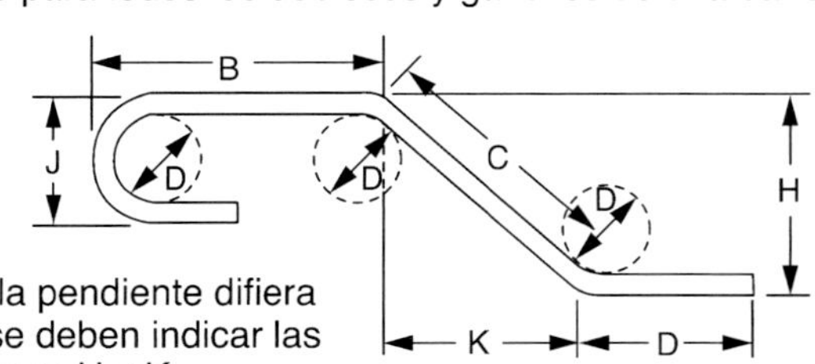

Cuando la pendiente difiera de 45°, se deben indicar las dimensiones H y K.

Vista ampliada de los detalles de doblado de barra

304F16B.EPS

Figura 16 ◆ Dobleces de barra típicos (2 de 2).

GANCHOS DE EXTREMO RECOMENDADOS, TODOS LOS GRADOS DE ACERO

TAMAÑO DE BARRA	D	GANCHOS DE 180°		GANCHOS DE 90°
		A Ó G	J	A Ó G
#10 (#3)	60 (2 1/4")	125 (5")	80 (3")	150 (6")
#13 (#4)	80 (3")	150 (6")	105 (4")	200 (8")
#16 (#5)	95 (3 3/4")	175 (7")	130 (5")	250 (10")
#19 (#6)	115 (4 1/2")	200 (8")	155 (6")	300 (12")
#22 (#7)	135 (5 1/4")	250 (10")	180 (7")	375 (14")
#25 (#8)	155 (6")	275 (11")	205 (8")	425 (16")
#29 (#9)	240 (9 1/2")	375 (15")	300 (11 3/4")	475 (19")
#32 (#10)	275 (10 3/4")	425 (17")	335 (13 1/4")	550 (22")
#36 (#11)	305 (12")	475 (19")	375 (14 3/4")	600 (24")
#43 (#14)	485 (18 1/4")	675 (27")	550 (21 3/4")	775 (31")
#57 (#18)	610 (24")	925 (36")	725 (28 1/2")	1050 (41")

NOTA: todas las dimensiones métricas se indican en milímetros (mm). Las cifras que aparecen en paréntesis indican los tamaños y dimensiones en pulgadas y libras.

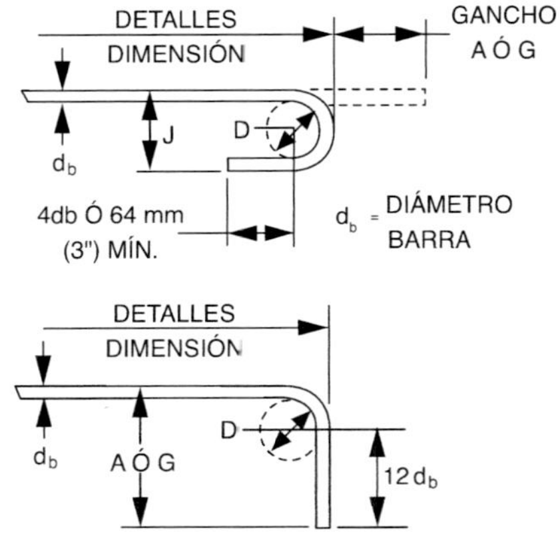

GANCHO ESTÁNDAR

GANCHOS PARA ESTRIBO (SIMILAR A CODO DE AMARRE)

TAMAÑO DE BARRA	D	90°	135°	
		A Ó G	A Ó G	H*
#10 (#3)	40 (1 1/2")	105 (4")	105 (4")	65 (2 1/2")
#13 (#4)	50 (2")	115 (4 1/2")	115 (4 1/2")	80 (3")
#16 (#5)	65 (2 1/2")	155 (6")	140 (5 1/2")	95 (3 3/4")
#19 (#6)	115 (4 1/2")	305 (12")	205 (7 3/4")	115 (4 1/2")
#22 (#7)	135 (5 1/4")	355 (14")	230 (9")	135 (5 1/4")
#25 (#8)	155 (6")	410 (16")	270 (10 1/4")	155 (6")

NOTA: todas las dimensiones métricas se indican en milímetros (mm). Las cifras que aparecen en paréntesis indican los tamaños y dimensiones en pulgadas y libras. *La dimensión H es aproximada.

ESTRIBO/AMARRE SÍSMICO

TAMAÑO DE BARRA	D	GANCHO SÍSMICO DE 135°	
		A Ó G	H*
#10 (#3)	40 (1")	110 (4 1/4")	80 (3")
#13 (#4)	50 (2")	115 (4 1/2")	80 (3")
#16 (#5)	65 (2 1/2")	140 (5 1/2")	95 (3 3/4")
#19 (#6)	115 (4 1/2")	205 (7 3/4")	115 (4 1/2")
#22 (#7)	135 (5 1/4")	230 (9")	135 (5 1/4")
#25 (#8)	155 (6")	270 (10 1/4")	155 (6")

NOTA: todas las dimensiones métricas se indican en milímetros (mm). Las cifras que aparecen en paréntesis indican los tamaños y dimensiones en pulgadas y libras. *La dimensión H es aproximada.

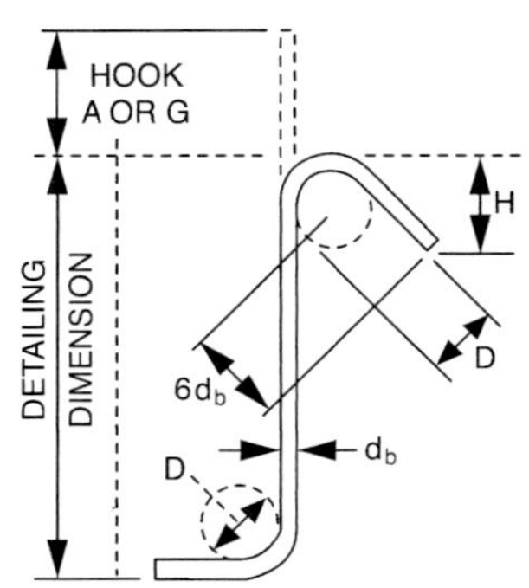

GANCHO/AMARRE DE 135°

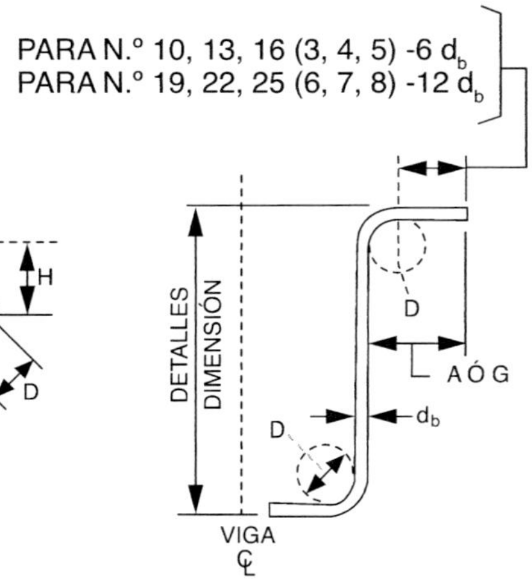

GANCHO/AMARRE DE 90°

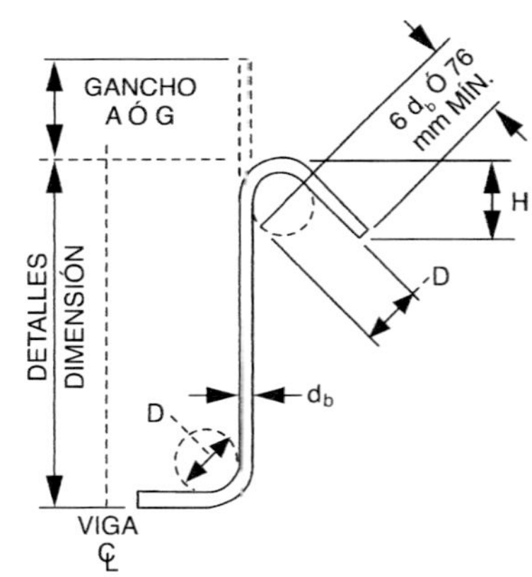

GANCHO/AMARRE SÍSMICO DE 135°

304F17.EPS

Figura 17 ◆ Detalles de un gancho estándar para barras de refuerzo.

Las barras se clasifican primero como una de cuatro tipos, tres de los cuales se refieren a barras dobladas. A continuación, se indican los tipos:

- *Barras rectas*: esta categoría está compuesta por barras de refuerzo estándares y rectas.
- ***Barras de doblado*** *pronunciado*: esta categoría está compuesta por tamaños de barras desde el N.° 13 al N.° 57 (de N.° 4 al N.° 18) que están dobladas no más de seis puntos en un plano. El doblado de radio único también está agrupado en esta categoría.
- ***Barras de doblado*** *leve*: esta categoría incluye todas las barras N.° 10 (N.° 3), todos los estribos y **amarres,** y todas las barras N.° 13 a N.° 57 (N.° 4 a N.° 18) dobladas en más de seis puntos en un plano. También incluye todos los doblados de radio en un único plano con más de un radio en cualquiera de las barras, o una combinación de radio u otro tipo de doblado en un plano.

CARRIL INTERNO

Refuerzo con acero

Cualquier clase de refuerzo con acero debe cubrirse con la cantidad de concreto adecuada para protegerlo, de no ser así el acero se oxida y daña el concreto. Algunos ejemplos de recubrimiento con concreto mínimo son:

- Zapatas: 3"
- Superficie de concreto expuesta al clima: 2" para barras mayores que N.° 5, 1½" para barras N.° 5 y más pequeñas
- Losas, muros, viguetas: ¾"
- Vigas y vigas maestras: 1½"

Tabla 4 Especificaciones de ganchos estándares

Material (N.° de especificación ASTM)	Diámetro del doblez				
	ACI				
	Estándar[1]	Estribo/amarre[2]	ASTM[3]	Tamaño de la barra	Grados
A615/A615M	6d[4]	4d	3.5d	10, 13, 16 (3, 4, 5)	300, 420 (40, 60)
	6d	6d	5d	19 (6)	300, 420, 520 (40, 60, 75)
	6d	6d	5d	22, 25 (7, 8)	420, 520 (60, 75)
	8.5d	N/A	7d	29, 32, 36 (9, 10, 11)	420, 520 (60, 75)
	10.7d	N/A	9d (90°)	43, 57 (14, 18)	420, 520 (60, 75)
A706/A706M	6d	4d	3d	10, 13, 16 (3, 4, 5)	420 (60)
	6d	6d	4d	19, 22, 25 (6, 7, 8)	420 (60)
	8.5d	N/A	6d	29, 32, 36 (9, 10, 11)	420 (60)
	10.7d	N/A	8d	43, 57 (14, 18)	420 (60)

[1] Dobleces estándar ACI de 90° y 180°. Diámetro del doblez acabado afectado por la recuperación elástica para barras 29 a 57 (9 a 18).
[2] Dobleces de de estribo/amarre ACI de 90° a 135° para barras de 10 a 25 (3 a 8) solamente.
[3] Pruebas de dobleces ASTM de 180° a menos que se especifique otra cosa.
[4] d = el diámetro nominal de la barra.

304T04.EPS

- ***Barras de doblado** especial*: esta categoría incluye todos los doblados en tolerancias especiales; todos los doblados de radio en más de un plano; todos los doblados en varios planos que contienen uno o más dobleces de radio; y todos los doblados para las unidades premoldeadas.

Luego, dentro de cada clasificación, las barras se agrupan por tamaños y longitudes. El tamaño y la longitud mayores de cada tamaño se enumerarán primero. Cada lista de barras generalmente contiene la siguiente información:

- Nombre del proyecto
- Nombre del cliente
- Ubicación del trabajo
- Parte del trabajo
- Número de referencia del diagrama de colocación
- Grados del acero
- Número del pedido

3.2.5 Lista de barras de muestra

La *Figura 18* muestra una lista de barras de muestra que un fabricante puede haber preparado y adjuntado al envío de barras de refuerzo al lugar del trabajo. Tenga en cuenta que la parte superior de la hoja contiene toda la información necesaria sobre el proyecto, el cliente, etc. Además, observe las divisiones tituladas barras rectas, doblado leve y doblado pronunciado.

Cada barra está descrita por la información que se encuentra debajo de estos encabezados de columnas. La mayor parte de los encabezados son explícitos, y enumeran la cantidad, el tamaño de las barras y su longitud. La marca se refiere a la ubicación de las barras dobladas según se encuentran en el diagrama de colocación. El tipo de doblez se refiere a uno de los números y/o letras rodeados con un círculo que corresponden a los dobleces de barras que se muestran en la *Figura 16*. La colocación y las dimensiones de los dobleces están identificados en las columnas A a H, J, y O según sea necesario, y se muestran en la *Figura 16.*

Las listas de barras también pueden incluir una hoja de datos de seguridad de materiales que enumera los ingredientes peligrosos, los datos físicos, la información sobre incendios y explosiones, y la información de reactividad para los metales utilizados en las barras de refuerzo.

¡ADVERTENCIA!

Coloque las barras de refuerzo según los diagramas de estructura y las especificaciones. No las coloque según decisiones tomadas en el campo o diagramas arquitectónicos.

3.2.6 Detalles de fabricación especiales

Entre los detalles de fabricación especiales se encuentran los siguientes:

- *Ganchos*: los ganchos son las partes de una barra con dimensiones designadas A o G por las normas del ACI. (Consulte la *Figura 16* para conocer ejemplos de estas designaciones). Todas las otras dimensiones son llamadas apropiadamente dobleces. Existen tres tipos de ganchos en uso general, cada uno descrito por el tamaño del ángulo del gancho —un gancho de 90 grados, un gancho de 135 grados y un gancho de 180 grados (consulte la *Figura 17*). Si bien los tres tipos son de uso común, el que la mayoría de los fabricantes y los trabajadores prefieren es el gancho de 90 grados porque es más fácil de doblar y colocar dentro de las formas.
- *Armaduras en espiral*: las armaduras en espiral están hechas de barras lisas o de alambre con la forma de un resorte. Poseen espaciadores unidos en los extremos opuestos que mantienen los giros del espiral a distancias iguales. El espaciado de centro a centro entre los giros de una armadura en espiral se llama **paso**. Las armaduras en espiral suelen enviarse plegadas y deben abrirse o ampliarse en la obra antes de realizar el armado. Los espaciadores deben ubicarse de manera que den un paso igual alrededor de la columna con armadura en espiral.
- *Doblado radial*: las barras de refuerzo curvas se utilizan para tanques, depósitos, conductos subterráneos, domos, túneles y demás estructuras curvas. Estas barras se fabrican en un taller o se doblan en la forma deseada en el campo, según sea el radio máximo del doblez. La *Tabla 5* muestra los radios máximos que generalmente tienen las barras de fabricación en talleres. Comúnmente, las barras de radio mayor se envían rectas.

3.2.7 Tolerancias en la fabricación

Las tolerancias son necesarias en las operaciones de fabricación normales. Los ingenieros normalmente permiten tolerancias en sus diseños. A continuación, se indican las tolerancias usuales:

- *Barras rectas* – ±1" (25.4 mm) en la longitud.
- *Barras con gancho*: N.° 7 o menores, la longitud general puede desviarse ±1/2" (12.7 mm); N.° 8 o mayor, la tolerancia es ±1" (25.4 mm).
- *Barras con armadura*: N.° 7 y menores, la longitud general puede desviarse ±½" (12.7 mm); barras N.° 8 mayores, la tolerancia es ±1" (25.4 mm); para todas las barras, la dimensión H puede variar solamente de 0" a ½" (0 mm a 12.7 mm).
- *Armaduras en espiral* – ±½" (12.7 mm) de tolerancia.
- *Zunchos de columna* – ±½" (12.7 mm) de tolerancia.

Si bien los fabricantes generalmente dan la cantidad y los tipos de barras apropiados al lugar de trabajo, suele ser necesaria cierta fabricación en el campo. Esta fabricación puede variar desde el sencillo acto de enderezar una barra doblada o un pasador doblado hasta el reemplazo de una barra con armadura perdida o seriamente dañada.

3.2.8 Agrupamiento y rotulación

Las barras rectas se colocan en paquetes y se rotulan. Otras barras se doblan primero, luego se colocan en paquetes y se rotulan. Las armaduras en espiral sin armar se colocan en paquetes inmediatamente después de su fabricación y se rotulan. Las armaduras en espiral se rotulan de manera individual y se envían plegadas, si así fueron diseñadas.

Tabla 5 Radios prefabricados máximos

Tamaño de la barra	Radio prefabricado máximo
#3	10'
#4	10'
#5	15'
#6	40'
#7	40'
#8	60'
#9	90'
#10	110'
#11	110'
#14	180'
#18	300'

304T05.EPS

		PEDIDO N.º..................	JC1147
PROYECTO..................	ESTADIO DE HOCKEY	ORG. N.º......................	WQ31
CLIENTE......................	M & G CONSTRUCTION	HOJA	1 DE 3
UBICACIÓN...................	MIAMI, FLORIDA	FECHA	5/10/01
MATERIAL PARA...........	VIGAS Y COLUMNAS DEL 1ER PISO	FABRICADO POR.........JAC	REVISADO POR.....ABC

ARTÍCULO	CANT.	TAMAÑO DE BARRA	LONGITUD FINAL	MARCA	TIPO DE DOBLEZ	A	B	C	D	E	F	G	H	J	O
1	BARRAS RECTAS														
2	4	#7	22-0												
3	4		17-6												
4															
5	2	#5	28-3												
6	2		17-6												
7			DOBLADO PESADO												
8	2	#9	36-0	1B 901	3		10-0	2-3	12-4	2-3	9-2		1-7		
9	2		35-7	1B 902	3		10-0	2-3	12-4	2-3	9-2		1-7		
10															
11	2	#8	23-8	1B 801	1	1-1	22-7								
12															
13	2	#7	25-2	1B 703	3	10	2-3	2-81/2	9-10	2-81/2	6-10		1-11		
14															
15	2	#6	26-2	1B 601	3	8	5-7	2-7	8-6	2-7	5-7	8	1-10		23-4
16															
17			DOBLADO LIVIANO												
18	22	#4	5-6	U401	S2	$4\frac{1}{2}$	1-11	11	1-11			$4\frac{1}{2}$			
19	34		5-2	U402	S1	$4\frac{1}{2}$	1-9	11	1-9			$4\frac{1}{2}$			
20															
21	26	#3	6-4	U301	S2	4	2-6	8	2-6			4			
22	24		6-0	U302	T1	4	2-0	8	2-0	8		4			
23															
24	12	#2	6-11	U201	T1	$3\frac{1}{2}$	1-4	1-5	1-9	1-5		$3\frac{1}{2}$			
25	20		3-11	U202	T1	$3\frac{1}{2}$	10	10	10	10		$3\frac{1}{2}$			

304F18.EPS

Figura 18 ◆ Lista de barras de muestra.

Cada **paquete de barras** debe contener barras de un tamaño, longitud y marca. Marca es el término usado para designar la parte de la estructura para la cual son las barras y la identidad de una barra. Generalmente, los paquetes están asegurados con amarres de alambre calibre n.° 9 con una distancia de 10' a 15', con un mínimo de dos amarres por paquete. Cada paquete debe estar rotulado. El rotulo debe estar hecho de un material duradero como metal o fibra para soga. Los rótulos de metal deben estar grabados en relieve; los rótulos de fibras deben estar marcados con tinta impermeable. Normalmente, el rótulo mostrará el comprador por nombre, dirección y número de orden. El paquete de barras debe estar identificado por la cantidad de piezas, el tamaño y la longitud de las barras rectas, el número de marca para las barras dobladas y el grado del acero, tanto para las barras dobladas como las rectas. Los rótulos para las barras dobladas generalmente brindan información sobre las dimensiones del doblado.

Muchos fabricantes de barras de refuerzo utilizan aplicaciones computarizadas para generar de manera automática las listas de barras e imprimir etiquetas para los paquetes de barras de refuerzo. La *Figura 19* muestra otro ejemplo de una lista de barras, y la *Figura 20* muestra dos etiquetas hechas de la lista de barras. Observe que las etiquetas están directamente relacionadas con dos de las entradas en la lista de barras.

3.3.0 Soportes de barras

Los soportes de barras, a veces llamados accesorios, se utilizan para sostener, mantener y separar las barras de refuerzo, y las alfombrillas o los tejidos de alambre antes y durante la colocación del concreto. Los soportes de barras se hacen de acero, concreto o plástico. Cuando se utilizan con acero de refuerzo con revestimiento, los soportes deben cubrirse con el mismo material o deben ser de concreto o plástico para evitar la corrosión. Se debe utilizar la cantidad suficiente de soportes para evitar que el refuerzo se mueva de su posición o se deforme cuando se coloque el concreto.

3.3.1 Soportes de barras de alambre de acero

Los soportes de barras de alambre de acero están divididos en cinco clases según la calidad del soporte para evitar que en la superficie del concreto se formen manchas de oxidación o similares. A continuación, se indican las clases:

- *Clase A, Básico brillante*: esta clase no ofrece protección contra la oxidación. Es por esto que se utiliza en situaciones en las que se pueden tolerar manchas superficiales.
- *Clase B, Pregalvanizado*: esta clase ofrece protección mínima contra la oxidación. Se utiliza cuando se requiere una protección nominal durante un tiempo breve.

CARRIL INTERNO

Tamaños de las barras de refuerzo

Hay 11 tamaños estándar de barras de refuerzo de producción. Se identifican por un número expresado en unidades de pulgada-libra que van desde el N.° 3 al N.° 18, o en unidades métricas con tamaños que varían desde el N.° 10 al N.° 57. En cualquier sistema, el número del tamaño representa el diámetro aproximado de la barra. En el sistema de pulgadas-libra, el número del tamaño representa los octavos de una pulgada; en el sistema métrico representa milímetros (mm). Por ejemplo, una barra N.° 5 tiene un diámetro aproximado de ⅝". Cuando se expresan en unidades del sistema métrico, la barra N.° 16 correspondiente tiene un tamaño aproximado de 16 mm (aproximadamente ⅝").

PARA PENSAR

Cómo convertir entre tamaños de barras de refuerzo en pulgada-libra y sistema métrico

Dada una barra de refuerzo marcada tamaño N.° 32, ¿Cuál es el diámetro aproximado cuando se lo expresa en unidades de pulgada-libra? ¿Cuál sería el correspondiente número de tamaño de la barra si se expresa en tamaño de pulgada-libra?

Cliente: CLIENTE MODELO 1					Proyecto: PROYECTO IMPERIAL MODELO
Dirección: New York, Elm Street, 67					Tipo:
Código: 2001-1 Número: 1					Módulo: INSTALACIÓN FABRIL
Descripción: PLANO DE ESTRUCTURA DEL PRIMER PISO					
Marca	Total	Tamaño	Largo	Peso (lb)	Peso (lb)/Página = 951,05
					PRIMER PISO
5K9	4	#5	6'4½"	26,60	0..> 6'4½"
4K10	5	#5	7'8"	39,98	2..> 10" 6' 10"
4K12	3	#9	12'4½"	126,01	2..> 1'-7" 9'2½"
4K13	3	#9	6'10"	69,70	2A..> 1'-7" 5'-3"
3K8	2	#3	10'10"	8,15	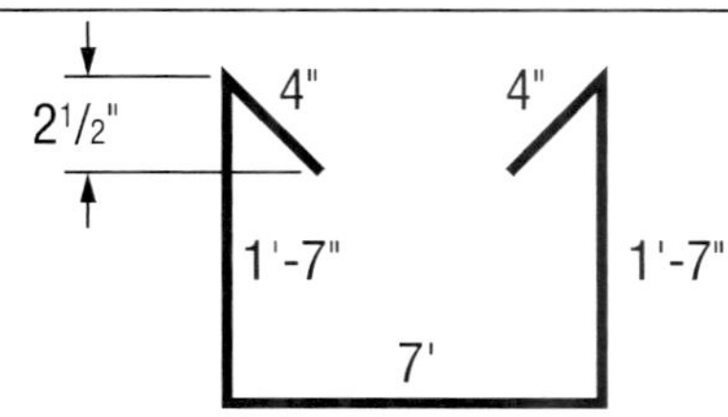
3K2	6	#3	6'3"	14,10	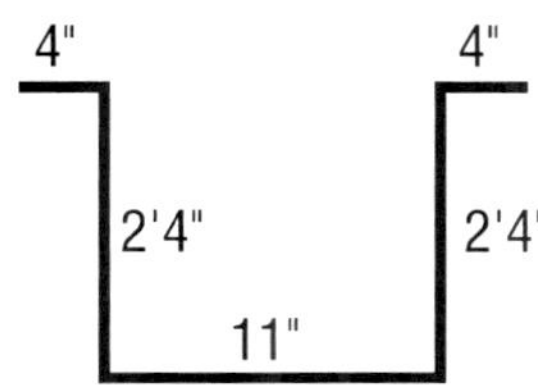
3K3	6	#3	1'7"	3,57	
8K6	4	#8	6'10"	72,98	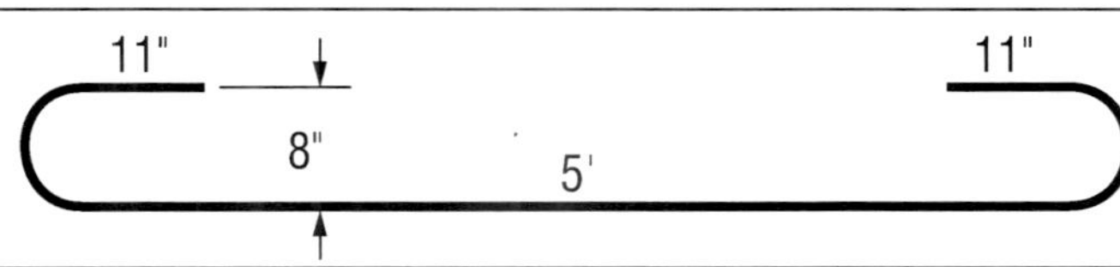
9K1	3	#9	6'7"	67,15	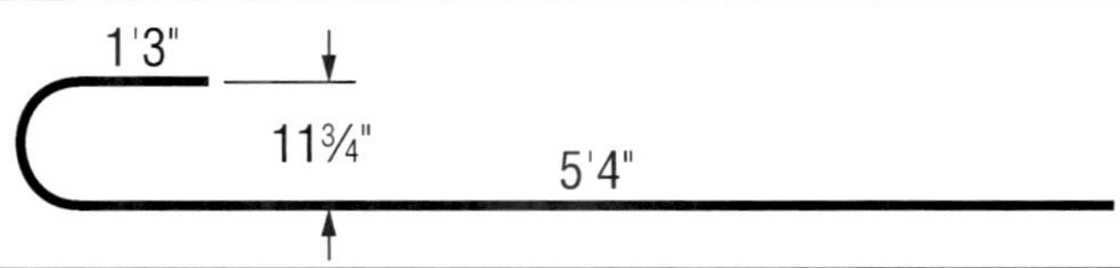
10K4	3	#10	40'6"	522,81	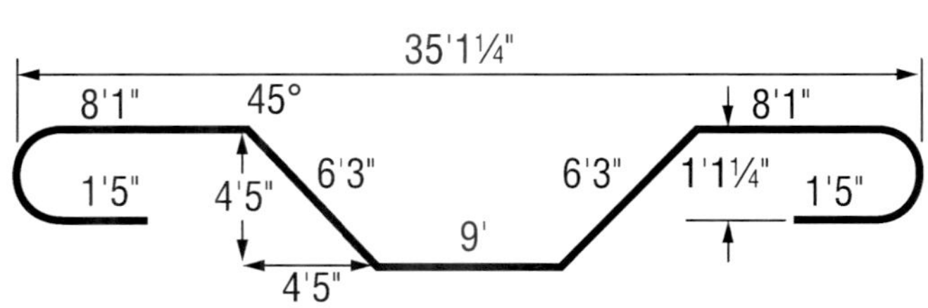

3 = 35,82 5 = 66,58 8 = 72,98 9 = 262,86 10 = 522,81 TOTAL = 951,05

304F19.EPS

Figura 19 ◆ Lista de barras de muestra adicionales.

Cliente: CLIENTE MODELO 1 Proyecto: PROYECTO IMPERIAL MODELO

Dirección: New York, Elm Street, 67

Código: 2001-1 Número: 1 Módulo: INSTALACIÓN FABRIL

Descripción: PLANO DE ESTRUCTURA DEL PRIMER PISO Tipo:

Ubicación: PRIMER PISO Máquina: Rótulo: 3

Fila: 6 Marca: 3K2 Barras: 6 #3 Largo: 6'3" Peso: 14,10

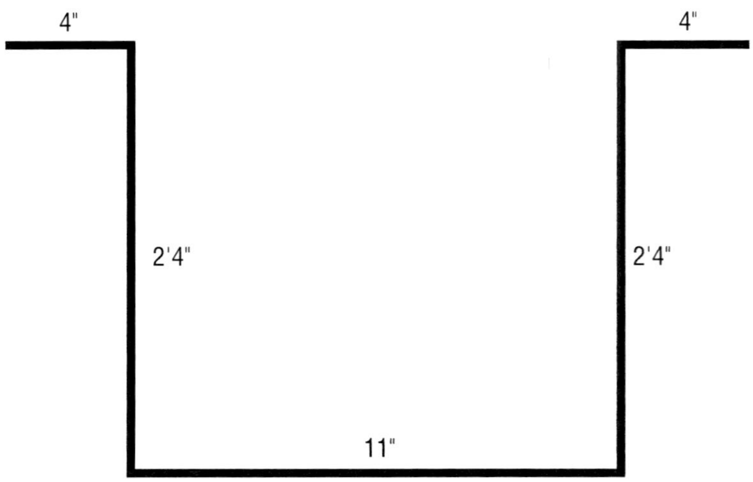

(A)

Cliente: CLIENTE MODELO 1 Proyecto: PROYECTO IMPERIAL MODELO

Dirección: New York, Elm Street, 67

Código: 2001-1 Número: 1 Módulo: INSTALACIÓN FABRIL

Descripción: PLANO DE ESTRUCTURA DEL PRIMER PISO Tipo:

Ubicación: PRIMER PISO Máquina: Rótulo: 3

Fila: 10 Marca: 10K4 Barras: 3#10 Largo: 40'6" Peso: 522,81

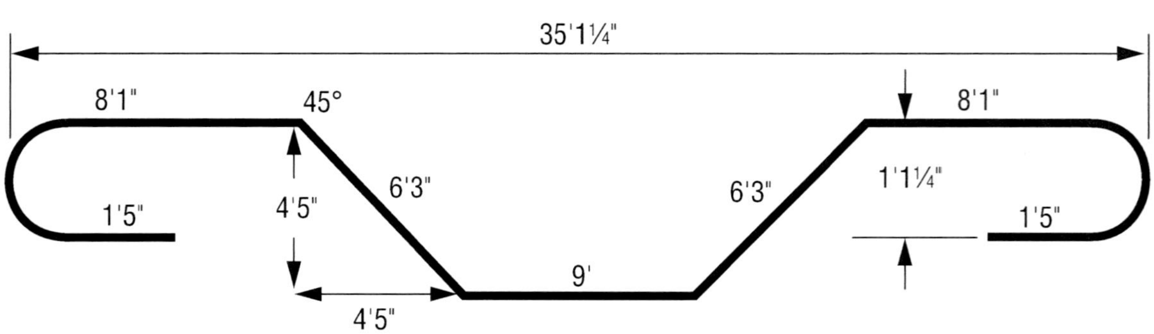

(B)

304F20.EPS

Figura 20 ◆ Ejemplos de rótulos de barras de refuerzo.

CARRIL INTERNO

Seguridad

La norma 29 CFR 1926.701(b) de OSHA exige que todo el acero de refuerzo que sobresale, sobre el que pudieran caerse trabajadores, esté protegido para eliminar el riesgo de empalamiento. Estas fotografías muestran barras de refuerzo cubiertas con tapas protectoras cuadradas (izquierda) y un acercamiento de las tapas protectoras redondas (derecha). Ambos tipos son aceptables para prevenir el empalamiento. Sin embargo, algunas tapas están aprobadas únicamente como protección contra rasguños y no se pueden utilizar como protección contra el empalamiento.

304SA06.EPS

304SA07.EPS

- *Clase C, Protegido por plástico*: esta clase ofrece protección moderada contra la oxidación. Se utiliza en situaciones en las que la superficie del concreto estará sujeta a exposiciones moderadas o cuando es necesario hacer limpieza con chorro de arena o una pulverización leve de la superficie del concreto.
- *Clase D, Protegido por acero inoxidable*: esta clase ofrece más protección contra la oxidación que la clase C y se utiliza en las mismas situaciones.
- *Clase E, Acero inoxidable especial*: esta clase se utiliza cuando la superficie del concreto estará expuesta a condiciones moderadamente intensas, o cuando es necesario hacer limpieza con pulverización o chorro de arena fuertes.

Estas clases de soportes de barras de alambre de acero pueden utilizarse en muchas configuraciones diferentes. La *Figura 21* muestra varias configuraciones de soportes de barras de alambre. A continuación, una enumeración de los soportes más comunes:

- *Larguero para losa (SB)*: se utiliza debajo de las barras de refuerzo colocadas en losas. El alambre superior es corrugado, lo que facilita un amarre firme de las barras con algún espaciado. Las patas están a 5" de los centros. Los largueros para losas están almacenados en alturas de ¾" a 3", en longitudes de 5'.
- *Larguero superior para losa (SBU)*: provee soporte para barras en las losas de corcho o de relleno. Se trata esencialmente de una losa de reforzar con dos cables soldados longitudinalmente a lo largo de la base. Están disponibles en el mismo tamaño que refuerza la losa, pero por lo general en la Clase A solamente, excepto pedidos especiales.
- *Larguero para losa con placa (SBP)*: semejante en el diseño a los soportes de larguero para losa, excepto que las placas de acero, (en lugar de alambres) se sueldan longitudinalmente a lo largo de la base. Las aplicaciones y los tamaños son los mismos que para los largueros superiores para losa. También se les llama placas de arena.
- *Larguero para viga (BB)*: sostiene las barras de refuerzo colocadas en vigas y vigas maestras, independientemente del espaciado. Las patas están separadas 2½". Están disponibles en longitudes de 5' y pueden cortarse al ancho de la viga en particular que se necesita para el trabajo. Están disponibles en alturas de 1", 1½", y 2", y de 2 a 5" con incrementos de ¼".
- *Larguero superior para viga (BBU)*: da soporte entre las capas de barras. Dos alambres se sueldan longitudinalmente a lo largo de la base de un larguero para viga. Las alturas y longitudes son las mismas que para los largueros para vigas. Están disponibles sólo en Clase A, excepto a pedido especial.
- *Silla para barras (BC)*: soporta acero de refuerzo variado, y en ciertas aplicaciones puede utilizarse como sustituto de largueros para losas. Están disponibles en alturas de ¾", 1", 1½", y 1¾".
- *Silla de vigueta (JC)*: soporta barras de refuerzo colocadas en nervaduras de concreto, viguetas de bandejas de metal o losas de concreto relleno de cenizas. Están disponibles en alturas de ¾", 1" y 1½ , y anchos de 4, 5, o 6".

ILUSTRACIÓN DE SOPORTE DE BARRA	ILUSTRACIÓN DE BARRA DE PLÁSTICO, PLÁSTICO REMATADO O SUMERGIDO	SÍMBOLO	TIPO DE SOPORTE	TAMAÑOS TÍPICOS
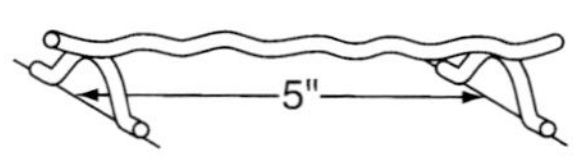	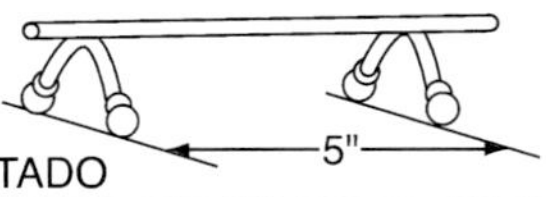 REMATADO	SB	Larguero para losa	Alturas de 3⁄4, 1, 1-1⁄2 y 2 pulgadas con longitudes de 5 y 10 pies
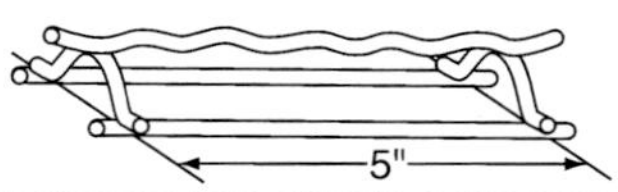		SBU* SBP ↓	Larguero superior para losa o Placa de larguero para losa	Idéntico a SB
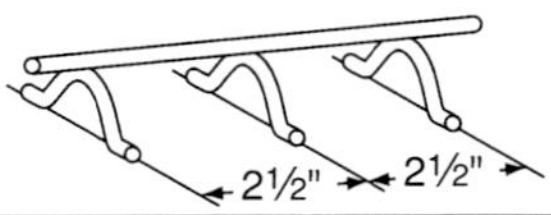	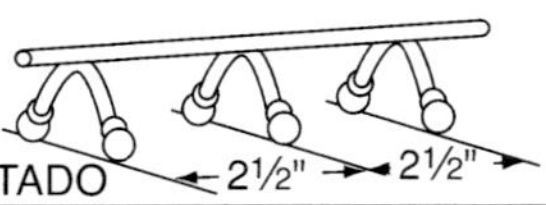 REMATADO	BB	Larguero para viga	Alturas de 1, 1-1⁄2, 2 a 5 pulgadas en incrementos de 1⁄4 pulgada, con longitudes de 5 pies
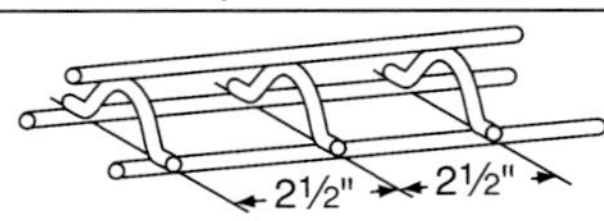		BBU*	Larguero superior para viga	Idéntico a BB
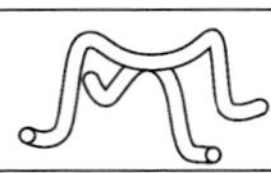	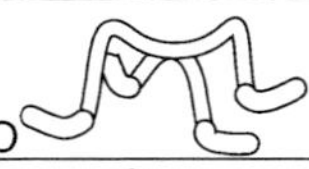 SUMERGIDO	BC	Silla de barra individual	Alturas de 3⁄4, 1, 1-1⁄2 y 1-3⁄4 pulgadas
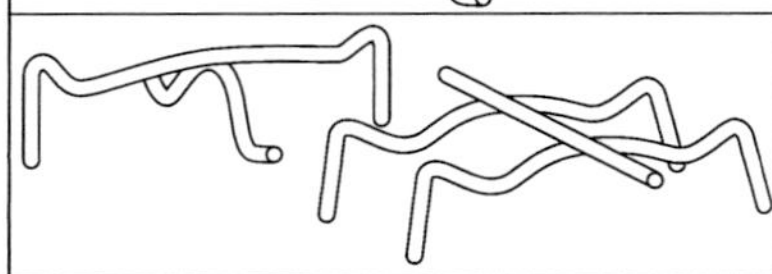	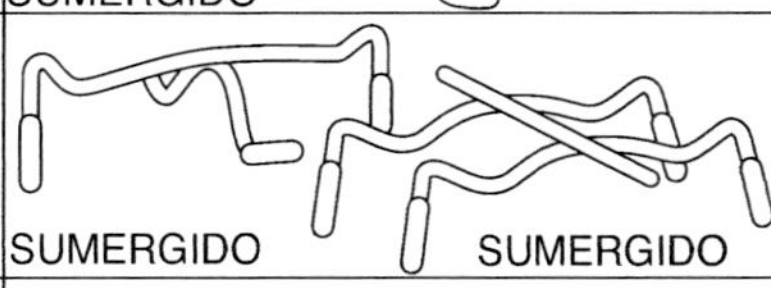 SUMERGIDO SUMERGIDO	JC	Silla de vigueta	Anchos de 4, 5 y 6 pulgadas, y alturas de 3⁄4, 1 y 1-1⁄2 pulgadas
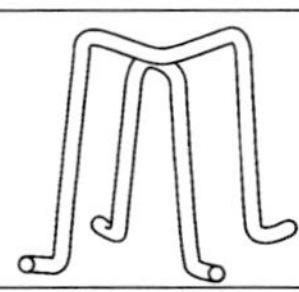	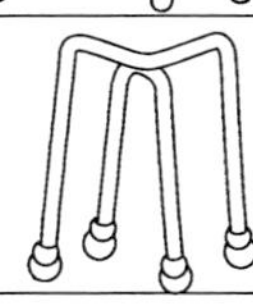 REMATADO	HC	Silla alta individual	Alturas de 2 a 15 pulgadas con incrementos de 1/4 pulgada
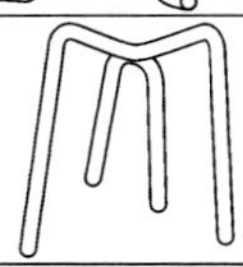		HCM*	Silla alta para plataforma de metal	Alturas de 2 a 15 pulgadas con incrementos de 1/4 pulgada
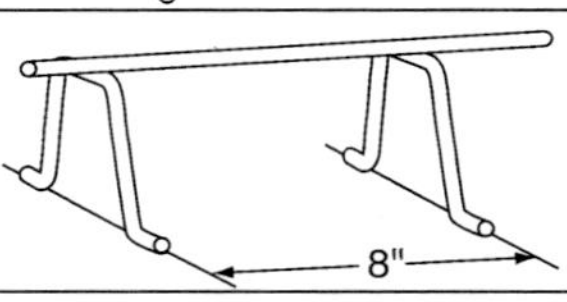	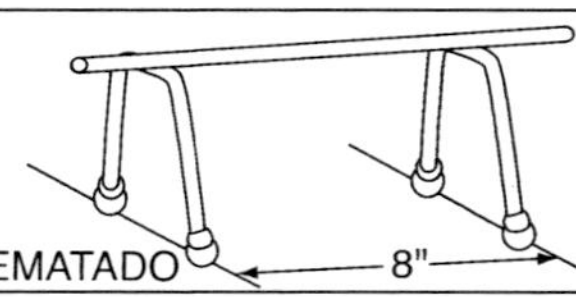 REMATADO	CHC	Silla alta continua	Idéntico a HC, con longitudes de 5 y 10 pies
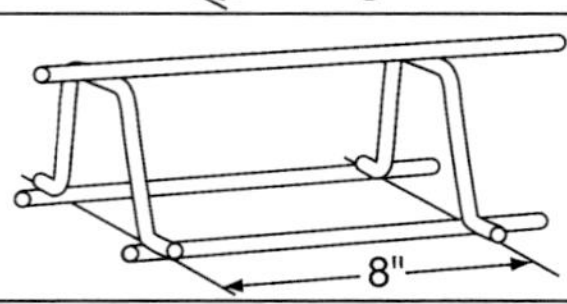		CHCU*	Silla alta continua superior	Idéntico a CHC
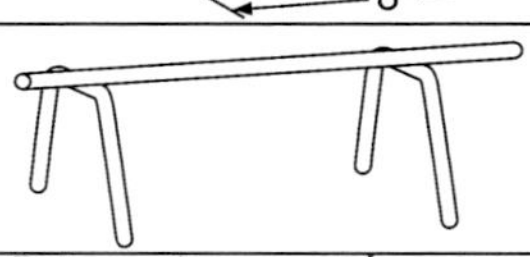		CHCM*	Silla alta continua para plataforma de metal	Altura máxima 5 pulgadas con incrementos de 1/4 pulgada
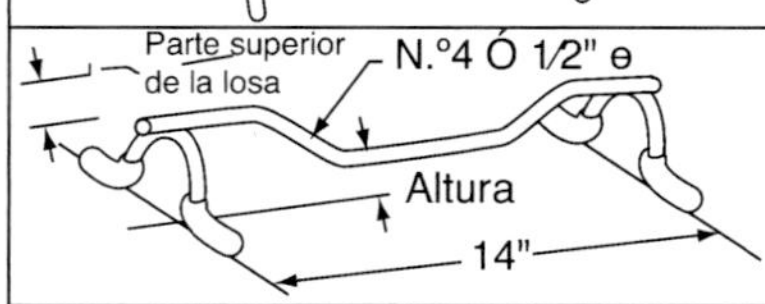	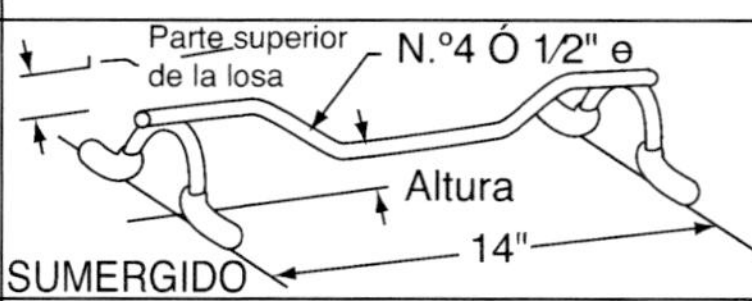 SUMERGIDO	JCU**	Silla de vigueta superior	Alturas de vano de 14 pulgadas –1 pasante + 3-1⁄2 pulgada variable con incrementos de 1⁄4 pulgada
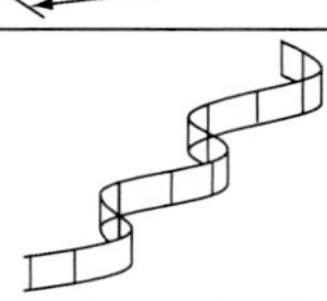		CS	Soporte continuo	De 1-1⁄2 a 12 pulgadas con incrementos de 1⁄4 pulgada y longitudes de 6 a 8 pies

Nota: 1 pulgada = 25.4 mm

* Suele encontrarse disponible sólo como Clase A, excepto pedido especial.

** Suele encontrarse disponible sólo como Clase A, con pies de repunte o punto de apoyo en extremo.

↓ La Placa de larguero para losa (SBP) tiene placas de acero, en vez de alambres, soldadas a lo largo de toda la base.

304F21.EPS

Figura 21 ◆ Soportes de barra de alambre típicos.

- *Silla alta (HC)*: construida con alambre de acero. Tiene patas de repunte. Las sillas altas están disponible en alturas de 2" a 15", con incrementos de ¼".
- *Silla alta continua (CHC)*: soporta barras superiores de losas y barras con armadura en vigas, vigas maestras y columnas. Está disponible en alturas iguales a las de las sillas altas individuales.
- *Silla alta continua superior (CHCU)*: una silla alta continua con dos alambres soldados longitudinalmente a lo largo de la base. Soporta las capas superiores del acero de refuerzo y también puede utilizarse sobre relleno o corcho. Disponibles en longitudes de 5' y en las mismas alturas que las sillas altas individuales. Excepto a pedido especial, solamente están disponibles en Clase A.
- *Silla de vigueta superior (JCU)*: soporta acero de refuerzo en trabajos de techo de vigueta o domos reticulares. La barra de soporte es una barra de refuerzo N.° 4 o una barra circular lisa de ½". El ancho estándar es 14". Están disponibles en alturas de hasta 3½" solamente en Clase A únicamente con patas de repunte o punto de apoyo en extremo.

3.3.2 Bloques de concreto premoldeado

Los bloques de concreto premoldeado también pueden utilizarse como soportes de barras, especialmente en zapatas en las que las barras generalmente están alejadas de la base por 3".

Los bloques deben colocarse a aproximadamente 5' del centro de cada lado debajo de la alfombrilla de la zapata. Se deben utilizar cuatro bloques como mínimo por alfombrilla. Existen varios bloques de concreto premoldeado en uso, como lo muestra la *Figura 22*. Los más comunes son los tipos de bloque lisos y con alambres. Los bloques utilizados deben tener la misma resistencia a la compresión que el concreto que se está colocando.

3.3.3 Otros tipos de soportes de barra

Se utilizan algunos soportes totalmente plásticos en lugar de los de concreto o acero cuando debe evitarse la corrosión o cuando el aspecto es un factor. Algunos de estos soportes plásticos se muestran en la *Figura 23*.

Un soporte de pie de acero (*Figura 24*) también puede usarse como soporte de barra. El soporte de pie tiene forma de U, con dos patas dobladas en 90 grados en direcciones opuestas. Se utiliza como silla alta y se coloca en una alfombrilla inferior de barras para soportar una alfombrilla superior de barras.

3.3.4 Identificación de soportes de barras

Las especificaciones, los diagramas y los detalles identifican los soportes de barras mediante la enumeración de su altura nominal, su longitud, su tipo y su clase de protección. Por ejemplo, 6 por 5-CHC-A indica que es una silla alta continua Clase A con una altura de 6" y una longitud de 5'.

3.3.5 Accesorios variados

La *Figura 25* muestra un rollo de alambre de amarre estándar y una sujeción con alambre (gancho cola de cerdo) que se utilizan para asegurar las longitudes del acero de refuerzo entre sí o a diversos soportes.

3.4.0 Tejido de alambre soldado

Cuando es necesario el refuerzo en pavimentos de concreto, estacionamientos, entradas para coches, o losas para pisos, se puede utilizar el tejido de alambre soldado (WWF) en lugar de barras de refuerzo individuales. El tejido de alambre soldado está compuesto por alambres de acero longitudinales y transversales soldados eléctricamente, que forman una malla o alfombrilla cuadrada o rectangular. Según sea el diámetro del alambre, que puede ser de hasta ¾" o más, el tejido de alambre soldado está disponible en forma de rollos o alfombrillas planas de 4 × 8'. La *Figura 26* muestra algunos tamaños estándares de WWF liso en forma de rollo. Se pueden utilizar soportes de barra para espaciar y asegurar el WWF así como barras de refuerzo.

3.4.1 Tejido de alambre liso

En la actualidad, el alambre liso para el tejido de alambre soldado se produce en cumplimiento de la *norma A82 de ASTM* y está designado por un número de tamaño que consiste de una W (o MW para las medidas métricas) seguida de la sección transversal nominal del alambre en centésimas de una pulgada cuadrada (o milímetros cuadrados para las medidas métricas). El alambre se fabrica en tamaños que van desde W-0.5 a W-45 (MW-3 a MW-290 para el sistema métrico), como se muestra en la *Tabla 6*.

El tejido de alambre soldado está designado por un código de estilo como 4 × 6 – W-10 × W-6 que, en este caso, indica que los alambres longitudinales tienen un tamaño de W-10 en centros de 4" y los alambres transversales son W-6 en centros de 6". Cualquier estilo en el que el alambre transversal provee el tamaño de acero mínimo necesario para la fabricación y manipulación se llama tejido de una dirección. En los casos en que

ILUSTRACIÓN DE SOPORTE DE BARRA	SÍMBOLO	TIPO DE SOPORTE*	TAMAÑOS TÍPICOS	DESCRIPCIÓN
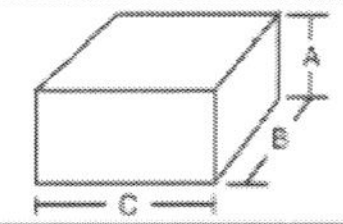	PB	Bloque simple	A – □" a 6" B – 2" a 6" C – 2" a 48"	Se utiliza para separar la barra de refuerzo del nivel y el encofrado. Cuando la dimensión C excede IAS 16", se debe moldear una barra de refuerzo dentro del bloque.
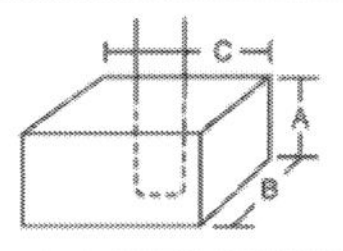	WA	Bloque con alambre	A – □") a 4" B – 2" a 3" C - 2" a 3"	Generalmente, el alambre de amarre calibre 16 se moldea en el bloque; se utiliza comúnmente en encofrados verticales o en posiciones necesarias para asegurar el bloque atándolo a la barra de refuerzo.
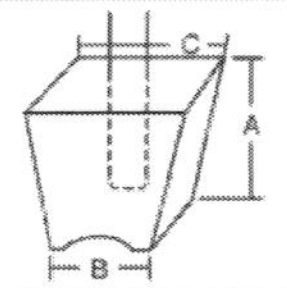	TWB	Bloque con alambre cónico	A - □" a 3" B - □" a 21/2" C – 1□" a 3"	Generalmente el alambre de amarre calibre 16 se moldea en el bloque; se utiliza comúnmente cuando se desea un contacto mínimo con el encofrado.
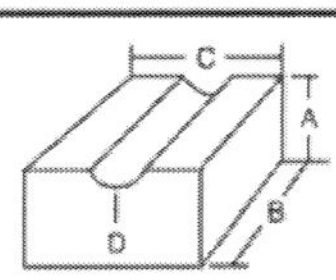	CB	Bloque de combinación	A - 2" a 4" B - 2" a 4" C - 2" a 4" D – se adapta a barras N.°3 a N.°5	Se utiliza comúnmente el trabajos horizontales.
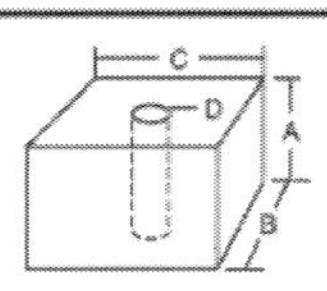	DB	Bloque para espiga	A - 3" B - 3" a 5" C – 3" a 5" D – orificio para una barra N.°4	Se utiliza como soporte para carpeta superior desde la espiga colocada en el orificio. El bloque también se puede utilizar como soporte para la carpeta inferior.
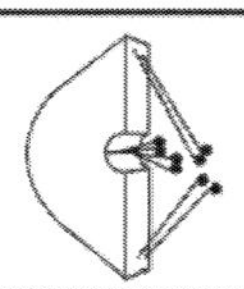	DSSS	Separador lateral – Con alambre	Cubierta de concreto, 2" a 6"	Se utiliza para alinear la barra de refuerzo en un fuste barrenado.* Habitualmente, se moldean alambres de amarre calibre 16 en el separador. Los artículos para la cubierta de 5" a 6" tienen alambres de amarre calibre 19 en las partes inferior y superior del separador.
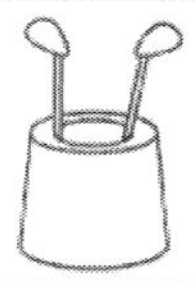	DSBB	Larguero inferior - Con alambre	Cubierta de concreto, 3" a 6"	Se utiliza para mantener la jaula de la barra de refuerzo separada del piso del fuste barrenado.* El artículo para la cubierta de 6" en realidad tiene 8" de alto con un fuste 2" moldeado en la parte superior del larguero para sostener la barra vertical.
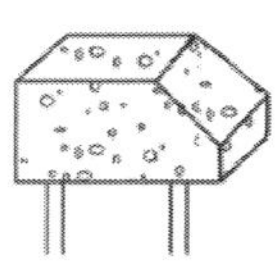	DSWS	Separador lateral para aplicaciones con fuste barrenado	Cubierta de concreto, 3" a 6"	Se utiliza generalmente para alinear la barra de refuerzo en un fuste barrenado. Se fabrica comúnmente con dos juegos de alambres recocidos calibre 12, garantizando así una holgura correcta respecto de la superficie de la pared del fuste.

* También se conoce como pilote, ataguía u orificio barrenado moldeado.

** Los bloques deben tener la misma resistencia a la compresión que el concreto que se está colocando.

304F22.EPS

Figura 22 ◆ Soportes de barra típicos de concreto premoldeado.

el refuerzo adecuado se provee tanto en dirección transversal como longitudinal, el tejido se llama tejido de dos direcciones.

Los estilos comunes del WWF liso se muestran en la *Tabla 7*. La tabla también muestra la antigua designación del WWF que utilizaba tamaños de calibres de alambre AWG.

3.4.2 Tejido de alambre soldado deformado

Los alambres deformados, producidos según la *norma A496 de ASTM*, también se utilizan en la producción del WWF. Las deformaciones a lo largo de los alambres tienen como fin mejorar la unión del concreto para un mejor control de la formación de fisuras. Los alambres se producen y designan en una gama que va de D-1 a D-45 (MD-6 a MD-290 para el sistema métrico), como se muestra en la *Tabla 8*. El WWF deformado se produce de acuerdo con la norma A497 de ASTM y tiene la misma designación que el WWF liso, excepto que las letras W o MW son reemplazadas por D o MD. Con el ejemplo del párrafo anterior, 4 × 6 – W-10 × W-6 sería 4 × 6 – D-10 × D-6 si se utilizara alambre deformado en lugar de alambre liso.

ILUSTRACIÓN DE SOPORTE DE BARRA	SÍMBOLO	TIPO DE SOPORTE	TAMAÑOS TÍPICOS	DESCRIPCIÓN
	BS	Separador inferior	Alturas de ¾" a 6"	Generalmente para trabajos horizontales. No se recomienda para acabados de agregados pulidos o expuestos.
	BS-CL	Separador inferior	Alturas de ¾" a 2"	Generalmente para trabajos horizontales; brinda acción de sujeción de barras. No se recomienda para acabados de agregados pulidos o expuestos.
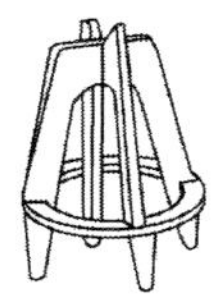	HC	Silla alta	Alturas de ¾" a 5"	Par uso en losas o paneles.
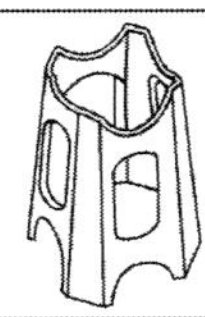	HC-V	Silla alta, variable	Alturas de 2½" a 61/4"	Para trabajos horizontales y verticales. Permite diferentes alturas.
	WS	Separador con rueda	Cubierta de concreto de ⅜" a 3"	Generalmente para trabajos verticales. Acción de sujeción de barras y mínimo contacto con encofrados. Se puede aplicar para acero de refuerzo de columnas.
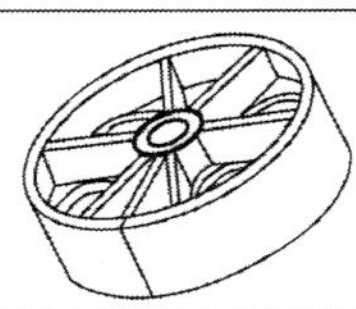	DSWS	Separador lateral para aplicaciones con fuste barrenado	Cubierta de concreto de 2½" a 6"	Se utiliza generalmente para alinear barras de refuerzo en un fuste barrenado.* Rueda de dos piezas que se cierra y bloquea sobre el estribo o espiral, garantizando así la holgura correcta respecto de la superficie de la pared del fuste.
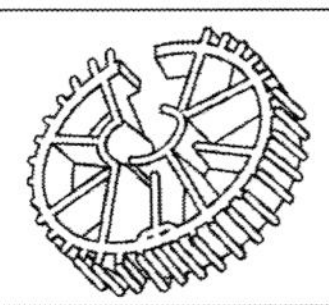	VLWS	Separador de rueda bloqueante para todas las aplicaciones verticales	Cubierta de concreto de ¾" a 6"	Se utiliza generalmente tanto en fuste barrenado como en aplicaciones verticales donde se registran cargas excesivas. Las púas de la superficie proporcionan un contacto mínimo y, a la vez, mantienen la tolerancia requerida.

* También se conoce como pilote, ataguía u orificio barrenado moldeado.

304F23.EPS

Figura 23 ◆ Soportes totalmente plásticos típicos.

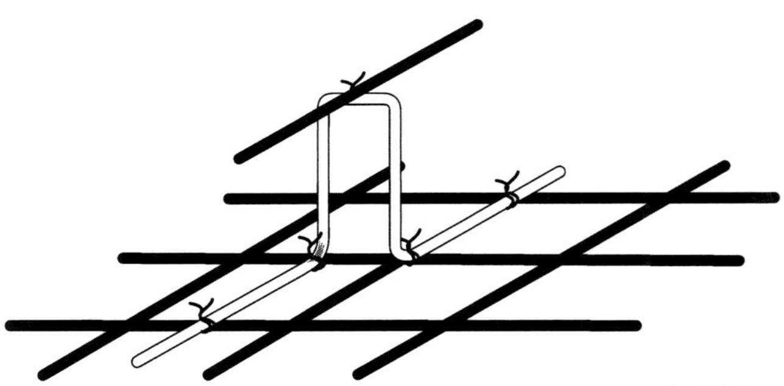

304F24.EPS

Figura 24 ◆ Soporte de pie.

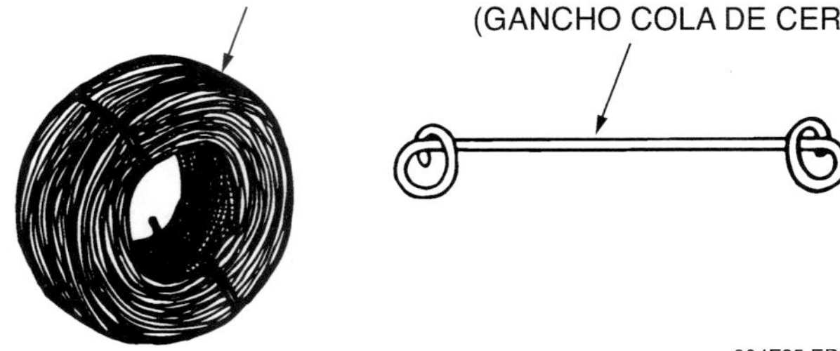

304F25.EPS

Figura 25 ◆ Accesorios variados.

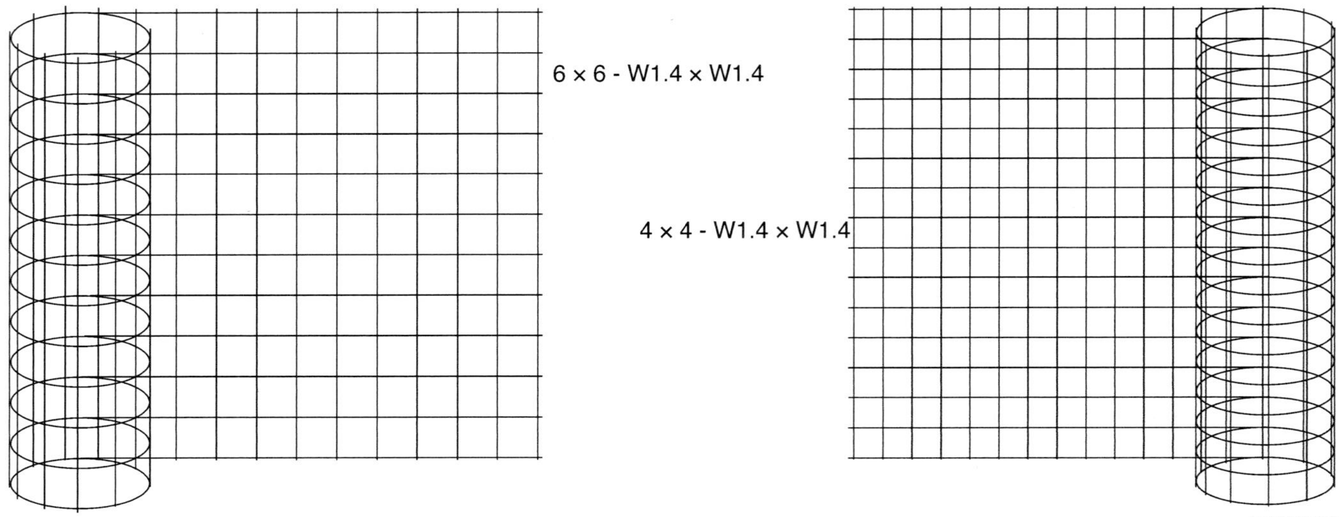

Figura 26 ◈ Típico tejido de alambre soldado de alambre liso y enrollado.

Tabla 6 Tamaños de alambre liso (norma A82 de ASTM)

Tamaño	Diámetro (pulg.)	Área (pulg.²)	Diámetro (pulg.)
W-0.5	0.080	0.005	0.017
W-1	0.113	0.010	0.034
W-1.4	0.135	0.014	0.048
W-1.5	0.138	0.015	0.051
W-2	0.159	0.020	0.068
W-2.5	0.178	0.025	0.085
W-2.9	0.192	0.029	0.096
W-3	0.195	0.030	0.102
W-3.5	0.211	0.035	0.119
W-4	0.225	0.040	0.136
W-4.5	0.240	0.045	0.153
W-5	0.252	0.050	0.170
W-5.5	0.264	0.055	0.187
W-6	0.276	0.060	0.204
W-7	0.298	0.070	0.238
W-8	0.319	0.080	0.272
W-10	0.356	0.100	0.340
W-12	0.390	0.120	0.408
W-14	0.422	0.140	0.476
W-16	0.451	0.160	0.544
W-18	0.478	0.180	0.612
W-20	0.504	0.200	0.680
W-22	0.529	0.220	0.748
W-24	0.553	0.240	0.816
W-26	0.575	0.260	0.884
W-28	0.597	0.280	0.952
W-30	0.618	0.300	1.020
W-31	0.628	0.310	1.054
W-45	0.757	0.450	1.531

304T06.EPS

4.0.0 ◆ ASPECTOS GENERALES DEL PROCESO DE TRABAJO CON ACERO DE REFUERZO

El contratista emplea a los trabajadores para que coloquen las barras de refuerzo en las formas de concreto tal como lo indican los diagramas de colocación. Uno de los primeros trabajos con el que probablemente se encuentre el trabajador será la descarga, el almacenamiento y la manipulación de barras de refuerzo en el lugar de trabajo.

Las barras se deben colocar con cuidado y precisión para cumplir con los requisitos de los diagramas de colocación. Los diagramas estructurales del ingeniero suelen exigir que determinado trabajo cumpla con un detalle o una nota típica de una norma. Los diagramas de colocación deben indicar claramente elementos tales como barras superiores e inferiores, barras con ganchos alrededor de otras barras, y sobre qué lateral o cara de la pieza se debe ubicar la barra. Las barras deben calzarse alrededor de mangas, **enganches**, orificios y otras aberturas tal como se muestra en los planos. El trabajador, el supervisor, el contratista y el inspector del trabajo, todos ellos tienen la responsabilidad de supervisar que las barras se coloquen correctamente.

Para que la resistencia de una pieza de concreto no se vea afectada negativamente, las barras deben colocarse y mantenerse en su lugar tal como se muestra en los diagramas de colocación. Si, por ejemplo, las barras superiores se bajan o las barras inferiores se suben ½" más que lo especificado en una losa de 6" de profundidad, la capacidad de carga de la losa se reducirá en un 20 por ciento. Se debe utilizar la cantidad de soportes suficiente para colocar las barras en sus ubicaciones especificadas.

Tabla 7 Estilos comunes de tejido de alambre soldado liso

Designación de estilo			
Designación actual (por número W)	Designación anterior (por calibre de alambre de acero)	Área de acero longitudinal o transversal (pulg. ²/ft.)	Peso total aproximado (lbs./100 ft.²)
	Rollos		
6 × 6 × W-1.4 × W-1.4	6 × 6 × 10 × 10	0.028	19
6 × 6 × W-2.0 × W-2.0	6 × 6 × 8 × 8*	0.040	27
6 × 6 × W-2.9 × W-2.9	6 × 6 × 6 × 6	0.058	39
6 × 6 × W-4.0 × W-4.0	6 × 6 × 4 × 4	0.080	54
4 × 4 × W-1.4 × W-1.4	4 × 4 × 10 × 10	0.042	29
4 × 4 × W-2.0 × W-2.0	4 × 4 × 8 × 8*	0.060	41
4 × 4 × W-2.9 × W-2.9	4 × 4 × 6 × 6	0.087	59
4 × 4 × W-4.0 × W-4.0	4 × 4 × 4 × 4	0.120	82
	Láminas		
6 × 6 × W-2.9 × W-2.9	6 × 6 × 6 × 6	0.058	39
6 × 6 × W-4.0 × W-4.0	6 × 6 × 4 × 4	0.080	54
6 × 6 × W-5.5 × W-5.5	6 × 6 × 2 × 2†	0.110	75
4 × 6 × W-4.0 × W-4.0	4 × 4 × 4 × 4	0.120	82

*El tamaño de número W exacto para calibre ocho es W-2.1

†El tamaño de número W exacto para calibre dos es W-5.4

304T07.EPS

Tabla 8 Tamaños de alambre deformado *(norma A496 de ASTM)*

Tamaño	Diámetro (pulg.)	Área (pulg.²)	Peso (lbs./ft.²)	Tamaño	Diámetro (pulg.)	Área (pulg.²)	Peso (lbs./ft.²)
D-1	0.113	0.01	0.034	D-17	0.465	0.17	0.578
D-2	0.159	0.02	0.068	D-18	0.478	0.18	0.612
D-3	0.195	0.03	0.102	D-19	0.491	0.19	0.646
D-4	0.225	0.04	0.136	D-20	0.504	0.20	0.680
D-5	0.252	0.05	0.170	D-21	0.517	0.21	0.714
D-6	0.276	0.06	0.204	D-22	0.529	0.22	0.748
D-7	0.298	0.07	0.238	D-23	0.541	0.23	0.782
D-8	0.319	0.08	0.272	D-24	0.553	0.24	0.816
D-9	0.338	0.09	0.306	D-25	0.564	0.25	0.850
D-10	0.356	0.10	0.340	D-26	0.575	0.26	0.884
D-11	0.374	0.11	0.374	D-27	0.586	0.27	0.918
D-12	0.390	0.12	0.408	D-28	0.597	0.28	0.952
D-13	0.406	0.13	0.442	D-29	0.608	0.29	0.986
D-14	0.422	0.14	0.476	D-30	0.618	0.30	1.020
D-15	0.437	0.15	0.510	D-31	0.628	0.31	1.054
D-16	0.451	0.16	0.544	D-45	0.757	0.45	1.531

304T08.EPS

Es necesario ser muy cuidadosos si se deben mantener las barras superiores en la posición apropiada. Estas barras suelen interferir con otras barras en ángulos rectos con respecto a las barras superiores, o con otros elementos (comúnmente llamados empotramientos) enterrados en la losa, como conductos de ventilación o de cableados. Por lo general el diseñador se ocupa de estos problemas potenciales, pero a veces las barras superiores no pueden colocarse con la tolerancia de ½" y deben reubicarse.

En el trabajo, las barras reciben un mucho maltrato. Para asegurar que permanezcan en la posición correcta, se las debe atar y sostener con alambre de manera segura contra cualquier movimiento. El supervisor, arquitecto u otra autoridad debe inspeccionar y verificar que el acero esté apropiadamente colocado antes de que se vierta el concreto. En ningún caso se pueden hacer variaciones de los diagramas de colocación sin la autorización correspondiente.

El ingeniero estructural determina la cantidad de recubrimiento de concreto para cada parte del trabajo. Esta decisión se toma según varias consideraciones, como los códigos de construcción, los riesgos de incendio, la exposición al clima y la posibilidad de corrosión. Sin embargo, en los casos en los que no haya especificaciones, se deben utilizar como pautas los estándares mínimos establecidos por el Instituto Estadounidense de Concreto (ACI).

Los Requisitos del código de construcción estándar para el concreto reforzado del ACI (ACI 318-77), Sección 7.7.1 incluyen las siguientes pautas para el recubrimiento de concreto:

- 3" en los lados cuando el concreto se moldea contra la tierra, y en las partes inferiores de las zapatas u otros miembros estructurales principales cuando el concreto se deposita sobre el suelo.
- 2" para las barras mayores que N.° 5 cuando las superficies de concreto estarán a la intemperie después de retirarse las formas, o en contacto con el suelo; 1½" para las barras N.° 5 y más pequeñas.
- 1½" sobre armaduras en espiral y zunchos en columnas.
- 1½" con las barras más cercanas en la parte superior, inferior y los lados de vigas y vigas maestras.
- ¾" para barras N.° 11 y más pequeñas en la parte superior, inferior y los lados de las viguetas, y en la parte superior e inferior de losas cuando las superficies de concreto no están directamente expuestas al suelo o el clima; 1½" para barras N.° 14 y N.° 18.
- ¾" de las caras de todas las paredes que no están expuestas directamente al suelo o el clima para barras N.° 11 y más pequeñas; 1½" para barras N.° 14 y N.° 18.

4.1.0 Precauciones generales de seguridad

En cualquier fase del trabajo de construcción es muy importante tener conciencia de la seguridad general. Las siguientes precauciones generales de seguridad se aplican a la colocación y el amarre de las barras de refuerzo:

- Utilice cascos, botas y guantes de cuero.
- No use ropa sueltas ni con jirones.
- Asegúrese siempre de pisar sobre superficies firmes.
- Utilice equipo de protección contra caídas aprobado.
- Mantenga despejada el área de trabajo.
- Nunca deje caer materiales a un nivel inferior.
- Bloquee los pilotes de acero de refuerzo para evitar movimientos laterales.
- Utilice gafas con lentes con la coloración apropiada cuando corta con una antorcha.
- Reconozca y respete la señalización manual apropiada para el equipo de izamiento.
- Nunca se monte sobre material que está siendo izado.
- Levante las barras o los paquetes de forma apropiada para evitar la tensión.
- Siempre sepa donde están ubicados sus compañeros de trabajo.
- Empuje los clavos que sobresalen.
- Cuando transporte barras con otra persona, asegúrese de que la carga está equilibrada. Cada persona debe colocarse aproximadamente a un cuarto de la longitud de las varillas desde cada extremo. Levante y coloque todas las barras al mismo tiempo.
- Nunca apoye paquetes izados ni deje caer barras durante su transporte sobre las formas si antes no verificó que la forma es lo suficientemente resistente para soportar el peso adicional.

CARRIL INTERNO

Refuerzo de fibras sintéticas

Entre las preocupaciones asociadas al uso del WWF se encuentra el hecho de que demanda mucho trabajo instalarlo y suele doblarse en posiciones inapropiadas cuando los trabajadores le caminan por encima. En años recientes, ha habido una tendencia a reemplazar el refuerzo de alambre soldado con fibras hechas de material sintético en losas a nivel del terreno y plataformas elevadas. Estas fibras se añaden a la mezcla de concreto por el proveedor de concreto premezclado. Los aditivos de fibra han demostrado ser efectivos para reducir la contracción y controlar la formación de fisuras. En algunas aplicaciones, se agregan fibras de acero a la mezcla de concreto, solas o en combinación con fibras sintéticas. Se dice que el uso de fibras de acero ayuda a mejorar la resistencia estructural y al impacto del concreto.

- Esté atento a los carros para concreto o a cualquier material izado que se balancee.
- No ice los paquetes por las envolturas de alambre que amarran las barras. Utilice las eslingas y los obturadores apropiados.
- Tense y brinde soporte de forma adecuada al acero de refuerzo para las estructuras verticales como pilares y columnas para evitar que se derrumben.
- Frene y asegure el tejido de alambre desenrollado para evitar una reacción de resorte peligrosa.
- Informe todas las condiciones inseguras.
- Siempre use tapas plásticas en los extremos expuestos de las barras.
- Doble los extremos sueltos de los alambres de amarre con alicates después de cada amarre. Si no lo hace, el alambre puede perforar los guantes, las botas o la piel.
- Utilice guantes cuando manipula barras de refuerzo. Asegúrese de que los guantes sean resistentes al calor; las barras de refuerzo pueden calentarse mucho al estar al sol.

5.0.0 ◆ CORTADO Y DOBLADO

Las dos tareas de campo principales que están asociadas con las barras de refuerzo son el cortado y doblado del material según las especificaciones correctas.

5.1.0 Cortado de barras de refuerzo

Las barras de refuerzo pueden cortarse a tolerancias precisas con una sierra de cinta portátil o una sierra tronzadora abrasiva. Este método es apropiado para situaciones en las que el uso del equipo de soldadura oxiacetilénica no es práctico, o aquellas en las que es necesario cortar una barra según especificaciones precisas.

También pueden utilizarse cizallas (*Figura 27*) para cortar barras de refuerzo. Las cizallas se presentan en diversos tamaños. El tamaño N.° 4 es el más comúnmente utilizado en trabajos con barras de refuerzo. Las varillas con un diámetro de hasta ½" en diámetro pueden cortase con facilidad y rapidez con cizallas.

NOTA

En ciertas situaciones, puede utilizarse una antorcha de corte oxiacetilénica para cortar las barras de refuerzo. Sin embargo, este método no siempre está permitido y es posible que esté prohibido por algunas especificaciones del contrato.

También se utilizan cortadoras eléctricas manuales y/o portátiles (*Figura 28*) para cortar las barras de refuerzo, en especial en los lugares de trabajo en los que se debe realizar una gran cantidad de cortes. Estas máquinas están disponibles en diversos tamaños y requieren de un cuidado especial cuando se las utiliza. Solamente las personas que han recibido un entrenamiento apropiado deben utilizar equipos eléctricos.

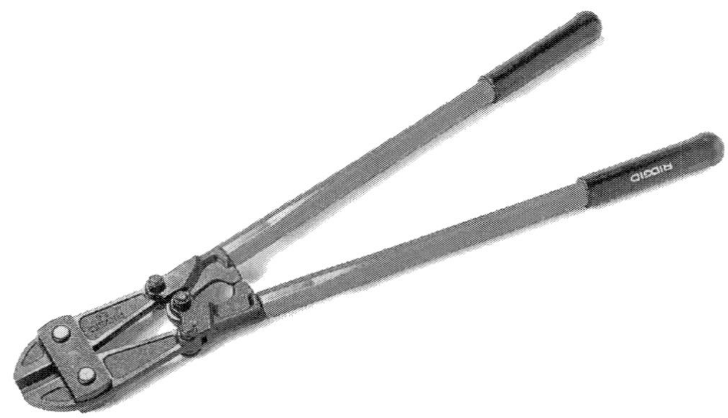

304F27.EPS

Figura 27 ◆ Cizallas.

CARRIL INTERNO

Cortadora de barras de refuerzo

Una cortadora de barras de refuerzo como la que se muestra aquí puede utilizarse para cortar barras hasta el tamaño N.° 6 (¾").

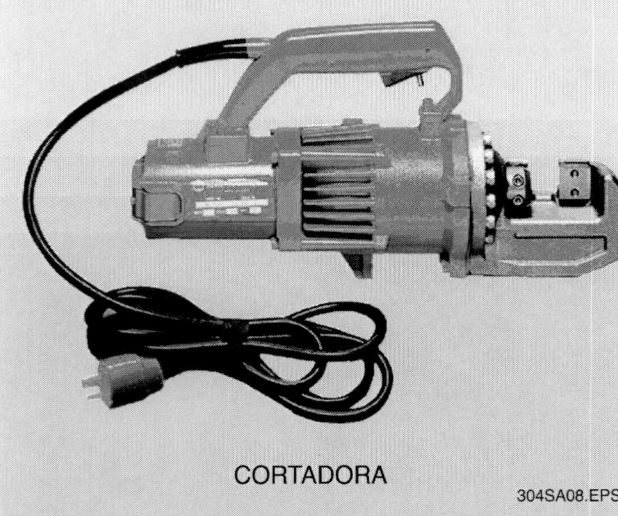

304SA08.EPS

5.2.0 Doblado de las barras de refuerzo

Las barras de refuerzo se deben doblar en frío. Se pueden doblar manualmente con una herramienta llamada doblador manual u otro tipo de doblador para barras de refuerzo (vea la *Figura 29*). Los dobladores manuales no se recomiendan para doblado en el campo ni para barras de refuerzo mayores que N.° 5. La *Figura 30* muestra los dos tipos de dobladores manuales: recto y de compensación. Para obtener más información sobre el doblado de barras de refuerzo en el campo, consulte la última publicación del CRSI.

Las plantillas de guía también pueden ubicarse sobre una tabla. La *Figura 31* muestra una plantilla de guía de doblado sencilla hecha de hierro en ángulo soldada a una placa plana. La placa luego se ajusta a una mesa u otra superficie estable. Las plantillas de guía se pueden utilizar solas o en conjunto para fabricar amarres de columnas o barras que requieren dobleces especiales.

Los talleres de fabricación utilizan dobladoras eléctricas (*Figuras 32* y *33*). Existen modelos portátiles disponibles que pueden encontrarse en algunos lugares de trabajo. Las dobladoras generalmente pueden doblar barras de cualquier tamaño a la forma deseada. No es necesario el precalentamiento cuando se doblan los tamaños más grandes de barras con una dobladora eléctrica. Solamente los trabajadores entrenados en el uso de dobladoras eléctricas deben utilizarlas.

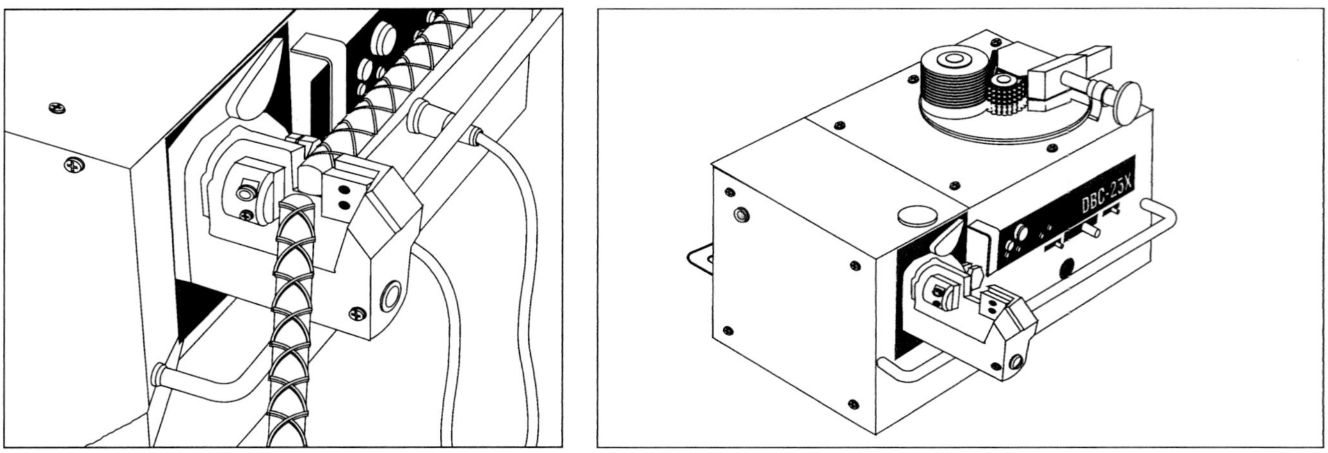

304F28.EPS

Figura 28 ◆ Barra de refuerzo cortada a lo largo.

DOBLADOR HICKEY

DOBLADOR DE BARRAS DE REFUERZO

304F29.EPS

Figura 29 ◆ Doblador manual y doblador de barras de refuerzo.

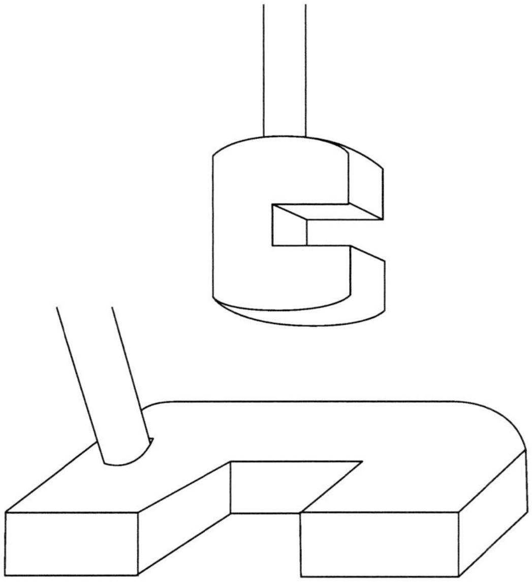

304F30.EPS

Figura 30 ◆ Dobladores manuales de fabricación.

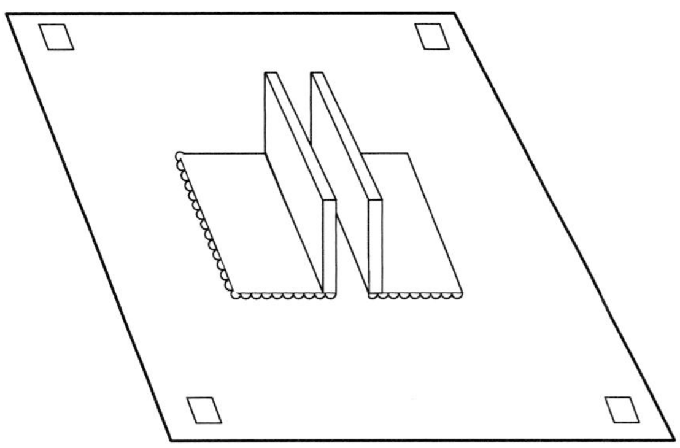

304F31.EPS

Figura 31 ◆ Plantilla de guía de doblado.

304F32.EPS

Figura 32 ◆ Doblado de barras de refuerzo.

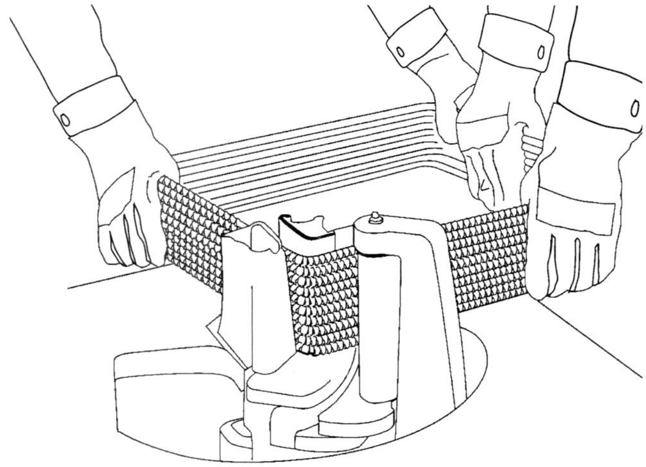

304F33.EPS

Figura 33 ◆ Doblados múltiples de zunchos de columna cerrados en una dobladora de estribos eléctrica.

5.3.0 Amarrado y empalmado de acero de refuerzo

El alambre utilizado para amarrar barras de refuerzo es por lo general calibre 16 de color negro, recocido suave. También está disponible el alambre galvanizado. Algunas aplicaciones pueden requerir el uso de un alambre de calibre mayor, como N.° 15 o N.° 14. Cuanto menor es el número, mayor es el grosor del alambre. En la *Figura 34* se muestran los tipos de alambre más comunes. Cada amarre tiene una aplicación particular.

El amarre de resorte es el más sencillo y el más básico de todos los amarres. Varios otros amarres finalizan en un amarre de resorte. Este tipo de amarre se usa por lo general en trabajo plano y horizontal para evitar que las barras de refuerzo se muevan durante la colocación del concreto. El amarre de resorte se realiza al pasar el alambre diagonalmente una vez alrededor de las dos barras en cruz. Se debe hacer de tal manera que los extremos del alambre queden en la parte superior para facilitar la torsión. Los extremos luego se enroscan entre sí con alicates hasta que están muy tensos contra las barras.

El amarre envolvente y de resorte, o amarre de muro, se usa generalmente cuando se amarran barras de refuerzo colocadas en muros para evitar que las barras horizontales se desplacen durante la colocación del concreto. El amarre se realiza al envolver el alambre 1½ veces alrededor de la barra vertical, luego diagonalmente alrededor de la barra horizontal, y se termina en un amarre de resorte.

El amarre cuadrado suele usarse para mantener los extremos en gancho de las barras en su lugar cuando se amarran zapatas u otras alfombrillas. También se utiliza para asegurar amarres de

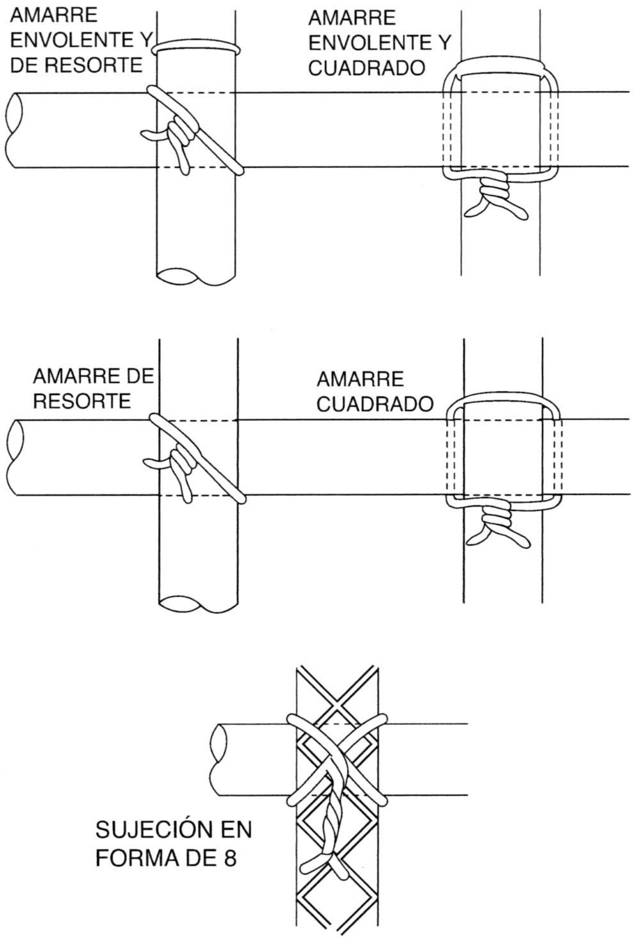

Figura 34 ◆ Tipos de amarre.

columnas a barras verticales. El amarre se realiza al pasar el alambre alrededor de la mitad de una de las barras (ya sea en forma vertical u horizontal) a cada lado de la barra en cruz. Los alambres se juntan en forma cuadrada alrededor de las barras en cruz, luego hacia arriba y alrededor de la primera barra, donde se tuercen.

El amarre envolvente y cuadrado se utiliza para asegurar los amarres de columna a barras verticales cuando podría haber tensión sobre los amarres. Algunas veces se utiliza para asegurar alfombrillas pesadas que deben ser levantadas por la grúa. El amarre se realiza tal como el amarre cuadrado con una excepción: el alambre primero se envuelve 1½ veces alrededor de la primera barra.

El amarre de la figura ocho algunas veces se utiliza en paredes en lugar del amarre envolvente y de resorte, pero como se demora más para atarlo, en general no se recomienda.

El amarre de cabeza de clavo (*Figura 35*) se utiliza cuando se usan clavos para sostener las barras de muros alejadas de las formas. El amarre se realiza al envolver el alambre una vez alrededor

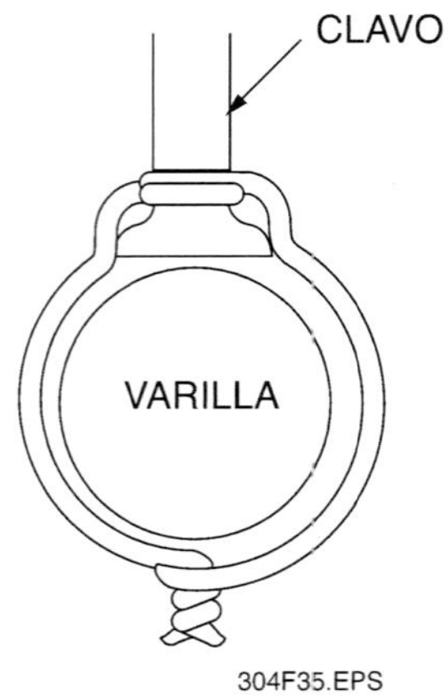

Figura 35 ◆ Amarre de cabeza de clavo.

de la cabeza del clavo, se cruza el alambre y luego se lo envuelve alrededor de la barra exterior de la alfombrilla del muro. La barra se acerca contra la cabeza del clavo al torcer los extremos del alambre.

Las barras de refuerzo están amarradas para evitar su movimiento durante los procesos de construcción normal o la colocación del concreto. El amarre no agrega nada a la resistencia de la estructura terminada. Por lo tanto, no es necesario amarrar barras de refuerzo en cada intersección.

En la mayoría de los casos, un amarre del 25, 33 o 50 por ciento de las intersecciones es suficiente. Cuando se amarran las barras en alfombrillas que se arman en el lugar, el tamaño de las barras de refuerzo debería indicar el porcentaje de los amarres. Es una práctica aceptada intercalar las intersecciones que se amarran. Esta práctica le da a la alfombrilla una mayor rigidez (vea la *Figura 36*).

Para las alfombrillas preensambladas, se deben amarrar intersecciones suficientes para que las alfombrillas estén lo bastante rígidas para que la grúa las manipule. Una regla práctica general para el amarre de alfombrillas preensambladas es amarrar el 100 por ciento del perímetro y entre el 25 y el 50 por ciento del interior, a menos que las especificaciones del trabajo indiquen otra cosa.

5.4.0 Consejos para el amarre

La mayor parte de los amarres se realiza en formas planos y horizontales, por lo que aprender a amarrar con las piernas rectas en lugar de hacerlo en cuclillas eliminará muchos dolores y molestias. Una vez terminado un amarre, si el alambre del rollo se dejó doblado, el próximo amarre será más fácil de hacer y habrá menos probabilidades de una lesión en los ojos.

Para poder usarlos de manera eficaz, los alicates deben convertirse en una extensión de su

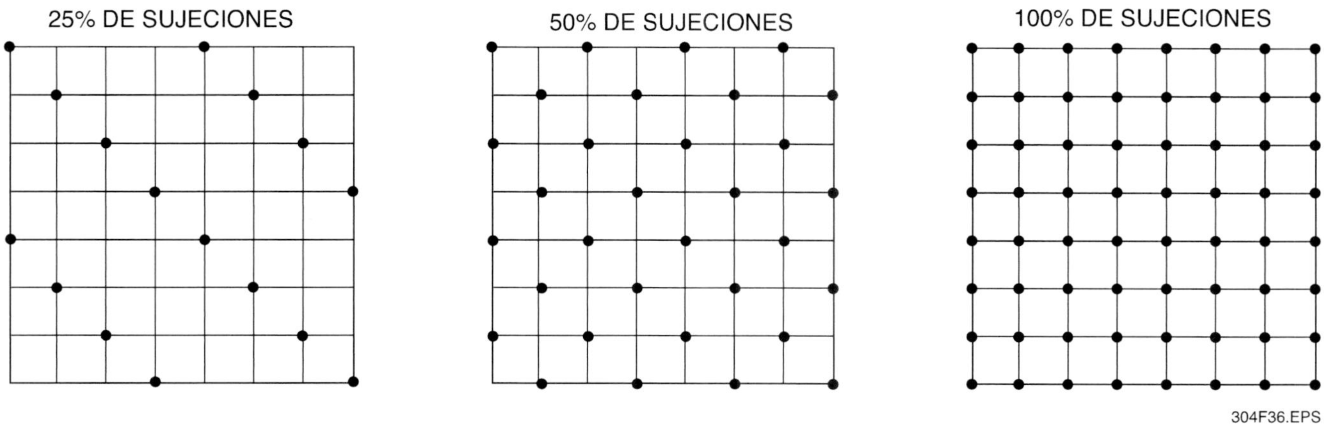

Figura 36 ◆ Porcentaje de amarres.

mano (*Figura 37*). La práctica hace a la perfección en este caso. Desarrolle un ritmo en su trabajo. Los movimientos inútiles aumentan la fatiga. En cualquier oficio, los verdaderos maestros son aquellos que hacen que su trabajo sea menos esforzado mediante el ahorro de movimiento.

5.5.0 Empalme de barras de refuerzo

Dado que en la mayoría de las situaciones es imposible que haya barras de longitud total que recorran sin interrupción toda una estructura, es muy común empalmar las barras de refuerzo. Los diagramas de colocación mostrarán la ubicación y el tipo de empalme que hay que usar. Algunas veces, se enumerarán varios métodos de empalme en los diagramas de colocación, y se deberá elegir el mejor método de entre ellos. Sin embargo, no deberá utilizar un empalme sin consultar a la autoridad correspondiente.

Existen tres tipos de empalmes básicos que se utilizan en el trabajo con acero de refuerzo. Están los **empalmes solapados,** los empalmes soldados y los empalmes de acoplamiento mecánico.

5.5.1 Empalmes solapados

Tal como su nombre sugiere, un empalme solapado une dos piezas de acero de refuerzo al colocarlas una junto a otra. En general, hay tres variables que afectan la longitud del solape. Estas son:

- *Resistencia del concreto*: cuanto mayor sea la resistencia del concreto más cortos serán los empalmes.
- *Grado del acero de refuerzo*: cuanto mayor sea el grado del acero, más cortos serán los empalmes.
- *Tamaño de las barras*: cuanto mayor sea la barra, más largos serán los empalmes.

Estos son postulados generales que se han incluido para guiarlo hacia una comprensión de la razón por la cual se especifican determinadas longitudes para ciertos empalmes. En la práctica, la cantidad de superposición está determinada por una serie de consideraciones de diseño que estipula la norma *318 del ACI,* que contiene tablas que proveen los requisitos en detalle para las longitudes de los empalmes solapados. Generalmente, los diagramas de colocación proveen toda la información necesaria respecto de las longitudes de los empalmes. Una regla práctica es 30 veces el diámetro de la barra o 12", lo que sea mayor.

Existen dos clases de empalmes solapados. El **empalme de contacto** que se muestra en la *Figura 38* se realiza al colocar las barras una junto a la otra de manera que se toquen (según la última especificación del ACI).

El empalme solapado espaciado que se muestra en la *Figura 39* se realiza al colocar las barras a una cierta distancia una de la otra sin ningún contacto. El espaciado máximo de centro a centro de las barras no debe superar las 6".

De los dos empalmes, el de contacto se prefiere por sobre el espaciado ya que ofrece una mayor resistencia al concreto terminado.

El ACI prohíbe el empalme solapado de las barras N.° 14 y N.° 18 excepto cuando estas barras están empalmadas a pasadores de tamaño menor en las zapatas.

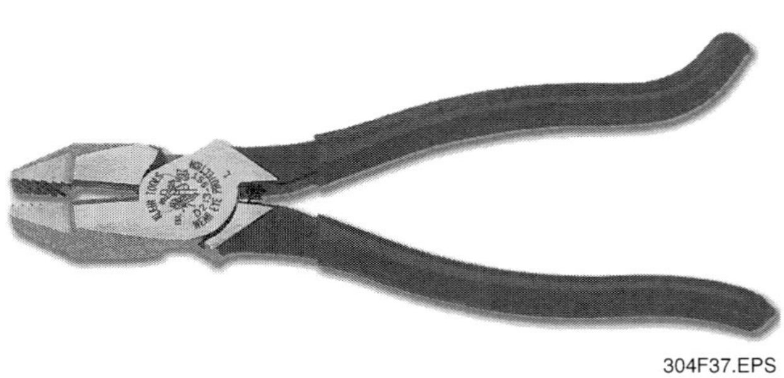

Figura 37 ◆ Alicates utilizados para amarrar barras de refuerzo.

5.5.2 Empalmes mecánicos

Existen básicamente dos tipos de empalmes mecánicos: empalmes de acoplamiento y de punto de apoyo en extremo. La diferencia está en los tipos de fuerzas que resisten.

- *Empalmes de acoplamiento*: estos empalmes resisten fuerzas de compresión y de tensión. En otras palabras, pueden soportar fuerzas que intentan aplastarlos y separarlos. Uno de los empalmes de acoplamiento es la llamada manga de acero forjado. Este empalme se realiza mediante el calentamiento de una manga especial hasta que se vuelve maleable. Los extremos de las barras luego se colocan allí, y una forja hidráulica portátil riza la manga, lo que empuja con fuerza el interior de la manga contra las deformaciones de las barras. A medida que la manga se enfría, las fuerzas de contracción provocan una unión más ajustada. También hay acopladores roscados.
- *Empalmes de punto de apoyo en extremo*: hay un conjunto de abrazadera y perno que se utiliza principalmente en los empalmes de columnas verticales. El empalme se realiza primero al sujetar una abrazadera con perno en la barra inferior. La barra superior luego se coloca y se verifica que esté a nivel, y se ajustan los pernos superiores de la abrazadera. Existen reductores que permiten que una barra de un tamaño determinado se empalme a una barra del tamaño siguiente menor.

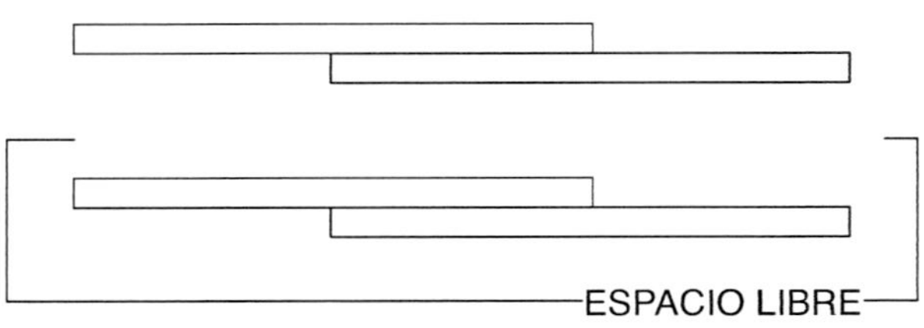

Figura 38 ◆ Empalme de contacto.

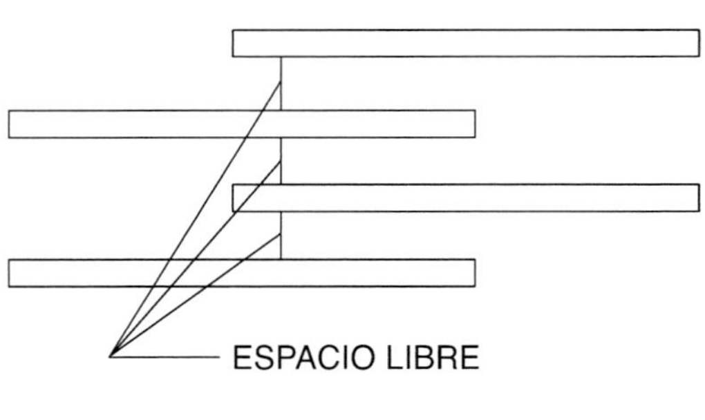

Figura 39 ◆ Empalme solapado espaciado.

6.0.0 ◆ COLOCACIÓN DEL ACERO DE REFUERZO

Esta sección provee una perspectiva general de la mecánica de la colocación del acero de refuerzo.

6.1.0 Colocación de las barras en las zapatas

Una zapata es la parte de los cimientos de la estructura que se apoya sobre la tierra. Las zapatas se colocan debajo de columnas, pilares y muros para suplir el soporte necesario para estas piezas estructurales.

La función de una zapata es la de transmitir la carga concentrada de una estructura al suelo a una presión que es segura y que no hará que la estructura se hunda. Se coloca acero de refuerzo dentro de la zapata de concreto para contrarrestar las fuerzas que tienden a doblar o quebrar el concreto.

Las zapatas varían ampliamente en función del tamaño y la forma, según el tipo de carga que deben soportar y las condiciones del suelo. En general, cuanto más suave sea el suelo mayor deberá ser la zapata.

6.1.1 Zapatas cuadradas o rectangulares

Los diagramas de colocación de los cimientos muestran las zapatas individuales. Estos diagramas generalmente contienen una **lista** que da el tamaño, la longitud, la cantidad de barras de cada dirección y el número de marca de las barras si son dobladas. El espaciado de las barras también puede brindarse; si este no es el caso, las barras deben espaciarse de manera pareja dentro de la zapata según la cantidad de barras indicada por los diagramas de colocación. Vea la *Figura 40*.

Muy frecuentemente se arman las barras en alfombrillas antes de ser instaladas. Todas las barras que se deben colocar en una dirección se ubican de manera pareja a través de caballetes de aserrar. Luego se ubican las que van en dirección opuesta sobre las primeras barras con espaciado parejo. Las barras luego se amarran de manera segura en cada segunda o tercera intersección dentro del in-

Alicates mecánicos para barras de refuerzo

CARRIL INTERNO

Aquí se ve un ejemplo de un conjunto de abrazadera y perno utilizado para el empalme de barras de refuerzo verticales para columnas más grandes.

304SA09.EPS

terior de la alfombrilla y generalmente en todas las intersecciones alrededor del perímetro para que la elevación de la alfombrilla sea más fácil. Los amarres de resorte son los que se utilizan generalmente para este fin. Si la alfombrilla no se coloca de inmediato, debe rotularse con el número de la zapata y almacenarse alejada del suelo en un lugar en el que sea fácil llevarla al lugar de instalación.

La alfombrilla de la zapata está generalmente ubicada sobre bloques de concreto premoldeado de la altura apropiada. Las sucesivas alfombrillas se sostienen de varias maneras según sean las necesidades particulares del trabajo.

6.1.2 Zapatas continuas para muro

El acero de refuerzo para las zapatas continuas para muros se arma por lo general en el lugar en la zanja. Comúnmente, dos o más barras verticales se cruzan con barras horizontales con espacios indicados en los diagramas de colocación. Si se necesitan pasadores, deben sobresalir por encima de la zapata la distancia que exigen las especificaciones para permitir el empalme vertical apropiado.

Cuando se encuentran dos zapatas para muros, las barras horizontales deben extenderse una distancia especificada dentro de la zapata que intersecta, o tener un diseño con barras de esquina, según sea el método especificado. Vea la *Figura 41*.

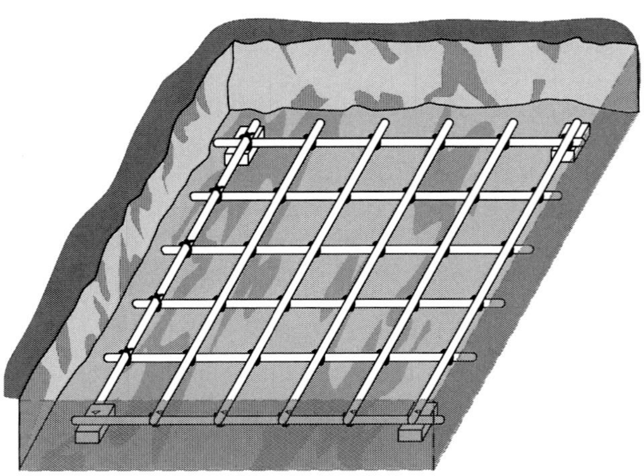

304F40.EPS

Figura 40 ◆ Zapata cuadrada.

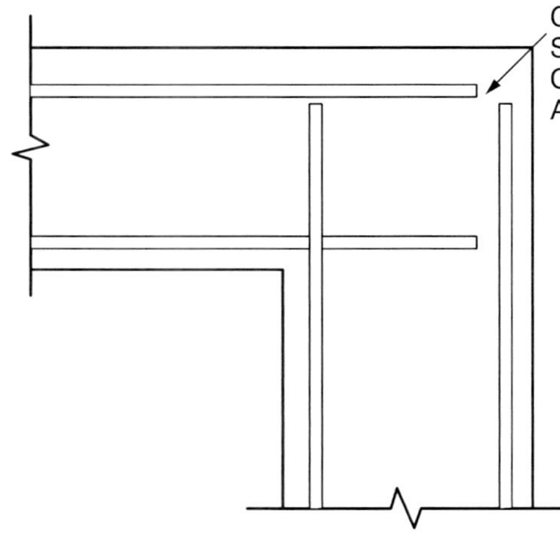

304F41.EPS

Figura 41 ◆ Esquina.

Herramienta automática para amarrar barras de refuerzo

CARRIL INTERNO

Esta herramienta neumática está diseñada para envolver, torcer y cortar alambre, todo en una sola operación. Según el productor, una persona que cuenta ccn esta herramienta puede amarrar barras de refuerzo cinco veces más rápido que una persona que lo hace manualmente. Otra ventaja que se le adjudica es la eliminación del movimiento de giro de muñeca repetido que puede provocar una condición médica conocida como síndrome del túnel carpiano. Un carrete de alambre alimenta a la máquina. Cada carrete puede hacer más de 100 amarres. Hay una barra de refuerzo de extensión disponible de manera que los amarres se pueden hacer sin doblarse.

304SA10.EPS

6.1.3 Cabezales de pilote

El **cabezal de pilote** es una pieza estructural que se coloca sobre la parte superior de los pilotes. Se utiliza para distribuir cargas desde la estructura hacia los pilotes. La colocación de acero de refuerzo en los cabezales de pilote es similar a colocar acero de refuerzo en zapatas. La alfombrilla inferior se apoya en sillas altas individuales colocadas directamente sobre los pilotes. Sin embargo, la colocación de barras no siempre es en ángulos rectos, como se muestra en la *Figura 42*.

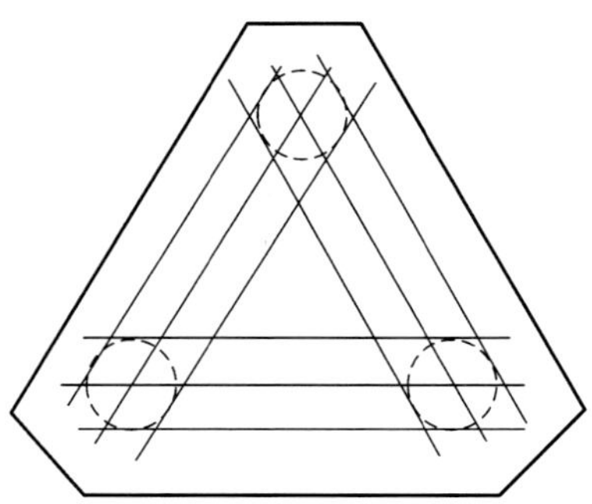

304F42.EPS

Figura 42 ◆ Cabezal de pilote.

6.1.4 Alfombrilla de cimientos o losa engrosada

En lugar de utilizarse zapatas individuales para columnas, o zapatas continuas para muros, se puede utilizar una única losa de concreto para sostener todas las unidades de una estructura. El grosor de esta losa varía ampliamente, según sean las condiciones del suelo y las cargas que debe soportar. Generalmente, el grosor de la losa es de 1' a 5', pero puede ser de hasta 15'.

Comúnmente en las losas se utiliza una alfombrilla de acero de refuerzo con barras ubicadas en dos direcciones. Usualmente, la alfombrilla inferior descansa aproximadamente unas 3" sobre el subgrado en bloques de concreto separados unos 5' en cada dirección. La parte superior de la alfombrilla, o la capa superior de barras, generalmente está a unas 2" o 3" por debajo de la superficie del concreto.

Los diagramas de colocación brindan toda la información necesaria respecto de las losas, incluida la cantidad de piezas, los tamaños, las longitudes y el espaciado de las barras. Las sucesivas capas de barras se sostienen por soportes de pie u otros soportes de barras apropiados.

Fabricación de alfombrillas de barras de refuerzo

CARRIL INTERNO

Cuando es necesario fabricar alfombrillas de varilla de refuerzo similares, su productividad puede aumentar si hace un patrón. Clave piezas de madera 2 × 4 despejadas en la parte superior de cuatro caballetes de aserrar. Luego apoye y marque los espacios para las barras de refuerzo de orientación norte-sur y este-oeste en las piezas de madera 2 × 4. A continuación, coloque clavos en ambos lados de todas las marcas de disposición de la barra de refuerzo. Esos clavos funcionarán como guías para la colocación de varillas y la ubicación y fabricación de la alfombrilla. Este método no sólo aumenta su productividad, también ayuda a mantener un espaciado preciso de las barras de refuerzo mientras las coloca y amarra en su lugar.

6.1.5 Cálculo del espaciado de barras

No es difícil calcular el espacio de las barras dentro de una zapata. El primer paso es establecer la línea central de la zapata. Si se debe colocar una cantidad impar de varillas dentro de la zapata en una misma dirección, directamente se colocará una varilla en la línea central. Si se debe colocar una cantidad par de varillas dentro de la zapata, se colocará una varilla a cada lado de la línea central. Continúe según se indica a continuación:

Paso 1 Convierta todas las dimensiones a pulgadas.

Paso 2 Reste 1 a la cantidad de varillas que se colocarán en una dirección (es decir, de las varillas que estarán de norte a sur, o de este a oeste).

Paso 3 Divida la cantidad de pulgadas entre la cantidad de varillas que se colocarán en una dirección menos una. El remanente indica la cantidad de pulgadas desde cada extremo a las que se colocará una varilla.

Por ejemplo, supongamos que los diagramas de colocación exigen una alfombrilla de 15' cuadrados. Dicha alfombrilla, según la información en los diagramas de colocación, debe estar hecha con 22 barras de refuerzo N.° 5, cada barra con una longitud de 15'.

Primero, debe establecerse y marcarse la línea central. Debe realizarse este paso aun cuando la alfombrilla se prearma sobre caballetes de aserrar.

Luego, busque el lugar donde se colocará la primera barra en relación con la línea central. La alfombrilla se armará con un total de 22 barras, por lo que estará hecha de 11 barras de norte a sur y 11 barras de este a oeste. Once es un número impar, por lo tanto, la primera barra se colocará directamente sobre la línea central.

Quince pies son 180". Ahora reste la barra central de la cantidad de barras que se colocarán en una dirección. El resultado es 10. Ahora divida 180" entre 10, el resultado es 18". Este es el espaciado entre las barras.

Coloque la primera barra directamente en la línea central, la barra siguiente a 18" (desde el centro), la siguiente a 18" de la anterior, etc. Haga lo mismo con las barras que se ubican en la dirección opuesta, y amarre las barras juntas de manera segura en todas las intersecciones que sean necesarias.

Veamos otro ejemplo. Imaginemos que se debe realizar la misma alfombrilla utilizando 24 barras de refuerzo N.° 5 en lugar de 22. Primero, se debe establecer la línea central. La alfombrilla tendrá 12 barras colocadas de norte a sur y 12 barras colocadas de este a oeste. Esto significa que se colocará una barra a cada lado de la línea central.

En este caso, se debe dividir 180" entre 12, y al resultado se le resta 1, es decir, quedan 11. El resultado es 16" con un remanente de 4". Así, dos barras estarán a horcajadas de la línea central y a 16" de distancia. Las dos primeras barras estarán a 8" de la línea central. Coloque las barras restantes a 16" del centro de cada una para las varillas que van en ambas direcciones. Amarre la alfombrilla con firmeza. Habrá un espacio de 4" desde la última barra que va de norte a sur hasta el extremo de las barras que van de este a oeste.

6.2.0 Pasador de columna

Las columnas que descansan en zapatas están conectadas a ellas por pasadores. Un pasador es una barra que conecta dos secciones de concreto coladas por separado. Se debe tener cuidado al colocar los pasadores en los lugares exactos que indican los diagramas de colocación. Los pasadores deben sobresalir una distancia específica por sobre la zapata y colocarse apropiadamente con respecto a la ubicación del acero de refuerzo que se colocará dentro de la columna. La omisión o colocación inapropiada de los pasadores puede resultar en problemas graves.

Colocación de pasadores

CARRIL INTERNO

Para los pasadores utilizados en zapatas continuas para muros, el tramo horizontal del pasador se ubica perpendicular a la longitud de la zapata. Los pasadores de columna o pilar colocados en zapatas cuadradas, rectangulares o circulares se ubican de manera tal que el tramo horizontal sale en forma radial desde el centro de la configuración del pasador.

La colocación de los pasadores está determinada por los centros o las esquinas de las columnas. Por lo general, se colocan cuatro estacas cerca del exterior de la excavación de la zapata, cada una con un clavo en la parte superior. Cuando se estiran dos cuerdas formando un ángulo recto desde estas estacas, se intersectan en el centro de la columna, lo que permite que los trabajadores coloquen los pasadores en forma correcta. En los casos en los que las formas se construyen con el tamaño exacto de la zapata, generalmente los clavos se colocan en la parte superior de las formas (*Figura 43*).

La colocación de dichas estacas a una distancia indicada por encima de la zapata establece su elevación. Por ejemplo, una estaca marcada como C-1'-6" significa que la elevación de la zapata es de 1½' por debajo de la parte superior de la estaca.

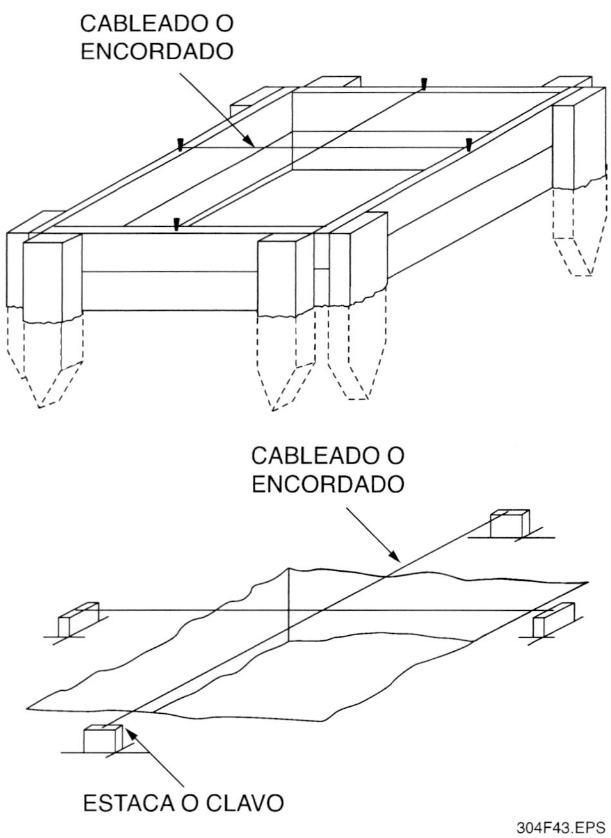

Figura 43 ◆ Excavaciones para zapatas de columnas.

6.2.1 Colocación de pasadores de columna

Una práctica común en la colocación de pasadores es usar un **patrón** hecho de tablas de madera con orificios perforados en ellas que sirven de guía para los pasadores. Vea la *Figura 44*. También pueden utilizarse tablas con un amarre o una pieza de armadura en espiral fijadas en el lugar donde deben colocarse los pasadores.

Si los pasadores tienen ganchos, se puede obtener estabilidad adicional al amarrar el extremo con el gancho a la alfombrilla de acero de refuerzo de la zapata.

Otro método de colocación de pasadores es la construcción de una jaula de pasadores, como se muestra en la *Figura 45*. Una jaula de pasadores se hace al armar los pasadores con ganchos en 90 grados de manera tal que los ganchos dan un medio de soporte estable a la alfombrilla de la zapata. Se debe asegurar que la colocación de los pasadores sobre la zapata sea la correcta.

No se deben empujar los pasadores contra el concreto húmedo. De esta manera es muy difícil mantener una alineación apropiada de los pasadores, y las correcciones después de que el concreto se ha fijado son difíciles y costosas. Siempre que sea posible, deben utilizarse patrones para obtener la ubicación correcta.

Cuando se colocan pasadores que estén empalmados con las barras verticales de la columna, es necesario tener más cuidado porque los empalmes deben alternarse. La jaula de pasadores debe construirse con los **empalmes alternados** en mente, y los diagramas de colocación deben estudiarse cuidadosamente.

Esté atento a los pasadores que se utilizan para vigas de cimentación que unen los lados de las zapatas, o para pasadores que se extienden dentro de los muros de los cimientos u otras unidades estructurales que se construirán luego.

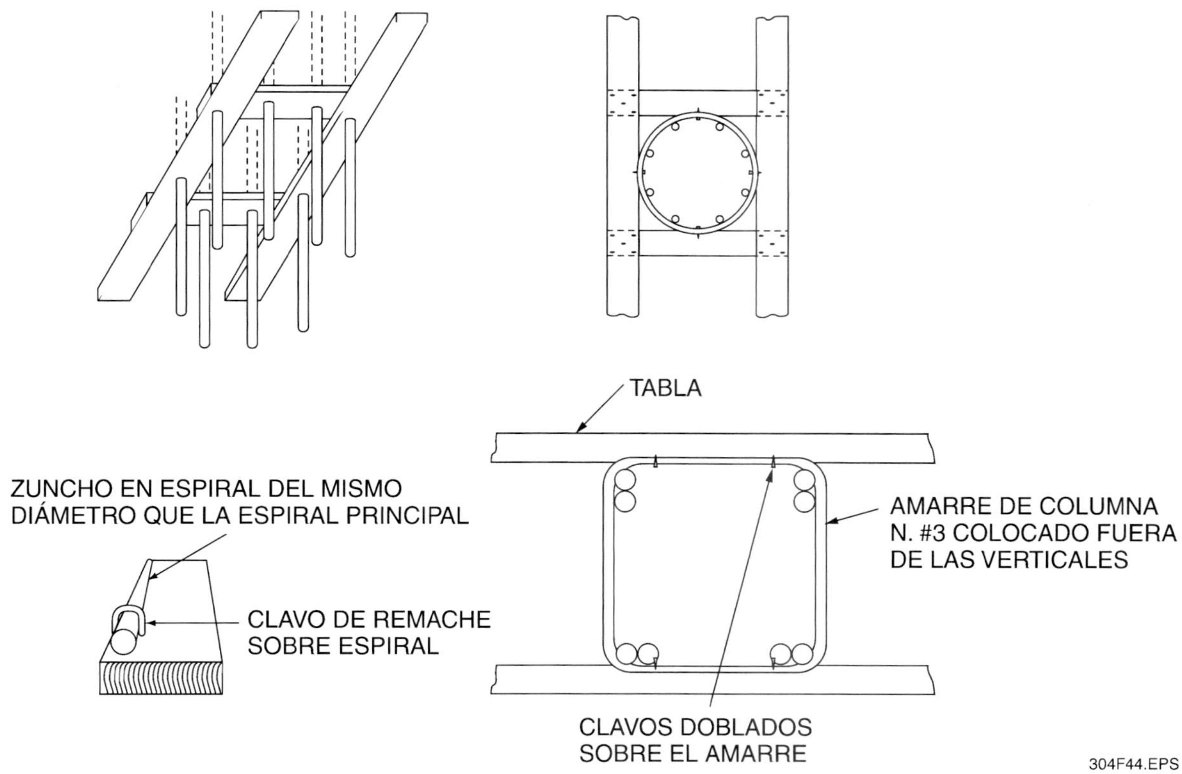

Figura 44 ◆ Patrones de pasadores.

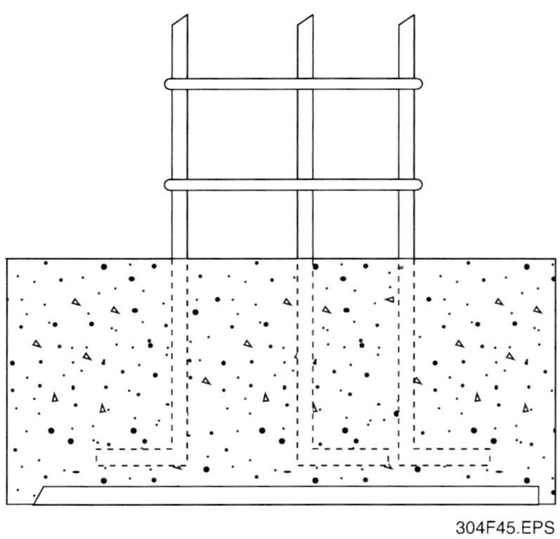

Figura 45 ◆ Jaula de pasadores.

6.3.0 Colocación de las barras en los muros

A los fines de la colocación del acero de refuerzo, cada muro tiene dos caras, rotuladas sencillamente la **cara posterior** (externa) y la **cara anterior** (interna), lo que es una cuestión de orientación (parecida a la diferencia entre derecha e izquierda).

Los tres tipos básicos de muros de **concreto reforzado** son los siguientes:

- El **muro de cortina simple**, en el que una capa simple de barras de refuerzo se coloca en el centro entre las caras
- El **muro de doble cortina**, en el que una capa de barras de refuerzo se coloca en cada cara
- El muro de retención, que puede ser un muro de cortina simple o doble cortina, se utiliza para sostener la tierra o el relleno en su lugar

6.3.1 Colocación de la secuencia

Generalmente, la forma se arma para una cara y se apuntala desde el exterior para que el acero de refuerzo pueda colocarse en su interior. El primer paso suele ser unir con alambre las barras verticales de la cara exterior a las espigas que se proyectan hacia afuera desde la zapata. Luego se une con alambre una barra horizontal a las barras verticales para mantenerlas a nivel. Comúnmente se usa un amarre envolvente y de resorte, pero también puede utilizarse un amarre en ocho, si se requiere más estabilidad. Las barras restantes verticales y horizontales luego se amarran cada tres intersecciones, y debe haber como mínimo tres amarres por barra. Si el muro que se amarra es uno de cortina doble, las barras separadoras se amarran a las barras de la cara externa, y la cara interna se trata de la misma manera. Estas alfombrillas de acero de refuerzo pueden también construirse sobre una superficie a nivel (prefabricarse) y colocarse y estabilizarse en la forma.

6.4.0 Soportes de alfombrillas para muros

Se deben sostener y/o espaciar las alfombrillas para muros lejos de la forma en la parte superior para mantener el recubrimiento apropiado para él. Existen tres maneras de hacer esto.

La primera es poner clavos en las formas, dejándolos expuestos para la cantidad necesaria recubrimiento, y luego amarrar la alfombrilla para muros a los clavos con el amarre de cabeza de clavo (*Figura 46*).

La segunda es usar tramos breves de largueros para viga o losa, o sillas para barras, como se muestra en la *Figura 47*. Estas están sujetadas con grapas a las formas, y la alfombrilla está atada con alambre.

Una tercera manera es utilizar bloques de concreto premoldeados con alambres de amarre empotrados. Vea la *Figura 48*. Este es el mismo método utilizado cuando se colocan barras en las zapatas.

6.4.1 Espaciadores de alfombrillas para muros

En los muros de cortina doble, las alfombrillas deben colocarse a distancias específicas una de otra. Esta información se provee en los diagramas de colocación.

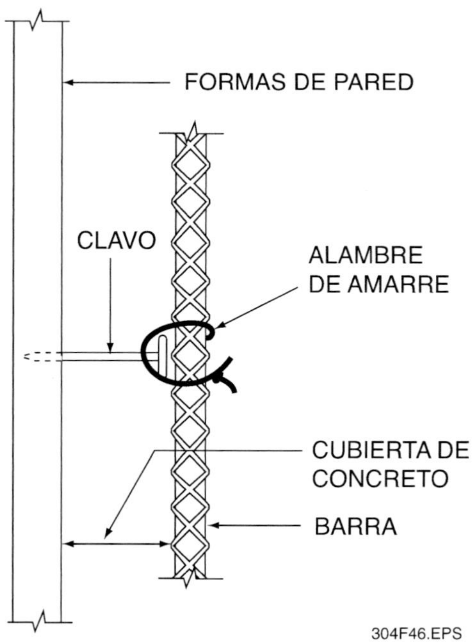

Figura 46 ◆ Soporte de clavos.

Una manera de separar las alfombrillas es con barras separadoras. Estas barras generalmente están hechas con barras de refuerzo N.° 3 y dobladas en forma de U o Z. Básicamente son soportes de pie para uso en muros en lugar de losas.

También existe un separador de alambre prefabricado que sostiene y expande las alfombrillas para muros. Se utiliza especialmente para las situaciones en las que el concreto estará expuesto. La *Figura 49* muestra una combinación de todos los soportes y espaciadores mencionados.

6.4.2 Intersecciones de muros

Cuando dos muros se encuentran en una esquina, las barras de las caras externas pueden doblarse 90° o extenderse una distancia especificada

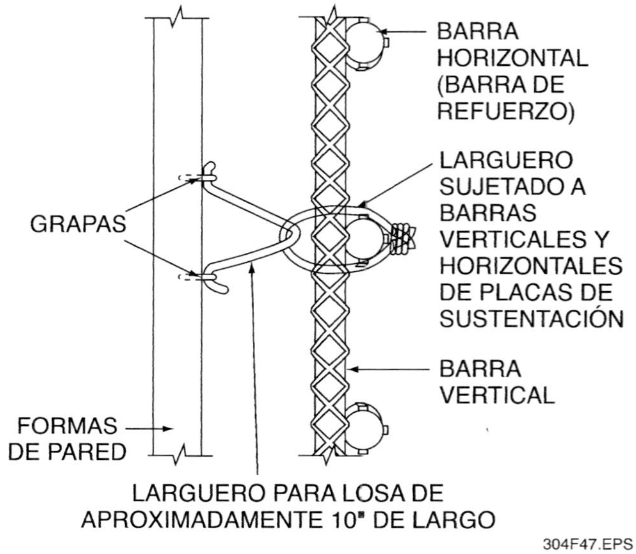

Figura 47 ◆ Soporte de larguero para losa.

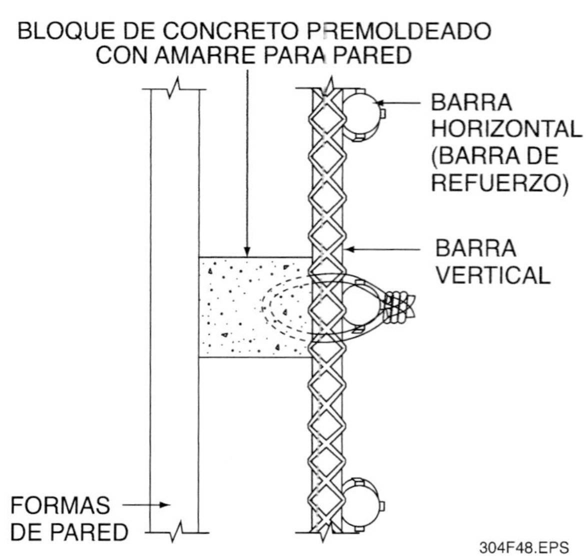

Figura 48 ◆ Soporte de bloque.

dentro de la pared que intersecta y empalmarse a una barra de esquina corta.

Las barras de las caras internas generalmente se extienden dentro de la pared que intersecta, pero pueden tener ganchos. Como en todos los casos, los diagramas de colocación brindan toda la información necesaria. La *Figura 50* muestra los diversos métodos en uso para los muros de cortina simple y de cortina doble.

6.4.3 Muros de retención en voladizo

El acero de refuerzo se coloca en los muros de retención en voladizo de manera muy semejante a cómo se coloca en muros rectos, excepto por lo siguiente:

- Las barras inferiores de la zapata pueden doblarse hacia arriba para utilizarse como pasadores para la cara posterior del muro.
- Las barras verticales son de dos o tres alturas diferentes con, quizá cada dos o tres barras, una que se extiende hasta la parte superior del muro. Otras finalizan en puntos de corte específicos.
- Generalmente hay un **orificio de drenaje** para la purga. Se debe tener cuidado de no alterar la posición de la tubería cuando se amarra el acero de refuerzo.

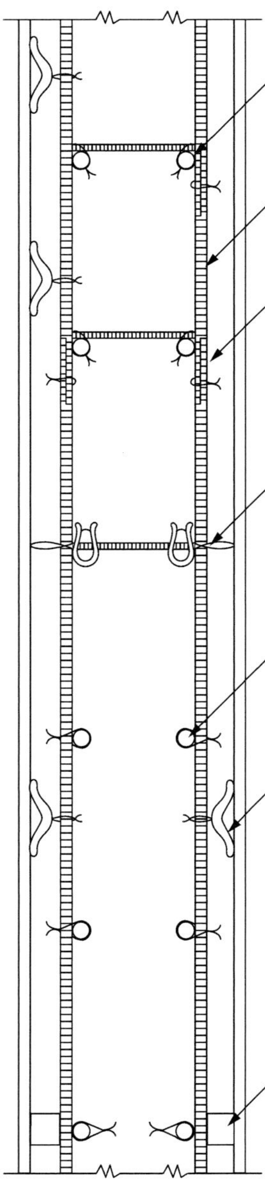

Figura 49 ◆ Espaciadores y separadores.

6.5.0 Colocación de barras de refuerzo en columnas

Una columna es una pieza vertical utilizada para sostener una viga de suelo, una viga maestra u otra pieza estructural. La carga principal a la que está sujeta una columna es la compresión. Para contrarrestar esta fuerza, el acero de refuerzo utilizado en las columnas rodea en **flejes** las barras

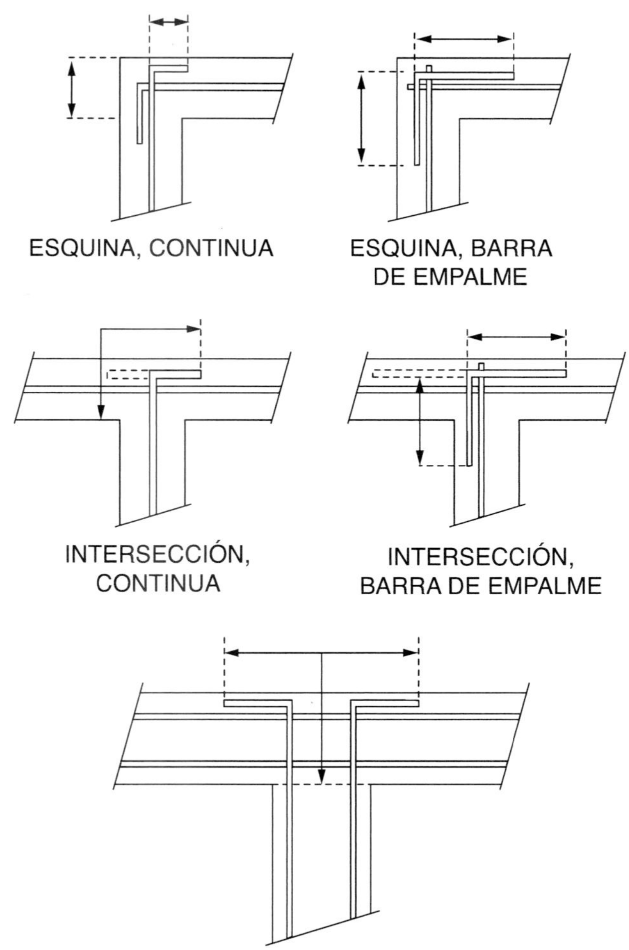

Figura 50 ◆ Detalles de la esquina.

Armazón de acero de refuerzo

CARRIL INTERNO

Este es un ejemplo de un armazón de acero de refuerzo prearmado para una columna que luego se elevará vertical hasta quedar en su lugar. Para facilitar la construcción, las barras de refuerzo suelen instalarse horizontalmente y luego se elevan verticalmente y colocan en las formas.

304SA11.EPS

verticales. Esta configuración de acero de refuerzo, combinada con la buena resistencia que exhibe el concreto contra la compresión, hace de una columna diseñada y amarrada apropiadamente una parte muy resistente de una estructura.

6.5.1 Zunchos de columna

Los flejes que envuelven las barras verticales son los zunchos de columna. Deben colocarse fuera de las barras verticales. Estos amarres pueden ser cuadrados, rectangulares, en forma de U, circulares u otra forma designada por los ingenieros. Se han desarrollado normas con respecto a la colocación de los zunchos de columnas. La *Figura 51* muestra la colocación estándar de zunchos de columnas que contienen una cantidad par de barras verticales. La información en la *Figura 51* se aplica a las jaulas que están prearmadas o se arman en el lugar sobre barras verticales empalmadas autoestables.

La *Figura 52* muestra la colocación estándar de los zunchos de columna únicamente para jaulas prearmadas con empalmes solapados. Las líneas de puntos que se indican en la *Figura 52* para las columnas de 6, 8 y 10 barras muestran cómo deben atarse los amarres de columna si la distancia entre los centros de las barras es superior a 6".

Cada patrón está compuesto por un amarre cerrado externo con pares de barras en forma de U que están empalmadas con solapamiento y unidas con ganchos en cada extremo.

6.5.2 Cómo amarrar columnas

El procedimiento usual para amarrar el acero de refuerzo para columnas preensamblado consiste en colocar todos los verticales para un lado por sobre los soportes, llamados **caballetes de columna**, como se muestra en la *Figura 53*. Luego, son colocados los zunchos de columna verticales sobre los verticales y son espaciados según los diagramas

Rejillas de limpieza

CARRIL INTERNO

Cuando se construyen formas para muros o columnas, es útil construir una o más rejillas de limpieza de 6" en la base de la forma. Estas rejillas de limpieza brindan un acceso fácil a las zapatas de modo que pueden enjuagarse justo antes de colocar el concreto. Los orificios de las rejillas de limpieza generalmente se ubican en las esquinas e intersecciones de la forma.

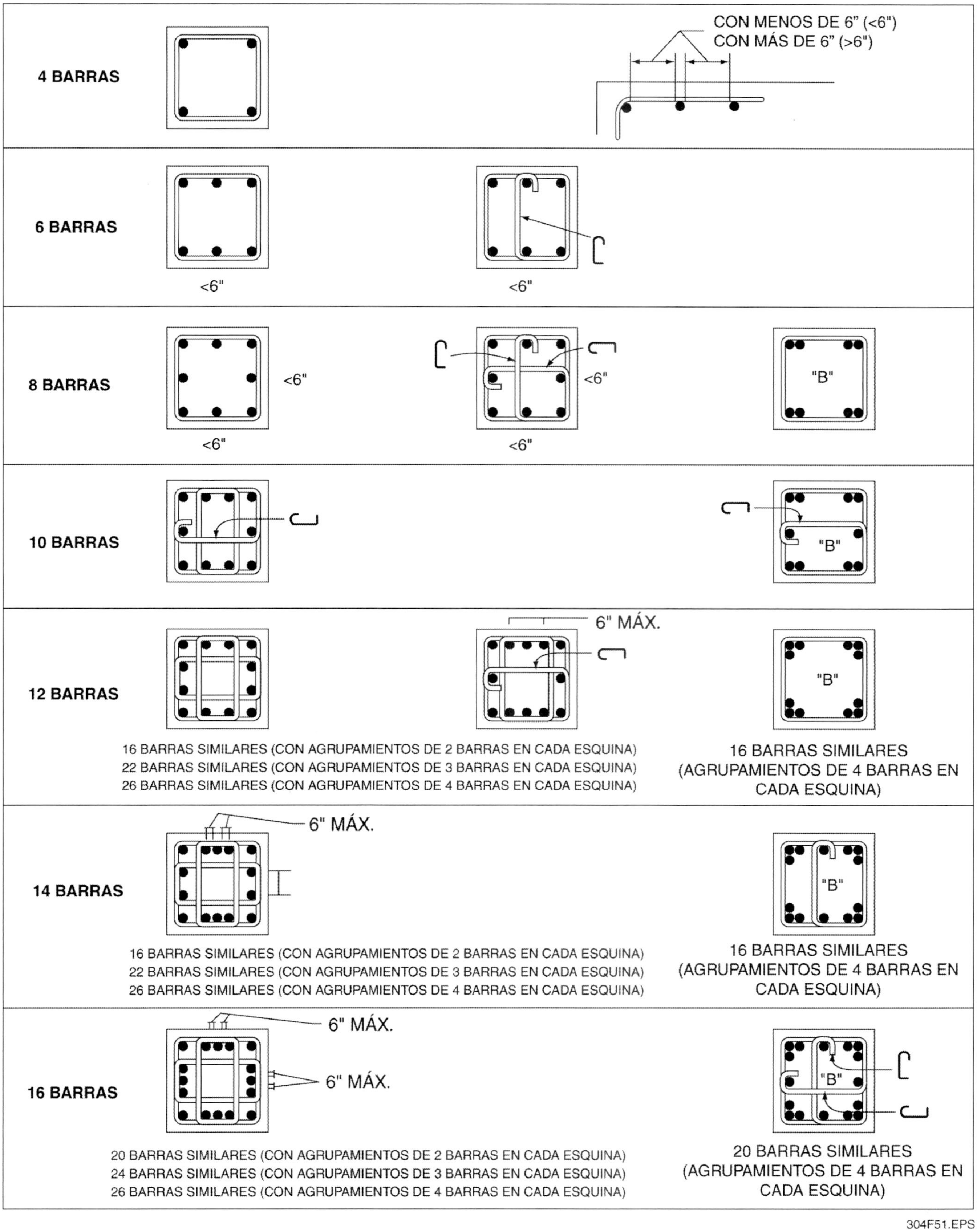

Figura 51 ◆ Zunchos de columnas permanentes.

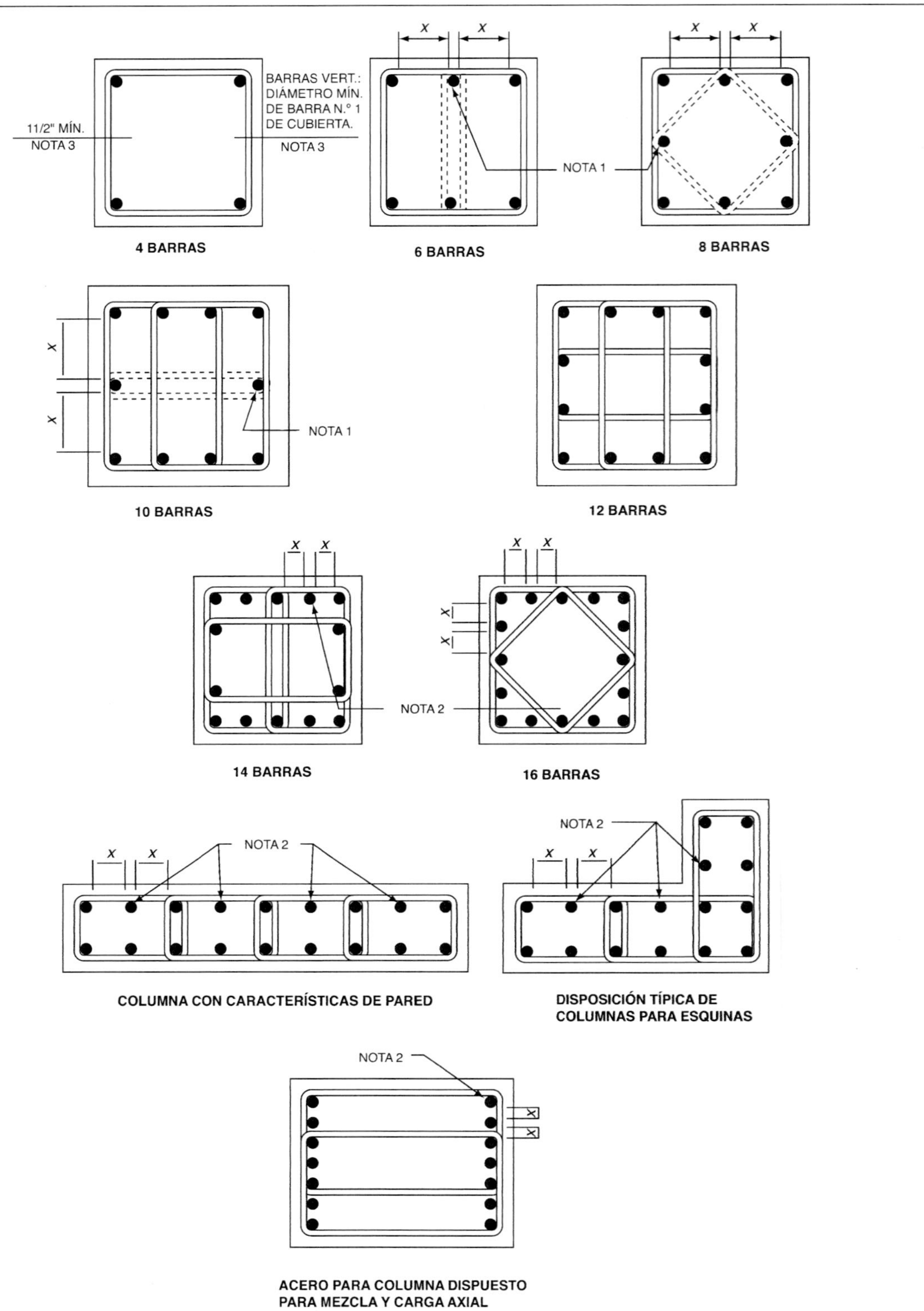

NOTAS: 1. ESTAS BARRAS SE DEBEN SUJETAR COMO SE INDICA, CON LAS LÍNEAS DE PUNTOS CUANDO LA DISTANCIA x SUPERE LAS 6".

2. NO ES NECESARIO SUJETAR ESTAR BARRAS CUANDO LA DISTANCIA x SEA DE 6" O MENOS.

3. SE APLICA A TODAS LAS COLUMNAS SUJETADAS.

SE PUEDE OPTAR POR UN PATRÓN DE SUJECIÓN DIFERENTE COMO SUSTITUTO, SIEMPRE QUE LOS DETALLES DE LOS REQUISITOS FIGUREN EN EL PLANO DEL CONTRATO.

* SE APLICA SOLAMENTE EN JAULAS PREARMADAS CON EMPALMES SUPERPUESTOS.

304F52.EPS

Figura 52 ◆ Zunchos de columnas cerrados.

de colocación. En general, es aceptable alternar la posición de los ganchos de los zunchos de columna cuando se los coloca en juegos. Los amarres de columna luego se atan con alambre a las barras verticales con un amarre cuadrado o un amarre envolvente y cuadrado para las barras pesadas. Las barras verticales restantes se colocan en su lugar y se atan con alambre a los zunchos de columna. Cuando se amarran las columnas es muy importante asegurarse de que todas las barras verticales están alineadas y parejas sobre el extremo inferior de manera que todas las barras de la jaula de la columna terminada se apoyen con firmeza sobre la zapata. En las columnas de 4 y 6 barras, cada amarre debe estar atado con alambres a cada vertical, en cada intersección, para lograr una buena estabilidad. En columnas de 67 barras o más, se debe atar el 100 por ciento de las barras de esquina de las columnas con amarres cuadrados.

Las unidades cuadradas o rectangulares grandes quizá necesiten de un arriostramiento de alambre diagonal para una mayor estabilidad. Se debe enroscar el arriostramiento con alicates hasta obtener un grado suficiente de tensión.

6.5.3 Armaduras en espiral

Con respecto a la resistencia, una columna con armadura en espiral suele ser más resistente que una columna que utiliza amarres de columna cuadrados o rectangulares.

Las armaduras en espiral están hechas de barras lisas o de alambre con la forma de un resorte. Poseen espaciadores unidos en los extremos opuestos que mantienen los giros de la armadura en espiral a distancias iguales. El espacio de centro a centro de los giros de una armadura en espiral se llama paso.

Las armaduras en espiral suelen enviarse plegadas y deben abrirse o ampliarse en el lugar del trabajo antes de realizar el armado. Deben desplegarse (es decir, abrirse), enderezarse y doblarse hasta dejarlas planas en la dirección opuesta para asegurarse de que permanezcan rectas. Después de hacer esto, deben ubicarse los espaciadores de manera que provean un paso igual alrededor de la columna con armadura en espiral.

En el caso de las armaduras en espiral prearmadas, se colocan dos barras verticales dentro de la armadura en espiral y se sostienen en cada extremo con caballetes de columna. Vea la *Figura 54*. Estas barras deben estar a nivel con un extremo de la armadura en espiral. Esto permite que las barras en el otro extremo funcionen como pasadores. Después de haber colocado dos barras, la cantidad de verticales restantes que exige el diagrama de colocación se insertan y espacian según las especificaciones. Luego se atan las barras con alambre a la armadura en espiral para obtener la estabilidad y rigidez necesarias.

6.5.4 Soportes de columna

De ser posible, las columnas deben estar sostenidas en tres o cuatro puntos. Los soportes deben colocarse lo más cerca posible de la base, el medio y la parte superior de la columna. Se puede sostener las columnas con clavos colocados en el interior de las formas de manera semejante a como se utilizan para sostener un refuerzo para muro. Sin embargo, son más comunes los bloques de concreto premoldeado con alambres de amarre empotrados.

Si se utilizan bloques premoldeados, deben atarse con alambres a la columna en las intersecciones de sus amarres y barras verticales. Así se impedirá que los bloques giren cuando la columna se baja a su lugar dentro de la forma.

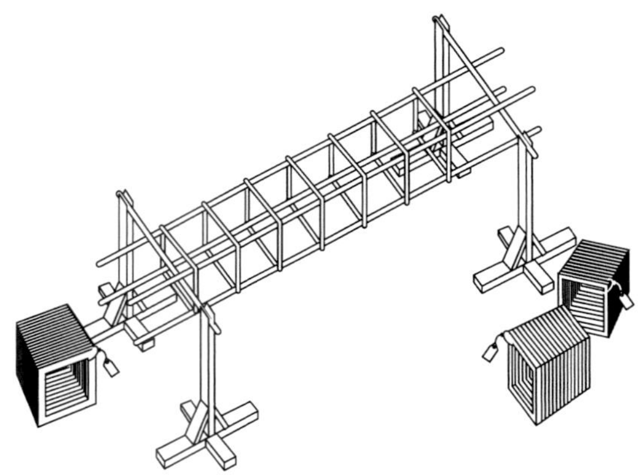

Figura 53 ◆ Caballete de columna.

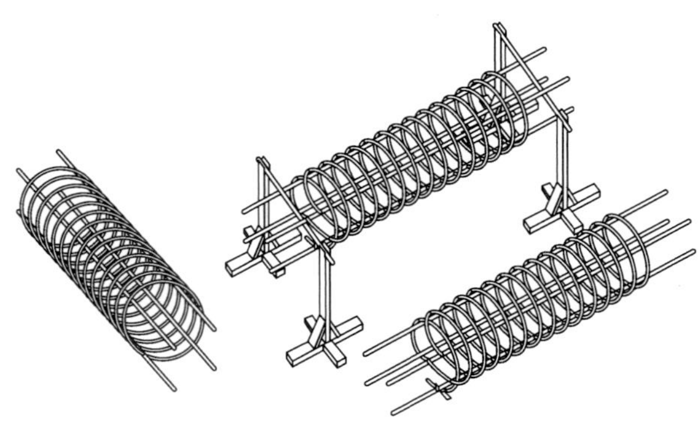

Figura 54 ◆ Armaduras en espiral.

6.6.0 Colocación de barras en vigas y vigas maestras

No existe una secuencia estándar que se pueda citar con respecto a la colocación de barras en vigas y vigas maestras ya que hay diferencias individuales en la altura de las vigas y la organización de las barras en cualquier estructura en particular. Esta sección tiene como fin dar una perspectiva general de los métodos y las secuencias de colocación de barras. Al igual que con el trabajo con acero de refuerzo, los diagramas de colocación indicarán la mejor secuencia. Deben estudiarse con mucha atención para desarrollar un plan eficaz para la colocación.

Una viga es una pieza estructural horizontal que se utiliza para distribuir cargas desde un piso a columnas, muros y vigas maestras. Una viga maestra es una viga principal. La diferencia entre las dos es que las vigas sostienen otras partes de una estructura, mientras que las vigas maestras sostienen vigas. Esta diferencia se vuelve importante cuando se coloca el acero de refuerzo en vigas y vigas maestras, ya que afecta a la secuencia de colocación de las barras.

En general, las vigas maestras estarán más abajo que las vigas que sostienen, por lo tanto, todas las barras horizontales inferiores, las barras con armadura y los estribos se deben colocar en las vigas maestras antes de que se coloque el refuerzo en las vigas. Sin embargo, los procedimientos de colocación en sí son semejantes para las vigas y las vigas maestras. La colocación del acero de refuerzo en las vigas y vigas maestras comienza después de que los verticales de columna se hayan ubicado y se haya vaciado el concreto hasta la base de la viga o viga maestra más baja. Por lo general, el acero se coloca desde la base a la parte superior, es decir, primero en las vigas maestras, luego en las vigas y por último en las losas y viguetas. Esta secuencia suele minimizar la necesidad de roscar las barras por debajo en los puntos de intersección.

6.6.1 Colocación de barras en las vigas

La *Figura 55* muestra el procedimiento general para colocar acero de refuerzo en las vigas dentro de la forma. Para colocar acero de refuerzo en las vigas, haga lo siguiente:

Paso 1 Los largueros para vigas se colocan en las formas en los centros sin superar los 5'.

Paso 2 Luego se colocan los estribos y las **barras de apoyo** de los estribos en las formas. Las formas deben marcarse con el espaciado apropiado tal como se indica en los diagramas de colocación.

Paso 3 A continuación se colocan las barras rectas inferiores. Para evitar que estas barras se muevan durante la colada de concreto, se las suele atar con alambre a los largueros para vigas.

Paso 4 Si se necesita más de una capa de barras, los largueros para vigas superiores, o separadores de barras, se colocan en las formas.

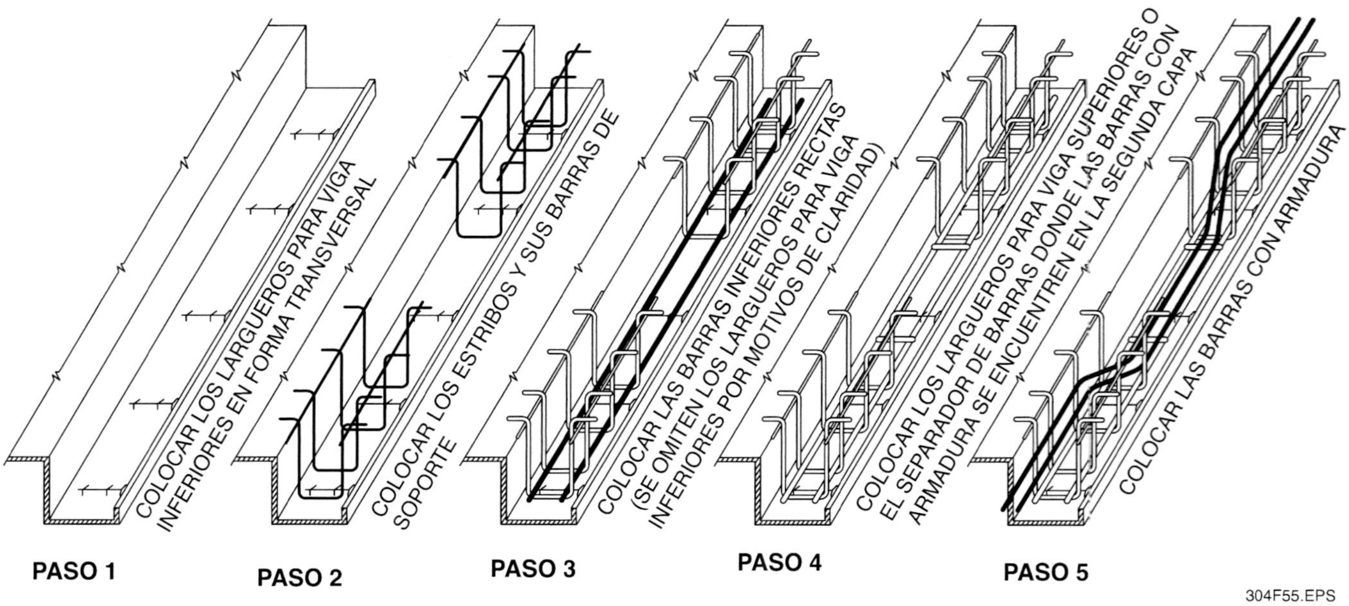

Figura 55 ◆ Secuencia de colocación de vigas.

Paso 5 Las barras con armadura se colocan últimas. Una barra con armadura es una barra que se ha doblado de manera tal que funciona como refuerzo superior e inferior. Si las barras con armadura se utilizan en vigas que requieren refuerzo colocado en dos capas, las barras con armadura deben colocarse directamente sobre las que están en la capa inferior, no en los espacios entre las barras.

El acero de refuerzo para vigas y vigas maestras también puede estar preensamblado. La secuencia en general es como se indica a continuación:

Paso 1 Dos barras rectas se utilizan como patrones y se marcan con keel (tinte rojo, crayola para marcar) o esteatita y se usan los espaciados según los diagramas de colocación.

Paso 2 Las barras del patrón se colocan sobre caballetes de columna.

Paso 3 Se colocan los estribos sobre las marcas y se atan en su lugar con amarres cuadrados.

Paso 4 Se ata una barra lateral a los estribos.

CARRIL INTERNO

Refuerzo para una columna

Este es un ejemplo de refuerzo con armadura en espiral para una columna.

304SA12.EPS

Paso 5 En este punto, se puede quitar la viga de los caballetes de columna y colocarla plana sobre la plataforma o el suelo. Se le pueden amarrar tirantes de alambre diagonales para darle rigidez adicional.

Paso 6 Las barras luego pueden colocarse en la forma y se agregan las capas inferiores de refuerzo.

6.6.2 Amarres cerrados

Ocasionalmente, en los diagramas de colocación se exigirán amarres cerrados en lugar de los estribos abiertos y en forma de U. Vea la *Figura 56*. Los amarres cerrados pueden ser de una pieza con ganchos en una esquina o de dos piezas, conocidos como amarres para cabezal, tal como se muestran en la *Figura 57*.

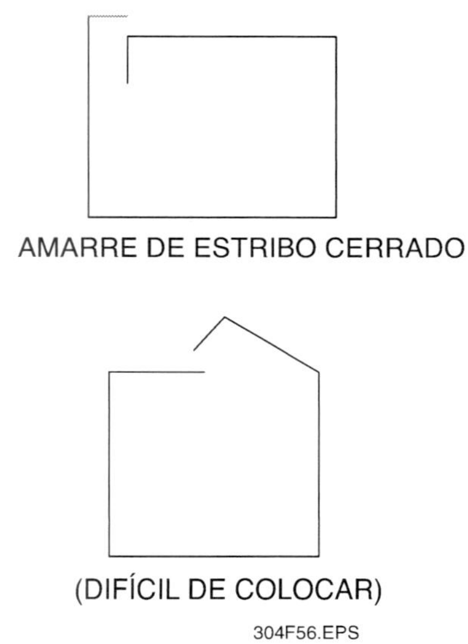

Figura 56 ◆ Estribo cerrado.

Figura 57 ◆ Estribo con tapa.

El amarre más fácil de utilizar es, sin dudas, el amarre para cabezal, ya que la pieza inferior puede colocarse de la misma manera que un estribo. Después de que todas las otras barras se hayan colocado, se coloca la pieza superior del amarre para cabezal y se ata con alambre a la pieza inferior. Si en los diagramas se exigen amarres cerrados de una pieza, entonces se deben utilizar estos amarres. Pueden deslizarse hasta dejarlos en su lugar por encima de las barras longitudinales. Sin embargo, generalmente deben abrirse lo suficiente de manera que se pueda trabajar alrededor de las barras que se ubican longitudinalmente. Esto tiende a deformar el acero de refuerzo y también consume tiempo.

6.6.3 Colocación de las barras en las viguetas

Una vigueta es una viga pequeña que se coloca paralela entre las vigas principales en la construcción del piso. Cuando las viguetas están unidas en la parte superior para hacer una estructura continua, esta estructura se llama losa de viguetas. Las losas de viguetas se utilizan en situaciones en las que se anticipan cargas altas.

La colocación del acero de refuerzo en las viguetas comienza cuando se ha colocado todo el refuerzo de la viga. En general, la secuencia para la colocación del acero de refuerzo en las viguetas es tal como se indica:

Paso 1 Coloque las sillas de viguetas en la forma, comenzando a 1" desde el borde de cada soporte. Si es posible, las sillas de viguetas deben colocarse a una distancia de 5', o como se especifique.

Paso 2 Coloque las barras inferiores rectas en las sillas de viguetas. De ser necesario, rosque las barras entre los estribos de la viga y debajo de la barra de la viga superior. Las barras inferiores deben extenderse dentro de los soportes a cada extremo según las especificaciones que se indican en los diagramas de colocación.

Paso 3 Coloque las barras con armadura en las sillas de viguetas junto a las barras inferiores rectas. Los extremos doblados hacia arriba de las barras con armadura deben cruzarse por encima de todas las barras superiores en la viga y extenderse dentro de la sección adjunta en la cantidad indicada en los diagramas de colocación. Si no se necesitan barras con armadura, generalmente se utilizan dos barras inferiores rectas. De igual manera, una o dos barras superiores se extienden dentro de la sección adjunta. Los extremos extendidos de las barras con armadura o barras rectas están sostenidos por sillas individuales colocadas sobre barras de apoyo. También pueden descansar sobre sillas de viguetas superiores. Los diagramas de colocación indicarán el método de apoyo apropiado.

Paso 4 Luego, coloque las nervaduras de distribución en una o dos líneas. También se las llama viguetas de **cabecero** continuas o nervaduras de unión. Se extienden toda la longitud del vano de la vigueta, son tan profundas como las viguetas y se colocan en ángulos rectos en las viguetas principales. Proveen soporte lateral para tramos largos de viguetas. En general, habrá una nervadura colocada en mitad del tramo para los que van desde 18' a 24'. Las barras en estas nervaduras por lo general se muestran en los planos de viguetas para el suelo.

Paso 5 En último lugar, coloque las **barras de temperatura**. Su objetivo es minimizar las fisuras que resultan de los cambios de temperatura y la contracción normal del concreto. Las barras de temperatura son barras N.° 3 o tejido de alambre soldado. Si se utiliza tejido de alambre soldado, se lo debe desenrollar de manera que se arquee hacia arriba y luego se doble y quede recto. El tejido de alambre soldado se coloca sobre las viguetas.

6.6.4 Colocación de las barras en las losas

Las losas pueden clasificarse en dos tipos, según el recorrido del refuerzo principal. Tal como su nombre lo indica, una losa de una dirección contiene refuerzo colocado en una sola dirección entre los soportes. Una losa de doble dirección contiene refuerzo colocado en dos direcciones entre los soportes.

El refuerzo en las losas de una dirección consta de barras rectas y barras con armadura ubicadas alternadamente, o barras rectas superiores e inferiores ubicadas en una dirección (*Figura 58*). Las barras de temperatura se colocan en ángulos rectos con respecto a las barras de refuerzo principales. En las losas de una dirección, el refuerzo se coloca en la misma dirección dado que la losa distribuye la carga que se le aplica.

El procedimiento general para colocar y amarrar el acero de refuerzo en losas de una dirección con barras rectas y con armadura es el siguiente:

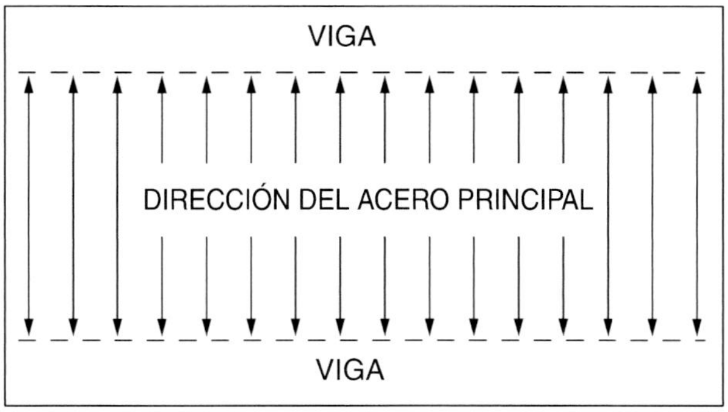

Figura 58 ◆ Losa de refuerzo de una dirección.

Paso 1 Coloque los largueros para losa de manera tal que se extiendan en ángulo recto con respecto al refuerzo principal. El diagrama de colocación indica el espaciado apropiado.

Paso 2 Coloque el refuerzo principal según lo indican los diagramas de colocación. Cada grupo de acero se ata en su lugar a medida que se coloca.

Paso 3 Coloque sillas altas en ángulos rectos con respecto al refuerzo principal.

Paso 4 Coloque barras de temperatura en ángulos rectos con respecto al refuerzo principal.

Paso 5 Coloque barras con armaduras en sillas altas. Asegúrese de que las barras con armadura estén en paralelo con el refuerzo principal.

En las losas de doble dirección, el refuerzo se coloca en la misma dirección dado que la losa distribuye la carga que se le aplica. Vea la *Figura 59*. Generalmente, el refuerzo consta de barras rectas y barras con armadura, o barras rectas superiores e inferiores ubicadas en **fajas** llamadas fajas de columnas y fajas centrales.

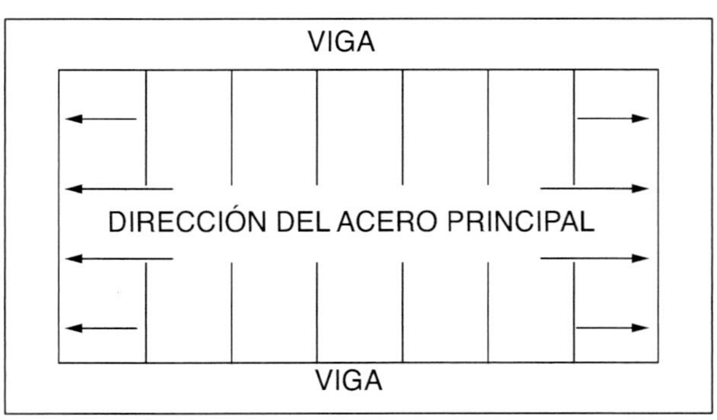

Figura 59 ◆ Losa de refuerzo de doble dirección.

El ancho de cada faja generalmente es la mitad de la distancia entre los centros de las columnas. Las fajas de columna suelen recibir más refuerzo que las fajas centrales. Se debe seguir una secuencia de colocación apropiada para evitar el roscado de las barras. Estudie detenidamente los diagramas de colocación.

Una secuencia general para la colocación del acero de refuerzo en una **losa plana** de doble dirección con barras rectas y con armadura es como se indica a continuación:

Paso 1 Coloque líneas continuas de largueros para losas en dirección este-oeste. El espaciado apropiado se provee soporte en los diagramas de colocación.

Paso 2 Coloque los tramos de largueros para losa necesarios en las fajas de columna de este a oeste en ángulo recto con respecto a la losa.

Paso 3 Coloque las barras rectas inferiores en dirección norte-sur en las fajas de columna y centrales.

Paso 4 Coloque las barras rectas inferiores en dirección este-oeste en las fajas de columna.

Paso 5 Coloque tres hileras de barras de soporte N.° 4 en sillas altas en dirección este-oeste en el cabezal de cada columna. Amarre la barra de soporte central a las barras verticales de la columna.

Paso 6 Coloque las barras con armadura en dirección norte-sur en las fajas de columna.

Paso 7 Coloque las barras rectas superiores. Estas barras suelen estar colocadas dentro del punto de doblez hacia abajo de las barras con armadura con dirección este-oeste.

Paso 8 Coloque las barras con armadura en dirección este-oeste en las fajas de columna. Por lo general, las barras con armadura de dirección este-oeste que se apoyan sobre la faja central, recta y de norte a sur y sobre las barras inferiores, están inclinadas lateralmente de modo que descansen sobre las barras superiores de dirección norte-sur.

Paso 9 Coloque tres hileras más de barras de apoyo N.° 4 sobre sillas altas en las fajas de columna de dirección norte-sur y este-oeste. Se deben colocar dos hileras en todos los bordes de las losas.

Paso 10 Coloque las barras con armadura en dirección norte-sur en la faja central.

Las barras de refuerzo deben fabricarse de acuerdo con los diseños hechos por los ingenieros para la estructura en particular. La mayor parte de la fabricación se realiza en talleres, pero una cierta parte debe hacerse siempre en el campo. La fabricación de las barras de refuerzo incluye el cortado, doblado y empalmado de las barras de acuerdo con ciertas tolerancias y códigos establecidos por el Instituto Estadounidense de Concreto.

7.0.0 ◆ CONCRETO POSTENSADO

Cuando se aplica una carga a una losa de concreto convencional, como la plataforma de un garaje de estacionamiento elevado, el concreto se combará y puede desarrollar fisuras. El uso de barras de refuerzo en la losa tiende a combatir este problema, pero no es suficiente para impedir las fisuras bajo cargas pesadas.

La solución es el postensado, en el que se coloca un tendón de acero en la forma con los extremos sobresaliendo. El tendón se coloca según un diagrama de perfil de postensado desarrollado por un ingeniero calificado. La *Figura 60* es un ejemplo de perfiles de postensado para vigas postensadas. El diagrama del perfil de viga de varios tramos muestra de qué manera los tendones atraviesan la parte superior de una columna.

Un tendón consta de una barra o un filamento, junto con los accesorios y el revestimiento de anclaje. El filamento suele constar de siete alambres de acero de ½" de diámetro enroscados entre sí. Una vez que el concreto se haya endurecido alrededor del tendón, un extremo se debe anclar y el otro se tensa con una base niveladora hidráulica especial. Una vez que se alcanzó la tensión deseada, se asegura el otro anclaje.

Existen dos tipos de postensado: adherente y no adherente. En el postensado adherente, se inserta un conducto de acero o plástico en la forma. Una vez que se vertió el concreto y se ha endurecido, el filamento se enrosca a través del conducto. Se aplica tensión y luego el conducto se llena con lechada.

La *Figura 61* muestra los tendones de postensado que sobresalen del concreto recién vertido. Una vez que se anclaron los tendones, se cortan y se sellan las aberturas (*Figura 62*).

En un sistema no adherente, el filamento se cubre con una grasa anticorrosiva y se envuelve con un recubrimiento plástico impermeable. Todo el conjunto se coloca en la forma antes de que se vierta el concreto.

El filamento de alambre roscado se utiliza en estructuras grandes. En las estructuras pequeñas es más común la barra roscada. Para anclar la barra se utiliza una placa de montaje y tuerca.

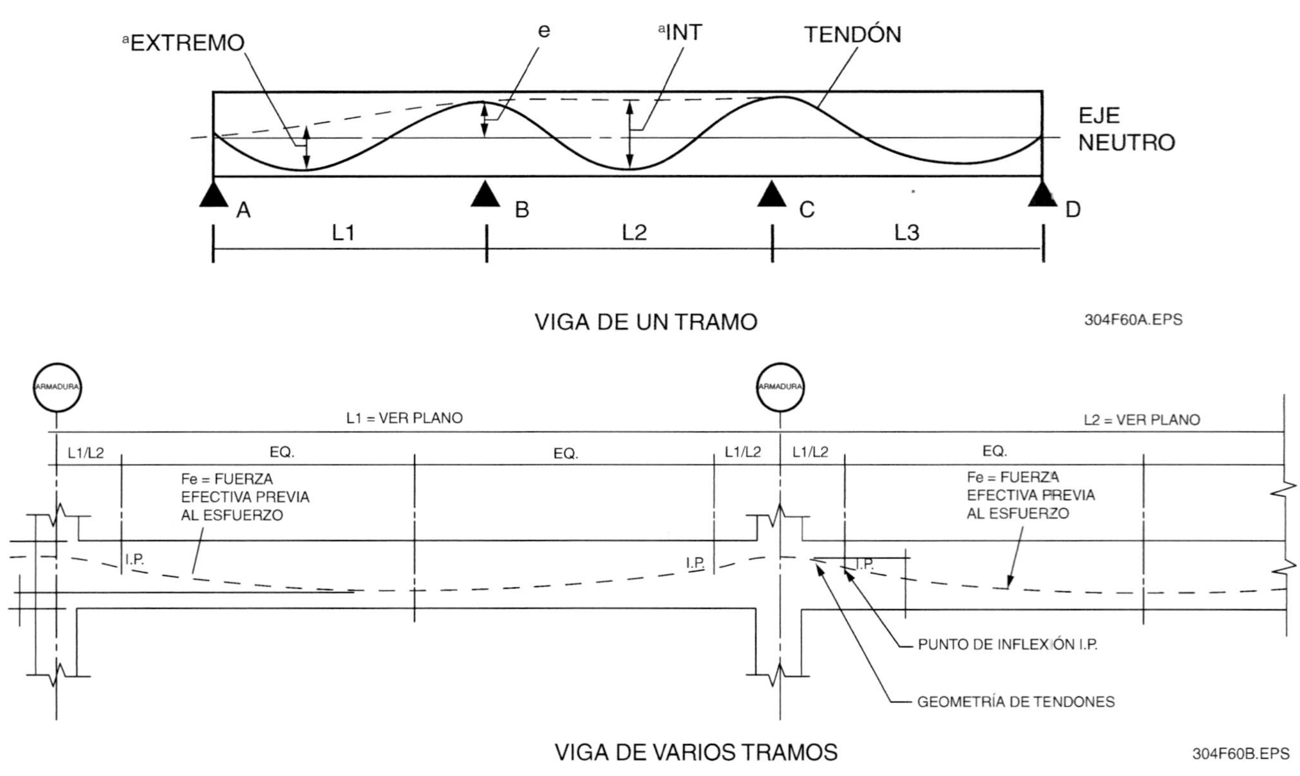

Figura 60 ◆ Ejemplos de perfiles de tendones.

304F61.EPS

Figura 61 ◆ Postensado de tendones.

304F62.EPS

Figura 62 ◆ Aperturas de tendones selladas.

Resumen

El concreto utilizado en estructuras debe reforzarse de manera apropiada con malla de alambre o barras de acero. Los trabajadores que colocan y amarran las barras de refuerzo deben poder identificar los distintos tipos y tamaños de barras de refuerzo, así como los diferentes tipos de soportes utilizados para suspender las barras de refuerzo en el concreto.

Además de los materiales y accesorios utilizados para reforzar el concreto, este módulo brinda información general sobre el cortado, el doblado, la colocación, el empalme y el amarre del acero de refuerzo para las piezas de concreto reforzado. Si bien existen métodos generales para colocar el acero de refuerzo en diversos tipos de componentes estructurales, los diagramas de colocación brindan las especificaciones y ubicaciones exactas que rigen el acero de refuerzo. Los diagramas de colocación determinarán cuál es el sistema más eficaz de colocación de las barras.

Notas

Preguntas de repaso

1. La adhesión del concreto a las barras de refuerzo se llama _____.
   a. resistencia a la compresión
   b. resistencia a la tensión
   c. unión cohesiva
   d. unión del concreto

2. Los zunchos de columna se utilizan principalmente para _____.
   a. prevenir el deslizamiento vertical de las barras horizontales
   b. prevenir el pandeo de las barras verticales
   c. asegurar las barras verticales a las formas
   d. espaciar las barras horizontales utilizadas en las columnas

3. El marcado en una barra de refuerzo indica toda la siguiente información sobre la barra, *excepto* su _____.
   a. peso
   b. grado
   c. longitud
   d. tipo de acero

4. Un porta keel (tinte rojo) se utiliza para sostener _____.
   a. una cizalla
   b. un percutor
   c. una esteatita
   d. un limpiador de punta

5. Las dimensiones A y G para la fabricación de barras en una lista de barras se refieren a _____.
   a. los dobleces
   b. las monturas
   c. los estribos
   d. los ganchos

6. En una lista de barras, se pueden especificar hasta _____ tipos de barras.
   a. tres
   b. cuatro
   c. cinco
   d. seis

7. Existen _____ tipos de ganchos en uso general, cada uno definido por el tamaño del ángulo del gancho.
   a. tres
   b. cuatro
   c. cinco
   d. seis

8. La tolerancia de fabricación para el tramo de una barra N.° 7 con gancho es _____.
   a. ±¼"
   b. ±½"
   c. ±¾"
   d. ±1"

9. Los soportes de barra de alambre de acero pueden estar disponibles hasta en _____ clases.
   a. tres
   b. cuatro
   c. cinco
   d. seis

10. La malla de alambre soldado está diseñada por un código de cuatro partes. Las dos primeras partes identifican _____.
    a. el productor
    b. el calibre del alambre
    c. la resistencia
    d. el tamaño de la malla

11. El recubrimiento de concreto típico para las armaduras en espiral y los amarres en columnas es _____.
    a. ¾"
    b. 1"
    c. 1¼"
    d. 1½"

12. Un doblador manual se puede utilizar para doblar barras de refuerzo de tamaños hasta N.° _____.
    a. 4
    b. 5
    c. 8
    d. 10

Preguntas de repaso

13. El amarre que se utiliza para evitar que las barras horizontales se desplacen durante la colocación del concreto se llama _____.
    a. amarre de resorte
    b. amarre cuadrado
    c. amarre envolvente y cuadrado
    d. amarre envolvente y de resorte

14. El amarre de una barra de refuerzo en un encofrado horizontal se logra mejor en una posición _____.
    a. con las piernas rígidas
    b. en cuclillas
    c. de rodillas
    d. sentado

15. Una regla general para los empalmes solapados con amarre es que la superposición de las barras debe ser de un mínimo de 12" o _____ veces el diámetro de la barra, lo que sea mayor.
    a. 20
    b. 25
    c. 30
    d. 35

Términos especializados introducidos en este módulo

Alambre de amarre: Alambre (por lo general, de calibre 16, 15 o 14) que se usa para sujetar intersecciones de barras de refuerzo y mantenerlas en su lugar hasta que se complete el vertido de concreto.

Ataguías: Pilares que generalmente se extienden a través del agua o tierra suave hacia tierra sólida o roca; también se les conoce como pilotes excavados colados en el lugar.

Barras de apoyo: Barras que descansan sobre silletas altas o silletas para barras y dan apoyo a las barras superiores en las losas o viguetas, respectivamente. Por lo general son barras N.° 4 y pueden reemplazar barras de temperatura de un número similar en las losas mediante un empalme solapado hecho correctamente; también se utilizan longitudinalmente en las vigas para dar apoyo a las partes superiores de los estribos. También se las llama barras ascendentes.

Barras de temperatura: Barras que se distribuyen por todo el concreto para minimizar las fisuras ocasionadas por los cambios de temperatura y la retracción del concreto.

Caballetes de columna: Apoyos de madera o metal que se utilizan de a dos o más como armadura principal y se ubican en una posición cómoda para colocar zunchos al prefabricar jaulas de columnas, vigas o pilotes.

Cabecero: Viga, vigueta o losa armada corta que generalmente se coloca en las aberturas del suelo para soportar piezas similares que terminan en la abertura.

Cabezal de pilote: Pieza estructural que se coloca en la parte superior de un grupo de pilotes y se usa para transmitir cargas de la estructura a los pilotes.

Camisa: Tubo que recubre una barra, pasador, perno de anclaje o elemento similar.

Cara anterior: Cara más cercana a la persona que la mira, que puede ser interior o exterior, según si la persona se encuentra adentro mirando hacia fuera o afuera mirando hacia dentro.

Cara posterior: La cara más alejada a la persona que la mira (por ejemplo, de un muro), que puede ser interior o exterior, según si la persona se encuentra adentro mirando hacia fuera o afuera mirando hacia dentro.

Columna con armadura en espiral: Apoyos de madera o metal que se utilizan de a dos o más como armadura principal y se ubican en una posición cómoda para colocar zunchos al prefabricar jaulas de columnas, vigas o pilotes.

Columna: Poste o pieza estructural vertical que sostiene una viga del piso, viga maestra u otra pieza horizontal, y que soporta una carga principalmente vertical.

Concreto armado: Concreto que se ha colocado por entre algún tipo de armadura de acero. Después de curado el concreto, la armadura provee mayor resistencia a la tracción y al corte por compresión diametral. Casi todo el concreto se arma y refuerza de alguna manera.

CRSI: Instituto del Concreto con Armadura de Acero.

Diagramas de colocación: Diagramas detallados que indican el tamaño, la ubicación, el espaciado de las barras y demás información necesaria para colocar la armadura de acero.

Doblador manual: Herramienta manual con una mordaza de apertura lateral que se utiliza para hacer palanca y doblar barras o tubos en la obra.

Doblez especial: Todos los dobleces en tolerancias especiales; todos los dobleces de radio en más de un plano; todos los dobleces en varios planos que contienen uno o más dobleces de radio; y todos los dobleces de las unidades de premoldeado.

Doblez leve: Todas las barras N.° 3, todos los estribos y zunchos y todas las barras N.° 4 a N.° 8 que se doblan en más de seis puntos en un plano; todo doblez de radio en un único plano con más de un radio en cualquiera de las barras (tres como máximo); o la combinación de un doblez de radio y otro tipo de doblez en un plano (doblez de radio se refiere a todo doblez con un radio de 30 cm [12″] o más en el interior de la barra).

Doblez pronunciado: Todas las barras N.° 3, N.° 4 a N.° 8 que se doblan en menos de seis puntos en un plano; también se conoce como doblez de radio único.

Empalme de contacto: Manera de conectar barras de armadura en la cual las barras están solapadas y en contacto directo.

Empalme solapado: Unión de dos barras de armadura que se hace solapándolas lado a lado, o la longitud de superposición de dos barras; de manera similar, superposición de los lados y extremos de planchas o rollos de tejido de alambre soldado.

Empalmes alternados: Empalmes en barras que no se hacen en el mismo punto.

Enganches: Dispositivos que se colocan en el concreto para permitir el enganche de un perno o tornillo que sujete ángulos de asiento, maquinaria, etc.

Estribos: Barras de armadura que se usan en las vigas para resistir tensiones de corte; típicamente consisten en una barra de acero doblada en forma de U o de caja que se instala perpendicular a la armadura longitudinal.

Fajas: Bandas de barras de armadura en un diseño de losas o placas planas. La faja de columna tiene un ancho equivalente a un cuarto del panel a cada lado de la línea de centro de la columna, y va de columna a columna. La faja central tiene un ancho equivalente a la mitad del panel, ocupa la mitad central del tramo entre columnas y está paralela a las fajas de columna.

Fleje: Grupo de barras que se colocan en un zuncho de columna o un lugar con cierta cantidad de acero.

Gancho: Codo de 180° (semicircular) o 90° en el extremo libre de una barra, que sirve de anclaje al concreto. Los codos de 90° y de 135° se utilizan únicamente para los estribos y los zunchos de columna.

Lista de barras: Lista de materiales de un lugar de trabajo que detalla todas las cantidades, tamaños, largos, grados, ubicaciones y tamaños de pliegues de las barras que se utilizarán.

Losa plana: Losa de concreto armada en dos o más direcciones, con paneles de refuerzo, generalmente sin vigas, y con o sin capiteles de columna.

Muro de cortina simple: Muro de concreto que contiene una capa simple de barras de armadura verticales y horizontales en el centro del muro.

Muro de doble cortina: Muro de concreto con una capa de refuerzo en cada cara.

Muro de retención: Muro con armadura para contener o retener tierra, agua, granos, carbón o arena.

Orificio de drenaje: Abertura de purga de un muro.

Paquete de barras: Paquete compuesto por barras de un mismo tamaño, largo o marca (pila), con las siguientes excepciones: se pueden armar paquetes con muy pocas barras para mayor practicidad; además, se pueden agrupar barras de distintos largos o marcas que se colocarán lado a lado.

Pasador: Barra que conecta dos secciones de concreto coladas por separado. Si una barra se extiende desde una sección de concreto hasta otra, se dice que está enclavijada en la sección adyacente.

Paso: Espaciado de centro a centro entre los giros de una espiral.

Patrón: Dispositivo que se usa para posicionar y sujetar pasadores, trazar perforaciones para pernos o enganches, etc.

Pila: Estructura autoportante con un mínimo de dos pies que se ubica en ángulo recto a lo largo de la estructura que sustenta, como las columnas y el cabezal que sirven de apoyo a los tramos de un puente.

Planificación: Tabla en los diagramas de colocación que enumera el tamaño, la forma y la disposición de elementos similares.

Rebaje: Subestructura de apoyo que se encuentra a cada extremo de un puente.

Recubrimiento de concreto: Distancia entre la superficie exterior del concreto y la armadura de acero; también se conoce como ignifugación, resguardo o protección de concreto.

Tramo: Distancia horizontal entre los apoyos de un miembro como una viga, viga maestra, losa o vigueta; además, distancia entre los pilares o topes de un puente.

Viga continua: Viga que se extiende sobre tres o más apoyos (incluidos los apoyos de extremo).

Viga maestra: Viga principal que sirve de apoyo para otras vigas.

Viga simple: Viga apoyada en cada extremo (dos puntos) y no de manera continua.

Viga: Pieza estructural horizontal.

Zuncho: Barra de armadura doblada en forma de caja y utilizada para sujetar las barras longitudinales de las columnas y vigas también se les conoce como estribos.

Zunchos de columna: Barra que se dobla para armar formas cuadradas, rectangulares, circulares, en "U", etc., para sostener barras verticales de columnas lateralmente y prevenir el pandeo de las barras verticales bajo carga de compresión.

Recursos adicionales

Este módulo tiene como objetivo presentar un recurso sólido para el entrenamiento de tareas. Se recomiendan los siguientes trabajos de referencia para profundizar el estudio. Estos son materiales ideales para una capacitación continua más que para el entrenamiento de tareas.

Placing Reinforcing Bars (Colocación de barras de refuerzo), 2005. Concrete Reinforcing Steel Institute (CRSI).

Manual of Standard Practice (Manual de práctica estándar), Última edición. Concrete Reinforcing Steel Institute (CRSI).

SERIE EDUCATIVA CONTREN® — COMENTARIOS DEL USUARIO

NCCER hace el esfuerzo de mantener estos libros de texto actualizados y libres de errores técnicos. Apreciamos su ayuda en este proceso. Si tiene una idea para mejorar este libro de texto, o si encuentra algún error, ya sea tipográfico, o de contenido en los libros de texto de *Contren*®, favor de escribirnos usando esta forma o una fotocopia de la misma. Asegúrese de incluir el número exacto del módulo, la página, una descripción detallada, y la corrección, si es aplicable. Su comentario será traído a la atención del comité técnico de revisión. Gracias por su ayuda.

Instructores – si usted encontró que algún material adicional es necesario para enseñar este módulo con eficacia, por favor déjenos saber para poder incluirlos en la lista de Equipo y Materiales en la guía anotada del instructor.

Dirección postal: Departamento de Desarrollo de Productos
National Center for Construction Education and Research
3600 NW 43rd Street, Bldg. G, Gainesville, FL 32606

Fax: 352-334-0932

E-mail: curriculum@nccer.org

Oficio ________________ Nombre del Módulo ________________

Fecha del Copyright ________ Número del Módulo ________ Número(s) de Página(s) ________

Descripción
____
____
____
____

Corrección (opcional)
____
____
____

Su nombre y dirección (opcional)
____
____
____

Manejo y colocación de concreto

27305-07

27305-07
Manejo y colocación de concreto

Los temas que se presentarán en este módulo incluyen:

Generalidades

En proyectos comerciales e industriales de gran magnitud, los carpinteros participan hasta cierto punto en el manejo y la colocación del concreto. El trabajo con concreto representa las tareas que se desarrollan en una obra durante gran parte del tiempo. Este módulo le proporcionará conocimientos sobre el equipo y los métodos utilizados en la colocación y el acabado del concreto, así como sobre el uso de diversos tipos de uniones utilizadas para minimizar y controlar la formación de fisuras.

Objetivos

Cuando haya completado este módulo, podrá hacer lo siguiente:

1. Reconocer los diversos equipos utilizados para transportar y colocar el concreto.
2. Describir los factores que contribuyen a la calidad de la colocación del concreto.
3. Demostrar los métodos correctos para colocar y compactar el concreto dentro de las formas.
4. Demostrar cómo se utiliza una regla para sacudir y nivelar el concreto a la altura correcta en una forma.
5. Demostrar cómo utilizar herramientas para la colocación, flotación y acabado del concreto.
6. Determinar el momento oportuno en el que las condiciones permiten comenzar con la operación de acabado del concreto.
7. Nombrar los factores que afectan al curado del concreto y describir los métodos utilizados para lograr un curado correcto.
8. Aprender a tomar las debidas precauciones y medidas de seguridad al usar herramientas automáticas y manuales cuando se trabaja con concreto.

Términos especializados

Compactación del concreto	Exudación
Descantillado	Fraguar
Elastomérico	Lechada de cemento
	Separación

Materiales necesarios para el estudiante

1. Lápiz y papel
2. Equipo protector personal adecuado

Prerrequisitos

Antes de comenzar este módulo, se recomienda haber finalizado con éxito los cursos *Currículo Básico; Introducción a la Carpintería Nivel Uno; Estructuras y Acabados de Carpintería Nivel Dos;* y *Formas para Carpintería Nivel Tres,* Módulos 27301-07 al 27304-07.

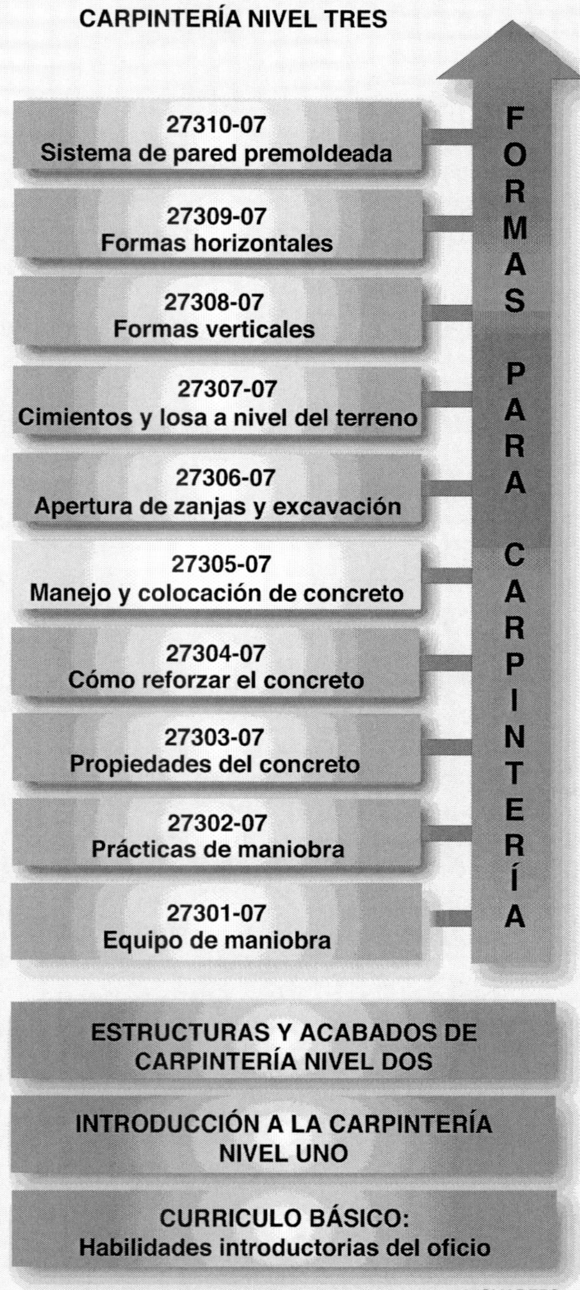

305CMAP.EPS

Este mapa del curso muestra todos los módulos del tercer nivel del currículo de *Carpintería.* El orden de entrenamiento sugerido comienza de abajo hacia arriba. Los niveles de dificultad aumentan a medida que usted avanza en el mapa del curso. Es posible que el auspiciador del programa de entrenamiento local ajuste el orden de entrenamiento.

1.0.0 ◆ INTRODUCCIÓN

Es importante que comprenda los métodos correctos para el manejo y la colocación del concreto. Existen muchas razones para que lo haga. En primer lugar, frecuentemente se requiere que los carpinteros desempeñen alguna función de este trabajo en un proyecto específico. En segundo lugar, los carpinteros destinan mucho tiempo de su trabajo a tareas relacionadas con la colocación del concreto. Esto resulta más evidente cuando el carpintero está trabajando en los inicios de un proyecto durante la construcción de apoyos de cimentación, cimientos, paredes, etc., para una estructura.

Este módulo presenta los procedimientos, las herramientas y el equipo requeridos para el manejo, la colocación y el acabado del concreto en una obra. La información proporcionada en este módulo da por sentado que todas las formas de concreto requeridas están construidas e instaladas. La información acerca de la construcción y el uso de diversas formas de concreto se analiza en los módulos *Cimientos y losa a nivel del terreno, Formas horizontales* y *Formas verticales*.

Es necesario efectuar una planificación anticipada para evitar demoras o problemas en la colocación o el acabado del concreto que deriven en gastos innecesarios. Para lograr la mejor productividad y un trabajo de calidad, se deben planificar las tareas para lograr un uso óptimo de los materiales, el personal y los equipos. Se deben completar todos los pasos de preparación; se debe disponer de las herramientas y el personal correctos; las condiciones climáticas deben ser favorables y el concreto debe estar ordenado y disponible cuando se lo necesite.

Las tareas básicas relacionadas con la colocación y el acabado del concreto son:

- Movimiento y manejo del concreto
- Colocación de concreto en formas
- **Compactación del concreto**
- Acabado

PARA PENSAR

Concreto versus mortero

El punto central de este módulo es el manejo y colocación del concreto. ¿Qué es el concreto y cómo se diferencia del mortero?

2.0.0 ◆ UNIONES EN ESTRUCTURAS DE CONCRETO

Antes de proseguir con el análisis del equipo y los métodos para la colocación y el acabado del concreto, es importante que se familiarice con las diferentes clases de uniones de concreto que encontrará en su trabajo y el propósito específico de cada tipo de junta. Esta información preparatoria se presenta en este módulo para que usted pueda apreciar la necesidad de construir uniones en forma correcta a medida que ejecuta tareas relacionadas con el trabajo de manejo y acabado del concreto. Se construyen uniones en estructuras de concreto para poder hacer lo siguiente:

- Controlar la formación de fisuras en el concreto debido a cambios en la temperatura y la humedad
- Permitir el desplazamiento de cimientos o de componentes del edificio
- Aumentar la resistencia a la tensión
- Añadir características al aspecto decorativo del concreto

Las uniones se pueden agrupar en cuatro clases: uniones de construcción, uniones de expansión o aislamiento, uniones de control y uniones decorativas.

2.1.0 Uniones de construcción

Las uniones de construcción se forman en el punto en el que se interrumpe temporalmente la colocación del concreto. Un ejemplo de una junta de construcción es la junta generada por un tabique para dividir una gran superficie de piso en superficies de tamaños razonables. Otro ejemplo es la junta que se forma entre las capas sucesivas de concreto colocadas en una forma para pared. En la *Figura 1* se muestran algunos métodos habitualmente utilizados para la formación de uniones de construcción.

En circunstancias ideales, el uso de uniones de construcción debe ser el mínimo indispensable porque pueden representar una fuente de pérdidas de agua. Cuando trabaje con uniones de construcción, tomar las debidas precauciones para garantizar que exista una buena adherencia entre una capa del concreto y la siguiente.

Para lograr una buena adherencia en una junta de construcción, proceda de la siguiente forma:

- Limpie cuidadosamente la superficie de la primera capa de concreto. Utilice un cepillo de alambre para limpiar el concreto y así dejar al descubierto el agregado grueso antes de que se endurezca por completo la primera capa.

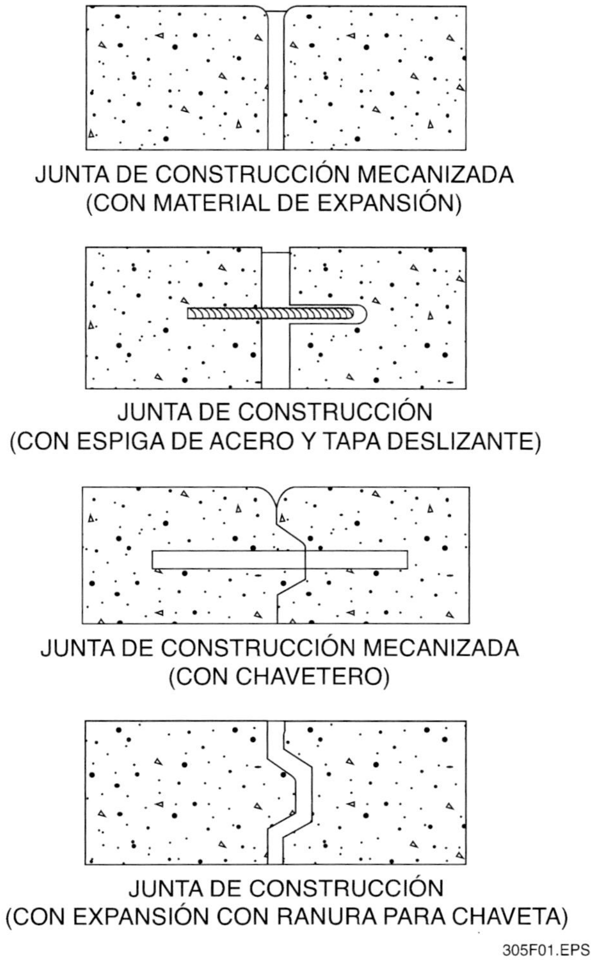

Figura 1 ◆ Tipos de uniones de construcción.

- Humedezca la superficie de la primera capa de concreto.
- Aplique una capa de **lechada de cemento** pórtland sobre la superficie de la primera capa de concreto. También hay agentes de adherencia para este propósito. Ahora puede comenzar a colocar la siguiente capa de concreto.

Para lograr una buena adherencia entre el concreto fresco y el colocado antes en una junta de construcción, se debe preparar correctamente el concreto colocado previamente. Esto es especialmente importante si la junta debe ser impermeable y duradera. Se debe limpiar la superficie del concreto colocado previamente para que no presente restos de lechada de cemento, suciedad, aceite y grasa, compuesto de curado, concreto sin endurecer y otros residuos. Se debe raspar ligeramente la superficie. Además de pasar el cepillo de alambre, dos métodos usados habitualmente para limpiar una junta de construcción son el lavado con chorro de arena húmeda y el lavado con presión de agua. Una junta con la preparación correcta tendrá un aspecto limpio, uniforme y nítido similar al de una interrupción reciente en concreto en buenas condiciones.

2.2.0 Uniones de aislamiento

Las uniones de aislamiento (*Figura 2*), también llamadas uniones de expansión, se utilizan para separar diferentes partes de una estructura para permitir movimientos tanto verticales como horizontales. Por ejemplo: las uniones de aislamiento se utilizan para separar una losa de concreto nueva de materiales de construcción adyacentes o de concreto curado anteriormente. También se utilizan alrededor del perímetro de una losa de piso flotante y de pilotes para columnas y otras formas para cimientos aislados. Las uniones de aislamiento permiten que el concreto nuevo se expanda y contraiga a su propio ritmo, sin verse afectado por las diferentes velocidades de curado de los materiales adyacentes.

Las uniones de aislamiento se crean antes de colocar el concreto instalando franjas premoldeadas de $\frac{1}{4}$" a $\frac{1}{2}$", fabricadas típicamente con fibra

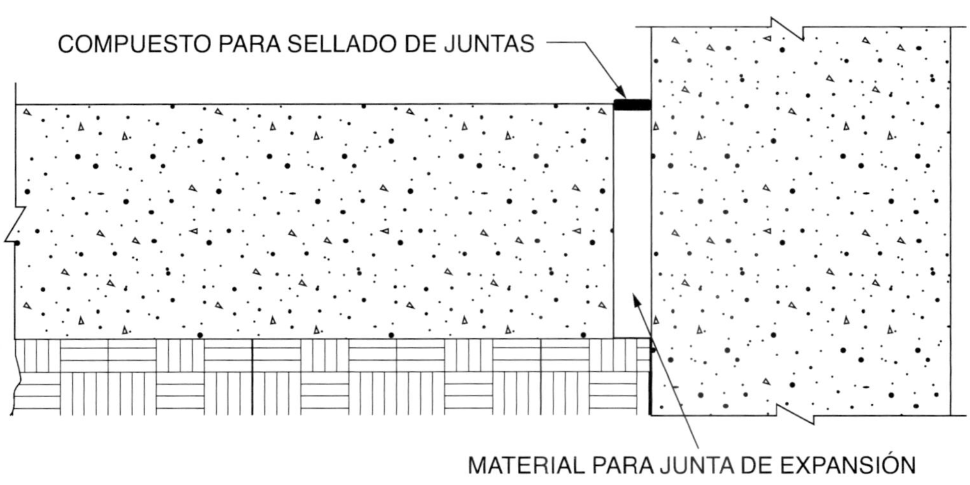

Figura 2 ◆ Junta de aislamiento.

saturada con asfalto o materiales similares, en los sitios necesarios. Las franjas se deben extender por todo el espesor de la losa y se pueden colocar de modo que el borde superior quede a la misma altura que el nivel terminado de la losa en sitios donde no existan riesgos de seguridad relacionados con tropezones. Si las uniones no se instalan a la misma altura que el nivel terminado, la unión se suele sellar con compuesto para sellar uniones. Las franjas premoldeadas permanecen instaladas en forma permanente una vez que el concreto ha terminado de **fraguar**. Las franjas se pueden colocar a nivel de la superficie para establecer la línea de alisado con regla.

2.3.0 Uniones de control

Las uniones de control, también llamadas uniones de contracción, se utilizan en una estructura de concreto para inducir la formación de fisuras en puntos deseados en vez de que se formen en puntos aleatorios. Las uniones de control compensan la contracción del concreto causada por el secado. Si no se utilizan uniones de control en losas o paredes con refuerzos livianos, se registrarán fisuras aleatorias. En la *Figura 3* se muestran algunos ejemplos de diferentes clases de uniones de control. Las uniones de control se pueden ejecutar empleando una acanaladora de mano o se pueden serruchar con una sierra eléctrica equipada con una hoja para concreto. Entre otros de los métodos utilizados para ejecutar uniones de control se incluyen: franjas de plástico, barras T de acero o franjas de polietileno en el concreto.

En el caso de las losas, la profundidad de las uniones de control debe ser de al menos un quinto a un cuarto del espesor de la losa, con un mínimo de 1" para todas las losas. El mecanizado manual de las uniones de control exige que la acanaladora de mano tenga la profundidad suficiente requerida por el espesor de la losa. Si se ejecuta una unión cortada con sierra en una losa, se debe cortar en el concreto después de que haya endurecido lo suficiente, pero antes de que la losa comience a agrietarse. Para evitar problemas de fisuras, algunos acabadores de concreto ejecutan uniones con una acanaladora de mano primero para después cortarlas a mayor profundidad con una sierra.

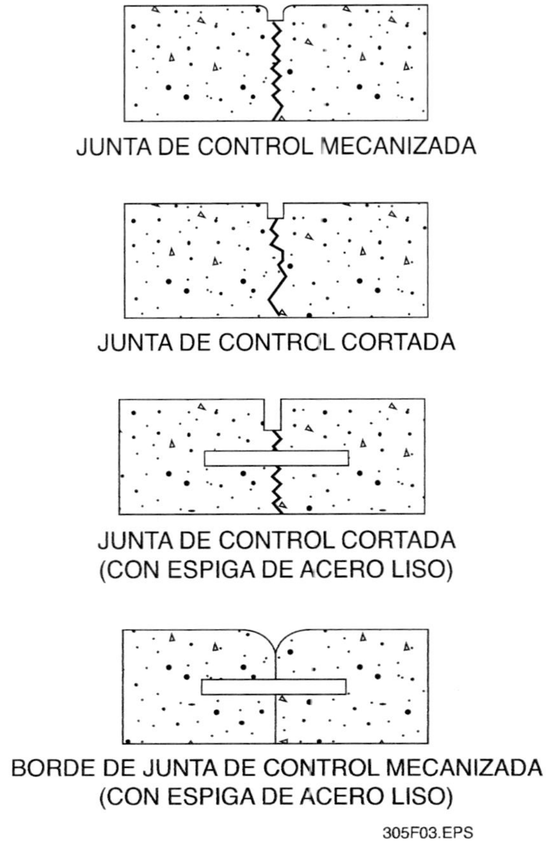

Figura 3 ◆ Tipos de uniones de control.

2.4.0 Uniones decorativas

Las uniones decorativas (*Figura 4*) se ejecutan para crear patrones y diseños decorativos. Por ejemplo: se puede utilizar una acanaladora manual para ejecutar una unión que divida una losa de concreto en espaciadores atractivos. Se pueden ejecutar otras uniones colocando encastres de madera decorativa (secuoya, cedro o con tratamiento a presión) en el concreto para generar espaciadores y/o diseños atractivos.

CARRIL INTERNO

Cómo identificar uniones de construcción y control en planos de construcción

Las uniones de construcción y de control tienen la misma abreviatura (CJ) en los planos. Sin embargo, las uniones de construcción se dibujan con líneas más anchas que las correspondientes a uniones de control.

3.0.0 ◆ MOVIMIENTO Y MANEJO DEL CONCRETO

El transporte y el manejo del concreto implican el uso de equipos tanto externos como propios de la obra. El equipo externo se utiliza para mezclar y transportar el concreto de la planta de cemento a la obra. El equipo en obra se utiliza en la obra para mezclar, mover y colocar el concreto.

3.1.0 Equipo externo para mezclar y transportar concreto

Habitualmente, el concreto comercial utilizado para la construcción se produce según especificaciones en una planta externa de amasado o en un aplanta central de mezclado. Los componentes típicos de ambos tipos de planta incluyen: canastos de almacenamiento con compartimientos para los diferentes grados de agregados, canastos de almacenamiento para cada tipo de cemento, medidor por peso para proporcionar el cemento y los agregados, un medio para medir el agua y algunos medios para controlar el proceso de medición. La disposición y el tamaño de los componentes quedan determinados por el diseño y el tipo de planta. Podrá encontrar información detallada acerca de la composición del concreto y los diferentes tipos de mezclas de concreto en el módulo *Propiedades del concreto*.

Las plantas de amasado (*Figura 5*) son plantas de mezcla en seco; eso quiere decir que sólo proporcionan o miden los ingredientes pero que no los mezclan. La mezcla efectiva del concreto se efectúa en los camiones concreteros, que llevan el concreto a la obra. Como el concreto se mezcla en el camión, la mezcla se puede controlar de modo que se pueda transportar el concreto distancias cortas o largas antes de descargarlo. Los camiones utilizados para transportar concreto pueden tener descarga trasera o delantera (*Figura 6*). Las mezcladoras de descarga delantera son populares porque permiten gran capacidad de maniobra y que el chofer pueda distribuir el concreto moviendo el canal mediante un sistema hidráulico sin necesidad de salir de la cabina.

Las plantas centrales de mezcla son plantas de mezclado en húmedo; eso quiere decir que producen concreto plástico totalmente mezclado. Una vez mezclado, el concreto se lleva a la obra en camiones. Durante el trayecto, se evita que el cemento plástico fragüe prematuramente mediante agitación generada por el mecanismo de mezcla del camión. En el caso del concreto mezclado en planta, una práctica habitual es mezclar el concreto hasta el punto en el que el medidor de asentamiento de la planta indica que puede predecirse el asentamiento deseado; posteriormente, se termina de mezclar el concreto en la obra. Este procedimiento se denomina premezclado. Como el concreto es plástico cuando sale de la planta, la distancia máxima que puede transportarse antes de tener que descargarlo normalmente es inferior a la permitida para el concreto mezclado en camiones.

305F04.EPS

Figura 4 ◆ Tipos de uniones decorativas.

305F05.EPS

Figura 5 ◆ Planta de amasado de concreto.

305F06.EPS

Figura 6 ◆ Concretera de descarga delantera.

3.2.0 Equipo en obra para mezclar, transportar y colocar concreto

Cuando la obra se encuentre en una zona alejada en la que no se dispone de servicio de entrega de concreto, o cuando se justifique su costo por una cantidad suficiente de concreto necesaria para la obra, se suelen utilizar equipos de amasado y mezclado de concreto móviles situados en la obra. Entre algunos de los motivos para el uso de equipos móviles de producción de concreto podemos mencionar: se eliminan los tiempos de espera hasta que llegan los camiones, se puede personalizar la mezcla de concreto según diferentes requisitos de colada propios de la obra, se puede limitar la cantidad de concreto producida según las necesidades. Las plantas móviles de amasado de concreto y las mezcladoras volumétricas son dos tipos de equipos móviles utilizados habitualmente para producir concreto en la obra. Las plantas móviles de amasado de concreto como la que se muestra en la *Figura 7* se montan sobre al menos un acoplado para transportarlas hacia y desde la obra. Las plantas móviles de amasado de concreto tienen canastos de carga superior para almacenar agregados y cemento y tanques de agua para guardar el agua. Dependiendo del fabricante, el modelo y el diseño, las plantas móviles de amasado de concreto tienen diversas capacidades de producción.

Las mezcladoras volumétricas son mezcladoras instaladas sobre camiones (*Figura 8*) que tienen tanques de agua y canastos de carga superior para almacenar agregados gruesos, agregados finos y cemento. Con una proporción correcta, los agregados gruesos, los agregados finos y el cemento secos suministrados desde los canastos se vierten simultáneamente sobre cintas transportadoras en el extremo de carga de la mezcladora que se encuentra en la parte posterior de la unidad. Allí, también se hace ingresar un flujo medido y predeterminado de agua. Mediante la acción de un conjunto mezclador, los ingredientes secos y el agua se mezclan rápida y completamente para generar una descarga continua de concreto. El mezclado y la descarga del concreto se pueden detener en cualquier momento y volver a iniciarse según lo determine el operador del vehículo. La posibilidad de iniciar y detener el mezclado y la descarga del concreto permite controlar la producción según las necesidades de las cuadrillas de colocación y acabado y otros requisitos de las obras. También permite que el camión se desplace a otros sitios de colocación de concreto dentro de la obra.

El concreto se desplaza por la obra y se coloca empleando una amplia variedad de equipos. El equipo específico utilizado dependerá del tipo de construcción y de la topografía de la obra. Habitualmente, entre el equipo utilizado podemos encontrar cubos accionados por grúas, bombas de concreto, canales y carretillas de empuje. Los equipos para transportar concreto se resumen en la *Tabla 1*.

Si se utilizan métodos o equipos de colocación incorrectos al momento de colocar el concreto se puede generar la **separación** de los materiales del concreto. La separación es la tendencia del agregado grueso a dividirse del mortero de arena y cemento. El resultado: parte de la mezcla tiene poco agregado grueso y el resto demasiado. Es muy probable que la porción con poco agregado grueso se contraiga y agriete; además, tendrá una resistencia deficiente al desgaste. La porción con demasiado agregado grueso es demasiado rígida para lograr una compactación y acabado completos. Usualmente, se puede evitar la separación siguiendo estos procedimientos de colocación:

- La caída del concreto siempre debe ser vertical.
- Se deben utilizar canales de caída para evitar que el concreto golpee el acero de refuerzo o el lateral de la forma que se encuentra por encima del nivel de la colocación.
- La distancia de caída libre del concreto no debe exceder los 4'.

305F07.EPS

Figura 7 ◆ Planta móvil de amasado de concreto.

305F08.EPS

Figura 8 ◆ Camión volumétrico.

Tabla 1 Métodos para transportar concreto (1 de 2)

Equipo	Tipo y alcance del trabajo al que el equipo se adapta mejor	Ventajas	Puntos que se deben controlar
Camión agitador	Se usa para transportar concreto para todos los usos en pavimentos, estructuras y edificios. Las distancias de recorrido deben permitir que la descarga de concreto se haga en 2-1/2 horas, pero puede que no se exija este límite en determinadas circunstancias.	Los camiones agitadores generalmente trabajan desde plantas centrales de mezclado, donde se produce concreto de calidad en condiciones controladas. La descarga de los agitadores está bien controlada. El concreto es uniforme en la descarga.	Sincronización de las descargas para adaptarse a la organización del trabajo. La cuadrilla y el equipo para el concreto deben estar listos en la obra para trabajar con el concreto. Pastones grandes.
Camión mezclador	Se usa para mezclar y transportar concreto al lugar de trabajo en trayectos cortos y largos. La distancia de los recorridos puede ser cualquiera.	No se necesita una planta central de mezclado, sólo una planta de dosificación, ya que el concreto se mezcla completamente en el camión mezclador. La descarga es la misma que para los camiones agitadores.	El control de la calidad del concreto no es tan bueno como el que se hace con el mezclado central. En la descarga es necesario hacer pruebas de asentamiento de la consistencia del concreto. Deben hacerse los preparativos cuidadosamente para recibir el concreto.
Camión sin agitación	Se usa para transportar concreto en trayectos cortos.	El costo de inversión del equipo sin agitación es menor que el de los camiones agitadores o mezcladores.	El asentamiento del concreto debe ser limitado. Posibilidad de separación. Se necesita una determinada altura para elevar el cuerpo del camión durante la descarga.
Mezcladora continua móvil	Se usa para la producción continua de concreto en el lugar de trabajo.	Un sistema móvil combinado de transporte y mezclado de materiales para lograr una proporción precisa del concreto especificado. Puede manejarlo una sola persona.	Para lograr una operación sin problemas, debe haber un buen programa de mantenimiento de prevención para el equipo. Los materiales deben ser idénticos a los de la dosificación original del diseño de la mezcla.
Grúa	Se usa para trabajar por encima y por debajo del nivel del suelo.	Puede trabajar con encofrados de armadura de acero para concreto y elementos varios en edificios altos con estructura de concreto.	Tiene un solo gancho. Debe hacerse la programación meticulosa entre los trabajos y las operaciones para mantenerla en funcionamiento.
Cucharas	Se usan en grúas y cables aéreos para la construcción de edificios y represas. Transportan el concreto directamente desde el punto central de descarga al encofrado o a un punto de descarga secundario.	Permiten que se aprovechen todos los diferentes usos de las grúas y los cables aéreos. Descarga limpia. Amplia variedad de capacidades.	Seleccionan la capacidad de la cuchara para que corresponda con el tamaño del pastón de concreto y la capacidad del equipo de colocación. La descarga debe ser controlable.
Carretillas	Para recorridos cortos en lugares planos en todos los tipos de construcciones con concreto en el lugar, especialmente cuando no es fácil acceder al área de trabajo.	Útiles para muchos usos diferentes y por lo tanto ideales para el interior y en las obras donde las ubicaciones cambian constantemente.	Lentas y de trabajo intensivo.
Canaletas	Para transportar concreto a un nivel más bajo (generalmente por debajo del nivel del suelo) en todo tipo de construcción con concreto.	De bajo costo y fáciles de maniobrar. No necesitan energía. La gravedad hace casi todo el trabajo.	Las pendientes oscilan entre 1 a 2 y 1 a 3, y las mangas deben tener un soporte adecuado en todas las posiciones. Están preparadas para que la descarga se haga por el extremo (bajante) para evitar la separación.
Cintas transportadoras	Para transportar concreto en dirección horizontal o vertical. Se usa normalmente entre el punto de descarga principal y el secundario. No es adecuado para transportar el concreto directamente al encofrado.	Las cintas transportadoras tienen un desviador de recorrido de alcance regulable y velocidad variable hacia atrás y adelante. Permiten colocar grandes volúmenes de concreto rápidamente cuando el acceso es limitado.	Debe prepararse para que la descarga se haga por el extremo para evitar la separación. No deja mortero en la cinta de retorno. En condiciones climáticas adversas (caluroso o ventoso) los tramos largos de cinta deben estar cubiertos.

Tabla 1 Métodos para transportar concreto (2 de 2)

Equipo	Tipo y alcance del trabajo al que el equipo se adapta mejor	Ventajas	Puntos que se deben controlar
Pistolas neumáticas	Se usa cuando debe colocarse el concreto en lugares difíciles, y donde se necesitan secciones angostas y áreas grandes.	Son ideales para colocar concreto en figuras de forma libre, para reparar y reforzar edificios, y como revestimientos delgados o de protección.	La calidad del trabajo depende de la habilidad de quienes usan el equipo. Sólo debe contratarse a operadores que tengan experiencia en el uso de las boquillas.
Bombas de concreto	Se usan para transportar el concreto directamente desde el punto central de descarga al encofrado o a un punto de descarga secundario.	Las tuberías ocupan poco espacio y pueden extenderse fácilmente. Descargan el concreto en un chorro continuo. Una bomba pluma móvil puede mover en concreto en dirección vertical y horizontal.	Debe haber un suministro constante de concreto plástico fresco con una consistencia media y sin tendencia a separarse. Debe tenerse cuidado al manejar la tubería para asegurar un flujo parejo y hacer una limpieza al finalizar cada operación. Si se bombea en dirección vertical en los dobleces y a través de mangueras flexibles, se reducirá considerablemente la distancia máxima de bombeo.
Canaletas de caída	Se usan para colocar el concreto en encofrados verticales de todos los tipos. Algunas canaletas son de una pieza, mientras que otras están formadas por un número de segmentos unidos sin ajustar.	Las canaletas de caída dirigen el concreto al encofrado y lo conducen a la parte inferior de los encofrados sin que haya separación. Su uso evita que se derrame lechada de cemento y concreto en los costados del encofrado, lo que es perjudicial cuando se especifican superficies fuera del encofrado. También impiden la separación de partículas gruesas.	Las canaletas de caída deben tener aberturas superiores biseladas y lo suficientemente grandes por las que pueda descargarse el concreto sin que se derrame. Debe elegirse la sección transversal de la canaleta de caída para poder insertarla en el encofrado sin interferir con la armadura de acero.
Mangas articuladas (tolvas)	Se usan para colocar concreto bajo el agua.	Pueden usarse para encauzar el concreto a través del agua y colocarlo en los cimientos u otra parte de la estructura que se esté moldeando.	Deben tomarse precauciones para garantizar que el extremo de descarga de la tolva siempre esté incrustado en el concreto fresco para mantener un sello entre el agua y la masa de concreto. El diámetro debe ser de 10 a 12 pulgadas (200 a 300 mm) a menos que se pueda usar presión. Pueden usarse bombas de concreto. Para la mezcla de concreto se necesita más cemento de 6½ a 8 bolsas por yarda cúbica (363 a 446 kg/m^3) y más grandes. El asentamiento debe ser de 6 a 9 pulgadas (150 a 230 mm) porque el concreto debe fluir y consolidarse sin vibraciones.
Distribuidores de tornillo	Se usan para distribuir el concreto sobre áreas planas, como pavimentos.	Con un distribuidor de tornillo, un pastón de concreto que se descarga de una cuchara o un camión puede distribuirse rápidamente sobre un área amplia hasta una profundidad uniforme. El concreto distribuido tiene una buena uniformidad de compactación antes de que se haga la compactación final por vibrado.	Los tornillos generalmente se usan como parte de un tren de pavimentación. Deben usarse para distribuir antes de aplicar vibraciones.

305T01.EPS

3.2.1 Grúas y cubos

Las grúas equipadas con cubos para concreto se utilizan ampliamente para transportar concreto a elevaciones por encima o por debajo del nivel del terreno. En proyectos de grandes dimensiones, esto se suele efectuar empleando una grúa tipo torre similar a la que puede verse en la *Figura 9*. La grúas tipo torre (pico de martillo) pueden girar 360 grados; eso les permite alcanzar todas las áreas de una construcción en proceso. Las grúas tipo torre se erigen en la obra. Una vez finalizada la construcción, se les desarma y retira del lugar. Si el proyecto en curso no es lo suficientemente grande o alto como para justificar la erección de una grúa tipo torre, se llevan grúas portátiles a la obra para manejar el concreto y otros materiales de construcción.

Se utiliza un cubo para concreto para transportar el concreto de un sitio a otro cuando se utiliza cualquiera de los tipos de grúa. En la *Figura 10* se muestra un cubo convencional. Los cubos pueden ser curvos o cuadrados y se fabrican con capacidades de $\frac{1}{3}$ a 12 yardas cúbicas. Existen muchos diseños de cubos con diversos declives a los costados y diferentes tamaños de apertura de compuerta. La descarga del cubo puede darse mediante compuertas accionadas manualmente en el caso de los cubos más pequeños o mediante compuertas accionadas con aire en el caso de los cubos más grandes.

¡ADVERTENCIA!

El concreto pesa aproximadamente 4,150 libras por yarda cúbica. El peso combinado del cubo y su contenido nunca debe exceder la capacidad segura de la grúa y su equipo de maniobra asociado.

3.2.2 Bombas de concreto

Las bombas móviles de concreto tipo pluma actuales (*Figura 11*) se utilizan ampliamente para colocar concreto tanto en obras comerciales como residenciales. Se usan para bombear concreto

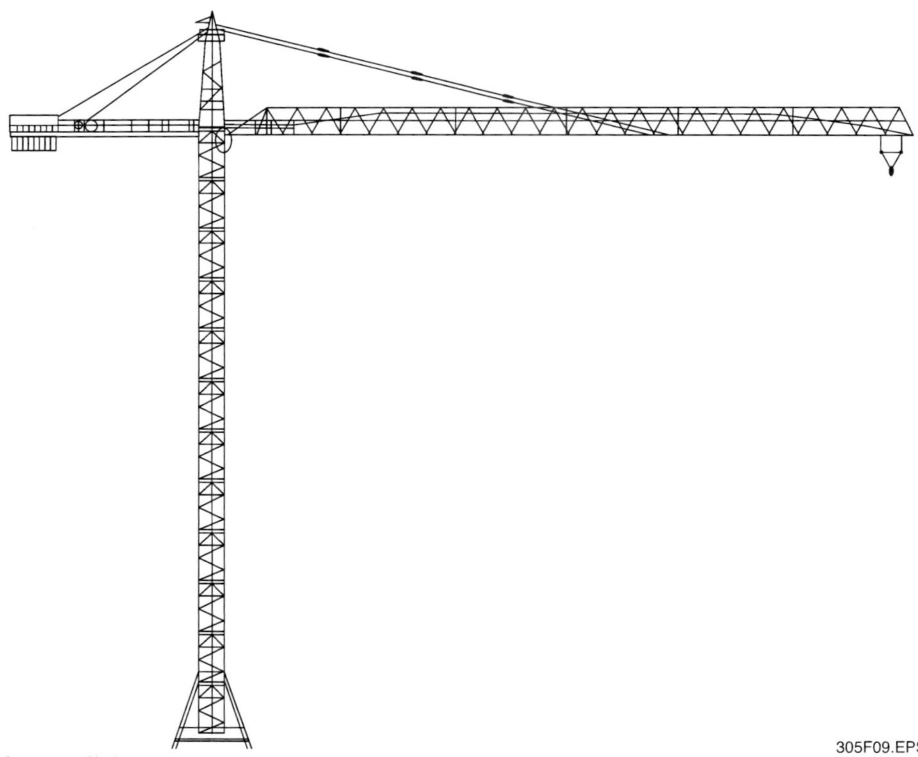

Figura 9 ◆ Grúa tipo torre (pico de martillo).

CARRIL INTERNO

Cómo descargar concreto desde un cubo

Para evitar la separación, no se debe permitir que el concreto que se descarga desde un cubo caiga libremente en el aire más de 3' o 4'.

305F10.EPS

Figura 10 ◆ Cubo para concreto.

desde camiones de entrega con mezcla lista en forma horizontal y/o vertical a sitios de colocación por encima, por debajo y a nivel del terreno. Entre las aplicaciones típicas se incluye la colocación de concreto en formas de gran volumen como los que pueden encontrarse en la construcción de rascacielos y de otras obras comerciales e industriales y en losas de grandes dimensiones. Debido a su alcance y a sus brazos tipo pluma articulada que pueden girar 360 grados, los camiones con pluma frecuentemente se pueden situar en una ubicación de la obra para ejecutar una colada completa. De esta manera, se permite descargar cargas de concreto de una serie de camiones de entrega con mezcla lista directamente en la tolva de la bomba de concreto tipo pluma en un solo sitio.

Las bombas de concreto tipo pluma se encuentran disponibles en muchos tamaños y configuraciones. Podemos encontrar desde bombas instaladas sobre camiones de un solo eje hasta unidades de varios ejes utilizadas para bombas potentes y plumas de gran alcance. Las configuraciones típicas de plumas son de tres a cinco secciones. Una bomba de concreto típica utilizada para la construcción de rascacielos puede bombear más de 200 yardas cúbicas de concreto por hora y tiene capacidad para bombear el concreto a más de 2,500' en forma horizontal y a más de 1,000' en forma vertical. La mayoría tiene líneas de un diámetro máximo de 5". Se utilizan bombas con pluma equipadas con una manguera con extremo de goma para colocar concreto en formas para pared y otras áreas en las que el refuerzo vertical proyectado no permite el uso de canales de caída o mangas articula-

305F11.EPS

Figura 11 ◆ Bomba de concreto tipo pluma.

das. La operación de una bomba con pluma queda a cargo de un operador experimentado. El posicionamiento de la pluma de la bomba durante la erección de la pluma, la colocación del concreto y el retiro de la pluma suele ser ejecutado por el operador de la bomba que trabaja con un observador situado en el punto de colocación. La comunicación entre estas dos personas se efectúa mediante una radio de dos vías. Se recomienda trabajar con un observador para lograr el posicionamiento correcto de la pluma y evitar que la pluma entre en contacto con cables eléctricos aéreos y otras obstrucciones.

¡ADVERTENCIA!

Se deben evitar los tiempos muertos porque el concreto se puede endurecer en la pluma y hacerla explotar o expeler un proyectil a alta presión.

Entre algunos de los factores importantes que se deben considerar cuando se utiliza una bomba de concreto con pluma podemos mencionar:

- *Cables eléctricos aéreos*: la American Concrete Pumping Association exige que la punta y otras secciones de la pluma no se acerquen a más de 17 pies de cables eléctricos. Esto se debe a que el chasis de la pluma y muchos de sus otros componentes son conductores de electricidad. El concreto plástico que se bombea también puede convertirse en conductor de electricidad debido a su alto contenido de agua.
- *Excavaciones*: también es importante posicionar correctamente una bomba de concreto tipo pluma cerca de una excavación o de terrenos barrancosos con declives empinados. Una regla práctica general indica que cuando se bombea concreto cerca de la caída vertical de una excavación, la bomba se debe situar a un mínimo de un pie por detrás del borde de la excavación por cada pie de profundidad de la fosa. Por ejemplo: si la profundidad de la excavación es de 20', la bomba se debe posicionar a un mínimo de 20' del borde de la excavación. Los camiones para bomba más modernos tienen un control remoto por radio para posicionar la pluma.
- *Estabilización del camión para bomba*: se deben colocar soportes portantes del tamaño correcto denominados entibado debajo de cada uno de los botalones del camión para estabilizarlo mientras se bombea el concreto. El área de entibado debajo de cada botalón debe ser lo suficientemente grande como para que la presión ejercida sobre cada botalón no supere la capacidad de sustento de carga del suelo. Un método para determinar el tamaño correcto del entibado consiste en desplegar los soportes sobre puntos del terreno y posicionar los botalones del camión para bomba sobre ellos. Posteriormente, y de a uno por vez, se extiende la pluma sobre cada botalón y se efectúa una verificación para determinar si el entibado se hunde en el terreno. Si se hunde, se debe volver a plegar la pluma y se debe colocar un entibado de mayor superficie debajo del botalón. Los materiales típicos para entibado suelen incluir placas de acero o aluminio o capas de tablones de 4" × 4" o 4" × 6".

CARRIL INTERNO

Accidentes con bombas de concreto tipo pluma

La OSHA señala que mueren más operadores de bombas de concreto por electrocución que por cualquier otra causa relacionada con el trabajo. Más del 50 por ciento de los accidentes con bombas de concreto tipo pluma y líneas eléctricas se registra cuando se pliega, despliega o retira la pluma.

305SA01.EPS

- *Diámetro de las tuberías de bombeo*: el diámetro de las tuberías de bombero depende del tamaño más grande de agregado presente en el concreto que se debe bombear. Una regla práctica indica que, para minimizar el riesgo de obstrucciones en la bomba y la tubería, el tamaño del tubo debe ser al menos tres veces el del agregado de máximo diámetro presente en la mezcla de concreto. Cuanto mayor sea el diámetro del agregado en la mezcla, se requerirá un tamaño mayor de bomba y tuberías para bombear el concreto.
- *Longitud y diseño de la tubería*: en circunstancias ideales, la longitud de la tubería de la pluma debe ser lo más corta posible. Esto se debe a que la longitud de la línea refleja directamente la presión de la línea de bombeo. Además, para mantener la resistencia mínima, la tubería debe incluir la menor cantidad de dobleces posible.

3.2.3 Canales

Los canales son un modo sencillo y ampliamente utilizado para transferir concreto a una elevación inferior. El mejor ejemplo es el canal móvil utilizado para descargar concreto del camión a un cubo u otros equipos, o directamente en las formas. Los canales se deben posicionar de modo que tengan suficiente declive para permitir que el concreto descienda libremente por acción de la gravedad.

CARRIL INTERNO

Cómo usar las carretillas

Cuando utilice una carretilla de una sola rueda, tome la precaución de no sobrecargarla con concreto porque este tipo de carretillas son propensas a volcar. Para evitar este problema, se aconseja utilizar un carro de dos ruedas como el que se muestra en este cuadro.

3.2.4 Canales de caída y mangas articuladas

Se utilizan canales de caída y mangas articuladas (tremies) para colocar concreto a elevaciones más bajas sin causar separaciones. Vea la *Figura 12*. Es posible que se registre separación a causa del impacto del concreto contra las paredes de la forma, el acero de refuerzo u otras obstrucciones. Los canales de caída y/o las mangas articuladas se utilizan generalmente cuando se coloca concreto en formas angostas para pared, o en el fondo de una forma profunda como por ejemplo una forma alta para columnas. También se les puede utilizar en el extremo de una cinta transportadora o bomba de concreto. Los canales de caída se fabrican típicamente con láminas de metal o con secciones cortas de acero que se unen. Las mangas articuladas pueden fabricarse con hule o con tuberías de plástico para sean flexibles y se puedan cortar fácilmente. Las tolvas utilizadas para distribuir el concreto dentro de los canales de caída o las mangas articuladas deben ser lo suficientemente grandes y empinadas como para permitir una rápida descarga del concreto sin tapar las aberturas.

3.2.5 Carretillas, carros eléctricos y carros

Se utilizan carretillas, carros para concreto y carros eléctricos (*Figura 13*) para transportar con-

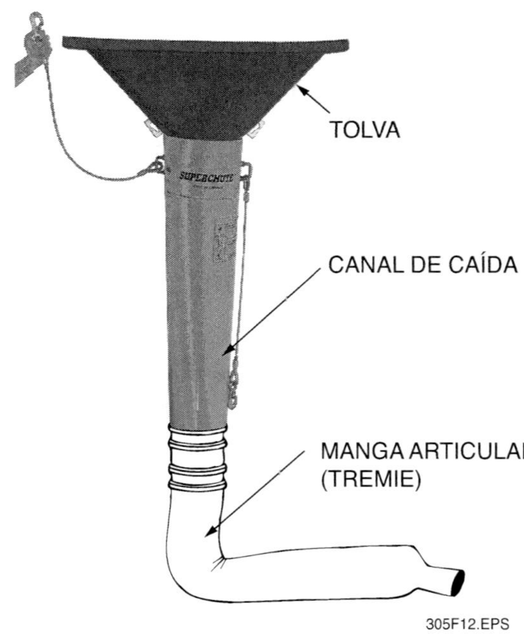

Figura 12 ◆ Tolva, canal de caída y manga articulada.

creto desde el camión hasta las formas de colocación cuando no se puede utilizar otro medio de transporte como canales, cubos o cintas transportadoras. Generalmente, el uso de estos aparatos se limita a trabajos pequeños, en superficies a nivel del terreno o del piso y en distancias cortas. Siempre que se utilicen carretillas, carros de concreto o carros eléctricos, se les deberá trasladar sobre carrileras construidas a tal fin. Las carrileras se deben construir sobre tablas o madera contrachapada y se deberán pulir para evitar sacudidas que tiendan a causar separación en el concreto.

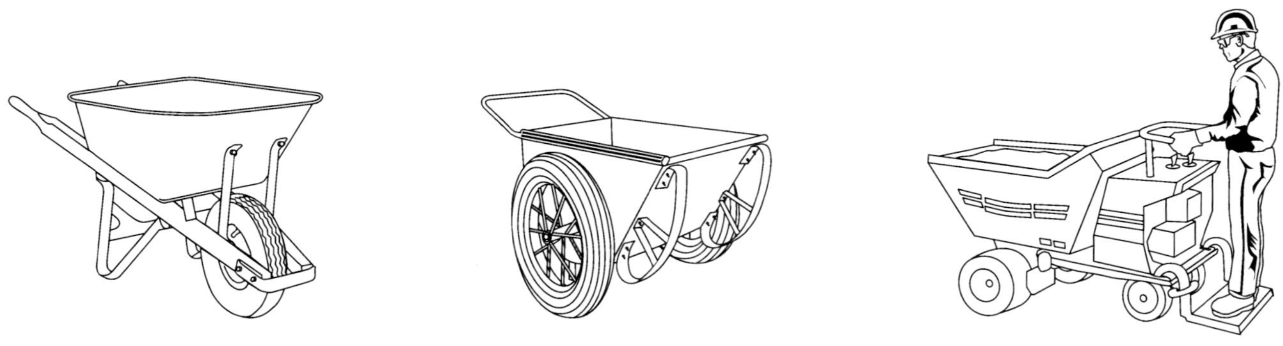

Figura 13 ◆ Carretilla, carro y carro eléctrico típicos.

CARRIL INTERNO

Hilada de sellado de concreto en compartimientos estancos

Los compartimientos estancos son estructuras impermeables temporales que se utilizan cuando se construyen puentes, represas y estructuras similares para mantener el agua alejada de una excavación, por ejemplo: de las excavaciones para puntales de puentes. Para retirar el agua de un compartimiento estanco, el fondo del compartimiento debe ser capaz de resistir el levantamiento hidrostático. Un método para poder hacerlo es colocar una hilada de concreto de sellado en el fondo de la estructura del compartimiento estanco antes de retirar el agua contenida en la estructura del compartimiento. La hilada de sellado es una losa de concreto que se coloca debajo del agua y que se construye con suficiente espesor como para que su peso pueda contrarrestar la fuerza del agua que intenta hacerse paso a través del fondo del compartimiento estanco.

El concreto para la hilada de sellado se coloca a través del agua empleando un tubo tremie para suministrar concreto mediante una tolva o una bomba de concreto. La construcción de la hilada de sellado se efectúa haciendo descender el tubo tremie hasta la posición deseada con un tapón incrustado dentro del tremie como barrera entre el agua y el concreto como primer paso. Posteriormente, se carga concreto en el tremie. Mientras se coloca el concreto, el extremo del tremie debe permanecer siempre incrustado en el concreto a una profundidad de al menos 3 o 4 pulgadas para evitar que el agua contenida en el compartimiento estanco ingrese a la mezcla de concreto. Obviamente, la colocación del concreto y la ubicación del tremie deben ejecutarse en forma cuidadosa y deliberada. Además, la mezcla de concreto debe tener buenas características de flujo. Una vez iniciada la colocación del concreto para el sello, no se la deberá interrumpir hasta que haya culminado. Por ejemplo: para colar la hilada de sellado de un compartimiento estanco durante la construcción del puente Sidney Lanier Bridge en Georgia se necesitaron 35 horas consecutivas.

Normalmente, se deja transcurrir un mínimo de 5 días para que cure el concreto antes de intentar retirar el agua del compartimiento estanco. En el caso de compartimientos muy profundos, el agua a veces se retira en etapas. De esta manera se permite la instalación de arriostramientos adicionales en cada etapa como soporte adicional para las paredes de la estructura del compartimiento estanco.

CARRIL INTERNO

Gunite®

Es posible que haya escuchado el término Gunite® en relación con el concreto aplicado a presión. Gunite® es el concreto original del proceso de mezcla en seco. Se lo ha utilizado ampliamente en la construcción de piscinas empotradas en el terreno durante años. El concreto proyectado de mezcla en seco y Gunite® son dos formas de denominar al mismo producto.

3.2.6 Cintas transportadoras

Las cintas transportadoras se utilizan para transportar concreto en forma horizontal y para distancias verticales cortas. Se utilizan generalmente para trasladar concreto desde el camión a una tolva que se encuentra sobre una bomba de concreto o un canal de caída y al interior de las carretillas, carros de concreto o carros eléctricos. Son ideales para sitios en los que las condiciones del terreno no permiten que el camión se acerque a la colada.

3.2.7 Concreto proyectado

Otro método para transferir concreto a una superficie es rociándolo (*Figura 14*). Cuando se rocía mortero de cemento sobre una superficie con presión neumática, se habla de concreto proyectado. El concreto proyectado generalmente no necesita formas. Existen procesos para concreto proyectado de mezcla en seco y de mezcla en húmedo. El proceso de mezcla en seco original implica combinar arena seca y cemento en una un camión para luego colocar esta mezcla en un recipiente vertical de dos cámaras. Bajo presión neumática, la mezcla fluye a través de la manguera de hule hacia la boquilla, donde se le aplica agua a través de una segunda manguera y se la combina con el material. La mezcla sale de la boquilla a gran velocidad. El impacto del mortero sobre la superficie que lo rcibe causa la compactación. El equipo utilizado para el proceso de mezcla en húmedo puede incluir una bomba tipo barreno, en la cual se vierte concreto plástico en la manguera por medio de un tornillo; luego, un flujo de aire a alta velocidad transporta la mezcla hacia la boquilla, y se la aplica sobre la superficie receptora. Otro tipo de equipo utiliza un tanque presurizado con paletas de mezclado giratorias que introducen aire intermitentemente con el concreto plástico en el interior de la manguera o tubería. El uso de concreto proyectado de mezcla en húmedo posee una ventaja con respecto al de mezcla en seco: se puede establecer la cantidad de agua por anticipado y mantenerla durante toda la operación de aplicación del concreto. El concreto proyectado posee una capacidad de adherencia superior, lo que lo hace adecuado para trabajos de reparación en muchos tipos de estructuras, para efectuar tratamientos a prueba de terremotos en edificios históricos y para la construcción de piscinas y túneles. También es excelente para curvas y otras formas especiales.

305F14.EPS

Figura 14 ◆ Concreto aplicado con dispositivo neumático (concreto proyectado).

4.0.0 ◆ COLOCACIÓN DE CONCRETO EN FORMAS

La tarea de colocación del concreto consiste en depositar el concreto en las formas y, luego, compactarlo. Antes de colocar el concreto, resulta crítico asegurarse de que las formas estén preparadas.

4.1.0 Verificación de las formas para una correcta construcción y preparación

Antes de colocar el concreto en las formas, se deben verificar las formas para asegurarse de que hayan fraguado correctamente, de que estén limpias, firmes, correctamente arriostradas y de que posean una superficie que generará el aspecto deseado después de que se haya curado el concreto. Se debe remover todo el polvo, aserrín, recortes,

Estimación de la cantidad de concreto

PARA PENSAR

En algunos trabajos, el carpintero puede ser responsable de determinar la cantidad de concreto necesario para llenar una forma en particular. Por ejemplo: si la forma para una losa de sótano es de 25' × 32' × 4", ¿Cuántas yardas cúbicas de concreto se necesitan?

alambres de amarre, clavos sueltos y otros escombros del interior de las formas. Las formas se deben recubrir con un agente de desmolde como aceite para formas a fin de evitar que el concreto se adhiera y a fin de permitir que se pueda retirar las formas fácilmente. El agente de desmolde se debe tener una fórmula específica para el uso y el material a los que se va a aplicar. Siempre respete las precauciones de seguridad para el aceite para formas especificadas en la hoja de datos de seguridad del material del producto (MSDS).

Se deben limpiar todas las armaduras de acero. Deberán estar libres de lodo, aceite, óxido suelto y cascarillas de laminación. Utilizando un cepillo de alambre o algún otro medio, se debe remover el óxido suelto, hojaldrado y escamado que pudiera afectar la adherencia. Siguiendo las precauciones de seguridad correctas, se puede remover la grasa y el aceite utilizando un soplete de propano (con la precaución de no sobrecalentar las barras); o bien, se les puede limpiar con un solvente adecuado. Si alguna porción de acero de refuerzo sobresale de una colocación de concreto previa, se le deberá quitar toda capa o salpicadura de mortero seco que pudiera haber ocurrido durante la colocación previa. Se puede dejar el mortero que se encuentre tan adherido al acero que no se pueda retirar por medio de un cepillado enérgico con cepillo de alambre.

Entre otros aspectos que se deben verificar en relación a la preparación de las formas podemos mencionar los siguientes:

- Que la base inferior sea firme y se encuentre a nivel y que el suelo no presente perturbaciones y que esté bien apisonado
- Que las formas estén alineadas y arriostradas correctamente
- Que las formas se hayan fijado al nivel correcto
- Que las reglas se hayan fijado en el sitio correcto para lograr una colocación y nivelación eficientes del concreto
- Que las reglas se hayan fijado al nivel correcto
- Que los tabiques divisorios estén correctamente arriostrados y fijados al nivel correcto
- Que la malla o las varillas de refuerzo estén colocadas correctamente y no estén en contacto con las formas
- Que el material de las uniones de expansión esté en su lugar y a nivel
- Que los elementos empotrados como pernos de anclaje, trampas, tuberías y portacables queden sujetos firmemente en su lugar mediante patrones o adjuntándolos a las formas o al acero de refuerzo

En la mayoría de los trabajos de construcción comercial, se exige una inspección final formal de las formas antes de poder iniciar la colocación del concreto. En dichas inspecciones suelen participar representantes del contratista, un inspector que representa al propietario y diversos inspectores municipales de la construcción.

NOTA

Si es necesario hacer una inspección formal, sólo inicie la colocación del concreto cuando se haya realizado la inspección y usted haya recibido la aprobación por escrito para continuar.

4.2.0 Colocación del concreto

Todo el equipo de manejo del concreto que se use para la colocación debe estar limpio y en buenas condiciones de funcionamiento. También se debe limpiar todo equipo en espera para que esté listo para ser usado en caso de fallas.

Cuando se coloque concreto (*Figura 15*), se deberá depositar lo más cerca posible de su ubicación final para no tener que trasladar demasiado el concreto. El concreto se debe descargar del equipo a la velocidad de flujo correcta. Esto hace que la fuerza del impacto ayude a colocarlo y a compactarlo. Si se permite que el concreto caiga lentamente, se apilará y el agregado grueso se separará y rodará hacia los costados.

Para minimizar la separación, se aconseja descargar el concreto verticalmente y no en ángulo. Se deberá usar un canal de caída vertical corto en el extremo de los toboganes o cintas transportadoras. La tolva relacionada se debe llenar con concreto vertiente en el centro y se deberá descargar el concreto verticalmente desde una apertura en el centro. Se debe evitar el uso de tolvas con

CARRIL INTERNO

Cómo colocar concreto con temperaturas bajas y altas

Nunca coloque el concreto para una losa sobre una base inferior congelada porque se suele registrar un fraguado poco uniforme y fisuras en la losa cuando se derrite la base inferior. Antes de colocar concreto para una losa a temperaturas cercanas al punto de congelación, primero se debe descongelar la base inferior y se debe calentar la malla de barras de refuerzo o alambre. La forma, acero de refuerzo y accesorios incrustados no deben tener nieve ni hielo cuando se coloca el concreto.

También se debe evitar colocar concreto para una losa con temperaturas que superen los 29°C porque el concreto fragua mucho más rápido y eso podría derivar en losas fisuradas o con un acabado deficiente. Cuando trabaje con altas temperaturas, evite colocar el concreto durante las horas más calurosas del día. Comience temprano por la mañana, por ejemplo, al amanecer. También se aconseja efectuar la colocación y el acabado en secciones más pequeñas (de ser posible) y cubrir el área con sombra si resulta práctico.

descarga o puertas tobogán laterales. Si se puede colocar el concreto satisfactoriamente sin necesidad de canales de caída o mangas articuladas, se debe evitar el uso de dichos elementos. Por ejemplo: si las condiciones lo permiten, se puede desplazar un cubo de grúa a lo largo de la parte superior de una forma para pared y se puede descargar el concreto directamente en el interior de la forma.

Cuando se deban usar canales de caída para evitar que el concreto golpee las paredes de formas estrechos, se les debe disponer de modo que se puedan mover y acortar rápidamente; o bien, se debe contar con una cantidad suficiente para cubrir el área de colocación sin moverlos. Los extremos de las mangas articuladas deben permanecer verticales. Si se empuja hacia el costado, se generará una inclinación y los componentes del concreto se separarán.

Si se necesita colocar concreto en una superficie inclinada, comience en la parte inferior de la pendiente y vaya subiendo. Al utilizar este método, el peso del concreto que se va agregando ayuda a lograr una compactación correcta. Si usa un canal para la colocación, deberá colocar una placa de desviación en el extremo del canal para evitar la separación de los componentes y garantizar que el concreto permanezca sobre la pendiente.

305F15.EPS

Figura 15 ◆ Colocación de concreto desde un carro.

Cuando se coloque concreto para una losa, la primera descarga del concreto se deberá colocar a lo largo del borde de la forma (en un extremo), y cada descarga siguiente se colocará en el talón del concreto fresco ya colocado, no lejos de éste. Se

CARRIL INTERNO

Cómo compactar concreto en formas para columnas

Para ayudar a la correcta compactación del concreto que se coloca dentro de formas para columnas de soporte, a veces se construyen puertas de acceso en las formas para columnas en intervalos apropiados a lo largo de las formas. Estas puertas sirven como un modo práctico para insertar un vibrador interno en la forma con el objetivo de compactar el concreto a medida que avanza su colocación desde el fondo hasta la parte superior de la forma.

deberá usar este método para toda la losa. Nunca vierta concreto en pilotes separados ni lo deposite en un pilote muy grande, para luego desplazarse horizontalmente y llenar una forma, porque al hacerlo de esta forma se produce la separación de componentes ya que el mortero fluye más rápido que el agregado más grueso. El concreto se debe colocar con un espesor uniforme de forma horizontal y se debe compactar completamente antes de hacer el siguiente depósito. La colocación debe ser lo suficientemente rápida como para que la capa anterior de concreto todavía sea plástica cuando se agregue la siguiente capa. De esta manera, se evita la formación de líneas de flujo y uniones frías en el concreto endurecido.

Cuando se coloque concreto en formas para pared, se deberá descargar desde diferentes posiciones a lo largo de la forma hasta haber colocado una capa uniforme de aproximadamente 18" de espesor, denominada levante, en la forma. Este procedimiento se repetirá hasta haber colocado suficientes levantes para llenar la forma. En el caso de paredes, vigas y vigas maestras, no se deberá permitir la acumulación de agua en los extremos, esquinas o a lo largo de las caras de las formas. Cuando se coloca concreto en formas altas para pared y columna a gran velocidad, el concreto suele **exudar;** es decir, los sólidos se depositan en el fondo y el agua se desplaza hacia la parte superior. Esto es normal. No utilice concreto de una consistencia más rígida (asentamiento más lento) ni desacelere la colocación para compensar la ganancia de agua.

5.0.0 ◆ COMPACTACIÓN DEL CONCRETO

Una vez colocado en las formas, el concreto se debe compactar en una masa sólida uniforme dentro de la forma y alrededor de los componentes y refuerzos empotrados. Una compactación correcta evita que se registren defectos como bolsas de piedra o roca, vacíos de aire atrapados y vetas de arena o grava en el concreto. Tenga presente que el término "aire atrapado" se define como una bolsa de al menos 1 milímetro (mm). No confundir el aire atrapado con el aireado microscópico incorporado en algunas mezclas de concreto para mejorar su capacidad de trabajo y resistencia al frío ambiental. La compactación no tiene como objetivo eliminar el aireado de esas mezclas.

La compactación se puede ejecutar manualmente o con métodos mecánicos. En el caso de trabajos pequeños de concreto con mezclas que presenten un flujo relativamente libre, el concreto se puede compactar manualmente con varillas de apisonamiento, azadas, palas u otras herramientas adecuadas que llegarán al fondo del levante. Ejerciendo presión hacia arriba y hacia abajo con estas herramientas se puede lograr el objetivo sin separar los materiales. También se utilizan golpes de martillo aplicados al exterior de la forma para compactar las bolsas de aire que se pueden formar cerca de las paredes de la forma.

El método de compactación que se utiliza con mayor frecuencia es la vibración (*Figura 16*). Cuando se hace vibrar el concreto, la fricción entre las partículas del agregado grueso se destruye temporalmente y la mezcla de concreto fluye como un líquido. El concreto líquido fluye amalgamado en una masa compacta por la fuerza de gravedad y el aire atrapado se libera a la superficie. La fricción se restablece ni bien cesa la vibración. Existen dos tipos básicos de equipos vibratorios: vibradores internos y vibradores externos.

5.1.0 Vibradores internos

Los vibradores internos (también llamados vibradores de inmersión, de agujas o de cabeza vibratoria) se utilizan para compactar concreto en losas, columnas, vigas y paredes. Están compuestos por un eje flexible con cabeza vibratoria conectada a un motor (*Figura 17*) que puede ser alimentado con electricidad, gas o aire. Sin embargo, suelen preferir los motores a gas y se especifica en muchos trabajos. En el interior de la cabeza, hay un peso desbalanceado que gira a alta velocidad, haciendo que la cabeza gire en forma circular.

Es muy importante utilizar los vibradores correctamente. Si se inserta un vibrador sin la debida precisión y a cualquier ángulo y sin la suficiente

CARRIL INTERNO

Uso de los vibradores

Para evitar la separación, no se deben emplear vibradores internos para desplazar concreto en forma horizontal. No se debe permitir que el vibrador entre en contacto con las paredes de la forma ya que se podría generar daños en las características arquitectónicas y acabados incorporados a las formas. Además, un exceso de vibración podría desarmar la forma.

profundidad, se generará una compactación incorrecta entre las capas de concreto. Es necesario aplicar una vibración sistemática de cada capa (levante) nueva. La cabeza del vibrador se debe hacer descender verticalmente dentro del concreto en intervalos regulares y se la debe dejar bajar por gravedad hasta el fondo de la capa de concreto que se está colocando y al menos hasta 6" de profundidad en la capa anterior. Durante cada inserción, el vibrador se debe dejar fijo por un período de aproximadamente 5 segundos y, posteriormente, se debe retirar lentamente. La duración de la inmersión depende del asentamiento del concreto. Note cualquier cambio en la superficie como la aparición de una capa delgada de pasta brillosa y el escape de grandes burbujas de aire atrapado a la superficie.

305F16.EPS

Figura 16 ◆ Uso de un vibrador interno para compactar concreto.

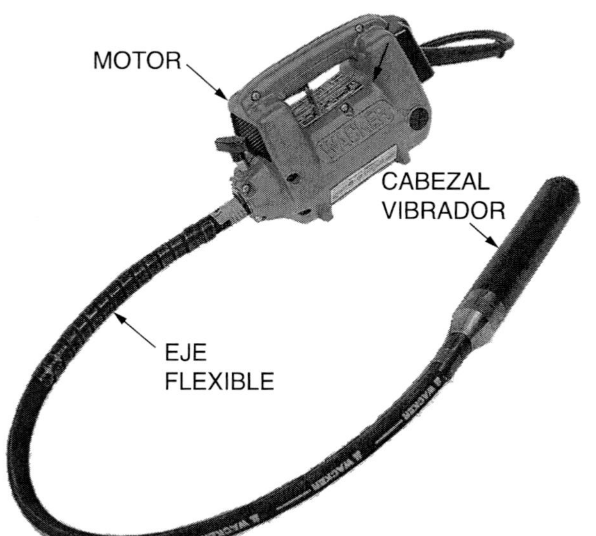

305F17.EPS

Figura 17 ◆ Vibrador interno eléctrico.

5.2.0 Vibradores externos

Hay una amplia variedad de vibradores externos, incluso vibradores para formas, tablas vibradoras y vibradores para superficies. Entre los vibradores para superficies se incluyen las reglas vibratorias, los vibradores de placa, las reglas con rodillos vibratorios y las llanas de mano vibratorias. Tenga presente que en la mayoría de las aplicaciones de construcción, los vibradores internos son el método utilizado más comúnmente. Por este motivo, en este módulo sólo se analiza el vibrador externo para superficies tipo regla vibratoria. Las reglas vibratorias a veces se utilizan tanto para retirar como para compactar concreto cuando se trabaja con pisos de losa u otras superficies planas. En la siguiente sección podrá encontrar más información acerca de las reglas, incluidas las reglas vibratorias.

6.0.0 ◆ ACABADO DEL CONCRETO

Pese que el acabado del concreto generalmente queda a cargo de acabadores de concreto o albañiles, los carpinteros suelen participar en esta actividad. En este módulo nos concentraremos en el acabado de superficies estructurales (no arquitectónicas). El acabado de superficies de concreto de tipo arquitectónico con varios colores, texturas, patrones impresos y agregados expuestos generalmente queda a cargo de especialistas. La secuencia de acabado para concreto estructural es la siguiente: alisado, nivelación y acabado.

Como el acabado del concreto implica el acabado de pisos de losa a nivel del terreno y losas de pisos elevados, es necesario analizar brevemente la lisura y nivelación de los pisos y losas de concreto. En depósitos o aplicaciones similares, lograr una buena lisura y nivelación es importante para permitir que los montacargas y otros vehículos se desplacen a mayor velocidad y con mayor seguridad y para evitar que dichos vehículos sufran temblores y vibraciones. La mayoría de las especificaciones para proyectos comerciales e industriales exige que se mida la lisura y nivelación de los pisos de acuerdo con la especificación *ASTM E 1155*. En esta especificación se asignan cifras sin dimensiones a F_F (lisura, del inglés flatness) y las letras F_L (nivelación, del inglés levelness) para estos parámetros; cuanto mayor sea F, mayor será la lisura o nivelación, respectivamente. La cifra F_F define una curvatura de piso máxima de más de 24" calculada sobre la base de sucesivos diferenciales de elevación de 12". Se ve afectada principalmente por la operación de acabado. En forma similar, la cifra F_L define la conformidad de la superficie del piso respecto de un plano horizontal según lo medido sobre una distancia de 10'. Se ve afectada principalmente por el proceso de forma y el proceso de alisado del concreto.

> **NOTA**
> Estas especificaciones no se aplican a cubiertas elevadas.

La especificación *ASTM E 1155* define los requisitos para un tamaño de muestra mínimo, métodos para calcular cifras de F_F y F_L, métodos para obtener puntos de datos y cálculos para combinar los resultados de varias mediciones para obtener cifras de F_F y F_L totales. Una persona certificada del ACI o de otra institución debe medir la lisura y nivelación del piso dentro de un plazo máximo de 48 horas respecto de la colocación del concreto; dicha persona deberá utilizar instrumentos de medición como un medidor F con rodamientos o con un perfilador de pisos con varilla de medición de nivel. Los patrones de tránsito para áreas de losas de piso se categorizan como: área de piso de tránsito definido o área de piso de tránsito aleatorio. Un área de piso de tránsito definido es aquélla sobre la que los montacargas y/u otros vehículos sobre ruedas siempre circulan con el mismo patrón; por ejemplo: corredores entres estanterías de un depósito. Toda área no designada como área de tránsito definido se designa como área de tránsito aleatorio. Habitualmente, las cifras F especificadas para áreas de piso de tránsito definido son más elevadas que las especificadas para áreas de piso de tránsito aleatorio. En la *Tabla 2* se incluyen algunos ejemplos de cifras F típicas para las diferentes categorías de perfiles de pisos.

6.1.0 Alisado

El alisado es el primer proceso de acabado que se ejecuta después de haber colocado el concreto en las formas. Consiste en retirar el exceso de concreto para que la superficie superior quede al nivel o la elevación correctos. Durante el alisado se remueven las salientes, se llenan los huecos y se genera una superficie uniforme y nivelada. El alisado se ejecuta con un filo recto llamado regla. Según la magnitud y el tipo de trabajo, el alisado se puede efectuar manualmente o utilizando una regla mecánica.

Una regla manual es un filo recto (*Figura 18*) que descansa sobre la parte superior de los bordes de las formas o sobre un par de guías para regla colocados dentro de las formas o adyacentes a ellos. Habitualmente, dos personas (una a cada lado de la forma) desplazan la regla hacia atrás y hacia adelante por sobre todo el concreto con movimiento aserrados y avanzan levemente con cada movimiento. El exceso de concreto se debe llevar por delante de la regla para ir llenando sitios bajos a medida que avanza la regla.

Las reglas de mano pueden fabricarse con madera o con magnesio. Las reglas de madera comunes suelen fabricarse con material de 1½". Las reglas de magnesio suelen tener 1" de espesor y 4½" de ancho. Ambos tipos de regla se pueden conseguir con longitudes de 3' a 16'; el largo de la regla utilizada dependerá de la distancia entre las formas para bordes o guías de regla. Tanto las reglas de madera como las de magnesio se pueden utilizar en los mismos tipos de trabajo; sin embargo, las reglas de magnesio se adaptan mejor a algunas superficies de concreto (acabados) porque no permiten arrastres. También se prefiere utilizar reglas de magnesio como guía al momento de cortar uniones.

Las reglas mecánicas incluyen: reglas más pequeñas accionadas con gasolina o aire, reglas para trabajo pesado y reglas láser. Las reglas más pequeñas accionadas con gasolina o aire (*Figura 19*) sirven tanto para compactar como para alisar el concreto. Generalmente, estas reglas tienen hojas de magnesio intercambiables de diversas lon-

Tabla 2 Cifras F de ejemplo para diferentes perfiles de lisura/nivelación de pisos

Perfil de lisura/regularidad del piso	Áreas de pisos con tráfico aleatorio				Áreas de pisos con tráfico definido
	Valor total especificado		Valor local mínimo		
	F_F	F_L	F_F	F_L	F_{min}
Bueno	38	26	19	13	38
Liso	50	33	25	17	50
Muy liso	75	50	38	25	75
Superliso	100	66	50	33	100
Ultraliso	150	100	75	50	150

305T02.EPS

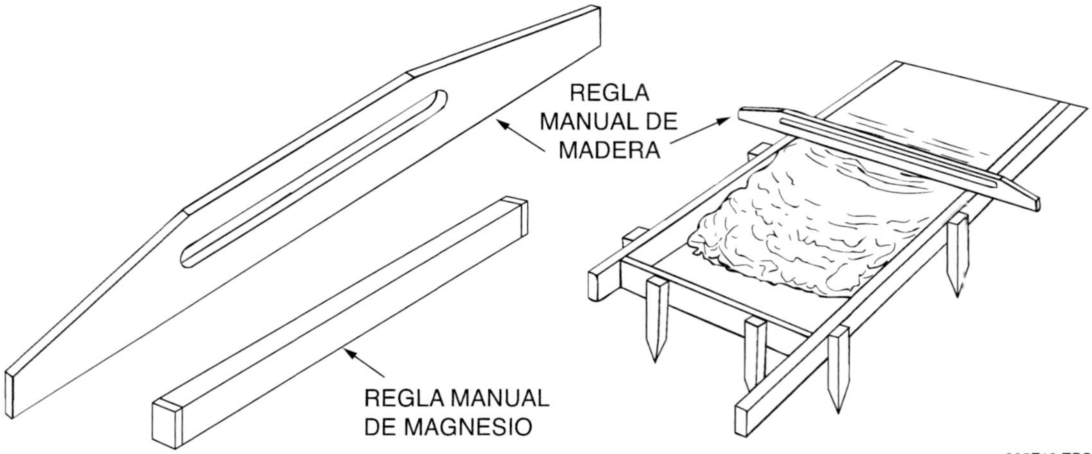

Figura 18 ◆ Reglas manuales típicas (filo recto).

gitudes para utilizarlas en losas de diferentes tamaños. La mayoría son operadas por uno o dos hombres. Las unidades vibratorias para trabajo pesado o tipo rodillo (tipo tubo) (*Figura 20*) se utilizan para golpear y compactar superficies amplias de concreto de alto volumen. Pueden ser autoimpulsadas o remolcadas por cabrestantes de cigüeñal. Ambos tipos poseen un método incorporado de vibración y un filo recto de metal o recubierto con metal que se puede ajustar para compensar concavidades o coronas o declives diseñados. Debido a su gran peso, las reglas con armazón de acero se deben sostener sobre rieles o formas laterales. También requieren un tiempo de preparación relativamente prolongado.

Cuando se trabaja con losas que requieren perfiles muy planos, se utilizan ampliamente reglas láser autoimpulsadas como la que puede verse en la *Figura 21*. Las reglas láser tienen un cabezal de compactación/regla controlado por láser de acción hidráulica montado sobre una pluma telescópica. El cabezal autonivelador de la regla está compuesto por un ranurador que remueve el exceso de concreto, un barreno que corta el concreto a nivel de la losa y un vibrador que compacta el material del concreto. Dependiendo del fabricante y el modelo, tienen diferentes anchos de cabezales y extensiones de pluma para cumplir con trabajos de diversas magnitudes. Por ejemplo: la regla láser que se muestra en la *Figura 21* tiene un cabezal de 12' de ancho y un alcance de pluma de 20'; eso le permite nivelar y compactar hasta 240 pies cuadrados de concreto en una sola pasada. Los receptores láser montados en cada extremo del cabezal de la regla reciben una señal varias veces por segundo desde un transmisor relacionado situado a la elevación de piso correcta para brindar un control totalmente automático del nivel de piso terminado.

Figura 19 ◆ Regla automática a gasolina más pequeña y operada por un solo hombre.

El uso de una regla láser implica colocar el concreto en franjas para hacerlas coincidir con el cabezal de la regla a una profundidad aproximada de 1" por encima del nivel final. Posteriormente, la regla láser se desplaza hasta la posición correcta y se extiende la pluma sobre el concreto colocado.

El cabezal de compactación/regla se hace descender al nivel establecido según las instrucciones de los transmisores láser. Al retraer la pluma, el cabezal de la regla se desplaza sobre el concreto fresco; de esta manera la superficie se nivela y compacta en una sola pasada. Una vez finalizada la pasada, se vuelve a posicionar la máquina hacia la derecha o izquierda del área recién alisada y la operación se repite con cierto solapado de superficies.

Antes de utilizar una regla vibratoria sobre una superficie plana, se deberá emplear un vibrador de tipo inmersión a lo largo de los bordes de

Figura 20 ◆ Reglas automáticas para trabajo pesado.

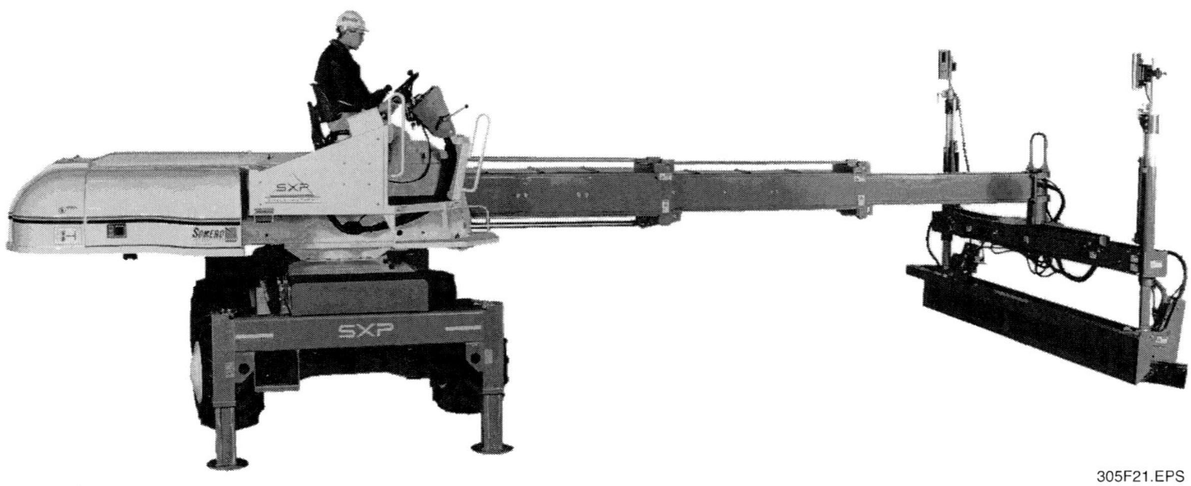

Figura 21 ◆ Regla láser.

CARRIL INTERNO

Regla vibratoria de mano

Las reglas se encuentran disponibles en todos los tamaños. La regla vibradora de mano pequeña que se muestra en este cuadro es adecuada para alisar áreas de losas más pequeñas.

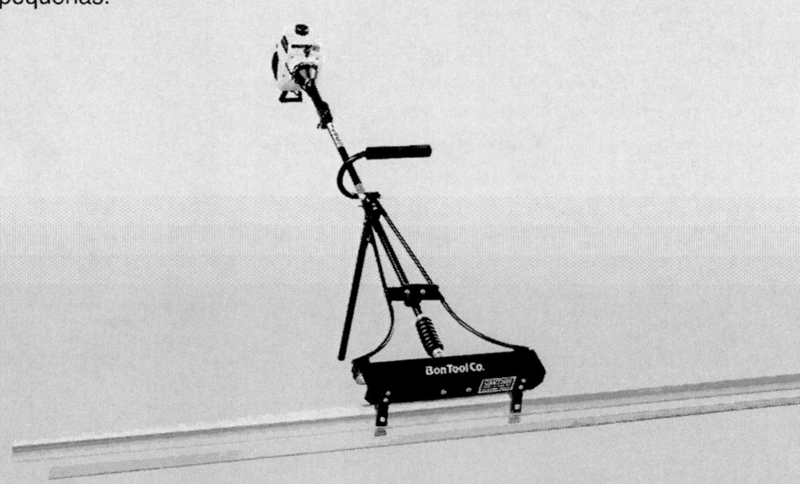

la forma. Esto se debe a que la vibración superficial resulta menos efectiva en estas áreas. Además, no se deben utilizar reglas vibratorias sobre concreto con salientes que superen las 3". En esos casos, la vibración superficial del concreto derivará en una acumulación excesiva de mortero y material fino sobre la superficie y, en consecuencia, se reducirá la resistencia al desgaste. Por el mismo motivo, no se deben accionar vibradores de superficie después de que el concreto se haya compactado correctamente.

6.2.0 Nivelación

Inmediatamente después del alisado y antes de que el agua libre pueda exudar a la superficie, se debe nivelar aún más el concreto utilizando una llana aplanadora o una aplanadora mecánica de mango largo. Este proceso elimina los puntos altos y bajos en el concreto e incrusta el agregado grande que se encuentra apenas por debajo de la superficie. Además, lleva suficiente mortero a la superficie en preparación para otro acabado.

Las llanas aplanadoras o fratases (*Figura 22*) son piezas largas, planas y rectangulares de madera o magnesio que tienen mangos y se encuentran disponibles en longitudes de 2½' a 6½' y en anchos de 3" a 4". Ambos se pueden utilizar en los mismos tipos de trabajos, pero los fratases de magnesio son más duraderos, evitan el arrastre y se prefiere en algunos acabados y sobre concreto aireado. Cuando se utiliza un fratás, se efectúa un barrido con la herramienta en forma de amplios arcos mientras se aplica una ligera presión sobre el borde de salida de la hoja. Se trabaja desde el centro hasta los bordes. Cuando se utiliza un fratás sobre losas anchas, es necesario que se apoye sobre tablas para rodillas para poder alcanzar todas las áreas sin dañar el concreto.

Las aplanadoras mecánicas (*Figuras 23* y *24*) se utilizan frecuentemente para alisar concreto en sitios donde se cuenta con el suficiente espacio para sus mangos largos de 4' a 18'. La herramienta en sí es una pieza grande, plana y rectangular de madera o metal (aluminio o magnesio) con un ancho típico de 8" y longitudes de 3½' a 5'. Se pueden utilizar aplanadoras mecánicas de madera o de magnesio en la mayoría de las losas de piso, pavimentos y aceras. Sin embargo, las aplanadoras mecánicas de magnesio evitan el arrastre, son más livianas y se prefiere sobre ciertos acabados, concreto de bajo asentamiento y concreto aireado. Cuando se utiliza una aplanadora mecánica, se empuja la herramienta sobre toda la superficie del concreto en ángulos rectos hacia las marcas de la regla con el borde delantero ligeramente elevado; luego, se jala hacia atrás con la hoja plana.

Cuando se trabaja con mezclas de concreto de bajo asentamiento (de 1" o menos), a veces resulta necesario utilizar una apisonadora para compactar el concreto y consolidar el agregado de mayor tamaño que se encuentra apenas por debajo de la superficie del concreto. Un tipo de apisonadora que se utiliza para esto es la apisonadora de rodi-

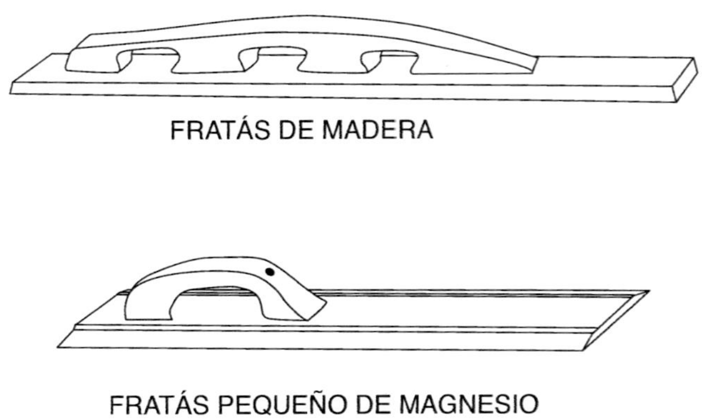

Figura 22 ◆ Fratases.

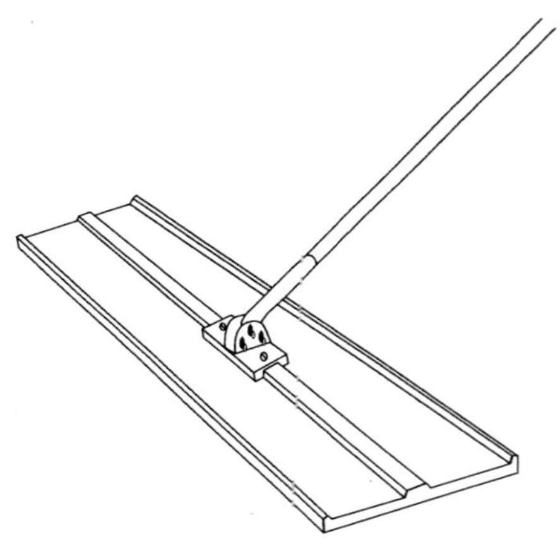

Figura 23 ◆ Aplanadora mecánica.

CARRIL INTERNO

Nivelación

No se debe trabajar el concreto en forma excesiva durante el proceso de nivelación. Esto puede causar una exudación excesiva que debilitaría la superficie del concreto.

305F24.EPS

Figura 24 ◆ Uso de una aplanadora mecánica.

llos de 3' a 6' (*Figura 25*). La magnitud del trabajo determina el tamaño de la apisonadora que se utilizará. Cuando se utiliza una apisonadora de rodillos, no se trabaja el concreto en forma excesiva ya que eso empujaría al agregado más grueso demasiado por debajo de la superficie, generando así el debilitamiento de la superficie. En algunos trabajos no se requiere acabado adicional. En otros trabajos, es posible que se requiera una o más operaciones de acabado adicional como bordeado, empalme con uniones, alisado con llanas y barrido.

NOTA

Antes de utilizar una apisonadora de rodillos en un proyecto, asegúrese de que su uso esté permitido. En las especificaciones de algunas obras se prohíbe el uso de apisonadoras de rodillos.

6.3.0 Acabado

Generalmente, el acabado de la superficie de concreto comienza después de que se dejó que el concreto se endureciera lo suficiente para poder soportar el peso de una persona promedio, dejando sólo huellas mínimas sobre la superficie. El agua exudada y el aspecto de brillo de agua deben desaparecer. El acabado puede implicar las siguientes tareas:

- Bordeado y empalme
- Aplanado
- Alisado
- Barrido

6.3.1 Bordeado y empalme

Se necesita efectuar un bordeado para redondear la esquinas superiores del concreto en la forma para evitar el **descantillado** de los bordes y mejorar el aspecto. El bordeado compacta el concreto adyacente a la forma, donde el aplanado y alisado son menos efectivos.

El concreto se debe recortar en la forma con una profundidad aproximada de una pulgada utilizando una llana de aluminio o con punta, tal como se muestra en la *Figura 26* y, posteriormente, se le debe acabar con un bordeador (*Figuras 27* y *28*). Los bordeadores se fabrican con acero, acero inoxidable, bronce o hierro maleable. Se encuentran disponibles en muchos tamaños, pero los más comunes tienen de 6" a 10" de largo, de 1½" a 4" de ancho, cuentan con un labio de ⅛" a ⅝" y tienen un radio de ⅛" a 1½". Algunos bordeadores poseen un mango largo para que se pueda utilizar estando de pie. Cuando se utiliza un bordeador, se debe sostener plano con el frente ligeramente elevado para evitar que se clave en la superficie.

Tanto durante como inmediatamente después de la operación de bordeado, deben ejecutarse uniones de control en la losa, acera, entradas de automóviles, etc., para inducir fisuras en los puntos deseados y evitar que se produzcan en puntos aleatorios. Esto también se puede efectuar en el estado de concreto fraguado pero no endurecido

305F25.EPS

Figura 25 ◆ Apisonadora de rodillos.

CARRIL INTERNO

Cómo ejecutar uniones de control

Para ejecutar uniones de control rectas y a escuadra respecto de la losa de concreto, utilice una tabla recta de 1" × 8" o 1" × 10" de la longitud apropiada como guía. Antes de ejecutar la junta de control, asegúrese de que la tabla esté colocada a escuadra con la losa a ambos laterales de la forma.

PARA PENSAR — *Uniones de control en aceras y entradas de automóviles*

¿A que distancia separaría las uniones de control durante la construcción de una acera o entrada de automóviles hechas con concreto?

utilizando una sierra eléctrica. Las uniones de control compensan la contracción del concreto causada por la contracción por secado.

La profundidad y la distancia entre las uniones de control dependen del tamaño, la ubicación y la profundidad de la losa. Generalmente, la profundidad de las uniones de control debe ser de al menos un quinto a un cuarto del espesor de la losa, con un mínimo de 1" para todas las losas. La regla práctica para determinar la separación de uniones de control en una losa es espaciar uniones, en pies, dos a tres veces el espesor de la losa, en pulgadas. Aplique esta regla a una losa de 4". Dos veces 4 = 8 y tres veces 4 = 12. En consecuencia, las uniones de control se deben separar de 8' a 12' entre sí.

305F26.EPS

Figura 26 ◆ Recorte de borde de concreto con una aplanadora de aluminio.

Se pueden ejecutar uniones de control utilizando un marcador de uniones de mano (acanaladora) o una sierra eléctrica; o insertando flejes de plástico, aglomerado, madera o metal, o material de uniones preformado dentro del concreto plástico.

Los marcadores de uniones de mano (*Figuras 29* y *30*) se fabrican con acero inoxidable, bronce o hierro maleable. Los marcadores de uniones habituales tienen 6" de largo, con anchos de 2" a 4½".

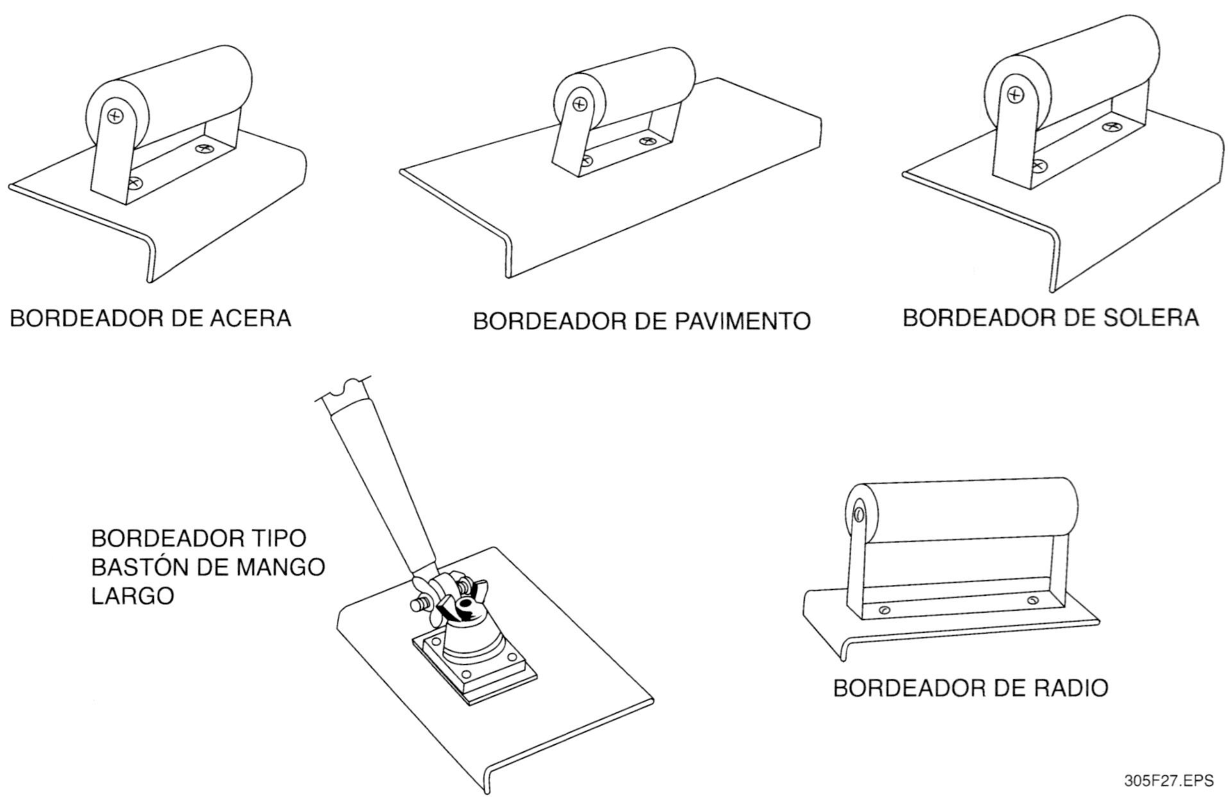

305F27.EPS

Figura 27 ◆ Bordeadores.

305F28.EPS

Figura 28 ◆ Uso de un bordeador.

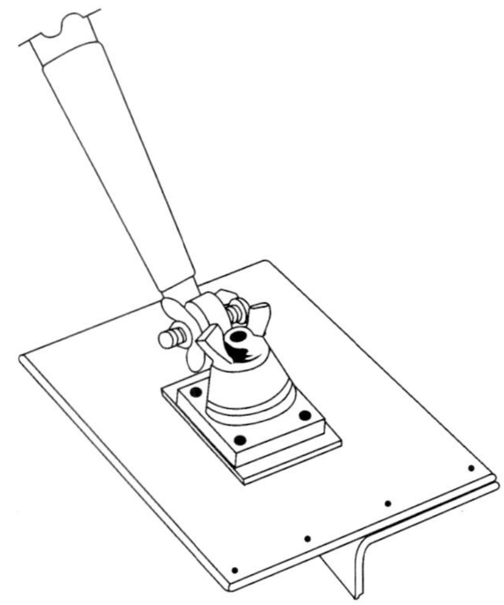

Figura 29 ◆ Marcadores de uniones (acanaladoras).

Tienen un filo (borde cortante) superficial, medio o profundo de ³⁄₁₆" a 1" de profundidad. Algunos marcadores de uniones también tienen un mango largo para que la persona encargada del acabado los pueda usar de pie.

Si se ejecuta una unión cortada con sierra en una losa, se debe ejecutar con una sierra eléctrica (*Figura 31*) una vez que el concreto se haya endurecido lo suficiente como para evitar desprendimientos en el corte pero antes de que la losa comience a fisurarse. Para evitar problemas de fisuras, algunos acabadores de concreto ejecutan uniones con un marcador de uniones de mano primero para después cortarlas a mayor profundidad con una sierra. En la *Figura 32* podemos ver una sierra eléctrica tipo piso típica que se puede utilizar para cortes de concreto en seco y húmedo. Cuenta con un sistema de distribución de agua incorporado que suministra agua a ambos costados de la hoja para el aserrado en húmedo. Cuando se ejecutan cortes en húmedo, el agua ayuda a refrigerar la hoja y a limitar la cantidad de polvo generado por el corte. En la *Figura 33* se puede ver otro tipo de sierra para concreto de gran uso, llamado sierra de corte suave. Está diseñada para ser usada en el corte de uniones de control en concreto durante la primera hora o segunda después del acabado, en vez de una vez terminado el asentamiento final del concreto. La ventaja del corte temprano de uniones es que permite ejecutar las uniones antes de que se registren esfuerzos significativos de tensión que pudieran generar fisuras aleatorias en el concreto.

Además de usarse para cortar uniones de control y decorativas, las sierras eléctricas también se utilizar en trabajos de concreto para recortar secciones de concreto y ayudar en la demolición de estructuras.

305F30.EPS

Figura 30 ◆ Uso de un marcador de uniones de mano.

305F31.EPS

Figura 31 ◆ Sierra automática para concreto.

305F32.EPS

Figura 32 ◆ Sierra para concreto tipo piso de corte en húmedo y en seco.

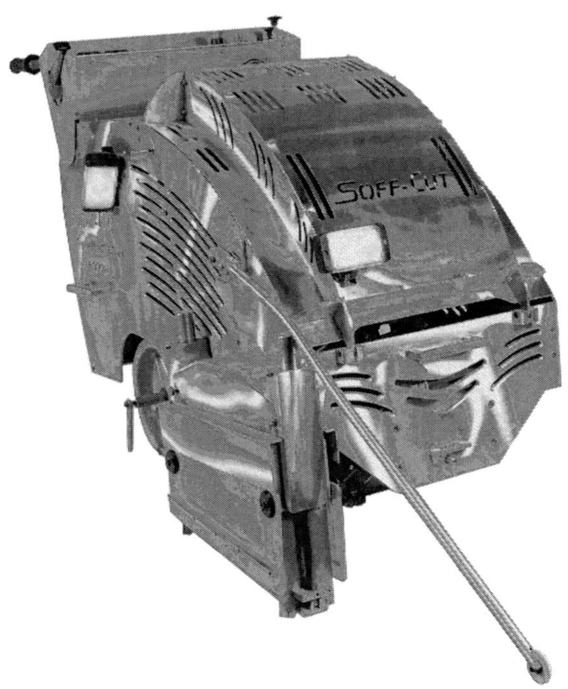

305F33.EPS

Figura 33 ◆ Sierra para concreto de corte suave.

¡ADVERTENCIA!

El polvo de concreto es tóxico. Los obreros que utilicen una sierra para concreto o trabajen cerca de una sierra en uso deben utilizar protección para las vías respiratorias en todo momento. Se recomienda utilizar un respirador portátil.

También se recomienda utilizar agua para reducir la cantidad de polvo. Consulte el manual de prácticas de seguridad de su compañía.

6.3.2 Aplanado

Una vez que se ha bordeado el concreto y se han ejecutado las uniones, se debe aplanar. Durante el aplanado, se siguen incrustando las partículas del agregado que se encuentran apenas por debajo de la superficie, se eliminan imperfecciones leves, se compacta el mortero en la superficie y se mantiene la superficie abierta para que pueda escapar el exceso de humedad. El aplanado genera una textura relativamente uniforme (pero no lisa). Se suele utilizar para ejecutar acabados finales no deslizantes, especialmente en el caso de losas exteriores. Cuando se desea un acabado no deslizante, es posible que resulte necesario aplanar la superficie una segunda vez. Las marcas dejadas por los bordeadores y marcadores de uniones de mano normalmente se eliminan durante el aplanado, a menos que se desee conservarlas por motivos decorativos. Si se desea un borde decorativo, se deberá volver a aplicar estas herramientas después del aplanado final. Al igual que en todas las operaciones de acabado, no se debe trabajar la superficie en exceso mientras el concreto todavía se encuentre en su estado plástico ya que, de hacerlo, se generaría un exceso de agua y de materiales finos en la superficie y eso derivaría en defectos en la superficie.

El aplanado se puede ejecutar aplicando aplanadoras de mano con movimientos circulares para alisar marcas dejadas por la aplanadora mecánica o el fratás. En áreas de mayor superficie, apóyese sobre tablas para rodillas. Si desea, también se puede apoyar sobre una segunda aplanadora para lograr mayor sostén. Las aplanadoras de mano comunes (*Figura 34*) se fabrican con madera o metal (acero, aluminio o magnesio). Las aplanadoras de metal suelen tener 3½" de ancho y se fabrican en dos longitudes: 12" o 16". Las aplanadoras de madera se encuentran disponibles con longitudes de 12", 15" o 18" y con anchos de 3½" o 4½". Las aplanadoras de metal evitan el arrastre, son más livianas que las de madera y se les prefiere en algunos tipos de capas de acabado y en concreto aireado. También se dispone de tipos es-

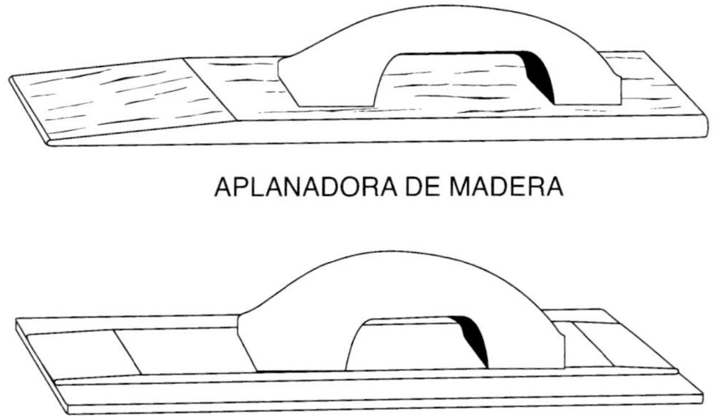

305F34.EPS

Figura 34 ◆ Aplanadoras de mano.

peciales de aplanadoras de mano fabricadas con corcho, hule, esponja o alfombra para generar acabados texturados sobre concreto engomado.

El aplanado también se puede ejecutar mecánicamente con máquinas automáticas de acabado (*Figura 35*). Estas máquinas se pueden utilizar para aplanar y alisar una superficie equipándolas con las hojas de aplanado o alisado que correspondan. Habitualmente, se utilizan máquinas giratorias simples para trabajos más pequeños. Suelen tener tres hojas y son controladas por un operador que camina junto con la máquina (*Figura 36*). Las máquinas giratorias múltiples accionadas con tres tambores giratorios y accionadas por un operador se utilizan principalmente para trabajos de acabado sobre áreas de concreto de gran superficie. Tenga presente que se sigue necesitando aplanado manual alrededor de aperturas y otras obstrucciones que no se puedan acabar mecánicamente.

6.3.3 Alisado

Cuando desee una superficie lisa endurecida, al proceso de aplanado le sigue el alisado. El alisado se debe retrasar tanto como resulte posible pero sin dejar que la superficie se endurezca demasiado como para ejecutar el acabado. Habitualmente, se puede comenzar el alisado cuando la superficie se encuentre lo suficiente rígida como para dejar sólo una huella a presión. Si se comienza el proceso en forma prematura, se podría generar descascarillado y polvo de concreto. Al igual que en el caso del aplanado, el alisado se puede ejecutar manualmente o con una máquina de acabado equipada con hojas de alisado.

Las llanas de mano (*Figuras 37* y *38*) se pueden fabricar con acero templado con alto contenido de carbono o con acero inoxidable resistente al desgaste especializado. Se encuentran disponibles en una amplia variedad de tamaños, de 10" a 20" largo y de 3" a 5" de ancho. El tamaño elegido dependerá del trabajo. Por ejemplo: normalmente se utiliza una llana larga para el primer proceso de alisado mientras que se opta por una más corta para el alisado final.

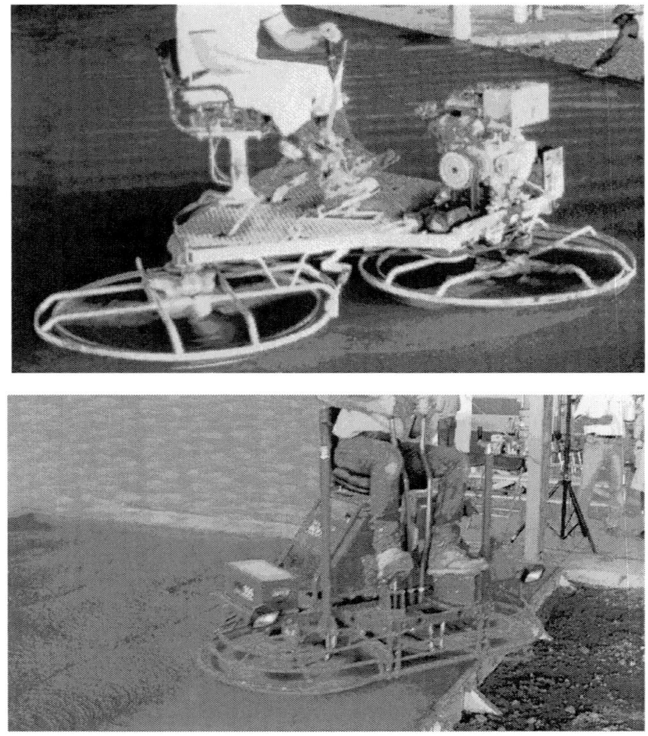

305F35.EPS

Figura 35 ◆ Máquinas de acabado eléctricas.

305F36.EPS

Figura 36 ◆ Uso de una máquina de acabado giratoria simple.

Durante el primer alisado, la llana se debe sostener plana contra la superficie. Si la inclina con un ángulo excesivo, se generará una superficie corrugada o con efectos de vibración inaceptable.

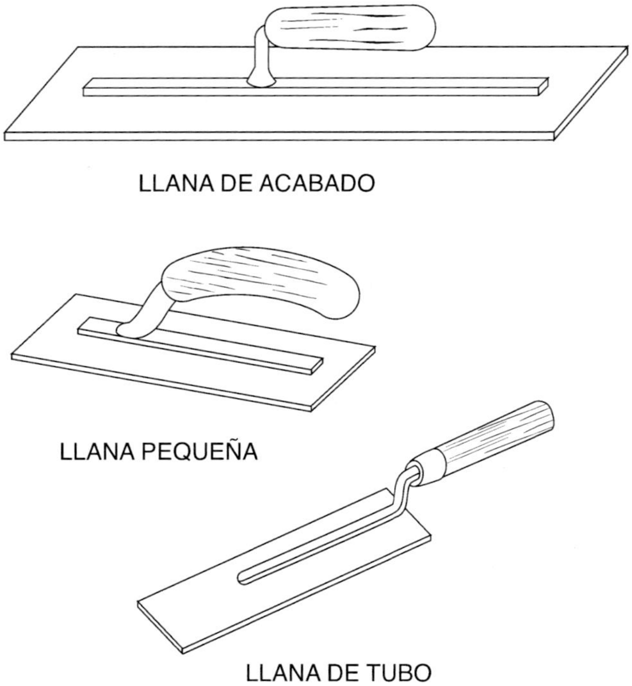

Figura 37 ◆ Llanas de mano.

Figura 38 ◆ Uso de llanas de mano.

El primer alisado plano puede generar una superficie adecuada libre de defectos pero es posible que se necesite otro proceso de alisado con la hoja ligeramente inclinada para aumentar la lisura y la rigidez de la superficie. Se debe dejar que transcurra un tiempo entre alisados para permitir que el concreto siga endureciéndose. A medida que la superficie se endurece, cada alisado sucesivo se deberá ejecutar con una llana cada vez más pequeña para poder ejercer suficiente presión a fin de aumentar la densidad, resistencia y rigidez de la superficie. En la pasada final se deberá escuchar un sonido agudo a medida que la hoja inclinada se desplaza sobre la superficie endurecida. Nuevamente, cuando alise superficies de losas de gran tamaño a mano, se deberá apoyar sobre una tabla para rodillas.

Cuando el primer alisado se ejecute a máquina, se requerirá al menos un alisado adicional a mano para eliminar pequeñas irregularidades. De ser necesario, se deberán volver a repasar los bordes y uniones mecanizados después del alisado para conservar la uniformidad y las líneas de nivelación.

6.3.4 Cepillado

Se puede generar una superficie resistente a deslizamientos cepillando la superficie del concreto (*Figura 39*). Este proceso se debe ejecutar antes de que el concreto se haya endurecido por completo pero cuando esté lo suficientemente rígido como para conservar el estriado. Se puede lograr un estriado áspero con un rastrillo, con un cepillo de alambre de acero o con un cepillo de fibra rígido y áspero. El cepillado se suele ejecutar después del aplanado. Sin embargo, si desea lograr una textura más fina, primero se debe aplanar y alisar el concreto para lograr una superficie lisa para luego cepillarlo con un cepillo con cerdas suaves. Se obtienen resultados óptimos con un cepillo fabricado especialmente para texturar concreto. Las losas se suelen cepillar en forma perpendicular al sentido de circulación principal.

7.0.0 ◆ CURADO DEL CONCRETO

Una vez que se ha colocado y acabado el concreto, se deben tomar ciertas precauciones para asegurarse de que cure correctamente. La hidratación es una reacción química que se registra cuando se combina agua con cemento, arena y grava en una mezcla de concreto. Esta reacción química es la responsable de que se endurezca el concreto. El curado del concreto es el proceso

Figura 39 ◆ Cepillado de una superficie de concreto.

mediante el que se retiene la humedad en el concreto recién colocado lo suficiente como para permitir que se lleve a cabo la hidratación.

Se debe proteger al concreto para que no pierda humedad durante las primeras etapas de la hidratación para que cure correctamente. Si deja que el agua contenida en el concreto se evapore demasiado rápido, la hidratación del cemento se detendrá y ya no se registrarán mayores ganancias de resistencia y durabilidad en el concreto. El concreto se contrae a medida que se seca y, si el secado ocurre cuando el concreto tiene poca resistencia, se generarán fisuras. Además, como el secado se registra primero en la superficie, el cemento no se hidratará allí sino que estará presente como una capa de polvo sin resistencia para mantener unido al agregado.

El grado y la velocidad de endurecimiento del concreto depende de muchos factores: cantidad de cemento en la mezcla, tipo de cemento, temperatura del concreto, temperatura del aire circundante y aditivos químicos utilizados en la mezcla de concreto. En el caso de las mezclas de concreto estándar, los primeros tres días posteriores a la colocación son los más críticos. Es el período en el que el concreto queda más expuesto a daños. A los siete días, alcanaza aproximadamente el 70 por ciento de su resistencia y, a las dos semanas, aproximadamente el 85 por ciento. En condiciones normales, alcanza su resistencia máxima aproximadamente a los 28 días.

El factor que más influye en la velocidad de curado del concreto es la temperatura. Las temperaturas más elevadas aceleran la velocidad de curado. Una hidratación correcta se registra cuando la temperatura oscila entre 55°F y 73°F. Con temperaturas superiores a 73°F, se debe desacelerar el proceso de hidratación para lograr la mayor resistencia posible del concreto. A continuación se mencionan algunos métodos comúnmente utilizados para desacelerar el proceso:

- Agregar aditivos reductores de agua a la mezcla de concreto
- Rociar las formas, el acero de refuerzo y la base inferior con agua fría inmediatamente antes de colocar el concreto
- Rociar un agente o compuesto de curado sobre la superficie del concreto para formar una capa infranqueable que impida o retarde la salida de humedad del concreto
- Cubrir la superficie de concreto con una manta o arpillera de curado, revestimiento de polietileno o papel impermeable para evitar la evaporación acelerada de la humedad
- Rociar la superficie terminada continuamente con agua empleando un sistema de tubos de agua y cabezales rociadores

La hidratación se lleva adelante más lentamente cuando las temperaturas son bajas. Cuando las temperaturas del concreto son inferiores al punto de congelación, no se registra hidratación y el concreto puede sufrir daños permanentes. Para compensar esta situación se suele calentar la mezcla de concreto durante y después de la colocación. Otro método que se utiliza para fomentar el curado cuando se coloca concreto a bajas temperaturas consiste en emplear una mezcla de concreto con aditivos aireantes o aceleradores.

El viento, la lluvia y el tránsito sobre una losa son algunos factores adicionales que se deben considerar en el curado del concreto. Los vientos afectan el curado acelerando la evaporación del agua. La combinación de un clima cálido y seco con el viento puede secar el agua de la superficie del concreto con mayor velocidad que la que el agua de exudación puede reemplazarla. Sorprendentemente, los vientos fuertes pueden acelerar la evaporación incluso con bajas temperaturas. Sometidas a vientos fuertes, las superficies se secan más rápidamente; por este motivo, se deben efectuar humectaciones programadas con mayor frecuencia. El viento desvía el agua de rociadores y pulverizadores y la aleja del concreto. El viento quiebra los sellos de las uniones solapadas y los sellos de bordes del revestimiento plástico o papel impermeable. Los vientos fuertes levantan y desgarran todo revestimiento de plástico o papel que se encuentre debidamente sujetado. Se pueden construir barreras para vientos con telas alquitranadas para proteger al concreto fresco de la evaporación.

La lluvia también genera problemas: añade demasiada humedad a la mezcla. Las lluvias sobre concreto recién colocado pueden erosionar la superficie y diluir la pasta de cemento sobre y cerca de la superficie. La lluvia también puede arrastrar las partículas finas y generar vacíos en el concreto que se está colocando. El acabado de concreto no formado no se puede finalizar bajo la lluvia porque se puede dañar el material. El concreto recién colocado se debe proteger por completo de la lluvia: o bien, se deben suspender las tareas hasta que pare de llover. Se pueden construir protecciones temporales para la lluvia con telas alquitranadas o revestimientos plásticos para proteger las superficies de concreto. Verifique que el agua de lluvia no gotee por los bordes de las protecciones ni caiga sobre la losa.

A medida que cura el concreto, gana resistencia. Durante este período, el tránsito y las cargas de construcción sobre las losas nuevas pueden dañar la superficie, exceder la resistencia de la losa y generar losas con fisuras y daños. La mejor protección es suspender todo tránsito sobre la losa durante los primeros 7 días. Si debe continuar con las actividades, se deberá comenzar con equipos pequeños, circulación a pie y cargas de materiales livianas. Se podrá reiniciar la circulación después de 3 a 7 días, el tiempo de curado inicial. Las cargas deben ser livianas y debe proteger la superficie de concreto. Se puede utilizar papel kraft, madera contrachapada o láminas de fibra como senderos de circulación sobre una losa. Se deben tomar las debidas precauciones para evitar daños en los bordes alejando los senderos de estos y reforzando el material de los senderos en los bordes de la losa. El concreto sin refuerzo es resistente a la compresión (fuerza de aplastamiento) pero no a la tensión (fuerza de tracción) o a la flexión (fuerza de doblado). Las cargas o el tránsito pesado pueden curvar el concreto, especialmente en los bordes de las losas y generar fisuras. Utilice el sentido común para proteger el concreto nuevo de las cargas. Las losas, entradas de automóviles y senderos residenciales no están diseñados para soportar cargas pesadas como camiones con mezcla lista o materiales pesados. No se debe permitir el tránsito de estos tipos de cargas sobre concreto residencial.

8.0.0 ◆ SELLADORES DE UNIONES

En ocasiones, el proceso de acabado del concreto exige que se aplique un sellador de uniones a las uniones en la estructura terminada de concreto. Los selladores de uniones son materiales flexibles que se utilizan para sellar uniones de construcción, aislamiento y similares que estén sujetas a movimientos entre secciones adyacentes de concreto o entre concreto y otros materiales de construcción.

Se dispone de una amplia variedad de fórmulas de selladores para uso en la mayoría de las superficies interiores y exteriores que requieran sellado: concreto, mampostería, metal, vidrio, cerámica y madera. Su durabilidad, flexibilidad y otras características varían según su fórmula. En diferentes aplicaciones se necesitan diferentes tipos de selladores. Los selladores de poliuretano y polisulfuro se utilizan ampliamente en aplicaciones comerciales/industriales para sellar uniones de expansión y control en paneles de concreto premoldeados y uniones de aceras, estacionamientos, pisos de terrazas, etc. Están formulados para uso en exteriores como materiales altamente **elastómeros**. Esto quiere decir que tienen excelentes propiedades de flexibilidad y elongación. Se encuentran disponibles con fórmulas de uno y de dos componentes y tienen una resistencia excelente a las inclemencias climáticas, a la luz ultravioleta y a la humedad. Curan rápidamente con poca contracción y conservan su flexibilidad durante años en la mayoría de los ambientes. También se dispone de selladores premoldeados como las retenciones y uniones de plástico y hule para agua.

Los requisitos para el uso de selladores de uniones y el tipo de sellador que se debe emplear normalmente se especifican en los planos de trabajo y/o las especificaciones para la estructura. Si se requieren pero no se especifican selladores, siga las recomendaciones del fabricante del sellador cuando deba seleccionar un sellador para una tarea en particular.

Independientemente del tipo de sellador que se utilice, se deberá preparar la unión correctamente para poder adherir el sellador en forma adecuada. La preparación de la unión se debe efectuar según las instrucciones del fabricante para el sellador en cuestión. Generalmente, es necesario asegurarse de que la unión esté seca y libre de aceite, polvo u otros tipos de suciedad. Las uniones moldeadas en concreto nuevo pueden contener aceite para formas, mortero suelto y polvo. Se puede limpiar con chorros de arena a presión, cepillado de alambre automático y/o manual o utilizando máquinas automáticas de oxicorte con copiador. Las uniones cortadas con sierra tendrán polvo y se las deberá limpiar con soplado de aire libre de aceite. De existir alveolados o fallas en el lateral de una ranura de unión, se les debe emparchar antes de aplicar el sellador.

9.0.0 ◆ REMOCIÓN DE FORMAS

Según las consideraciones de resistencia y desviación, las formas para pisos y tipos similares de losas pueden permanecer colocados durante varios días antes de ser retirados. El momento oportuno para retirarlos debe ser determinado por un ingeniero estructural. Las formas para paredes, columnas, costados de vigas, losas, etc., sitios en los que la resistencia no es un problema, se retiran habitualmente un día después de la colocación del concreto. Sin embargo, estos plazos pueden variar según el tipo de concreto, las condiciones climáticas, etc. En obras de construcción de grandes magnitudes, el momento recomendado para retirar los diversos tipos de formas se suele indicar en las especificaciones.

Cuando se comienzan a levantar formas, se los debe construir de un modo que se puedan desarmar y retirar fácilmente. Las superficies de las formas que entran en contacto con el concreto se deben recubrir con aceite para formas antes de colocar el concreto para evitar que el concreto se adhiera a las formas. Esta adherencia dificultaría retirarlas. Generalmente, las formas se desarman en el orden inverso en el que se construyeron. La remoción de formas se debe ejecutar cuidadosamente para no dañar el concreto. Si deben volver a utilizar las formas, se deberá retirar cuidadosamente con herramientas y equipos que no dañen ni el concreto ni las formas. Se deben utilizar cuñas de madera y no de acero para separar las formas del concreto.

Una vez retirados, las formas reutilizables se deben limpiar, reparar, manejar y almacenar tomando las debidas precauciones para no dañarlas. Las formas de madera se pueden limpiar con un raspador de madera y un cepillo de fibra rígido. Las formas de acero se pueden limpiar con un raspador de acero y un cepillo de alambre. Los orificios de las formas se pueden emparchar con placas de metal, corchos o encastres de plástico. Cuando se recubran las formas con aceite, se deberá dejar secar antes de apilarlas o almacenarlas. Todos los elementos para formas reutilizables como amarres, arandelas para tuercas y cuñas se deben ordenar, limpiar y almacenar para volver a usarlos. Se debe descartar todo componente dañado.

10.0.0 ◆ OTRAS HERRAMIENTAS MANUALES Y AUTOMÁTICAS QUE SE UTILIZAN CUANDO SE TRABAJA CON CONCRETO

Las herramientas de mano y automáticas básicas utilizadas para acabar concreto se han descripto según resultó pertinente en secciones anteriores. En esta sección describiremos brevemente algunas otras herramientas que se utilizan cuando se trabaja con concreto y explicaremos cuándo se recurre a ellas.

10.1.0 Herramientas combinadas

Las herramientas combinadas como las que se muestran en la *Figura 40* son herramientas diseñadas para desarrollar tareas especiales. Las tareas específicas para las que se utiliza cada herramienta están representadas por el nombre de la herramienta. Estas herramientas se pueden fabricar con metal o con plástico.

10.2.0 Llanas de punta y margen

Las llanas de punta y margen se utilizan para emparchar y mezclar concreto. La llana de punta (*Figura 41*) se utiliza para emparchar orificios y verter lechada de cemento sobre bases para máquinas. La llana de margen se utiliza principalmente para mezclar concreto, emparchar orificios y verter lechada de cemento sobre bases para máquinas y para columnas de acero. También se la puede emplear para acabar parches en áreas de difícil acceso.

10.3.0 Martillos

Los encargados de los acabados utilizan dos tipos de martillo para trabajar con concreto endurecido: el martillo de desbaste y el martillo de abujardado (*Figura 42*). Los martillos de desbaste se utilizan para recortar salientes proyectadas y puntos elevados en el concreto endurecido. El martillo de abujardado se utiliza para fracturar el agregado con el objetivo de lograr un acabado áspero y decorativo.

10.4.0 Piedras de frotamiento de carburo de silicio

Las piedras de frotamiento de carburo de silicio (*Figura 43*) se utilizan para alisar concreto parcialmente endurecido. Las piedras de frotamiento comunes tienen de 6" a 8" de largo, 2" a 3½" de ancho y ¾" a 2" de espesor. Los tamaños de grano oscilan del N° 24 (grueso) al N° 150 (fino).

10.5.0 Rociadores

Los rociadores (*Figura 44*) se utilizan para aplicar aceite para formas a formas para concreto, para rociar compuestos de curado y para pulverizar agua sobre concreto terminado para desacelerar la evaporación.

10.6.0 Esmeriladoras automáticas

Las esmeriladoras automáticas (*Figura 45*) se utilizan para remover rebordes y salientes proyectadas, reducir los puntos elevados y alisar superficies. Utilice el equipo de protección personal apropiado cuando utilice esmeriladoras automáticas. Se utilizan esmeriladoras automáticas de mano para áreas más pequeñas. Las esmeriladoras a gasolina de mayor tamaño se utilizan para áreas de mayor superficie. Se pueden conseguir esmeriladoras para concreto de uno y dos cabezales en diversos tamaños. Se utilizan escarificadores para lograr acabados ásperos.

11.0.0 ◆ PRECAUCIONES DE SEGURIDAD PARA EL MANEJO, LA COLOCACIÓN Y EL ACABADO DEL CONCRETO

Usar herramientas para concreto para su debido propósito, usarlas en forma segura y cuidar las herramientas correctamente es el sello de un profesional. Siempre respete tanto las regulaciones de la OSHA como las precauciones de seguridad de los fabricantes. Protéjase y proteja a sus compañe-

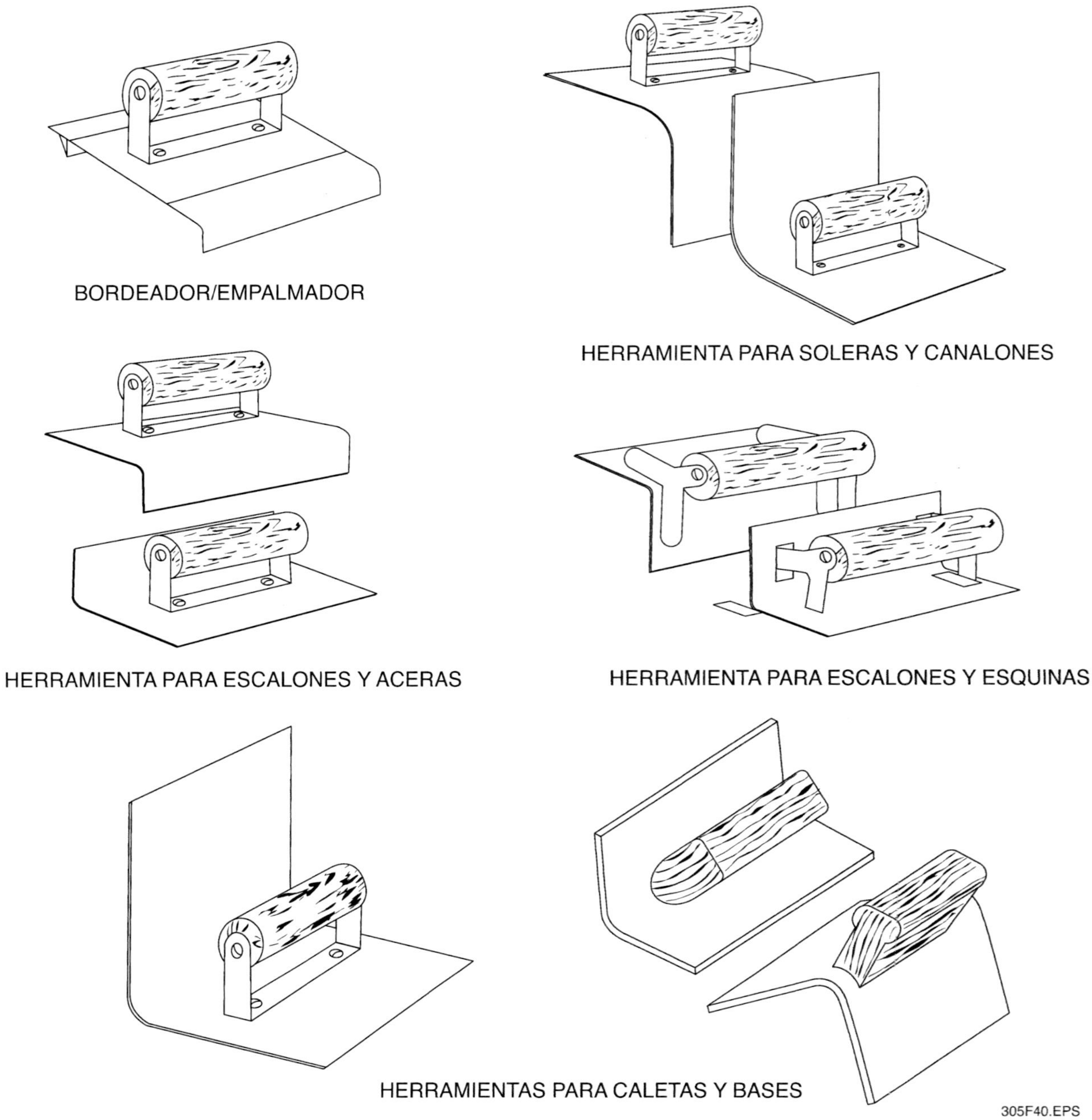

Figura 40 ◆ Herramientas combinadas.

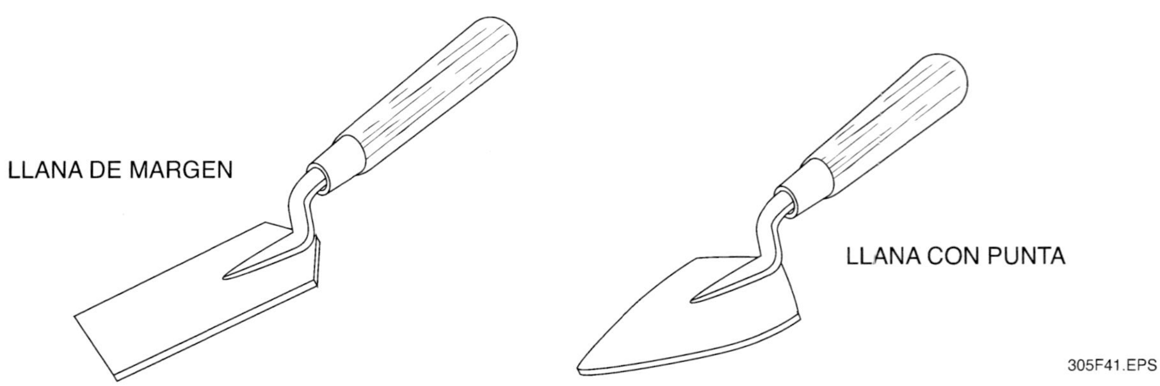

Figura 41 ◆ Llanas de punta y margen.

ros de trabajo siguiendo las reglas para el cuidado y uso correcto de herramientas manuales y automáticas. Además, la exposición de la piel al concreto o al mortero puede causar dermatitis del cemento. Protéjase la piel con ropas de protección adecuadas cuando trabaje con concreto.

11.1.0 Reglas para el cuidado y uso seguro de herramientas manuales

Algunas reglas para el cuidado y uso seguro de las herramientas manuales:

- Use la herramienta correcta para cada trabajo.
- Mantenga las herramientas limpias; asegúrese de eliminar el concreto de las superficies inmediatamente después de cada uso.
- Conserve las herramientas correctamente.
- Afile las herramientas, cuando resulte apropiado.
- Inspeccione las herramientas frecuentemente para asegurarse de que se encuentren en buenas condiciones.
- Repare o reemplace inmediatamente toda herramienta rota o dañada.
- Deseche las herramientas rotas que no se pueda reparar.
- No utilice herramientas rotas.
- No arroje herramientas.
- Proteja el borde cortante de las herramientas cuando las transporte y guarde.
- Guarde las herramientas correctamente cuando no las utilice. No lleve herramientas en los bolsillos. No coloque herramientas en sitios donde puedan rodar y caer al piso. Aceite ligeramente las herramientas antes de guardarlas. Guarde las herramientas en un lugar seco.
- Utilice protección ocular, auditiva y respiratoria cuando resulte apropiado.

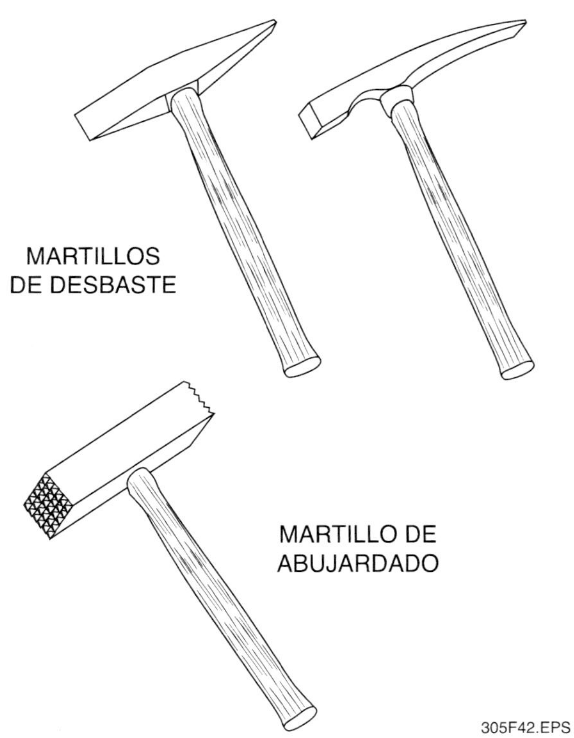

Figura 42 ◆ Martillos para cemento.

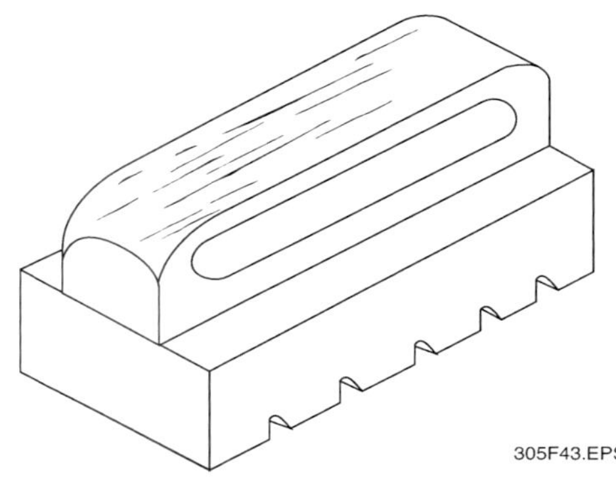

Figura 43 ◆ Piedra de frotamiento de carburo de silicio típica.

Figura 44 ◆ Rociador de concreto típico.

Figura 45 ◆ Esmeriladoras automáticas.

- Manténgase alerta cuando utilice herramientas. Mantenga los dedos lejos de los bordes cortantes. Trabaje alejado del cuerpo cuando utilice herramientas cortantes. Asegúrese de que todos estén fuera del camino cuando haga girar una maza. Utilice herramientas con mangos aislados o de madera cuando trabaje cerca de equipos eléctricos.

11.2.0 Reglas para el cuidado y uso seguro de herramientas automáticas.

Algunas reglas para el cuidado y uso seguro de las herramientas automáticas:

- No intente accionar ninguna herramienta automática sin contar con la debida certificación.
- Siempre utilice equipos de seguridad y ropas de protección apropiados. Por ejemplo: utilice gafas de seguridad y ropas ajustadas que no puedan quedar atrapadas en las piezas móviles de la herramienta. Súbase las mangas, use la camisa dentro de los pantalones y sujétese el pelo largo.
- No se aleje de una herramienta automática en funcionamiento.
- Asuma una posición segura y cómoda antes de comenzar a usar una herramienta automática.
- No distraiga a los demás ni deje que nadie lo distraiga mientras opere una herramienta automática.
- Asegúrese de que cualquier herramienta automática esté conectada a tierra correctamente antes de usarla.
- Asegúrese de que la herramienta no esté conectada al suministro eléctrico antes de ejecutar tareas de mantenimiento o cambiar accesorios.
- No utilice accesorios sin filo o rotos.
- Use una herramienta automática solamente para su uso indicado.
- No use una herramienta automática habiendo desmontado las protecciones o dispositivos de seguridad.
- Use un cable de extensión eléctrica de tamaño suficiente para la herramienta en particular que esté usando.
- No accione una herramienta automática si tiene las manos o los pies mojados.
- Familiarícese con la operación correcta y los ajustes de una herramienta automática antes de intentar usarla.
- Siempre sostenga firmemente el mango de una llana automática o máquina de alisado mientras opera la máquina.
- Asegúrese de que la ventilación sea adecuada antes de accionar equipos a gasolina en interiores.
- Siempre tenga un extintor de incendios cerca cuando llene y acciones equipos a gasolina.
- Mantenga los pies y las manos alejados de herramientas cortantes como sierras para concreto, esmeriladoras y hojas para máquinas de alisado.
- Cambie las hojas para máquinas de alisado cuando note bordes irregulares.
- Guarde las herramientas correctamente cuando no las utilice.

11.3.0 Cómo prevenir la dermatitis del cemento

Todas las personas que trabajan con concreto deben tomar las debidas precauciones para evitar la irritación de la piel como resultado del contacto con concreto o mortero. Cuando está húmeda, la cal contenida en el cemento calienta y quema la piel. La exposición e inhalación prolongadas podría derivar en la aparición de llagas en la piel y de líneas en la boca y la nariz. Esta condición se denomina intoxicación por cemento o dermatitis del cemento. Entre los factores que contribuyen a su aparición se incluyen: sudoración excesiva, no cumplir con las debidas precauciones y dermatitis o alergias pre-existentes. Toda persona que desarrolle dermatitis debe procurar atención médica. Entre algunas de las acciones que ayudan a reducir el riesgo de dermatitis del cemento se incluyen las siguientes:

- Utilizar la ropa apropiada: overoles y camisas de mangas largas, por ejemplo
- Utilizar guantes y botas de hule
- Utilizar gafas o máscara para el rostro
- Utilizar un respirador u otro dispositivo respiratorio
- Lavarse frecuentemente con jabón o loción a base de lanolina
- Bañarse después de cada turno

Resumen

Es importante que los carpinteros comprendan los métodos correctos para manejar, colocar y acabar el concreto. Conocer los factores implicados con estas tareas permite que los carpinteros puedan desplegar y construir formas para concreto con mayor eficiencia para que estas estructuras ayuden y no entorpezcan la colocación del concreto. Además, a menudo se requiere que los carpinteros ejecuten algunas o todas las fases del trabajo de manejo, colocación y acabado del concreto. Esto resulta más evidente si participan en obras residenciales, comerciales ligeras o de remodelación. En proyectos de gran magnitud, los carpinteros suelen trabajar en estrecha colaboración con profesionales del concreto; en consecuencia, es importante que comprendan profundamente el proceso de colocación y acabado del concreto para poder efectuar su trabajo con profesionalismo y eficiencia.

Notas

Preguntas de repaso

1. La unión marcada con la letra B en la *Figura 1* representa una _____.
   a. unión de construcción con un pasador
   b. unión de expansión mecanizada
   c. unión de control cortada con sierra
   d. unión de construcción con expansión enchavetada

2. La unión marcada con la letra C en la *Figura 1* representa una _____.
   a. unión falsa mecanizada
   b. unión de construcción mecanizada
   c. unión de control cortada con sierra
   d. unión de construcción con un pasador

3. La unión marcada con la letra D en la *Figura 1* representa una _____.
   a. unión decorativa con un pasador
   b. unión de control cortada con sierra con un pasador
   c. unión de control mecanizada con un pasador
   d. unión falsa mecanizada

4. La unión marcada con la letra E en la *Figura 1* representa una _____.
   a. unión de control cortada con sierra
   b. unión de control mecanizada
   c. unión falsa mecanizada
   d. unión de control mecanizada con un pasador

5. La unión marcada con la letra A en la *Figura 1* representa una _____.
   a. unión decorativa con un separador de madera
   b. unión falsa mecanizada
   c. unión de construcción con un pasador
   d. unión de construcción mecanizada

6. El concreto proveniente de una planta de amasado se suele _____.
   a. mezclar completamente en la planta
   b. mezclar completamente en la obra en construcción
   c. mezclar completamente en un camión mientras se le lleva a la obra
   d. ser un tipo de mezcla en húmedo de concreto

7. Un vehículo autónomo instalado sobre un camión que transporta todos los materiales secos (cemento, agregados, etc.) y agua y que luego los mezcla en la obra para fabricar concreto se denomina _____.
   a. planta móvil de amasado
   b. mezcladora volumétrica
   c. camión
   d. camión de descarga delantera

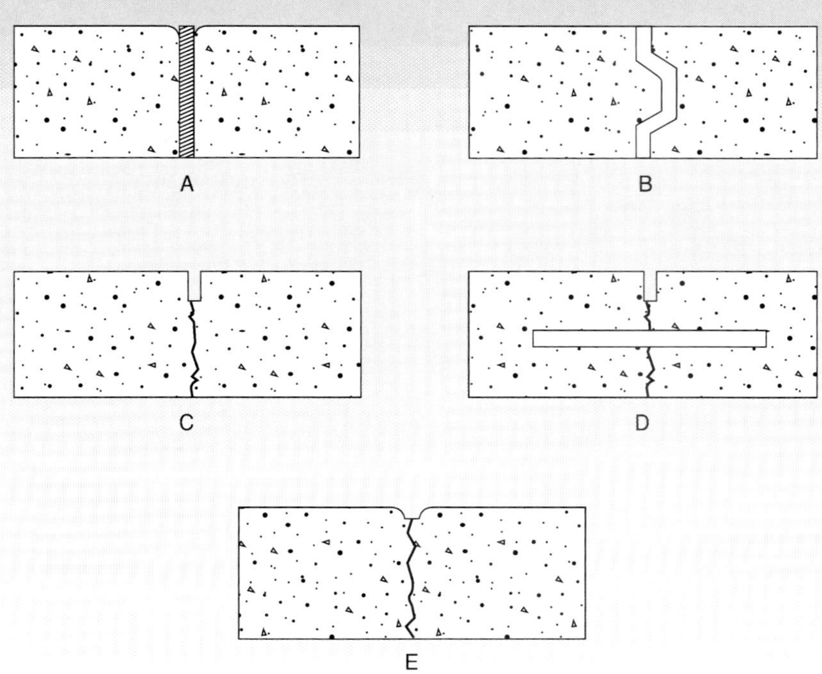

305RQ01.EPS

Preguntas de repaso

8. Cuando se debe colocar concreto en un sitio de difícil acceso, o en el caso de que se necesiten secciones delgadas y áreas de gran superficie, el dispositivo de transporte a obra que se utiliza comúnmente es un(a) _____.
   a. pistola neumática
   b. bomba de concreto
   c. carretilla de concreto
   d. grúa y cubo
9. La American Concrete Pumping Association exige que la pluma de una bomba de concreto tipo pluma se mantenga a un mínimo de _____ pies de distancia de las líneas eléctricas aéreas.
   a. 5
   b. 12
   c. 17
   d. 20
10. Uno de los dispositivos que se utiliza para direccionar el concreto hacia el interior de formas verticales estrechas y evitar la separación de los ingredientes del concreto es un(a) _____.
    a. cinta transportadora
    b. caída de concreto
    c. tubo de caída
    d. canal de caída
11. El proceso para depositar el concreto en formas y compactar el concreto se denomina _____.
    a. colocación
    b. caída
    c. acabado
    d. varillado
12. Para minimizar la separación, se aconseja descargar el concreto _____.
    a. en forma horizontal
    b. en ángulo de 45 grados
    c. en forma vertical
    d. en ángulo de 30 grados
13. El aire atrapado se define como una bolsa de aire de _____.
    a. 1 milímetro como máximo
    b. 1 milímetro como mínimo
    c. 1 centímetro como máximo
    d. 1 centímetro como mínimo
14. Los requisitos para el tamaño de muestra mínimo, los métodos para calcular las cifras de perfil de piso F_F y F_L, al igual que otros requisitos, se describen en la especificación _____.
    a. *ASTM E 1155*
    b. *ASTM E 1221*
    c. *ASTM E 2112*
    d. *ASTM E 5511*
15. Una especificación exige que el perfil de lisura y nivelación de un piso de losa a nivel del terreno sea $F_F = 75$ y $F_L = 50$. Estas cifras suelen representar un perfil de lisura y nivelación _____.
    a. plano
    b. muy plano
    c. súper plano
    d. ultra plano
16. El proceso en el que se nivela el concreto a un nivel establecido se denomina _____.
    a. acabado
    b. nivel de plomada
    c. colocación
    d. alisado con regla
17. ¿Cuál de los siguientes pasos del acabado se debe ejecutar primero cuando se está acabando una losa?
    a. Aplanar la losa con una aplanadora mecánica o con fratás.
    b. Aplicar una llana a la superficie.
    c. Ejecutar el borde de la losa.
    d. Alisar la losa con un filo recto (regla).
18. El tipo de regla que se utiliza principalmente para acabar losas que requieran un perfil muy plano o más fino es la regla _____.
    a. con armadura de acero
    b. a gas o eléctrica operada por uno o dos hombres
    c. láser
    d. de rodillos

Preguntas de repaso

19. ¿Cuál de los siguientes factores se debe tener presente para determinar el momento correcto para comenzar el acabado de una superficie de losa de concreto?
    a. Tamaño de la losa
    b. Dureza y aspecto del concreto
    c. Condiciones climáticas
    d. Tipo de concreto que se está utilizando

20. La herramienta para concreto que se utiliza para formar un radio en los bordes de una losa se denomina _____.
    a. aplanadora
    b. marcador de uniones
    c. bordeador
    d. acanaladora

21. La herramienta que alisa el concreto mediante una serie de hojas que se hacen girar con un motor se denomina _____.
    a. regla automática
    b. fratás automático
    c. esmeriladora automática
    d. máquina de acabado

22. Cuando se desee una superficie lisa endurecida, al proceso de aplanado le sigue el/la _____.
    a. unión
    b. alisado
    c. esmerilado
    d. cepillado

23. La reacción química del agua con el cemento se denomina _____.
    a. adherencia
    b. hidratación
    c. curado
    d. fraguado

24. Si encuentra un martillo de desbaste con el mango agrietado, deberá _____.
    a. aplicar cinta al mango
    b. instalar tachuelas en la rotura
    c. reemplazar el martillo inmediatamente
    d. utilizar el martillo cuidadosamente hasta encontrar otro

25. La dermatitis del cemento es una irritación causada por la reacción entre la cal y la/los _____.
    a. humedad
    b. arena
    c. sílice
    d. agregados

Términos especializados introducidos en este módulo

Compactación del concreto: Manejo del concreto recién colocado para que cada capa quede bien compactada con la anterior y se eliminen los vacíos causados por el agua y las bolsas de aire.

Descantillado: Rotura, astillado, rajadura o desmenuzamiento.

Elastomérico: Material con una excelente flexibilidad y capacidad de alargamiento.

Exudación: Estado del concreto en el que los sólidos se asientan y el agua pasa a la superficie.

Fraguar: Endurecerse el concreto.

Lechada de cemento: Mortero delgado.

Separación: Segregación de ingredientes de cemento con arena de la grava debido a la colocación incorrecta de concreto.

Recursos adicionales

Este módulo tiene como objetivo presentar un recurso sólido para el entrenamiento de tareas. Se recomiendan los siguientes trabajos de referencia para profundizar el estudio. Estos son materiales ideales para una capacitación continua más que para el entrenamiento de tareas.

American Concrete Institute (ACI). www.concrete.org.

Cement Association of Canada. www.cement.ca.

Portland Cement Association. www.cement.org.

SERIE EDUCATIVA CONTREN® — COMENTARIOS DEL USUARIO

NCCER hace el esfuerzo de mantener estos libros de texto actualizados y libres de errores técnicos. Apreciamos su ayuda en este proceso. Si tiene una idea para mejorar este libro de texto, o si encuentra algún error, ya sea tipográfico, o de contenido en los libros de texto de *Contren®*, favor de escribirnos usando esta forma o una fotocopia de la misma. Asegúrese de incluir el número exacto del módulo, la página, una descripción detallada, y la corrección, si es aplicable. Su comentario será traído a la atención del comité técnico de revisión. Gracias por su ayuda.

Instructores – si usted encontró que algún material adicional es necesario para enseñar este módulo con eficacia, por favor déjenos saber para poder incluirlos en la lista de Equipo y Materiales en la guía anotada del instructor.

Dirección postal: Departamento de Desarrollo de Productos
National Center for Construction Education and Research
3600 NW 43rd Street, Bldg. G, Gainesville, FL 32606

Fax: 352-334-0932

E-mail: curriculum@nccer.org

Oficio _______________ Nombre del Módulo _______________

Fecha del Copyright _______________ Número del Módulo _______________ Número(s) de Página(s) _______________

Descripción

____

____

____

Corrección (opcional)

____

____

Su nombre y dirección (opcional)

____

____

Apertura de zanjas y excavación

27306-07

27306-07
Apertura de zanjas y excavación

Los temas que se presentarán en este módulo incluyen:

Generalidades

La seguridad, estabilidad y durabilidad de un edificio dependen de sus cimientos. Los cimientos sostienen la estructura y distribuyen su peso hacia el suelo. El tipo y el tamaño de la estructura, así como el tipo de suelo en la obra, determinan la clase de cimientos que se necesitan para el edificio. Los proyectos industriales o comerciales grandes necesitan cimientos también grandes que generalmente exigen excavaciones profundas, por lo que es crucial que los carpinteros que están empleados en estos trabajos estén familiarizados con las técnicas de excavación y apertura de zanjas. Lo que es aun más importante, los carpinteros necesitan saber cómo mantenerse seguros a ellos mismos y a sus compañeros de trabajo cuando trabajan en una excavación o cerca de ella.

Objetivos

Cuando haya completado este módulo, podrá hacer lo siguiente:

1. Identificar los diferentes tipos de suelos, sus capacidades de apoyo y sus clasificaciones.
2. Identificar maneras de aumentar la densidad del suelo.
3. Establecer el propósito de las pruebas de densidad (compactación) del suelo.
4. Explicar las consideraciones de seguridad para las zanjas y excavaciones profundas.
5. Identificar y describir los métodos de mitigación de agua subterránea.
6. Identificar y describir los métodos de mitigación de roca.

Términos especializados

Acuífero
Ángulo de reposo
Apuntalamiento
Arriostramiento cruzado
Caja de zanjas
Cimientos
Cohesión
Compactación
Consolidación
Contenido óptimo de humedad
Densidad
Deshidratación
Elasticidad
Erosión
Esqueleto
Largueros
Montantes
Napa de agua
Orgánico
Pilotaje
Plasticidad
Plásticos
Relleno
Resistencia a la compresión
Sedimentos
Sistema protector
Subsidencia
Vacíos

Materiales requeridos para el estudiante

1. Lápiz y papel
2. Equipo protector personal adecuado

Prerrequisitos

Antes de comenzar este módulo, se recomienda haber finalizado con éxito los cursos *Currículo Básico; Introducción a la Carpintería Nivel Uno; Estructuras y Acabados de Carpintería Nivel Dos;* y *Formas para Carpintería Nivel Tres*, Módulos 27301-07 a 27305-07.

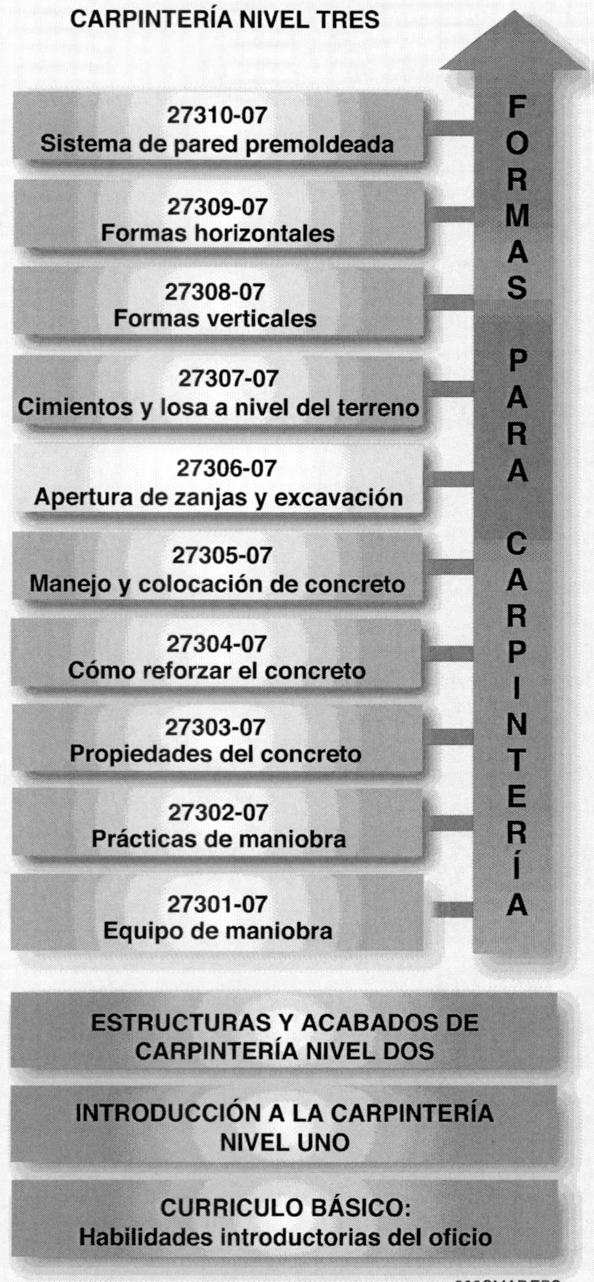

306CMAP.EPS

Este mapa del curso muestra todos los módulos del tercer nivel del currículo de *Carpintería*. El orden de entrenamiento sugerido comienza de abajo hacia arriba. Los niveles de dificultad aumentan a medida que usted avanza en el mapa del curso. Es posible que el auspiciador del programa de entrenamiento local ajuste el orden de entrenamiento.

1.0.0 ◆ INTRODUCCIÓN

Este módulo cubre la preparación del sitio de la obra. Se concentra en la seguridad de las excavaciones profundas y de las zanjas, en las características y la preparación del suelo, y la mitigación del agua y las rocas.

La seguridad es la consideración principal durante el trabajo de excavación y de apertura de zanjas. Es extremadamente importante conocer las características de los diversos suelos y los tipos de excavaciones, dispositivos de protección y procedimientos de seguridad necesarios para una situación de excavación general o de apertura de zanjas dada.

2.0.0 ◆ TRABAJOS EN OBRA

Se necesita una gran cantidad de trabajo preliminar en la obra antes de que se coloquen las formas y el concreto para los **cimientos** de una estructura comercial. Por lo general, los ingenieros geotécnicos del proyecto obtienen las condiciones del suelo de subsuperficie para los sitios potenciales de los datos existentes, incluidos estudios anteriores del suelo de subsuperficie, datos de sondeos existentes y datos de desarrollo del sitio para estructuras cercanas. Los ingenieros geotécnicos y los arquitectos evalúan estos datos para determinar el desempeño de los cimientos en cada sitio. Si algunos de los datos del sitio no son suficientes, los ingenieros geotécnicos realizarán una investigación de la subsuperficie limitada, utilizando núcleos de perforación o sondeos para obtener información adicional. Una vez que se seleccionó el sitio final, los ingenieros geotécnicos realizan una amplia investigación de pruebas de laboratorio y de subsuperficie, para determinar el comportamiento potencial de los cimientos. A partir de la información que se obtiene durante esta investigación, los ingenieros de cimientos y estructurales evalúan los métodos y técnicas de cimientos, y seleccionan la más apropiada antes de llevar a cabo el diseño final de la estructura. Además, los ingenieros utilizan la información obtenida durante la investigación para determinar el diseño de las excavaciones, el equipo de mitigación de la napa de agua, los sistemas de apoyo para la excavación y la subestructura del edificio.

Una vez realizado el diseño de la estructura, para unos cimientos típicos se debe disponer del sitio de trabajo y establecer las líneas de edificación mediante métodos topográficos. A esto le sigue la instalación de cualquier sistema de apoyo para la excavación y el equipo de mitigación de **napas de agua** (tambiénconocido como tabla de agua) requerido. Luego se deben excavar y preparar los cimientos, incluidos los pozos para los elevadores, los pozos de base para máquinas y los desagües.

2.1.0 Suelos

La estabilidad de cualquier proyecto de construcción depende de la estabilidad del suelo. Existen diversos tipos de suelos y cada uno tiene sus propias características y requisitos de preparación. A los fines de la construcción, la propiedad más importante de cualquier suelo es su resistencia; es decir, su capacidad de soportar un edifico sin comprimirse ni deformarse de otras maneras.

La resistencia del suelo se mide por la **densidad**; es decir, cuán compactado está el suelo. El suelo que está compactado de forma densa y posee pocas bolsas de aire, que se llaman **vacíos**, pesará más por unidad cúbica que el suelo que está compactado de forma liviana y tiene muchas bolsas de aire. La densidad se mide en peso por volumen y puede expresarse como libras de suelo húmedo o seco por pie cúbico. A mayor peso, más densamente compactado está el suelo y mayores son su densidad y resistencia, lo que lo hace más apropiado como sitio de construcción. El suelo densamente compactado suele estar compuesto de una mezcla de partículas de suelo de diferentes tamaños y tipos.

En la construcción, el suelo generalmente se compacta para mejorar su densidad y resistencia. La compactación es la aplicación deliberada de presión o vibración para eliminar las bolsas de aire y aumentar la densidad del suelo. La compactación es una de las tareas más importantes en la construcción, y ayuda a asegurar la durabilidad y seguridad de un edificio. El suelo con una compactación escasa se asentará naturalmente con el paso del tiempo y provocará fisuras en los cimientos.

Los suelos que tienen una resistencia estructural escasa, aun con compactación, a veces pueden mejorarse con materiales o sustancias químicas adicionales que los estabilizarán. Esto ayuda a aumentar la resistencia del suelo y permite que permanezca en su lugar, evitando así tener que quitarlo y reemplazarlo por otro suelo.

Las distintas regiones geográficas tienen tipos de suelos que predominan, pero la mayoría de las zonas presentan una mezcla de varios tipos de suelos. Es posible encontrar muchos tipos diferentes de suelos en el mismo proyecto. Los ingenieros geotécnicos, los arquitectos y los trabajadores entrenados especialmente identificarán los suelos en un sitio y tomarán las decisiones técnicas respecto de cómo preparar el sitio para la construcción. Además, pueden controlar los suelos en el sitio a medida que la excavación y la construcción progresan.

2.2.0 Clasificación del suelo

Los suelos se pueden clasificar de muchas formas. En general, son granulares, cohesivos u **orgánicos**. Los suelos granulares incluyen roca, grava y arena. Los suelos cohesivos contienen arcilla. Los suelos orgánicos están hechos de materia vegetal y animal parcialmente descompuesta.

La OSHA clasifica a los suelos en cuatro grupos según su estabilidad. Estos cuatro grupos son roca estable, Tipo A, Tipo B y Tipo C.

La roca estable es mineral sólido. Este suelo puede excavarse con laterales a 90 grados (*Figura 1*) y permanece intacto después de terminada la excavación. Frecuentemente, son necesarios explosivos para las excavaciones en la roca.

Los suelos Tipo A son suelos cohesivos que tienen una **resistencia a la compresión** de al menos 1.5 toneladas por pie cuadrado. Naturalmente, los suelos cohesivos contienen arcilla. La arcilla es un suelo de grano fino que es **plástico** cuando se humedece. Al secarse, forma masas sólidas.

Un suelo no se puede clasificar como Tipo A si existe alguna de las siguientes condiciones:

- Se ha modificado al suelo.
- El suelo contiene fisuras.
- El suelo puede verse afectado por vibraciones del tráfico cercano, traslado de pilotes u otro equipo.

El suelo Tipo A es inclinado para evitar la necesidad de apoyo mecánico. Las excavaciones en un suelo Tipo A que estarán abiertas durante más de 24 horas y tienen menos de 20' de profundidad pueden tener una inclinación máxima de ¾ horizontalmente y 1 verticalmente (*Figura 2*); las excavaciones que estarán abiertas durante 24 horas o menos, pueden tener una inclinación máxima de ½ horizontalmente y 1 verticalmente (*Figura 3*).

Los suelos Tipo B son suelos cohesivos con una resistencia a la compresión de entre 0.5 y 1.5 toneladas por pie cuadrado. También incluyen suelos granulares como la grava con punta, o limo, marga con limo y marga con arena, y muchas veces una combinación de estos tres tipos. El Tipo B puede incluir suelos de Tipo A que se han modificado, tienen fisuras o están sometidos a vibraciones. La roca inestable y seca se puede clasificar también como Tipo B. Cualquier suelo que tiene características del Tipo C no puede ser clasificado como Tipo B. Las excavaciones de 20' o menos de profundidad hechas en suelo Tipo B pueden tener una inclinación máxima de 1 horizontalmente y 1 verticalmente (*Figura 4*).

Los suelos del Tipo C son suelos cohesivos con una resistencia a la compresión de 0.5 toneladas por pie cuadrado o menos. Los suelos Tipo C incluyen suelos granulares como la grava, la arena y la arena con marga; suelos sumergidos o rocas inestables, o suelos de los que filtra libremente el agua. El suelo del Tipo C es el más inestable. Las excavaciones de 20' o menos de profundidad hechas en suelo del Tipo C pueden tener una inclinación máxima de 1½ horizontalmente y 1 verticalmente (*Figura 5*).

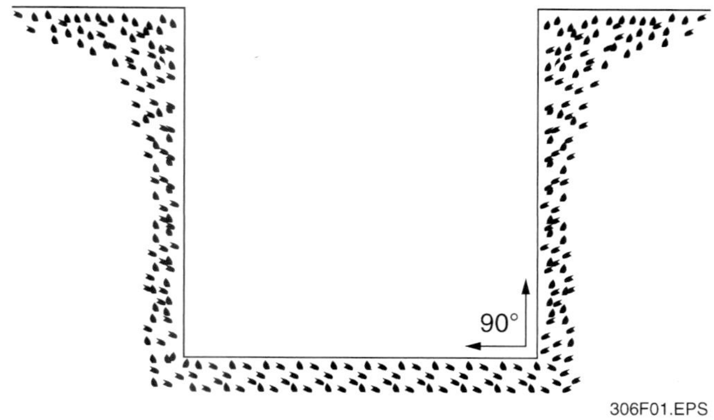

Figura 1 ◆ Corte de una excavación en roca estable.

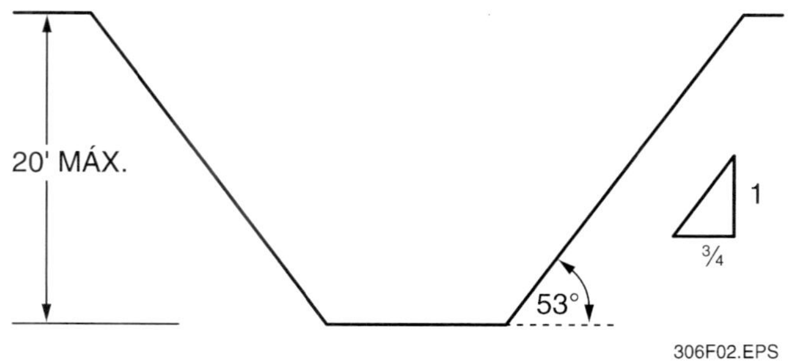

Figura 2 ◆ Excavación con inclinación simple a largo plazo en suelo Tipo A.

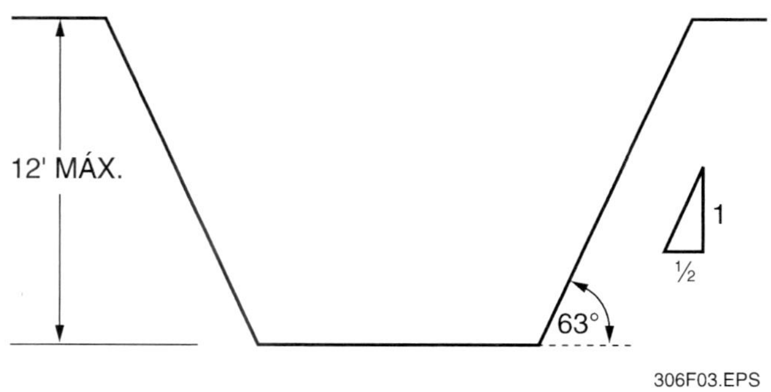

Figura 3 ◆ Excavación con inclinación simple a corto plazo en suelo Tipo A.

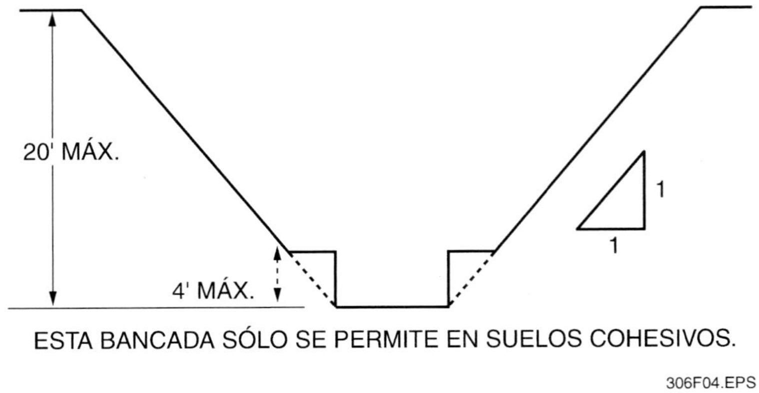

Figura 4 ◆ Excavación con inclinación simple en suelo Tipo B.

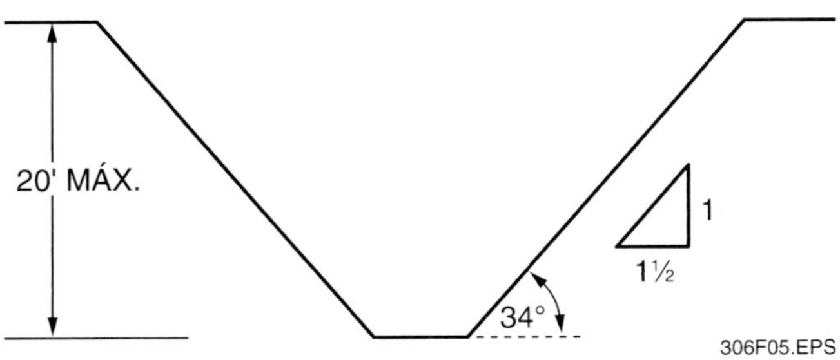

Figura 5 ◆ Excavación con inclinación simple en suelo Tipo C.

2.3.0 Composición del suelo

Generalmente, lo que llamamos suelo es una combinación de dos o más tipos de suelo, materia orgánica y algunas sustancias químicas. Ningún tipo de suelo es totalmente apropiado para la construcción. La roca sólida es estable, pero difícil de trabajar. Los suelos cohesivos clasificados como Tipos A o B son muy plásticos y sólidos, pero la humedad los afecta de manera adversa. Los suelos granulares agrupados en el Tipo C (como la grava y la arena) tienen mucha resistencia pero no **elasticidad, plasticidad** ni **cohesión**. Una vez que la grava o la arena se deformaron por el peso de una carga, permanecen así.

Cualquier suelo excesivamente húmedo no es apto para la construcción a menos que reciba tratamiento para eliminar la humedad excesiva. Los suelos que contienen cantidades moderadas a grandes de materia orgánica no son aptos para la construcción. A medida que la materia se descompone, disminuirá su masa y provocará hundimientos en el suelo.

El mejor suelo para la construcción es una mezcla que contenga una cantidad alta de suelo granular (como la grava y la arena) y una pequeña cantidad de suelo cohesivo (como el limo y la arcilla).

2.4.0 Densidad del suelo

La característica más importante de un sitio para construcción es la densidad del suelo nativo. La densidad del suelo es una relación del peso del suelo con respecto a su volumen (generalmente por pie cúbico). Cada sitio tendrá una densidad natural que depende de las propiedades del suelo y de las fuerzas de presión a las que está sujeto el sitio.

Las fuerzas de presión que afectan la densidad de un suelo pueden ser naturales o estar hechas por el hombre. El clima es la principal fuerza de presión natural; el suelo que está sometido a fuertes lluvias y ciclos de congelado/descongelado tiene una densidad mayor que el mismo suelo que no está expuesto a dichas condiciones climáticas. Las fuerzas de presión hechas por el hombre suelen estar determinadas por el uso de la tierra. Los suelos en un sitio sometidos a una gran cantidad de tráfico o vibraciones de carreteras cercanas tendrán una mayor densidad que si el sitio estuviera ubicado alejado del tráfico intenso.

Los ingenieros geotécnicos miden la densidad del suelo para determinar si el sitio necesita compactación o estabilización adicionales.

2.5.0 Efectos de la humedad en los suelos

El factor más importante que afecta la densidad del suelo es su contenido de humedad. Los suelos secos tienen una mayor cantidad de fricción que los hace difíciles de compactar, lo que crea bolsas de aire que disminuyen su densidad. La humedad actúa como lubricante, lo que hace más fácil compactar suelos. La humedad rodea las partículas ásperas de modo que se deslizan entre sí fácilmente. Los suelos húmedos pueden ser similares a la goma y resistir la compactación. Los suelos muy húmedos pueden ser imposibles de compactar hasta que se elimina parte de la humedad.

Cuando un suelo tiene la cantidad apropiada de humedad para alcanzar la densidad máxima, se dice que tiene un **contenido óptimo de humedad**.

Cada tipo de suelo tiene su propia respuesta única a la humedad. La arcilla atrae y mantiene la humedad, lo que hace que se hinche y aumente de volumen. La arena es porosa, lo que permite que el agua drene rápidamente, y su volumen cambia muy poco a medida que cambia la humedad.

La mejor mezcla de suelos para la construcción es una compuesta por una mayoría de suelos granulares y una pequeña cantidad de suelos cohesivos. Cuando esta mezcla tiene su contenido óptimo de humedad, se le compacta fácilmente para alcanzar la densidad máxima.

2.6.0 Excavación de suelos

A medida que el suelo se excava de su posición natural, se mezcla con el aire y brinda la apariencia de hinchazón en volumen. El suelo se mide en unidades cúbicas, con yardas cúbicas como la medida más común. Al suelo sin modificar se le llama depositado, mientras que al suelo excavado se le llama suelto. La *Tabla 1* muestra los volúmenes y los pesos sueltos y depositados típicos de muchas mezclas de suelos comunes.

2.7.0 Relleno

Se agrega **relleno** para que el terreno o excavación existentes alcancen el nivel deseado. Cuando un sitio de relleno se compacta con el paso del tiempo de manera natural por la lluvia, los ciclos de congelado/descongelado, o el peso de un edificio, este proceso se llama **consolidación** o **compactación**. No es una situación deseada porque el movimiento del suelo puede dañar los cimientos y las superficies de caminos. Para evitar la consolidación, se compacta el suelo en los sitios donde se construirá de manera uniforme antes de empezar la construcción.

Cuando el suelo se compacta, su volumen se contrae. Lo que el volumen contraiga depende de las características del suelo, de su contenido de humedad y del grado de compactación. Puede calcular el factor de contracción al dividir el volumen compactado por el volumen de relleno. Lo complicado es determinar el volumen del relleno. El volumen de relleno entra en las tres categorías siguientes:

- *Nativo*: no hay cortes ni rellenos. El terreno natural se despeja y limpia de malezas, y luego se compacta.
- *Relleno suelto*: se pide el relleno y se envía en camión por yardas cúbicas sueltas, y luego se compacta.

Tabla 1 Pesos de los materiales

Material	Peso suelto		Peso depositado	
	kg/m³	lb/yd³	kg/m³	lb/yd³
Arcilla – Lecho natural	1,660	2,800	2,020	3,400
Seco	1,480	2,500	1,840	3,100
Húmedo	1,660	2,800	2,080	3,500
Arcilla y grava – Seco	1,420	2,400	1,660	2,800
Húmedo	1,540	2,600	1,840	3,100
Roca descompuesta				
75% roca, 25% tierra	1,960	3,300	2,790	4,700
50% roca, 50% tierra	1,720	2,900	2,280	3,850
25% roca, 75% tierra	1,570	2,650	1,960	3,300
Tierra – Seca compacta	1,510	2,550	1,900	3,200
Húmeda excavada	1,600	2,700	2,020	3,400
Marga	1,250	2,100	1,540	2,600
Grava – Seca (¼ a 2 pulg.)	1,690	2,850	1,900	3,200
Húmeda (¼ a 2 pulg.)	2,020	3,400	2,260	3,800
Arena – Seca, suelta	1,420	2,400	1,600	2,700
Mojado	1,690	2,850	1,900	3,200
Húmedo	1,840	3,100	2,080	3,500
Arena y arcilla – Suelto	1,600	2,700	2,020	3,400
Arena y grava – Seco	1,720	2,900	1,930	3,250
Húmedo	2,020	3,400	2,230	3,750

306T01.EPS

- *Relleno depositado*: el relleno se corta en otra ubicación y se traslada hasta el sitio de la construcción y se compacta.

Afortunadamente, el método para calcular la contracción es el mismo sin importar cómo se obtiene el relleno. La fórmula es el volumen compactado dividido por el volumen suelto. Por ejemplo, cuando 100 yardas cúbicas de relleno se compactan hasta quedar 80 yardas cúbicas, entonces el factor de contracción es 0.8 (80 ÷ 100 = 0.8). Vea la *Figura 6*.

Si un material tiene un factor de contracción de 0.8, entonces una yarda cúbica compactada equivale a 1¼ yardas cúbicas sueltas. La cantidad de relleno necesaria puede determinarse al dividir el volumen compactado por el factor de contracción (1 ÷ 0.8 es igual a 1¼ o 1.25). Si una zona que debe rellenarse tiene un volumen de 10 yardas cúbicas y el relleno a usar tiene un factor de contracción de 0.8, la cantidad de relleno que se necesita es de 12½ (12.5) yardas cúbicas (10 ÷ 0.8 es igual a 12½ o 12.5).

Sin embargo, debe tenerse presente que el suelo depositado excavado que se utilizó para relleno quizá no esté compactado a la densidad requerida para el sitio de construcción. Si se asume que una yarda cúbica de suelo depositado sin modificar será igual a una yarda cúbica de relleno compactado, se está en problemas. Para determinar el factor de contracción de un relleno suelto específico, se debe compactar un volumen medido del relleno hasta obtener la densidad deseada y se debe medir el volumen compactado resultante.

2.8.0 Capacidad de soporte de carga

La capacidad de soporte de carga del suelo es la cantidad de peso que puede sostener sin riesgos. Está relacionada con la densidad del suelo, por lo que cuando el suelo tiene una densidad baja o no está bien compactado, su capacidad de soporte de carga es baja. La compactación aumenta la capacidad de soporte de carga de un suelo y lo hace más estable. *La Tabla 2* muestra la capacidad de soporte de carga aproximada de diferentes tipos de suelos, dando por sentado un alto grado de compactación. Generalmente, la capacidad de soporte de carga se mide en libras por pulgada cuadrada, que se abrevia como psi, pero puede medirse en cualquier expresión de peso por unidad de medida. En este caso, psi significa la cantidad de libras que el suelo puede soportar en una pulgada cuadrada sin deslizarse, deformarse excesivamente o colapsar.

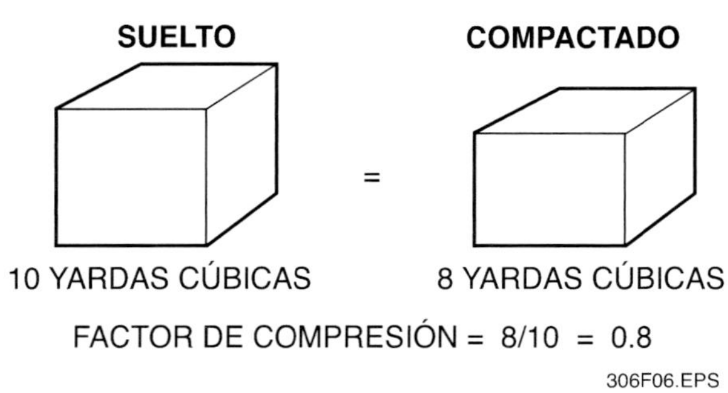

Figure 6 ◆ Factor de contracción con volumen.

3.0.0 ◆ COMPACTACIÓN

Los suelos pueden compactarse hasta una densidad deseada con diversos tipos de equipos, con métodos que implican presión, amasado, vibración, impactación o una combinación de todos los anteriores. La selección del equipo depende del tipo de suelo y el tamaño de la zona que debe compactarse. La *Tabla 3* compara la efectividad de diferentes tipos de apisonadores en varios tipos de suelo.

Los rodillos con clavijas (patas de cabra) y las ruedas de acero brindan presión con cierto amasado para la compactación. El equipo para vibrar proporciona apisonamiento y presión para la compactación. Las versiones de rodillos vibratorios aumentan la capacidad de compactación del rodillo. Ciertos apisonadores típicos se muestran en la *Figura 7* y sus aplicaciones se describen brevemente a continuación:

- *Rodillos lisos con ruedas de acero*: el peso de un rodillo liso se aplica a lo largo de una línea recta a través de la dirección del desplazamiento. Un punto alto puede recibir el peso total del rodillo, mientras que un punto bajo puede ser pasado por encima y no recibir compactación. Con un peso adecuado, el suelo se comprime desde los puntos altos a los bajos, y se igualan irregularidades al extender y producir una superficie lisa. Sin embargo, los puntos altos que son demasiado duros y no ceden sostendrán al rodillo e impedirán la compactación.

Tabla 2 Capacidad de soporte de carga

Material	Capacidad de soporte de carga en lbs/in2 (psi)
Roca (semideshecha)	70
Roca (sólida)	350
Arcilla (seca)	55
Arcilla (semi seca)	27
Arcilla (suave)	14
Grava (cementada)	110
Arena (compacta seca)	55
Arena (seca limpia)	27
Arena movediza	7

306T02.EPS

Tabla 3 Cuadro de selección de compactación

Materiales					
		Pisón Vibrante	**Rodillo de reja estático pata de cabra**	**Placa compactadora vibrante Rodillo vibrante Rodillo pata de cabra vibrante**	**Rodillo neumático**
	Espesor de carga	Impacto	Presión (con amasado)	Vibración	Amasado (con presión)
Grava	12+	Pobre	No	Bueno	Muy bueno
Arena	10+/–	Pobre	No	Excelente	Bueno
Limo	6+/–	Bueno	Bueno	Pobre	Excelente
Arcilla	6+/–	Excelente	Muy bueno	No	Bueno

306T03.EPS

CARRIL INTERNO

Tierra dinámica de apisonadores

Se pueden compactar rápidamente grandes zonas de suelo a densidades altas mediante la grúa especializada que se muestra utilizando pilones de base plana de ocho o diez pies cuadrados. La grúa es una apisonadora dinámica de tierra de ciclo alto diseñada para soportar las presiones provocadas por las fuerzas de carga y descarga verticales de ciclos rápidos. Las superestructuras sin rotación están montadas de manera rígida en el tractor oruga para eliminar daños en el apoyo del péndulo, y la pluma se asegura con colgantes de adelante hacia atrás para evitar el latigazo de la pluma por fuerzas sorpresivas de carga y descarga. Estas grúas pueden elevar y bajar rápidamente pesos de hasta 20 toneladas de alturas que superan los 100'. Para evitar el daño por las grandes ondas de choque, creadas por el impacto del peso, solamente pueden utilizarse cuando las demás estructuras están lo suficientemente alejadas del lugar de trabajo.

306SA01.EPS

Figura 7 ◆ Apisonadores típicos.

- *Rodillos con clavijas*: los rodillos con clavijas (patas de cabra) compactan mayormente con las "patas" desde la parte inferior. A medida que el suelo se compacta, el rodillo se eleva y aleja del suelo. Estos rodillos son buenos en suelos plásticos de grano fino, y menos eficientes en suelos arenosos y con grava. Se debe evitar un peso excesivo porque las "patas" pueden cortar el suelo y dañar su estructura.
- *Rodillos neumáticos*: los rodillos neumáticos son apropiados para cualquier tipo de suelo, pero el peso y la presión de los neumáticos deben ser los apropiados para el tipo de suelo. Los resultados se verán afectados por la forma de los neumáticos, su presión de aire y la carga total de la rueda o eje.
- *Pisones vibrantes y placas compactadoras*: los pisones vibrantes y las placas compactadoras vibrantes, con motores neumáticos o a combustible, son eficaces para compactar suelo en zanjas y sitios de trabajo pequeños. Las placas compactadoras vibrantes también están disponibles como accesorios para excavadoras. La presión hacia abajo que aplican la pluma y el brazo de la cuchara de la excavadora, junto con la vibración de la compactadora, proporcionan una compactación mayor y más rápida del suelo que una placa compactadora vibrante a combustible.

El edificio será tan estable como el suelo sobre el que está edificado, por lo tanto, la compactación es uno de los trabajos más importantes en cualquier proyecto. El relleno que no se compacta de manera apropiada se asentará naturalmente con el paso del tiempo, con un efecto de contracción. Los suelos que contienen arcilla y se compactan de manera incorrecta pueden absorber humedad e hincharse. En los dos casos, el movimiento del suelo que se da como resultado producir dañar a las estructuras que requerirán reparaciones costosas.

La compactación no uniforme a través de un área de relleno puede provocar el daño más grande. Cuando un proyecto entero se asienta de manera uniforme causa muy poco daño, pero cuando una parte de los cimientos se asienta más que otra, se pueden dañar gravemente los cimientos del edificio.

Durante la compactación de cualquier zona se debe tener en cuenta lo siguiente:

- Contenido de humedad
- Capas
- Requisitos del contrato

3.1.0 Contenido de humedad

El contenido de humedad es la variable más importante en la compactación del suelo. La humedad funciona como lubricante, lo que permite que las partículas del suelo se deslicen entre sí para rellenar los espacios de aire. En los suelos que contienen muy poca humedad, las partículas se resisten a deslizarse. En los suelos que contienen mucha humedad, las partículas flotan y permiten que los espacios se llenen con agua. El agua no se puede compactar y cuando se seca, deja espacios con aire. Estas dos condiciones son inaceptables, por lo que se dedica mucho esfuerzo a determinar la cantidad correcta de humedad para cada mezcla. Esta cantidad se llama el contenido óptimo de humedad.

Por lo general, el suelo se humedece con agua a medida que se usa para relleno de manera que esté compactado a la densidad especificada, pero muchas veces el suelo depositado contiene demasiada humedad para compactarse apropiadamente. En este caso, quizá necesite utilizar el equipo necesario para revolver el suelo y dejar que se seque. Luego, una vez que el contenido de humedad es aceptable, se puede colocar y compactar el relleno según las especificaciones.

NOTA

La prueba de la mano es uno de los métodos para determinar si el suelo tiene la suficiente humedad para compactarlo apropiadamente. Levante un puñado de tierra y apriételo en su mano. La tierra debe formar una pelota fácilmente. Luego déjela caer. Debería separarse en un par de partes. Si la tierra parece polvo y no mantiene su forma, está demasiado seca. Si la tierra se despedaza cuando cae, está demasiado seca. Si la tierra deja restos de humedad en sus dedos cuando la aprieta, está demasiado húmeda para la compactación. Si permanece como una sola pieza cuando se le deja caer, también está demasiado húmeda.

3.2.0 Capas

Comúnmente, el relleno se coloca en capas, o cargas, con el espesor máximo de cada una especificado por el contrato. Al colocarse cada carga se le compacta hasta la densidad deseada, luego se agrega otra carga hasta que se alcanza la profundidad especificada. Los espesores comunes de las cargas son 4", 6", 8" y 10".

El equipo de compactación está diseñado para tipos de suelo y espesores de cargas específicos, por lo que es importante revisar las especificaciones del productor cuando se selecciona dicho equipo. Por ejemplo, un rodillo neumático altamente pesado funciona bien para rellenos de rocas grandes, pero no en suelos de arcilla cohesivos que requieren de un tambor pata de cabra.

3.3.0 Requisitos del contrato

Normalmente, la compactación se indica específicamente en el contrato de construcción. Es importante que durante la compactación conozca y siga los requisitos exactos del contrato. El incumplimiento de las especificaciones del contrato pone en riesgo a su empleador, ya que será su responsabilidad legal si algo sale mal en el proyecto por errores durante la compactación.

3.4.0 Calidad de la verificación

Cada capa compactada debe cumplir con las especificaciones del diseño para asegurar que el producto final soporte las cargas proyectadas. También debe cumplir con requisitos de uniformidad. Se debe controlar cada capa estabilizada para verificar lo siguiente:

- Compactación o densidad
- Espesor
- Uniformidad de la mezcla
- Gradación
- Capacidad de soporte de carga
- Contenido de humedad
- Contenido de aglutinante

La cantidad de compactación necesaria para que el suelo cumpla con los requisitos de los ingenieros es de hecho tan sólo una medida de la densidad del suelo. Existen pruebas que determinarán si la compactación que se realizó cumple con las especificaciones.

Existen tres tipos de pruebas mayormente usadas en la actualidad: la prueba del cono de arena, la prueba nuclear y la prueba eléctrica de densidad. En las siguientes secciones se describen brevemente estas pruebas porque generalmente las realizan especialistas.

NOTA

Muchas máquinas tienen medidores de densidad ya instalados. Estos medidores leen la densidad del suelo y le dan la información al operador en una pantalla. Los sensores miden la reacción del tambor mientras compacta. A medida que el suelo se endurece, se transmite menos energía al suelo y más se refleja en el equipo. El operador recibe información por medio de los instrumentos que muestra si la compactación ha alcanzado el nivel deseado. Estas lecturas pueden ser tan precisas como los demás métodos de prueba.

3.4.1 Prueba del cono de arena

La prueba del cono de arena es el método de prueba más antiguo. Muchos ingenieros consideran que es el método de prueba más preciso. Para realizar esta prueba, haga un orificio circular con un volumen de un décimo de un pie cúbico. Pese la tierra que se extrajo del orificio, y envíela a un laboratorio. En el laboratorio, la tierra se seca y pesa nuevamente para determinar qué cantidad del peso total era agua. Se extrae y analiza una muestra adicional de la misma manera para que el laboratorio pueda trazar una curva de densidad de humedad del sitio.

El volumen específico del orificio se determina con un frasco calibrado de arena seca. Calibre la arena de manera que el volumen se pueda determinar fácilmente por el peso. Pese el frasco lleno de arena seca. Llene el orificio con arena usando el frasco y el cono que se muestran en la *Figura 8*. Pese nuevamente el recipiente y la arena restante. Eso se le resta al peso original para determinar el peso de la arena en el orificio. Use el factor de conversión para convertir el peso de la arena en el volumen del orificio. Se utiliza una muestra de supervisión tomada al principio de un proyecto como la muestra de control con la cual comparar las otras muestras.

El peso seco de la tierra que se retiró del orificio se divide por el volumen de la arena necesaria para rellenar el orificio. Esto da la densidad del suelo compactado en libras por pies cúbicos. Este resultado se compara con la densidad teórica máxima, lo que da la densidad relativa del suelo que acaba de compactarse.

CARRIL INTERNO

Penetrómetros

Una manera común de probar en el campo la compactación del suelo superficial o la capacidad de soporte de carga de la base inferior es utilizar el penetrómetro de anillo de carga que se muestra en la figura. Este dispositivo puede medir la capacidad de soporte de carga de la base inferior o la compactación del suelo en la superficie y a profundidades de 6" a 54" a intervalos de 6" con un fuste. Es muy útil para revisar rápidamente todo un lugar de trabajo para una compactación uniforme.

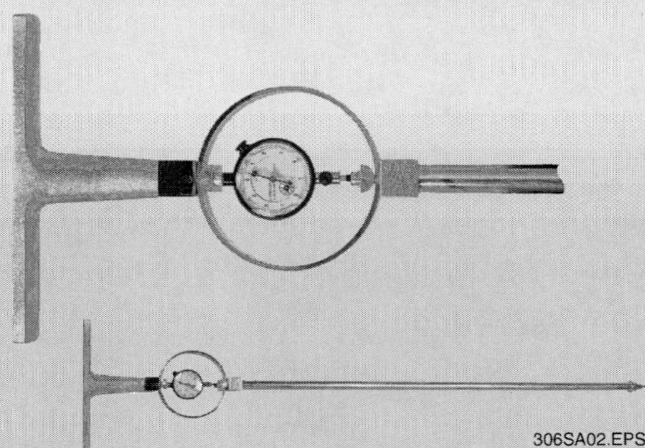

306SA02.EPS

3.4.2 Prueba nuclear

La prueba nuclear se hace colocando la máquina de prueba sobre el terreno para obtener una lectura, o insertando una sonda unida a la máquina en un pequeño orificio perforado en el suelo. Cualquiera de los dos métodos envía impulsos al suelo que se reflejan en el dispositivo y se registran. Los suelos más densos absorben más impulsos; cuánto más compactado está un suelo, menos impulsos se devuelve. Luego, el técnico de laboratorio crea una curva de densidad de humedad del sitio de la misma forma que la prueba del cono de arena.

¡ADVERTENCIA!

El equipo nuclear solamente debe ser utilizado por personal entrenado. La exposición a materiales nucleares puede provocar enfermedades graves.

3.4.3 Prueba eléctrica de densidad

Los dispositivos nucleares están siendo reemplazados por otros tipos de equipos para evitar los riesgos que plantean los materiales nucleares. El indicador electrónico de densidad (EDG) mide las propiedades físicas de los suelos compactados utilizados en cimientos (*Figura 9*). Este dispositivo funciona a batería y puede determinar la densidad húmeda y seca, el contenido gravimétrico de humedad y el porcentaje de compactación. El contenido gravimétrico de humedad es el radio de la masa de agua en la muestra y la masa seca de la muestra. El equipo incluye una consola, cuatro electrodos, un martillo, un sensor de suelo y cables, patrones, sonda de temperatura y un cargador de batería.

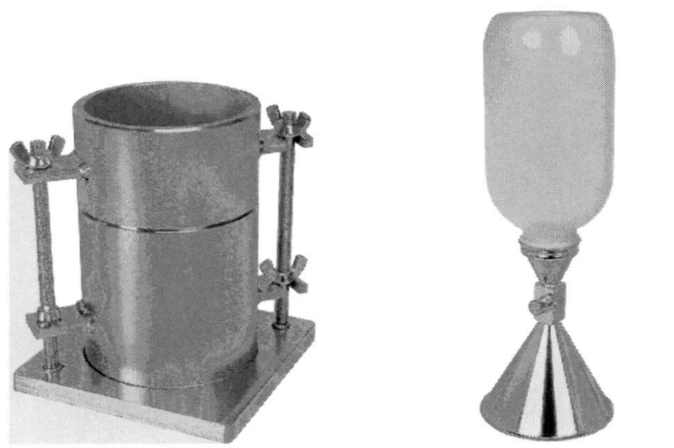

MOLDE DE SUELO

APARATO PARA MEDIR LA DENSIDAD DE LA ARENA

306F08.EPS

Figura 8 ◆ Equipo de prueba de la densidad del suelo.

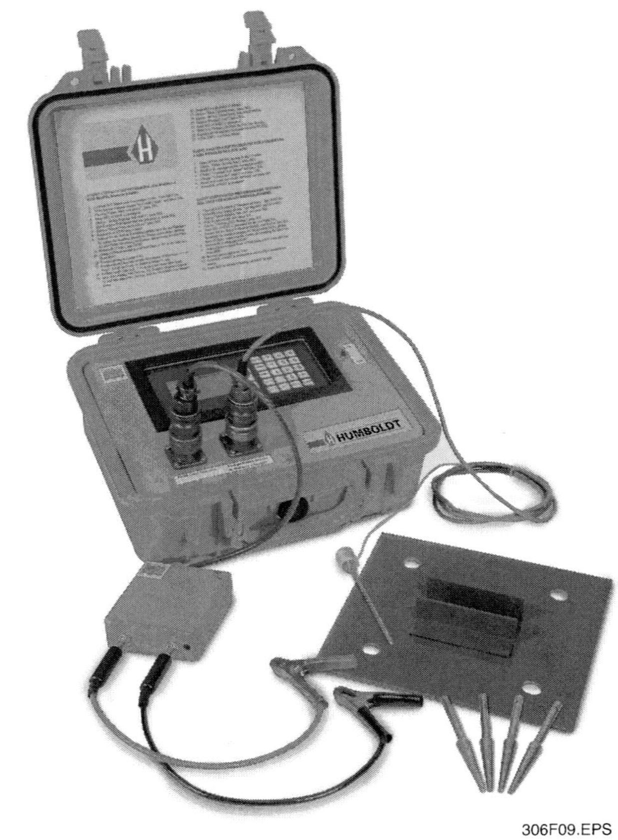

Figura 9 ◆ Indicador electrónico de densidad.

4.0.0 ◆ SEGURIDAD EN LA EXCAVACIÓN DE CIMIENTOS PROFUNDOS

Las excavaciones de cimientos profundos necesitan de precauciones especiales para evitar los hundimientos de suelos o edificios cercanos. El suelo del sitio determinará el tipo de protección que se necesita. Cuando el espacio lo permite, las excavaciones de menos de 20' de profundidad suelen tener inclinaciones o bancadas (en niveles) para evitar los hundimientos. Un ingeniero profesional registrado debe diseñar la protección para excavaciones de más de 20' de profundidad.

La cohesión del suelo determinará el ángulo de las inclinaciones y la profundidad de cada nivel. En algunos casos, el suelo puede permitir muros autoestables. Si bien los suelos cohesivos permiten muros autoestables, el tercio superior de los muros de la excavación se hace inclinado para evitar hundimientos de los bordes. Los muros autoestables no son comunes.

Las excavaciones en suelos Tipo A y B pueden tener inclinaciones y bancadas como se muestra en la *Figura 10*. Los suelos Tipo C son sueltos y granulados y quizá no se puedan usar bancadas. Los suelos Tipo C pueden inclinarse como se muestra en la *Figura 11*.

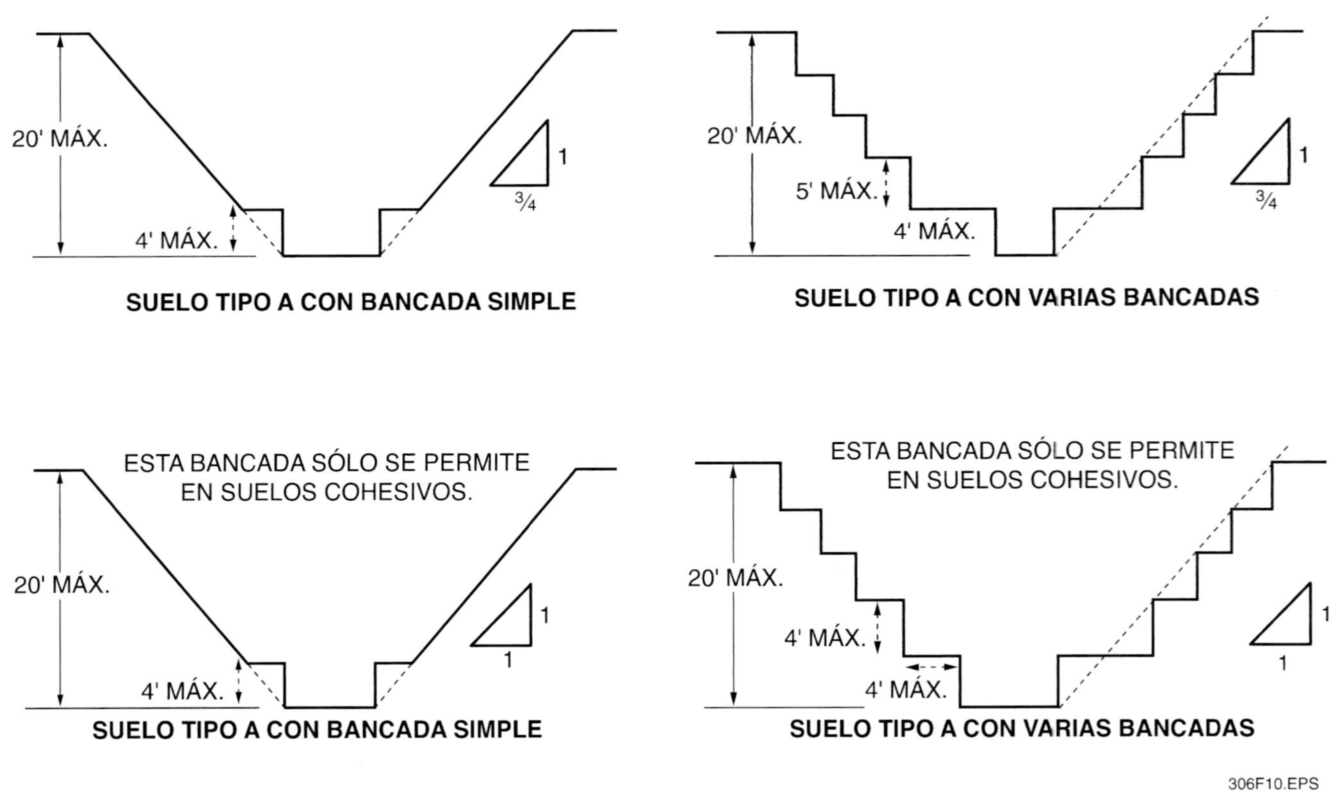

Figura 10 ◆ Pared de excavación en bancada (suelos en Tipo A y B).

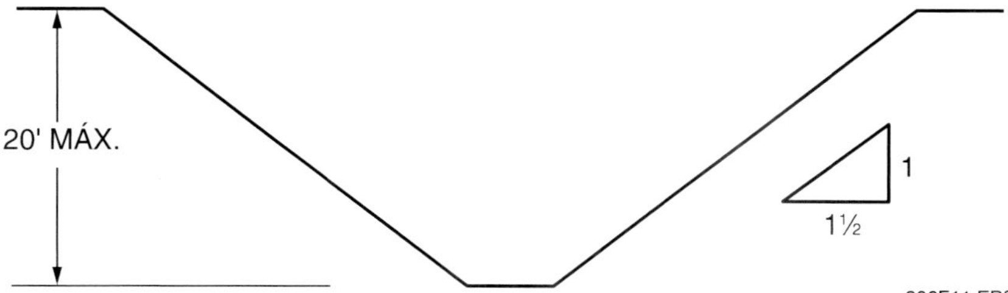

Figura 11 ◆ Paredes de excavación inclinadas (suelo Tipo C).

En los lugares donde no es posible hacer muros con bancadas o muros autoestables por los tipos de suelo o límites de espacio, las excavaciones deben revestirse. Una zanja debe estar apuntalada con un sistema de **apuntalamiento** o de **cajas** de zanjas (*Figura 12.*).

Se utilizan diversos métodos para retener las paredes de tierra o los cimientos de las estructuras cercanas. La *Figura 13* muestra los métodos más comunes utilizados. En el caso de montantes y entablonados o **pilotaje** con láminas de acero, las vigas o los pilotajes se introducen por debajo de la profundidad de los cimientos antes de comenzar la excavación. Para los montantes y entablonados, estos últimos se instalan a medida que la excavación avanza y los afirman largueros con puntales inclinados, arriostramientos trasversales en el lote, arriostramientos diagonales y/o anclajes de tierra/roca (sujeciones) como se muestra en la *Figura 14.* Los puntales inclinados, los arriostramientos trasversales en el lote y los arriostramientos diagonales estorban la excavación y generalmente se utilizan solamente cuando las sujeciones no son posibles por las condiciones del suelo, las estructuras cercanas o los servicios subterráneos. Los diversos tipos de sujeciones se muestran en la *Figura 15.* Las sujeciones se instalan en orificios perforados y se bombea lechada en los orificios para rellenarlos y asegurar el anclaje. Las sujeciones luego se ajustan (postensionan) con bases niveladoras hidráulicas desde el exterior del muro y son ancladas a los largueros para evitar el movimiento del muro. El pilotaje con láminas de acero se utiliza principalmente para controlar la infiltración de agua en excavaciones que tienen una napa de agua alta. Este pilotaje también está afirmado según se requiere por puntales inclinados, arriostramientos trasversales en el lote, arriostramientos diagonales y/o sujeciones. Para excavaciones menos profundas, se introduce pilotaje con láminas de madera en el terreno y se sostiene con largueros con sujeciones o puntales inclinados.

Entre otros métodos de recubrimiento se incluyen paneles de concreto premoldeado, paredes de lechada y concreto proyectado reforzado. Los paneles de concreto premoldeado se insertan en el terreno y se unen con concreto y una alfombrilla de refuerzo en una ranura de chavetero vertical a ambos lados de cada panel. Después del curado, y a medida que avanza la excavación, las paredes se afirman con puntales inclinados, arriostramientos trasversales en el lote, arriostramientos diagonales y/o sujeciones.

Las paredes de lechada pueden variar de 18" a 5' de grueso y tener una profundidad de 400' por debajo del nivel del terreno. Se moldean en el sitio en zanjas rellenas con lechada con arcilla bentonita para evitar el derrumbe de la tierra. Las paredes se moldean como paneles reforzados, entre montantes, en anchos de hasta 25'. Después del curado, y a medida que avanza la excavación, las paredes son ancladas con puntales inclinados, arriostramientos trasversales en el lote, arriostramientos diagonales y/o sujeciones. Como son costosas, las paredes de lechada suelen utilizarse

306F12.EPS

Figura 12 ◆ Caja de zanja.

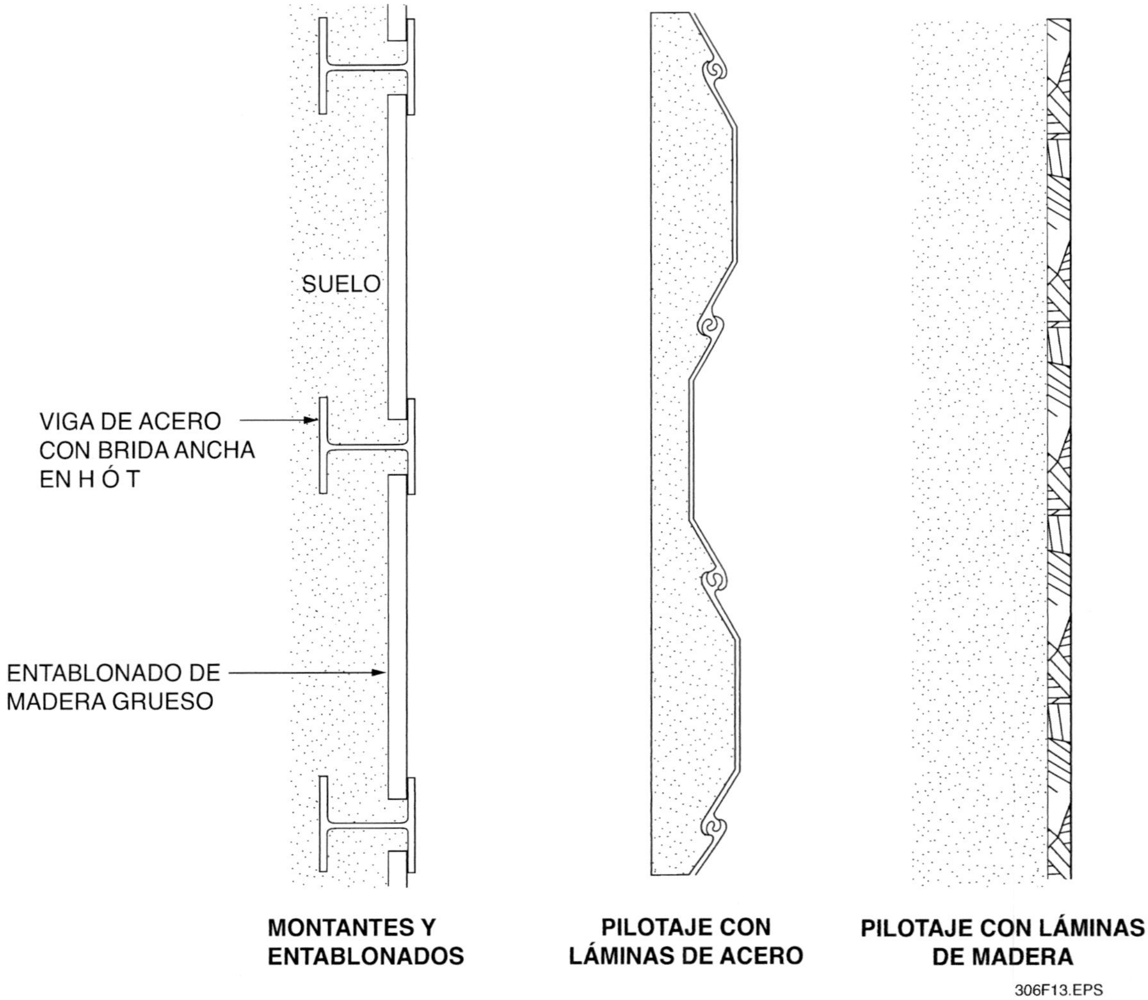

Figura 13 ◆ Métodos comunes de recubrimiento.

solamente cuando se convertirán en el muro del cimiento de la estructura. En otro módulo se tratan más detalles de las paredes de lechada.

Las estacas para tierra son estacas de 10' a 15' de largo. Se insertan a través de la malla de tejido o alambre y se cubren con concreto proyectado. Las estacas para tierra y el recubrimiento de concreto proyectado se utilizan como una alternativa económica en comparación con otros métodos de recubrimiento para excavaciones no profundas.

5.0.0 ◆ SEGURIDAD EN LA APERTURA DE ZANJAS

La seguridad es esencial durante cualquier trabajo de excavación. Las excavaciones se realizan por varias razones, incluidos cimientos de edificios, zapatas, cabezales de pilotes y colocación de servicios subterráneos (*Figura 16*). Una zanja es una excavación delgada hecha por debajo de la superficie del terreno en la cual la profundidad es ayor que el ancho y este no excede los 15'. La tierra que se retira del terreno se llama escombros. Cuando la tierra se retira del terreno, se pueden generar presiones extremas sobre las paredes de la zanja. Si dichas paredes no están afirmadas fuertemente con apuntalamiento, inclinaciones o cajas de zanja, se derrumbarán.

El derrumbe de paredes de zanja sin soporte puede aplastar y enterrar trabajadores de forma instantánea. Este tipo de derrumbe ocurre porque no hay suficiente material para sostener las paredes de una excavación. Una yarda cúbica de tierra pesa aproximadamente 3,000 libras; el peso de un automóvil pequeño. Ese peso es más que suficiente para dañar gravemente a un trabajador, o matarlo. De hecho, cada año en los Estados Unidos, más de 100 personas mueren, y muchos más sufren lesiones graves en accidentes por hundimientos.

5.1.0 Riesgos en la apertura de zanjas

Trabajar en y cerca de excavaciones de zanjas es uno de los trabajos más riesgosos en un lugar de trabajo. Siempre se deben tomar precauciones de seguridad para evitar lesiones.

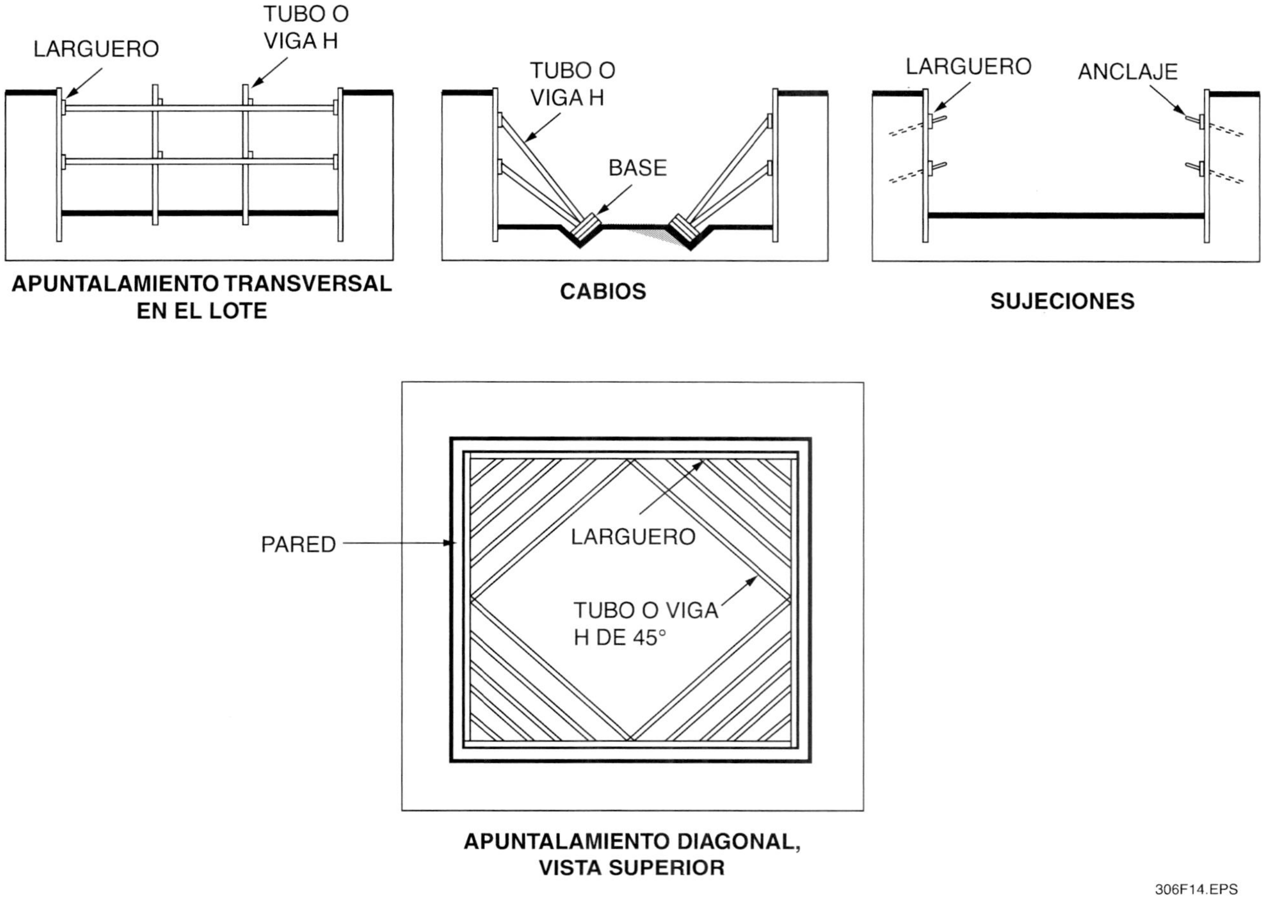

Figura 14 ◆ Métodos de arriostramiento.

Algunos de los riesgos que suceden durante una excavación incluyen lo siguiente:

- Hundimientos por falla de la zanja
- Caídas de trabajadores que están demasiado cerca del borde de la zanja
- Inundaciones por tuberías principales de agua o alcantarillas rotas
- Choque eléctrico al golpear cableado eléctrico en la zanja, o líneas aéreas
- Filtraciones de líquidos o gases tóxicos de instalaciones o tuberías cercanas
- Tráfico de automóviles si el sitio de la excavación está cerca de una carretera
- Suciedad o rocas que caen de una excavadora de cuchara

El tipo de suelo en la zanja y su alrededor también es un factor que contribuye al derrumbe de las paredes de la zanja. La *Tabla 4* exhibe una lista de muestra de 84 fallas de zanjas registradas divididas según el tipo de suelo en el que ocurren. El tipo de suelo es un factor principal para tener en cuenta durante las operaciones de apertura de zanja. Solamente una persona competente asignada por la compañía tiene la suficiente experiencia en el trabajo, el entrenamiento y la formación para determinar si el suelo en la zanja y alrededor de ella es seguro y estable. Sin embargo, sigue siendo su responsabilidad conocer los puntos fundamentales sobre el suelo y sus riesgos asociados. La *Tabla 5* y las *Figuras 17* y *18* cubren la identificación y el comportamiento del suelo.

¡ADVERTENCIA!

Nunca entre a una zanja a menos que tenga la aprobación de la persona competente asignada por la compañía.

5.1.1 Pautas para trabajar en una zanja y cerca de ella

Cuando se trabaja en una excavación o zanja, o alrededor de ellas, usted es responsable por la seguridad personal. Usted también es responsable por la seguridad de los demás en el trabajo en la zanja. Deben cumplirse las siguientes pautas para garantizar la seguridad de todos.

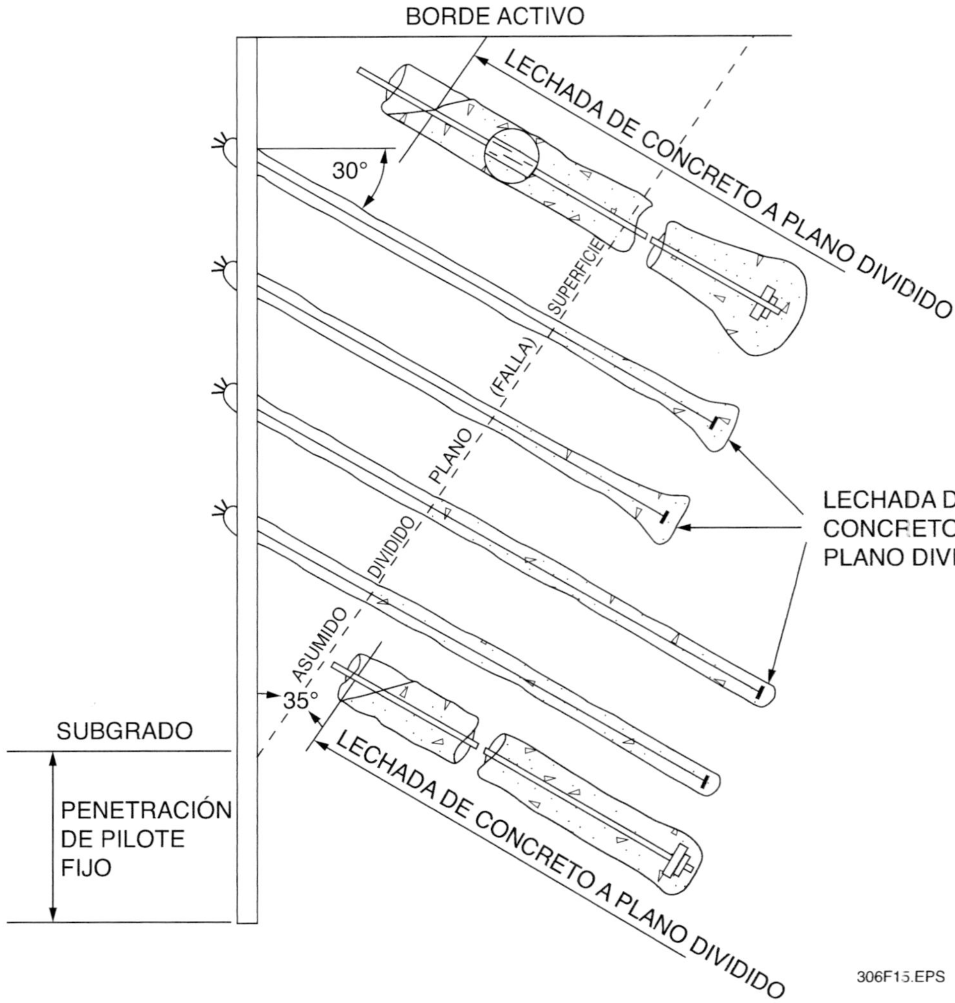

Figura 15 ◆ Sujeciones para roca y tierra.

Figura 16 ◆ Excavaciones.

- Nunca ingrese en una excavación sin la aprobación de la persona competente en el sitio aprobada por la OSHA.
- Inspeccione la excavación diariamente en busca de cambios en el entorno de la excavación, como lluvia, helada o vibración fuerte del equipo pesado cercano. Si las condiciones cambian, se debe inspeccionar nuevamente la excavación.
- Nunca ingrese a una excavación hasta que no haya sido inspeccionada.
- Use equipo y ropa de protección, como cascos, anteojos de seguridad, botas de trabajo y guantes. De ser necesario, use un equipo respirador.
- Use chalecos de advertencia al tráfico que están marcados o hechos con material reflectante o altamente visible si está expuesto al tráfico vehicular.
- Retírese de la zanja de inmediato si comienza a acumularse agua en la zanja.

Tabla 4 Fallas según el tipo de suelo

Tipo de suelo	Cantidad de fallas
Arcilla y/o lodo	32
Arena	21
Tierra húmeda (probablemente arcilla limosa)	10
Arena, grava y arcilla	8
Roca	7
Grava	4
Arena y grava	2

306T04.EPS

- No camine debajo de cargas manejadas por palas mecánicas, grúas o mecanismos para levantar carga con cadena (*chain hoists*).
- Manténgase alejado de cualquier vehículo mientras lo están cargando.

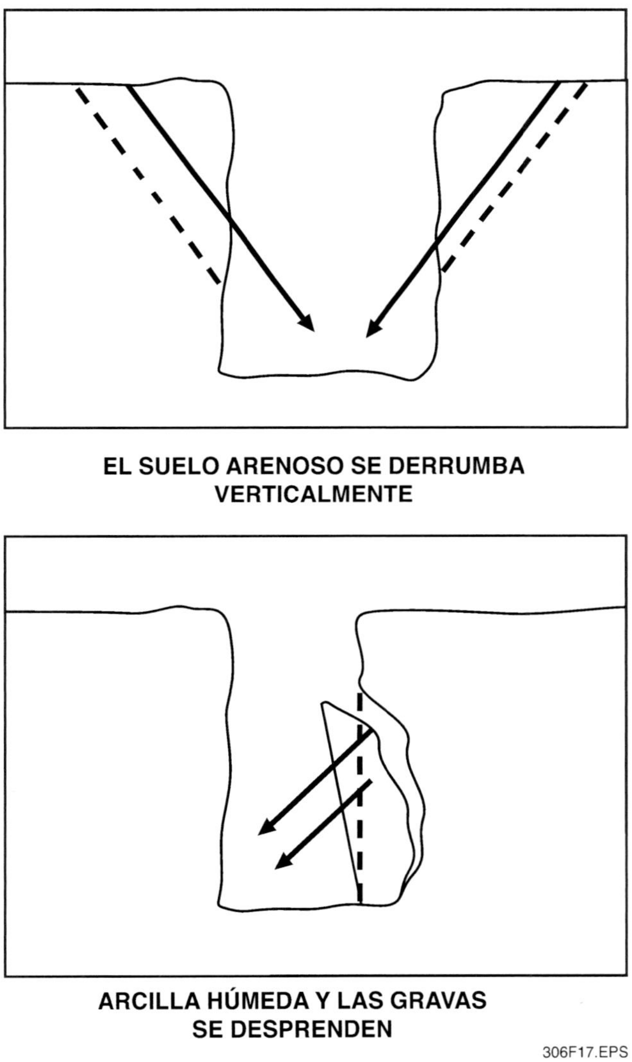

Figura 17 ◆ Comportamiento de suelo arenoso, arcilla húmeda y marga.

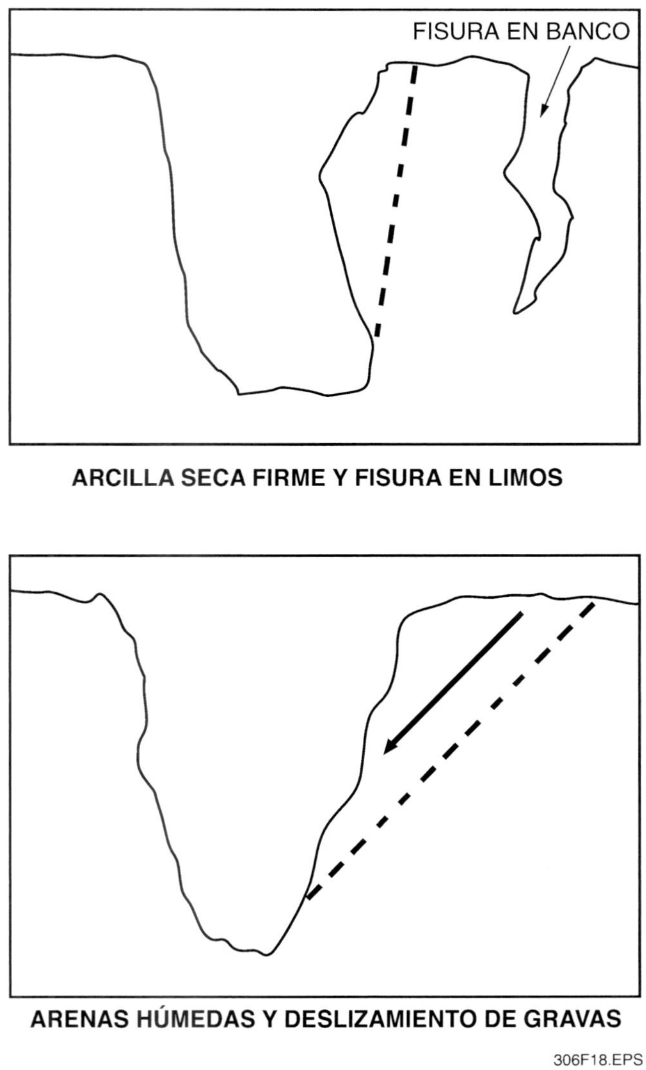

Figura 18 ◆ Comportamiento de arcilla seca, marga, arena húmeda y grava.

Tabla 5 Método de campo para la identificación de la textura del suelo

Textura del suelo	Detección visual del tamaño de las partículas y la apariencia general del suelo	Comprimida con la mano	Suelo hecho cintas entre el pulgar y el índice
Arena	El suelo tiene una apariencia granular que permite detectar el tamaño de los granos. Fluye con libertad en seco.	*Secado al aire:* No formará un molde y se desintegrará al liberar la presión. *Húmedo:* Forma un molde que se desmorona apenas se lo toca.	No se pueden hacer cintas.
Marga arenosa	Básicamente un suelo granulado con suficiente limo y grava para darle cierta consistencia. Prevalecen las propiedades de la arena.	*Secado al aire:* Forma un molde que se separa rápidamente si se lo toca suavemente. *Húmedo:* Forma un molde que soporta manipulación cuidadosa sin romperse.	No se pueden hacer cintas.
Marga	Una mezcla uniforme de arena, limo y arcilla. El tamaño de las partículas de arena es uniforme de gruesos a finos. Es blando, al tacto es un poco arenoso, sin embargo es bastante suave y ligeramente plástico.	*Secado al aire:* Forma un molde que soporta manipulación cuidadosa sin romperse. *Húmedo:* Forma un molde que se puede manipular libremente sin romperse.	No se pueden hacer cintas.
Marga con limo	Contiene una cantidad moderada de partículas finas y sólo una pequeña cantidad de arcilla. Más de la mitad de las partículas son de limo. Seco puede lucir aterronado, y fácilmente puede ser roto y pulverizado hasta hacerse polvo.	*Secado al aire:* Forma un molde que puede ser manipulado libremente. Hecho polvo, al tacto es suave, similar a la harina. *Húmedo:* Forma un molde que puede ser manipulado libremente. Mojado, el suelo se mezcla y se hace lodo.	No forma cintas, tiene una apariencia agrietada, al tacto es suave, y puede ser ligeramente plástico.
Limo	Contiene más del 80% de partículas de limo, con arena y arcilla extremadamente fina. Seco, puede ser aterronado, y se hace polvo fácilmente haciéndose suave al tacto, como harina.	*Secado al aire:* Forma un molde que se puede manipular sin romperse. *Húmedo:* Forma un molde que puede ser manipulado libremente. Mojado, forma lodo fácilmente.	Tiende a formar cintas con apariencia agrietada, al tacto es suave.
Marga arcillosa	Suelo de textura fina, se separa en terrones muy duros cuando se humedece. Contiene más arcilla que marga con limo. Se parece a la arcilla en condiciones secas; se asemeja al comportamiento físico del suelo humedecido.	*Secado al aire:* Forma un molde que se puede manipular libremente sin romperse. *Húmedo:* Forma un molde que se puede manipular libremente sin romperse. Puede ser trabajado hasta formar una masa densa.	Forma cintas delgadas que se rompen con facilidad al sostener su propio peso.
Arcilla	Suelo de textura fina, se separa en terrones muy duros cuando se humedece. Difícil de transformar en un polvo suave como harina cuando está seco. La identificación se basa en las propiedades cohesivas de los suelos humedecidos.	*Secado al aire:* Forma un molde que puede ser manipulado libremente sin romperse. *Húmedo:* Forma un molde que puede ser manipulado libremente sin romperse.	Forma cintas largas, delgadas y flexibles. Puede ser trabajado hasta formar una masa densa y compacta. Plasticidad considerable.
Suelos orgánicos	La identificación de suelos orgánicos se basa en el alto contenido orgánico. El fango consiste de material orgánico completamente descompuesto con una cantidad considerable de suelo mineral finamente dividido con restos fibrosos. Cuando hay una cantidad considerable de material fibroso, se puede clasificar como turba. Los restos de plantas o a veces la estructura leñosa se puede reconocer fácilmente. El color del suelo varía de marrón a negro. Se encuentra en tierras bajas, pantanos o sumideros. Posee gran capacidad de encogimiento al secarse.		

306T05.EPS

- Esté alerta. Observe y escuche peligros posibles.
- No trabaje por encima o por debajo de un compañero en una pared de excavación inclinada o con bancada.
- Utilice barricadas en el acceso a las excavaciones para proteger a los peatones y vehículos.
- Verifique con su supervisor para saber si los trabajadores que ingresan a la excavación necesitan permisos de ingreso a la excavación.
- Las escaleras y rampas utilizadas como salidas deben ubicarse dentro de 25' de cualquier persona en cualquier zanja que tiene más de 4' de profundidad.
- Asegúrese de no estar nunca solo en una zanja. Dos personas pueden cubrir los puntos ciegos del otro.
- Mantenga las herramientas, el equipo y la suciedad de la excavación a un mínimo de 2' del borde.
- Asegúrese de que se utilicen los apuntalamientos, las cajas de zanjas (cajas) (*Figura 19*), las bancadas o la inclinación diseñadas para las excavaciones y zanjas de más de 5' de profundidad.
- Detenga el trabajo de inmediato si existe la posibilidad de un derrumbe. Asegúrese de corregir cualquier problema antes de comenzar el trabajo nuevamente.

Debe haber, como mínimo, un método de ingreso y salida de todas las excavaciones de más de 4' de profundidad. Generalmente, se utilizan escaleras para este fin (vea la *Figura 19*). Las escaleras deben colocarse dentro de los 25' una de otra.

Cuando se utilizan escaleras, se deben cumplir ciertos requisitos.

- Los carriles laterales de la escalera deben extenderse un mínimo de 3' por encima del descanso.
- Las escaleras deben tener carriles laterales no conductores si se hará trabajo cerca de equipos o sistemas que usan electricidad.
- Se deben usar dos o más escaleras cuando hay 25 o más trabajadores empleados en una excavación en la que las escaleras son el medio de ingreso y salida principal, o si escaleras se utilizan para tráfico de dos vías, ingreso y salida de la zanja.
- Todas las escaleras deben inspeccionarse antes de cada uso en busca de signos de daño o defectos.
- Las escaleras dañadas deben rotularse NO USAR y se debe retirar del uso hasta que se les repare.
- Cualquier escombro a lo largo del borde de la zanja debe considerarse parte de la profundidad de la excavación.
- Use escaleras únicamente en superficies estables o a nivel.
- Asegure las escaleras cuando las use en cualquier ubicación en la que puedan ser desplazadas por las actividades o el tráfico de la excavación.
- Mientras esté en una escalera, no cargue objetos ni cargas.
- Tenga mucho cuidado siempre que use una escalera de zanja.
- Se debe instalar protección contra caídas alrededor de la parte superior de la zanja.

5.1.2 Indicadores de una zanja inestable

Puede haber ciertas presiones y puntos débiles en una zanja o excavaciones abiertas. Por ejemplo, los aumentos o las disminuciones en el contenido de humedad pueden afectar la estabilidad de una zanja o excavación. Las siguientes secciones tratan sobre algunas de las causas identificadas más frecuentes de fallas de zanjas. Estas condiciones se muestran en la *Figura 20*.

Las fisuras por tensión ocurren en un cuarto a un medio de la longitud desde la parte superior

306F19.EPS

Figura 19 ◆ Cajas de zanja con escalera.

de la zanja hacia abajo. Pueden ocurrir deslizamientos como resultados de las fisuras por tensión. Además del deslizamiento, las fisuras por tensión pueden provocar volcado. El volcado ocurre cuando la cara vertical de la zanja se corta a lo largo de la línea de la fisura por tensión y se cae dentro de la excavación. Una excavación sin soporte puede crear una presión desequilibrada en el suelo, que a su vez provoca una **subsidiencia** en la superficie, y una combadura en la cara vertical de la zanja. Si esta condición no se corrige, puede provocar falla de la pared y atrapar trabajadores en la zanja, o ejercer mayor presión sobre el **sistema protector**. La elevación de la parte inferior es provocada por la presión hacia abajo que crea el suelo adyacente. Esta presión crea una abultamiento en la parte inferior del corte. Puede haber elevación y compresión aun cuando se instalaron apropiadamente los apuntalamientos y la caja de zanja.

PRECAUCIÓN

Los sistemas protectores están diseñados para cargas uniformes de la tierra. La elevación y la compresión pueden colocar las cargas no uniformes en el sistema de cajas de zanja y ejercer presión en partes específicas del sistema de protección.

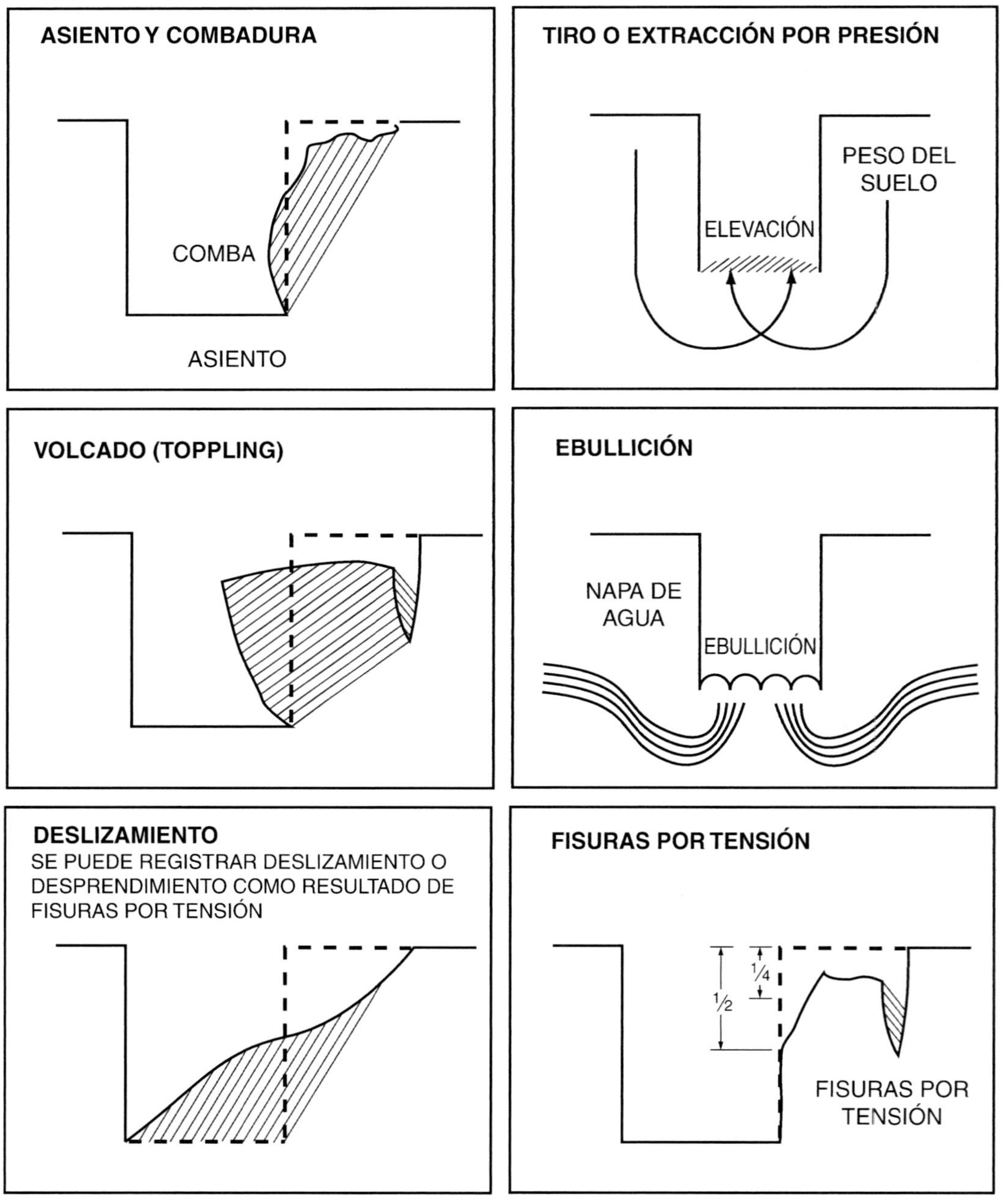

Figura 20 ◆ Indicadores de una zanja inestable.

Otra indicación de una zanja inestable es la ebullición. La ebullición es cuando el agua fluye hacia arriba, en la parte inferior del corte. Una de sus causas es una napa de agua alta. La ebullición puede ocurrir rápidamente y aun cuando se utilizan apuntalamientos o cajas de zanja. Si comienza a haber ebullición, detenga lo que esté haciendo y abandone de inmediato la zanja.

5.2.0 Fallas de zanja

El riesgo más común durante una excavación es la falla de la zanja o derrumbe. Usar el sentido común y seguir todas las precauciones de seguridad correspondientes harán de la zanja un lugar mucho más seguro para trabajar.

Para comprender la gravedad de una falla de zanja, piense en lo que puede ocurrir si hay un desplazamiento en la tierra que rodea a una zanja sin sostén. Los trabajadores pueden quedar enterrados cuando:

- Uno o ambos bordes de la zanja se hunden.
- Una o ambas paredes se deslizan.
- Una o ambas paredes se cortan y derrumban.

La falla de las paredes de una zanja sin sostén no es la única causa para un enterramiento. Se pueden descargar toneladas de suciedad sobre los trabajadores si la pila de escombros, o la tierra excavada se deslizan dentro de la zanja. Dichos deslizamientos pueden ocurrir si se coloca la pila demasiado cerca del borde la zanja, o cuando cede el terreno cerca de la pila. Debe haber un mínimo de 2' entre la pared de la zanja y la pila de escombros. Esta zona también se debe mantener libre de herramientas y materiales.

Las siguientes condiciones probablemente lleven a un derrumbe de la zanja. Si nota alguna de ellas, informe de inmediato a su supervisor.

- Suelo modificado de un terreno previamente excavado.
- Intersecciones de zanjas donde se pueden desprender grandes esquinas de tierra.
- Un espacio para trasladarse estrecho que hace que el equipo pesado se encuentre demasiado cerca del borde de la zanja.
- Vibraciones del equipo de construcción, el tráfico cercano o trenes.
- Aumento del agua de subsuperficie que satura el suelo y lo hace inestable.
- Secado de las paredes expuestas de la zanja, que da como resultado la pérdida de la humedad natural que une a las partículas del suelo.
- Capas de diferentes tipos de suelos que se deslizan en la zanja, haciendo que el sistema de inclinación se vuelva inestable.

5.3.0 Cómo hacer que la zanja sea segura

Hay varias maneras de hacer que la zanja sea un lugar más seguro para trabajar (*Figura 21*). El apuntalamiento, la caja y la inclinación de la zanja son todos métodos diferentes utilizados para proteger a los trabajadores y el equipo. Es importante que reconozca las diferencias entre ellos.

- *Apuntalamiento*: el apuntalamiento de una zanja sostiene las paredes de la excavación e impide su movimiento y derrumbe. El apuntalamiento hace mucho más que proveer un entorno seguro para los trabajadores en una zanja. Dado que limita el movimiento de las paredes de la zanja, el apuntalamiento también detiene el deslizamiento de las formaciones de suelo adyacentes que contienen servicios subterráneos, o sobre las que se construyeron aceras, calles, cimientos de edificios u otras estructuras.

306F21.EPS

Figura 21 ◆ Métodos de apuntalamiento.

- *Cajas de zanjas*: las cajas de zanja, también llamados cajas de zanja, se colocan en excavaciones sin apuntalamiento para proteger al personal del derrumbe de las paredes de la excavación. No ofrecen sostén a las paredes de la zanja ni al suelo de alrededor, pero con profundidades y condiciones del suelo específicas soportarán el peso lateral de una pared de zanja que se derrumba.
- *Inclinación*: una inclinación de una excavación significa cortar las paredes de la excavación en ángulo con respecto a su piso. Este ángulo debe cortarse como mínimo en el **ángulo de reposo** para el tipo de suelo que se utiliza. El ángulo de reposo es el ángulo máximo de un material con respecto a una superficie horizontal en el que se mantiene estable sin que se produzcan deslizamientos.

NOTA

Las excavaciones de 5' o más profundas requieren de dispositivos de ingeniería fabricados de apuntalamiento y caja de zanja. Si no se utilizan cajas o apuntalamiento, las paredes de la zanja se pueden inclinar para eliminar el riesgo de derrumbes. Cada uno de estos sistemas protectores debe utilizarse de acuerdo con las reglamentaciones de la OSHA.

5.4.0 Sistemas de apuntalamiento

Los sistemas de apuntalamiento son estructuras de metal, hidráulicas, mecánicas o de madera que proporcionan una armazón para sostener las paredes de la excavación. El apuntalamiento utiliza **montantes**, **largueros** y **arriostramientos cruzados** para sostener las paredes. La *Figura 22* muestra un sistema de apuntalamiento instalado.

Los puntales hidráulicos que se muestran en la *Figura 23* pueden instalarse y quitarse rápidamente. Cada puntal consta de dos rieles verticales conectados por un cilindro hidráulico. Los puntales se colocan en la zanja y los cilindros hidráulicos se mueven hacia arriba para que empujen los rieles verticales contra la pared. Note que este sistema utiliza los cilindros hidráulicos como arriostramiento cruzado. Esta estructura comúnmente se llama sistema de apuntalamiento **de esqueleto**. Los separadores hidráulicos que se muestran en la *Figura 24* pueden agregarse a un sistema de apuntalamiento de esqueleto para brindar arriostramiento cruzado adicional.

Cuando se excava cerca de estructuras existentes o se realizan excavaciones a largo plazo, se puede utilizar el recubrimiento vertical y sostenerlo con largueros hidráulicos, como se muestra en la *Figura 25*. Este método se conoce como el apuntalamiento ajustado con recubrimiento. También hay disponibles otros tipos de espaciadores, incluidas bases niveladoras roscadas, bases niveladoras para zanjas y espaciadores hidráulicos.

NOTA

El sistema que se acaba de describir identifica los componentes comunes utilizados en sistemas de apuntalamiento. Puede encontrar sistemas construidos en el lugar de trabajo, recubrimientos de aluminio o madera, u otros métodos aprobados.

Se deben seguir reglas de seguridad para evitar accidentes y lesiones cuando se apuntala una excavación.

- Nunca ingrese en una excavación antes de que se instale el apuntalamiento.
- No instale el apuntalamiento mientras está dentro de la zanja. Todo el apuntalamiento debe instalarse desde la parte superior de la zanja.
- El arriostramiento cruzado debe estar a nivel en toda la zanja.
- El arriostramiento cruzado debe ejercer la misma cantidad de presión sobre cada lado de la zanja.
- Los montantes verticales deben colocarse planos contra la pared de la excavación.
- Todos los materiales para el apuntalamiento deben inspeccionarse con detenimiento antes de usarlos y deben estar en buenas condiciones.
- El apuntalamiento se retira desde la parte inferior de la excavación y se continúa hacia arriba.
- Los soportes verticales se retiran de la zanja desde arriba.
- Cada excavación debe rellenarse de inmediato después de haberse retirado el sistema de soporte.

5.5.0 Sistemas de cajas de zanja

Un sistema de cajas de zanja es una estructura que puede soportar las fuerzas que se le imponen por un derrumbe y se utiliza para proteger a los empleados dentro de ella. Las cajas pueden ser estructuras permanentes o estar diseñadas para ser portátiles y trasladarse a medida que avanzan las obras. Se muestra una caja de zanjas en la *Figura 26*. Si la zanja no se sostendrá el tiempo suficiente para excavar para la caja, esta puede colocarse alta y empujarse hacia abajo a medida que se excava.

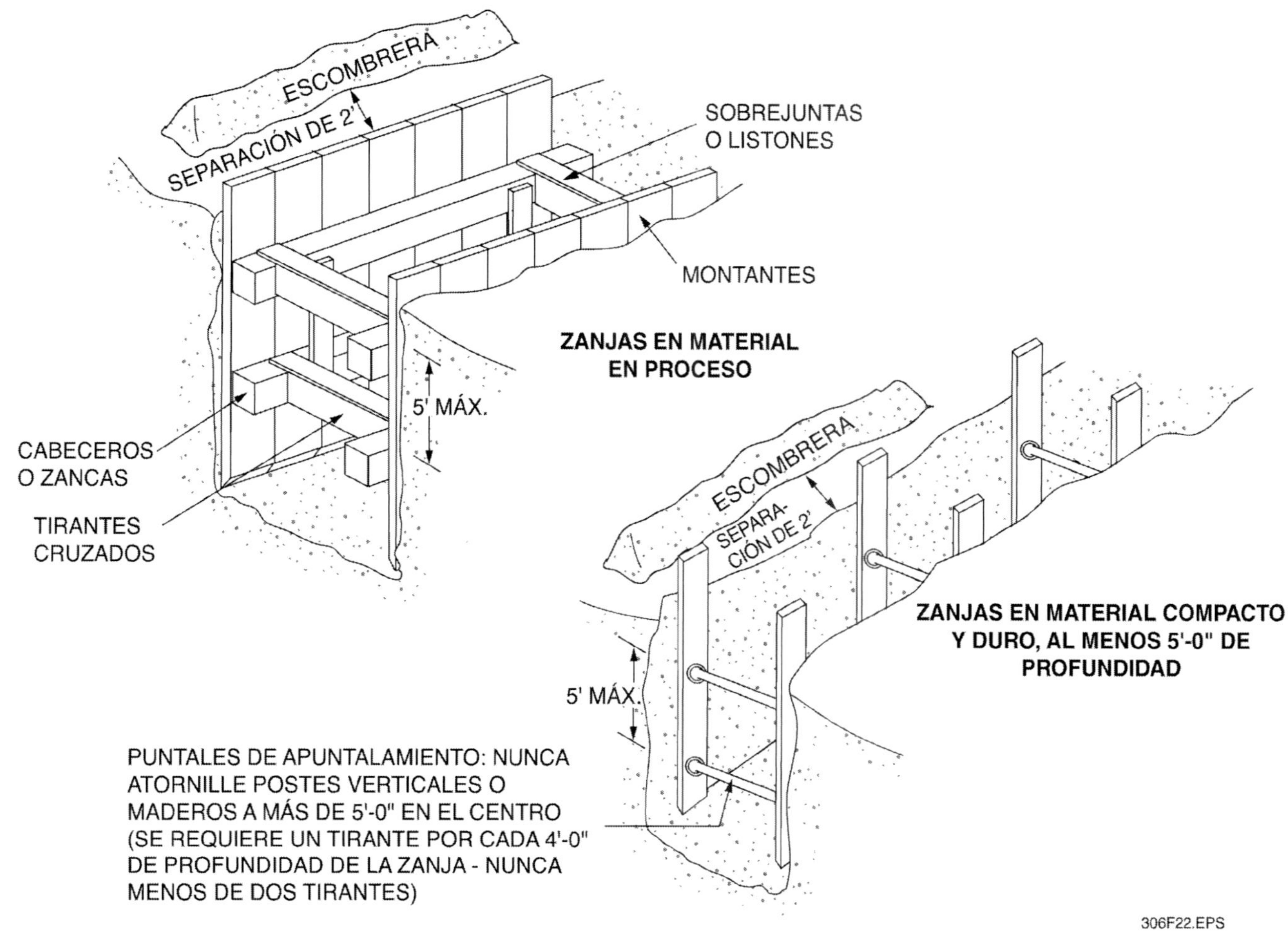

Figura 22 ◆ Sistema de apuntalamiento instalado.

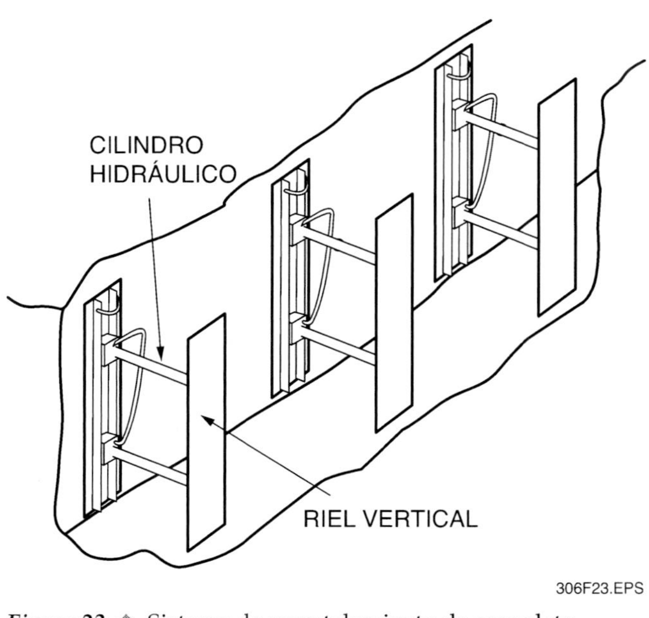

Figura 23 ◆ Sistema de apuntalamiento de esqueleto hidráulico.

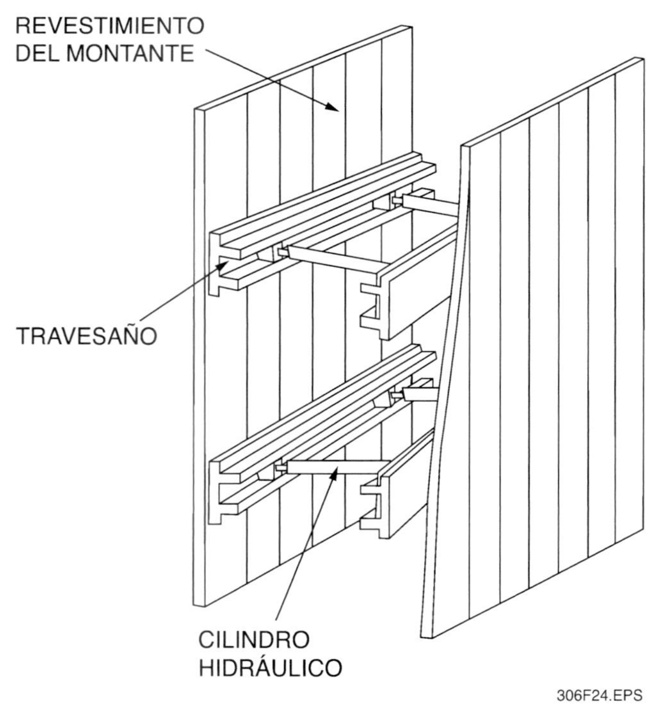

Figura 24 ◆ Separadores hidráulicos.

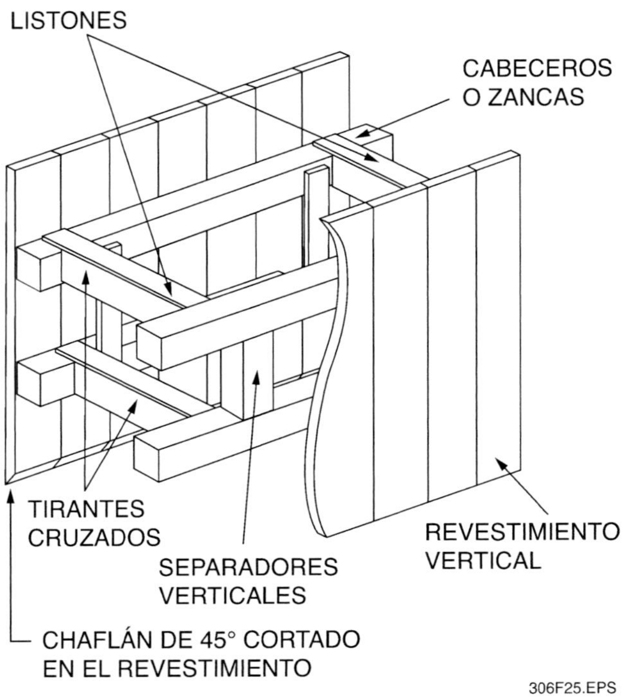

Figura 25 ◆ Apuntalamiento ajustado con recubrimiento.

La zona excavada entre el exterior de la caja de zanjas y la cara de la zanja debe ser lo más pequeña posible. El espacio entre la caja de zanjas y el lateral de la excavación debe rellenarse para evitar el movimiento de lado a lado de la caja de zanjas. Recuerde que las condiciones del sitio de la construcción y el suelo, así como las profundidades y los anchos de la zanja, determinan el tipo de sistema de protección de zanja que debe usarse. Un solo proyecto puede incluir varios requisitos de profundidad o ancho, y diversas condiciones del suelo. Esto puede exigir que se utilicen varios sistemas de protección diferentes para el mismo sitio. Un ingeniero registrado debe certificar las cajas de zanjas para las condiciones del suelo existentes. La certificación debe estar disponible en el sitio de trabajo durante el armado de la caja de zanjas. Después del armado, las certificaciones deben estar disponibles si se les solicita.

Si se usa correctamente, las cajas de zanjas protegen a los trabajadores de los peligros de un derrumbe. Todas las pautas de seguridad para las excavaciones también rigen para las cajas de zanjas. Siga estas pautas de seguridad cuando use una caja de zanja:

Figura 26 ◆ Cajas de zanjas.

- Asegúrese de que las paredes verticales de una caja de zanja se extienden como mínimo 18" por encima del punto más bajo en el que las paredes de la excavación comienzan a inclinarse. La *Figura 27* muestra la colocación apropiada de la caja de zanjas.
- Nunca ingrese a la caja de zanjas durante su instalación o retiro.
- Nunca ingrese a una excavación detrás de una caja de zanja después de que esta se ha movido.
- Rellene la excavación tan pronto como se haya retirado la caja de zanja.
- Si se utilizará una caja de zanja en un pozo u orificio, los cuatro lados de la caja de zanja deben protegerse.
- Debe haber una salida de la caja de zanja y de la excavación a 25' de todos los trabajadores.

Tabla 6 Inclinaciones permitidas máximas

Tipo de suelo o roca	Máximo permitido de inclinaciones para excavaciones inferiores a 20 pulg. de profundidad
Roca estable	Vertical (90 grados)
Tipo A	¾:1 (53 grados)
Tipo B	1:1 (45 grados)
Tipo C	1½:1 (34 grados)

306T06.EPS

5.6.0 Sistemas de inclinación

Un sistema de inclinación es un método de proteger a los trabajadores de hundimientos. La inclinación se obtiene al inclinar los lados de una excavación. El ángulo de inclinación varía de acuerdo con factores tales como el tipo de suelo, las condiciones de exposición al medio ambiente y las cargas cercanas. Hay tres grandes clasificaciones generales de tipos de suelo, y un tipo de roca. Para cada clasificación del tipo de suelo, la OSHA define los ángulos máximos para la inclinación de las paredes, como se muestra en la *Tabla 6*. La designación y selección del sistema de inclinación apropiado es mucho más complejo que lo que se describe en esta sección. Factores como la profundidad de la zanja, la cantidad de tiempo que la zanja debe permanecer abierta, y otros más, afectarán la inclinación permitida máxima.

El escalonado, también conocido como bancada, es un método de inclinación de las paredes de la excavación sin utilizar un sistema de soporte. El escalonado utiliza una serie de escalones que deben elevarse según el ángulo de reposo aproximado para el tipo de suelo que se excava. Las mismas reglas de seguridad que se aplican a las excavaciones inclinadas, se aplican también a las excavaciones con escalonado.

6.0.0 ◆ MITIGACIÓN DE AGUA SUBTERRÁNEA Y SUPERFICIAL

El control del agua en el sitio de la construcción es esencial para la realización del trabajo. La mayoría de las especificaciones y los códigos de edificación requieren que la construcción de cimientos se realice en excavaciones que están libres de agua o en seco, como se les suele decir. El flujo de agua sin controlar puede dañar las excavaciones, detener el trabajo o hacerlo más difícil y causar accidentes. Por esto, gran parte del tiempo y el esfuerzo se dedican a los planos de **deshidratación**. Los organismos federales y locales regulan todos los aspectos del control del agua, por lo tanto es muy importante que sepa y siga los planos desarrollados por los expertos en deshidratación.

En la construcción, se encontrará con dos tipos de agua: agua superficial y agua subterránea. El agua superficial proviene de la lluvia y la nieve, y el agua subterránea está debajo de la superficie del terreno. El agua superficial se filtra lentamente en la subterránea, recargando así el suministro de agua subterránea. Cierta cantidad de

CASE HISTORY

Derrumbe provocado por el agua

Cuatro empleados estaban colocando una línea de alcantarilla lateral en una construcción. El capataz y un trabajador estaban colocando una tubería plástica para alcantarilla de 8" de diámetro y 20' de largo en la parte inferior de una zanja que tenía 36" de ancho y 9' de profundidad, y aproximadamente 50' de largo. La zanja no tenía inclinación ni apuntalamiento y había agua ingresando a lo largo de una veta de roca cerca del fondo. El lado oeste de la zanja se hundió cerca del fondo, enterrando a un empleado hasta la altura del pecho y cubriendo totalmente al otro. La operación de rescate tardó dos horas para el primer hombre y cuatro para el segundo. Ambos murieron.

Conclusión: Trabajar en una excavación puede ser mortal. Siempre asegúrese de que su zanja sea segura.

Fuente: OSHA (Administración de Seguridad y Salud Ocupacional)

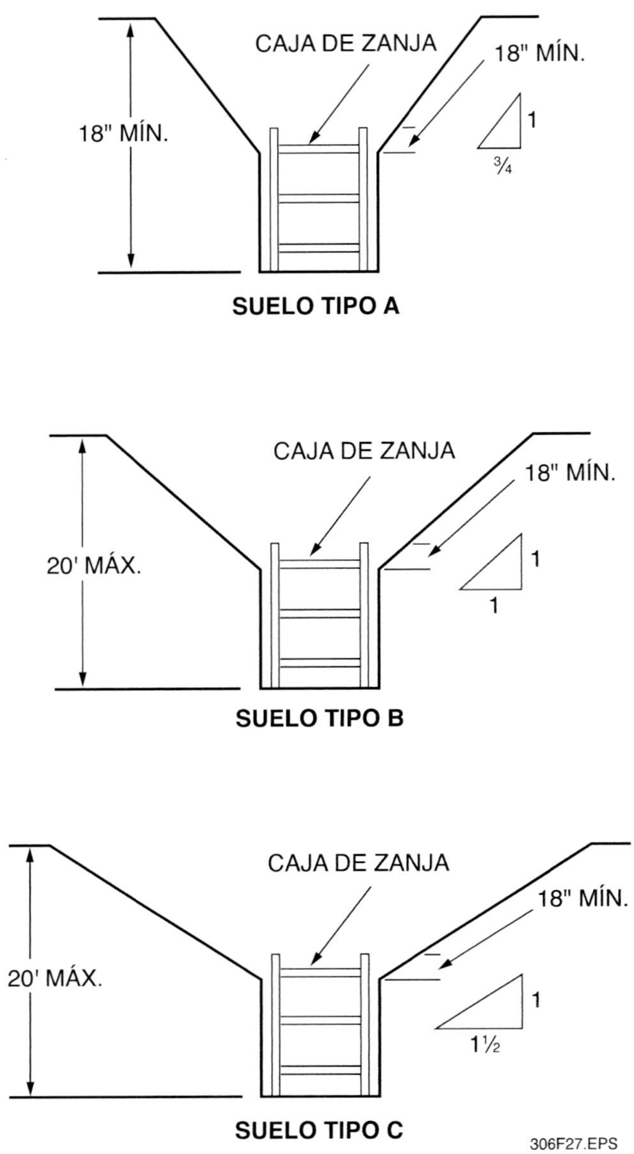

Figura 27 ◆ Colocación apropiada de la caja de zanjas

agua subterránea se almacena en un **acuífero**, y a veces dicha agua sale a la superficie de la tierra como un riachuelo de agua dulce. La elevación a la cual se encuentra el agua subterránea se llama la napa de agua.

El agua agrega un riesgo adicional al trabajo de la construcción, de por sí ya peligroso. Se requiere muchísima planificación para trabajar de manera segura en entornos húmedos. Existen varios problemas que los trabajadores de la construcción enfrentan cuando trabajan cerca de agua. Algunos pueden provocar lesiones a los trabajadores, y otros pueden dañar el equipo y el entorno.

Primero, el agua del suelo o de la superficie pueden debilitar o inundar las excavaciones, poniendo en peligro a los trabajadores. El agua en los sitios de construcción ha contribuido en muertes y lesiones de trabajadores. En 2000, una zanja caracterizada como "gumbo húmedo" (suelo de arcilla limosa que es muy pegajoso cuando está húmedo) se derrumbó, matando un trabajador. Las zanjas deben inspeccionarse para la seguridad e integridad cada día y después de cualquier evento que pudiera debilitarlas, como la lluvia.

Segundo, el agua potable proviene de los acuíferos de agua subterránea, por lo tanto es importante protegerlos de la contaminación. Cuando el agua superficial discurre por la suciedad de la construcción como aceite, combustible, sustancias químicas y otros contaminantes, puede llegar hasta los suministros de agua subterránea, contaminándolos.

Tercero, el suelo escalonado es susceptible a la **erosión** y la **sedimentación**. Generalmente, la hierba y otra vegetación cubren la tierra sin escalonar, manteniéndola en su lugar durante lluvias fuertes. Cuando el suelo está escalonado, la vegetación se elimina y la tierra expuesta se lava fácilmente, aun con pequeñas cantidades de agua. El sedimento puede discurrir en caminos, creando condiciones de riesgo, o en cursos de agua, poniendo en peligro la vida silvestre.

Finalmente, el agua puede dañar la zona de la construcción, lo que contribuye a demoras en el cronograma y excesos en el presupuesto. Usualmente, el trabajo debe detenerse totalmente en el sitio hasta que se drena el agua, y los empleados deben dejar de trabajar temporalmente.

Ninguno de estos eventos es deseable, por lo tanto los ingenieros y arquitectos del proyecto estudiarán la zona de construcción y harán planos para minimizar el flujo de agua. Depende de los trabajadores comprender e implementar estos planos.

6.1.0 Agua superficial

La Agencia de Protección Ambiental (EPA) exige que los contratistas que modifican un acre o más de tierra obtengan un permiso de aguas pluviales del Sistema Nacional de Eliminación de Descargas de Aguas de Escorrentías (NPDES). El propósito del permiso es asegurar que el contratista tenga un plan realizable para evitar la contaminación y controlar el escurrimiento de las aguas pluviales desde el sitio, así como evitar la erosión.

NOTA

Los lugares de construcción menores que un acre, pero que son parte de un desarrollo más grande deben tener este permiso también.

Los contratistas necesitan usar medidas adecuadas para evitar la erosión y la sedimentación provocadas por el escurrimiento de las aguas pluviales. La erosión es el desgaste del suelo que provocan el agua o el viento, mientras que el sedimento es el suelo que se ha trasladado de su lugar original por el viento, el agua u otros medios. El escurrimiento de las aguas pluviales es el agua de la lluvia y la nieve que se derrama sobre el suelo mucho más de lo que es absorbida. El escurrimiento aumenta cuando se desarrolla una zona con carreteras y edificios, dado que hay menos superficie de terreno disponible para absorber el agua.

Dado que el sedimento es suelo que se ha movido de su lugar original, la mejor manera de evitar el sedimento es prevenir la erosión. Durante las excavaciones, es imposible evitar cierta erosión, por lo que la mayoría de las obras utilizarán varios dispositivos, como cercos de limo y otros geotextiles para atrapar el suelo desplazado, y otros métodos, como terraplenes, sistemas de deshidratación abiertos, drenajes y alcantarillas, para guiar y atrapar el escurrimiento. Ayude a prevenir la sedimentación evitando caminar o conducir a través del suelo modificado, lavando el suelo de los neumáticos de los camiones antes de dejar el sitio y limitando las operaciones vehiculares a los caminos de transporte aprobados.

6.2.0 Agua subterránea

El agua que fluye a través del terreno se llama agua subterránea, y cualquier excavación, incluso las de sélo unos pocos pies, tiene el potencial de verse afectada por el agua subterránea y de afectarla a su vez. Antes de que apruebe un proyecto grande, se puede exigir una investigación ambiental. La investigación incluirá un mapa de los riesgos del agua subterránea conocidos, tales como tanques de almacenamiento de sustancias químicas enterrados o rellenos sanitarios que contienen posibles contaminantes. En muchas jurisdicciones, existen requisitos legales para los planos para solucionar dichos riesgos, y estos planos deben entregarse a los organismos gubernamentales y tener su aprobación antes de que comience la excavación. No seguir el plan aprobado puede hacer que su empleador sea responsable por acciones legales y multas.

Es normal encontrar agua subterránea en zanjas y excavaciones profundas, en especial cuando la napa de agua es alta, es decir, el agua subterránea está cerca de la superficie. La profundidad de la napa de agua varía ampliamente y depende de la cantidad de precipitación anual, el terreno y la cantidad de agua que se extrae para beber, regar y otros usos. Los niveles de agua subterránea pueden variar de un día para otro, por lo que no es raro que una zanja se sature en un día. Cuando el agua subterránea comienza a entrar en la zanja o excavación, provoca varios problemas.

Primero, la tierra de las paredes de la zanja tiene más probabilidades de derrumbarse, de fluir hacia la parte inferior de la zanja. Segundo, el agua hace que sea muy difícil seguir cavando.

El suelo ayuda a proteger el agua subterránea al filtrar las sustancias químicas y los residuos antes de que lleguen al acuífero. Dado que las excavaciones quitan suelo, las sustancias químicas que generalmente no llegarían tan profundamente bajo tierra pueden contaminar el agua. En muchas construcciones se cavan pozos de control para verificar la calidad del agua subterránea, especialmente cuando se utilizan voladuras o sustancias químicas tóxicas.

6.3.0 Control del agua

La manera más fácil y más efectiva de controlar el daño del agua en una excavación es evitar que el agua penetre en la obra. Si esto no es posible, las medidas de control deben estar tan cerca del origen del agua como sea posible. Se utilizan diversos tipos y tamaños de zanjas para recolectar y canalizar el flujo de agua y alejarlo de las zonas de excavación. Algunas de estas zanjas son permanentes y otras temporales, pero todas se diseñarán y especificarán según la permeabilidad del suelo, las condiciones en la obra y la cantidad de agua calculada.

Algunas veces se necesitan medidas más activas para evacuar el agua de una zona. En este caso, los planos pueden exigir desagües o sistemas de deshidratación. Los desagües son pozos u orificios abiertos construidos para recolectar agua (*Figura 28*). En ellos se colocan bombas para extraer mecánicamente el agua. Los requisitos para los desagües y las bombas varían de acuerdo con la profundidad y la velocidad del flujo del agua. En las siguientes secciones se describen varias bombas y un sistema de deshidratación típico.

6.3.1 Bombas de residuos

La mayoría de las bombas de residuos son bombas centrífugas. Las bombas centrífugas están diseñadas principalmente para la extracción de agua limpia. Sin embargo, pueden utilizarse cuando existen pequeñas cantidades (hasta un 10 por ciento) de lodo, arena o limo. También pueden utilizarse para controlar el filtrado más complejo en excavaciones, zanjas, tuberías, bocas de alcantarillas y cimientos. Las bombas de residuos son bombas centrífugas diseñadas especialmente para usar

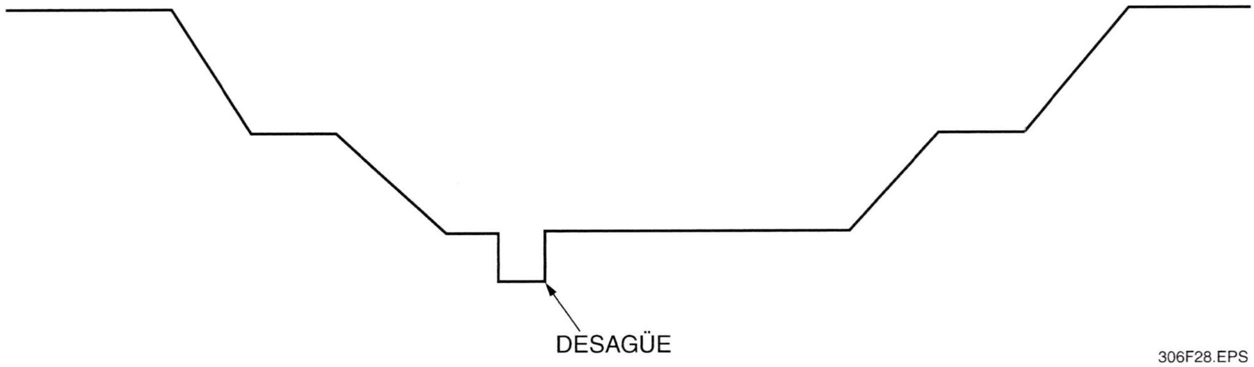

Figura 28 ◆ Desagües.

con agua que contiene sólidos, como varas, piedras, arena, grava y otros materiales extraños que podrían atascar una bomba centrífuga estándar. Las bombas de residuos son adecuadas para extraer agua de una profundidad máxima de 20'. Para retirar el agua de una profundidad mayor a 20', se debe utilizar una bomba sumergible. La *Figura 29* muestra bombas de residuos portátiles.

PRECAUCIÓN

Siempre que las bombas deban dejarse en el exterior durante clima frío, se debe quitar toda el agua de la bomba para evitar que se congele y provoque fisuras en el receptáculo de la bomba.

Las bombas de residuos son bombas de flujo continuo que utilizan fuerza centrífuga generada por rotación. El líquido ingresa al centro de la turbina, u ojo, y la rotación de las paletas de la turbina hace que el líquido se mueva circularmente. La fuerza centrífuga aleja el líquido del centro; a medida que el líquido se aleja del centro de la turbina, su velocidad aumenta hasta que finalmente se descarga en la salida de descarga.

6.3.2 Bombas de lodo

La mayoría de las bombas de lodo (*Figura 30*) son bombas de diafragma diseñadas para usar cuando se requiere un flujo bajo y continuo para líquidos altamente viscosos, como lodo espeso, aire mezclado con agua y agua con una cantidad importante de sólidos o materiales abrasivos.

La mayoría de las bombas de diafragma usan presión hidráulica producida por un pistón para accionar el diafragma flexible. El lado del diafragma que produce la acción de bombeo se llama lado de potencia, y el lado que hace el bombeo se llama lado del fluido. Una válvula reguladora de succión y una válvula reguladora de descarga se abren y cierran para mover líquidos a través de la bomba. La *Figura 31* muestra el funcionamiento de la bomba de diafragma.

Figura 29 ◆ Bombas de residuos portátiles.

6.3.3 Bombas sumergibles

Una bomba sumergible (*Figura 32*) está guardada con su motor en un receptáculo protector que permite que toda la unidad funcione bajo agua. Las bombas sumergibles se utilizan en muchos pozos residenciales, comerciales e industriales. El funcionamiento de estas bombas puede controlarse con un interruptor de flotador opcional ubicado dentro del pozo que contiene la bomba, o por interruptores de control manuales o automáticos ubicados fuera del pozo. El interruptor de flotador es un interruptor de mercurio que está controlado por la posición de un flotador adjunto. En tanto que el nivel de agua es el adecuado para eliminar agua del pozo, la bomba está en funcionamiento. Cuando el nivel del agua baja demasiado para bombear, el flotador cae y apaga la bomba. Cuando el agua sube de nuevo, el flotador se eleva y enciende una vez más la bomba. La *Figura 33* muestra una bomba sumergible controlada por un interruptor de flotador.

6.3.4 Sistemas de deshidratación

En algunas excavaciones, en especial en excavaciones de cimientos profundos, la napa de agua existente puede ser más alta que el nivel de la base inferior de los propios cimientos. En estas situaciones, pueden utilizarse varios tipos diferentes de sistemas de deshidratación para disminuir temporalmente la napa de agua y así evitar la infiltración excesiva de agua en la excavación. Los ingenieros de la construcción y arquitectos diseñan y especifican estos sistemas para cada obra. Algunas veces, las estructuras cercanas pueden estar sujetas a daños por un retiro de la napa de agua en las cercanías. En estos casos, los ingenieros y arquitectos pueden especificar que se coloquen pilotajes con láminas de acero temporales o paredes de lechada permanentes alrededor del lugar de trabajo y

Figura 30 ◆ Bomba de lodo.

hasta hacer contacto con el suelo impermeable para evitar la infiltración de agua.

El sistema de deshidratación temporal más común es el sistema de tuberías de drenaje que se muestra en la *Figura 34* y la *35*. Este tipo de sistema consiste de una serie de tuberías de drenaje, a una pequeña distancia unos de otros, alrededor de todo el lugar de trabajo. Los tubos ascendentes de los sistemas de tuberías de drenaje se conectan con una tubería principal ubicada alrededor del sitio que a su vez se conecta a una bomba centrífuga que es cebada por una bomba de vacío de forma continua. La bomba de vacío mantiene el cebado en la bomba centrífuga cuando una o más tuberías de drenaje aspiran aire en el sistema. El agua que ingresa en el extremo de la tubería de drenaje desde el suelo es aspirada y descargada por la bomba centrífuga. Esto da como resultado un nivel de agua predrenado (se muestra en la sección de diseño de la *Figura 34*) que está por debajo del nivel de la excavación. El sistema de tuberías de drenaje es una tubería perforada con una pantalla de acero inoxidable y un extremo

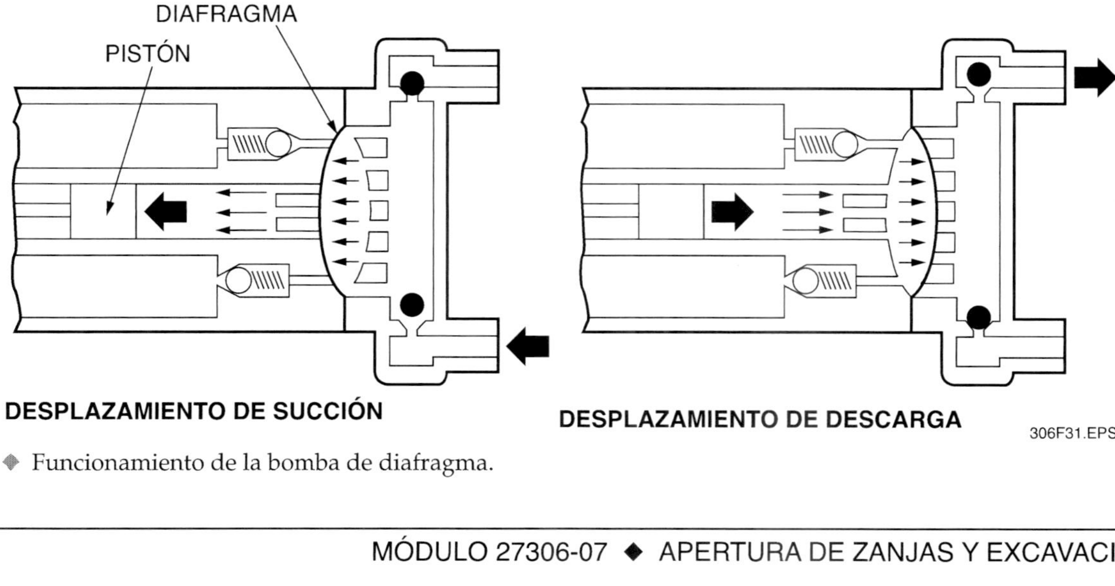

Figura 31 ◆ Funcionamiento de la bomba de diafragma.

306F32.EPS

Figura 32 ◆ Bomba sumergible.

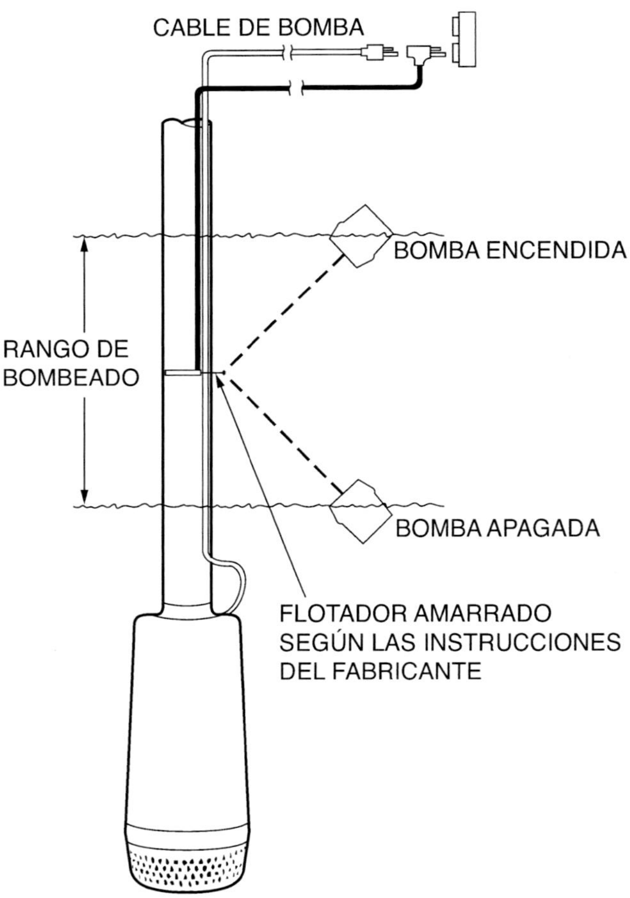

306F33.EPS

Figura 33 ◆ Bomba sumergible controlada por interruptor de flotador.

ranurado. Las tuberías de drenaje y sus tubos ascendentes pueden secarse mediante rotación, o impulsarse con un chorro de agua de alta presión en el suelo. La aplicación de agua presurizada (chorro de agua de alta presión) a las tuberías de drenaje permite una penetración más fácil del suelo. Estos tipos de sistemas son eficaces para profundidades de 20'. Algunas veces, se utilizan diversos sistemas en diferentes escalones o bancadas para lograr la deshidratación de excavaciones más profundas.

Para excavaciones más profundas que no pueden escalonarse, se reemplazan las tuberías de drenaje por eyectores accionados por una bomba central que extraen el agua subterránea. Los eyectores son dispositivos tipo Venturi, algunas veces llamados bombas de chorro de sifón. Se envíe agua presurizada desde la bomba central, por un conducto separado, a través de un tubo interno en el tubo ascendente hacia la bomba de chorro de sifón. Se extrae por sifón un gran volumen de agua subterránea mediante el agua presurizada, y ambas se fuerzan hacia arriba por la tubería ascendente hacia el conducto colector y se extraen del lugar de trabajo. Parte del agua extraída se desvía, se limpia, se almacena y regresa a la bomba central como agua de suministro. Los sistemas eyectores eliminan las limitaciones de elevación por vacío de los sistemas de tuberías de drenaje.

Otro sistema es un sistema de pozo de agua subterránea. Este sistema está compuesto por una serie de pozos perforados y encajonados, cada uno equipado con su propia unidad de bombeo accionada por separado, sumergible, con filtro y pantalla. Los pozos de aguas subterráneas pueden instalarse a profundidades de apenas 25' o de hasta varios cientos de pies. Estos sistemas suelen implementarse cuando los suelos son permeables y la napa de agua se extiende bien por debajo de la base inferior.

La deshidratación de agua subterránea en un lugar con edificios o carreteras cercanos puede dañarlos por descuido. Cuando se retira una gran cantidad de agua del terreno, puede provocar que el suelo se hunda, que ocasiona el hundimiento también de edificios o carreteras. Para evitarlo, algunas veces el agua que se bombea fuera del suelo se desvía alrededor del edificio existente para evitar el hundimiento. El agua puede regresarse al agua subterránea mediante pozos (presurizados o no) o zanjas.

Los sistemas de deshidratación horizontal pueden utilizarse en zonas con una napa de agua poco profunda. En este sistema, se hacen orificios horizontales en una pendiente y en ellos se colocan tuberías perforadas. Algunas veces los orificios están ligeramente en ángulo para ayudar en la deshidratación. Luego, el agua en el dique se elimina con una bomba o en ciertos casos, por la gravedad.

7.0.0 ◆ MITIGACIÓN DE ROCAS

Durante la excavación de un lugar de trabajo, puede haber rocas o piedras grandes firmes. En muchos casos, las piedras grandes pueden romperse con grandes martillos hidráulicos montados en excavadoras (*Figura 36*). Para piedras grandes que no pueden excavarse ni romperse mecánicamente, se necesitan profesionales que realicen voladura. Los tres métodos de voladura para romper las piedras grandes son el taqueo, el recubrimiento con lodo y el barrenado superficial. El taqueo (*Figura 37*) implica la perforación en ángulo de un orificio en el suelo debajo de la piedra grande. Dentro del orificio se apisonan las cargas de dinamita requeridas, y generalmente, una tapa de detonación eléctrica y una carga iniciadora. Luego, el orificio se rellena con arena o arcilla, una operación llamada retacado que limita la explosión. El recubrimiento con lodo implica la colocación de la carga y la tapa de detonación sobre la piedra grande, y envolverlas con

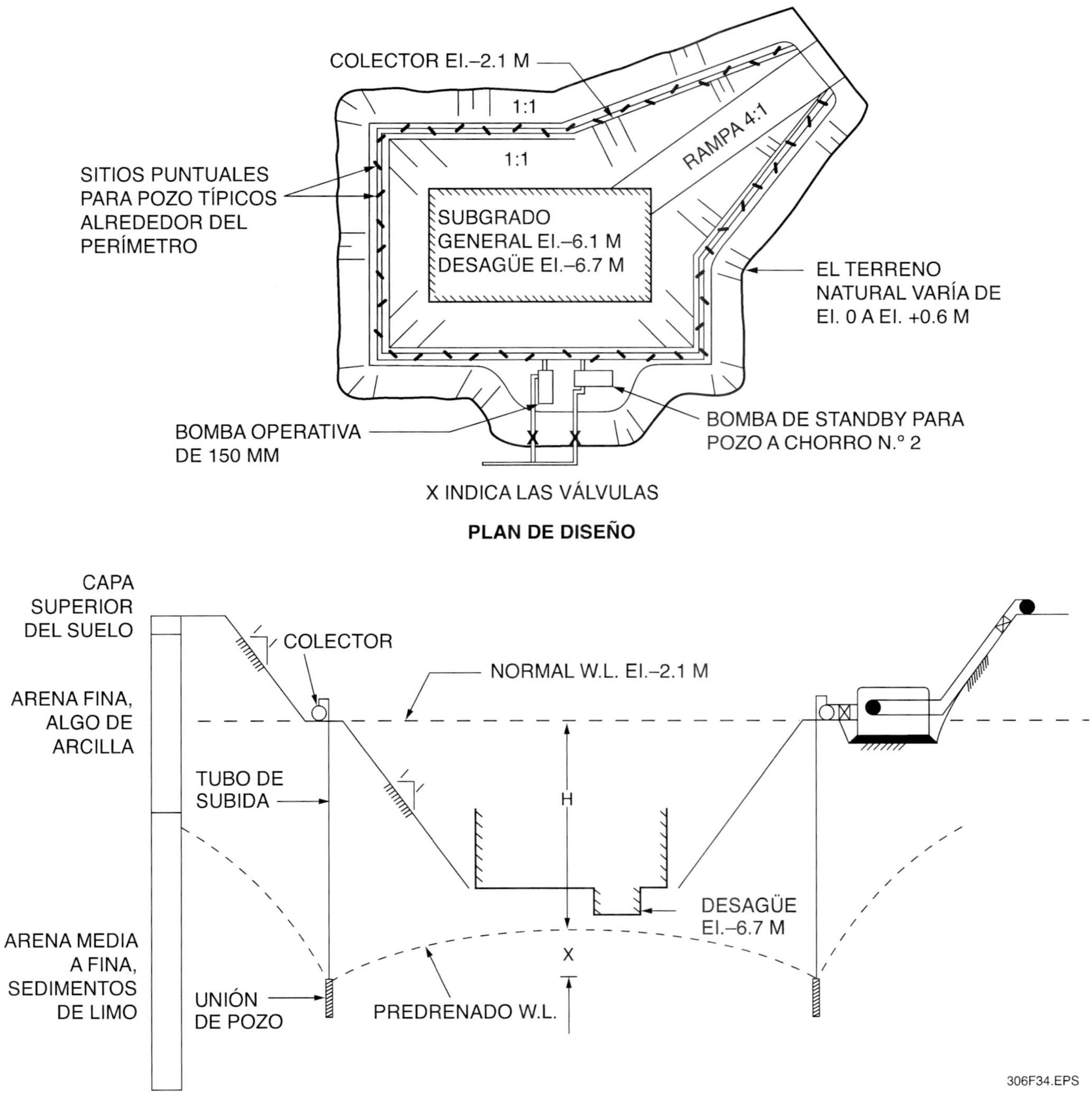

Figura 34 ◆ Diseño típico de las tuberías de drenaje y planos de secciones.

una membrana plástica. Luego, la carga envuelta en plástico se cubre con una capa de seis pulgadas de lodo. El lodo dirige la carga hacia la piedra grande. El barrenado superficial se utiliza para piedras muy grandes. Exige la perforación de varios orificios en la piedra grande y la colocación de cargas en ellos de la misma manera que para el taqueo. En todos los casos, las piedras grandes deben cubrirse con alfombrillas de explosión, hechas con sogas pesadas o alambres para evitar que partes de la roca sean arrojadas a gran distancia y provoquen daños o lesiones mortales.

Las grandes manifestaciones de rocas en una excavación se rompen con voladuras controladas. Las voladuras controladas, llamadas voladuras de acción retardada, implican utilizar detonaciones de cargas retardadas en tiempo para controlar el lanzamiento de rocas y mejorar la fragmentación. Con esta técnica, se perforan varias hileras de orificios a la profundidad deseada detrás de la cara de la roca que debe romperse. Las cargas colocadas en los orificios cuentan con tapas de detonación eléctricas que tienen diversos retardos de tiempo con aumentos en milisegundos. Generalmente, el retardo de tiempo utilizado para el grupo central de orificios en la primera hilera es de cero milisegundos. Luego el retardo avanza hacia los orificios finales con aumentos de retardo de un milisegundo para cada orificio. Cada hilera desde la primera está retardada por un milisegundo más en el mismo patrón que la primera hilera. Cuando se detonan todas al mismo tiempo, la roca entre la cara y la primera hilera se vuela empezando por el centro y avanzando hacia los extremos. Un milisegundo más tarde, la segunda hilera explota empezando por el centro y avanzando hacia los extremos. Este patrón se repite para cada hilera restante.

306F35.EPS

Figura 35 ◆ Un sistema de tuberías de drenaje típico.

306F36.EPS

Figura 36 ◆ Excavadora con martillo hidráulico.

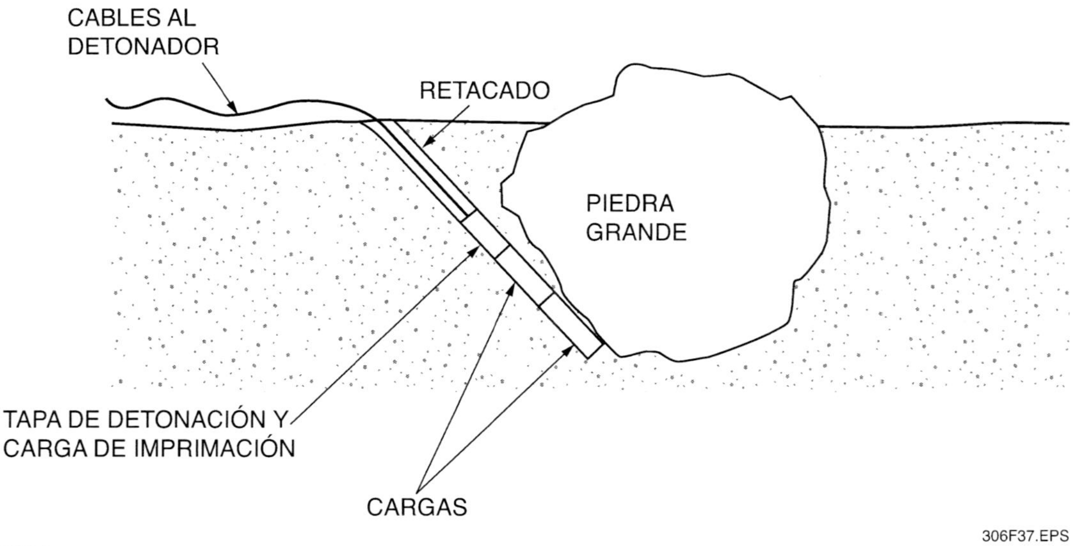

306F37.EPS

Figura 37 ◆ Taqueo.

Resumen

Este módulo proporcionó la información para la preparación de la obra, incluida la seguridad en excavaciones profundas y zanjas; las características del suelo y su preparación para la construcción. Además, se trataron la mitigación de rocas y agua subterránea. Aunque que los carpinteros pueden no estar directamente involucrados en todos los temas tratados, es importante que comprendan las actividades, los materiales y el equipo que se podrían emplear durante la construcción de cimientos comerciales.

Notas

Preguntas de repaso

1. El suelo que normalmente se clasificaría como Tipo A debe clasificarse como Tipo B cuando _____.
   a. tiene una resistencia a la compresión alta
   b. es plástico cuando está húmedo
   c. ha sido modificado anteriormente
   d. está cerca de un edificio

2. La resistencia a la compresión de los suelos Tipo C cuando se les compara con los suelos Tipo A_____.
   a. es significativamente más alta
   b. es igual
   c. es menor
   d. está determinada por las pruebas

3. El suelo o las rocas por donde se filtra agua se clasifican como _____.
   a. roca estable
   b. del Tipo A
   c. del Tipo B
   d. del Tipo C

4. El suelo de un lugar que está ubicado cerca de un camino con mucho tráfico tendrá_____ que uno alejado del tráfico.
   a. una densidad del suelo más alta
   b. una densidad del suelo más baja
   c. una humedad más alta
   d. una humedad más baja

5. La mezcla de suelo que se compacta mejor es _____.
   a. toda arcilla y el contenido óptimo de humedad
   a. toda arena y el contenido óptimo de humedad
   c. una gran cantidad de arcilla, una pequeña cantidad de arena y el contenido óptimo de humedad
   c. una gran cantidad de arena, una pequeña cantidad de arcilla y el contenido óptimo de humedad

6. ¿Cuál de las siguientes opciones tiene la mayor capacidad de soporte de carga?
   a. Roca semideshecha
   b. Grava cementada
   c. Arena compactada
   d. Arcilla de sequedad media

7. La compactación de suelos de grano fino en lugares de trabajo grande se realiza mejor con_____.
   a. placas compactadoras vibrantes
   b. rodillos con clavijas
   c. rodillos lisos con ruedas de acero
   d. pisones vibrantes

8. Una vez colocado el relleno, es importante realizar la compactación _____.
   a. después de que se colocó cada carga específica
   b. después de que se entregó cada carga
   c. siempre que los demás trabajos lo permitan
   d. cuando todo el relleno está en su lugar

9. Las condiciones del suelo o las estructuras y los caminos cercanos en las excavaciones profundas pueden impedir el uso de _____ para tener protección contra derrumbes.
   a. paredes de lechada
   b. pilotaje con láminas de acero
   c. paneles de concreto premoldeado
   d. bancadas

10. ¿Qué tipo de suelo puede *no* tener bancadas?
    a. roca estable
    b. del Tipo A
    c. del Tipo B
    d. del Tipo C

11. El agua subterránea en una excavación profunda puede contaminarse fácilmente con sustancias químicas porque _____.
    a. se han quitado las capas filtrantes del suelo
    b. se requieren muchas sustancias químicas en las excavaciones
    c. el agua subterránea se filtra en la excavación
    d. el agua de la superficie recarga al agua subterránea

12. Un sistema de deshidratación que puede elevar el agua un máximo de 20' es _____.
    a. un sistema de bomba centrífuga
    b. un sistema de bomba de chorro de sifón
    c. un sistema de pozo
    d. una bomba sumergible

Preguntas de repaso

13. Cuando debe bombear un líquido viscoso de una excavación poco profunda, debe utilizar una bomba_____.
    a. de residuos
    b. de lodo
    c. de inmersión
    d. accionada con combustible

14. Una técnica de voladura de roca para la mitigación, para romper piedras grandes y que involucra la perforación de la piedra es _____.
    a. el taqueo
    b. el recubrimiento con lodo
    c. el barrenado superficial
    d. la voladura controlada

15. Una técnica de voladura de roca para la mitigación que *no* requiere perforación es _____.
    a. el taqueo
    b. el recubrimiento con lodo
    c. el barrenado superficial
    d. la voladura controlada

Términos especializados introducidos en este módulo

Acuífero: Lugar desde donde se puede bombear agua subterránea.

Ángulo de reposo: Ángulo máximo de un material con respecto a una superficie horizontal en el que se mantiene estable sin que se produzcan deslizamientos.

Apuntalamiento: Estructura, como por ejemplo un sistema hidráulico de metal, mecánico o de madera, que soporta los lados de una excavación y está diseñado para evitar derrumbes.

Arriostramiento cruzado: Piezas cruzadas de un sistema de apuntalamiento, instaladas perpendicularmente a los lados de la excavación; los extremos de estas piezas se apoyan contra montantes o largueros.

Caja de zanja: Estructura con la capacidad para soportar las fuerzas que se le imponen al producirse un derrumbe y que se utiliza para proteger a los empleados que se encuentran dentro de ella. Las cajas pueden ser estructuras permanentes o estar diseñadas para ser portátiles y trasladarse a medida que avanzan las obras. Además, las cajas pueden ser prefabricadas o construidas en la obra en conformidad con *29 CFR 1926.652 (c)(3) o (c)(4).*

Cimientos: Todos los elementos estructurales por debajo del nivel rasante de una estructura.

Cohesión: Capacidad de adhesión de la materia que forma una sustancia.

Compactación: Afirmar mediante la compactación de partículas para inducir una disposición más próxima.

Consolidación: Afirmar mediante la compactación de partículas para inducir una disposición más próxima.

Contenido óptimo de humedad: Porcentaje de humedad con el que se puede obtener la mayor densidad de un suelo en particular mediante la compactación.

Densidad: Proporción entre el peso y el volumen de un material.

Deshidratación: Extracción del agua de una zona.

Elasticidad: Propiedad del suelo que le permite recuperar su forma original después de retirada una carga.

Erosión: Remoción de suelo de un lugar por la acción del agua o el viento.

Esqueleto: Condición que se produce cuando los montantes de madera individuales o puntales hidráulicos individuales no se colocan en contacto con el miembro adyacente.

Largueros: Partes horizontales del sistema de apuntalamiento, ubicadas paralelamente a la superficie de excavación cuyos lados se encuentran contra los miembros verticales del sistema de apuntalamiento o la tierra.

Montantes: Partes verticales del sistema de apuntalamiento de zanja, ubicadas en contacto con la tierra y de manera tal que las piezas individuales no entren en contacto. Los montantes que se colocan con un pequeño espaciado, en contacto o interconectados suelen llamarse "revestimientos."

Napa de agua (también conocido como tabla de agua): Profundidad debajo de la superficie del suelo en la que el suelo está saturado con agua.

Orgánico: Derivado de organismos vivientes, como plantas y animales.

Pilotaje: Término que se utiliza para describir una sección estructural colocada en el suelo para soportar una carga superpuesta.

Plasticidad: Rango de contenido de agua dentro del cual un suelo se mantiene plástico o puede moldearse fácilmente sin desmenuzarse.

Plástico: Que se puede moldear sin romperse.

Relleno: Cantidad de material necesaria para que el suelo actual alcance el nivel rasante deseado.

Resistencia a la compresión: Capacidad del suelo de soportar mucho peso.

Sedimentos: Partículas de tierra que el agua, el viento o medios mecánicos desprenden de su ubicación original.

Sistema protector: Método para proteger a los empleados de los derrumbes, los materiales que pueden caer o rodar desde una superficie de excavación o dentro de una excavación, o del colapso de estructuras adyacentes. Algunos sistemas protectores son los sistemas de apoyo, los sistemas de inclinación y bancadas, y los sistemas de caja de zanja.

Subsidencia: Depresión en la tierra causada por presiones desequilibradas en el suelo que rodea una excavación.

Vacíos: Espacios vacíos entre las partículas de suelo o agregados. Los vacíos suelen hacer referencia a las bolsas de aire o los espacios vacíos entre partículas.

Recursos adicionales

Esté modulo pretende ser una fuente sólida para el entrenamiento de tarea. El siguiente libro de referencia se sugieren para mayor estudio. Esto es material opcional para la educación continua más que para el entrenamiento de tarea.

Boston Groundwater Trust Report. Aldrich & Lambrecht. *Civil Engineering Practices Journal of the Boston Society of Civil Engineers Section/ASCE,* Fall 1986 Volume 1, Number 2, http://www.bostongroundwater.org/ceprep.html.

NCCER hace el esfuerzo de mantener estos libros de texto actualizados y libres de errores técnicos. Apreciamos su ayuda en este proceso. Si tiene una idea para mejorar este libro de texto, o si encuentra algún error, ya sea tipográfico, o de contenido en los libros de texto de *Contren®*, favor de escribirnos usando esta forma o una fotocopia de la misma. Asegúrese de incluir el número exacto del módulo, la página, una descripción detallada, y la corrección, si es aplicable. Su comentario será traído a la atención del comité técnico de revisión. Gracias por su ayuda.

Instructores – si usted encontró que algún material adicional es necesario para enseñar este módulo con eficacia, por favor déjenos saber para poder incluirlos en la lista de Equipo y Materiales en la guía anotada del instructor.

Dirección postal: Departamento de Desarrollo de Productos
National Center for Construction Education and Research
3600 NW 43rd Street, Bldg. G, Gainesville, FL 32606

Fax: 352-334-0932

E-mail: curriculum@nccer.org

Oficio ______________________ Nombre del Módulo ______________________

Fecha del Copyright __________ Número del Módulo __________ Número(s) de Página(s) __________

Descripción

____

____

____

Corrección (opcional)

____

____

Su nombre y dirección (opcional)

____

____

Cimientos y losa a nivel de terreno

27307-07

27307-07

Cimientos y losa a nivel del terreno

Los temas que se presentarán en este módulo incluyen:

Generalidades

Toda estructura requiere un cimiento para sostenerla y distribuir su peso. Las estructuras de gran tamaño como los rascacielos requieren cimientos grandes que, a su vez, están sostenidos por pilotes o ataguías enterrados profundamente en la tierra. Es probable que un carpintero que trabaje en un proyecto industrial o comercial participe en la construcción de estos cimientos y, por lo tanto, debe estar familiarizado con los diferentes tipos y métodos utilizados en su forma, refuerzo y colocación.

Objetivos

Cuando haya completado este módulo, podrá hacer lo siguiente:

1. Establecer elevaciones.
2. Identificar diversos tipos de apoyos de cimentación y de cimientos.
3. Seleccionar el apoyo de cimentación adecuado para un cimiento.
4. Diseñar y construir un apoyo de cimentación y cimiento seleccionados utilizando una cuadrícula establecida.
5. Instalar plantillas, chaveteros y empotramientos.
6. Moldear y unir formas de cimientos de pilote y prepararlos para volver a instalarlos en otro sitio.
7. Identificar las diferentes clases de losas a nivel del terreno.
8. Identificar formas para bordes y explicar su propósito.
9. Construir y desmantelar formas para bordes.
10. Instalar barreras de vapor, refuerzos y uniones de control.
11. Establecer el nivel final y los requisitos de llenado.

Términos especializados

Aislamiento
Alfombrilla de cimientos (platea)
Altura del instrumento (HI)
Arriostramiento cruzado
Ataguías
Cimientos
Consolidación
Densidad
Esqueleto
Losa a nivel del terreno (losa a nivel)
Napa de agua
Pilotaje
Relleno
Vacíos
Visual directa (FS)
Visual inversa (BS)

Materiales necesarios para el estudiante

1. Lápiz y papel
2. Equipo protector personal adecuado

Prerrequisitos

Antes de comenzar este módulo, se recomienda haber finalizado con éxito los cursos *Currículo Básico; Introducción a la Carpintería Nivel Uno; Estructuras y Acabados de Carpintería Nivel Dos;* y *Formas para Carpintería Nivel Tres*, Módulos 27301-07 a 27306-07.

Este mapa del curso muestra todos los módulos del tercer nivel del currículo de *Carpintería*. El orden de entrenamiento sugerido comienza de abajo hacia arriba. Los niveles de dificultad aumentan a medida que usted avanza en el mapa del curso. Es posible que el auspiciador del programa de entrenamiento local ajuste el orden de entrenamiento.

1.0.0 ◆ INTRODUCCIÓN

Este módulo es el primero de una serie de tres módulos acerca de los sistemas de forma de concreto. Se concentra en formas para instalaciones de elementos de cimientos y losa a nivel del terreno **(losa a nivel)** en obras comerciales, incluyendo el equipo utilizado para colocaciones y terminaciones, así como formas para pavimentación y para bordillos de acera. Además, se proporciona información sobre cómo establecer diseños y elevación de cimientos. Los elementos de cimientos cubiertos son los siguientes:

- **Pilotaje**
- **Ataguías**
- Zapatas
- Paredes
- **Alfombrilla de cimientos**

2.0.0 ◆ TRABAJOS EN OBRA

En un cimiento típico, una vez que se completa el diseño de la estructura, se debe desplegar la obra y se deben establecer las líneas de construcción por medio de métodos topográficos. A esto le sigue la instalación de cualquier sistema de soporte para excavación y del equipo necesario para la mitigación de las **napas de agua**. Después, se deberá excavar y preparar el cimiento, que incluye cualquier hueco de elevador, pozo para base de máquinas y desagües. Según resulte necesario, se deberá colocar todo pilote o ataguía y se deberán instalar, rellenar y compactar los sistemas de drenaje, servicios y sistemas tuberías cloacales bajo la superficie. Una vez que se completaron estos puntos, se puede comenzar con la forma de concreto para el cimiento. Las formas para cualquier fosa interior se instalan primero junto con acero de refuerzo. Se coloca y cura el concreto y se desmoldan las formas exteriores. Posteriormente, se instalan las formas de apoyo de cimentación estructurales con acero de refuerzo junto con todo portacables o tubería necesarios y cualquier elemento incrustado como moldes para bases de maquinaria, desagües y bocas de inspección. Se coloca y cura el concreto y se desmoldan las formas. Luego, se instalan todos las formas para pared de cimientos (si es necesario) junto con acero de refuerzo y todo portacables y tubería necesarios. Se coloca y cura el concreto y se desmoldan las formas. Según resulte necesario, se prepara y se compacta el suelo dentro del área de cimientos restante. Se instalan las formas para la losa de cimientos de concreto sobre (o entre) los apoyos de cimentación o las paredes de cimiento, junto con cualquier elemento de acero de refuerzo. Finalmente, se coloca y cura el concreto y se desmoldan las formas para losa.

2.1.0 Cómo establecer las ubicaciones y elevaciones de las formas

Cuando trabajan en una obra, los carpinteros deben ser capaces de establecer la ubicación y elevación de las formas. Para lograrlo, utilizan puntos de control topográfico y equipos de medición y nivelación. En las siguientes secciones se analizan brevemente los equipos y métodos empleados para este propósito.

2.1.1 Puntos de control

Los planos de obra muestran las ubicaciones de las esquinas del terreno y la dirección y longitud de las líneas de propiedad o líneas de control. En la mayoría de los estados, todo trabajo de diseño que establece las líneas o límites legales de propiedad deben ser dibujadas por un topógrafo registrado. Esto se debe a que el topógrafo asume total responsabilidad por cualquier error en el trabajo de medición del terreno. El topógrafo asume la responsabilidad legal en caso de que la construcción culmine en la propiedad equivocada o en alguna ubicación que no cumpla con los requisitos de retranqueo, servidumbre u otras regulaciones. Debido a la tremenda responsabilidad del caso, los carpinteros nunca deben efectuar mediciones de diseño que se relacionen con líneas o límites de propiedad. Es tarea del topógrafo profesional.

El diseño de la obra implica establecer una red de puntos de control en el terreno que sirvan como referencia común para toda la construcción. Las ubicaciones exactas de estos puntos de control se marcan en el terreno y van quedando registradas en las notas de campo del topógrafo. Registrar los datos de referencia sobre las ubicaciones de los puntos de control en las notas de campo es importante por dos motivos. En primer lugar, permite ubicar un punto en caso de que quede cubierto u oculto de algún otro modo. En segundo lugar, permite volver a establecer un punto con precisión en caso de que se dañe o retire la marca correspondiente. En muchas obras de mayor magnitud, un equipo de topografía puede establecer todos los siguientes puntos de control. En algunos casos, sin embargo, es posible que los carpinteros deban establecer los puntos de control secundarios y/o los puntos de control de trabajo. Podemos distinguir tres categorías básicas de puntos de control:

- *Puntos de control primarios* – estos puntos se utilizan como base para ubicar puntos de control secundarios y otros puntos en la obra. Los puntos de control primarios se sitúan en lugares donde queden accesibles y protegidos de daños durante la extensión de los trabajos. Los puntos de control primarios se pueden ubicar y marcar en muchas clases de objetos permanentes e inmóviles como hidrantes para incendios y postes de electricidad. Cuando no se disponga de ningún objeto permanente adecuado para ser usado como marcador de un punto de control primario, se pueden utilizar estacas de hierro clavadas en el terreno o un mojón de concreto incrustado en la tierra (*Figura 1*). En caso de utilizar un mojón de concreto, se le deberá enterrar a un pie más de profundidad que la línea de helada para evitar congelación y descongelación al moverlo. También deberá contar con un punto alto bien visible. Se puede emplear un tapón de bronce redondo, barra de refuerzo, etc., que sobresalga de la parte superior del concreto. Los marcadores de puntos de control primarios suelen ser establecidos por un topógrafo registrado. Se les suele conocer como mojones o marcas de referencia (BM).

- *Puntos de control secundarios* – son puntos de control adicionales situados dentro de la obra con el propósito de ayudar en la construcción de estructuras individuales de la obra. Los puntos de control secundarios, también llamados marcas de referencia temporarias (TBM), se suelen marcar con una estaca de centro rodeada por listones de protección (*Figura 2*), postes o cercas. La estaca de centro suele ser un listón de madera de sección cuadrada de 1½" con terminación en punta en un extremo. Su longitud generalmente queda determinada por la dureza del terreno en el que se clava; las longitudes típicas son de 8" y 12". La estaca de centro se clava en el terreno hasta que quede a nivel, o casi a nivel. Una tachuela de topografía, con una depresión en el centro de la cabeza, se clava en la parte superior de la estaca de centro para ubicar el punto exacto.

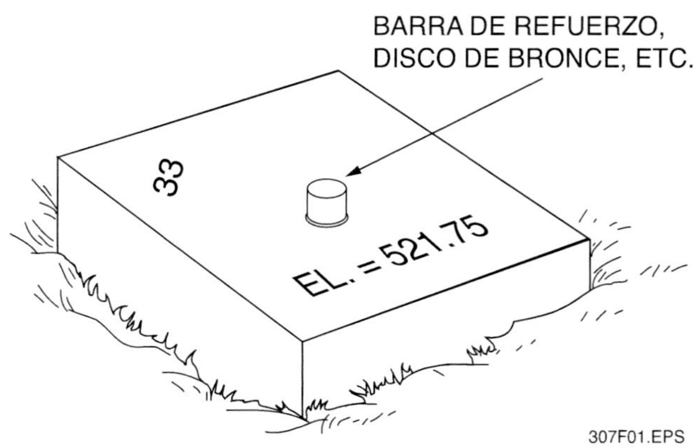

Figura 1 ◆ Mojón de concreto para punto de control típico (marca de referencia).

- *Puntos de diseño de la construcción o de control del trabajo* – estos puntos se suelen ubicar con referencia a los puntos de control secundarios. Son los puntos a partir de los que se toman las mediciones reales para la construcción. Los puntos de diseño de la construcción se utilizan para localizar las esquinas de la construcción y las líneas de construcción. Se les suele marcar con una estaca de centro y una estaca de marcación relacionada (*Figura 3*). La estaca de marcación

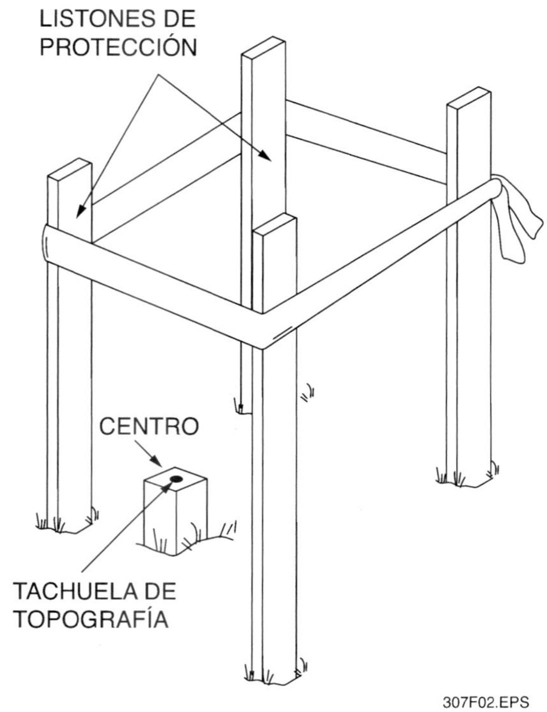

Figura 2 ◆ Marcador para punto de control secundario típico (marca de referencia temporaria).

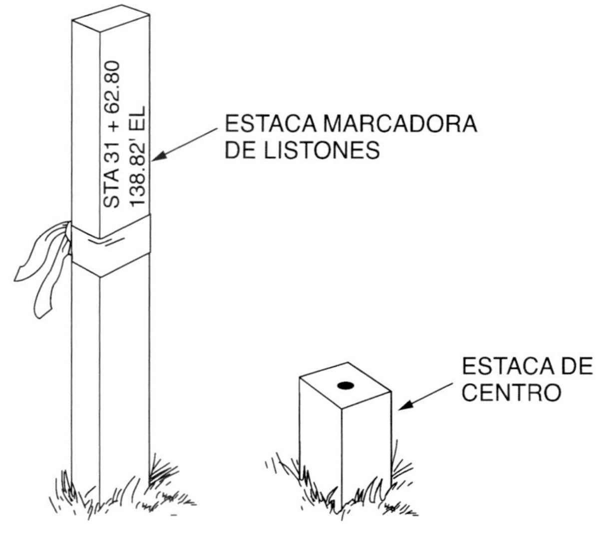

Figura 3 ◆ Marcador para punto de control de trabajo típico.

Centros

CARRIL INTERNO

Los centros se hacen usualmente cortando 2 × 4 en mitades. Cuando es necesario incrustar centros de madera en terrenos muy compactos, se puede facilitar el trabajo incrustando una clavija de acero templado llamada chaveta en la tierra previamente para iniciar un orificio para pilote.

Colocación de puntos de control

La buena práctica establece que un punto de control siempre se debe colocar de modo que se puedan visualizar los otros tres puntos de control desde su posición en todo momento. Esto se efectúa en caso de que el punto de control llegara a quedar cubierto o fuese destruido por algún motivo. Si esto sucediera, se pueden extender dos cintas desde los otros puntos para volver a ubicar el punto de control.

suele ser un listón de madera de ¾" × 1½" de diversas longitudes, habitualmente de 24" a 36". Además de servir como marcadores de centro, estas estacas también se utilizan para marcar la línea o nivel y otros datos de líneas de centro, líneas de descentrado, estacas de declive, etc.

Los puntos de control y otras marcas se identifican con un código de colorestanto para identificar su propósito como para poder verlos y reconocerlos fácilmente. La codificación con colores puede ejecutarse aplicando pintura a los mojones, centro u otros marcadores de campo, con cintas sobre las estacas, con banderines en los marcadores de alambre, etc. Tenga presente que la codificación con colores de los marcadores de campo no está estandarizada; sin embargo, muchas organizaciones de construcción o de ingeniería de campo han establecido sus propios sistemas de codificación con colores. Cuando ejecute un trabajo de diseño en una obra, deberá preguntarle a su supervisor qué patrón de codificación con colores se debe utilizar, y respetarlo.

2.1.2 Instrumentos de nivelación

Se puede utilizar una amplia variedad de instrumentos de nivelación para ejecutar la nivelación y otras tareas de diseño en la obra. Los datos de procedimiento relacionados con la nivelación diferencial que se incluyen más adelante en este módulo enfatizan el uso de instrumentos de nivelación convencionales, como el nivel de albañil.

NOTA

La calibración de los instrumentos de nivelación debe ser verificada antes del uso tal como lo indican las instrucciones del fabricante.

- *Nivel de albañil* – el nivel de albañil (*Figura 4*) es un instrumento que se utiliza para verificar y establecer niveles y elevaciones y para fijar puntos de nivel en distancias grandes. Está compuesto por un telescopio, un nivel de burbuja (ampolla de nivelación) montado en forma paralela al telescopio y un cabezal de nivelación instalado sobre una base circular con

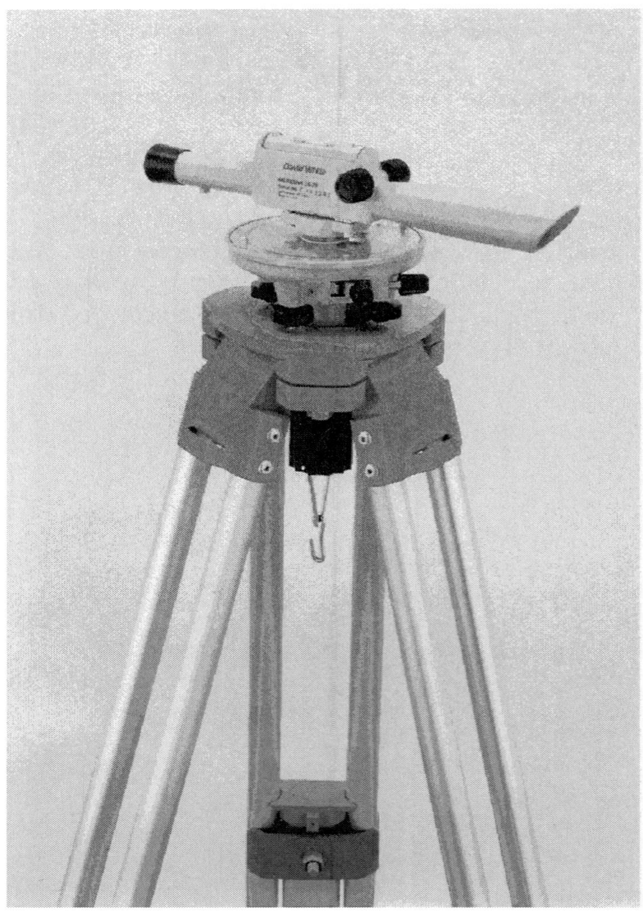

307F04.EPS

Figura 4 ◆ Nivel de albañil típico.

una escala circular horizontal graduada en grados. El telescopio se puede girar 360 grados para medir ángulos horizontales aproximados con una precisión de 5 a 15 minutos de arco. En las unidades de al menos un fabricante, el telescopio se puede inclinar verticalmente aproximadamente ±1 grado para propósitos de mira inicial. Los niveles de albañil se montan sobre un trípode para usarlos.

Dependiendo del modelo, los niveles de albañil se fabrican con potencias de telescopio desde potencia 12 (12×) hasta potencia 32 (32×); la potencia 20 (20×) es la más común La potencia de un telescopio determina el grado de acercamiento de un objeto cuando se observa a través de la mira. En los niveles de albañil se utilizan dos tipos de sistemas de cabezal de nivelación: un sistema de cuatro tornillos y un sistema de tres tornillos. La ventaja del sistema de tres tornillos es que permite nivelar el instrumento más rápidamente. Los sistemas de cuatro tornillos son más comunes en modelos más antiguos, originalmente llamados niveles de Troughton (rígidos). En ocasiones, a los niveles de albañil modernos se les denomina equivocadamente niveles rígidos. Tenga presente que el análisis del nivel de albañil que se presenta en este módulo se concentra en su uso para determinar elevaciones.

- *Instrumentos de nivelación automáticos* – los niveles automáticos (*Figura 5*) se utilizan para ejecutar las mismas mediciones y operaciones descriptas para el nivel de albañil. Estos instrumentos tienen un mecanismo compensador incorporado que mantiene automáticamente una línea de mira de nivel verdadera. Los instrumentos con compensador también se tienen que nivelar dentro del rango del compensador con tres tornillos situados en la base. Los instrumentos de nivelación automáticos se deben conservar erguidos y nunca se deben transportar sobre el hombro. Contienen un prisma que se puede dañar si se maneja el nivel sin cuidado.
- *Instrumentos de nivelación láser* – los niveles con rayo láser (*Figura 6*) se pueden utilizar para ejecutar todas las tareas propias de un instrumento de nivelación convencional. El nivel láser no depende del ojo humano. En cambio, emite un haz de luz de alta intensidad que es detectado por un sensor electrónico (objetivo) a distancias máximas de 1,000 pies. En el mercado se pueden conseguir modelos con láser fijo y giratorio. Los modelos giratorios permiten que una persona (y no dos) ejecuten cualquier operación de diseño. Cuando se acciona un láser giratorio en el modo de barrido, el cabezal rota 360 grados, permitiendo así que el rayo láser barra varios sensores colocados en diferentes sitios.

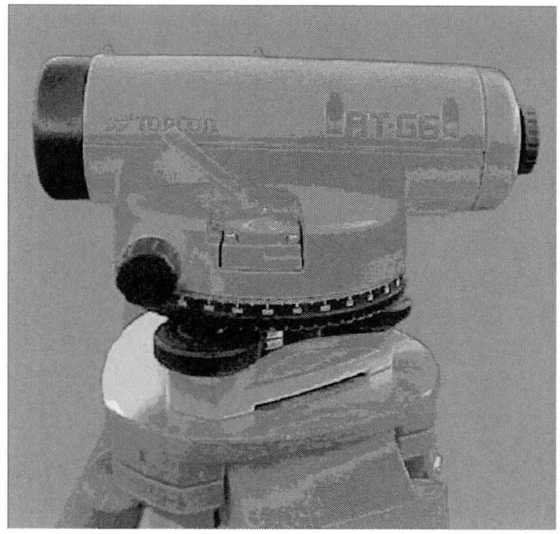

307F05.EPS

Figura 5 ◆ Nivel automático típico.

307F06.EPS

Figura 6 ◆ Nivel y detector con rayo láser típico.

PRECAUCIÓN

Es necesario estar debidamente capacitado y contar con una placa de certificación antes de poder operar un instrumento con rayo láser. Las regulaciones gubernamentales también exigen que los fabricantes incluyan una advertencia en los textos del instrumento relacionada con los riesgos asociados con el uso de instrumentos láser.

- *Trípodes* – los niveles se montan sobre un trípode (*Figura 7*). Un trípode está compuesto por un cabezal para adjuntar el instrumento, patas de madera o metal y puntos de metal con planchas de pie para ayudar a incrustar las patas en el terreno. Las tuercas de mariposa situadas debajo del cabezal del trípode fijan las patas en posición. Algunos trípodes tienen patas de longitud fija mientras que otros están provistos de patas de extensión ajustable que resultan útiles para fijarlos sobre terrenos en declive o irregulares. Dependiendo del trípode, se utiliza uno de dos tipos de disposición de sujeción para adjuntar el instrumento al cabezal del trípode. Si el cabezal está roscado, la base del instrumento se atornilla directamente sobre el cabezal. Si tiene un conjunto de copa, se atornilla un puntal de montaje roscado en la base del instrumento dentro del conjunto de copa.

- *Miras de nivelación* – se necesitan dos personas cuando se utiliza un instrumento de nivelación convencional; la primera persona acciona el instrumento y la otra sostiene un dispositivo de medición vertical, llamado mira de nivelación (*Figura 8*), en el área en la que se está verificando el nivel o la elevación. Las miras de nivelación se fabrican en muchos tamaños, formas y colores. Pueden fabricarse con madera, fibra de vidrio, metal o con una combinación de estos materiales. Las miras de nivelación están compuestas por al menos dos secciones móviles; eso permite que la mira se pueda ajustar a diferentes longitudes. También se dispone de miras telescópicas.

Las miras de nivelación se pueden graduar de dos maneras (*Figura 9*), en pies y pulgadas (mira de arquitectura) o en pies decimales (mira de ingeniería) Una mira de arquitectura está graduada en pies, pulgadas y octavos de pulgada (*Figura 9*). Una mira de lectura directa se puede graduar de cualquiera de las dos maneras.

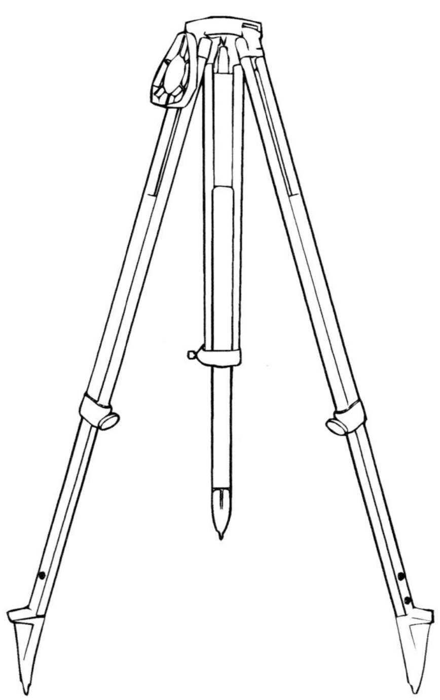

Figura 7 ◆ Trípode.

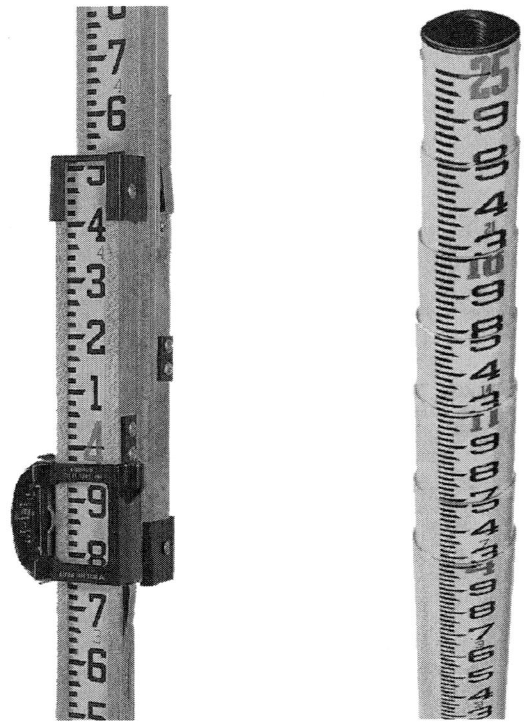

Figura 8 ◆ Miras de nivelación.

CARRIL INTERNO

Miras de nivelación

Los diversos estilos de miras de nivelación reciben nombres geográficos tales como: miras Filadelfia, miras Chicago, miras San Francisco y miras Florida. La mira Filadelfia es una mira de dos secciones con escalas tanto en el frente como en la parte posterior y se puede extender hasta aproximadamente 13'. Las miras Chicago y San Francisco están compuestas por tres secciones deslizantes, la mira Chicago tiene una longitud de 12' y la San Francisco se encuentra disponible en varias longitudes. La mira Florida es una mira graduada de 10' de longitud con marcas rojas y blancas alternadas cada 0.10'.

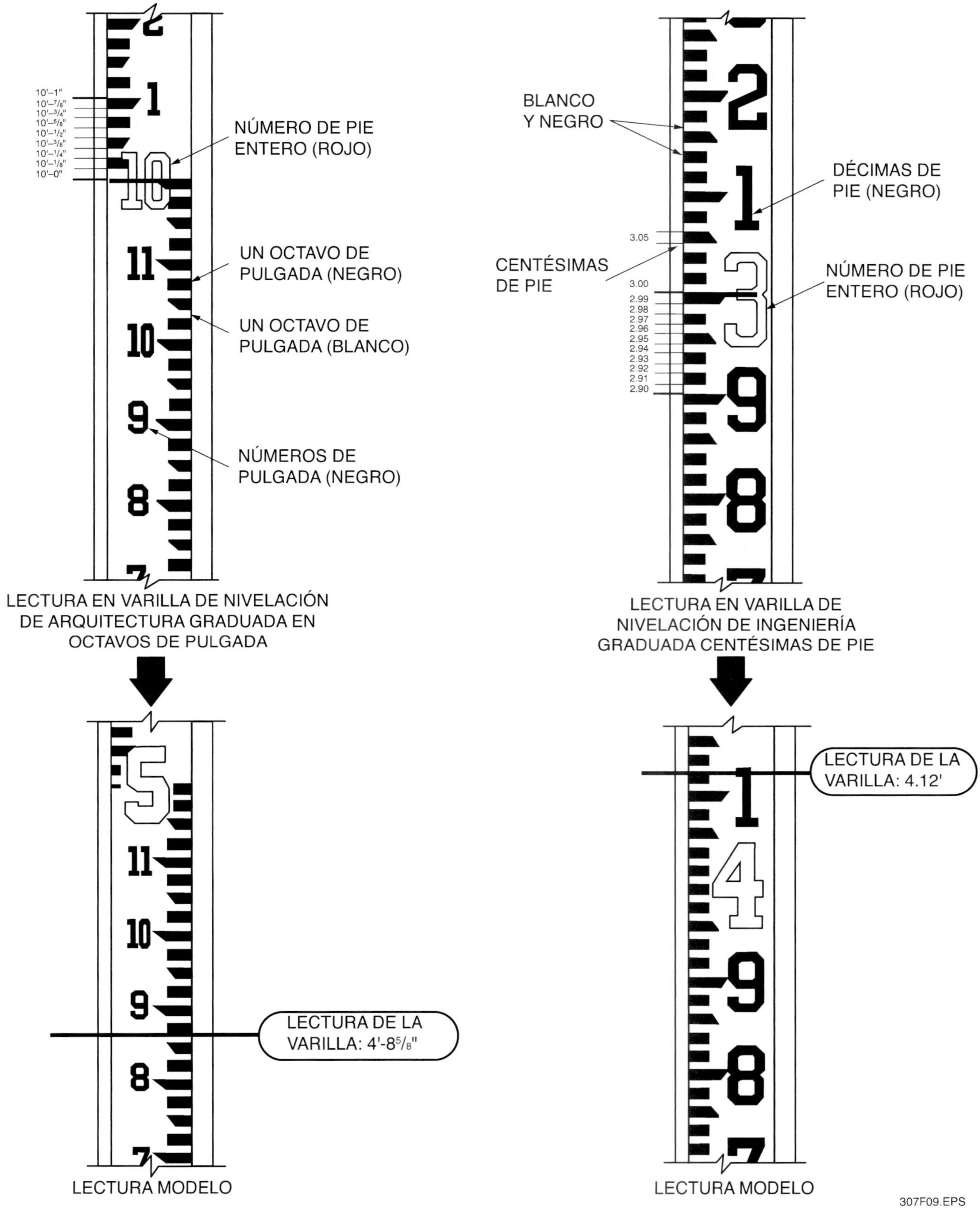

Figura 9 ◆ Lectura de una mira de nivelación.

Mira de nivelación de ingeniería

CARRIL INTERNO

Algunas personas que tienen dificultad para leer una mira de nivelación de ingeniería descubren que pensar en términos de dinero los ayuda. Por ejemplo: los números de pies de color rojo pueden pensarse como dólares; los números de décimas de color negro como 10 centavos, 20 centavos, 30 centavos y así sucesivamente; y cada ancho de espacio o de línea negra como un centavo. El punto que se encuentra sobre la línea negra más larga, a mitad de camino entre los números negros, es 5 centavos.

Se utilizan varios accesorios con las miras de nivelación. Se utiliza un disco de metal rojo y blanco llamado objetivo (*Figura 10*) para ayudar a tomar lecturas más precisas de las miras. Se fija la escala Vernier del objetivo en forma paralela y posterior a la escala primaria de la mira de nivelación. Su uso permite tomar lecturas con una precisión de un sesentaycuatroavo de pie (mira de arquitectura) o de una milésima de pie (mira de ingeniería). El objetivo se desplaza hacia arriba o hacia abajo sobre la mira hasta que el 0 (marca de índice) de la escala Vernier quede alineado con los hilos cruzados del instrumento de nivelación. Posteriormente, se sujeta el objetivo en su lugar. Para leer la escala Vernier, cuente la cantidad de divisiones vernier por encima del 0 (marca de índice) hasta que una de las divisiones Vernier quede exactamente alineada con una división de la escala de la mira. La cifra se suma a la última división de la mira, justo por debajo de la marca de índice Vernier.

Normalmente, se adjunta un nivel de mira semiesférica a una mira de nivelación para mantener la mira a plomada para efectuar observaciones y mientras se toma la lectura.

NOTA

Cuando se hacen observaciones a cortas distancias, los carpinteros frecuentemente utilizan una cinta métrica común o una regla de madera sujetada a una tabla en vez de una mira de nivelación. Otros también usan una mira de madera sin marcas para establecer niveles. Se marca una línea de visión sobre la mira de madera mientras se la sujeta sobre un punto establecido; posteriormente, se lleva la mira a otras ubicaciones para establecer el nivel.

2.1.3 Cómo medir distancias horizontales

Medir distancias horizontales en terrenos nivelados es sencillo. Dos personas (encargado de cinta principal y encargado de cinta posterior) toman la cinta y miden la distancia sobre el terreno, tal como se muestra en la *Figura 11*.

Cuando se mide una distancia horizontal sobre un declive pronunciado, se debe medir la distancia en una serie escalonada mientras se sostiene la cinta horizontal (a nivel). Mire la *Figura 12*. Esto se denomina rotura de cinta. Como resulta difícil sostener la cinta perfectamente horizontal, se puede adjuntar una línea de nivel (*Figura 13*), a veces llamada nivel de marcado, a la cinta métrica o una cuerda de nylon aparte para ayudar a conservar la cinta aproximadamente a nivel. En la *Figura 12*, se utiliza una plomada para marcar la posición exacta en el terreno para el inicio de la siguiente medición.

2.1.4 Cómo medir distancias verticales

La medición de distancias verticales o elevación se denomina nivelación diferencial. La nivelación diferencial se utiliza para fijar estacas de pendiente. Las distancias verticales se pueden medir con una mira o nivel de albañil y una mira de nivelación. La medición la puede realizar una sola persona con artefactos adicionales pero, por motivos de velocidad y precisión, se aconseja que el proceso esté a cargo de dos personas. Una persona se ocupa del instrumento y utiliza el nivel mientras que la otra se ocupa de la mira y maneja la mira de nivelación.

Cuando se utilice un nivel de albañil, primero se debe fijar el trípode. El trípode debe encontrarse firme en el terreno. Cualquier movimiento del trípode durante la operación afectará la precisión de las mediciones y obligará a repetirlas. Es más, el trípode debe estar nivelado para obtener una medición precisa. Si al trípode no se le ha adjuntado ningún nivel, instale un pequeño nivel de construcción sobre la placa de montaje para garantizar que esté fijado correctamente.

La persona que maneje la mira de nivelación debe saber cómo utilizarla. La parte inferior de la mira se debe colocar en el sitio correcto y, después, debe ser sostenida verticalmente para que el encargado del instrumento pueda verla. El encargado del instrumento lee la mira a través del telescopio del nivel de albañil. Siempre compruebe las lecturas.

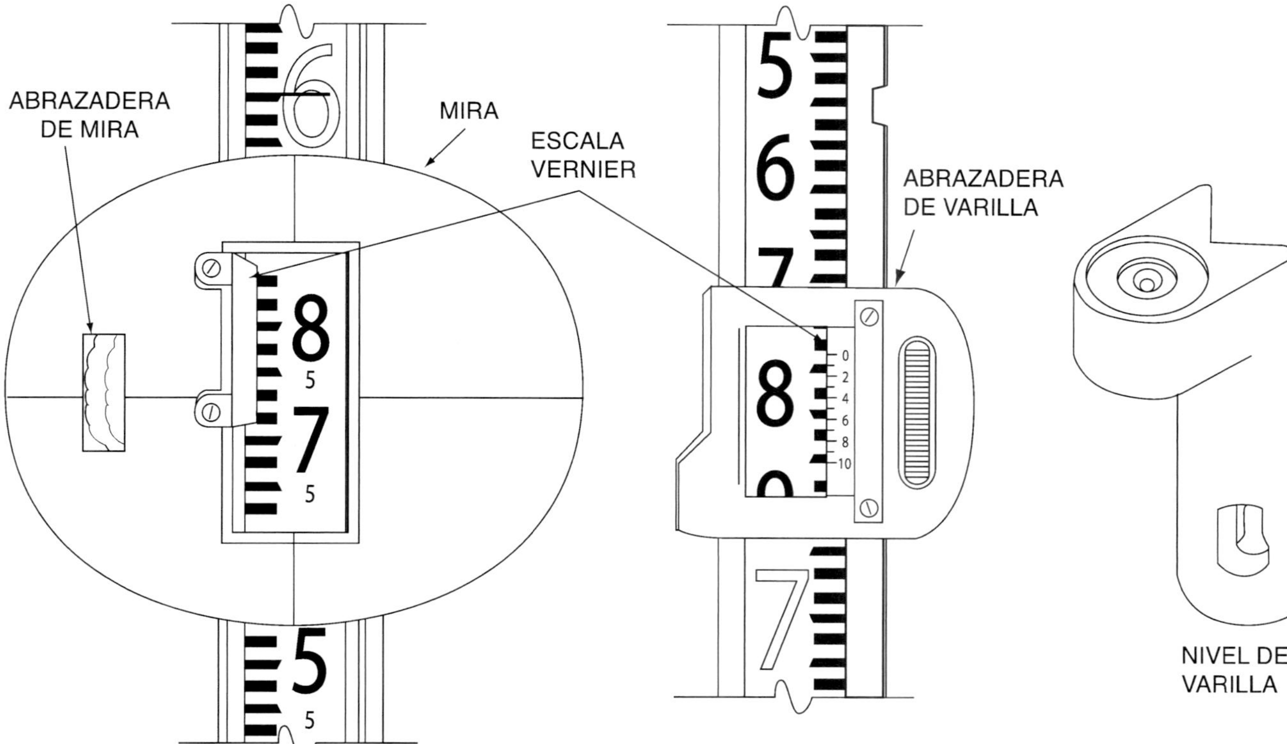

Figura 10 ◆ Accesorios para miras.

Si utiliza una mira de nivelación, deberá iniciar las mediciones en un nivel conocido. Puede tratarse de un mojón, de una marca de referencia (BM) o de una marca de referencia temporaria (TBM). En la *Figura 14*, la mira de nivelación se coloca sobre una BM para leerla después. Esta lectura se denomina lectura de **visual inversa (BS)**. Sume la lectura de visual inversa a la elevación conocida de la marca de referencia para calcular **la altura del instrumento (HI)**. Posteriormente, el operador del instrumento deberá girar el nivel en dirección al primer punto de giro (TP1) mientras que el encargado de la mira la desplaza al TP1. Se apunta el instrumento y se toma la lectura de la mira. Esta cifra se denomina lectura de **visual directa (FS)**.

¿LO SABÍA?

Cadena de agrimensor

Los topógrafos de los siglos dieciocho y diecinueve no tenían cintas métricas. Utilizaban un dispositivo de medición llamado cadena de agrimensor. Fue diseñada por un hombre llamado Gunter y contaba con 100 eslabones. Por eso, actualmente escuchará frecuentemente que los equipos topográficos llaman cadena a la cinta métrica.

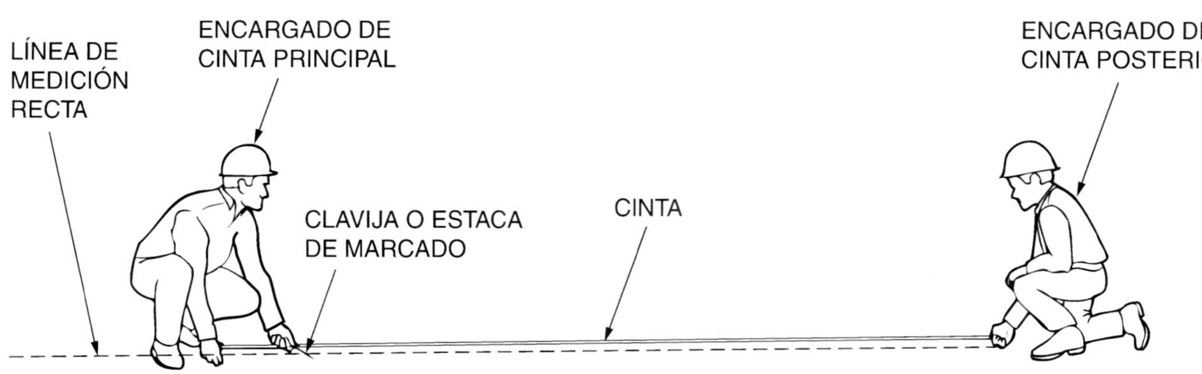

Figura 11 ◆ Cómo medir distancias horizontales.

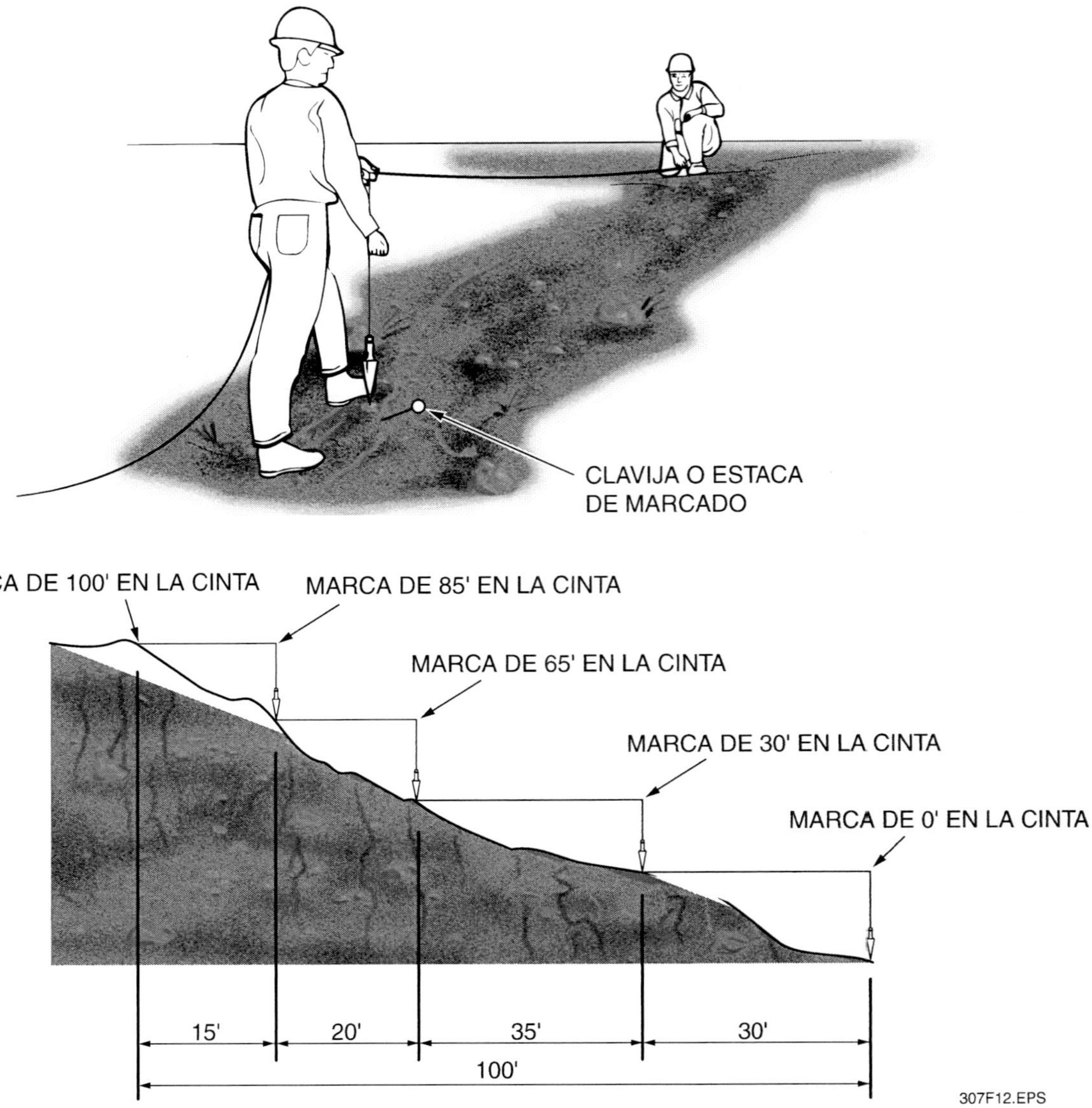

Figura 12 ◆ Cómo medir distancias horizontales en una pendiente.

Para calcular la elevación del TP1, reste la lectura de visual directa de HI. Siga realizando este proceso hasta haber hecho todas las mediciones.

> **NOTA**
> Un instrumento de nivelación puede incorporar un error de medición listado por el fabricante para una distancia de medición especificada, usualmente de 100 pies. Para minimizar la acumulación de error usando cancelación aleatoria sobre sucesivas distancias de medición, los fabricantes generalmente recomiendan que se coloque el instrumento en el punto medio de la distancia entre los objetos de visual inversa y directa. En cualquier caso, la buena práctica establece que la distancia de visual inversa no debe ser inferior a la distancia de visual directa.

También se puede utilizar una mira de nivelación para determinar elevaciones desde un punto de referencia fijo, tal como se muestra en la *Figura 15*. Sin embargo, una mira de elevación directa facilita el trabajo y no requiere sumas ni restas.

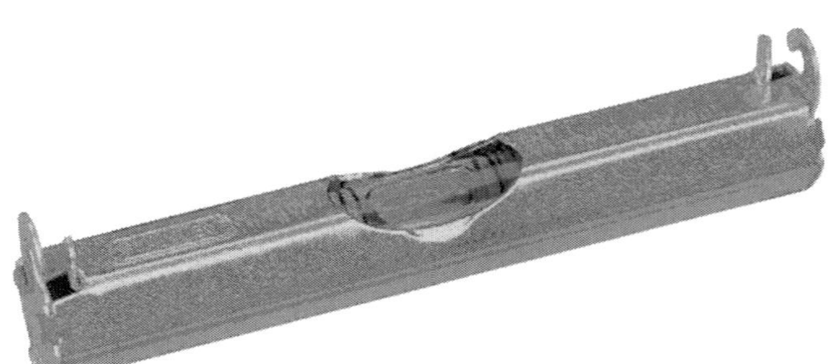

Figura 13 ◆ Nivel de línea.

2.1.5 Niveles láser

Los niveles con láser giratorio (*Figura 16*) han permitido que se fijen estacas de nivel con mayor rapidez y sencillez. Pese a que los equipos han sufrido modificaciones y se ha incrementado la precisión, el proceso topográfico sigue siendo el mismo.

Los niveles láser más modernos son más sofisticados y actualmente permiten ser operados por una sola persona (*Figura 17*). Los niveles láser suelen ser más precisos en distancias más grandes que los niveles de albañil; por eso, no es necesario desplazar el instrumento con tanta frecuencia. Algunos niveles láser son autonivelantes y sólo se encienden cuando se encuentran nivelados. Es más, algunos de estos niveles se apagan automáticamente si pierden la nivelación durante la operación. Los niveles láser pueden acelerar las tareas y mejorar la precisión con la que se fijan y comprueban estacas; pero sólo en manos de un usuario experto.

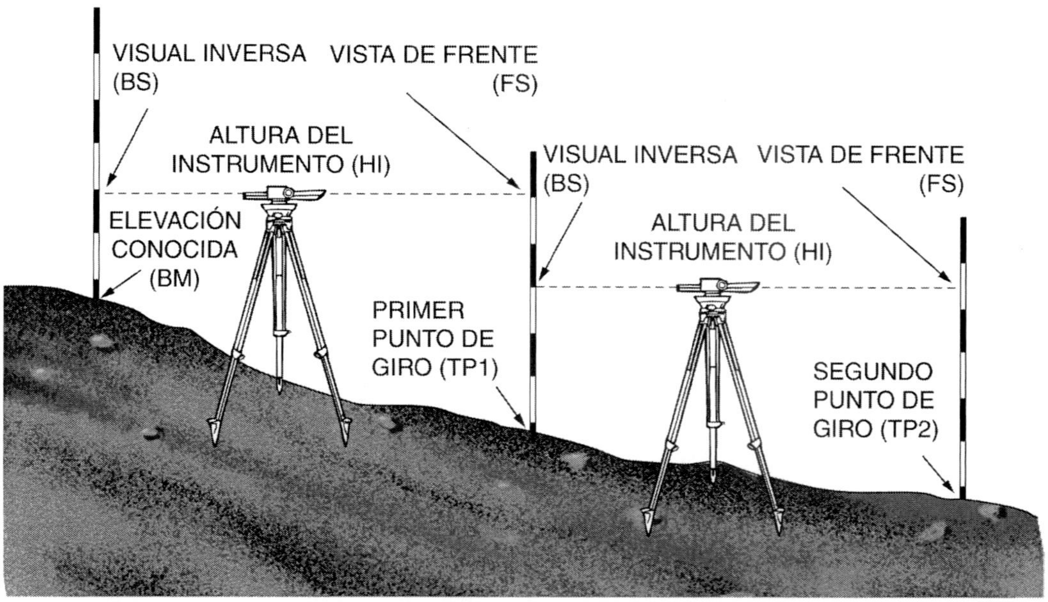

Figura 14 ◆ Cómo usar una mira de nivelación.

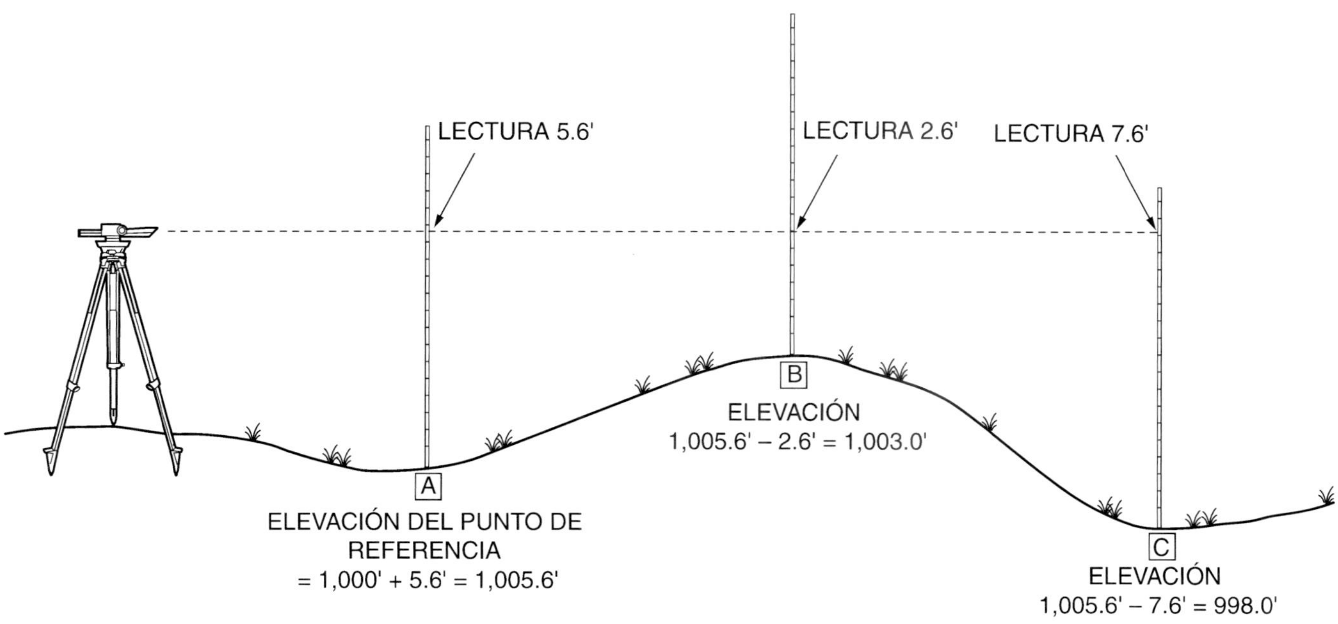

Figura 15 ◆ Cómo usar una mira de nivelación para calcular elevaciones.

Figura 16 ◆ Transmisor láser y mira receptora.

Figura 17 ◆ Operación con una sola persona.

Los niveles electrónicos funcionan por línea de mira, al igual que los equipos manuales. Transmiten un rayo láser visible y giratorio o luz infrarroja invisible en dirección a un receptor. Algunos modelos incluso miden distancias verticales, factor que le otorga una clara ventaja sobre los equipos manuales. El receptor se puede montar sobre una mira o tratarse de un dispositivo manual. Si el detector se adjunta a una mira, el encargado de la mira desplaza el detector hacia arriba o hacia abajo hasta que detecte el láser, para luego leer la mira. Los receptores suelen contar con un indicador sonoro o visible para que el usuario sepa cuándo se está recibiendo el láser. Los láseres giratorios barren un haz de luz sobre un área de 360 grados de modo que se pueden colocar varios receptores en toda la obra (*Figura 18*). De este modo, se pueden comprobar varios puntos al mismo tiempo.

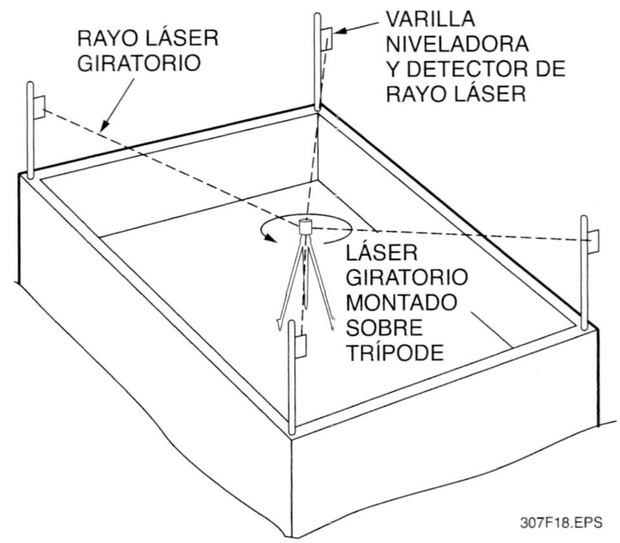

Figura 18 ◆ Sensores múltiples para barrido con láseres giratorios.

¡ADVERTENCIA!

Algunas unidades láser transmiten un rayo muy potente y concentrado que puede causar graves lesiones oculares o incluso ceguera. Esto puede suceder cuando el rayo se refleja sobre los ojos del operador desde un objeto brillante como un metal brilloso o un espejo.

Como el haz de algunos láseres es potente, la OSHA exige que los operadores de instrumentos láser estén debidamente capacitados y que se documente dicha capacitación antes de poder utilizar los equipos. Siempre siga las instrucciones del fabricante relacionadas con la operación y la necesidad de protección ocular. *OSHA 29 CFR Apartado 1926* establece las precauciones de seguridad que se deben implementar mientras se utilizan instrumentos láser.

3.0.0 ◆ DISEÑO DE OBRA

El diseño y la construcción de un cimiento y/o losa a nivel del terreno implican las siguientes tareas:

- Establecer la ubicación exacta de la construcción en la obra.
- Establecer las líneas de construcción.
- Realizar las excavaciones, trincheras, compactación de suelo y el soporte de pared de excavación/trincheras apropiado.
- Diseñar y construir la forma para cimiento y/o losa a nivel.

Uso de la regla 3-4-5

PARA PENSAR

La regla 3-4-5 se basa en el teorema de Pitágoras que se ha utilizado durante siglos en la construcción. Explique cómo usaría la regla 3-4-5 equipado sólo con una cinta métrica para desplegar y/o verificar ángulos de 90 grados (ángulos rectos) como los necesarios para diseñar líneas de cuadrados y esquinas para una construcción.

3.1.0 Cómo establecer la ubicación de la construcción

Antes de poder desplegar cualquier apoyo de cimentación o cimiento, se deben determinar las dimensiones y la ubicación de la construcción a partir del plano de trazado. Después, se debe determinar y marcar la ubicación exacta de las esquinas con estacas. Esta tarea puede ejecutarse de diferentes maneras. Un método implica el uso de cinta y de un nivel de albañil o nivel de tránsito. Otro método también incluye el uso de cinta y hace uso de la regla 3-4-5 para fijar el cuadrado de esquinas de la construcción. La regla 3-4-5 se basa en un triángulo rectángulo con lados de 3 y 4 unidades de longitud, con una hipotenusa resultante de 5 unidades de longitud ($\sqrt{3^2 + 4^2} = \sqrt{25} = 5$). Se puede utilizar cualquier unidad de longitud (pulgadas, pies, centímetros, metros) para los lados. Un modo sencillo de escalar la regla 3-4-5 con cuadrados y raíces cuadradas consiste en simplemente multiplicar 3, 4 y 5 por un número entero. Por ejemplo:

- 2 × 3', 4' y 5' = 6', 8' y 10'
- 3 × 3', 4' y 5' = 9', 12' y 15"
- 4 × 3', 4' y 5' = 12', 16' y 20'

3.2.0 Cómo establecer las líneas de construcción con tablas para marcar líneas de excavación

Un método para establecer las líneas de construcción es mediante el uso de tablas para marcar líneas de excavación. Una vez ubicadas las estacas de centro para las esquinas de la construcción, se pueden construir tablas para marcar líneas de excavación adyacentes a cada estaca de centro y extender líneas de construcción entre ellas para marcar los límites exteriores de la construcción (*Figura 19*). En el caso del diseño de cuadrículas, se pueden colocar tablas para marcar líneas de excavación con líneas de cuadrícula en sitios seleccionados alrededor del perímetro y en las esquinas para ayudar a marcar la ubicación del pilotaje y colocar las formas para apoyos de cimentación de

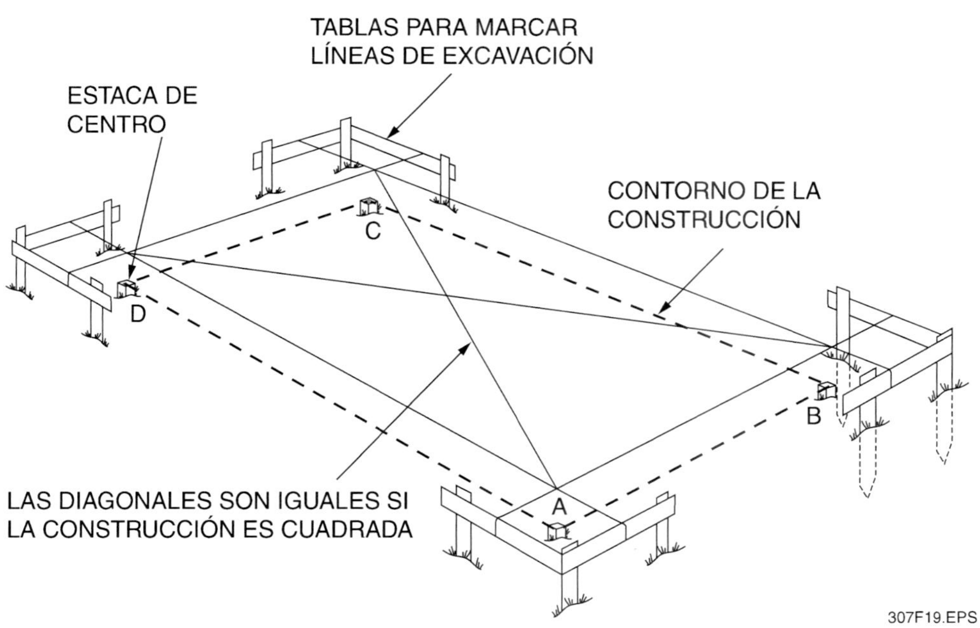

Figura 19 ◆ Cómo establecer líneas de construcción.

columnas, apoyos de cimentación en tablas, etc. tal como se muestra en la *Figura 20*. En algunos proyectos, se pueden colocar tablas de marcado de excavación de soporte interiores una vez alcanzada la nivelación general de la obra y antes de ejecutar cualquier excavación o fosa para elementos de cimientos. Una vez que se haya marcado todo lo necesario para la excavación o apertura de fosas, las líneas se eliminan temporalmente de todas las tablas de marcado, incluidas las tablas de esquinas. Después, se vuelve a colocar una vez efectuada la excavación o apertura de fosas de modo que se puedan colocar todas las formas correctamente.

Las tablas de marcado de líneas de excavación se suelen fabricar con estacas de 2 × 4 y tablas puente horizontales rectas con un espesor mínimo de cinco cuartos. Las estacas deben ser lo suficientemente largas como para poder enterrarlas a buena profundidad en el terreno y, de esa manera, evitar que se muevan. Si las estacas se extenderán al menos 3' por sobre el terreno en algunas ubicaciones cuando estén niveladas, deberán sujetarse para evitar cualquier desplazamiento.

La colocación de las tablas para marcar líneas de excavación es muy importante. Se debe colocar al menos a 4 pies de distancia de la excavación deseada para que no obstruyan los trabajos. Es posible que las condiciones del suelo y la subestructura exijan que las tablas para marcar líneas de excavación se separen a una distancia considerable de la estaca de esquina, especialmente cuando se entierren apoyos de cimentación a buena profundidad en el terreno.

La instalación de tablas para marcar líneas de excavación implica incrustar estacas de soporte para las tablas firmemente en el terreno detrás de cada esquina de la construcción y a la distancia deseada. Dependiendo del tipo de trabajo y el equipo de excavación utilizado, esta distancia puede oscilar entre 4' y 20'. Posteriormente, se utiliza un instrumento de nivelación para apuntar y

Figura 20 ◆ Apoyos de cimentación con pilotes construidos con líneas de cuadrícula.

marcar las estacas de soporte a la elevación requerida. Esta elevación suele superar en 3" a 6" a la parte superior de la pared de cimientos propuesta en su esquina más alta. La práctica habitual es establecer la altura del cimiento y la profundidad de toda excavación requerida empleando la elevación más alta del perímetro de la excavación. Este punto se conoce como punto de control del cimiento.

Cada una de las tablas puente se sujeta a la parte externa de sus estacas de soporte de modo que su borde superior quede sobre la marca de elevación. Es importante asegurarse de que las partes superiores de todas las tablas puente queden niveladas entre sí y que el listón de madera utilizado para el puente quede perfectamente recto para conservar la horizontal.

Con todas las tablas para marcar líneas de excavación colocadas, las esquinas de la construcción se pueden transferir a las tablas. A continuación se describen dos métodos para lograrlo. Estos métodos se aplican a una estructura simple de cuatro esquinas designadas A, B, C y D (consulte la *Figura 20*) y suponen un equipo técnico de dos personas.

3.2.1 Método con nivel de tránsito

NOTA

En los siguientes pasos se utiliza un nivel de tránsito equipado con un telescopio que puede girar verticalmente hacia arriba y hacia abajo.

Paso 1 Alinee la plomada de tránsito o mira óptica sobre la estaca de centro en la esquina A y nivele el tránsito.

Paso 2 Lleve a cabo una lectura de visón inversa de la estaca de centro B. Con el bloqueo vertical y la abrazadera horizontal del telescopio abiertos, apunte el telescopio (manualmente) a la ubicación aproximada de la estaca de centro B. Inmovilice la horizontal para luego girar el tornillo de tangente horizontal hasta que la línea de mira (hilo cruzado) quede exactamente sobre la esquina de la construcción de la estaca de centro B. Si la marca de la esquina en la estaca de centro no se encuentra visible, haga que el encargado de la mira sostenga un lápiz en forma vertical con la punta sobre la marca para poder apuntar. Gire un cuadrante horizontal o fije un índice móvil en cero grados según corresponda una vez que haya apuntado el telescopio.

Paso 3 Efectúe una lectura de visual directa sobre la tabla para marcar líneas de excavación. Sin tocar el cuadrante o índice horizontal, destrabe la abrazadera de sujeción horizontal, gire el telescopio 180 grados e inmovilice la horizontal. Gire el tornillo de tangente horizontal para fijar el telescopio exactamente a 180 grados. Baje el telescopio y, utilizando los hilos cruzados verticales, indíquele al encargado de la mira que mueva un lápiz hacia la derecha o izquierda según resulte necesario para marcar la parte superior de la placa para marcar líneas de excavación detrás de la estaca de centro A.

Paso 4 Gire el telescopio 90 grados y repita el Paso 2 para efectuar una lectura de visual inversa de la estaca de centro D.

Paso 5 Gire el telescopio 180 grados y repita el Paso 3 para efectuar una lectura de visual directa y marcar el otro puente de tabla para marcar líneas de excavación para la estaca de centro A.

Paso 6 Desplace el tránsito a la estaca de centro B y repita los Pasos 1 a 5 empleando las estacas A y C para efectuar lecturas de visual inversa.

Paso 7 Repita los pasos para las estacas de centro C y D empleando los centros apropiados para lecturas de visual inversa.

Paso 8 Una vez establecidas todas las líneas de construcción sobre las tablas para marcar líneas de excavación, efectúe un pequeño corte de sierra en el borde posterior de la tabla puente para conservar la alineación de las cuerdas. Posteriormente, extienda las cuerdas y amarre los extremos con clavos en la parte posterior de las tablas puente.

3.2.2 Método de nivelación de 2' ó 4'

NOTA

Este método también se puede ejecutar con una plomada, aunque dificultará el procedimiento.

Paso 1 Alinee la cuerda de nylon lo más cerca que pueda sobre los centros A y B.

Paso 2 Amarre un extremo de la cuerda a la tabla para marcar líneas de excavación que se encuentra detrás del centro B.

Paso 3 Mientras una persona sostiene la plomada de 2' ó 4' en la esquina de la construcción marcada en el centro A, la otra persona desplaza la cuerda tensa a lo largo de la parte superior de la tabla para marcar líneas de excavación hasta que la cuerda apenas entre en contacto con el nivel de plomada. Haga una marca y amarre temporalmente la cuerda a esta marca.

Paso 4 Diríjase al otro extremo de la cuerda. Desate la cuerda de la tabla para marcar líneas de excavación, nivele a plomada en el centro B y vuelva a desplazar la cuerda tensa hasta que entre en contacto con el nivel de plomada. Marque la tabla para marcar líneas de excavación y amarre la cuerda.

Paso 5 Regrese al extremo del centro A y vuelva a comprobar y ajuste la cuerda según sea necesario para alinear la cuerda de nylon sobre la marca del centro A.

Paso 6 Repita este procedimiento en cada extremo de la cuerda hasta que ambos extremos queden correctamente alineados sobre las marcas X de los centros de esquina.

Paso 7 Repita los Pasos 1 a 5 para alinear los otros centros de esquina.

Paso 8 Una vez establecidas todas las líneas de construcción sobre las tablas para marcar líneas de excavación, haga un pequeño corte de sierra en el borde de la tabla para marcar líneas de excavación para conservar la alineación de la cuerda. Los clavos que se utilizan para amarrar las cuerdas de nylon deben colocarse en la cara posterior de la tabla para marcar líneas de excavación.

NOTA

Siempre compruebe las mediciones diagonales. Deben ser equivalentes después del procedimiento final de alineación de cuerdas.

3.3.0 Excavación y apertura de fosas

Antes de poder construir las formas, se deben ejecutar todos los trabajos necesarios sobre el terreno como la excavación y la apertura de fosas. La excavación puede incluir desde nivelar una pendiente hasta excavar el terreno para dar lugar a un sótano completo. La apertura de fosas para los apoyos de cimentación se debe ejecutar a la profundidad requerida por los códigos locales de construcción o tal como se muestra en las vistas en corte del juego de planos. En áreas en las que el terreno se congele, los apoyos de cimentación se deben colocar por debajo de la línea de helada. Si los apoyos de cimentación se instalan a una profundidad insuficiente, la humedad del suelo por debajo de los apoyos podría congelarse. Esto puede hacer subir la pared de cimiento, generando fisuras y daños graves. Las fosas se deben nivelar y ser lo suficientemente anchas como para permitir la construcción de las formas para los apoyos de la cimentación. A medida que avanza la apertura de la fosa, se puede verificar la profundidad a lo largo de la fosa con un nivel de albañil y una mira de nivelación. Si las líneas de construcción todavía se encuentran sobre las tablas para marcar líneas de excavación, otro método para medir la profundidad de las fosas es utilizar una cinta métrica o una varilla cortada a la longitud requerida para medir verticalmente hacia abajo a partir de las líneas de la construcción extendida entre las tablas para marcar líneas de excavación. El método más popular es usar un rayo láser.

En situaciones que implican una excavación extensa, algunos constructores optan por fijar líneas de diseño aproximadas para mostrarles a los operadores dónde deben cavar. Después y una vez finalizada la excavación, se fijan las líneas de diseño exactas.

3.4.0 Cómo posicionar formas

Las formas se pueden posicionar de diferentes maneras. A continuación se describe brevemente un método para posicionar formas.

Paso 1 Si se les retira para permitir la excavación, vuelva a establecer las líneas de la construcción o de cuadrícula entre las tablas para marcar líneas de excavación. Vuelva a comprobar todas las mediciones para asegurarse de que sean las especificadas. Marque todas las líneas en las tablas para marcar la excavación para identificar lo que representan. Por ejemplo: marque "LC" debajo de las líneas de construcción en la cara de los puentes.

Paso 2 En cada ubicación de los apoyos de cimentación, utilice una plomada o plomada vertical para fijar dos estacas de esquina que marquen la esquina de la forma. Posicione las estacas de modo que las superficies interiores de las estacas queden paralelas a las líneas secantes. Si la esquina no queda directamente debajo de la intersección de las líneas, vuelva a medir desde la intersección de las líneas (en dos direcciones si es

Colocación de pasadores

CARRIL INTERNO

En el caso de pasadores utilizados en un apoyo de cimentación continuo para pared, la pata horizontal del pasador se coloca perpendicular al largo del apoyo. Los pasadores de columna o pilar colocados en apoyos de cimentación cuadrados, rectangulares o circulares se posicionan de modo que la pata horizontal salga en forma radial desde el centro de la configuración de pasadores.

necesario) y utilice una plomada o plomada vertical para fijar la superficie interior de cada estaca por debajo de cada línea paralela con la otra línea.

Paso 3 Fije un nivel de albañil en un punto central de la excavación para luego marcar el nivel superior del apoyo de la cimentación en todas las estacas de esquina del apoyo.

Paso 4 Extienda una línea a nivel entre las estacas de esquina para los cuatro laterales de la construcción.

Paso 5 Erija las formas deseados y asegúrese de que las partes superiores queden niveladas respecto de las líneas de nivel establecidas en el Paso 4.

3.5.0 Patrones

Los patrones son un método habitual para posicionar pernos de anclaje para placas base de acero y madera o pasadores de varilla de refuerzo que se proyectan hacia arriba a partir de los apoyos de cimentación o las losas para columnas y paredes moldeadas en la obra. Consulte la *Figura 20* para ver un ejemplo de un patrón de madera utilizado para posicionar pernos de anclaje para placas base de columna con soporte de acero estructural.

Una práctica habitual para colocar pasadores es utilizar un patrón fabricado con tablas de madera o una placa con orificios barrenados como guía para los pasadores. Vea la *Figura 21*. También se pueden utilizar tablas guía con un amarre

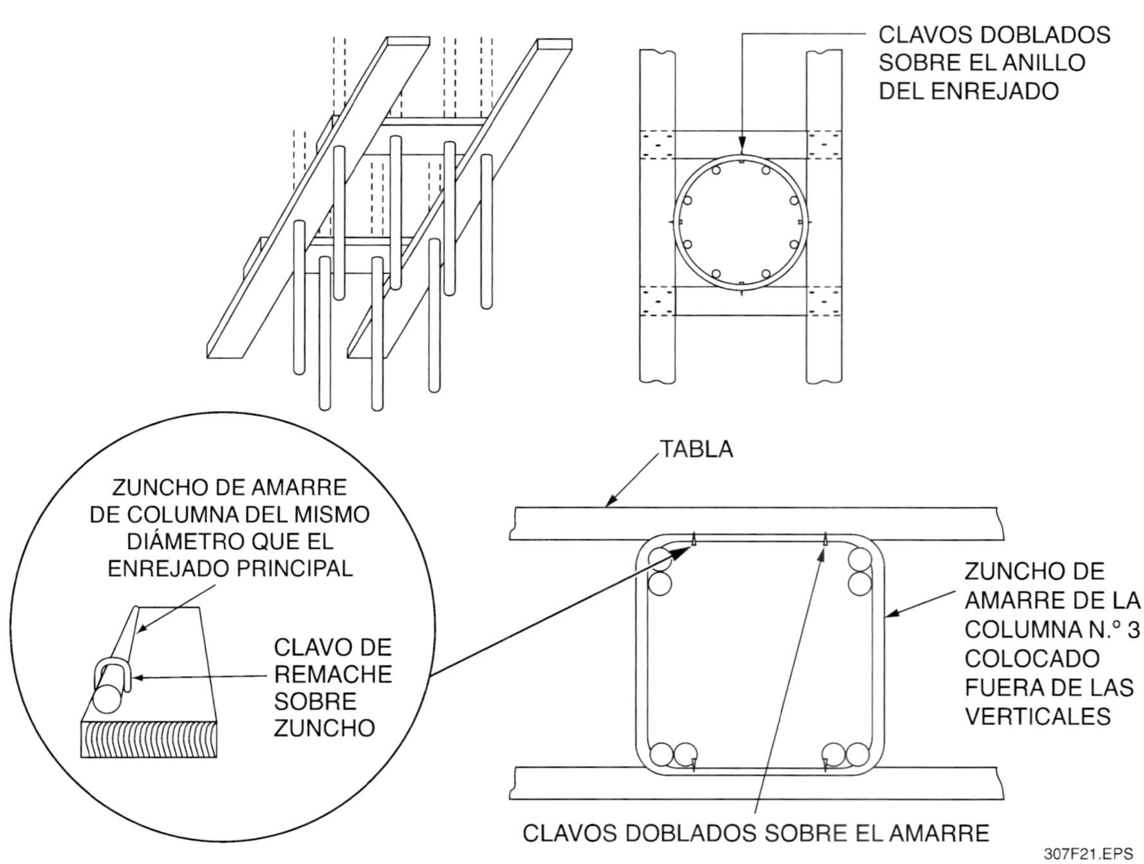

Figura 21 ◆ Patrones para pasadores.

o un tramo de espiral adjuntos en el sitio donde se deben colocar los pasadores.

Si los pasadores tienen ganchos, se puede lograr mayor estabilidad amarrando el extremo del gancho a la alfombrilla de apoyo de cimentación de acero de refuerzo.

Los pasadores y pernos de anclaje no se deben insertar en concreto húmedo. Es muy difícil conservar la alineación correcta de este modo; además, efectuar correcciones una vez curado el concreto resulta difícil y costoso. Siempre que resulte posible, se deben utilizar patrones para lograr el posicionamiento correcto. Cuando se coloquen pasadores que se deben empalmar a tope con las barras verticales de las columnas, se deberá tener extremo cuidado ya que los empalmes deben ser escalonados. El patrón para pasadores se debe construir previendo la necesidad de empalmes escalonados y se deben estudiar muy cuidadosamente los esquemas de colocación.

Tome las debidas precauciones en caso de pasadores que requieran vigas de nivel que unan los laterales de apoyos de cimentación o pasadores que se extiendan y penetren en las paredes de cimentación u otras unidades estructurales que se construirán después. Además, tenga presente que los pernos de anclaje se deben fijar a la altura de proyección correcta según lo especificado en los planos de la construcción.

4.0.0 ◆ CIMIENTOS

Los cimientos se utilizan para transmitir las cargas estáticas y dinámicas de una construcción al terreno de sustento. Una carga estática de una construcción es el peso combinado de los cimientos y la estructura de la construcción terminada. Las cargas dinámicas son cargas variables causadas por el peso de las personas y del equipamiento que pueda ingresarse al edificio y las cargas eólicas de vuelco, llamadas inversiones de carga, que actúan sobre la construcción. Los cimientos se deben diseñar de manera tal que las cargas de la construcción no excedan la capacidad de soporte de carga del suelo y se minimice toda modificación en la consolidación de los cimientos. Si las características del suelo de sustento son buenas, la profundidad de los cimientos depende principalmente del diseño de la construcción. En suelos inestables, los cimientos deberán penetrar a un estrato estable de tierra o roca con capacidad de sustento de carga.

Dependiendo de las condiciones del suelo y del peso de la construcción, algunos cimientos se pueden colocar a una profundidad mínima a nivel o por debajo del nivel, según el diseño de la construcción o de la profundidad de la línea de helada en el lugar. A los cimientos que se encuentran a nivel o a una profundidad relativamente

CARRIL INTERNO

Lechada de polímero

Los contratistas también utilizan una lechada de polímero sintético o semi-sintético en vez de arcilla mineral para la construcción de paredes de lechada y columnas perforadas (ataguías). La lechada se crea añadiendo un compuesto de polímero al agua. Cuando el compuesto se disuelve en el agua, se expande y el agua se vuelve muy espesa. Al igual que la lechada de arcilla mineral, atrapa partículas y ejerce presión hidrostática contra los laterales del foso u orificio para estabilizar el suelo y evitar la infiltración de agua. La lechada de polímero normalmente se utiliza en terrenos con elevado contenido de arcilla para evitar la disolución de la arcilla que se registra en la lechada de arcilla mineral. Sólo se necesitan ocho libras de compuesto de polímero cada 2,500 galones de lechada, cifra ínfima si la comparamos con aproximadamente una tonelada de arcilla mineral. La lechada de polímero se debe controlar con más atención en base a las condiciones del suelo que la de arcilla mineral y se deben implementar varios

aditivos diferentes para lograr un control correcto. Si se hace un uso incorrecto de la lechada, se pueden registrar desmoronamientos excesivos de terreno durante la excavación; también es posible que el concreto de la pared o columna se consolide con el paso del tiempo. La lechada de polímero no es un residuo peligroso y se descompone naturalmente en el medio ambiente. También se puede descomponer instantáneamente con la aplicación correcta de una solución de blanqueo hogareña.

CARRIL INTERNO

Construcción descendente de pared de lechada

Un método utilizado como alternativa de las retenidas en algunos proyectos con paredes de lechada se conoce como construcción descendente. Como se muestra en la figura, se perforan y colocan ataguías moldeadas en el lugar para las columnas estructurales de acero internas que soportarán el peso del edificio antes de excavar el suelo entre las paredes de lechada. Las ataguías se encuentran debajo de la profundidad de la losa inferior y se insertan vigas estructurales de acero en ellas durante el proceso de relleno con concreto de las ataguías. Posteriormente, las vigas se rellenan con arena en los orificios barrenados por encima de las ataguías. A medida que avanza la excavación del terreno entre las paredes de lechada, se erigen travesaños cruzados para los niveles de piso de base inferior en forma horizontal desde las vigas verticales para apuntalar las paredes de lechada en forma cruzada.

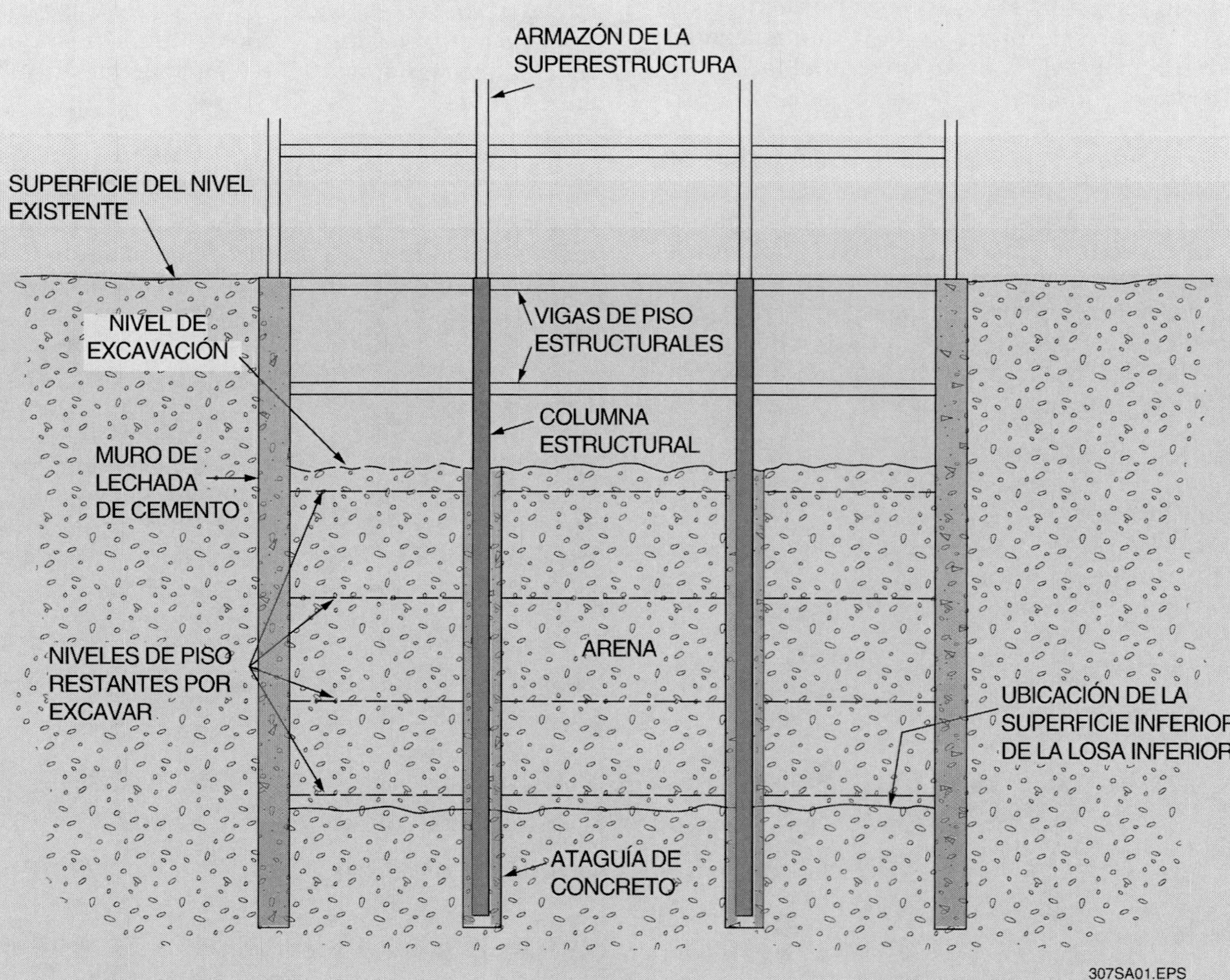

307SA01.EPS

baja por debajo del nivel generalmente se llama cimentación superficial. Este tipo de cimientos puede incluir los siguientes elementos:

- Cimentaciones desplegadas
- Apoyos de cimentación de fleje continuo/ desplegados
- Paredes de cimientos
- Vigas de nivel debajo de paredes portantes
- Diversos apoyos de cimentación para soporte de columna

Dependiendo de las cargas de la construcción, también se pueden utilizar pilotes incrustados, pilotes moldeados en el lugar sin revestimiento o ataguías para proporcionar una adecuada capacidad de sustento de carga a todo o a una porción del suelo que se encuentra debajo. El término cimentación superficial es un término relativo debido a que no hay ninguna regla que determine las condiciones en las que una cimentación superficial se convierte en una cimentación profunda.

Para mantener la estabilidad estructural de las construcciones con una carga dinámica y estática elevada, normalmente se requiere una mayor profundidad de cimientos. En el caso de grandes rascacielos, los elementos de los cimientos se pueden extender generalmente hasta el lecho de roca para soportar estas cargas. A estos tipos de cimientos se los suele llamar cimentación profunda. Pueden incluir los siguientes elementos:

- Pilotes incrustados
- Pilotes moldeados en el lugar sin revestimiento
- Cabezales de pilotes
- Ataguías
- Cimentaciones desplegadas
- Cimientos profundos para paredes

Una cimentación profunda queda determinada por el tamaño y los requisitos de carga de una construcción; la profundidad para una capa estable de suelo o roca; los tipos de suelo por los que deberá pasar el cimiento; y el tipo, tamaño y peso de las estructuras cercanas. En las siguientes secciones se explican los elementos de una cimentación superficial y los de una cimentación profunda.

4.1.0 Elementos de una cimentación profunda

Para propósitos de análisis, los cimientos profundos para paredes, pilotes incrustados, ataguías, pilotes moldeados en el lugar sin revestimiento, cimentaciones desplegadas y cabezales de pilotes se describen como elementos de cimentación profunda en las siguientes secciones. Sin embargo, las cimentaciones desplegadas, los pilotes, las ataguías y los cabezales de pilotes también se pueden utilizar en aplicaciones de cimentación más superficiales.

4.1.1 Cimientos profundos para paredes

Los cimientos profundos para paredes, comúnmente denominados paredes de lechada de lodo o paredes pantalla, son paredes de concreto reforzado moldeadas en el lugar que pueden tener de 18" a 5' de espesor y hasta 400' de profundidad para llegar al fondo rocoso o penetrar en un estrato de suelo de sustento de carga elevada, estable e impermeable. Su construcción es costosa y se suelen utilizar como soporte perimetral para grandes rascacielos aunque, en ocasiones, se utilizan como revestimiento de la excavación. En la mayoría de los casos, se utiliza cierta cantidad de niveles de piso de asiento en rascacielos y las paredes de lechada de lodo de concreto son impermeables cuando hay un nivel freático elevado en el sitio de la construcción. La lechada de lodo es

CARRIL INTERNO

Pilotes creados por un compactador dinámico de tierra

Dependiendo de las condiciones del suelo y de las preocupaciones relacionadas con impactos excesivos en una obra, algunos contratistas utilizan un compactador dinámico de tierra para crear pilotes dejando caer reiteradamente un peso de 5 a 20 toneladas en el mismo punto para generar pilotes de terreno muy compactados y cónicos. Con estos pilotes se elimina la necesidad de utilizar ataguías y pilotes incrustados o moldeados en el lugar en la mayoría de los casos. Este método crea pilotes de terreno superpuestos de hasta 70' de profundidad que reducen la consolidación diferencial y bruta, las presiones de tierra laterales y la futura licuefacción del suelo causada por el exceso de agua o los terremotos.

una mezcla de arcilla mineral en polvo y agua que se bombea en la fosa para las paredes a medida que avanza la excavación y que se extrae a medida que se coloca el concreto. La arcilla bentonita es el mineral de uso más habitual, aunque se utiliza arcilla atapulgita y sepiolita en ocasiones, usualmente en condiciones de aguas freáticas salinas. La lechada de lodo atrapa las partículas finas y ejerce presión hidrostática contra los laterales del suelo del foso para evitar derrumbes a medida que se excava el foso. La lechada de arcilla mineral también sella los suelos para ayudar a prevenir la infiltración de agua mientras se excava la pared y se le rellena con concreto. Generalmente, las paredes se construyen como paneles con incrementos de 25 pies, con método continuo o alternado. En el método continuo, se excava y construye el panel central y, posteriormente, se excavan y construyen los paneles adyacentes en serie y en ambas direcciones. En el caso del método continuo, se adjuntan montantes u otros dispositivos para conectar paneles a los costados verticales de un refuerzo de alfombrilla para el panel central y se hace descender el conjunto dentro del foso atravesando la lechada y el concreto. Los paneles restantes, sólo con el montante o dispositivo del borde exterior, se colocan a tope contra el panel central y entre ellos a medida que avanza la construcción de la pared. En el método alternado, los paneles principales se excavan con intervalos de espacio regulares y se vierte concreto en ellos. Posteriormente, se excava y vierte concreto en al menos un panel intermedio. En el caso del método alternado, se adjuntan montantes o dispositivos a ambos lados de un refuerzo de alfombrilla para el primer conjunto de paneles y se hace descender el conjunto dentro del foso para verter el concreto. En el caso de los paneles intermedios, el refuerzo de alfombrilla con montantes o dispositivos medios se hace descender dentro del foso para verter concreto entre los montantes o dispositivos de los paneles principales.

En la secuencia de construcción para paneles típicos de una pared de lodo, se cava un foso varios pies más profundo y ancho que la pared que se desea construir a lo largo de toda la extensión del muro. Se colocan paredes guías de concreto temporales de varios pies de profundidad a ambos lados del foso, con una separación equivalente al espesor de la pared de lodo. Estas paredes guía se utilizan para posicionar un pesado cubo con forma de ostra que se utiliza para excavar el foso para uno de los paneles. A medida que avanza la excavación, se bombea la lechada de bentonita dentro del foso y se mantiene a varios pies de la parte superior del foso. Una vez finalizada la excavación, se hace descender una alfombrilla de refuerzo (con dispositivos de conexión según resulte necesario) dentro del foso y a través de la lechada. Posteriormente, se utiliza un tremie para llenar la pared con concreto de abajo hacia arriba. A medida que se coloca el concreto, se bombea la lechada fuera del foso, se la filtra y se la almacena para volver a utilizarla. En ocasiones, el foso se debe excavar a través de un estrato de suelo con rocas o bloques de mineral. En este caso, se puede barrenar una serie de orificios con mínima distancia de separación y un diámetro que coincida con el ancho del foso. Esto permite que el cubo con forma de ostra pueda extraer el material con mayor facilidad. En otros casos, se utiliza una unidad de molturación hidráulica para moler el material denso y las rocas.

4.1.2 Pilotes incrustados

Los pilotes incrustados con un martinete (*Figura 22*) incluyen acero y concreto premoldeado como lo indica la *Figura 23*. El martinete hace uso de un peso y vapor significativos, aire comprimido, líquido hidráulico comprimido o explosión diesel para levantar el peso en una estructura vertical de gran altura llamada la guía. Los martinetes de

307F22.EPS

Figura 22 ◆ Martinente diesel de extremo cerrado.

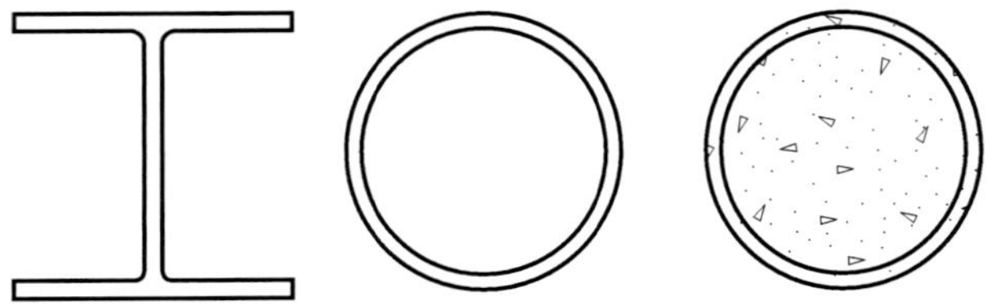

Figura 23 ◆ Pilotes de acero y premoldeados.

un solo paso elevan el peso y lo dejan caer por gravedad para generar el golpe de martillo sobre el pilote. Los martinetes de doble acción impulsan el peso en ambas direcciones. La guía orienta el martillo y sostiene el pilote a medida que se le incrusta.

Los pilotes de aceros se encuentran disponibles en dos variedades: pilotes H y pilotes de tubo (tubulares). Los pilotes H son un tipo especial de viga de brida ancha laminada en caliente básicamente con una sección transversal cuadrada de 8" a 14". Los pilotes H son relativamente sencillos de incrustar y no generan grandes perturbaciones en el suelo cerca de las estructuras adyacentes. Los pilotes H se utilizan en dos aplicaciones diferentes. Cuando se les incrusta en forma individual, se utiliza principalmente en aplicaciones de carga portante en extremo contra grandes bloques de mineral, un estrato de suelo muy compactado o fondo rocoso. En esta aplicación, se denominan pilotes portantes en extremo. Sin embargo, también se utiliza en agrupamientos de al menos dos pilotes para desarrollar un pilar más grande de suelo compactado cuando el terreno tiene una escasa capacidad de sustento de carga. La compactación genera mayor fricción sobre cada pilote. En esta aplicación, se denominan pilotes de fricción. Esa mayor resistencia a la carga de fricción permite utilizar pilotes H en casos donde no resulte práctico llegar a suelos con elevada capacidad de sustento de carga o al fondo rocoso. En cualquiera de los casos, su mayor desventaja es que no se pueden inspeccionar en busca de daños o para comprobar su rectitud una vez incrustados. En aplicaciones con pilotes de fricción, se han registrado casos en los pilotes H sufrieron tantos dobleces por acción de las rocas que vuelven a salir a la superficie a muchos metros del sitio en el que se les incrustó. En consecuencia, en este tipo de aplicación, se suele utilizar para penetrar estratos de suelos inestables con poco contenido de rocas o bloques de minerales.

Los pilotes de tubo de acero colocados en forma permanente (llamados pilotes tubulares) tienen paredes gruesas y muy rígidas. Suelen tener entre 8" y 16" de diámetro y se pueden incrustar con un extremo abierto o cerrado. Los pilotes tubulares de extremo abierto se incrustan fácilmente y no generan grandes perturbaciones en el suelo pero se debe limpiar con un chorro de agua o barreno antes de inspeccionarlos. En la mayoría de los casos, se rellena con lechada de cemento o concreto después de la inspección, según su diámetro. Los pilotes tubulares de extremo cerrado desplazan el suelo cuando se los inserta y generan perturbaciones en el terreno adyacente; pero logran mayor compactación alrededor del pilote. Sin embargo, se puede inspeccionar y rellenar con lechada de cemento o concreto fácilmente. Las versiones de extremo cerrado pueden utilizar una punta de acero plana o con punta o una cuña de concreto. Al igual que los pilotes H, se incrustan en un estrato de densidad adecuada o en agrupamientos para incrementar la capacidad de carga. Tanto los pilotes H como los tubulares se pueden soldar a secciones de acoplamiento para extender sus longitudes durante el proceso de hincado. Una vez incrustados los pilotes H o tubulares con una resistencia de carga especificada, sus extremos superiores se pueden recortar fácilmente para instalar vigas de concreto o cabezales de pilotes para distribuir la carga uniformemente a todos los pilotes de un grupo. Una resistencia de carga especificada puede ser la cantidad de golpes de martillo ejecutada por un martinete o el punto en el que un pilote llega a un punto de rechazo en el que se logra mayor profundidad de penetración con sucesivos golpes de martillo. Una vez incrustado y limpiado según resulte necesario, normalmente se inspecciona el interior de un pilote tubular para comprobar su rectitud, buscar fisuras u otros daños antes de verter la lechada de cemento. Esto se suele efectuar haciendo descender una cámara de video con luz por toda la longitud del pilote. En la *Figura 24* se puede ver un agrupamiento de pilotes tubulares mientras se le incrusta para colocar un cabezal de pilote. En la *Figura 25* se muestran los pilotes después de la inspección y el vertido de la lechada de cemento.

Los pilotes premoldeados están fabricados con concreto y la mayoría están pre-tensados. Sin embargo, algunas versiones para trabajos más livianos sólo están reforzadas. Pueden ser redondos, octogonales o cuadrados y tener diámetros de 8" a 54". Los pilotes premoldeados pueden soportar más carga que los pilotes H o los pilotes tubulares. Los tamaños superiores son huecos y se les puede inspeccionar y llenar con lechada de cemento y/o concreto con armadura interna según resulte necesario. Las versiones huecas se pueden incrustar abiertas o con una punta de cuña de concreto. Comparten gran parte de las ventajas y desventajas de los pilotes H y los pilotes tubulares con la única distinción de que se pueden quebrar durante el manejo y el hincado, especialmente si chocan contra un bloque de mineral mientras los incrusta. Brindan una importante ventaja porque, a diferencia de la mayoría de los pilotes de acero, son resistentes a la corrosión. La mayoría tienen lazos a los costados y están disponibles con dispositivos de conexión en los extremos para poder unirlos durante el proceso de hincado.

4.1.3 Ataguías

Muchas construcciones se diseñan con una separación amplia entre columnas para aumentar el espacio libre de piso; eso, a su vez, genera mayores cargas en las columnas. En los casos en que el suelo con capacidad de sustento de carga adecuada sea profundo y no resulte práctico implementar agrupamientos de pilotes, se utilizan ataguías barrenadas o blindadas. Las ataguías, más propiamente llamadas columnas o pilotes perforados, son apoyos de cimentación de gran tamaño para trabajo pesado que pueden exceder los 10 pies de diámetro con profundidades máximas de 150 pies en el caso de ataguías barrenadas y de 200 pies para ataguías blindadas. Distribuyen cargas pesadas de columnas en un área amplia de terreno. Las ataguías blindadas, según la cohesividad del suelo y el nivel freático, se pueden acampanar en la parte inferior.

La perforación para una ataguía barrenada se efectúa con un dispositivo de perforación especial (*Figura 26*) haciendo uso de barrenos y cubos de perforación o extracción (*Figura 27*). Los barrenos y cubos se hacen girar impulsados por una barra Kelly cuadrada de gran tamaño. Las barras Kelly se pueden acoplar para extender la profundidad de perforación. Los cubos de extracción están equipados con dientes de carburo y se utilizan para cortar materiales más duros. De ser necesario, se puede utilizar para recortar los laterales de una perforación barrenada para insertar armazones. La perforación barrenada suele revestirse con armazones temporales que se hacen descender dentro del hueco a medida que progresa el barrenado (*Figura 28*). La tierra se extrae de la perforación elevando periódicamente el barreno y haciéndolo girar a mayor velocidad para expeler la tierra. En algunos casos, la tierra es tan cohesiva que no se necesitan armazones temporales y simplemente se barrena la perforación y se rellena con concreto de abajo hacia arriba. Antes de verter el concreto, se inspeccionan todas las perforaciones o ataguías en busca de daños o de derrumbes de tierra. Cuando se utilizan armazones temporales, se va extrayendo a medida que avanza el relleno con concreto de abajo hacia arriba (*Figura 29*). En otros casos, dependiendo de la profundidad de

307F24.EPS

Figura 24 ◆ Pilote tubular incrustado con un martinete.

307F25.EPS

Figura 25 ◆ Pilotes tubulares después de la inspección y el vertido de lechada de cemento.

la perforación, se inserta un armazón permanente de lámina delgada de metal o de fibra (una ataguía) en la perforación (*Figura 30*) y se vierte concreto de abajo hacia arriba. El exterior del laminado se suele rellenar con lechada de cemento de abajo hacia arriba para sostenerlo en su lugar.

307F26.EPS

Figura 26 ◆ Equipo de perforación y armazones temporales.

307F27.EPS

Figura 27 ◆ Barreno de aspa doble y cubos de extracción.

Si se acampana la parte inferior de la perforación, se distribuye la carga de la columna sobre una superficie más extensa de tierra. Los cubos de acampanado pueden generar fondos con forma de campana de más de 20 pies de diámetro, dependiendo del tamaño de la ataguía. El cubo de acampanado se hace descender por la perforación con los cortadores retraídos. Luego, en el fondo, se extienden gradualmente los cortadores para crear la campana. La tierra extraída por la acción de corte se transporta en el cubo y se lleva periódicamente a la superficie. Rara vez se usan refuerzos en las ataguías barrenadas, excepto en las cercanías de las partes superiores de las columnas (consulte la *Figura 29*). Tenga presente los patrones que se utilizan en la *Figura 29* para posicionar y sostener el refuerzo de una columna.

307F28.EPS

Figura 28 ◆ Una armazón temporal instalado antes de verter el concreto.

307F29.EPS

Figura 29 ◆ Armazón temporario retirada y vertido final de concreto en la parte superior para fijar una jaula de refuerzo para columna.

CARRIL INTERNO

Inspección y limpieza de ataguías

En la mayoría de los casos, se puede ejecutar la inspección del interior de una ataguía empleando una cámara de video con luz del mismo modo que en un pilote tubular. En algunos casos, y dependiendo del diámetro y profundidad de la ataguía, una persona puede descender por la ataguía para limpiar el fondo y/o inspeccionarla. Como el interior de una ataguía se define como un espacio normalmente libre, se debe obtener un permiso para espacios reducidos antes de que cualquier persona pueda ingresar a la ataguía. En estos casos, se debe monitorizar el aire cercano al fondo de la ataguía en busca de gases nocivos o explosivos y para verificar la existencia de un nivel de oxígeno correcto. Es posible que se deba bombear un gran volumen de aire exterior al fondo de la ataguía para expeler todo gas nocivo o explosivo presente mientras hay alguna persona en la ataguía. Además, es posible que toda persona que descienda y trabaje en el interior de la ataguía necesite un suministro de aire respirable autónomo (paquete de aire) o de un suministro de aire respirable comprimido proveniente de la superficie.

Las ataguías blindadas, a veces llamadas ataguías de roca, utilizan un armazón de acero permanente incrustado en el terreno con un martinete hasta el fondo rocoso. Se utiliza para transportar cargas muy pesadas y tienen diámetros de 24" a 42". La tierra se excava y saca del armazón con un barreno y, luego, se utiliza un cubo de extracción y/o taladro especial para penetrar el fondo rocoso. En ocasiones, se suspende una viga H estructural al fondo de la perforación para añadir más capacidad de sustento de carga. Al igual que otras ataguías, las ataguías blindadas se llenan con concreto de abajo hacia arriba.

307F30.EPS

Figura 30 ◆ Armazones de lámina de fibra.

4.1.4 Pilotes moldeados en el lugar sin revestimiento

La construcción de pilotes moldeados en el lugar sin revestimiento es similar a la de algunas ataguías y pilotes incrustados. En la *Figura 31* se muestran algunos de estos tipos de pilotes. En algunos casos, se hacen perforando un orificio con un barreno y luego rellenando la perforación con lechada de cemento o concreto, dependiendo de las dimensiones del orificio. En otros casos, se incrusta un tubo hueco que posee una cuña de concreto más grande o una punta de acero a la profundidad deseada. A continuación se extrae el tubo, dejando la punta, y se rellena el orificio con lechada de cemento o concreto. Un sistema patentado utiliza un tapón de concreto en el fondo de un armazón temporal para crear pilotes de concreto comprimidos. Un mandril colocado en el interior del armazón, insertado con un martinete, jala el armazón temporal dentro del terreno insertándolo contra el tapón de concreto. A la

CARRIL INTERNO

Ataguías o pilares de lechada

También se está utilizando el mismo método empleado para las paredes de lechada para ataguías y pilotes profundos. La perforación se excava o barrena con un cubo de extracción/perforación en el lodo que evita que se desmoronen los laterales. Posteriormente, se vierte concreto en el pilote o la ataguía de abajo hacia arriba a través de la lechada empleando un tremie.

profundidad deseada, se contiene el armazón y se expulsa el tapón de concreto fuera del armazón y dentro del suelo usando el mandril. Se inserta concreto dentro del armazón, y se utiliza el mandril para comprimir el concreto y formar un pedestal en la base del armazón. Luego, cuando se extrae el armazón de la perforación, se agrega concreto en etapas y se lo comprime con el mandril.

4.1.5 Cimentaciones desplegadas

Se utilizan diferentes tipos de cimentaciones desplegadas para construcciones de gran peso y magnitud, dependiendo del suelo y de las condiciones de carga. En el caso de estructuras con condiciones de suelo de baja capacidad de soporte de carga y cargas de columna elevadas que requieren grandes apoyos de cimentación, se podría utilizar una base monolítica de gran espesor debajo de toda la construcción junto con pilotes según resultase necesario. Generalmente, a estos tipos de cimientos monolíticos se denomina alfombrilla de cimientos o platea. Pueden tener entre 1' y 15' de espesor y están fuertemente reforzados con una buena cantidad de capas (alfombrillas) de barras de refuerzo con escasa separación. El refuerzo denso controla la formación de fisuras en todo el concreto y minimiza los diferenciales de consolidación. En la *Figura 32* se muestra una excavación profunda con cimientos perimetrales para paredes de lodo y una alfombrilla de cimientos mientras se llena con concreto. Observe la cantidad de camiones y bombas de concreto. Se coloca el concreto en elevadores constantemente para evitar uniones frías entre concreto fresco y endurecido. Además, observe que las paredes de lodo están amarradas, excepto por un área sostenida por puntales inclinados en el extremo superior derecho de la excavación.

Otro tipo de alfombrilla de cimentación se denomina cimiento flotante. En este tipo de cimiento, no se utilizan pilotes ni ataguías como apoyo.En cambio, se excava suficiente suelo desde debajo del edificio para igualar el peso calculado de la construcción, su contenido y sus cimientos. Una vez finalizados la alfombrilla de cimientos y el edificio, se registran cargas adicionales ínfimas o nulas sobre el resto del suelo que sostiene al edificio y cualquier consolidación usualmente resulta insignificante. Dependiendo de la **densidad** del suelo y del diseño del edificio, aproximadamente un piso de suelo excavado pesa lo mismo que algunos edificios de 5 a 8 pisos, incluyendo la alfombrilla de cimientos.

Para reducir el espesor y peso de una alfombrilla de cimientos, en ocasiones se utiliza un tercer tipo de cimentación desplegada llamada cimentación con nervaduras (*Figura 33*). Estos cimientos utilizan vigas de nivel secantes en las columnas con pilotes o ataguías por debajo que sostienen el peso del edificio. Se coloca una losa reforzada de construcción monolítica relativamente delgada por debajo de las vigas o sobre las vigas dependiendo del diseño de los cimientos.

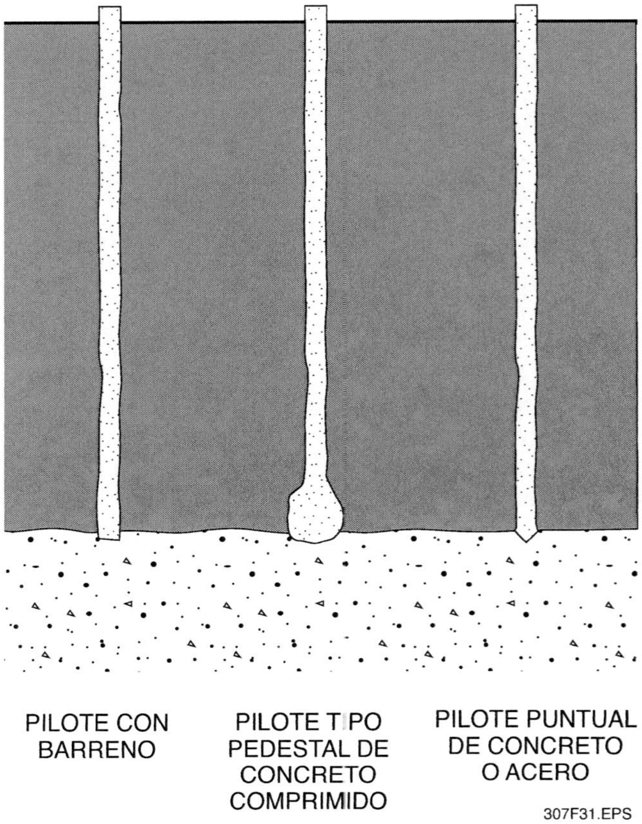

Figura 31 ◆ Pilotes moldeados en el lugar sin revestimiento.

307F32.EPS

Figura 32 ◆ Relleno de una alfombrilla de cimientos con concreto.

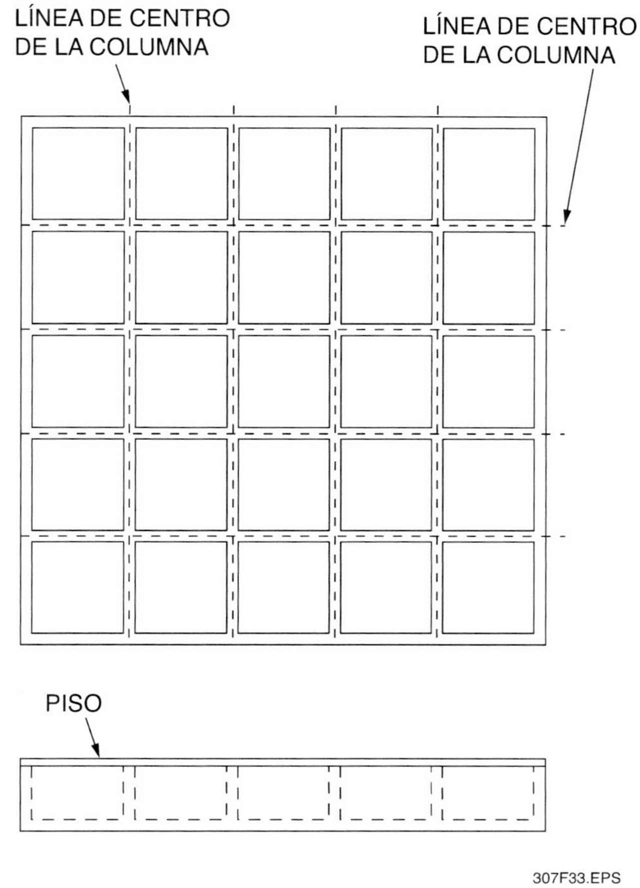

Figura 33 ◆ Alfombrilla de cimientos con nervaduras.

4.1.6 Cabezales de pilotes

Los agrupamientos de pilotes se cubren con un cabezal de pilote para distribuir uniformemente el peso de una columna en los pilotes. En ocasiones, se utiliza para cubrir un grupo de ataguías pequeñas con el mismo propósito. Algunos cabezales de pilotes premoldeados incluyen un orificio en la parte superior y otro en la parte inferior para permitir que se coloque el refuerzo antes de llenarlos con concreto. Muchos cabezales de pilotes son moldeados en el lugar utilizando formas de madera o metal tradicionales. La *Figura 34* muestra vistas de planta y elevación de un cabezal de pilote con el cabezal típico y la colocación del refuerzo de columna. En la *Figura 35* se puede ver cómo se erigen formas con un cabezal de pilote sobre un agrupamiento de pilotes tubulares. Algunos de los pilotes fueron cubiertos con una pieza de madera para facilitar el levantamiento. La *Figura 36* muestra un cabezal de pilote completo con el refuerzo incorporado, el apuntalamiento retirado y las formas parcialmente desmoldados. Siempre recuerde que, en ocasiones, la colocación de concreto hará que las formas con cabezales de pilote grandes se desplacen fuera del terreno o se doblen. Para evitarlo, es necesario anclar y apuntalar las formas en forma segura.

4.2.0 Elementos de una cimentación superficial

Como se mencionó anteriormente, a las cimentaciones que se encuentran a nivel o a una profundidad relativamente escasa por debajo de la superficie generalmente se llaman cimentaciones superficiales. Entre los elementos que pertenecen a estas cimentaciones podemos mencionar las cimentaciones desplegadas, los pilotajes o las ataguías ya analizados en secciones anteriores. Esta sección cubre los apoyos de cimentación desplegados, de escalón y de zapata continuos, y vigas de nivel. También se incluyen las paredes de cimientos. Se deben colocar todos los apoyos de cimentación sobre un suelo no alterado o compactado para minimizar la consolidación.

4.2.1 Apoyos de cimentación de fleje continuo, escalonados y desplegados

Estos apoyos de cimentación y su construcción son similares a los utilizados en aplicaciones residenciales. La diferencia es que los apoyos de cimentación utilizados para construcción pesada son más grandes y tienen más refuerzo. Los apoyos de cimentación de fleje continuo, escalonados

CARRIL INTERNO

Pilotaje hecho con vibración

En los casos en que no se puedan soportar las ondas de impacto en una obra, se pueden utilizar diversos métodos de vibración para crear suelos de alto nivel de compactación o pilotes de piedra triturada y así reducir la futura licuefacción del terreno debajo a una estructura. Se emplean sondas vibratorias que se impulsan con chorros de agua o se barrenan dentro del terreno. Los orificios se rellenan con arena o piedra triturada a medida que se retira la sonda. De esta manera, se crean grandes columnas de material de alto nivel de compactación de hasta 10' de diámetro y 70' de profundidad.

y desplegados normalmente se forman utilizando formas de madera tradicionales o formas fabricados. En la *Figura 37* se puede ver un típico apoyo de cimentación de fleje continuo con un escalón y con refuerzo de pared vertical e interior que se colocó utilizando formas.

Si el suelo es muy cohesivo, se pueden cavar fosos para algunos apoyos de cimentación de fleje o desplegados y se puede colocar sin formas. Esta técnica se denomina forma en tierra y es posible que no sea permitida por algunos códigos o especificaciones de construcción. Si el suelo es muy seco, se puede utilizar una película de polietileno para revestir el foso y así evitar la rápida absorción de agua del concreto o prevenir que caigan porciones de suelo dentro del foso. La barra de refuerzo se instala utilizando soportes de asiento inferiores. Los patrones de anclaje o jaulas de columna se sostienen con vigas de madera cruzadas sobre el foso. En algunos casos, es posible que se desee formar la parte superior del foso como se muestra en la *Figura 38*. En la *Figura 39* se puede observar un ejemplo de un apoyo de cimentación de fleje con apoyos de cimentación y anclajes de columnas colocado sin ningún forma ni revestimiento.

4.2.2 Vigas de nivel

Las vigas de nivel son cimientos fuertemente reforzados que generalmente descansan a nivel rasante sobre cabezales de pilote, ataguías de gran tamaño o apoyos de cimentación desplegados. Se utiliza para distribuir las cargas de paredes grandes de un edificio equitativamente a lo largo de los cabezales de pilotes, ataguías o apoyos de cimentación desplegados cuando el suelo que se encuentra debajo tiene una reducida capacidad

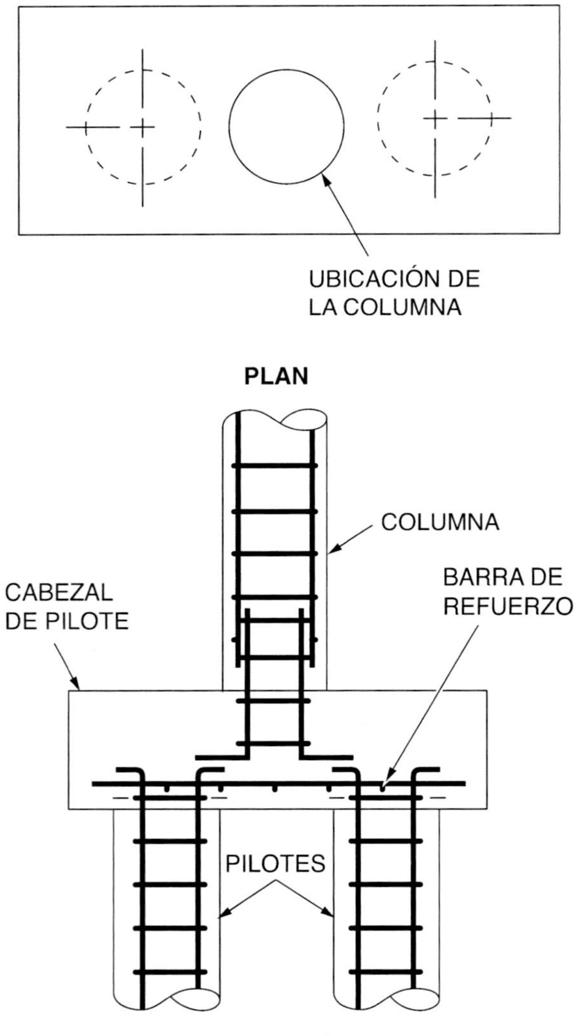

Figura 34 ◆ Cabezal de pilote típico para una columna de 12" sostenida por dos pilotes de 8".

307F35.EPS

Figura 35 ◆ Formas para cabezales de pilotes en erección.

307F36.EPS

Figura 36 ◆ Un cabezal de pilote terminado.

de sustento de carga. En casos donde el suelo posea un elevado contenido de arcilla, las vigas de nivel sostenidas por cabezales de pilote o ataguías se moldean con un rellenador de fibra que se puede compactar o uno **vacío** por debajo para prevenir perturbaciones en el suelo cuando la arcilla se expanda debido a la absorción del agua. En suelos con una elevada capacidad de sustento de carga, las vigas se pueden colocar sin soportes adicionales. En la *Figura 40* se pueden ver formas hechos en obra terminados y refuerzo para una viga de nivel que termina en el refuerzo para un cabezal de pilote en el extremo de una pared portante. Observe la manga de alcantarillado de tormenta que atraviesa la viga de nivel. Además, observe el arriostramiento cruzado con las estacas de sujeción de formas que se utilizan en la parte superior del cabezal de pilote y en las formas de vigas de nivel. El arriostramiento cruzado para la forma con cabezal de pilote sirve como parte de los patrones utilizados para posicionar y sostener los pernos de anclaje para una columna. Debido al volumen de concreto que debe colocarse, las estacas de sujeción ayudarán a que la forma no se levante por acción del concreto. En la *Figura 41* se puede observar una vista en primer plano de una forma con cabezal de pilote intermedio hecho en obra con refuerzo de viga de nivel que lo atraviesa y está integrado al refuerzo de cabezal de pilote. Nuevamente, observe el (**arriostramiento cruzado**) con las estacas de sujeción y los patrones para pasadores de barras de refuerzo de la columna.

En la *Figura 42* se puede ver en un refuerzo parcialmente terminado entre formas de acero fabricados para una viga de nivel. Observe las dos vigas de nivel integradas y paralelas en la parte posterior de la forma a medio terminar. Las vigas dobles terminadas se sostienen sobre el agua mediante los pilotes que pueden verse debajo.

307F37.EPS

Figura 37 ◆ Apoyo de cimentación de fleje continuo típico.

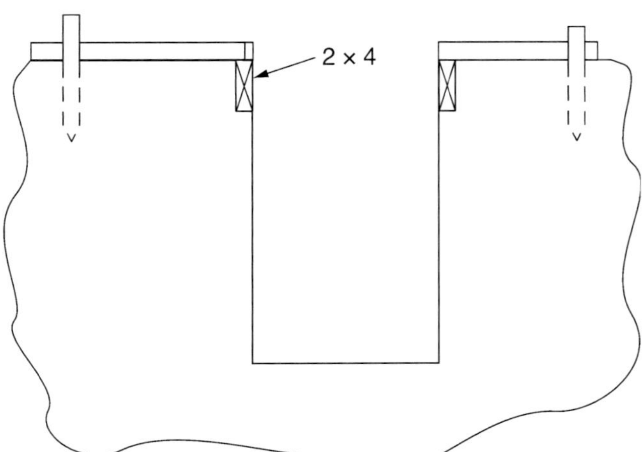

307F38.EPS

Figura 38 ◆ Cómo formar la parte superior de un apoyo de cimentación en foso.

307F39.EPS

Figura 39 ◆ Apoyos de cimentación colocados sin formas.

307F40.EPS

Figura 40 ◆ Una viga de nivel que culmina en un cabezal de pilote.

4.2.3 Paredes moldeadas en el lugar

Las paredes de cimientos se pueden moldear en el lugar utilizando formas. En la *Figura 43* se puede ver una forma de madera hecho en obra a medio terminar con refuerzo para una pared de concreto moldeada en el lugar sobre un apoyo de cimentación de fleje. Se muestran paredes de concreto moldeadas en el lugar en la *Figura 44* con sus respectivas formas de acero fabricadas todavía armadas.

4.2.4 Paredes de mampostería

Las unidades para mampostería de concreto (CMU) que se utilizan con más frecuencia en paredes de cimientos son los bloques de concreto. Están disponibles en una variedad de tamaños y formas. Se fabrican cuatro clases de bloques de concreto:

- Macizos portantes
- Huecos portantes
- Macizos no portantes
- Huecos no portantes

Como las paredes de cimientos son portantes, sólo se utilizan las dos primeras clases. Las otras dos clases se utilizan para paredes de cortina. Los bloques de concreto estándar se especifican en múltiplos nominales de 4". Los valores nominales especificados en comparación con las dimensiones reales (que permiten una unión de mortero de ⅜") de bloques de concreto son las siguientes:

- Tamaño nominal de bloque estándar de 8" × 8" × 16" con un tamaño real de 7⅝" × 7⅝" × 15⅝".
- Tamaño nominal de bloque estándar para pilastra de 8" × 16" × 16" con un tamaño real de 7⅝" × 15⅝" × 15⅝".

307F41.EPS

Figura 41 ◆ Un cabezal de pilote intermedio integrado con vigas de nivel a ambos costados.

307F43.EPS

Figura 43 ◆ Forma para pared de madera hecha en obra a medio terminar.

307F42.EPS

Figura 42 ◆ Refuerzo para viga de nivel parcialmente terminado entre formas de acero fabricadas.

307F44.EPS

Figura 44 ◆ Paredes de concreto moldeadas en el lugar entre formas de acero fabricadas.

En la *Figura 45* pueden verse varios de los tipos comunes de bloques de concreto estándar con una identificación de sus partes.

Los bloques para pilastra también se encuentran disponibles en anchos y longitudes reales de $16\frac{5}{8}'' \times 16\frac{5}{8}''$ y $15\frac{5}{8}'' \times 18\frac{5}{8}''$. Las pilastras se utilizan como columnas estabilizadoras en paredes extensas de bloques de concreto y como soportes para vigas. El espesor de las paredes portantes puede especificarse como de paño único (un bloque) o de varios paños (al menos dos bloques). Las paredes de varios paños se pueden construir como paredes macizas o paredes con una cavidad para aislamiento. Las paredes de concreto extensas y portantes se deben construir con soportes horizontales o verticales en ángulos rectos respecto de la cara de la pared. El soporte vertical puede provenir de paredes transversales, pilastras o contrafuertes. Al incorporar refuerzo de acero en las uniones horizontales entre cada fila o entre filas alternadas se proporciona soporte horizontal. El refuerzo con acero se encuentra disponible en diversos estilos; en la *Figura 46* se muestran dos de estos estilos. Para brindar más soporte vertical y horizontal, se puede especificar el uso de una barra de refuerzo. En este caso, la barra de refuerzo se coloca y se inyecta lechada en los núcleos de los bloques huecos en diversos intervalos. Normalmente, la lechada se bombea a presión en los núcleos a través de una manguera. Al igual que las uniones de construcción de losas de concreto, se utilizan uniones de control en la mampostería para evitar la formación de fisuras en las paredes debido a la expansión y la contracción. En la *Figura 47* se muestra una unión de control vertical hecha con sellador flexible y varillas de respaldo plásticas.

Los bloques de concreto se deben mantener secos en todo momento, particularmente durante el almacenamiento en obra y las operaciones de colocación. Todos los bloques almacenados y paredes recién levantadas se deben cubrir con telas alquitranadas para evitar la infiltración del agua de lluvia en los bloques y/o daños a las uniones de mortero sin curar. Las paredes de cimientos de baja altura recién levantadas y de gran longitud a nivel o por debajo del nivel generalmente no se ven afectadas por los fuertes

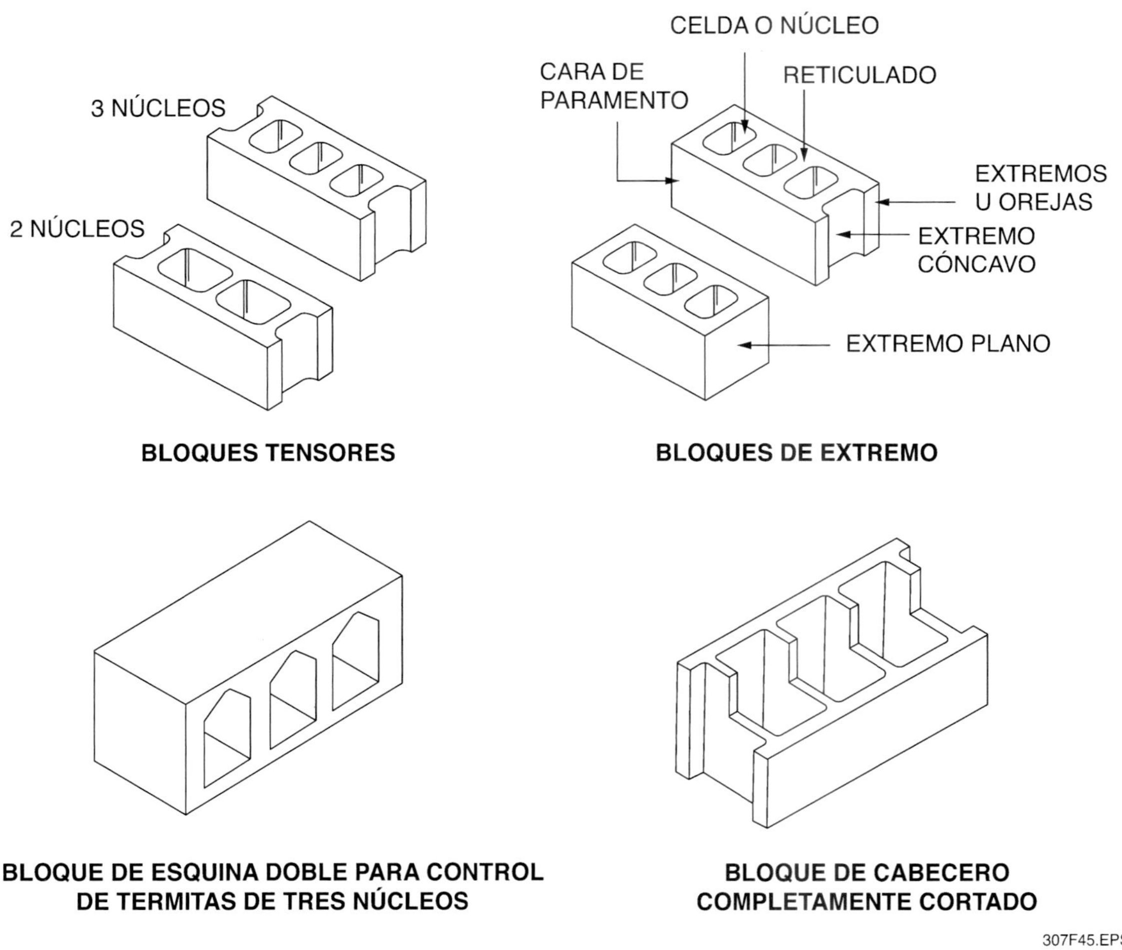

Figura 45 ◆ Identificación de los componentes de varios tipos comunes de bloques.

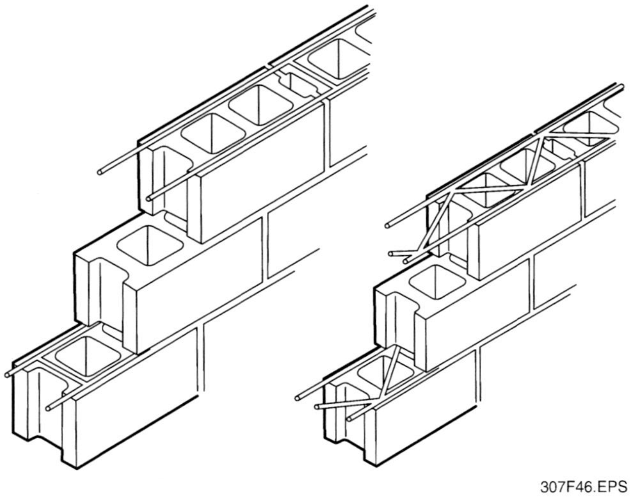

Figura 46 ◆ Dos tipos de alambre de refuerzo para uniones horizontales.

vientos de las tormentas; sin embargo, es posible que resulte necesario apuntalarlas si son paredes profundas y el área interior se encuentra totalmente excavada o si las paredes se proyectan significativamente por encima de la superficie. Se podrá erigir un apuntalamiento de madera vertical temporario con intervalos a ambos lados de las paredes para asegurarlas hasta que se haya curado el mortero.

Las técnicas para colocar bloques de concreto u otros mampuestos no pertenecen al ámbito de este plan de estudios porque la mayoría del trabajo comercial es efectuado por albañiles calificados o por contratistas específicos. Sin embargo, desde la perspectiva de la construcción, uno de los aspectos más importantes de la mampostería es que se deben comprobar constantemente la horizontalidad y la altura de las paredes de mampostería a medida que avanzan los trabajos.

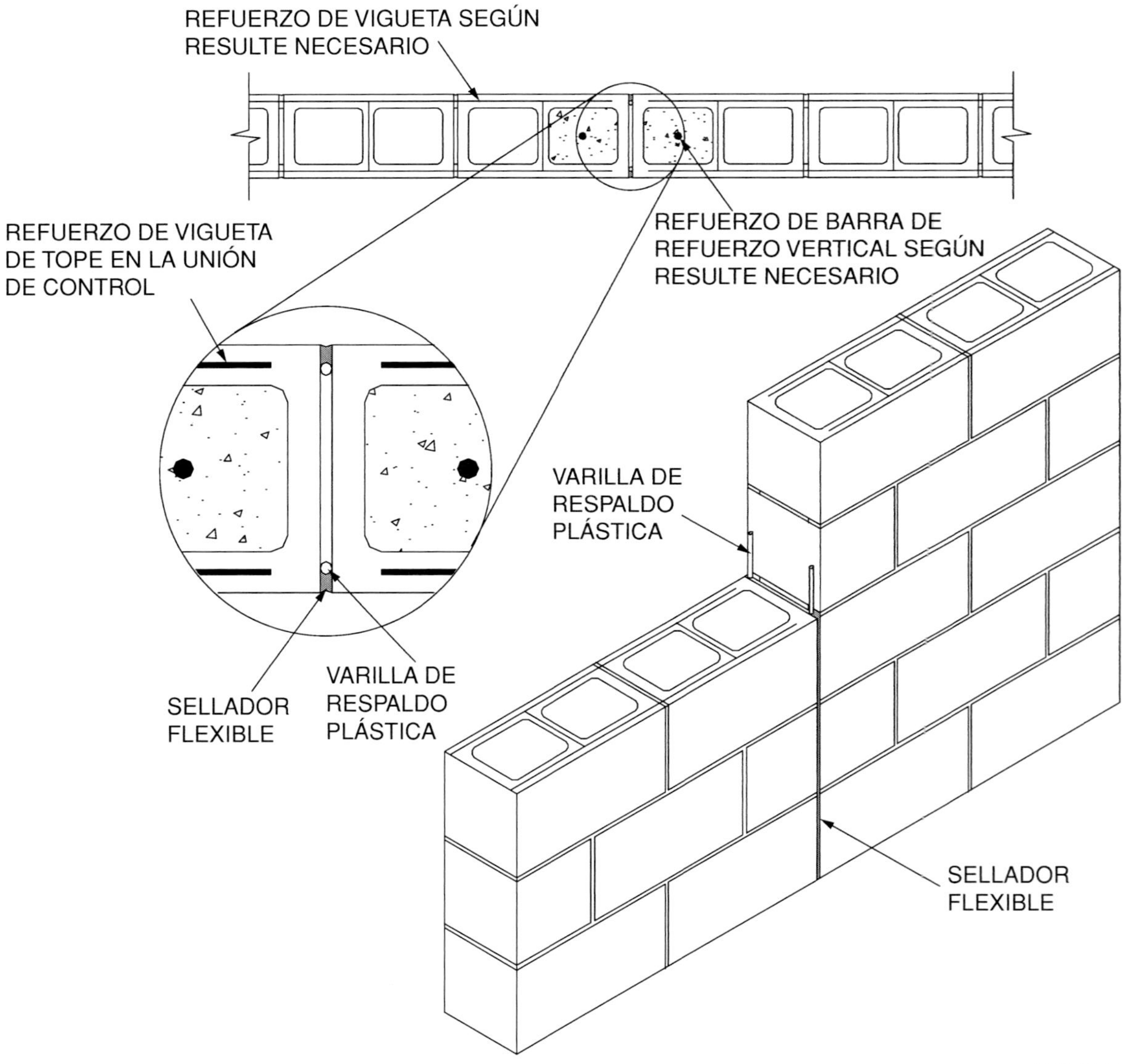

Figura 47 ◆ Unión de control vertical hecha con sellador flexible y varillas de respaldo plásticas.

5.0.0 ◆ LOSAS A NIVEL DEL TERRENO

Las losas a nivel del terreno, también llamadas losas a nivel, están completamente sostenidas por el suelo que se encuentra debajo. Hay nueve clases de losas de acuerdo con 302.1R-04, Guía para la Construcción de Pisos y Losas de Concreto del Instituto Estadounidense del Concreto (ACI) que se utilizan para losas elevadas y losas a nivel del terreno. Estas clasificaciones de losas pueden verse en la *Tabla 1*. A continuación se brinda una breve descripción de las diversas clases de losas:

- *Losas monolíticas de una hilada (Clases 1, 2, 4, 5 y 6)* – se construyen cinco clases de losas con concreto monolítico y cada clase tiene una resistencia y métodos de terminación finales diferentes. Si hay riesgos de abrasión, es posible que estas losas requieran un tratamiento mineral especial o para superficies monolíticas con agregado metálico; o bien, concreto más resistente.
- *Losas de dos hiladas (Clases 3, 7 y 8)* – las hiladas base de las losas Clase 3 (capa de acabado no adheridas) y Clase 8 pueden ser losas a nivel del terreno o losas elevadas. En el caso de las losas Clase 3, el material de acabado es similar al concreto de una losa base. Las hiladas superiores de las losas Clase 8 requieren que se les pase una llana de acero rígido y, normalmente, tienen mayor resistencia a la compresión que la hilada base. Las capas de acabado no adheridas se utilizan de modo que las dos hiladas puedan moverse independientemente o que la superior se pueda cambiar fácilmente en el futuro. Se utiliza laminado plástico, fieltro para techos o un compuesto antiadherente para evitar que la hilada superior se una a la base. Las capas de acabado no adheridas deben tener un espesor mínimo de 3". La separación entre uniones se debe coordinar con las uniones de la losa base. Se requerirán más uniones si el espesor de la capa de acabado exige una separación menor para evitar fisuras y combaduras en la losa. Las losas Clase 3 (adheridas) y Clase 7 emplean una capa de acabado adherida a la losa base. Las losas base pueden ser de concreto convencional o de concreto con capacidad de compensación de contracción, ambas con una superficie áspera. La capa de acabado se puede instalar antes de que la losa base se haya endurecido o postergarse hasta que la losa se haya endurecido. La capa de acabado para una losa Clase 3 es una mezcla de concreto similar a la usada en losas Clase 1 o 2. La capa de acabado para una losa Clase 7 suele tener una mayor resistencia que la base y requiere un acabado con llana de acero rígido. Las capas de acabado de concreto adheridas deben tener un espesor mínimo de ¾". La separación entre uniones se debe coordinar con las uniones de la losa base. Las uniones de contracción cortadas con sierra deben penetrar al menos 1" en la losa base. Si la capa de acabado se coloca antes de que se corten las uniones en la losa base, las uniones deberán hacerse a una profundidad apropiada para la profundidad de la losa combinada.
- *Losas Clase 9* – son losas súper planas que se pueden construir como losas de una o dos hiladas. Las losas de dos hiladas pueden tener capas de acabado no adheridas o adheridas. La colocación y acabado de losas súper planas requiere una planificación cuidadosa y extrema atención a los procedimientos.

Algunas losas a nivel del terreno se colocan sobre la parte superior de paredes o apoyos de cimentación perimetrales independientes (*Figura 48*) y sobre pilares o apoyos de cimentación para columnas y alrededor de otros objetos. Sin embargo, se separan de las columnas y de otros objetos con **aislamientos** durante la construcción. Otras losas se pueden colocar sobre el perímetro o paredes interiores, pero se aíslan de las paredes. Las losas a nivel del terreno no están diseñadas para soportar ninguna carga de la construcción en forma directa. Sin embargo, algunas losas utilizadas para construcción liviana en áreas sin heladas del país emplean un borde con viraje hacia abajo reforzado estructuralmente por barras de refuerzo para soportar cargas de la construcción (*Figura 48*).

5.1.0 Consideraciones sobre la construcción de losas a nivel del terreno

Las losas a nivel del terreno requieren una compactación correcta de la base inferior y, además, uniones y refuerzos correctos para lograr resultados aceptables de construcción. Además, es posible que algunas instalaciones requieran tratamiento contra las termitas y aplicación de barreras de vapor por debajo de la losa. Estos temas se analizan en las siguientes secciones.

5.1.1 Compactación de la base inferior

Resulta absolutamente necesario contar con una superficie de base inferior nivelada y de alto nivel de compactación como apoyo para una losa a nivel del terreno. En caso de necesitarse relleno, especialmente sobre tubos y portacables en fosos para servicios, el relleno se deberá compactar

Tabla 1 Clases de losas a nivel del terreno

Clase	Tipo de Trafico Anticipado	Uso	Consideraciones Especiales	Acabado Final
1. Hilada simple	Superficie expuesta: circulación a pie	Oficinas, iglesias, edificios comerciales, edificios institucionales, edificios residenciales de múltiples unidades Decorativo	Acabado uniforme, agregado no deslizante en áreas específicas, curado Agregado mineral de color, pigmento de color o agregado expuesto, patrones estampados o incrustados, diseño de uniones artístico, curado	Acabado con llana de acero normal, acabado no deslizante según sea necesario Según sea necesario
2. Hilada simple	Superficie cubierta: circulación a pie	Oficinas, iglesias, edificios comerciales de múltiples unidades, edificios institucionales con pisos recubiertos	Losas lisas y planas aptas para cubiertas aplicadas, curado. Uniones coordinadas y cubiertas aplicadas	Acabado con llana de acero liviano
3. Hilada doble	Superficie expuesta o cubierta: circulación a pie	Capa de acabado adherida o no adherida sobre la losa base para edificios comerciales o no industriales según lo exija el tipo de construcción o la planificación	Losa base: buena tolerancia de superficie nivelada uniformemente, curado *Capa de acabado no adherida:* antiadherente en la losa base, grosos mínimo de 3 in. (75 mm), reforzado, curado *Capa de acabado adherida:* agregado del tamaño adecuado, grosor mínimo de 3⁄4 in. (19 mm), curado	Losa base: acabado con llana de acero bajo el acabado no adherido; superficie limpia y texturada bajo el acabado adherido Acabado: para superficies expuestas, acabado con llana de acero normal. Para superficies cubiertas, acabado con llana de acero liviano
4. Hilada simple	Superficie expuesta o cubierta: circulación a pie y vehicular liviana	Institucional o comercial	Losa lisa y plana apta para cubiertas aplicadas, agregado no deslizante para áreas específicas, curado. Uniones coordinadas y cubiertas aplicadas	Acabado con llana de acero normal
5. Hilada simple	Superficie expuesta: circulación vehicular industrial, es decir, ruedas neumáticas y ruedas sólidas moderadamente blandas	Pisos industriales para fabricación, procesamiento y almacenamiento	Buen subgrado uniforme, diseño de uniones, resistencia a la abrasión, curado	Acabado con llana de acero rígido
6. Hilada simple	Superficie expuesta: circulación vehicular industrial pesada, es decir, ruedas duras y cargas de ruedas pesadas	Pisos industriales sujetos a circulación pesada; suelen ser sometidos a cargas de impacto	Buen subgrado uniforme, diseño de uniones, transferencia de cargas, resistencia a la abrasión, curado	Endurecedor para superficies de agregado metálico o mineral especial; alisado repetido con llana de acero rígido
7. Hilada doble	Superficie expuesta: circulación vehicular industrial pesada, es decir, ruedas duras y cargas de ruedas pesadas	Pisos de dos hiladas adheridos sujetos a circulación pesada e impactos	*Losa base*: buen subgrado uniforme, refuerzo, diseño de uniones, superficie lisa, curado *Material de acabado:* compuesto por agregado equilibrado 100% mineral o 100% metálico. Grosor mínimo de 3⁄4 in. (19 mm). Endurecedor de superficie de agregado mineral o metálico aplicado al acabado común de alta resistencia para endurecerlo, curado	Superficie de la losa base limpia y texturada apta para el acabado adherido. Las llanas automáticas especiales para acabado son opcionales, acabado con llana de acero rígido
8. Hilada doble	Igual que en las clases 4, 5 y 6	Capa de acabado no adherida: en pisos nuevos o viejos según lo exija la secuencia de construcción o la planificación	Antiadherente en la losa base, grosor mínimo de 4 in. (100 mm), resistencia a la abrasión, curado	Igual que en las clases 4, 5 y 6
9. Hilada simple o capa de acabado	Superficie expuesta: superficies súper planas o que requieran tolerancias especiales. Vehículos o equipos robóticos para manipulación de materiales especiales que requieran tolerancias específicas	Pasillo angosto, almacenes grandes; estudios de televisión, pistas de patinaje sobre hielo o gimnasios	Diferentes requisitos de calidad del concreto. Se recomiendan procedimientos de aplicación especiales y atención estricta a los detalles cuando se utilizan endurecedores para pisos vibrados. FF 50 a FF 125 (piso "súper plano"). Curado	

307T01.EPS

totalmente en sucesivas capas que no excedan las 6" de espesor por cada capa. La mayoría de las especificaciones de la construcción detallarán los requisitos para la compactación de la base inferior. Una vez compactado el relleno, se le suele cubrir con al menos varias pulgadas de un **agregado grueso** (grava o piedra) con propósitos de drenaje que también debe compactarse por completo. Posteriormente, el agregado grueso se puede acabar y nivelar con al menos una pulgada de relleno de arena totalmente compactada para proporcionar una superficie uniforme y llevar la base inferior al nivel deseado para la losa.

5.1.2 Tratamiento de control de pestes y barreras de vapor

En algunas áreas de país, los códigos o especificaciones de la construcción exigen que se aplique un tratamiento de control de pestes para termitas a la base inferior para losas a nivel del terreno interiores, junto con una membrana de barrera de vapor. Las membranas de barrera de vapor, a veces llamadas retardadores de la difusión del vapor, que se fabrican según las normas *ASTM E1745 Clase A* y *ASTM E154* son prácticamente impermeables y tienen una elevada resistencia a las pinchaduras o los desgarros. Estas membranas tienen un espesor aproximado de 15 milésimas de pulgada y se venden en rollos anchos de gran longitud. La membrana se debe sellar en las uniones y en los puntos de contacto con paredes, aislamientos y penetraciones para evitar que la humedad atraviese la losa. Algunos fabricantes recomiendan utilizar una capa de arena compactada debajo de la membrana para evitar daños ocasionados por los materiales de drenaje de la base inferior y arena por encima de la membrana para proteger la membrana durante la colocación de los refuerzos y el concreto. Sin embargo, no suele resultar necesario colocar capas de arena inferior o superior en el caso de membranas que cumplan con las normas ASTM anteriormente mencionadas. De hecho, las pautas del ACI y otros fabricantes recomiendan la colocación de los soportes de refuerzo y el concreto directamente sobre la membrana. De esta forma, se elimina la posibilidad de que el agua quede atrapada en una capa secante y que, en última instancia, resurja a la superficie atravesando la losa y afecte a cualquier sistema de piso aplicado posteriormente. En cualquier caso, siempre siga las instrucciones de instalación del fabricante al colocar la barrera de vapor que utilice.

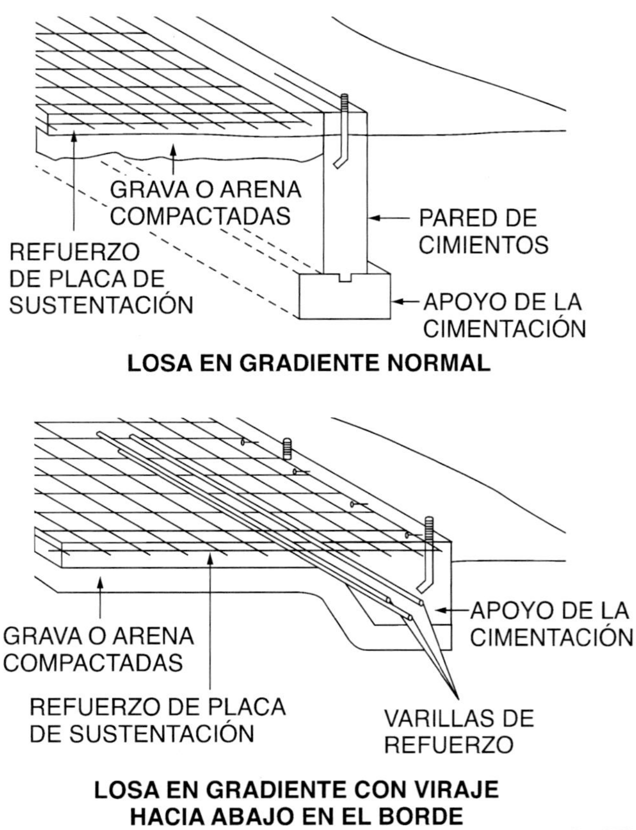

Figura 48 ◆ Losas a nivel del terreno típicas.

5.1.3 Uniones

El concreto se puede contraer aproximadamente ¾" por cada 100 pies lineales durante el proceso de secado pero, una vez seco, no se expandirá más de ¼" debido a la humedad durante ciclos alternados de humedecimiento o secado. El curado reduce la velocidad de secado y permite que el concreto se fortalezca después de ser sometido a cualquier esfuerzo de contracción causado por la fricción entre la losa y el material de base inferior que se encuentra debajo. Sin embargo, durante la vida útil de la losa, el concreto puede expandirse o contraerse muchas veces un máximo aproximado de ¾" por cada 100 pies lineales debido a cambios de temperatura que superan los 38°C de temperatura base. A causa de la contracción, la expansión y contracción inducidas por los cambios de temperatura, los cambios en la humedad y la fricción entre la losa y la base inferior, las losas de concreto se fisurarán sin control a menos que se utilicen uniones y refuerzos correctos en su construcción. A continuación se describen cuatro uniones básicas utilizadas para el control de fisuras en losas a nivel del terreno:

- *Uniones de contracción (uniones de control)* – las uniones de contracción se utilizan en losas de concreto sin refuerzo para reducir la formación de fisuras aleatorias causadas por la

CARRIL INTERNO

Barreras de vapor

Existe cierta controversia acerca del uso de barreras de vapor debajo de todas las losas. Las investigaciones han demostrado que, en algunos casos, la membrana genera esfuerzos en la losa debido a un secado y curado no uniformes. Además, algunas membranas son vulnerables a pinchaduras y rasgaduras; eso las vuelve ineficientes cuando operarios o equipos deban transitar sí o sí sobre ellas y sobre cualquiera de sus refuerzos superpuestos durante la colocación del concreto. A menos que se utilice una membrana gruesa, resulta casi imposible evitar daños si se utilizan asientos para sostener las alfombrillas de barra de refuerzo durante la colocación del concreto. Lo que indica el consenso es que normalmente se deben utilizar barreras de vapor sólo debajo de losas a las que se les instalará una cubierta de piso de materiales como vinilo, madera o alfombra en el futuro. Sin embargo, si se necesita aplicar un tratamiento de control de pestes debajo de la losa, se debe utilizar una barrera de vapor.

contracción inicial y los cambios en la humedad o la temperatura. La unión se logra cortando la losa a una profundidad de un cuarto de su espesor o a un mínimo de 1" para crear una sección delgada y debilitada en toda la losa con un espaciado establecido. En el caso de concreto con refuerzo de fibra, el corte deberá ser de un tercio de la profundidad de la losa. Al cortar la losa en uniones espaciadas se permite que las fisuras por contracción se registren en la unión y no en patrones aleatorios sobre la superficie de la losa. La superficie irregular de la fisura debajo de la unión crea una trabazón de agregados en la losa y evita que ésta se desplace hacia arriba o hacia abajo en la unión. Para cortar la unión, muchos contratistas prefieren utilizar sierras de corte en seco de ingreso temprano con una cuchilla de ⅛" cuando el concreto se haya secado lo suficiente como para soportar su peso (generalmente entre una y cuatro horas de la colocación). De lo contrario, se debe utilizar una cuchilla de corte en húmedo y se debe realizar el corte en un plazo máximo de 4 a 12 horas después de la colocación del concreto. En cualquier caso, si se debe sellar la unión, se puede efectuar un corte más superficial con una cuchilla de ¼" más adelante para ensanchar la unión de ⅛" para el sellador y eliminar cualquier desprendimiento menor que pudiera registrarse en el borde de la unión durante el corte inicial. En trabajos más pequeños, se pueden cortar las uniones a una profundidad requerida con la punta de una llana durante el acabado de la superficie de la losa utilizando un tablón como guía. El desprendimiento de material de los cortes resultantes se acaba con una acanaladora de mano.

Una recomendación habitual para determinar la colocación de una unión de contracción es dejar un espacio entre ellas de aproximadamente 2½ veces el espesor de la losa, expresado en pies. Por ejemplo: una losa de 6" debería tener una unión de contracción cada 15 pies (2½ × 6 = 15'). También se deben colocar uniones de contracción de manera tal que los paneles definidos por las uniones sean lo más cuadrados posible. La proporción entre la longitud y el ancho del panel no deberá exceder 1½ a 1. Por ejemplo: un panel rectangular, definido por uniones de contracción, con una unión de 15 pies de ancho deberá tener una unión en su dimensión de longitud de menos de 22½ pies.

NOTA

También se deben utilizar uniones de contracción cuando se modifique el área transversal de la losa. Esto incluye: líneas de columnas, aislamientos, bases para maquinaria y modificaciones muy marcadas en las dimensiones de profundidad, ancho o dirección.

- *Uniones de aislamiento* (uniones de expansión) – las uniones de aislamiento permiten el libre movimiento de la losa con respecto a otras losas u otros componentes, como paredes, columnas de apoyo, aislamientos y bases para maquinarias. Generalmente, no debería haber conexión en toda la unión por medio de refuerzos, chaveteros u otros métodos para unir piezas. El material de la unión de expansión (de ¼" a ½" de espesor) se deberá colocar entre los otros elementos y la losa, o entre las losas. Sin embargo, algunas losas a nivel del terreno utilizan pasadores no adheridos sobre las uniones entre losas para transferir cargas verticales de una losa a la siguiente.
- *Uniones de construcción* – las uniones de construcción se utilizan cuando se interrumpe la colocación del concreto al final del día y/o

para limitar la magnitud de la colocación a un volumen manejable. Se deberán planificar para ubicarlas en sitios en los que normalmente encontraríamos una unión de contracción o una unión de aislamiento. Si se utiliza como unión de contracción, se deberán insertar pasadores lisos u otros dispositivos a través de la forma en este borde de manera que las cargas sobre ruedas se transfieran a la siguiente losa sin que se registre desplazamiento de losas. Se deben recubrir los pasadores o dispositivos así como la cara vertical de la losa con un antiadherente o grasa para permitir la contracción de la losa. Las uniones enchavetadas han sido un método común utilizado para transferir carga, pero las pautas ACI ya no las recomiendan (*302.1R-04*).

- *Uniones de combadura* – se utilizan uniones de combadura sólo en aplicaciones de pavimento, incluidas las entradas de automóviles. Se trata de una unión longitudinal centrada en las losas del pavimento que tienen más de 12 pies de ancho. El pavimento está sujeto a grandes cambios de temperatura diarios que hacen que la parte superior de la losa del pavimento se expanda más que la parte inferior. Esto provoca que la losa se combe y puede causar una fisura longitudinal sin control en la losa. El punto de combadura es similar a una unión de contracción pero no está diseñado para abrirse y cerrarse como una unión de contracción. En estos casos, se colocan barras de sujeción o pasadores de barra de refuerzo en forma transversal sobre el sitio deseado de la unión para evitar que los paneles se separen o desplacen en la unión. En trabajos de carretera, donde cada carril se arma y coloca en forma independiente, se suelen insertar pasadores de gran tamaño empleando pavimentadoras mecánicas sobre el carril para evitar la formación de fisuras debidas al pandeo o pesadas cargas sobre ruedas a ambos costados del carril. También se insertan barras de refuerzo de gran tamaño a lo largo de la cara vertical de un carril que se acoplará con un carril adyacente para evitar que los carrilles se desfasen hacia arriba o hacia abajo o se separen uno respecto del otro.

5.1.4 Refuerzos

El refuerzo de losas incluye: barras de refuerzo, refuerzo de alambre soldado (WWR), pasadores lisos, barras de amarre y fibras de acero o sintéticas. Cada tipo se utiliza para un propósito específico según se describe a continuación:

- *Barra de refuerzo* – cuando resulta necesario, se utilizan alfombrillas de refuerzo para proporcionar resistencia estructural a una losa para cargas verticales pesadas y para controlar la formación de fisuras. Por este motivo, la barra de refuerzo se suele asentar de modo que quede en el tercio inferior de la losa.
- *Refuerzo de alambre soldado (WWR)* – según las pautas del ACI, el refuerzo de alambre soldado (acero distribuido) sólo se debe utilizar en una losa para controlar la formación de fisuras intermedias en una losa entre uniones de contracción cuando las uniones están más separadas que lo recomendado. Proporciona resistencia estructural escasa o nula a una losa a menos que se coloque en la porción inferior de la losa y en grandes cantidades. Si se requiere resistencia estructural, se deben utilizar alfombrillas de barra de refuerzo. Ya sea por necesidad o por elección, las uniones de contracción que se encuentran más separadas que lo recomendado generarán fisuras intermedias en la losa entre las uniones. Se utiliza refuerzo de alambre soldado para evitar que se abran estas fisuras. Se coloca dentro del panel determinado por la separación de las uniones de contracción y no debe atravesar las uniones a menos que se corte otro alambre en las uniones. La práctica más recomendada es no atravesar las uniones. El refuerzo de alambre soldado debe contar con una separación de 2" por debajo de la superficie de la losa o encontrarse dentro del tercio superior del espesor de la losa, lo que resulte más cercano a la superficie. Se pueden utilizar pequeños bloques de concreto o sillas elevadas como soporte. Se recomienda utilizar tamaños grandes de alambre con aperturas de gran tamaño (12" o más) para evitar hundimientos del refuerzo de alambre soldado durante la colocación del concreto. En caso de hundirse a la base inferior durante la colocación del concreto, dejará de cumplir con su propósito. Se pueden utilizar ganchos para levantar puntos bajos durante la colocación y el enrasado, pero antes de la flotación inicial. Si utilizan estilos de cuadrícula de refuerzo de alambre soldado más pequeños, las láminas se pueden integrar y posicionar durante la colocación del concreto justo antes de la nivelación y el enrasado.
- *Pasadores* – las cargas aplicadas a uniones de construcción entre losas requieren dispositivos de transferencia de carga para evitar daños en esos bordes de las losas. Estos dispositivos incluyen pasadores curvos lisos y pasadores de placa cuadrados. Todos estos dispositivos evitarán el movimiento de losas adyacentes, pero los pasadores de placa cuadrados también permitirán cierto desplazamiento lateral. Los pasadores de placa cuadrados se posicionan horizontalmente con dos de las esquinas a nivel con la

cara vertical de la losa. De esta manera, se permite que la losa se desplace lateralmente ligeramente a medida que se abre la unión. Todos los pasadores se deben recubrir con un agente antiadherente (o con grasa); o bien, deben contar con mangas deslizantes para permitir que se abra la unión. Si se anticipa el cargamento pesado, los pasadores sonde uso frecuente junto con refuerzo de alambre soldado en las uniones de contracción porque están más separadas y tienen un mayor rango de apertura, lo que impide la trabazón de agregados. Esto exige que se posicionen los pasadores junto con el refuerzo de alambre soldado en las uniones deseadas antes o durante la colocación del concreto.

5.2.0 Losa a nivel del terreno comercial

A modo de ejemplo, las siguientes figuras muestran algunas de las secuencias de construcción de losa a nivel del terreno típicas para un edificio de oficinas de tres pisos:

- *La Figura 49* muestra la construcción de un hueco para ascensor. Los huecos para ascensor, de ser necesarios, suelen ser una de las primeras estructuras bajo nivel que se completan debido a la excavación requerida dentro del área de la losa. Entre otros de los elementos bajo nivel que requieren excavación dentro del área de la losa podríamos mencionar a los cabezales de pilotes, los pilotes o apoyos de cimentación para columnas interiores, los desagües y los servicios subterráneos.
- *La Figura 50* muestra la instalación de portacables eléctricos desde un cimiento de reductor de transformador en primer plano al interior del área de la losa de la construcción. El portacables eléctrico se encerrará en una sublosa de concreto colocada en el foso. Los conductores eléctricos ascendentes se suelen colocar en patrones. Se debe comprobar la correcta compactación del suelo una vez que se ha rellenado el foso.
- *La Figura 51* muestra un apoyo de cimentación con foso y un refuerzo de soporte para columna, junto con patrones para los pernos de anclaje de la columna, antes y durante la colocación del concreto. El fondo del foso se ha rellenado con una capa de arena y se ha compactado antes de colocar la barra de refuerzo.
- *La Figura 52* muestra una porción del cimiento de la pared de cimientos de bloques de concreto para la losa. Una vez colocado y curado el concreto para los apoyos de cimentación, se construyó la pared sobre los apoyos y se vertió lechada de cemento a los pasadores de la barra de refuerzo de los apoyos de cimentación. Tenga presente que se utilizaron bloques de concreto especiales en la hilada superior. Son bloques de cabecero que se moldean con la mitad superior del núcleo interno expuesta a un costado. En consecuencia, el bloque cuenta con un labio reforzado a la mitad de la altura del bloque. Los bloques se colocan con la sección del núcleo expuesta en dirección al área de la losa y el labio en el borde externo superior.

307F49.EPS

Figura 49 ◆ Construcción de hueco para ascensor.

307F50.EPS

Figura 50 ◆ Instalación de portacables eléctricos.

Este labio nervado es la forma de borde para la losa y elimina la necesidad de construir formas de borde alrededor del exterior de la losa. Algunos contratistas cimientan un bloque macizo de 18" de largo y 4" × 4" sobre un bloque estándar para lograr el mismo objetivo.

COLOCACIÓN DE CONCRETO EN LOS APOYOS DE LA CIMENTACIÓN

APOYOS DE CIMENTACIÓN CON ZANJA Y SOPORTE DE REFUERZO DE COLUMNA

307F51.EPS

Figura 51 ◆ Construcción de apoyo de cimentación.

307F52.EPS

Figura 52 ◆ Pared de cimientos sobre apoyos de cimentación.

- *La Figura 53* muestra una porción de la preparación del suelo para la base de la losa. Se está esparciendo y compactando arena con un compactador de placa vibradora.
- *La Figura 54* muestra la aplicación de un tratamiento para el control de termitas a la base de suelo preparada de la losa según los códigos de construcción del lugar.
- *La Figura 55* muestra dos vistas de porciones de la sección de la losa con la barrera de vapor instalada y superpuesta con refuerzo de alambre soldado y barra de refuerzo de borde. El refuerzo de alambre soldado todavía no se ha asentado. En la Vista A se puede ver la barra de refuerzo de la pared de cimientos para el hueco del ascensor doblada hacia abajo para incrustarla en la losa. Observe la forma de bloqueo tipo canal de acero con tirantes cruzados instalado alrededor del perímetro del hueco del ascensor para la losa. Además, tenga presente los bloqueos de losa alrededor de los pilotes para las columnas estructurales de acero. La base del suelo se ha profundizado hasta la parte superior de los cimientos en las áreas que rodean a los bloqueos. Los bloqueos de columna se llenarán con concreto empleando uniones de construcción en los bordes de la losa una vez erigido el acero. En la Vista B se puede ver otra sección de la losa. Observe el refuerzo en el borde de la losa. Las barras de refuerzo se han doblado e insertado en los núcleos huecos de los bloques de cabecero perimetrales. Nuevamente, observe el borde externo nervado del bloque de cabecero que se utiliza como forma de borde exterior para la losa. Además, observe los bloqueos de la losa para los apoyos de cimentación de las columnas estructurales de acero en la esquina que se ve en primer plano y los apoyos de cimentación para columnas así como el hueco para el ascensor en el fondo de la imagen.

307F53.EPS

Figura 53 ◆ Cómo preparar la base de terreno para una losa.

- *La Figura 56* muestra el acabado del concreto después de su colocación y alisado en la misma sección de la losa (vea la *Figura 55*).

307F54.EPS

Figura 54 ◆ Cómo aplicar tratamiento contra termitas.

VISTA A

VISTA B

307F55.EPS

Figura 55 ◆ Colocación de barrera de vapor y refuerzos.

6.0.0 ◆ FORMAS DE CIMIENTO

En el pasado, la mayoría de las formas de cimientos eran formas de madera tradicionales hechos en obra. Incluso en el presente, muchos contratistas utilizan formas de madera hechos en obra. En esta sección se describen las formas de madera hechos en obra pero nos concentraremos en las formas fabricados o los materiales para formas permanentes. Esto se debe a que la mano de obra y la madera necesaria para construir formas hechos en obra se han vuelto costosas. Como resultado, muchos contratistas (especialmente los importantes) están adoptando técnicas alternativas de formas y materiales para cimientos.

NOTA

Todas las formas (ya sean de madera o de metal) se deben recubrir ligeramente con un compuesto para desmoldar formas o con aceite, tanto en las caras como en las partes superiores antes de usarlas. De esta manera, resultará más sencillo desmoldar las formas y limpiar sus caras y partes superiores para volver a usarlos. Si las formas admiten un segundo uso, siempre límpielas inmediatamente después de desmoldarlas, especialmente las caras y las partes superiores. Cuando se utilicen nuevamente las formas, vuelva a inspeccionarlas y a limpiarlas de ser necesario. Las caras y las partes superiores deben estar absolutamente limpias para evitar defectos en una superficie de concreto. También se deben mantener limpios otros elementos para reducir el peso, permitir una inspección en busca de daños y evitar que las formas tengan un aspecto descuidado.

307F56.EPS

Figura 56 ◆ Acabado de sección de losa

6.1.0 Formas de madera hechas en obra

Las formas tradicionales y típicas hechas en obra para apoyo de cimentación y su construcción ya han sido analizados en un nivel anterior. Los detalles de la construcción de formas para paredes se analizaron en otro módulo. En las *Figuras 57* y *58* se pueden ver estos tipos de formas con sus componentes identificados. Tal como se indicó en secciones anteriores, se utilizan versiones de mayores dimensiones de estos mismos tipos de formas con refuerzos de acero y pasadores en la construcción comercial.

6.1.1 Formas para pilares

Las formas para pilares en la construcción residencial y comercial liviana se construyen típicamente clavando maderas contrachapadas en formas cuadradas, rectangulares o cónicas (inclinadas) con el tamaño especificado. La forma se construye de tal manera que se pueda retirar fácilmente una vez curado el concreto y luego se pueda volver a utilizar para apoyo de otro pilar. En el caso de formas inclinados, se debe especificar el ángulo en cuestión en los planos de trabajo. Tenga presente que cuando se coloca concreto en una forma para pilares o columnas, se ejerce una presión que tiende a

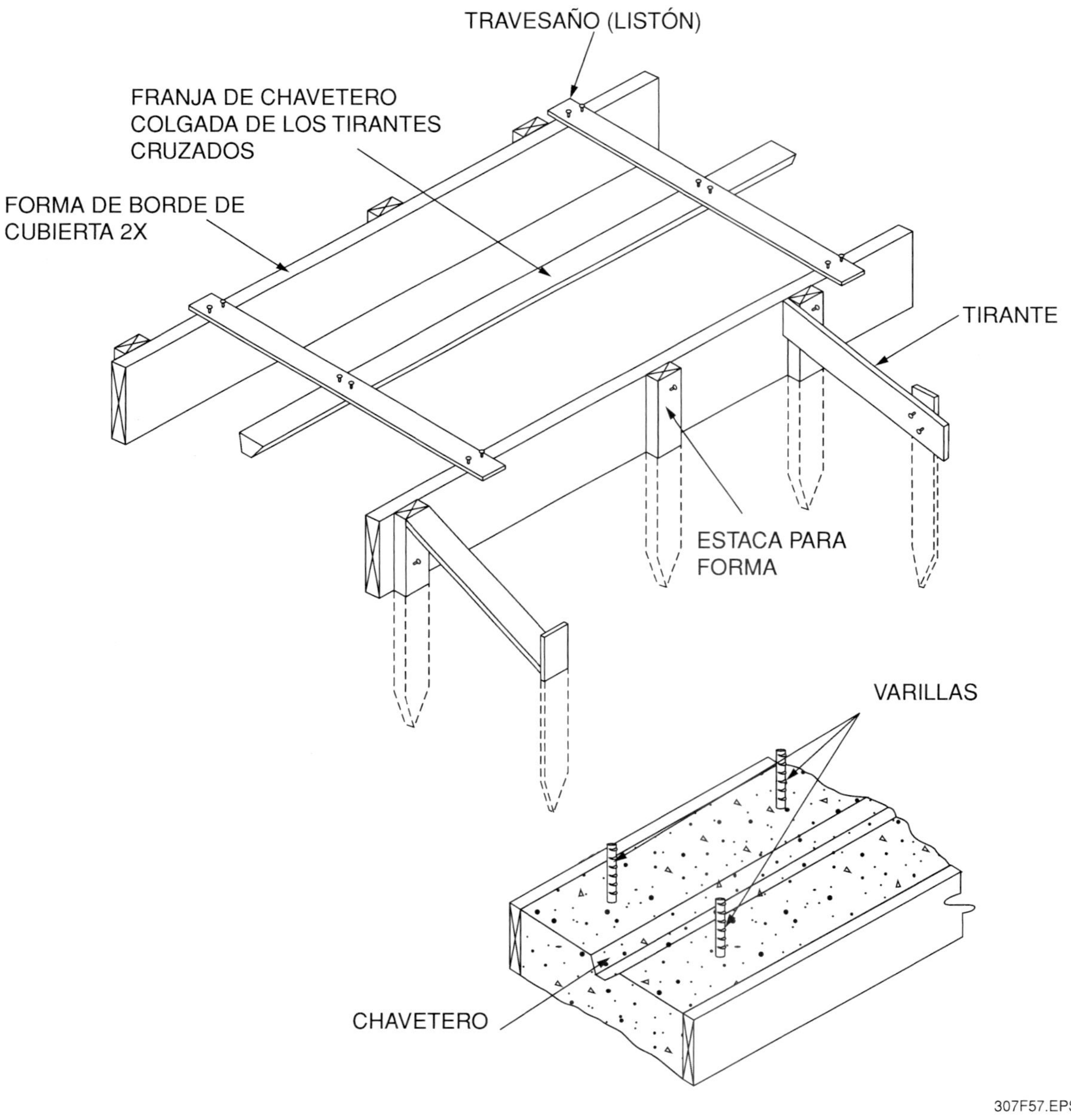

Figura 57 ◆ Componentes de una forma para apoyo de cimentación de fleje continuo o desplegado.

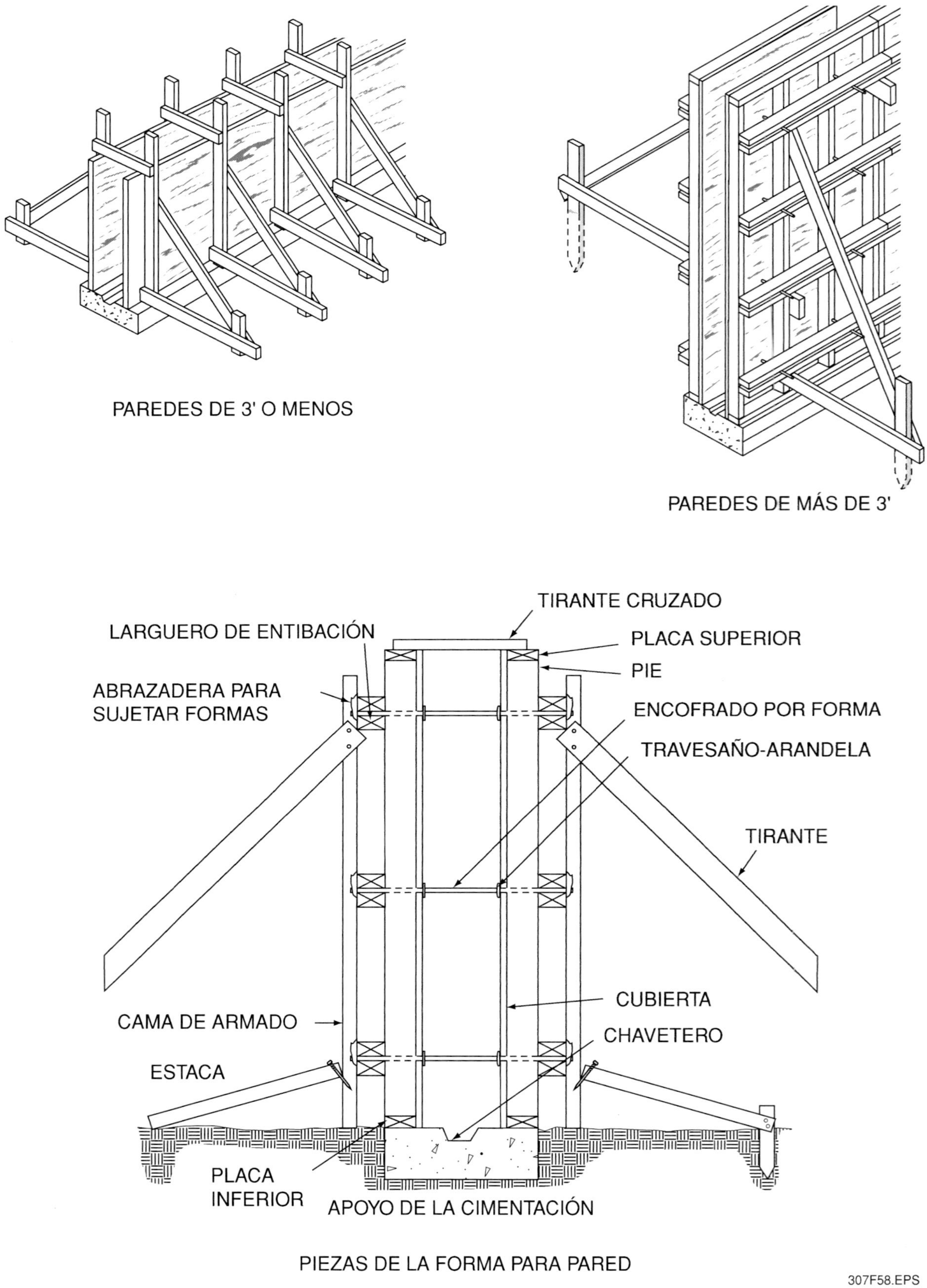

Figura 58 ◆ Formas y componentes para paredes de cimiento.

empujar la forma hacia arriba. En consecuencia, se debe empujar la forma hacia abajo con un peso o fijarla con estacas para sostenerla firme en su lugar. Las formas para pilares circulares se fabrican generalmente como formas de acero patentados o como formas tubulares de fibra con tratamiento e impermeables que se cortan a la longitud deseada en la obra. Las formas de acero se pueden volver a utilizar mientras que los de fibra sólo se pueden usar una vez. Las formas de fibra se fijan a la altura del nivel y se clavan con estacas. Las formas para pilotes de aplicaciones comerciales e industriales se suelen construir en forma similar al que se muestra en la *Figura 59*. Los laterales de la forma se pueden fabricar con prácticamente cualquier revestimiento de madera contrachapada de tipo exterior.

Los largueros de entibación también conocidos como largueros base que se ven en la figura son miembros horizontales colocados en el exterior de la forma para apuntalar o rigidizar la forma y sobre los que se sujetan los amarres de la forma. Los amarres de la forma son sujeciones de alambre o metal transversales que se utilizan para sostener la presión del concreto húmedo y mantener la forma unida para conservar su espesor. Se dispone de muchos tipos de amarres de forma: tipo arandela, tipo correa, tipo cono y perno hembra.

6.2.0 Formas fabricadas

Se dispone de una amplia variedad de formas fabricadas. En el caso de los cimientos, pueden ser formas para pared modulares para paredes de cimientos moldeadas en el lugar, formas para apoyos de cimentación y formas para losas. En las siguientes secciones se describen brevemente algunas de ellas. Como estos tipos de formas son únicas en lo relacionado con su construcción e instalación, se deben respetar las instrucciones del fabricante para armarlas.

6.2.1 Formas para paredes moldeadas en el lugar

Son formas panelizadas (modulares) fabricadas con acero o aluminio con revestimiento de madera recubierta con resina, acero o aluminio. Por ejemplo, en la *Figura 60* podemos ver un par de formas livianas para madera fabricada íntegramente con aluminio y un par flexible de formas livianas para pared con muros curvos. El par

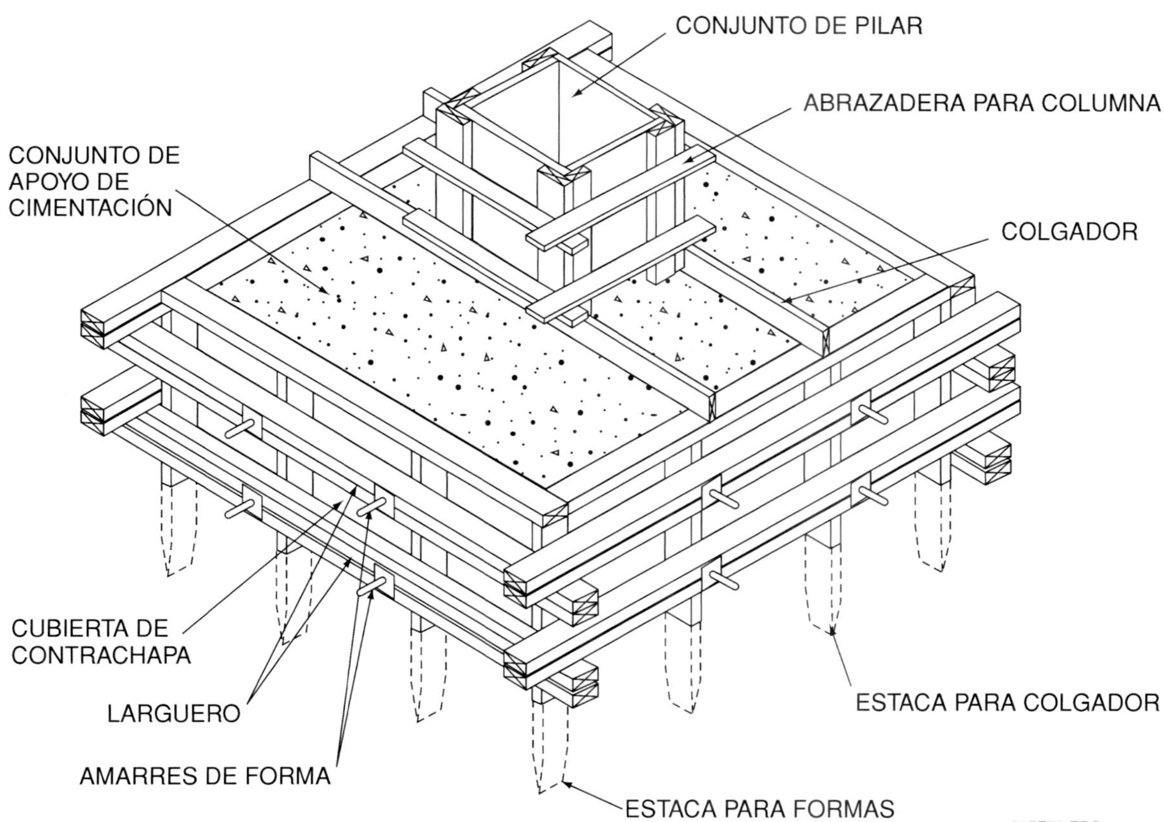

Figura 59 ◆ Componentes de una forma para apoyos de cimentación de pilares escalonados.

FORMAS LIVIANAS DE ALUMINIO

FORMAS FLEXIBLES PARA PARED

307F60.EPS

Figura 60 ◆ Formas de madera fabricados típicos.

liviano se muestra con una pieza de aislamiento opcional entre los paneles con espaciadores pasantes para centrar el aislamiento. Los espaciadores se amarrarán a la alfombrilla de barras de refuerzo a ambos laterales para asegurar las dos secciones con concreto en todo el aislamiento. Las barras negras de gran tamaño son amarres para forma que se instalan en orificios y se utilizan para unir los paneles. El par flexible que se muestra en la figura tiene paneles de contrachapa recubiertos con resina con cepos muy rígidos que se extienden más allá de los paneles, junto con extremos de metal utilizados para conectar las formas. Estas formas flexibles no tienen placa superior ni inferior ni largueros de entibación integrales. Los conjuntos de sujeción con abrazaderas ajustables para trabajo pesado instalados detrás de los cepos sirven para forzar la forma en el patrón deseado y cumplen la función de largueros de entibación. En el próximo módulo se analizan más detalladamente éstas y otros formas para pared fabricadas.

6.2.2 Formas para bordes

Las formas para bordes se utilizan en diversas aplicaciones de trabajos planos como apoyos de cimentación, losas, aceras y pequeños trabajos de pavimentación. Se pueden comprar de diversos fabricantes y como formas de acero, aluminio o plástico rígido y flexible, tanto para trabajo pesado como liviano. En la *Figura 61* se muestran las formas de acero para trabajo pesado y liviano de un fabricante. La forma para trabajo pesado está fabricado con acero calibre 10 y tiene un borde superior de 2" de ancho y una base de 4" de ancho para proporcionar un soporte estable y rigidez adicional. Las cavidades para estacas son de tipo caja con orificios perforados a través de la parte superior y una base de 4" que fija la forma a las estacas de acero con cuñas desmontables. Proporcionan máxima capacidad de soporte en comparación con las cavidades V para cuñas utilizadas en la versión liviana. La versión liviana se fabrica con acero calibre 12 y tiene una brida de 2" de ancho que permite dar vuelta a la forma y utilizarla

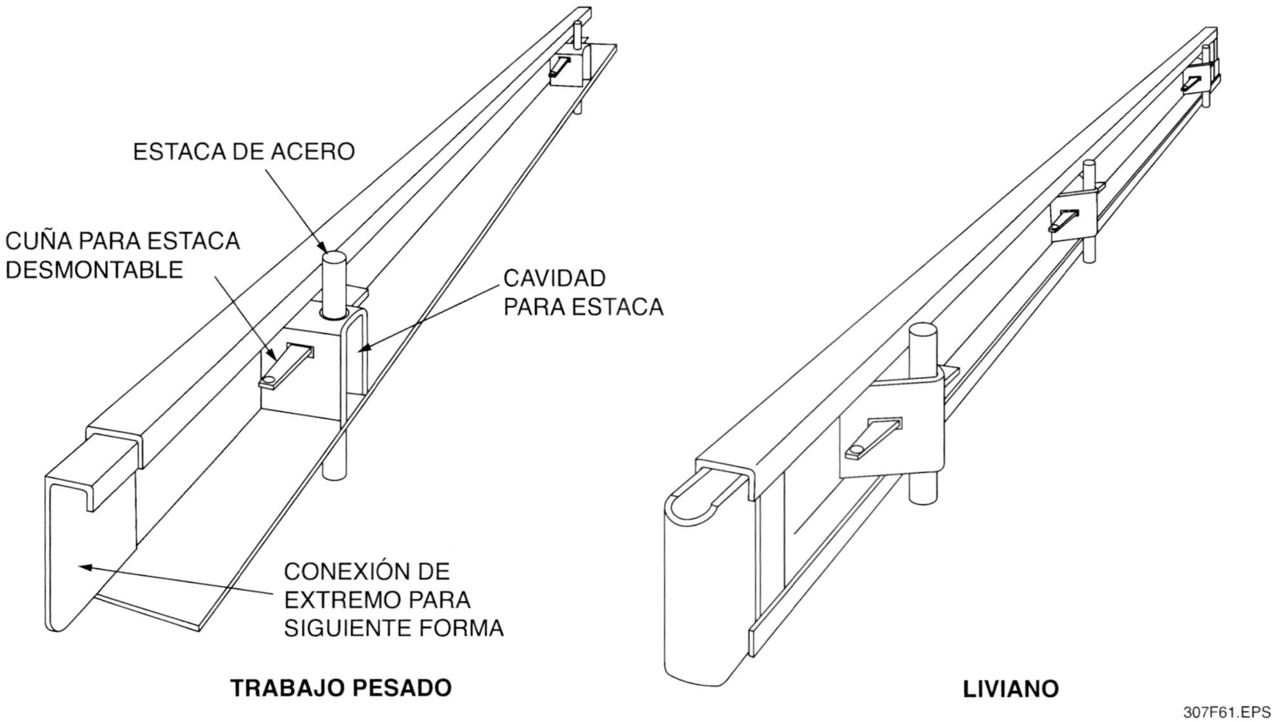

Figura 61 ◈ Formas de acero para bordes.

en cualquiera de las posiciones (sin parte superior o inferior). Ambas formas se encuentran disponibles en longitudes de 10 pies con alturas de 4" a 12", en incrementos de 1". Las formas de menor altura pueden alcanzar mayor altura si se utilizan estacas. Hay formas de 13"a 24" de altura como pedidos especiales.

Este fabricante también ofrece formas especiales según se muestra en la *Figura 62*. La forma de pasador perforada (*Figura 62A*) se puede especificar como una alternativa para cualquier forma estándar con el objetivo de permitir la instalación de pasadores para barra de refuerzo horizontal para efectuar conexiones entre losas o entre losas y apoyos de cimentación. Esta forma está equipada con una conexión de extremo deslizante para permitir el desmoldado sobre los pasadores. Se puede conseguir una forma reforzado en ángulo recto con un riel superior pesado y base ancha con soportes triangulares a lo largo de la forma diseñadas para sostener el equipo de reglas cuando se deban instalar losas súper planas con excelente nivelación. También se encuentran disponibles formas con chavetero de acero que se pueden adjuntar a las formas estándar para permitir la conexión de losas con apoyos de cimentación o losas adyacentes. Las formas flexibles de acero (*Figura 62B*) se pueden conseguir en diversas alturas para todos los tipos de trabajo con curvas y radios de circunferencia.

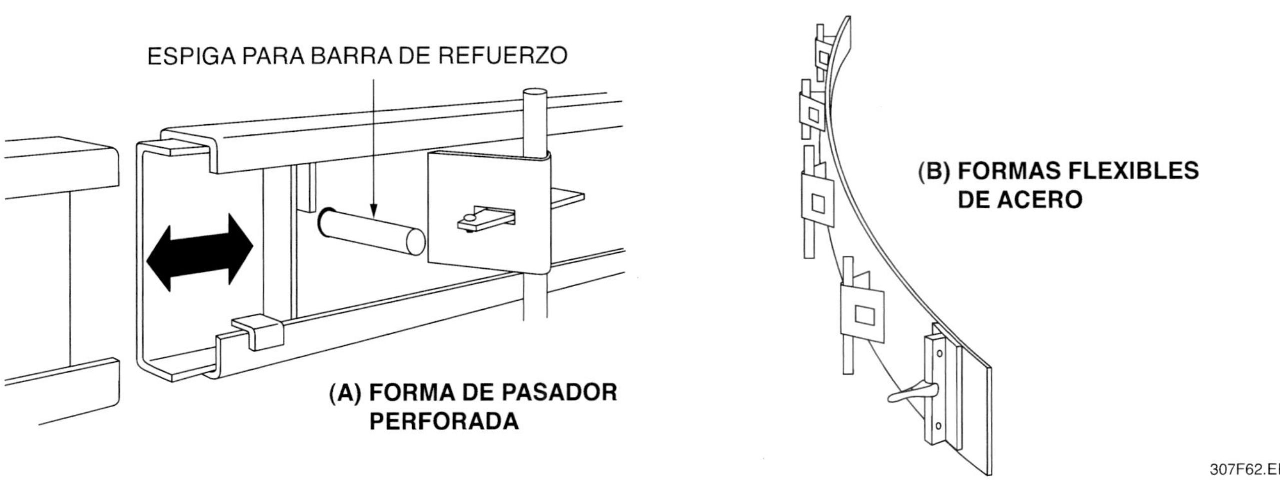

Figura 62 ◈ Formas para bordes especiales.

El mismo fabricante también ofrece una línea de formas para bordes de plástico duraderos, rígidos y flexibles (*Figura 63*). Son muy livianos y se encuentran disponibles en tamaños de 4" y 6" con capacidad para incluir estacas y tienen 12 pies de largo. Las formas se pueden cortar fácilmente a longitudes menores según se desee. Se utilizan tres cavidades diferentes para estacas de acero; una cavidad apta para torsión, una cavidad deslizante y una cavidad para estaqueado opcional. La cavidad apta para torsión se puede ubicar en cualquier sitio a lo largo de la forma y además sirve como opción para estaqueado múltiple. Las cavidades se pueden adjuntar antes o después de fijar la forma al nivel deseado. La cavidad lateral, que también se puede utilizar cuando se fijan formas con estacas, se inserta en un extremo de la forma y se desliza sobre la unión que se encuentra entre las formas adyacentes antes del estaqueado. La cavidad para estaqueado opcional, que proporciona una conexión más rígida, es similar a la deslizante y se encuentra disponible en tres configuraciones diferentes para estaquear dos formas de 4", dos formas de 6" y una forma de 4" con una de 6". Las versiones rígidas de la forma tienen un sistema tubular de aluminio cuadrado separado varias pulgadas para ofrecer una alineación rígida con una forma adyacente. Las versiones flexibles de las formas omiten el sistema tubular y se pueden doblar con radios de hasta 3 pies como mínimo.

6.2.3 Sistemas de formas para apoyos de cimentación

Al menos un fabricante ofrece un sistema de formas de aluminio para ser usada en la construcción de apoyos de cimentación de fleje continuo/desplegados o para pilares. En la *Figura 64* se muestran los componentes del sistema y se describen sus funciones. Se requiere un soporte mínimo (o nulo) gracias a los amarres para formas que también se utilizan como soporte para el refuerzo. Los amarres se encuentran disponibles en anchos de 16", 18", 20" y 24". Las formas tienen alturas estándar de 8", 10" y 12" y se pueden estaquear. Sus longitudes van de 6" a 12'. Los apoyos de cimentación escalonados se pueden adaptar fácilmente con el componente de forma escalonado del sistema. En la *Figura 65* se puede ver un apoyo de cimentación tipo fleje parcialmente relleno con concreto hasta los marcadores de nivel en el interior de las formas. En la *Figura 66* se muestra un apoyo de cimentación escalonado relleno con concreto con las formas aún colocados. En la *Figura 67* se muestra parte de un apoyo de cimentación terminado con las formas desmoldados y los pasadores de barra de refuerzo para una pared moldeada en el lugar.

CAVIDAD APTA PARA TORSIÓN   FORMA FLEXIBLE

307F63.EPS

Figura 63 ◆ Formas para bordes de plástico.

6.2.4 Material para formas permanentes

Diversos fabricantes ofrecen una amplia variedad de materiales para formas permanentes para apoyos de cimentación, pilares, pilotes, cabezales de pilotes y ataguías. Entre estos materiales se incluye la tela revestida con plástico. En la *Figura 68* se puede ver una forma para apoyo de cimentación fabricada con una tela que utiliza una forma de madera liviano para sostener el borde superior de la tela. La parte superior cuenta con soportes cruzados para conservar el ancho del apoyo de cimentación y se utiliza para sostener una placa para chavetero y pasadores de barra de refuerzo para una pared. En la *Figura 69* se muestra la construcción y colocación de concreto de uno de varios apoyos de cimentación de una columna de sección cuadrada de 15 pies y 30" de espesor para un edificio comercial. Los apoyos de cimentación se colocaron sobre columnas de arena bajo nivel compactadas por vibración. La tela que se utilizó tenía 62" de ancho y se empujó hacia abajo con pesos con ladrillos dentro de la forma que también se utilizaron como soporte para una alfombrilla de barras de refuerzo. Observe que la tela sólo se colocó alrededor del perímetro del apoyo de cimentación. Una vez curado el concreto, sólo se desmoldarán las formas de madera y se dejará la tela alrededor del apoyo de cimentación, que se rellenará más adelante. La tela utilizada para estos tipos de apoyos de cimentación se encuentra disponible en rollos de 120' con anchos de 12" a 74". El peso promedio de un rollo es de 20 libras y es el equivalente en forma de aproximadamente 900 libras de madera de 2 × 12.

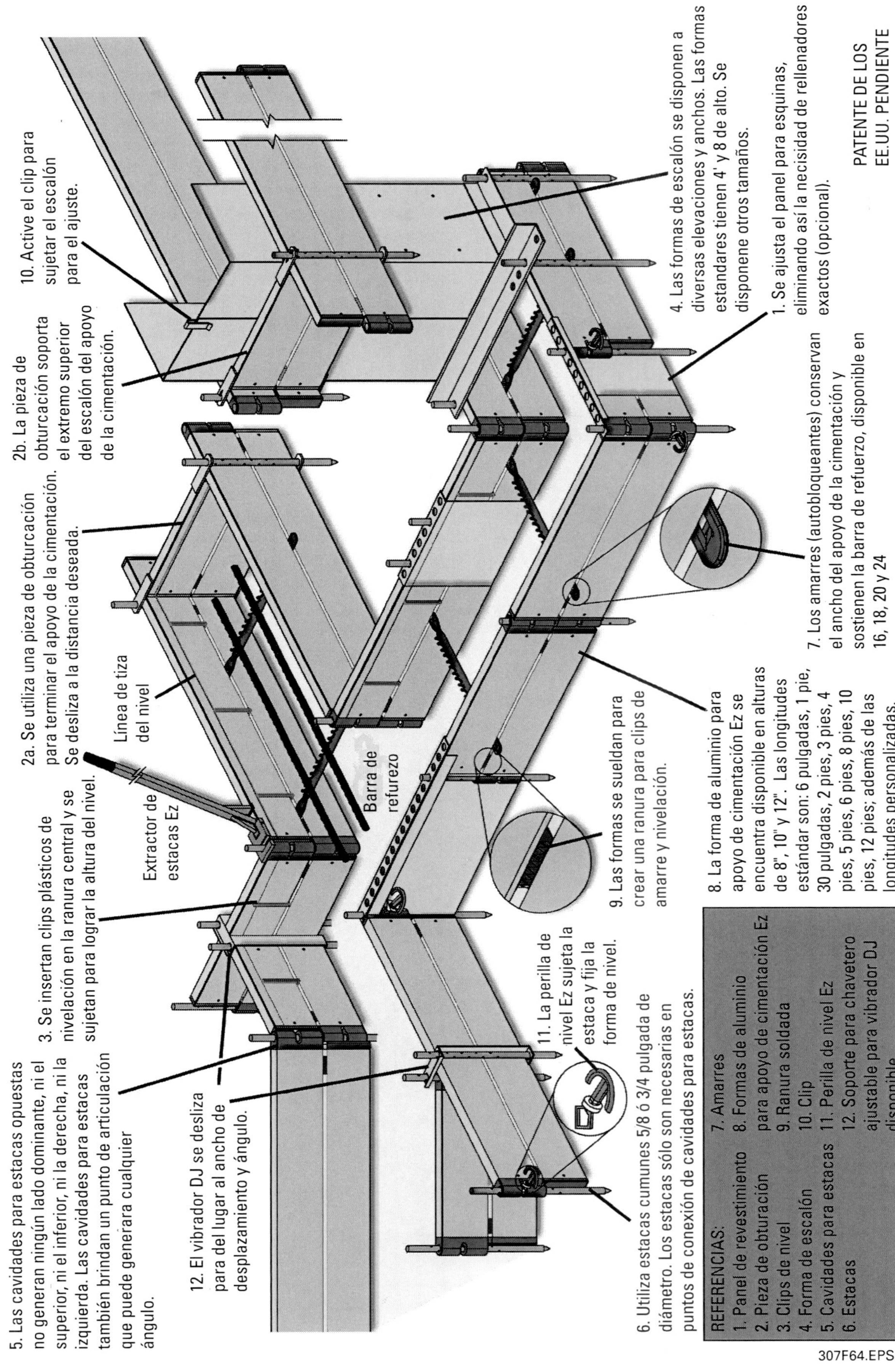

Figura 64 ◆ Componentes de un sistema de formas para apoyos de cimentación.

307F65.EPS

Figura 65 ◆ Apoyo de cimentación de fleje relleno parcialmente con concreto.

307F66.EPS

Figura 66 ◆ Apoyo de cimentación para forma escalonado con concreto.

307F67.EPS

Figura 67 ◆ Porción de un apoyo de cimentación terminado.

Otro material para forma permanente es la malla de acero. Se utiliza ampliamente en la construcción pesada como sustituto de la madera contrachapada que se utiliza normalmente en las formas. El material en bruto para formas con malla de acero galvanizado se encuentra disponible en bobinas calibre 26 de 27" de ancho y 97' de largo.

307F69.EPS

Figura 69 ◆ Apoyo de cimentación de tela para columna.

307F68.EPS

Figura 68 ◆ Apoyo de cimentación de fleje de tela.

También se pueden conseguir bobinas de material calibre 25 con las mismas dimensiones. El material se forma cortando y expandiendo una lámina de acero galvanizado en un patrón para formar nervaduras en V de ¾" de profundidad paralelas a la longitud de la lámina y con una separación de 3⅞". El espacio entre las nervaduras es la porción de malla con una apertura de 15⁄64" × ⅜". La malla se suele colocar de modo que las nervaduras apunten hacia dentro del concreto que se colocará primero. La malla se puede cortar fácilmente con tijeras para latón o con una sierra eléctrica de mano con una hoja abrasiva. A continuación se indican sólo algunas de las aplicaciones para la malla de acero:

- La *Figura 70* enseña formas terminados para vigas de nivel con cepos de 2 × 4.
- La *Figura 71* enseña una pieza de división con chavetero y retenciones horizontales para agua. Observe que la superficie áspera creada por el concreto que se filtra a través de la malla resulta ideal para unirse con otras fuentes de concreto que se moldearán contra el material.
- La *Figura 72* enseña una pared de cimientos con lateral ciego construida con malla de acero. El lateral ciego quiere decir que no se podrá acceder a la parte posterior de la pared una vez que se coloque el concreto y que no se podrá retirar ningún forma. Como resultado, todo el soporte posterior de la pared para la malla consiste en barras de refuerzo con amarres que se adjuntarán a la parte frontal de la pared cuando se le construya con formas convencionales.

307F70.EPS

Figura 70 ◆ Vigas de nivel con cepos de 2 × 4.

7.0.0 ◆ REGLAS

En obras comerciales que impliquen la nivelación de apoyos de cimentación, cabezales de pilotes y elementos de cimientos similares, se utilizan reglas o llanas comunes de madera. Sin embargo, normalmente se utilizan reglas vibradoras de varios fabricantes para losas de gran tamaño. Consolidan el concreto eficientemente, garantizando que no existan vacíos en una losa. En general, no se utilizan unidades manuales como las que se muestran en las *Figuras 73* y *74* con guías o rieles de regla a menos que se requiera una losa súper plana. En obras comerciales generales en las que lo plano de la losa no es un factor crítico, muchos contratistas simplemente esparcen y nivelan el concreto en forma tosca con estacas como guía. Las estacas se fijan en el nivel deseado en hileras separadas aproximadamente entre 15' y 25' en el interior del área de la losa. A medida que avanza la colocación de la losa desde una forma para borde de la losa y se nivela el concreto sólo con la precisión necesaria tanto por delante como al costado de la regla, se van retirando las estacas del

307F71.EPS

Figura 71 ◆ Pieza de división con chavetero y retenciones para agua.

307F72.EPS

Figura 72 ◆ Pared de cimientos con lateral ciego construida con malla de acero.

307F73.EPS

Figura 73 ◆ Regla vibratoria manual.

307F74.EPS

Figura 74 ◆ Nivelación con una regla vibratoria manual.

borde exterior del concreto que se está esparciendo y se utiliza el borde interior del concreto ya alisado como borde interior.

Cuando se necesitan losas súper planas, muchos contratistas optan por utilizar una regla reticulada vibratoria como la que se muestra en la *Figura 75*. Estas unidades se encuentran disponibles en varios tamaños. Algunas son unidades muy livianas con anchos de hasta 35' y que pueden consolidar losas de 8" a 10" de profundidad. Se pueden conseguir unidades más grandes con anchos máximos de 75' y que pueden consolidar losas de hasta 18" de pro-

307F75.EPS

Figura 75 ◆ Una regla reticulada vibratoria accionada por aire comprimido.

fundidad. Las unidades se desplazan sobre las formas para borde o sobre una superficie sólida mediante un cigüeñal de mano en cualquiera de los extremos de la unidad. La mayoría de las reglas reticuladas también se puede ajustar para generar superficies con corona, parabólicas e invertidas al igual que superficies planas. Todas las reglas se deben utilizar sobre formas para bordes de metal con soporte y valores nominales correctos.

8.0.0 ◆ FORMAS PARA PAVIMENTACIÓN Y PARA BORDILLOS DE ACERA

Si bien el uso de equipos para pavimentación y para bordillos de acera con formas deslizantes es cada vez más habitual debido a su bajo costo y su alta velocidad de producción, todavía se utilizan formas para pavimentación y para bordillos de acera fabricados en muchos proyectos. Diversos fabricantes ofrecen una amplia variedad de este tipo de formas y sus accesorios respectivos. Las

CARRIL INTERNO

Tubos de plástico y de fibra

Se pueden utilizar tubos impermeables de plástico y ciertos tubos de papel o fibra como formas permanentes. Resultan especialmente útiles en el caso de pilotes cortos, ataguías y planchas de soporte para columnas. Se pueden conseguir tubos de plástico en longitudes de 40' y diámetros de 18" a 60".

CARRIL INTERNO

Reglas vibratorias guiadas por láser

Los contratistas más importantes suelen utilizar reglas vibratorias guiadas por láser como la que se muestra en la figura. Estas unidades son guiadas por un sistema de control dirigido por software que emplea una estación láser dispuesta en frente y a cierta distancia de la unidad. Los dos postes a cada lado de la unidad sostienen a los receptores láser que utiliza el sistema de control para monitorizar el nivel deseado para la posición actual de la unidad. El sistema de control levanta, baja y gira el sostén de la regla y la regla plana vibratoria para perfilar la losa de concreto según un programa de software de contornos cargado previamente en el sistema de control. Estas unidades utilizan sólo una forma para borde de la losa como referencia de punto de inicio y no se hace uso de ninguna otra referencia para el resto de la losa.

307SA02.EPS

formas para pavimentación y las formas frontales y posteriores rectos para bordillos de acera son más resistentes que las formas para bordes utilizados normalmente para losas. Están fabricados con acero de $\frac{3}{16}$" o $\frac{1}{4}$" de espesor. Las formas para pavimentación también están reforzados para soportar equipos pesados de pavimentación.

El terreno debajo de la pavimentación y los bordillos de acera se debe nivelar y preparar correctamente antes de fijar las formas. Se debe compactar una base gruesa de combinaciones de grava, piedra o arena para proporcionar un sustento y drenajes estables para el concreto superpuesto y para minimizar la acumulación y las rajaduras por heladas.

NOTA

Al igual que en todas las formas, las partes superiores y caras de las formas utilizadas para pavimentar y crear bordillos de acera se deben recubrir ligeramente con un agente para desmoldar antes del uso para facilitar el desmoldado. Asegúrese de limpiar las formas por completo, especialmente las partes superiores y las caras, antes y después de cada uso.

8.1.0 Formas para bordillos de acera

En la Figura 76 podemos ver un ejemplo de un bordillo de acera para el estacionamiento de un edificio comercial que se colocó con formas. Se utilizan formas para bordillos de acera estándar para construir cinco perfiles de bordillos básicos, tal como se muestra en la *Figura 77*; se describen a continuación:

- *Cara vertical* – A un bordillo de cara vertical sin canaleta que es una losa vertical con las partes frontal y posterior paralelas entre sí y a 90 grados respecto de cualquier losa de pavimento a tope. Se pueden utilizar formas para borde o formas para pavimentación.
- *Cara inclinada* – un bordillo con una cara en ángulo y canaleta y un ángulo fijo en su intersección.
- *Radio inferior* – una cara inclinada con un extremo curvo en la intersección entre cara y canaleta.
- *Radio superior e inferior* – una cara inclinada con un extremo curvo en la parte superior y en la intersección entre cara y canaleta.

- *Apto para circulación* – un bordillo con una cara de inclinación gradual y leve que permite el tránsito de vehículos.

En las *Figuras 78* y *79* se muestran configuraciones típicas de formas para bordillos de acera y canaletas rectos y curvos con una identificación de sus componentes. Estas formas generalmente pueden conseguirse en longitudes de 10' con alturas de 4" a 24", en incrementos de 1". La mayoría de las formas son de acero, pero también se pueden conseguir algunas fabricadas con plástico rígido y flexible como las formas para bordes descritos en una sección anterior.

Cada fabricante ofrece varios modos de adjuntar los componentes para las formas para bordillos de acera, pero los elementos principales son similares en general. Se utilizan placas de división total en los extremos de un bordillo de acera como pieza de división y en diversos puntos en los que se necesiten uniones de expansión. También se pueden conseguir placas de división total con ranuras para barras de refuerzo. Las placas de división de **esqueletos** son placas de poca profundidad que se utilizan para controlar la formación de fisuras a lo largo del bordillo y sobre las barras de refuerzo. Se debe utilizar al menos una placa de división total cada 10'. Se dispone de formas para cara de bordillo y/o placas de división para cada uno de los perfiles de bordillo y canaleta (vea la *Figura 77*). La que se muestra en la *Figura 78* es una forma de cara de radio inferior y se fija al forma posterior contra placas de división secundarias con un clip en la placa de división y un travesaño superior.

Las formas frontales y posteriores son formas para bordes con un conector de extremo y

307F76.EPS

Figura 76 ◆ Bordillo de acera para estacionamiento.

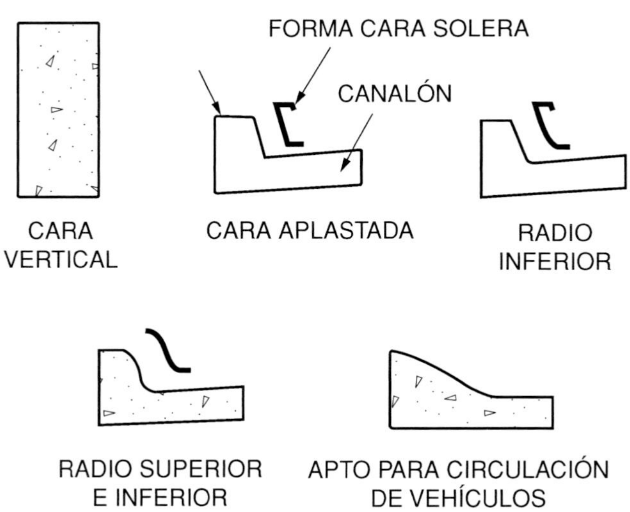

307F77.EPS

Figura 77 ◆ Perfiles básicos de bordillo y canaleta.

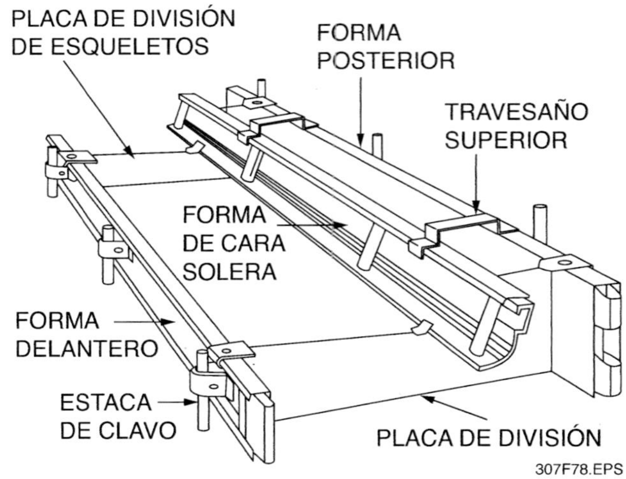

307F78.EPS

Figura 78 ◆ Configuración típica de bordillo recto y canaleta.

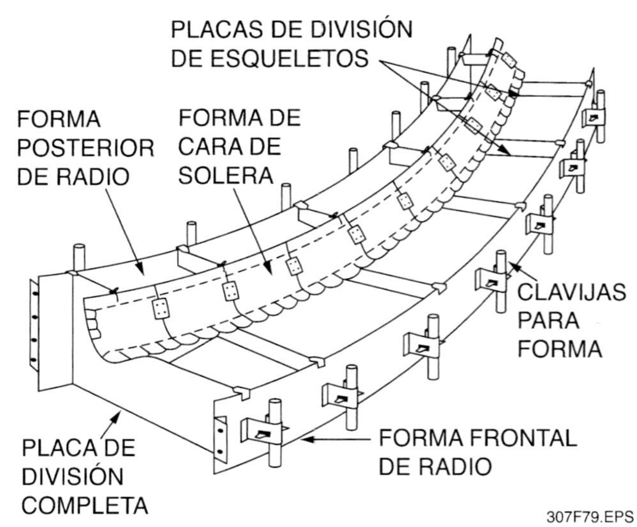

307F79.EPS

Figura 79 ◆ Configuración típica de bordillo de radio y canaleta.

cavidades para estacas con cuñas para fijar la forma a estacas de acero. Las formas frontales y posteriores para bordillos y canaletas de radio (vea la *Figura 79*) están fabricadas con acero flexible y son idénticas a las formas para bordes de acero flexible, sólo que son más pesados. En el caso de este fabricante, la forma para cara de bordillo de acera se fabrica a medida para el perfil y el radio de curva deseados. Se fabrica con placas de acero curvas que se unen para lograr el radio deseado. Las placas de división se sujetan a las formas frontal y posterior, y la forma de cara se sujeta a las placas de división. En el caso de perfiles aptos para la circulación de vehículos, sólo se utilizan las placas de división apropiadas.

8.2.0 Equipo de pavimentación

Se utilizan dos métodos diferentes en la construcción de sistemas viales modernos. El sistema de formas fijas y el sistema de formas deslizantes.De los dos, el que se utiliza con más frecuencia es el de formas deslizantes porque es más económico. Sin embargo, las formas fijas son esenciales en la construcción de pavimentos complicados, interrumpidos y de ancho variable o en pavimentos que requieran refuerzo de alfombrilla sustentado con asiento.

Si se utilizan formas fijas, éstas deben ser rígidas, resistentes y se deben fijar firmemente para que resistan la presión del concreto más el impacto y la vibración de cualquier equipo que deban soportar sin cuartearse o consolidarse. La cara de la forma debe tener la altura del espesor propuesto para el pavimento.

La forma debe tener una base ancha y plana para lograr estabilidad, un riel superior para transportar los equipos, soportes triangulares de refuerzo de ser necesario y opciones para sujeción al terreno con estacas. El equipo que se traslada sobre formas de pavimentación puede incluir: colocadoras/esparcidoras de concreto, reglas reticuladas vibratorias o pavimentadoras de cilindro montadas sobre armadura. Consulte al fabricante de las formas para asegurarse de que las formas para pavimentación sean lo suficientemente resistentes como para soportar los equipos.

8.2.1 Formas para pavimentación

Varios fabricantes ofrecen formas para pavimentación. La *Figura 80* muestra formas de pavimentación típicos para trabajo liviano y pesado con un riel superior de un fabricante. Estas formas, al igual que la mayoría de las formas para bordillos de acera, se fabrican con acero de ³⁄₁₆" de espesor (trabajo liviano) o con acero de ¼" de espesor (trabajo pesado). Este fabricante ofrece ambos tipos con longitudes de 10'. Ambos tipos se pueden conseguir con perforaciones para las barras de refuerzo o un refuerzo de alfombrilla con asiento y/o pasadores para acoplarlos con una losa paralela. Ambas clases de formas poseen un bloque extremo deslizante reforzado para efectuar una conexión rígida con la siguiente sección de la forma y, además, permitir un desmoldado sin complicaciones sobre las barras de refuerzo o pasadores en caso de estar perforados para dicho uso. Los dos tipos de formas se pueden conseguir en dimensiones verticales incrementales de 4" a 24", en combinación con cualquier dimensión base en incrementos horizontales de 6" a 24". Tenga presente que las formas para trabajo liviano poseen refuerzos triangulares en ciertos puntos de su extensión. Las formas para trabajo pesado también necesitan soportes triangulares (excepto en los tamaños más grandes). Además, observe las cavidades para estacas de base a tope vertical con cuñas dobles para bloquear firmemente la forma a las estacas. Las versiones para trabajo pesado de estas formas son demasiado pesadas para levantar y colocar. La forma más pequeña (4" × 6") pesa 120 libras y la más grande (24" × 24") pesa 518 libras. Se deben emplear procedimientos y equipos correctos de elevación para colocar las formas.

Se debe retirar de la obra toda forma que presente superficies superiores dañadas, dobleces, sujetadores defectuosos o que exhiba cualquier otro defecto; sólo se podrá reincorporar a los trabajos una vez que haya sido reparado correctamente.

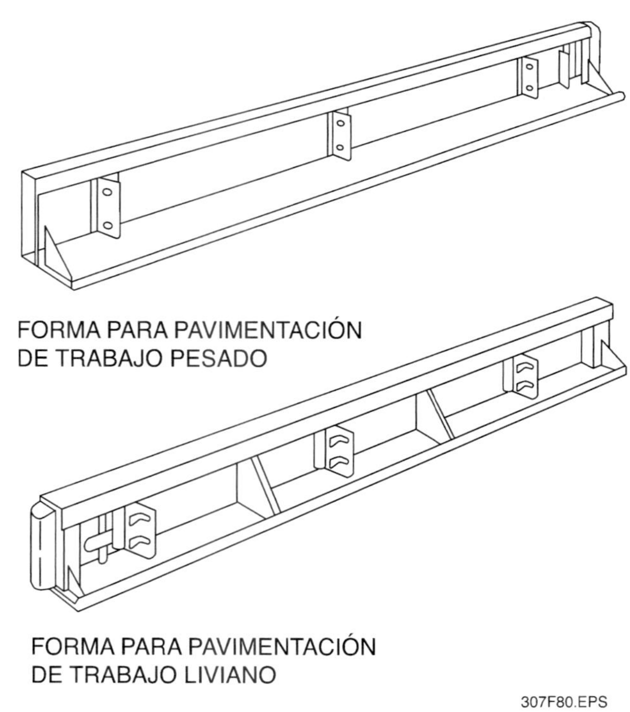

Figura 80 ◆ Formas típicos para pavimentación.

CARRIL INTERNO

Bordeadora con forma deslizante

En las figuras se muestra una máquina con forma deslizante para crear bordillos de acera y canaletas. Estas unidades se pueden guiar automáticamente con una cuerda, un sistema satelital de posicionamiento global (GPS) o un sistema láser para mantener el nivel y la dirección. El sistema de control de la máquina permite la formación automática de radios cerrados. Los bordillos y canaletas se pueden colocar con radios de 24" en adelante. El molde de forma deslizante se puede intercambiar para diferentes perfiles de bordillos y canaletas. Además de usarse para bordillos de acera y canaletas, se pueden obtener moldes de formas deslizantes para otros tipos de proyectos tal como se muestra en las figuras.

BORDILLO DE ACERA CON CURVAS

BORDILLO DE ACERA RECTO

CANALES DE DRENAJE A LA VERA DE LA CARRETERA

CIMIENTOS SOBRE REFUERZO PREINSTALADO

307SA03.EPS

Las formas se deben colocar cuidadosamente respetando la línea y el nivel requeridos para garantizar que el pavimento terminado tenga una superficie uniforme y presente un drenaje correcto de las aguas superficiales. Se debe colocar sobre material de base inferior firme y correctamente compactado. Nunca se debe colocar sobre material poco cohesivo y sin consolidar. Todas las formas se deben estaquear firmemente para evitar desplazamientos durante las operaciones de colocación. El estaqueado requiere al menos tres estacas por cada 10' de largo de la forma. Se debe verificar la distancia entre formas laterales para comprobar que se logre el ancho especificado del carril de pavimento.

Las formas se suelen retirar una vez transcurridas 24 horas de la colocación del concreto. Este período permite lograr un endurecimiento suficiente para reducir las probabilidades de roturas en los bordes. Se deben tomar extremas precauciones al separar las formas del concreto. Nunca se deberán utilizar barras o herramientas pesadas para hacer palanca contra el concreto para retirar las formas. Si resulta necesario utilizar cuñas, se deben emplear cuñas de madera o plástico y se les debe insertar suavemente.

8.2.2 Pavimentadoras con formas deslizantes

Cuando se utilicen pavimentadoras con formas deslizantes en vez de formas fijas, las formas de molde forman parte de la máquina pavimentadora y se desplazan junto con ella. La pavimentadora con formas deslizantes puede ejecutar diferentes operaciones:

- Recibir el concreto
- Esparcir el concreto por todo el ancho requerido
- Compactar el concreto y eliminar vacíos
- Apisonar y nivelar la superficie
- Instalar refuerzos de pasadores transversales salientes u ocultos en toda la losa
- Acabar la superficie
- Colocar láminas de membrana o polietileno para retener la humedad durante el curado

Hay dos tipos de pavimentadoras con formas deslizantes: de una pasada y de dos pasadas. La mayoría de las máquinas es de una pasada; todas las operaciones se completan en una sola pasada. Las máquinas de dos pasadas finalizan la colocación total del concreto en una operación, pero en dos etapas. En la primera etapa se puede colocar y consolidar una capa base más gruesa y ubicar pasadores transversales en la losa. Durante la segunda etapa (se inicia inmediatamente después de la primera), se puede colocar, consolidar y acabar una capa de concreto más delgada y fina sobre la capa base.

Las pavimentadoras con formas deslizantes generalmente pueden instalar pavimentos de 8' a 50' de ancho con un espesor máximo de 20" a una velocidad de entre 6' y 12' por minuto. La mayoría son máquinas con carriles oruga, con dos carriles a cada lado. Los carriles descansan fuera del área del pavimento sobre la misma base de terreno preparada que el pavimento; o bien, sobre la base de terreno y pavimento curado adyacente. Las máquinas emplean presión hidráulica sobre los moldes laterales y superiores para compactar el concreto, junto con placas vibratorias para consolidar el material. La mayoría de estas máquinas posee controles de nivelación y dirección automáticos a base de cuerda de nylon, GPS o sistemas de guía láser.

La precisión de la base inferior es vital para lograr una superficie uniforme del pavimento terminado. También es importante que el área sobre la que se coloca la pavimentadora con formas deslizantes cuente con una nivelación de extrema precisión. De no ser así, toda irregularidad de la base se podría reflejar en el espesor del pavimento.

8.2.3 Pavimentadoras de formas laterales

Las pavimentadoras de formas laterales pueden circular sobre formas para pavimentación o sobre rieles independientes adjuntos a las formas o fuera de ellas, según el peso de la pavimentadora. Se les utiliza ampliamente para pavimentar plataformas de puentes o franjas muy anchas de pavimento, especialmente pavimentos con refuerzo de alfombrilla. Configuradas correctamente, algunas máquinas pueden pavimentar superficies con un ancho máximo de 160'. Una pavimentadora de cilindros con sistema insertador de refuerzo (a veces llamada acabadora de cilindros con sistema IDBI) se desplaza sobre rieles circulares independientes con rodillos superiores e inferiores. Posee un juego de cilindros giratorios (habitualmente cilindros vibratorios) que son paralelos a las formas para pavimentación y que están montadas sobre un carro. El carro con los cilindros giratorios se desplaza, transversalmente, hacia atrás y hacia adelante por debajo de la armadura para compactar, consolidar y acabar el concreto que se esparce manualmente por delante de la máquina a medida que ésta avanza. Los barrenos situados frente y entre los cilindros retiran el exceso de concreto y lo llevan de regreso en dirección a la parte delantera de la máquina. De esta manera se logra la superficie terminada del pavimento.

8.2.4 Precauciones de seguridad relacionadas con las pavimentadoras

Cuando trabaje cerca de equipos de pavimentación, es importante que recuerde estas precauciones de seguridad:

- No intente accionar ningún componente de una pavimentadora o acabadora de concreto a menos que esté autorizado o debidamente capacitado. En la mayoría de las áreas, sólo un operador calificado de pavimentadora o acabadora podrá accionar la máquina.
- No intente efectuar servicios técnicos ni reparaciones en ningún componente de una pavimentadora o acabadora con la unidad en funcionamiento.
- Siempre utilice las pasarelas y escaleras suministradas. Nunca trepe a miembros estructurales o plumas.
- Tome las debidas precauciones cuando trabaje cerca de una tolva de recepción de concreto o una pavimentadora con formas deslizantes.
- Cuando maneje concreto, utilice guantes y ropas adecuadas; además, lávese toda zona expuesta del cuerpo completamente después de entrar en contacto con el concreto.
- ¡Permanezca siempre alerta!

Resumen

En este módulo se ha presentado una visión general de la construcción de cimientos, losas a nivel del terreno, bordillos de acera y pavimentación comerciales. Se ha analizado el establecimiento de un diseño y una elevación de cimientos. El módulo se concentró en las formas para elementos de cimientos comerciales profundos y de poca profundidad como pilotes, ataguías, apoyos de cimentación y materiales para apoyos de cimentación, paredes y alfombrillas de cimientos. También se analizaron las formas fabricadas y los equipos utilizados para pisos y cimientos de losas a nivel del terreno, así como la formación de bordillos de acera y la pavimentación. Si bien es posible que los carpinteros no participen directamente en todos los temas analizados, es importante que comprendan las actividades, materiales y equipos que se pueden llegar a emplear durante la construcción de cimientos, losas a nivel del terreno, bordillos de acera y pavimentos comerciales.

Notas

Preguntas de repaso

1. En el caso de un cimiento de concreto típico, la forma para _____ se coloca y rellena primero.
   a. apoyos de cimentación
   b. paredes de cimiento
   c. fosas interiores
   d. losa de cimiento

2. Se deberán instalar, rellenar y compactar los sistemas de tuberías de servicio y alcantarillado subterráneos después de la forma de concreto para completar la cimentación.
   a. Verdadero
   b. Falso

3. En la mayoría de los estados, un carpintero *no* puede efectuar ninguna medición de diseño que esté relacionada con líneas o límites de propiedad.
   a. Verdadero
   b. Falso

4. Las esquinas de los edificios se suelen marcar con _____.
   a. marcas de referencia permanentes
   b. marcas de referencia temporarias
   c. puntos de control secundarios
   d. puntos de control de trabajo

5. Para determinar la altura del instrumento, sume la lectura de visual inversa a la/al _____.
   a. lectura TP1
   b. lectura de visual directa
   c. elevación conocida de la marca de referencia
   d. valor de calibración

6. La regla 3-4-5 se basa en un _____.
   a. triángulo isósceles
   b. paralelogramo
   c. triángulo rectángulo
   d. triángulo isométrico

7. Se deben colocar tablas para marcar líneas de excavación a una distancia *no menor* a _____ pies de los bordes de una excavación.
   a. tres
   b. cuatro
   c. cinco
   d. seis

8. Para posicionar correctamente los pernos de anclaje sobre el apoyo de cimentación, _____.
   a. insértelos en el concreto húmedo
   b. utilice un patrón
   c. empálmelos a tope con las barras verticales
   d. utilice un nivel láser

9. Las paredes de lechada pueden tener una profundidad máxima de _____.
   a. 100'
   b. 200'
   c. 300'
   d. 400'

10. Las paredes de lechada se construyen generalmente con incrementos de _____.
    a. 15'
    b. 20'
    c. 25'
    d. 30'

11. Los pilotes de acero se encuentran disponibles en _____ variedades.
    a. dos
    b. tres
    c. cuatro
    d. cinco

12. Un pilote que no genera grandes perturbaciones en el suelo cuando se le incrusta es un(a) _____.
    a. pilote premoldeado macizo
    b. ataguía de extremo cerrado
    c. pilote H
    d. pilote tubular de extremo cerrado

13. El diámetro de los pilotes de concreto premoldeados generalmente es de _____.
    a. 6" a 30"
    b. 8" a 54"
    c. 10" a 65"
    d. 12" a 74"

14. Las ataguías barrenadas pueden alcanzar profundidades de hasta _____.
    a. 150'
    b. 200'
    c. 250'
    d. 300'

Preguntas de repaso

15. Las ataguías blindadas pueden alcanzar profundidades de hasta _____.
    a. 150'
    b. 200'
    c. 250'
    d. 300'

16. Los pilotes de concreto comprimido se forman mediante el uso de un _____.
    a. mandril
    b. armazón permanente de lámina delgada
    c. cubo excavador
    d. barreno

17. Un cimiento flotante utiliza _____.
    a. pilotes incrustados en el fondo rocoso que sostienen el peso de los cimientos y del edificio
    b. el suelo como apoyo a una profundidad equivalente al peso de los cimientos y del edificio
    c. vigas de nivel secantes con pilotes para sostener el peso de los cimientos y del edificio
    d. paredes de lechada y ataguías para sostener el peso de los cimientos y del edificio

18. La construcción de losas a nivel del terreno se basa fuertemente en _____ como apoyo.
    a. cabezales de pilotes
    b. apoyos de cimentación
    c. paredes de cimiento
    d. suelo preparado

19. El material de forma con malla de acero se utiliza frecuentemente en la construcción _____.
    a. residencial
    b. comercial liviana
    c. comercial
    d. pesada

20. Las pavimentadoras de formas laterales están disponibles en anchos de hasta _____.
    a. 75'
    b. 130'
    c. 160'
    d. 190'

Términos especializados introducidos en este módulo

Aislamiento: Término utilizado para describir las estructuras que se colocan alrededor de columnas u otros empotramientos, para aislarlos de la losa de concreto horizontal durante la colocación de la losa.

Alfombrilla de cimientos (platea): Cimentación de concreto gruesa y con una armadura fuerte, que se utiliza para dar apoyo a cargas de construcciones importantes sobre suelo que puede soportar poco peso. Puede construirse con menos pilotes o ataguías debajo para soportar la carga.

Altura del instrumento (HI): Elevación de la línea de visión del telescopio con respecto a una elevación conocida. Se calcula al sumar la elevación de la visual inversa y la elevación conocida.

Arriostramiento cruzado: Piezas cruzadas de un sistema de apuntalamiento, instaladas perpendicularmente a los lados de la excavación; los extremos de estas piezas se apoyan contra montantes o largueros.

Ataguías: Término utilizado en la formación de cimientos para describir secciones estructurales mayores que el pilotaje.

Cimientos: Todos los elementos estructurales por debajo del nivel rasante de una estructura.

Consolidación: Afirmar mediante la compactación de partículas para inducir una disposición más próxima.

Densidad: Proporción entre el peso y el volumen de un material.

Esqueleto: Condición que se produce cuando los montantes de madera individuales o puntales hidráulicos individuales no se colocan en contacto con el miembro adyacente.

Losa a nivel del terreno (losa a nivel): Término que se utiliza para una losa de concreto armado, de 3½" de grosor o más, que se coloca sobre zapatas de cimientos o muros y sobre suelo preparado. La losa generalmente cuenta con uniones de construcción que permiten que se dilate y contraiga. El suelo es el material base para su resistencia.

Nivel freático: Profundidad debajo de la superficie del suelo en la que el suelo está saturado con agua.

Pilotaje: Término que se utiliza para describir una sección estructural colocada en el suelo para soportar una carga superpuesta.

Relleno: Cantidad de material necesaria para que el suelo actual alcance el nivel rasante deseado.

Vacíos: Espacios vacíos entre las partículas de suelo o agregados. Los vacíos suelen hacer referencia a las bolsas de aire o los espacios vacíos entre partículas.

Visual directa (FS): Lectura que se toma con una mira de nivelación desde un punto para determinar la altura de una nueva elevación.

Visual inversa (BS): Lectura que se toma con una mira de nivelación desde un punto de elevación conocida para determinar la altura del instrumento de nivelación.

Additional Resources

Este módulo tiene como objetivo presentar un recurso sólido para el entrenamiento de tareas. Se recomiendan los siguientes trabajos de referencia para profundizar el estudio. Estos son materiales ideales para una capacitación continua más que para el entrenamiento de tareas.

American Concrete Institute. www.aci–int.org.

Principles and Practices of Commercial Construction, Prentice Hall, Upper Saddle River, NJ.

The Concrete Network. www.concretenetwork.com.

SERIE EDUCATIVA CONTREN® — COMENTARIOS DEL USUARIO

NCCER hace el esfuerzo de mantener estos libros de texto actualizados y libres de errores técnicos. Apreciamos su ayuda en este proceso. Si tiene una idea para mejorar este libro de texto, o si encuentra algún error, ya sea tipográfico, o de contenido en los libros de texto de *Contren*®, favor de escribirnos usando esta forma o una fotocopia de la misma. Asegúrese de incluir el número exacto del módulo, la página, una descripción detallada, y la corrección, si es aplicable. Su comentario será traído a la atención del comité técnico de revisión. Gracias por su ayuda.

Instructores – si usted encontró que algún material adicional es necesario para enseñar este módulo con eficacia, por favor déjenos saber para poder incluirlos en la lista de Equipo y Materiales en la guía anotada del instructor.

Dirección postal: Departamento de Desarrollo de Productos
National Center for Construction Education and Research
3600 NW 43rd Street, Bldg. G, Gainesville, FL 32606

Fax: 352-334-0932

E-mail: curriculum@nccer.org

Oficio ______________________ Nombre del Módulo ______________________

Fecha del Copyright ______________ Número del Módulo ______________ Número(s) de Página(s) ______________

Descripción

____

____

____

____

Corrección (opcional)

____

____

____

Su nombre y dirección (opcional)

____

____

____

Formas verticales

27308-07

27308-07
Formas verticales

Los temas que se presentarán en este módulo incluyen:

Generalidades

La capacidad de trabajar con formas para concreto es básica en el trabajo de carpintería comercial e industrial. Un carpintero residencial quizá trabaje con formas, pero para el carpintero comercial e industrial, trabajar con formas es una forma de vida. El carpintero participa del montaje y arriostramiento de las formas, y de su desmolde, limpieza y almacenamiento después de que el concreto se ha endurecido.

Las formas se utilizan para construir todo, desde muros de retención, pasando por puentes hasta edificios altos. Las formas verticales se utilizan en paredes de edificios, columnas y escaleras. Las formas deslizantes y las formas trepadoras se utilizan en pilares de edificios, silos, huecos de elevadores y para edificios, e incluso estructuras de edificios enteras.

La mayoría de las formas con las que trabaje serán sistemas de formas de producción que incluyen los paneles de la forma, los apoyos horizontales y verticales, los accesorios de sujeción y las riostras. Cada productor de un sistema de formas tiene requisitos de equipo y armado que son exclusivos de él, por lo que quizá deba realizar un entrenamiento especial sobre el sistema de forma que utiliza su empleador.

Objetivos

Cuando haya completado este módulo, podrá hacer lo siguiente:

1. Explicar los procedimientos de seguridad que se asocian al uso de formas para pared de concreto.
2. Identificar los diversos tipos de formas para pared de concreto.
3. Identificar los componentes de cada tipo de sistema de forma vertical.
4. Montar, nivelar y riostrar una determinada pared.
5. Reconocer diversos tipos de formas de producción.
6. Establecer las diferencias en la construcción y el uso de los diferentes tipos de formas.
7. Montar, nivelar y riostrar una forma para columna.
8. Montar, nivelar y apuntalar una forma para escalera.
9. Ubicar e instalar piezas de obturación y formas empotrados.

Términos especializados

Concreto arquitectónico	Marco
Concreto plástico	Puntales
Forma deslizante	Revestimiento
Forma modular	Riostra
Forma trepadora	Soporte vertical
Línea de estría	Taco separador
Listón	Traslapo

Materiales necesarios para el estudiante

1. Lápiz y papel
2. Equipo protector personal adecuado

Prerrequisitos

Antes de comenzar este módulo, se recomienda haber finalizado con éxito los cursos *Currículo Básico; Introducción a la Carpintería Nivel Uno; Estructuras y Acabados de Carpintería Nivel Dos;* y *Formas para Carpintería Nivel Tres*, Módulos 27301-07 a 27307-07.

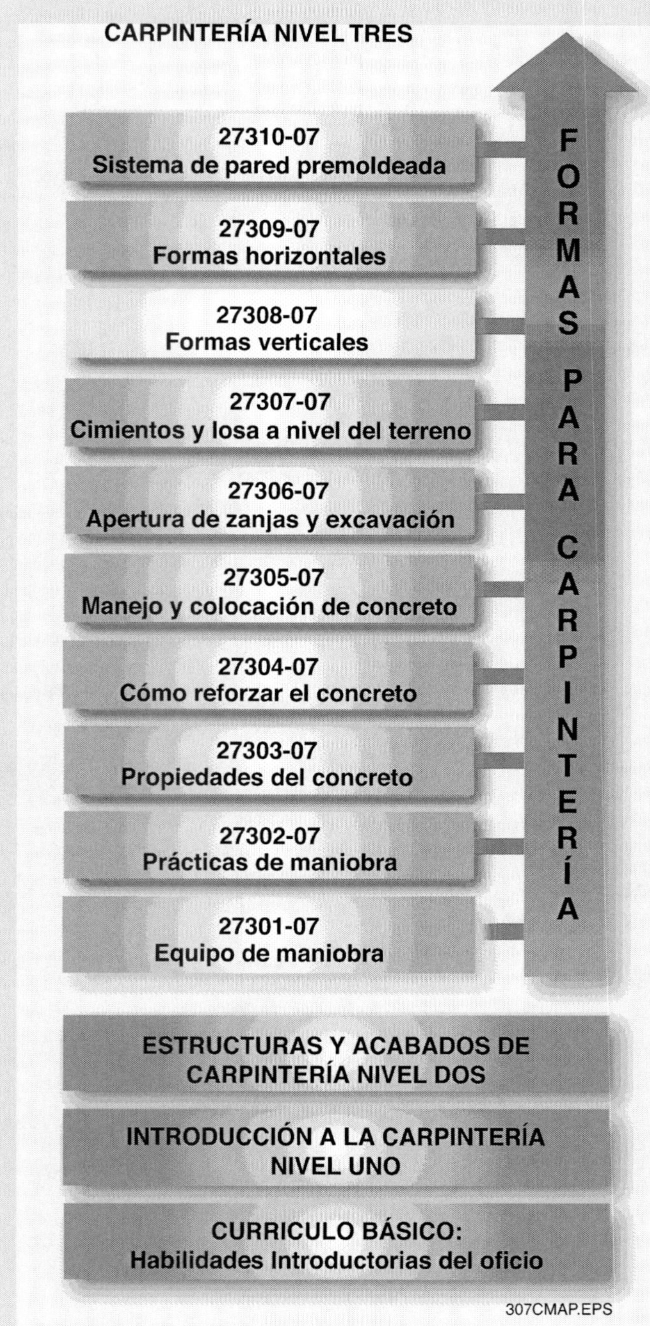

Este mapa del curso muestra todos los módulos del tercer nivel del currículo de *Carpintería*. El orden de entrenamiento sugerido comienza desde abajo y progresa hacia arriba. Los niveles de dificultad aumentan a medida que usted avanza en el mapa del curso. Es posible que el auspiciador del programa de entrenamiento local ajuste el orden de entrenamiento.

1.0.0 ◆ INTRODUCCIÓN

Hubo una época en que las formas se construían en el lugar de trabajo y se destruían después de un solo uso. Solamente se recuperaban planchas o listones de madera aislados. En la construcción residencial y comercial liviana se sigue utilizando esta práctica. Sin embargo, en las grandes construcciones comerciales, el aumento en los costos de la mano de obra y la necesidad de producción masiva han hecho varios cambios en el trabajo con formas.

Las formas patentadas, prefabricadas y los paneles de formas reutilizables de producción se han convertido en componentes estándar del equipo de construcción. Los paneles se pueden unir en unidades mayores para crear una forma para paredes eficaz. El amarre, la sujeción, el arriostramiento y los accesorios de soporte siguen aumentando en cantidad y variedad. La industria de las formas patentadas ha aplicado materiales nuevos a la construcción de formas, y se han descubierto nuevos usos para los materiales convencionales. Los plásticos, la fibra de vidrio, el acero, el aluminio y el caucho, en forma de materia prima y en formas prefabricadas y patentadas, han simplificado el trabajo de forma para concreto para que cumpla con las demandas arquitectónicas actuales.

Las formas verticales más comunes que se encuentran en una construcción son las formas para pared y columna. En este módulo, nos concentraremos en los sistemas de formas mucho más grandes que probablemente encontrará en proyectos grandes. También hablaremos sobre otros tipos de formas verticales, incluidas las **formas deslizantes**, las formas para escaleras y los de poliestireno. Y hablaremos también de las formas arquitectónicas que se utilizan para lograr un aspecto decorativo de las superficies en el concreto. La *Figura 1* muestra ejemplos de formas utilizados en trabajos de construcción comercial.

2.0.0 ◆ PLANIFICACIÓN DE FORMAS

Las formas representan un tercio o la mitad del costo total de instalación del concreto. Por lo tanto, los contratistas tienen en cuenta los siguientes factores:

- Los materiales para formas más eficaces que manejarán la carga de manera segura.
- La capacidad de las formas de ser usadas nuevamente.
- La planificación eficaz para usar las formas.
- La composición de la cuadrilla.
- La cantidad de trabajo necesario para armar, desmoldar y limpiar las formas.

Otros factores que intervienen en el proceso de planificación son la disponibilidad y capacidad de las grúas, el espacio disponible para armar y mover las formas y la cantidad y el tipo de penetraciones para tuberías, conductos y aberturas.

Generalmente, los contratistas seleccionarán la forma más económica para un trabajo particular. Sin embargo, si un contratista pretende utilizar los mismos tipos de formas en otros proyectos, o varias veces en el mismo proyecto, suele ser más económico comprar formas más duraderos. Cuanto más veces se pueda utilizar una forma, menor será el costo por proyecto.

Los contratistas intentan planificar de manera tal que las cuadrillas estén disponibles para colocar las formas, verter el concreto y desmoldar las formas en la menor cantidad de tiempo posible. Un contratista pierde dinero cada vez que se debe detener un trabajo porque el equipo no está preparado y los trabajadores deben aguardar. Las demoras pueden ser particularmente costosas cuando se alquilan las formas o se les necesita para otro proyecto.

308F01.EPS

Figura 1 ◆ Ejemplos de formas utilizadas en trabajos de construcción comercial.

Seguridad

CARRIL INTERNO

Los fabricantes de sistemas de formas diseñan sus productos con la seguridad siempre presente, y los prueban para garantizar que rindan como deben dentro de los márgenes de seguridad apropiados. Para su seguridad, y para garantizar la instalación y el uso apropiados de sus sistemas de forma, los productores brindan guías de aplicación que detallan las piezas que componen sus sistemas de forma, instrucciones de armado e información técnica y de seguridad. Todas las personas implicadas directa o indirectamente en el uso de un sistema de forma particular siempre deben familiarizarse con los contenidos de la guía de aplicación apropiada antes de intentar instalar el sistema.

No se trata simplemente de encontrar la forma menos costosa. Se debe usar de manera eficiente. Por ejemplo, si se alquilan formas a $10,000 por mes y se utiliza una vez en ese tiempo, el costo por estructura de concreto es $10,000. Si la forma se usa diez veces durante ese mismo tiempo, el costro por estructura se reduce a $1,000.

La cantidad de formas necesarias se puede determinar por la cantidad de paredes por hacer, el tiempo disponible en la planificación y el tiempo necesario para que el concreto se cure antes de poder retirar las formas.

Como verá, cada sistema de formas es diferente. Se necesita tiempo y entrenamiento para que una cuadrilla conozca lo suficiente un sistema de formas determinado como para armarlo, desmoldarlo y desarmarlo de manera eficaz. Es por eso que un contratista probablemente adquiera experiencia con un sistema particular y lo use siempre que sea posible.

Otro aspecto de la planificación es la asignación de zonas de trabajo en la obra. Se necesita espacio para armar, limpiar y almacenar las formas. La mayoría de los proyectos grandes tendrán una zona de taller donde se armarán las formas. Para trasladarlos es preciso hacer una planificación especial. Si se trasladarán las formas con una grúa, debe haber una zona despejada en la cual operar. Esto es muy importante. Sería muy costoso tener que desmantelar la grúa para poder mover las formas de un punto de la obra a otro.

3.0.0 ◆ FORMAS PARA PARED

Una forma para pared es un dispositivo de retención o molde que se construye de manera tal que brinde la forma, el apoyo y el acabado deseado a una pared de concreto. Las formas para pared, o cualquiera de los tipos de formas que se tratan en este módulo, tienen una cosa en común: Los productores diseñan las formas de manera de producir formas muy livianas que soporten el peso del concreto, además del peso de varios trabajadores (como carpinteros e instaladores de barras de refuerzo) que podrían tener que trabajar sobre la forma.

Existen varios sistemas de formas para pared. Las formas para pared simples que se construyen en el lugar pueden estar hechos de madera y contrachapado con clavos duplex y separados por amarres de muro. Otros sistemas utilizan paneles de formas de producción y accesorios de sujeción, con largueros y **soportes verticales** hechos de madera o metal. Algunos productores ofrecen sistemas patentados, en los que todos los componentes provienen de la misma fuente. En muchos casos, los apoyos horizontales y verticales vienen incorporados en los paneles de las formas, por lo que no se necesitan largueros ni soportes verticales.

Las formas se diseñan para simplificar la construcción y por el apoyo que proporcionan. Las formas pueden armarse con abrazaderas de metal o conexiones especiales con clavija y cuñas que son seguras y al mismo tiempo facilitan el armado y desarmado de la forma (*Figura 2*). Las manijas, o una tira de madera que se ha clavado o atornillado a la forma, le brindan al trabajador los medios para agarrar el costado de la forma de manera que pueda separarlo del concreto. Esto disminuye o elimina el uso de palancas de acero o martillos para separar las formas. También reduce el daño. Algunos sistemas proporcionan ojos de elevación y otros accesorios que facilitan el movimiento de las secciones de las formas.

El peso del **concreto plástico** ejerce una presión enorme sobre la forma. Para evitar la falla o el estiramiento de la forma es importante usar formas que se hayan diseñado y construido correctamente, y posean el arriostramiento adecuado para el trabajo específico.

Siempre debe tener presente primero la seguridad. La *norma 1926:700-701 de la OSHA* trata sobre las reglamentaciones de seguridad relacionadas con las formas. Para garantizar la seguridad, las formas para pared deben construirse exactamente como se diseñó, siguiendo un procedi-

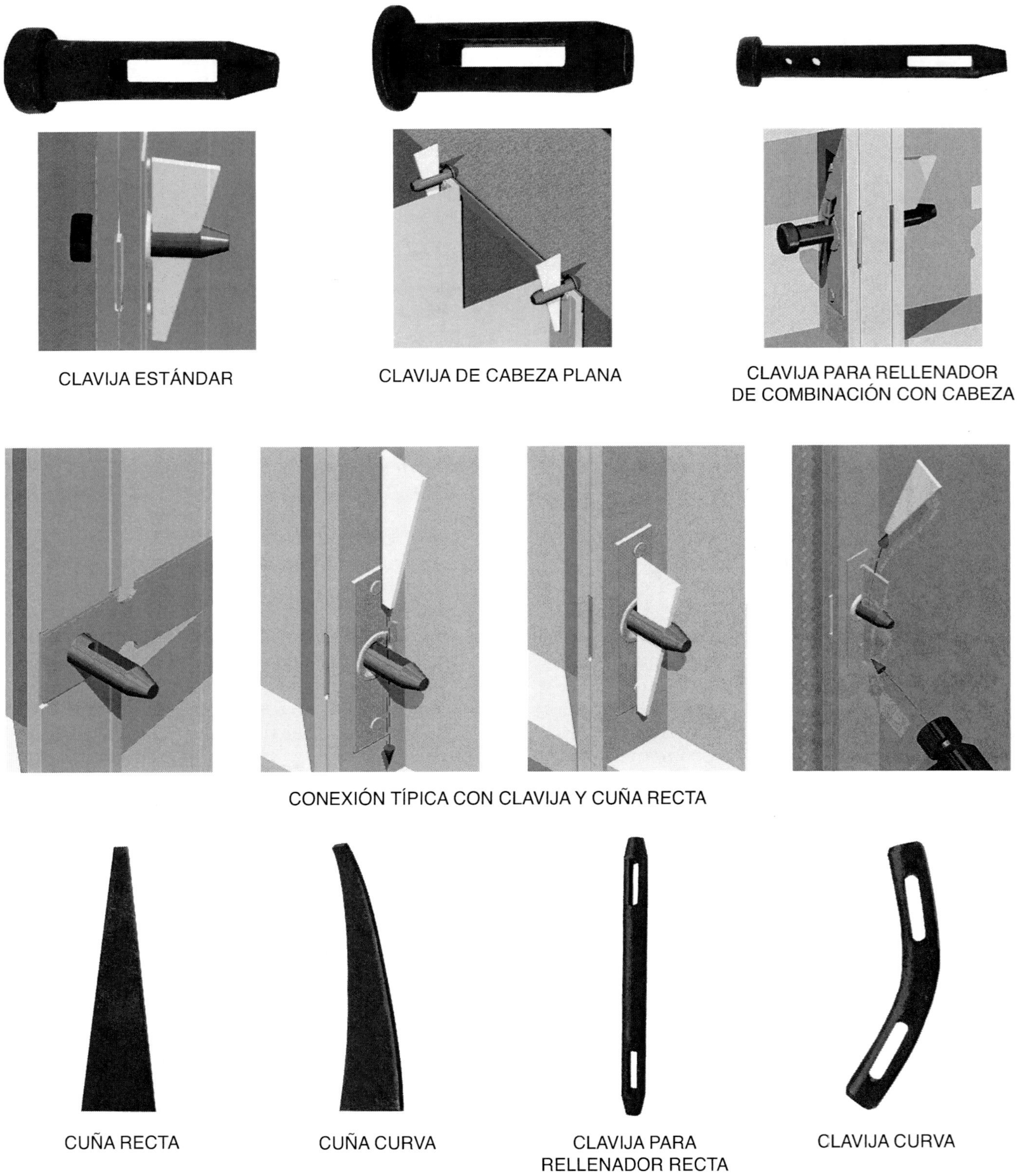

Figura 2 ◆ Ejemplos de accesorios básicos utilizados en el armado de formas.

miento de montaje seguro. Las formas deben revisarse antes de cada uso. Si tienen algún daño, se debe reparar. Si hay piezas faltantes, se debe reemplazar. Si se utilizan formas dañadas, se podría debilitar el sistema y provocar la falla de las formas. A los fines de la seguridad, también es importante conocer la velocidad de colada exigida, la altura de la colada y el espaciado entre ellas. Pero por sobre todo, los contratistas deben estar atentos a la seguridad de sus cuadrillas.

3.1.0 Piezas y accesorios

La siguiente sección describe las diferentes piezas y accesorios de las formas para pared.

- *Largueros*: componentes horizontales usados en la construcción de formas para mantenerlos en línea; a través de ellos se ajustan los amarres. Los largueros pueden ubicarse de manera vertical u horizontal, según sea el diseño de la forma. También se les llama nervaduras, zancas o miembros. Vea la *Figura 3*. Los largueros se colocan directamente contra las formas.
- *Soportes verticales*: apoyos verticales que se usan para alinear, enderezar, sostener y nivelar los largueros. Junto con los amarres, los soportes verticales sostienen y alinean a los largueros. Es importante que se utilicen piezas rectas, dado que su función es alinear. Vea la *Figura 4*. Los soportes verticales se colocan contra los largueros.

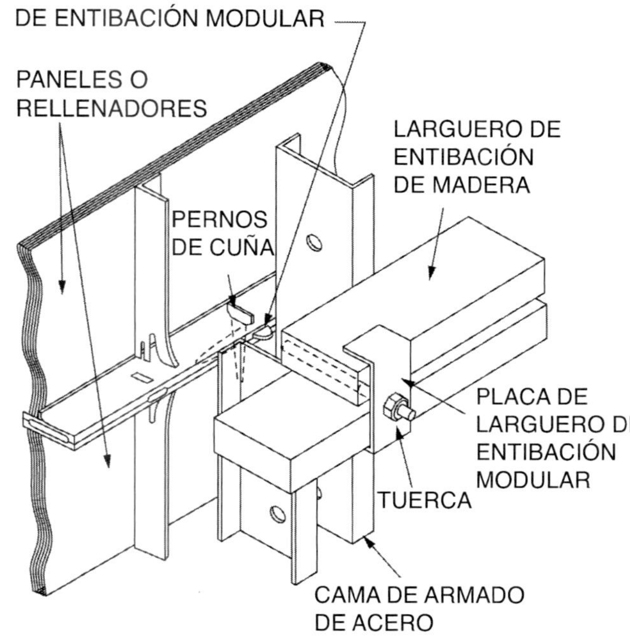

Figura 4 ◆ Soportes verticales.

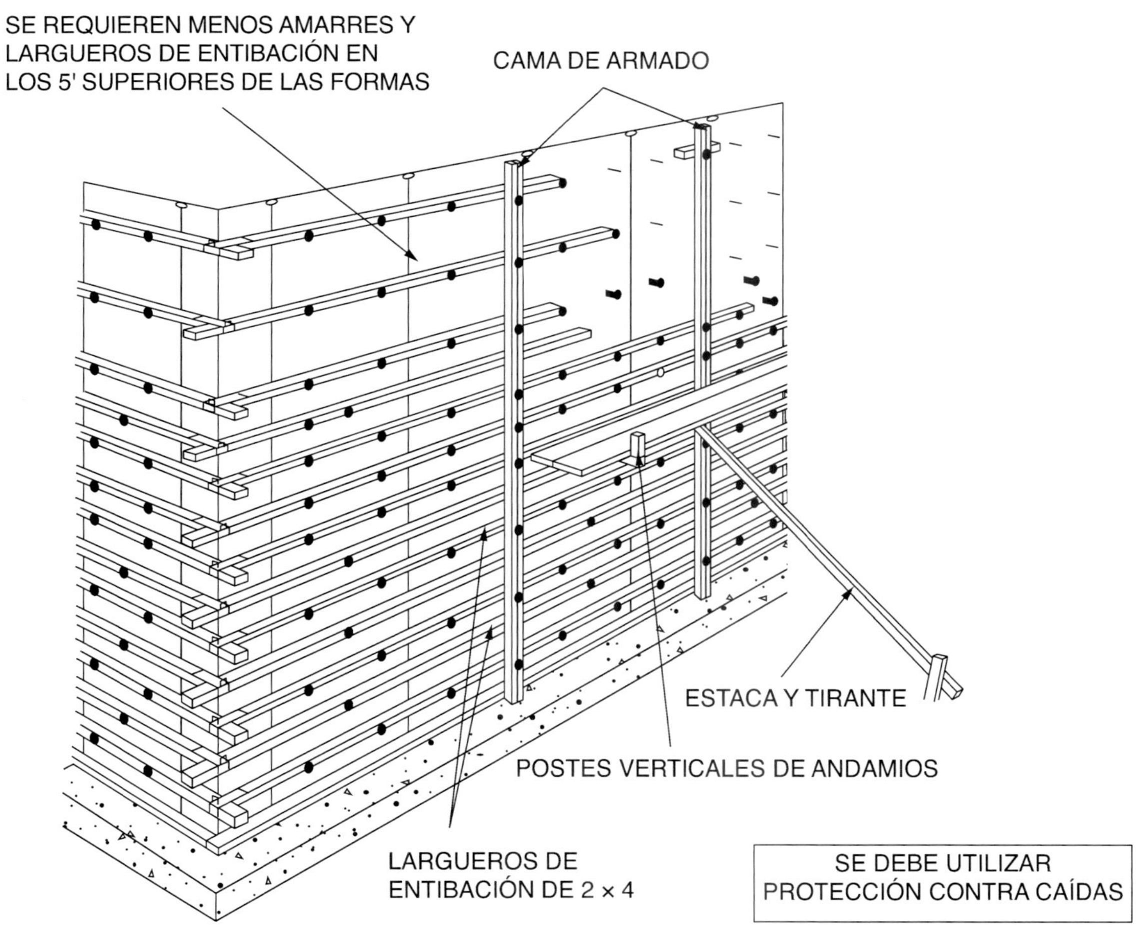

Figura 3 ◆ Formas modulares con largueros.

- *Amarres y tacos separadores*: un amarre es un alambre o varilla utilizados para mantener unido a la forma. Los **tacos separadores** mantienen las paredes de las formas con la distancia apropiada antes de colocar el concreto. La mayoría de los amarres de producción están equipados con un taco separador. Este taco separador puede ser una arandela mantenida en su lugar por una deformación en el amarre, o puede estar formado por un amarre rígido y accesorios de conexión compatibles (*Figura 5*).
- *Estacas y riostras*: necesarias para anclar la forma y mantenerla en la alineación apropiada. Las estacas están hechas de acero o madera de varias longitudes para cumplir con las condiciones del trabajo. Las **riostras** pueden estar hechas de piezas de madera de 2 × 4 o 2 × 6, pero algunos productores de formas hacen riostras con tensores ajustables para ayudar en la alineación de las formas (*Figura 6*). Muchos contratistas utilizan tirantes de tubo.
- *Placas*: sirven para alinear la parte inferior de la forma. También proporcionan los medios para la sujeción de la forma a la zapata para mantener la alineación en la parte inferior de la forma. El uso de placas para la alineación ayuda a que el trabajo vaya más rápido. No se utilizan placas en todos las formas para pared. En muchos casos, se utilizan solamente en uno de los lados de la forma para pared. Para las **formas modulares** se utilizan clavijas de espigas hechas de barras de refuerzo. Están empotradas en la zapata.

3.2.0 Sistemas de formas y paneles

Los paneles de producción patentados están disponibles para la construcción de todo tipo de formas para pared. Existen básicamente cinco tipos de sistemas de formas y paneles, si bien varían ampliamente en los detalles:

- *Paneles de contrachapado sin marco*: las láminas de contrachapado sin marco a veces están respaldadas por riostras de acero. Las piezas esenciales de este sistema de forma son los accesorios de bloqueo y amarre. El bloqueo que sostiene los amarres suele ser parte del apoyo del larguero.
- *Paneles fabricados íntegramente con metal*: los paneles fabricados íntegramente con metal *Figura 7A*) están hechos de piezas de metal sostenidas por un marco de metal. Estos paneles están disponibles en acero y aluminio. Las formas íntegramente hechas en aluminio constan de una armazón de aluminio y una lámina frontal de aluminio, que generalmente tiene un espesor de ⅛". Por lo general, se presentan en secciones de 3' × 8'. Son livianos y fáciles de manejar. Sin em-

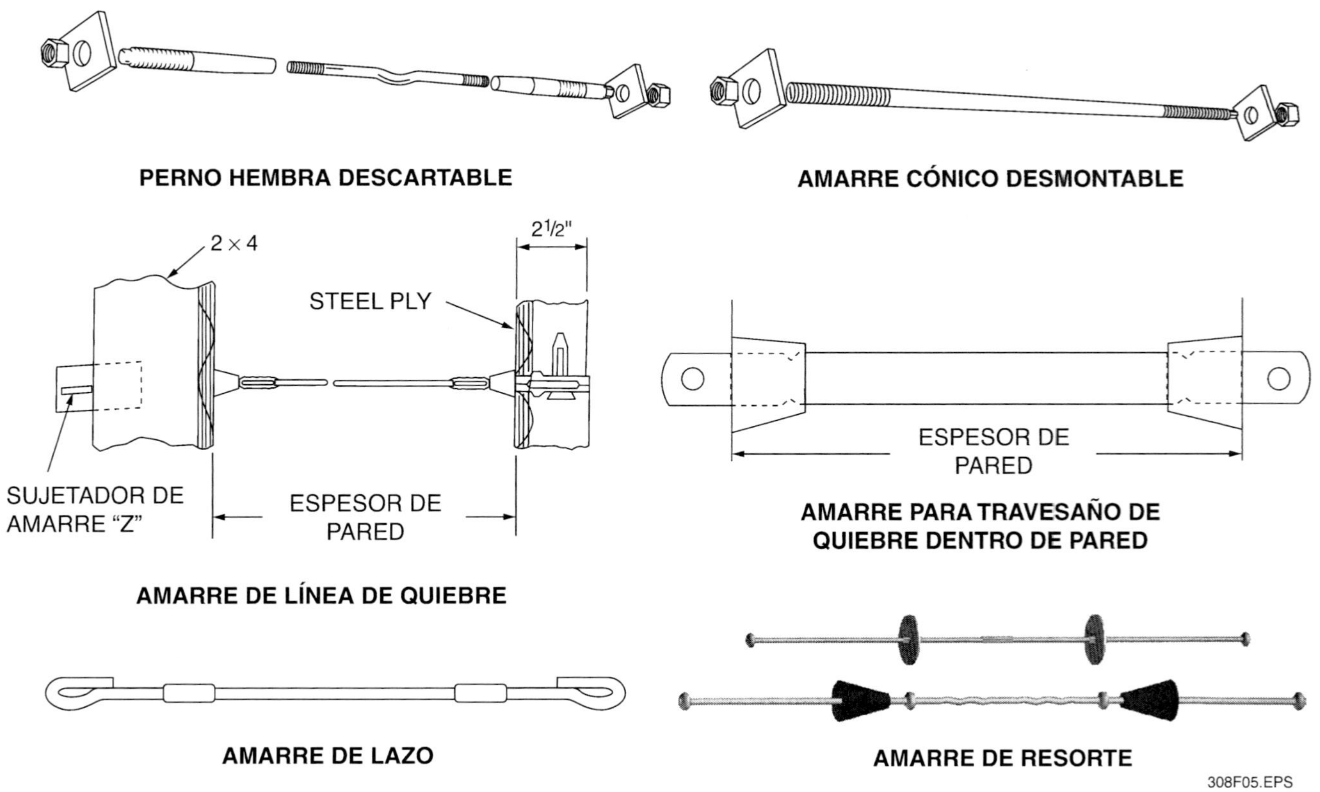

Figura 5 ◆ Amarres de muros.

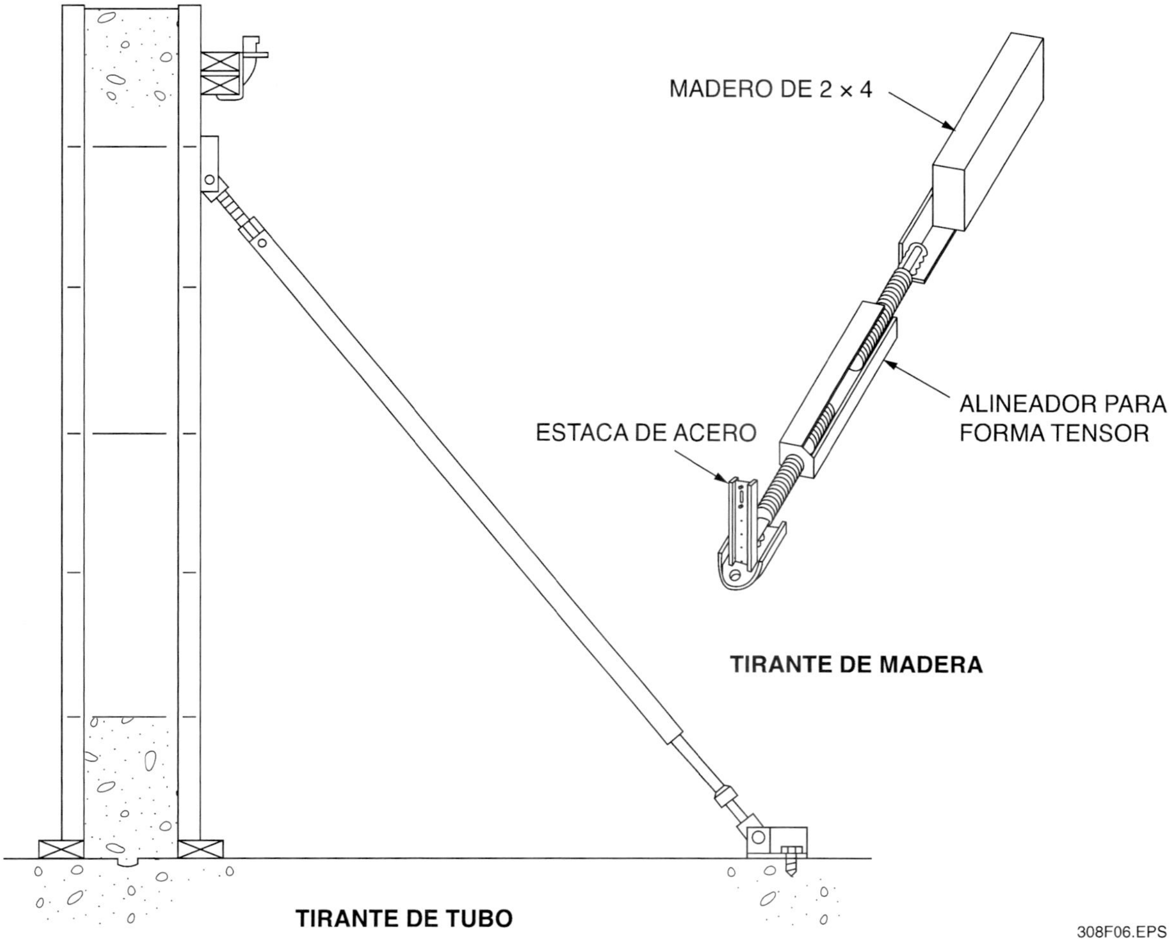

Figura 6 ◆ Alineador para forma tensora ajustable.

bargo, debido al precio que tiene el aluminio, son muy costosos y más propensos a ser robados. Además, el aluminio puede provocar una reacción química con el concreto, por la cual este se adhiere a la forma; por lo tanto, no son apropiados para el **concreto arquitectónico**.

Las formas totalmente de acero son más pesadas que las de aluminio, por lo que se ofrecen en módulos más pequeños, generalmente de 2' × 4'. Si bien las formas de acero son menos eficaces que el aluminio por su tamaño menor, son muy duraderas y pueden utilizarse una y otra vez si se les mantiene y almacena apropiadamente. Las formas de acero se pueden utilizar para el concreto arquitectónico si se aplica un revestimiento a la forma.

- *Estructura de contrachapado y metal*: estas formas pueden estar unidas en unidades mayores o armarse manualmente. Están formados por láminas de contrachapado empotradas en un armazón de acero o aluminio de ½" o ⅝" (*Figura 7B*). A menudo no necesitan arriostramiento y se utilizan en toda clase de construcciones.
- *Paneles con estructura de acero reforzado*: estos paneles se hacen para soportar las presiones más grandes del concreto vertido (*Figura 7C*). Están construidos con **revestimientos** de madera, contrachapado o sintéticos. Como están diseñados para cargas pesadas, tienen accesorios construidos en los paneles para que la grúa los manipule y suelen unirse en unidades mayores para tramos más largos.
- *Paneles plásticos*: actualmente, algunos productores están haciendo paneles de formas de plástico para trabajos pesados. Estos paneles son livianos y fáciles de manejar. Las piezas de apoyo horizontales y verticales se incorporan al panel cuando se crea.

3.3.0 Formas modulares

Los paneles de acero y contrachapado, y los paneles totalmente de acero han sido diseñados para que puedan conectarse y formar paneles grandes llamados formas modulares o módulos (*Figura 8*).

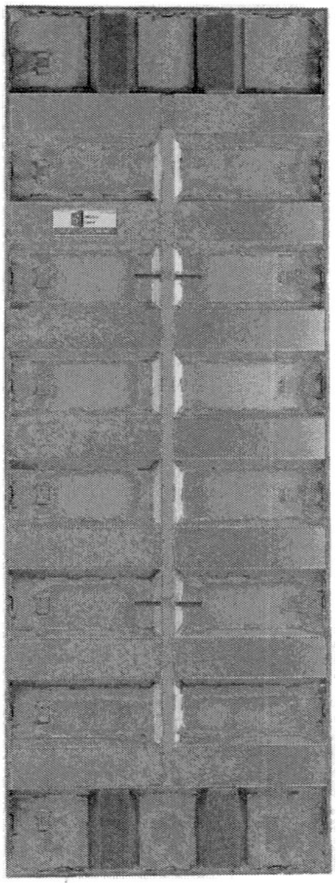

(A) PANEL FABRICADO ÍNTEGRAMENTE CON METAL

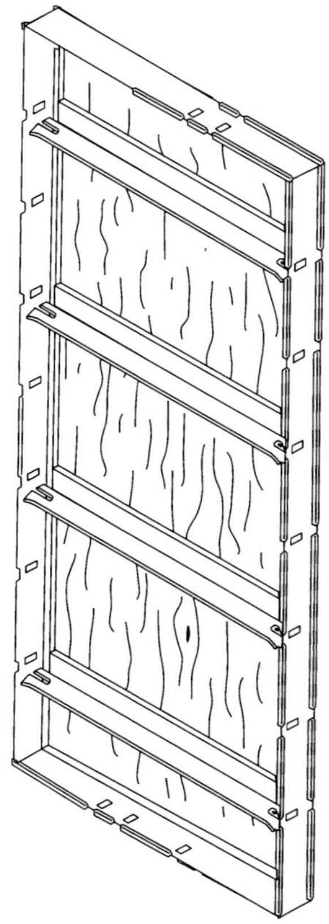

(B) ESTRUCTURA DE CONTRACHAPA Y METAL

(C) PANEL PARA TRABAJO PESADO

308F07.EPS

Figura 7 ◆ Ejemplos de paneles de forma.

CARRIL INTERNO

Construcción de formas para pared en proceso

Este es un ejemplo de forma para pared de armado manual con paneles de contrachapado que se instalan en estructuras de producción, junto con largueros de madera, soportes verticales y riostras. Las riostras se aseguran a bloques de concreto temporales llamados anclas que se crean para ese fin. Del otro lado de la forma, puede ver que los paneles de contrachapado han sido rociados con un agente de liberación de forma. La carpeta de refuerzo se ha colocado en preparación para la construcción de la otra mitad de la forma en la zapata.

308SA01.EPS

308F08.EPS

Figura 8 ◆ Formas modulares.

Con los amarres y los accesorios de conexión especiales que proporciona el productor, los paneles grandes pueden armarse sobre el suelo donde es más fácil trabajar. La forma modular puede tener de 40' a 50' de ancho. Estas formas modulares se elevan mediante grúas y otros dispositivos de movilidad mecánicos.

Las formas modulares suelen utilizarse en la construcción de muros de retención, barreras de sonido y rebajes para puentes, además de paredes y columnas. Están diseñadas con una resistencia adicional para soportar las presiones de elevación y traslado. Se considera más fáciles de desmoldar que las llamadas formas de armado manual porque la forma es más pesada y la grúa aplica fuerzas de elevación a la forma.

¡ADVERTENCIA!
La grúa nunca debe utilizarse para separar una forma modular del concreto porque podría poner en peligro a los trabajadores. Se debe separar la forma desde su parte superior mientras la sostiene la grúa.

Una gran parte del costo del concreto en el lugar son las formas para concreto. Cualquier sistema que funciona de manera satisfactoria para obtener los resultados finales de manera segura y económica es un sistema ventajoso. Las ventajas de las formas de panel modulares son:

- *Menor tiempo de montaje de la forma*: las formas modulares pueden construirse sobre el suelo (*Figura 9*), luego se elevan para colocarlas en su lugar mediante grúas.
- *Menor tiempo de desmolde*: el desmoldado es más rápido porque las formas grandes se desmoldan como unidad.
- *Reutilización*: si las formas se arman y utilizan correctamente, y se les desmolda y limpia con un cuidado razonable, la mayoría de ellas podrán volver a utilizarse. Algunos paneles de formas pueden utilizarse cientos de veces antes de que se deba reemplazar.

CARRIL INTERNO

Formas modulares

Cuanto mayor sea el peso del material de la forma, mayor debe ser la grúa necesaria para moverla. Algunos contratistas utilizan sistemas de forma de aluminio que pueden moverse con una grúa pequeña. Así, pueden evitar gastos considerables. Las estructuras de acero son mucho más pesadas, pero también pueden soportar una mayor presión lateral. Algunas de las pautas para asegurar una elevación segura de formas modulares de pared:

- Una el aparejo de elevación de la grúa únicamente a los soportes hechos para usar con el sistema de forma.
- Asegúrese de que el aparejo de elevación no sobrecargue ninguno de los soportes de elevación.
- Use vigas de izamiento (taco separador) para todas las elevaciones, en especial aquellas que implican formas modulares que tienen varios soportes de elevación.
- Cuando se eleva la forma modular, asegúrese de que cuelgue a nivel y recto.
- Use como mínimo dos líneas guía para controlar con seguridad el movimiento de la forma modular cuando se está elevando.
- Asegúrese de que la forma modular esté riostrada de manera adecuada y fijada de forma segura en su lugar antes de liberar el mecanismo de elevación.
- Asegúrese de insertar un conector de amarre en el concreto para la última sección de la forma en uno modular. Nunca amarre la forma en sí cuando separe la forma.

Figura 9 ◆ Armado de formas modulares.

4.0.0 ◆ SISTEMAS DE FORMAS PARA PARED PATENTADOS

Esta sección proporciona ejemplos de sistemas de formas para pared de producción. Estos sistemas están todos diseñados para realizar la misma función básica, pero cada uno de ellos tiene diferentes diseños de armazón, accesorios de sujeción y demás accesorios. Tenga presente que estos ejemplos son una muestra pequeña de los numerosos tipos de formas para pared disponibles. Hay muchos productores de formas para pared, y cada uno de ellos puede tener varias líneas de productos dentro de la amplia categoría de formas para pared.

El propósito de este manual es familiarizarlo con algunos de los diferentes diseños. Es su responsabilidad obtener y leer las instrucciones del productor para el armado, desmolde y almacenamiento de las formas particulares que se utilizan en la obra.

Los ejemplos en las *Figuras 10* y *11* son sistemas de paneles livianos diseñados para ser armados manualmente. No necesitan de grúas. Otros sistemas, como la forma modular EFCO® que se muestra en la *Figura 12*, están diseñados para ser armados en la zona de armado de la obra, y luego ser trasladados hasta el lugar de la colada mediante una grúa. Dichas formas son más grandes y mucho más pesadas que los modelos de armado en el lugar. Están hechas con placas de acero de ⅛" con piezas de apoyo de trabajo pesado. Un panel de forma puede pesar hasta 500 libras, en comparación con los sistemas que se muestran en la *Figura 10*, en el que el panel más grande pesa aproximadamente 50 libras.

A diferencia de los sistemas anteriormente descritos, el sistema de formas para trabajos muy pesados de EFCO puede llegar a pesar más 2,100 libras por panel, con paneles de hasta 96 puntales cuadrados (12' × 8').

La *Figura 13* muestra un sistema de formas para pared para trabajo pesado producido por Symons Corporation. Fíjese que tiene las piezas del armazón más grandes y que está armado con pernos y tuercas en lugar de los accesorios de conexión rápida que se utilizan con la forma para trabajo liviano de Symons que se muestra en la *Figura 11*.

Las *Figuras 14, 15,* y *16* muestran tres niveles diferentes del sistema de forma producido por Gates & Sons. A diferencia de los sistemas para paredes que se mostraron anteriormente, el sistema Gates no incluye paneles. Es un sistema de componentes diseñados para utilizarse con contrachapado y maderas, o con paneles producidos por otros productores.

NOTA

Las formas modulares nunca se fijan con clavijas. Se fijan con pernos o se conectan con dispositivos de bloqueo apropiado.

4.1.0 Formas curvos

Varios productores ofrecen formas para pared flexibles que se pueden utilizar para hacer tanques, muros de retención, y varias otras superficies curvas (*Figura 17*). Hay disponibles varios estilos diferentes de este tipo de formas. Algunos están hechos de paneles de acero o aluminio flexibles con la forma de nervaduras curvas (*Figura 18*). Otros usan largueros curvos combinados con soportes verticales de metal o madera, tales como los sistemas Gates que se muestran en la *Figura 19*.

Otros sistemas de forma con radio utilizan paneles con uniones flexibles. Estos paneles se colocan en patrones especiales, y sus pernos de tensión se ajustan para que el panel tenga la curvatura del patrón (*Figura 20*).

Si bien las formas patentadas para paredes curvas están disponibles sin problemas, también se puede hacer en madera. En un armazón curvo

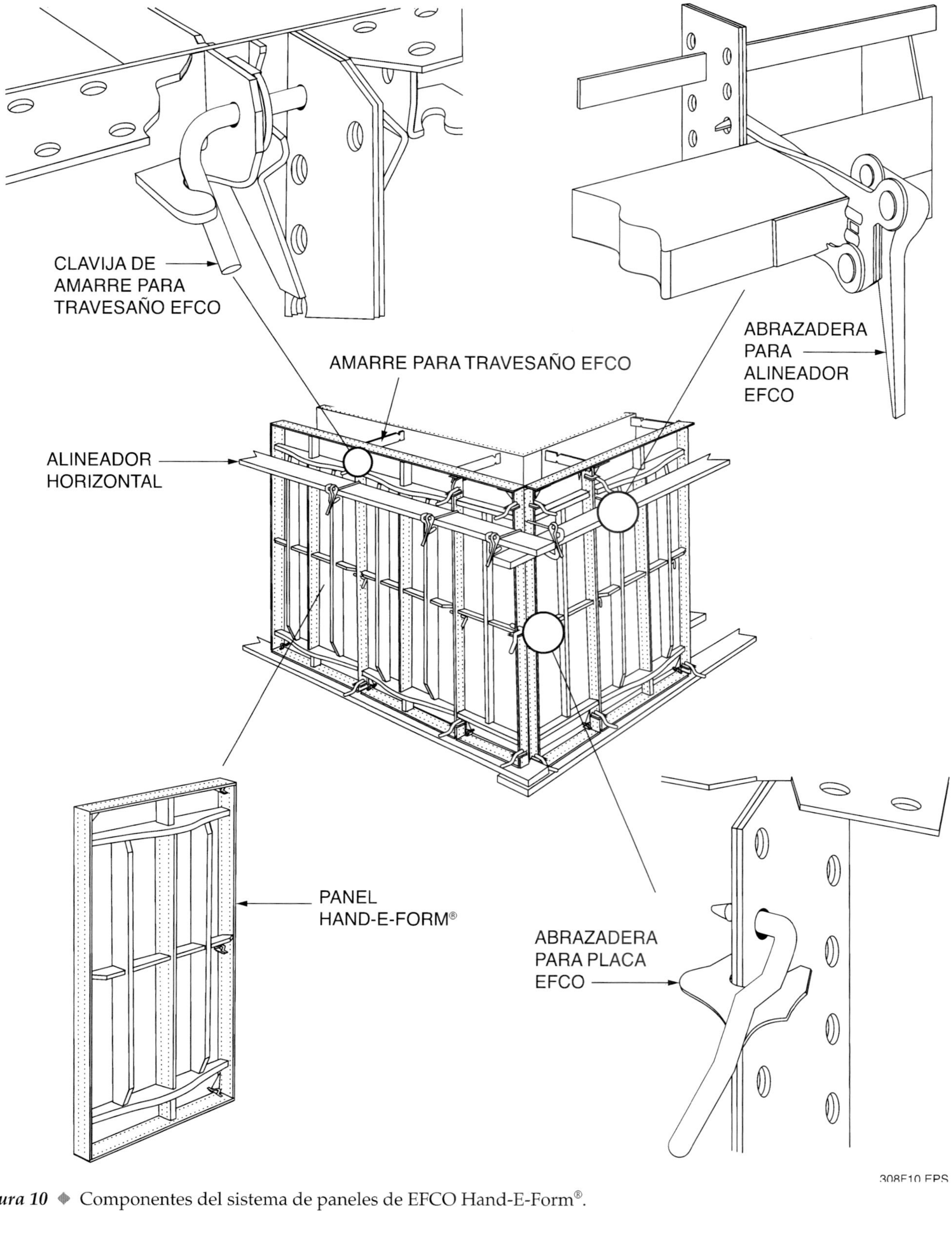

Figura 10 ◆ Componentes del sistema de paneles de EFCO Hand-E-Form®.

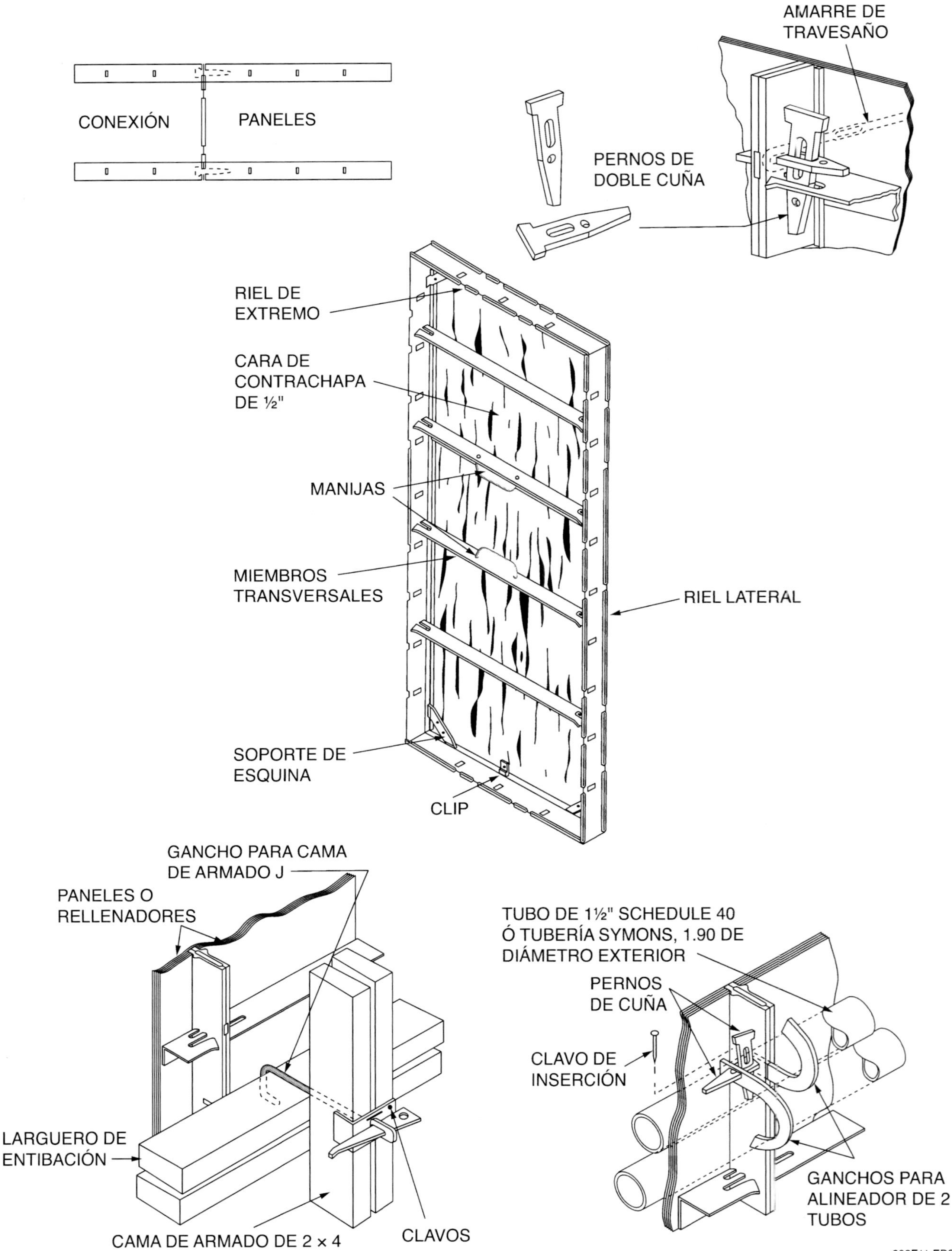

Figura 11 ◆ Componentes del sistema de forma Symons steel ply.

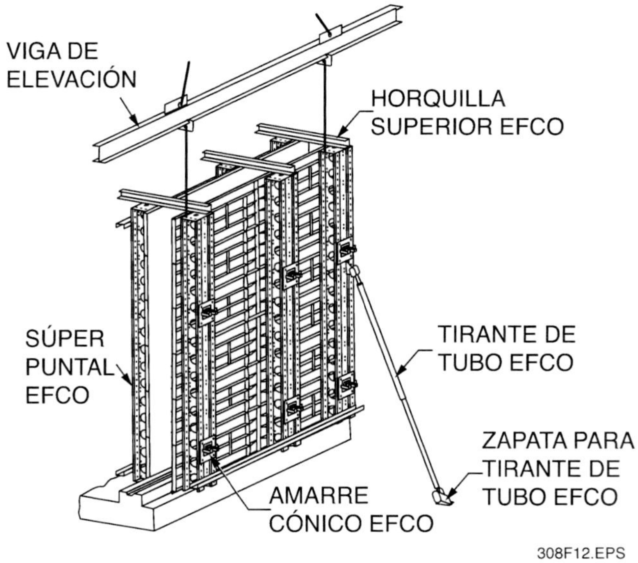

Figura 12 ◆ Ejemplo de forma modular de pared hecho con paneles EFCO "Lite".

de madera, las placas superior e inferior del panel de la forma, así como el panel en sí, están hechos de contrachapado o madera laminada (*Figura 21*). En los casos en los que el peso del concreto exige placas y contrachapados de un calibre mayor, las secciones pueden cortarse y laminarse para obtener el espesor deseado. Los largueros radiales se cortan de la misma manera.

Para poder doblar el revestimiento en curvas de radio corto, puede ser necesario cortar las muescas (cortes) en el contrachapado con una sierra circular (*Figura 22*). En general, es mejor utilizar dos láminas de un revestimiento más delgado en lugar de cortar una lámina gruesa, dado que al cortar el revestimiento se puede reducir su resistencia.

Es importante la forma en que se hace el doblez en relación a la veta del contrachapado. Un doblez hecho a favor de la veta puede lograr un radio más ajustado que uno hecho en contra de la veta.

CARRIL INTERNO

Colada y ventanas de inspección en formas

El diseño de la mayoría de los sistemas de formas curvos y rectos de producción permiten retirar y reemplazar un panel de forma individual de una forma ya instalada sin mover los demás paneles. Esto proporciona una ventana temporal en la forma que puede utilizarse para limpiar, inspeccionar o colocar concreto en la forma.

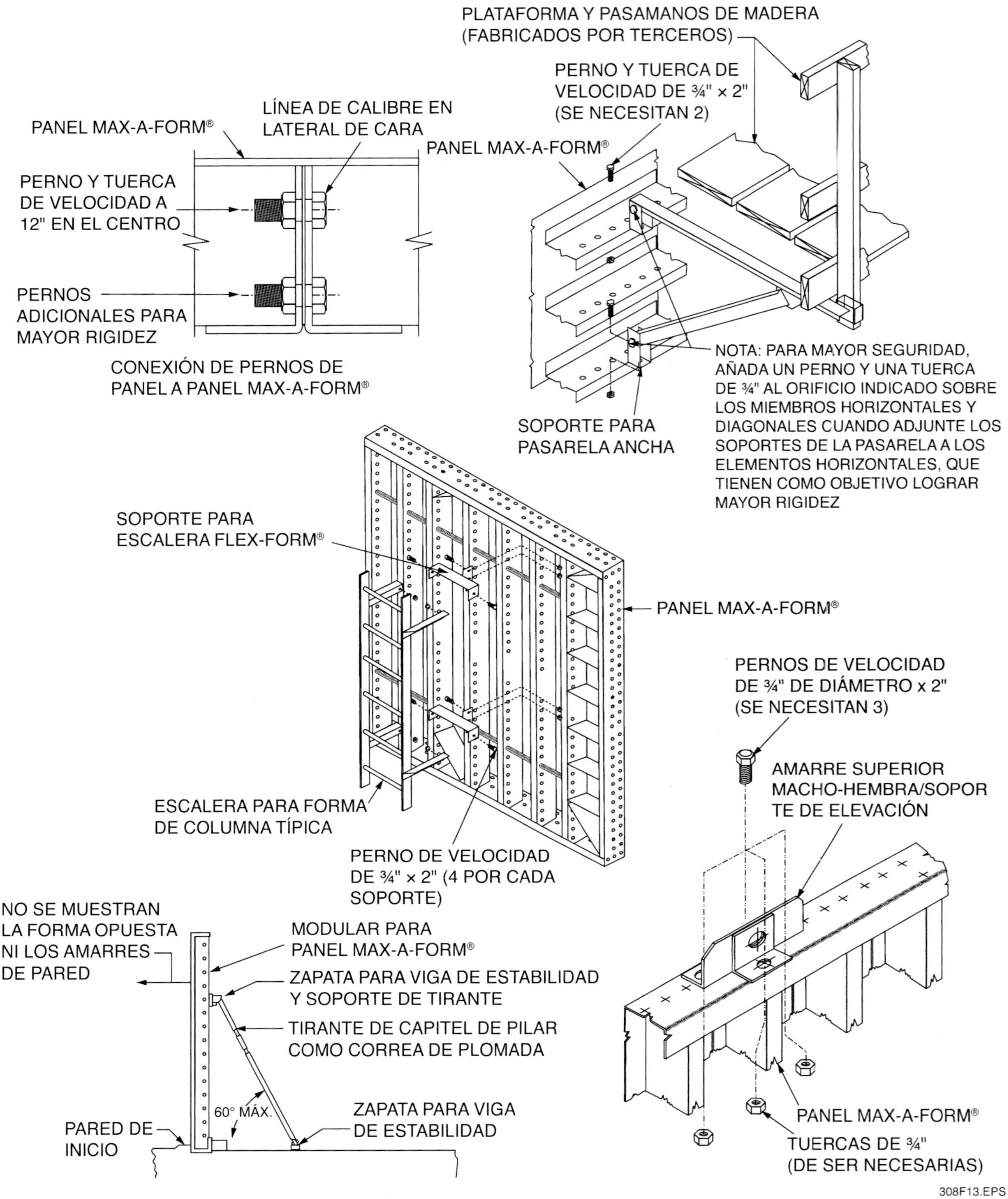

Figura 13 ◆ Componentes del sistema de forma para pared Symons Max-A-Form®.

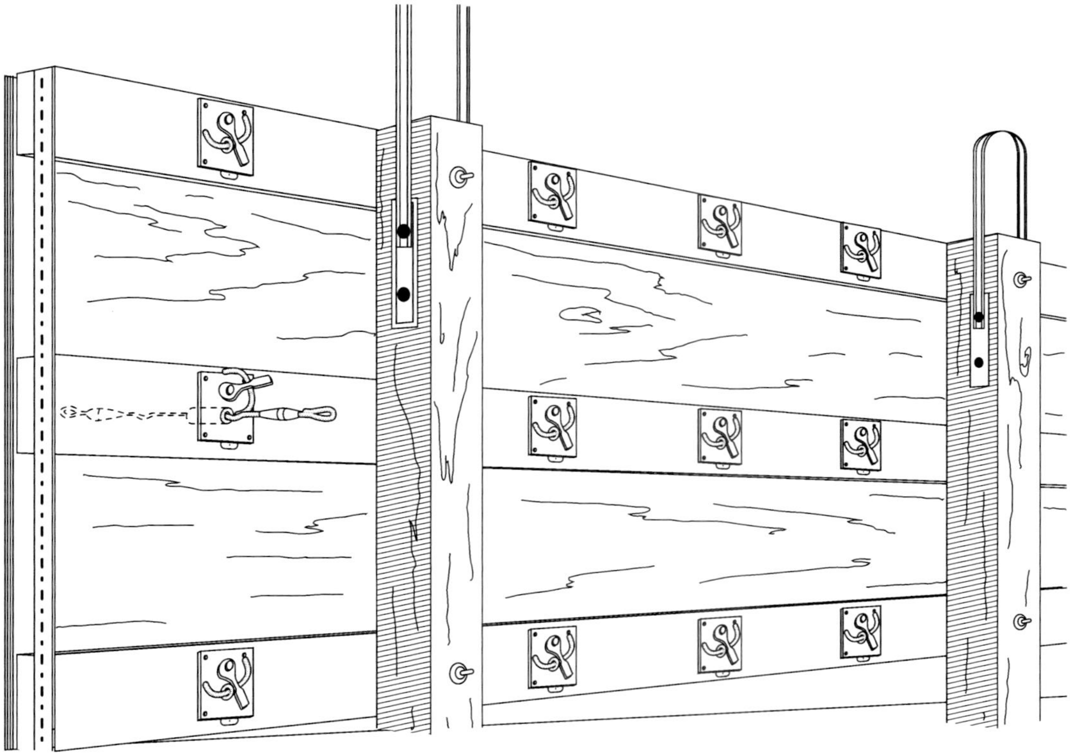

Figura 14 ◆ Sistema de forma Gates Anchor-Lock® —trabajo común.

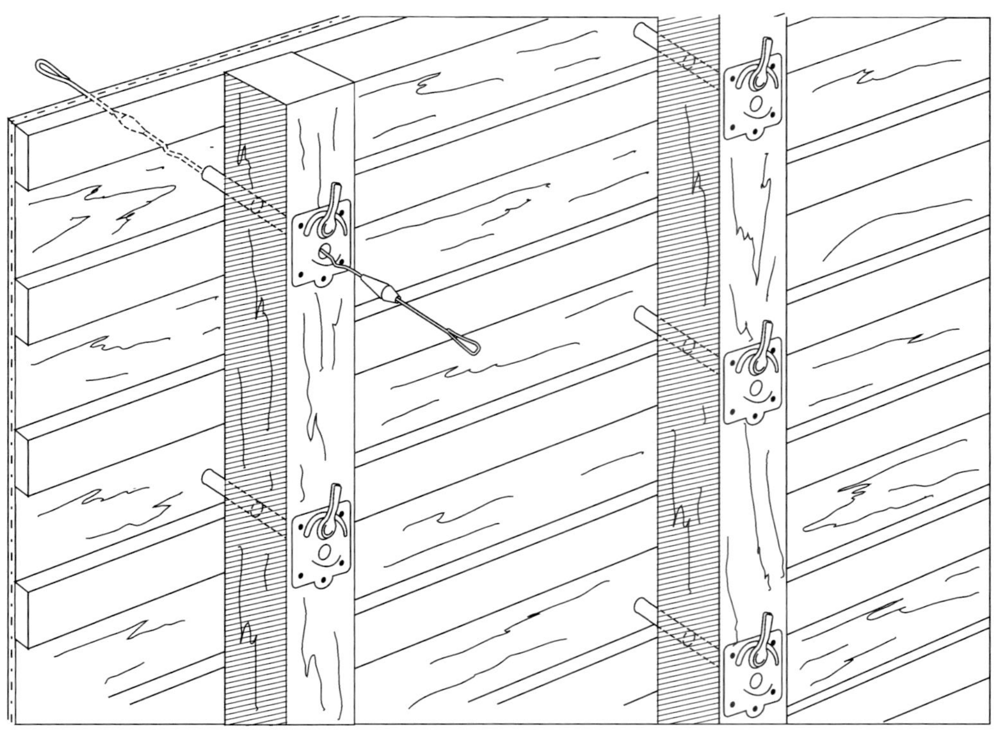

Figura 15 ◆ Sistema de forma Gates Anchor-Lock® —trabajo mediano.

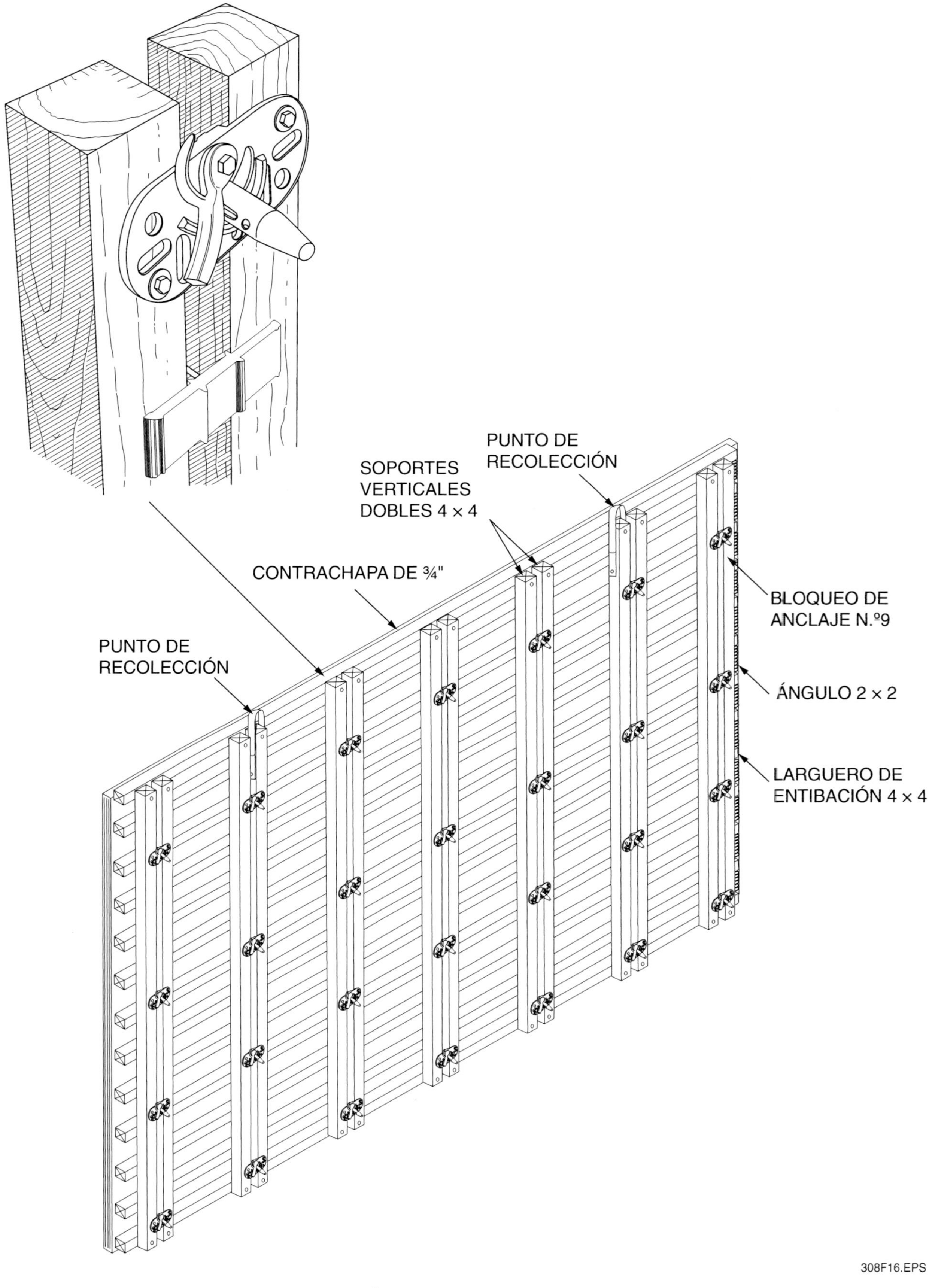

Figura 16 ◆ Sistema de forma Gates Anchor-Lock® —trabajo pesado.

Figura 17 ◆ Ejemplo de uso de forma curvo.

4.2.0 Estructuras para aberturas para puertas

Las aberturas para ventanas y puertas pueden hacerse con **marcos**, que son estructuras de madera o acero que se instalan entre las formas para pared internas y externas. Un marco típico está formado por una estructura de contrachapado o madera sostenida por riostras (*Figura 23*). En algunos casos, la estructura de metal en sí de la ventana o puerta puede colocarse en la forma y utilizarse como marco. En esos casos, la estruc-

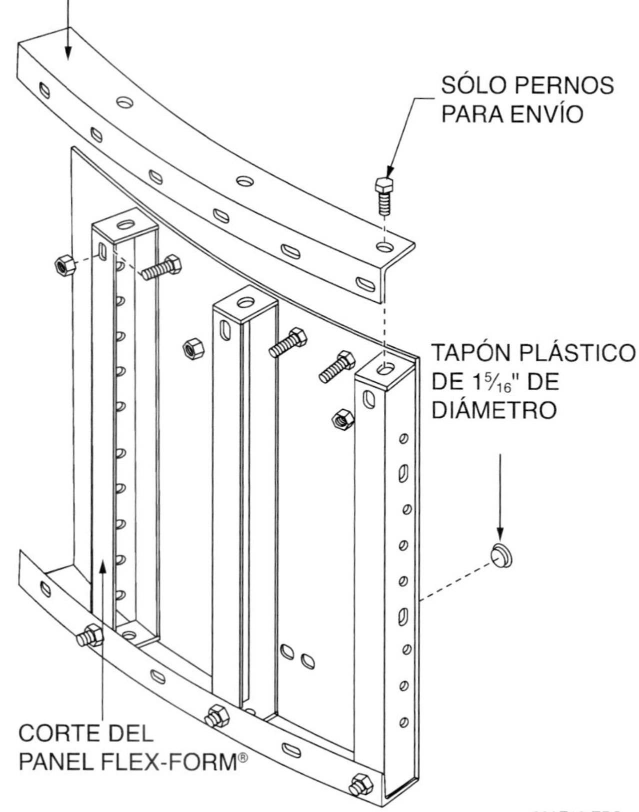

Figura 18 ◆ Sistema Symons Flex-Form®.

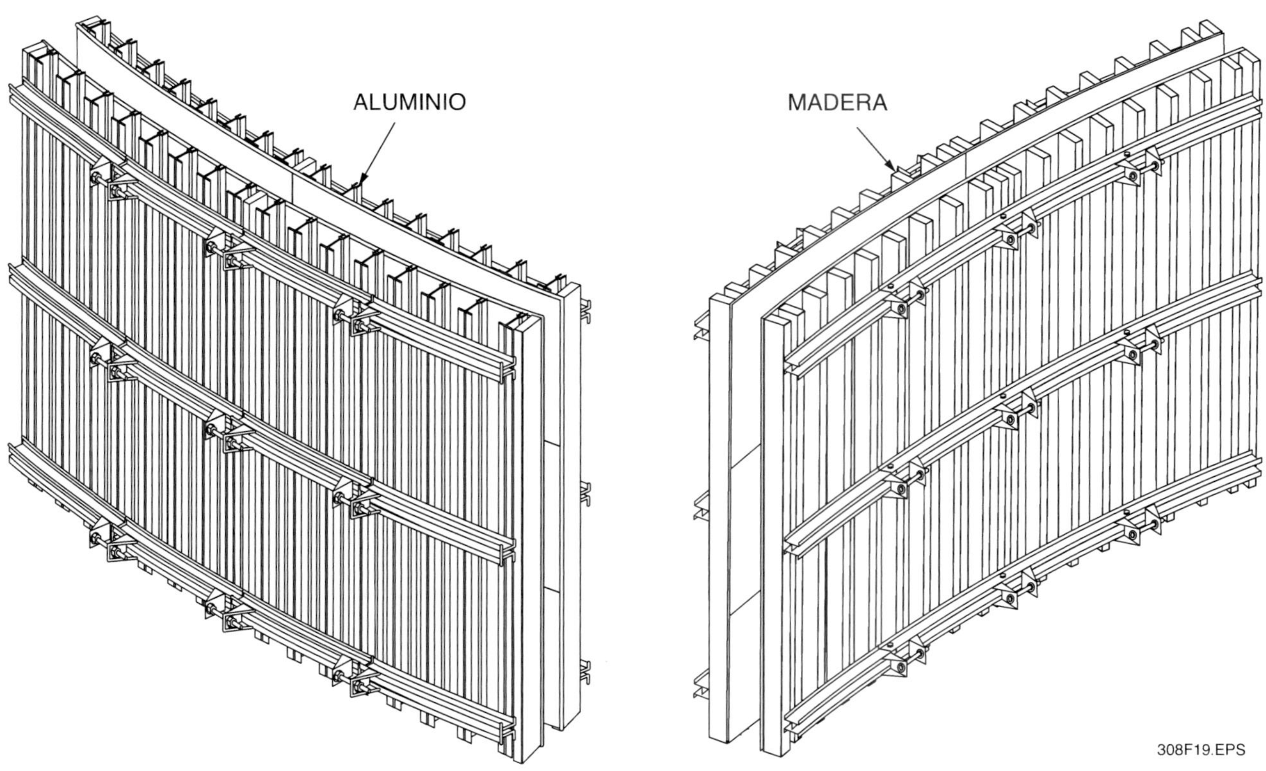

Figura 19 ◆ Sistema de larguero radial Gates and Sons.

308F20.EPS

Figura 20 ◆ Patrón de forma de radio.

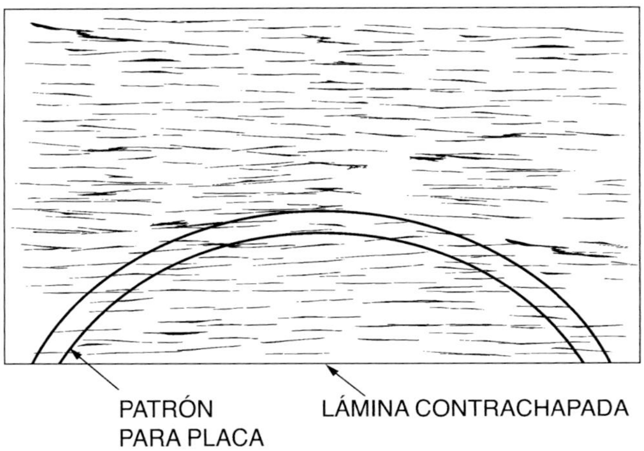

308F21.EPS

Figura 21 ◆ Corte de una placa de forma curvo de una lámina de contrachapado.

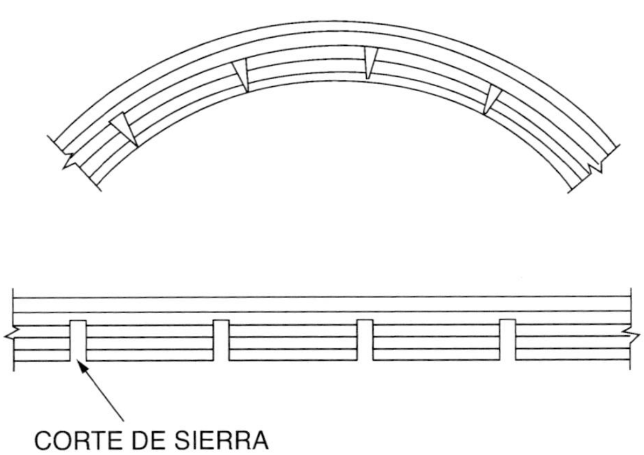

308F22.EPS

Figura 22 ◆ Uso de muescas para doblar el revestimiento.

tura debe colocarse a nivel, alineada y apuntalada para asegurarse de que se mantenga la colocación apropiada durante la colada.

Si es necesario hacer pequeñas aberturas para conductos, respiraderos y tuberías grandes, se pueden utilizar estructuras de caja de madera pequeñas, bloques de espuma rígida de poliuretano, o planchas de metal o fibras. Se necesitan orificios de vibrador en el marco de la ventana para asegurarse de que el concreto rellene el espacio por detrás de la abertura de la ventana. Los tapones se vuelven a colocar en su lugar una vez que se hizo vibrar el concreto.

5.0.0 ◆ CONSTRUCCIÓN DE FORMAS

Cuando se montan formas, es fundamental tener los materiales y el equipo correctos, en el lugar y en el momento correctos. Cualquier demora puede provocar una pesada carga por los costos de mano de obra desperdiciada, así como el costo del alquiler del equipo y los materiales. Para empezar, las formas deben estar montadas para la construcción.

5.1.0 Preparación

- Se deben recibir las formas del depósito o de la empresa de alquiler de formas.
- A medida que se descargan los accesorios de sujeción y las piezas de la forma, se les debe controlar con el pedido para asegurarse de que está todo.

CARRIL INTERNO

Caras de la forma

La estructura de acero y el contrachapado en algunos sistemas de formas dejarán marcas en el concreto, por lo que no pueden utilizarse para acabados arquitectónicos. Por ejemplo, cuando un panel de contrachapado tiene defectos, estos se transfieren al acabado de concreto. Algunos sistemas más nuevos presentan una cara de la forma cubierta en plástico. Si se daña, se puede cubrir el defecto con un relleno plástico que luego se lija para que quede liso.

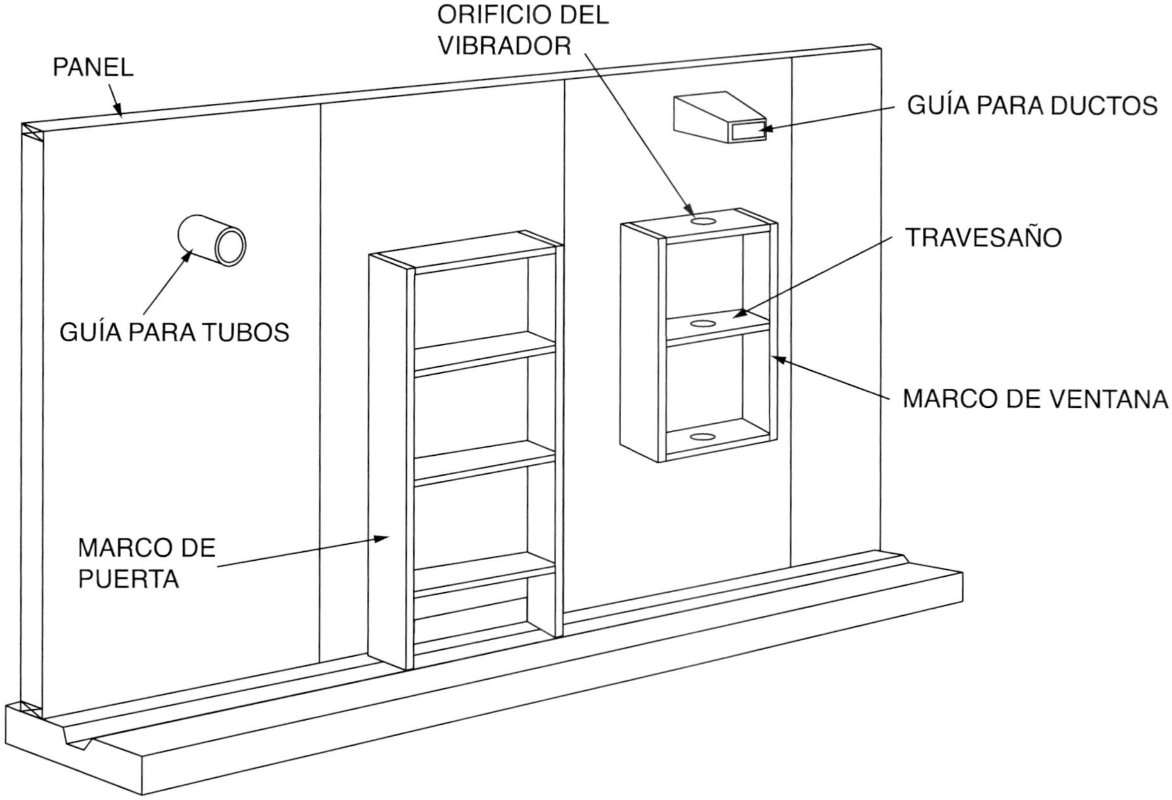

Figura 23 ◆ Aberturas de formas para pared.

- Se deben colocar juntas las herramientas necesarias para construir las formas. Esto incluye llaves de conector de acero, llaves de impacto, palancas y cualquier tipo de herramientas patentadas.
- La pared debe extenderse en los cimientos y la zapata debe estar preparada para recibir la forma.
- Alguien debe indicar los grados y colocar tacos para nivelar la forma.

5.2.0 Armado de la forma

En general, las formas modulares se arman sobre el suelo, luego una grúa u otro dispositivo de elevación los traslada hasta el lugar del montaje.

- Primero, la forma se coloca según los esquemas del taller del proveedor.
- Luego, se arman las secciones de la forma según las instrucciones del productor. Durante el armado, se deben revisar las formas para asegurarse de que estén bien y rectas.
- Se deben colocar ojos de elevación de acuerdo con los esquemas, y hacerlo correctamente.

¡ADVERTENCIA!

Es muy importante determinar el peso de la forma terminada y asegurarse de que los ojos de elevación soportarán dicho peso.

- Una vez que la sección de la forma está armada, se debe dar vuelta. Asegúrese de instalar las riostras antes de hacerlo.
- Una vez que se dio vuelta la sección de forma, se colocan los revestimientos y los almohadillados de la forma, y demás materiales.
- Antes de levantar la forma, asegúrese de que los accesorios estén lubricados.

5.3.0 Fijación de la forma

En este punto, el panel de la forma se levanta y se traslada hasta su lugar en los cimientos. Generalmente se utiliza una grúa para hacerlo, pero un dispositivo de elevación más pequeño, como un montacargas, puede ser suficiente según sea el tamaño de la forma. La siguiente es una secuencia típica.

308F24.EPS

Figura 24 ◆ Clavijas para colocar las secciones nuevas de una forma modular.

¡ADVERTENCIA!

Este es un momento crucial en el proceso de montaje de la forma. Asegúrese de que las líneas guía estén colocadas y el viento no presente problemas una vez que se eleva la forma del suelo.

Paso 1 Se levanta el panel de la forma, se le coloca en su lugar y se le apuntala. Suelen colocarse clavijas hechas con varillas de refuerzo en los cimientos de manera que se pueda empujar a las formas contra ellas para asegurar una colocación apropiada *Figura 24*. Nótese que la carpeta de refuerzo ya está en su lugar. Existen otros métodos para colocar la forma, incluido el uso de un producto de fibra de vidrio o la colocación de la forma sobre una zapata de madera.

Paso 2 Se debe controlar que la forma esté a nivel y las riostras ajustadas según sea necesario.

CARRIL INTERNO

Seguridad

Cualquier forma de 5' y más de altura requiere el uso de andamios equipados con resguardos, protección de carril central y placas de tope para los puntales a lo largo de todos los lados y extremos abiertos. Cuando se trabaja en este andamio, también se debe utilizar equipo de protección contra caídas. Estos requisitos se explican en la *norma 29 CFR, Parte 1926, Subsección 500 de OSHA*. Algunos paneles de forma contienen varillas que pueden utilizarse para afirmar una línea de seguridad. Esto permite que los trabajadores hagan su labor con seguridad utilizando las dos manos mientras construyen o desmoldan formas.

308SA02.EPS

CARRIL INTERNO

Estructuras para aberturas para puertas

Cuando se hace un marco de madera para una puerta, ventana u otra abertura en una forma para paredes, asegúrese de verificar el tamaño de la abertura según los planos o las especificaciones del productor, y controle dos veces su trabajo de disposición. Es importante que todas las aberturas se realicen del tamaño correcto y estén a nivel, porque una vez que el concreto se endureció no se podrán hacer correcciones. Esta fotografía muestra un marco para ventana que se coloca en una pared de forma aislante para concreto.

308SA03.EPS

Paso 3 Una vez que la forma está ajustada, se desengancha el panel de la forma de la grúa. En ese punto se instalan los aislamientos y las incrustaciones.

Paso 4 Se aplica un agente de liberación a la forma.

Paso 5 Otros trabajadores realizan también su trabajo, como instaladores de varillas de refuerzo y electricistas.

Paso 6 En los extremos de la forma se sujetan piezas de obturación.

Paso 7 Se colocan las secciones opuestas de la forma. Se instalan los amarres y tacos separadores de la forma.

Paso 8 Se vuelca el concreto. Durante la colada, se debe controlar nuevamente que la forma mantenga su nivelación. El peso del concreto puede hacer que la forma se mueva.

NOTA

Deben controlarse las especificaciones del proyecto para determinar cuándo se puede desmoldar una forma.

Paso 9 Cuando llega el momento de desmoldar la forma se retiran los amarres, las riostras y los tacos separadores excepto un amarre que permanece en su lugar.

Paso 10 La grúa se engancha a la forma.

NOTA

En este punto, es importante contar con un operador de grúa y un señalizador experimentados para asegurarse de que se aplica la cantidad de tensión correcta a la forma.

Paso 11 Se retira el último amarre y se libera la forma del concreto con cuñas.

Paso 12 Se traslada la forma, luego se limpia, lubrica y prepara para la siguiente colada.

Paso 13 Se rellenan los orificios de los amarres en el concreto terminado y se realiza cualquier otra reparación.

Cuando la forma ya no es necesaria, se devuelve a la zona de andamios. Es en ese momento en que se deben limpiar y lubricar todos los materiales.

6.0.0 ◆ FORMAS PARA COLUMNAS

Las formas para columna están hechas de diversos materiales. Pueden ser circulares, ovaladas, cuadradas o rectangulares (*Figura 25*). Las formas para columna requieren de juntas ajustadas y soportes de amarre fuertes.

También se pueden utilizar formas de metal multipropósito como formas para columnas. La *Figura 26* es un ejemplo de una forma cuadrada construida con los mismos paneles y accesorios que se emplearon para las formas para pared de construcción en el lugar.

Las formas circulares están hechas de fibra, fibra de vidrio, plástico reforzado con fibra de vidrio o acero. Si bien es posible construir formas circulares únicamente de madera, el método demanda mucho trabajo y por lo tanto no suele utilizarse.

La *Figura 27* muestra una forma de una pieza hecha en fibra de vidrio reforzada fabricada por

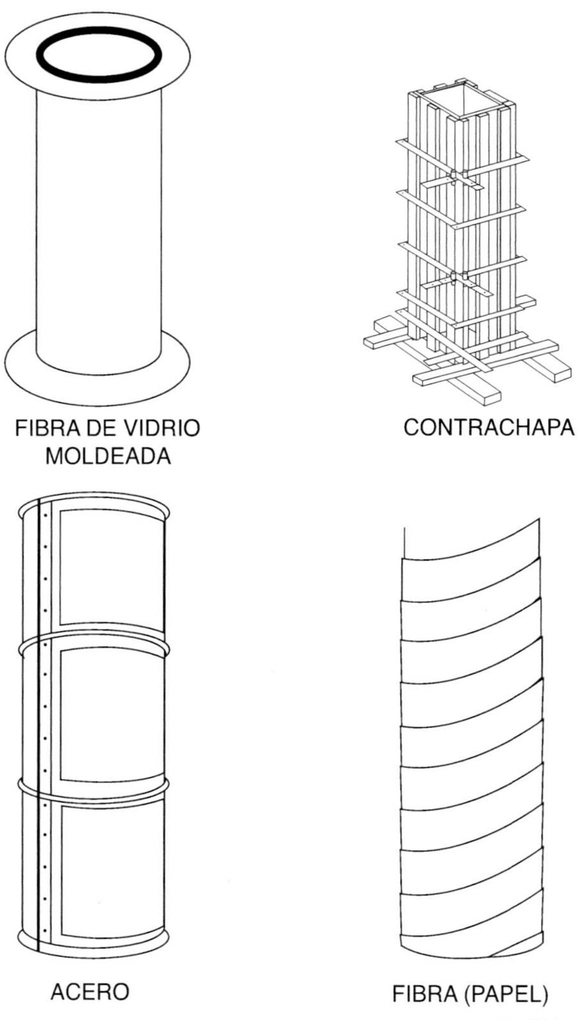

Figura 25 ◆ Materiales utilizados comúnmente para formas para columnas.

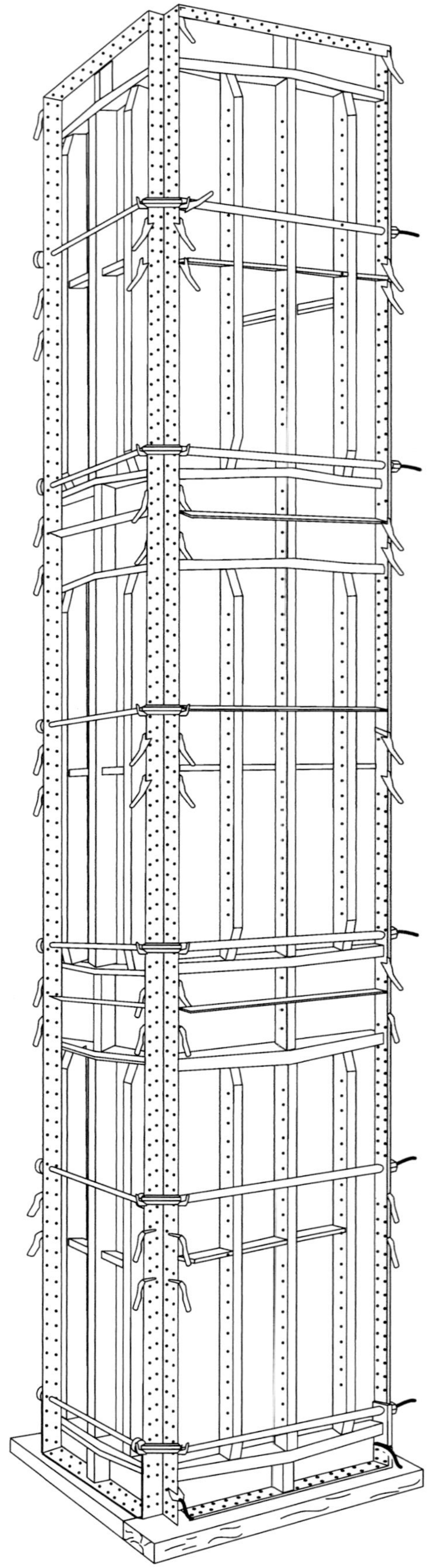

Figura 26 ◆ Columna cuadrada construida con el sistema EFCO Hand-E-Form®.

MFG. El collar de arriostramiento se sujeta cerca de la parte superior, luego se alinea la unidad con una plomada y se instalan las riostras para mantenerla en posición. Cuando el concreto está seco, se retiran los pernos y la forma se separa en el reborde y se retira. También se puede levantar sacándolo de la columna con una grúa.

6.1.0 Formas de fibra para columnas

Las formas de fibra (*Figura 28)* se fabrican al ubicar capas envolventes de fibra en forma de espiral para producir tubos del diámetro deseado. Se pueden cortar fácilmente a cualquier longitud y pueden montarse rápidamente.

La mayoría de las formas de fibra se hacen para utilizarlas una sola vez. Si ocurre una demora en la colocación del concreto una vez que se ubicó en su lugar a la forma de fibra, esta se debe proteger de la lluvia y la nieve con un revestimiento impermeable colocado sobre la parte superior, y evitando

CARRIL INTERNO

Sistemas de formas plásticas

Los productores de formas están trabajando de manera constante para hacer formas más livianas, fáciles de manipular y de armar y desarmar. Cualquier mejora que se haga a estas actividades mejora la productividad. Un avance que se ha realizado en las formas para columna es la introducción de una sección de forma plástica que puede armarse con una sencilla manija de bloqueo. Este sistema está disponible para formas para columnas circulares y rectangulares. Además de su simplicidad, estas formas son fáciles de limpiar porque el concreto no se adhiere. La cara lisa de la forma da como resultado acabados de concreto lisos.

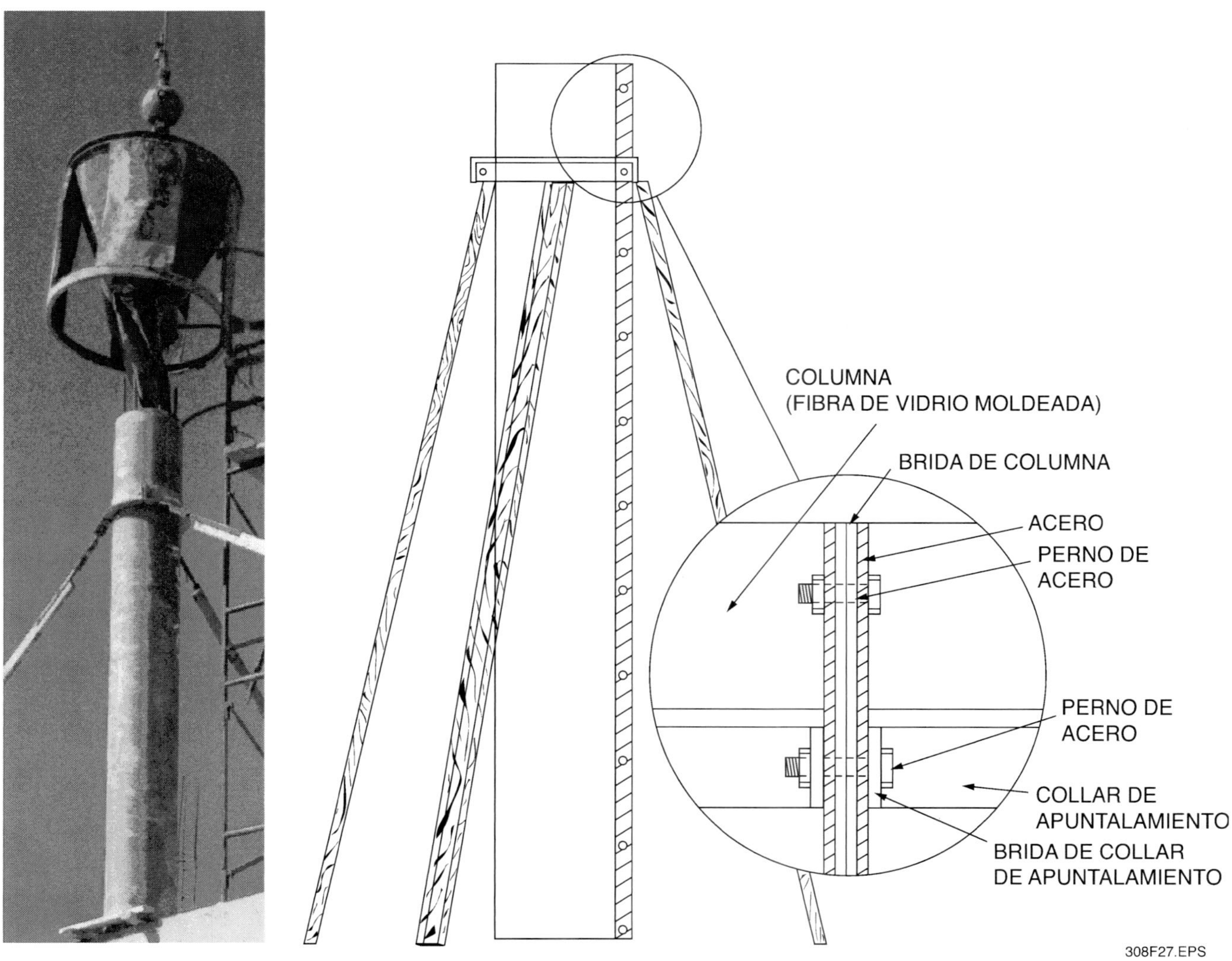

Figura 27 ◆ Forma para columna circular MFG.

308F28.EPS

Figura 28 ◆ Formas para columna de fibra.

que la lluvia y la nieve se acumulen alrededor de la base.

6.2.0 Formas para columnas de acero

A menudo, las formas de acero compuestas por láminas de metal sujetas a formas de acero prefabricadas se utilizan para columnas circulares cuando la cantidad de reutilizaciones justifica el costo inicial, o cuando ciertas condiciones especiales exigen que se use. Los círculos completos se arman al unir con pernos de acero dos medio círculos. Las secciones pueden apilarse una sobre otra y se unen juntas con pernos para proporcionar formas de la altura deseada.

La *Figura 29* muestra una forma totalmente en acero producida por EFCO. Estas formas están disponibles en diámetros de 12" a 48" y vienen con secciones de 180 grados.

Las formas de diámetros más grandes (hasta 120") vienen con secciones de 90 o 60 grados. Estas formas estándar están disponibles en longitudes de 1', 2', 4', y 12', o por pedido especial en longitudes de 6', 8' y 10'. Las secciones de la forma para columna se arman en juntas verticales u horizontales con pernos hechos para usar con este sistema. Las arandelas divididas de diseño especial permiten el desmolde con una grúa sin desarmar las formas.

Las secciones de la forma del mismo diámetro son intercambiables, y se pueden apilar varios largos hasta alcanzar la altura deseada. Las secciones de formas para columna circular tienen ojos de elevación en la parte superior de cada sección para levantarlas fácilmente con la grúa. Se puede usar una combinación de secciones de formas planas y circulares para construir la forma para pilares ovalados (de esquinas redondeadas) (*Figura 30*). Para construir las vigas maestras que se colocan sobre los pilares se pueden utilizar las mismas piezas.

6.3.0 Formas para columnas construidas en el lugar

Si bien cualquier tipo de forma para columna, incluidas los circulares, pueden hacerse con madera y revestimiento, en general solamente los cuadrados y rectangulares se arman así. Es mucho más probable que las columnas circulares y ovaladas se hagan con formas prefabricadas (de producción).

Las formas para columnas cuadradas y rectangulares se hacen de revestimientos y **listones de madera**, que son piezas de madera de 2 × 4 colocadas contra el revestimiento para funcionar como **puntales** (*Figura 31*). Para sostener y alinear las formas se utilizan riostras. El uso de listones de madera ayuda a reducir la cantidad de abrazaderas para columna que de otro modo serían necesarias para evitar que el revestimiento se combe. Fí-

CARRIL INTERNO

Mantenimiento de la forma

Se pueden limpiar el concreto y los residuos de las láminas de la cara de un panel de forma de modo manual con una lijadora eléctrica equipada con un cepillo de vaso de alambre de 6". La acumulación de concreto puede eliminarse de los rebordes del panel de la forma con un cuchillo para remover masilla común. Después de la limpieza, pase aceite a la lámina de la cara del panel de la forma y los rebordes antes de volver a usar o almacenar. Se pueden aplicar agentes de liberación o aceite de forma comercial con un rodillo para pintar común, o se puede rociar. También existen disponibles máquinas para limpieza de formas eléctricas. Su uso permite limpiar y aceitar grandes cantidades de paneles de formas en un día, haciendo que estén disponibles de inmediato para ser reutilizados.

jese que las abrazaderas están colocadas juntas en la parte inferior de la forma, ya que esa es la zona sometida a la presión más fuerte del concreto plástico. La *Figura 31* muestra abrazaderas de producción, pero también se utilizan largueros de 2 × 4.

La *Figura 32* muestra el espaciado típico de las abrazaderas en formas circulares de 20' y 10'. Si la forma tiene más de 36" cuadradas, o si hay una velocidad de colada rápida, quizá se necesiten más abrazaderas. Si se utilizan abrazaderas de producción, el productor especificará el espaciado.

La *Figura 33* muestra ejemplos de los tipos de abrazaderas que se utilizan para mantener juntas las formas para columnas. Se utilizan abrazaderas en lugar de largueros.

7.0.0 ◆ FORMAS DESLIZANTES VERTICALES

En las formas deslizantes, el concreto plástico se coloca o bombea dentro de las formas que actúan como cubos en continuo movimiento para dar forma al concreto. La velocidad de movimiento de las formas está regulada para que dejen el concreto una vez que este tiene la resistencia suficiente para mantener su forma y soportar su propio peso.

CARRIL INTERNO

Formas para concreto hechos a medida

Este es un ejemplo de las formas especiales que pueden hacerse con las formas para concreto hechos a medida. Varios productores tienen disponibles formas especiales como estas.

308SA04.EPS

308F29.EPS

Figura 29 ◆ Forma para columna circular íntegramente de acero.

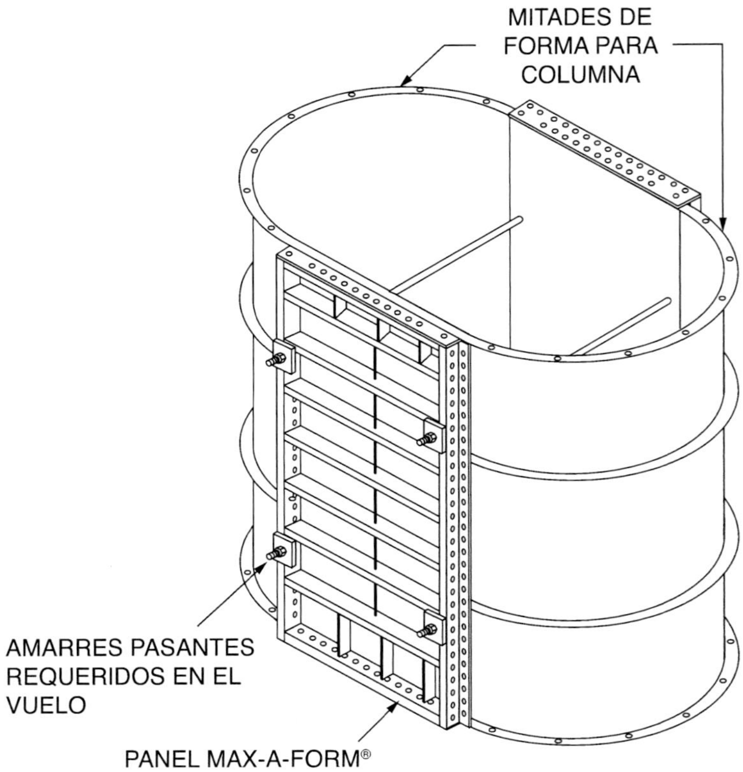

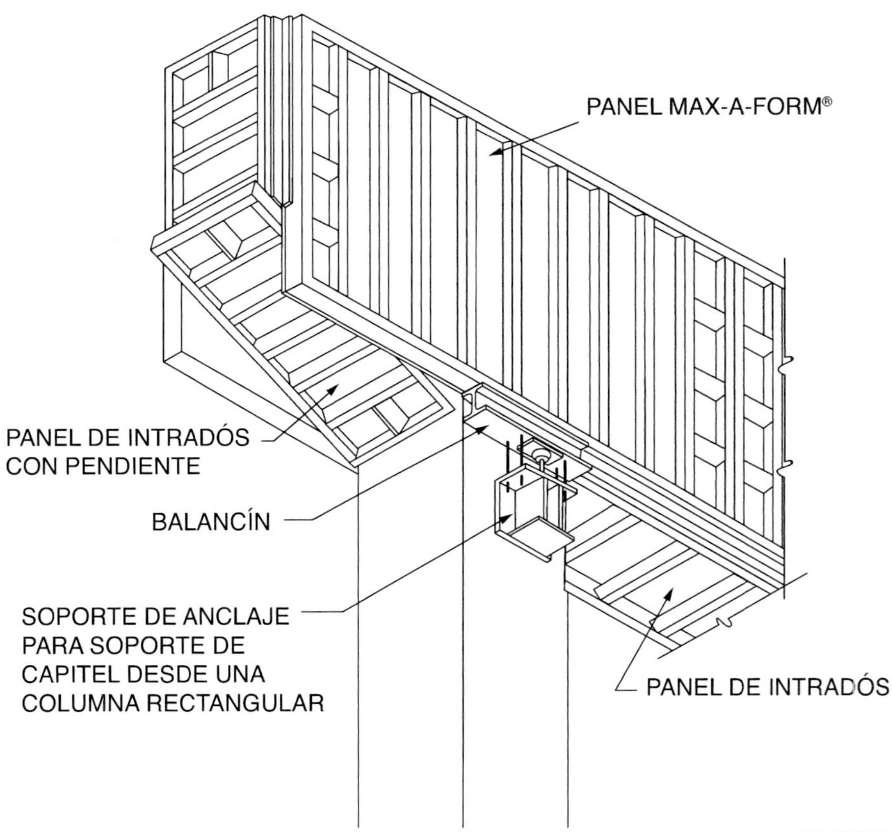

308F30.EPS

Figura 30 ◆ Pilar de esquinas redondeadas construido con componentes de forma para trabajo pesado.

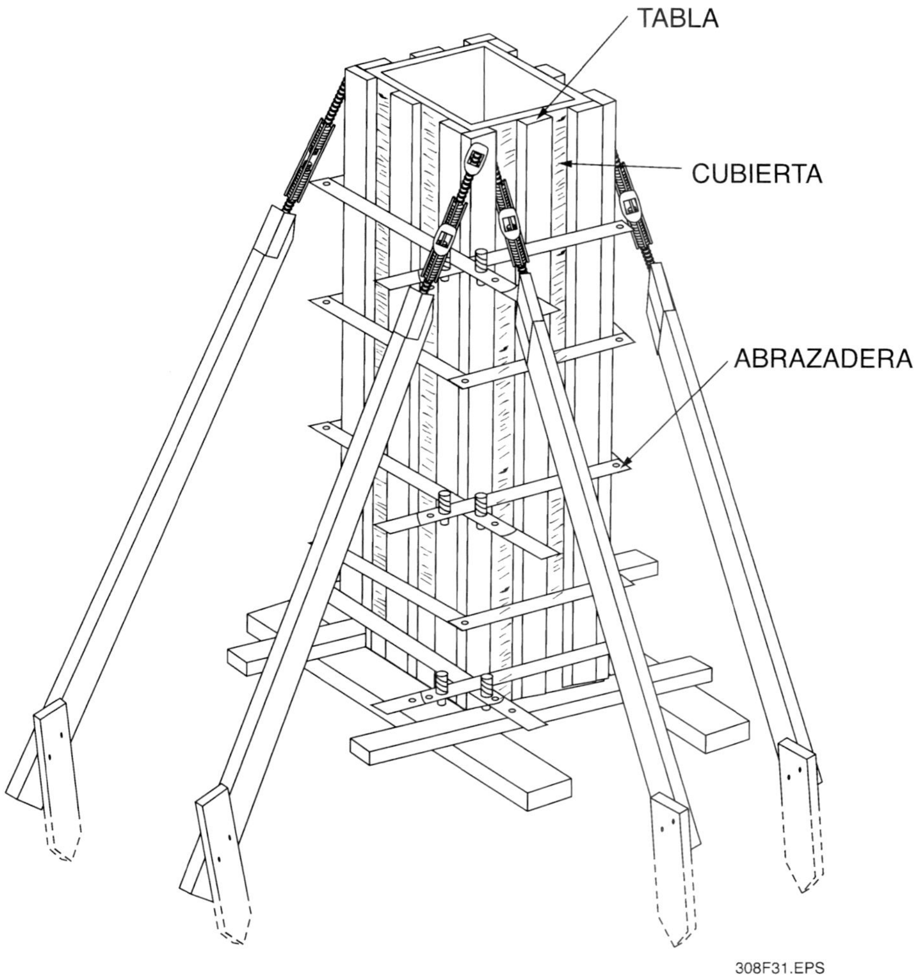

Figura 31 ◆ Forma para columna construida en el lugar.

La construcción de formas deslizantes verticales se utiliza principalmente en los casos en que la altura de la estructura es de 40′ o más, y cuando hay proyecciones u obstáculos que impiden el movimiento de la forma. Las formas deslizantes generalmente requieren de una cuadrilla con más experiencia.

Las formas deslizantes pueden moverse un par de pulgadas por hora, o varias; según factores como la temperatura del aire y las propiedades del concreto que se coloca.

En una época, las formas deslizantes verticales se utilizaban principalmente para hacer silos, pilares de puentes, depósitos de almacenamiento e instalaciones similares. En la actualidad, las formas deslizantes se utilizan para una amplia variedad de aplicaciones, incluida la construcción de edificios altos (*Figura 34*). Otra aplicación po-

CARRIL INTERNO

Desmolde de formas de fibra para columnas

El procedimiento usual para el desmolde de formas de fibra es, primero configurar una cierra portátil a una profundidad igual al espesor de la forma, luego hacer dos cortes verticales en lados opuestos para dividir la forma por la mitad, similar a cuando se retira un yeso. Las dos mitades luego pueden retirarse del concreto. La forma desmoldada puede colocarse nuevamente sobre la columna para protegerla durante la construcción.

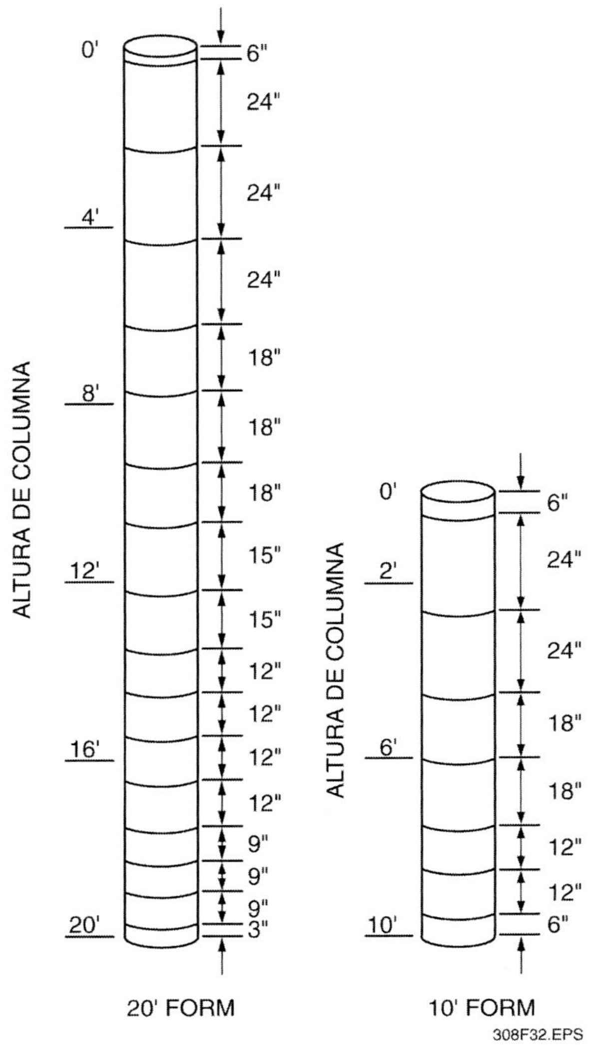

Figura 32 ◆ Espaciado típico de abrazaderas de forma para columna

pular de las formas deslizantes es la creación de huecos para escaleras y elevadores en edificios (*Figura 35*).

Un sistema de formas deslizantes está compuesto por la forma propiamente dicha y las plataformas superior e inferior que se muestran en la *Figura 36*. Las formas se hacen con revestimientos y largueros contenidos en un conjunto de horquillas que el sistema de postes eleva. La *Figura 37* proporciona una perspectiva de todo el conjunto de la forma deslizante.

7.1.0 Componentes de la forma deslizante

- *Revestimiento* – el revestimiento puede ser una tabla de 1", contrachapado de 5/8", contrachapado de 3/4" o láminas de acero (usualmente de calibre 10). La tabla de 1" debe tener la veta derecha y coincidir en el centro. El contrachapado debe instalarse con el frente en vertical. Cuando se utiliza contrachapado, hay que recordar que estará en contacto constante con el concreto húmedo. Este contacto provoca hinchazón, por lo que es mejor humedecer previamente las tablas en agua o en una preparación impermeable. Cuando se construye la forma, se debe dejar un pequeño espacio para permitir cualquier hinchazón cuando ya se hace comenzado con el proceso de forma. Además, asegúrese de que el panel exterior en la forma para pared externo esté un poco más alto que el panel interior de manera de proporcionar una tabla contra salpicaduras.
- *Largueros o nervaduras* – las piezas de acero o madera que se utilizan en la creación de los lar-

Causas comunes de fallas de formas

CARRIL INTERNO

Los puntos más comunes de falla de formas son las juntas y las esquinas. Entre las causas de falla de forma más comunes se incluyen:

- Superar la presión de trabajo del diseño de la forma como resultado de:
  - Velocidad de colocación de concreto excesiva
  - No se tuvo en cuenta el diseño de la mezcla de concreto
  - Vibración incorrecta del concreto
  - No se tuvo en cuenta la temperatura
- Los amarres de las formas están colocados de forma incorrecta o sujetos de manera no apropiada
- Construcción de forma inapropiada, en especial cuando no se suministraron planos de disposición
- Los rellenadores, las esquinas y las piezas de obturación no tienen el diseño y/o la construcción adecuados
- Arriostramiento inapropiado o faltante de la forma
- No se instalaron los accesorios de conexión
- El personal calificado autorizado no realizó la inspección para comprobar si la disposición de la forma se interpretó bien

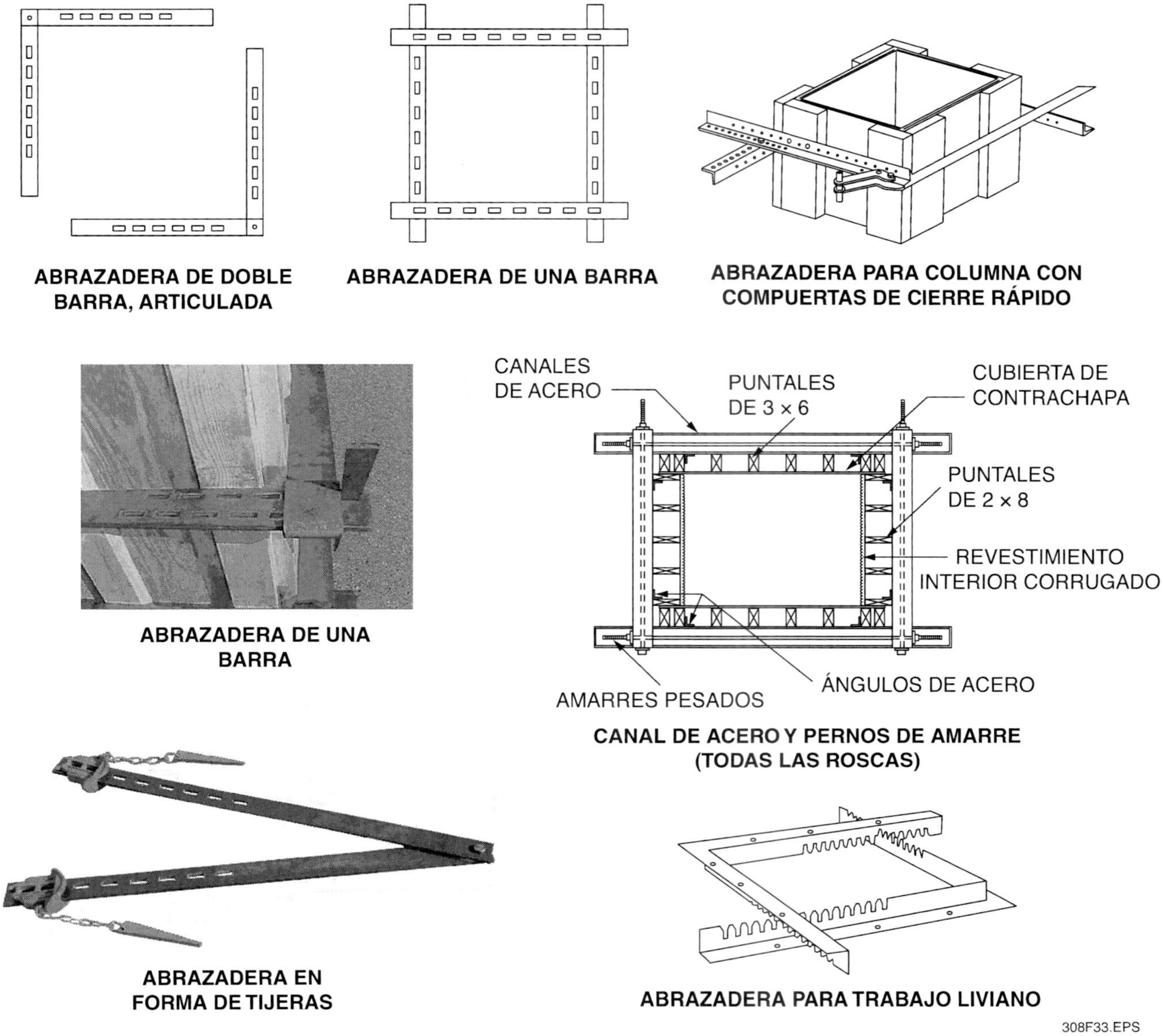

Figura 33 ◆ Abrazaderas de formas para columna.

gueros deben tener rigidez horizontal suficiente para soportar la presión lateral del concreto. Esta presión tiende a hacer que las formas se comben entre las horquillas. Tal como se muestra en la *Figura 36*, el revestimiento suele estar alineado por las dos hileras de largueros a cada lado. Cuando el tramo entre los postes alcanza los 6′ aproximadamente, los largueros o nervaduras deben apuntalarse para mejorar la rigidez. Los largueros de madera deben ser de 4 × 6 o 4 × 8; sin embargo, también pueden usarse piezas de 2 × 6 ó 2 × 8 cortadas a las curvaturas apropiadas. La razón para usar largueros o nervaduras incluye la necesidad de sostener y mantener el revestimiento en su lugar, soportar los andamios y trasmitir las fuerzas de elevación desde las horquillas al sistema de forma.

Figura 34 ◆ Construcción de forma deslizante.

308F35.EPS

Figura 35 ◆ Construcción de núcleo de edificio.

- *Conjunto de horquillas* – cada conjunto de horquillas consiste de una pieza trasversal horizontal conectada a un poste, además de una horquilla para cada conjunto de revestimiento o largueros/nervaduras. La parte superior de cada pata se sujeta a la pieza cruzada, y el extremo inferior se sujeta al larguero inferior. Las horquillas transmiten las fuerzas de elevación desde las bases niveladoras a los largueros. Dado que no se pueden utilizar amarres de formas para mantener el espaciado requerido entre el revestimiento de la forma, las patas de la horquilla también deben sostener el revestimiento en la posición requerida.
- *Plataforma de trabajo* – la plataforma de trabajo 1" de espesor o contrachapado de ¾" sostenido por viguetas. Las viguetas pueden estar sostenidas en los extremos únicamente por los largueros, o para tramos largos, quizá necesiten apoyos intermedios de armaduras de madera o acero, viguetas de acero o vigas de acero sujetadas a los largueros.

Si se debe terminar la estructura con un techo de concreto o tapa, la plataforma de trabajo puede utilizarse como forma para soportar el concreto. A este fin, se colocan clavijas de acero con punta a través del revestimiento en la pared de concreto debajo de los largueros, y luego se retiran las horquillas.

CARRIL INTERNO

Forma construida en el lugar

La fotografía muestra una forma aislante para una columna de concreto. Esta hecho de contrachapado de ¾" por dentro, poliestireno rígido de 1" en el medio, y contrachapado rústico de ½" en el exterior.

308SA05.EPS

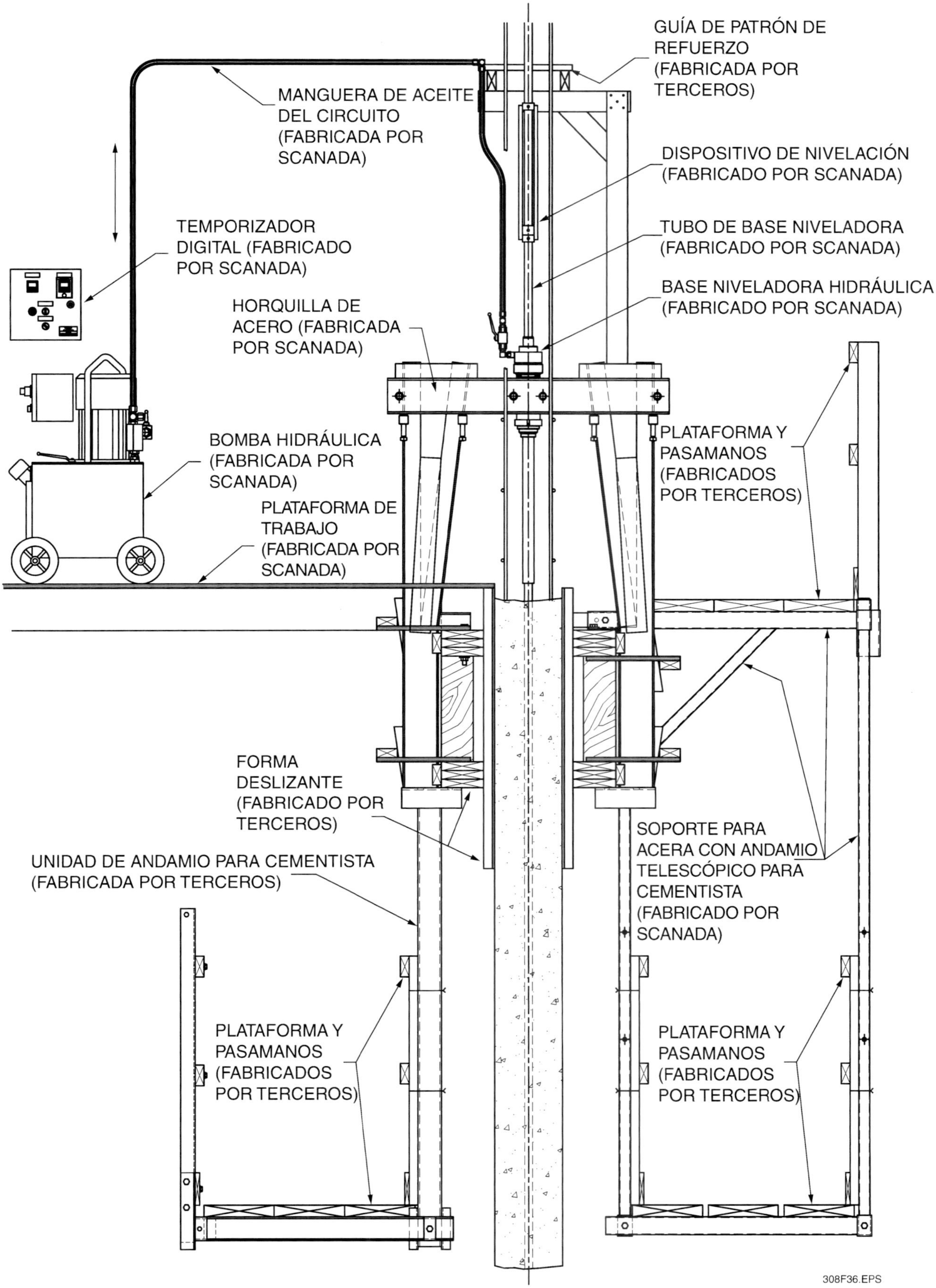

Figura 36 ◆ Armado de forma deslizante.

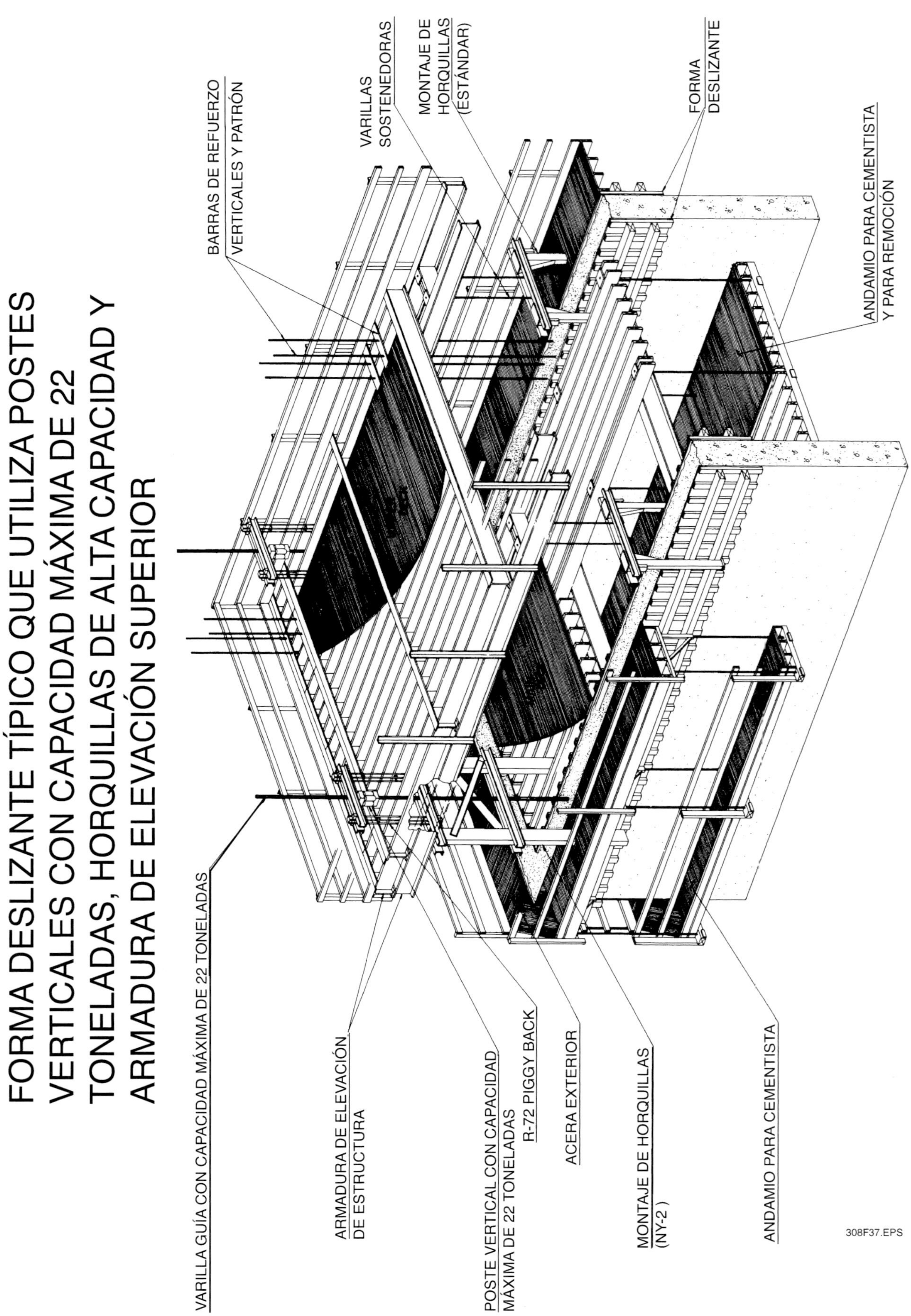

Figura 37 ◆ Construcción de forma deslizante típico.

- *Andamio suspendido* – el andamio suspendido debajo de la forma permite que los encargados de hacer el acabado lleguen a las superficies de concreto. El andamio debe armarse en secciones antes de que comience la colocación del concreto. Una vez que la colocación del concreto ha progresado lo suficiente, la formación de la forma se detienen temporalmente y se sujeta el andamio a las formas.
- *Bases niveladoras para formas* – cualquiera de los tres tipos bases niveladoras, (bases niveladoras roscadas, bases niveladoras hidráulicas y bases niveladoras neumáticas) puede usarse para elevar las formas.

La base niveladora roscada es una varilla de base niveladora de acero liso de por lo general 1" de diámetro, con su parte inferior empotrada en el concreto. Pasa a través de una sección hueca de la base niveladora con rosca cuadrada. Durante la operación de elevación el conjunto se sujeta a la varilla de la base niveladora. Cuando la base niveladora se gira manualmente, una tuerca sube, elevando con ella una horquilla.

La base niveladora hidráulica es una varilla de acero liso con su parte inferior empotrada en el concreto. Pasa hacia arriba a través de la sección hueca de la base niveladora que está sujetada a una horquilla. Cuando se aplica presión la base niveladora, un elemento de ella agarra la varilla de base niveladora y otro elemento se mueve hacia arriba, elevando la horquilla con él. Cuando se libera la presión temporalmente, la base niveladora se prepara automáticamente para otro movimiento hacia arriba. Todas las bases niveladoras están interconectadas a una bomba central, por lo que la presión del aceite en cada base niveladora será la misma. Esto debe asegurar que el movimiento hacia arriba sea uniforme.

La base niveladora neumática es básicamente igual al sistema hidráulico, excepto que en lugar de presión de aceite se utiliza presión de aire.

Una vez que se construyó totalmente un conjunto de forma deslizante sobre una base de concreto, las formas se llenan lentamente con concreto. Cuando el concreto en la parte inferior de las formas tiene la rigidez suficiente, se comienza el movimiento hacia arriba de las formas. Este movimiento se continúa a una velocidad controlada por la velocidad a la que el concreto se endurece. Las velocidades de elevación pueden variar de 2" a 3" por hora hasta más de 12" por hora, según sean la temperatura ambiente y las propiedades del concreto. El acero reforzado se coloca a medida que la forma se eleva.

7.2.0 Formas trepadoras

Las **formas trepadoras**, son diferentes a las formas deslizantes. Mientras que las formas deslizantes avanzan lentamente pulgada a pulgada a medida que se vuelca concreto adicional, las formas trepadoras se elevan de un nivel dado al siguiente con grúas u otros métodos de elevación. Algunos sistemas utilizan mecanismos de elevación hidráulicos para elevar la forma. La forma trepadora suele estar sostenido por pernos o varillas de anclaje empotrados en la parte superior de la elevación anterior.

La *Figura 38* muestra el sistema de forma trepadora Symons Sky-Lift™. Todo el conjunto está sostenido por zapatas de trepado que se fijan con pernos a los enganches colocados en la elevación anterior. Se utiliza una plataforma de trabajo de 8′ de ancho para desmoldar y limpiar las formas. Una plataforma secundaria de trabajo cuelga por debajo de la plataforma de trabajo. La plataforma secundaria se utiliza para reparar orificios de amarre, retirar zapatas de trepado y realizar los trabajos de acabado necesarios después de que se levantó la forma trepadora. La plataforma secundaria se agrega al conjunto de la forma antes de la tercera elevación.

Una versión de la forma trepadora es la forma para huecos que se utiliza para la creación de los huecos de las escaleras y los elevadores en los núcleos de los edificios. La *Figura 39* muestra la sección de una pared interior de una forma para hueco que se mueve hacia el nivel siguiente. Un factor principal en una forma para hueco es la presencia de un panel plegable o esquina plegable para permitir el desmolde de la forma. La *Figura 40* es un ejemplo de una esquina plegable.

8.0.0 ◆ FORMAS PARA ESCALERAS

La *Figura 41* muestra una forma básica para escalera de concreto. Nótese que el tamaño y la posición de las tablas de contrapeldaño establecen la altura, la profundidad y el espaciado de las escaleras. Cuando las escaleras son anchas, se necesita una riostra central para brindar apoyo adicional.

Las *Figuras 42* a *47* muestran diferentes tipos de escaleras y las formas que les corresponden.

Esta sección presenta los aspectos generales del procedimiento para construir una forma para una escalera de concreto sólido. La *Figura 48* muestra un plano básico para escalera.

308F38.EPS

Figura 38 ◆ Forma trepadora.

A continuación, algunas reglas básicas que se utilizan en el trazado de escaleras:

- La elevación de la unidad debe ser de 7" a 8".
- El tramo de la unidad debe ser de 9" a 11". A medida que aumenta la elevación, el tramo debe disminuir en forma proporcional.
- Todas las huellas (extensiones de unidad) en una escalera en particular deben tener el mismo tamaño.
- Todos los contrapeldaños en una escalera en particular deben tener el mismo tamaño.
- El ángulo de escaleras preferido es de 30 a 35 grados.
- En cualquier tramo de escaleras, la cantidad de huellas será una menos que la cantidad de contrapeldaños.
- El ancho de la huella más la altura del contrapeldaño no deben tener menos de 17" y no más de 18". Se muestran algunas combinaciones de ejemplo en la *Tabla 1*.

308F39.EPS

Figura 39 ◆ Forma para hueco.

308F40.EPS

Figura 40 ◆ Sección de la esquina de una forma para hueco.

- Se pueden utilizar amarres de forma hechos de varillas roscadas (*Figura 49*).

NOTA

Consulte los códigos de construcción locales antes de construir escaleras.

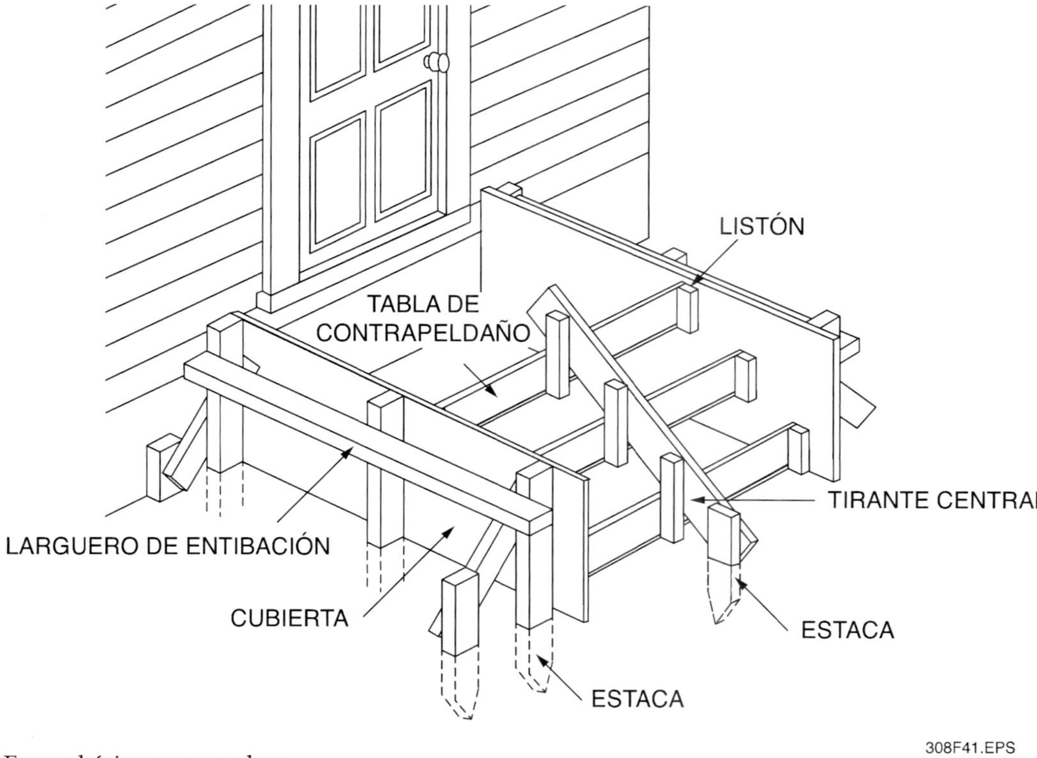

Figura 41 ◆ Forma básica para escalera

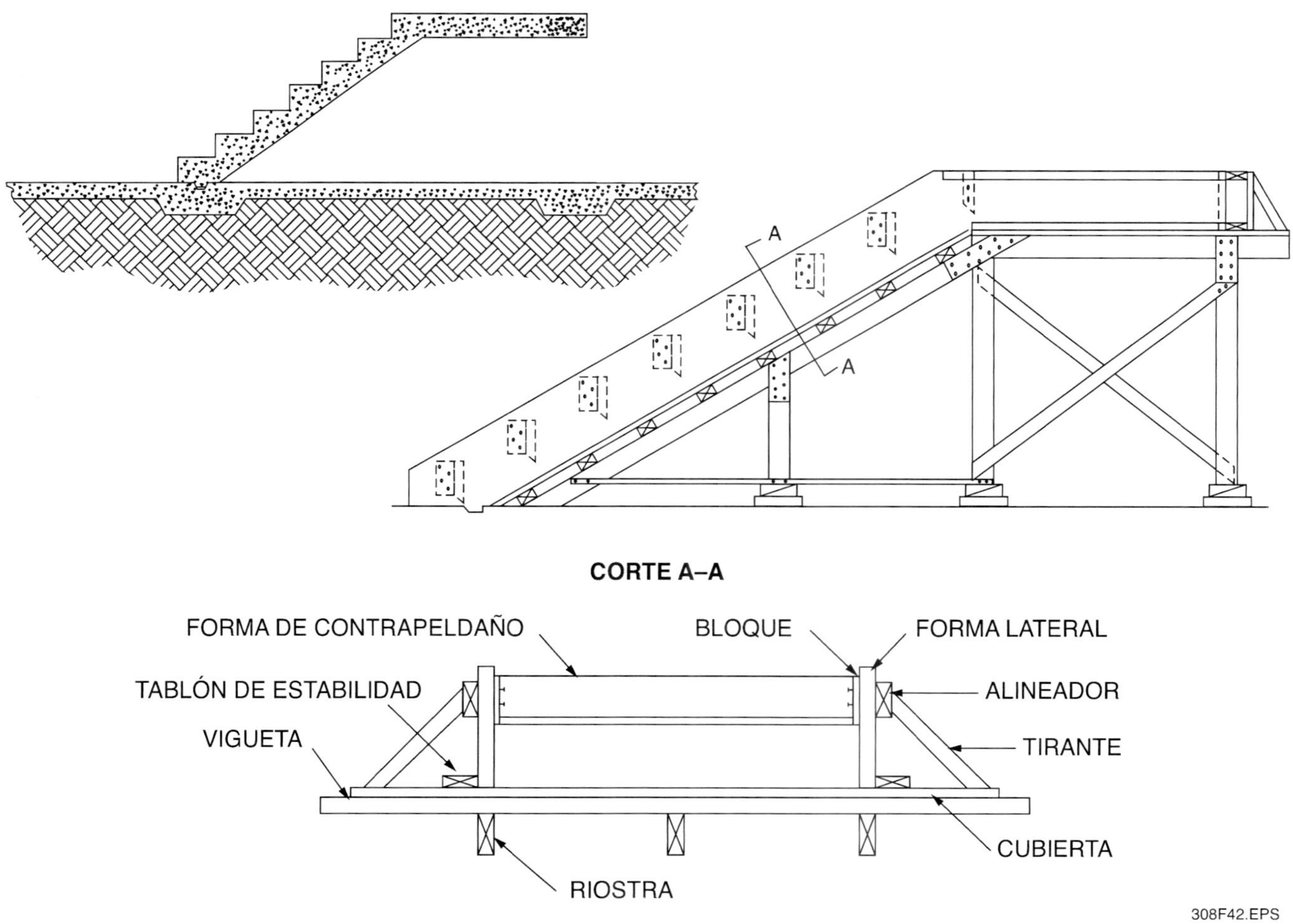

Figura 42 ◆ Escaleras suspendidas de lado abierto y formas.

9.0.0 ◆ FORMAS ARQUITECTÓNICAS VERTICALES

El concreto arquitectónico no sólo funciona como material estructural, sino que también se convierte en un medio arquitectónico al proporcionar a la superficie la calidad y apariencia deseadas. Por lo tanto, es necesario tener un cuidado especial en la construcción de la forma en cuestión. Los errores o las imperfecciones se notarán a medida que varíen las condiciones de luz, al igual que las marcas de las juntas de los revestimientos, las esquinas torcidas, las combas y otras irregularidades. Hay otros problemas además de los que provoca la forma que pueden afectar la calidad de la superficie del concreto expuesto. A continuación, algunos otros factores que pueden provocar imperfecciones:

- Tipos de cementos diferentes
- Mezcla de agregados gruesos y finos
- Falta de uniformidad en la mezcla y la colocación
- Métodos de curado
- Tiempo y temperatura de curado
- Agentes de liberación de la forma

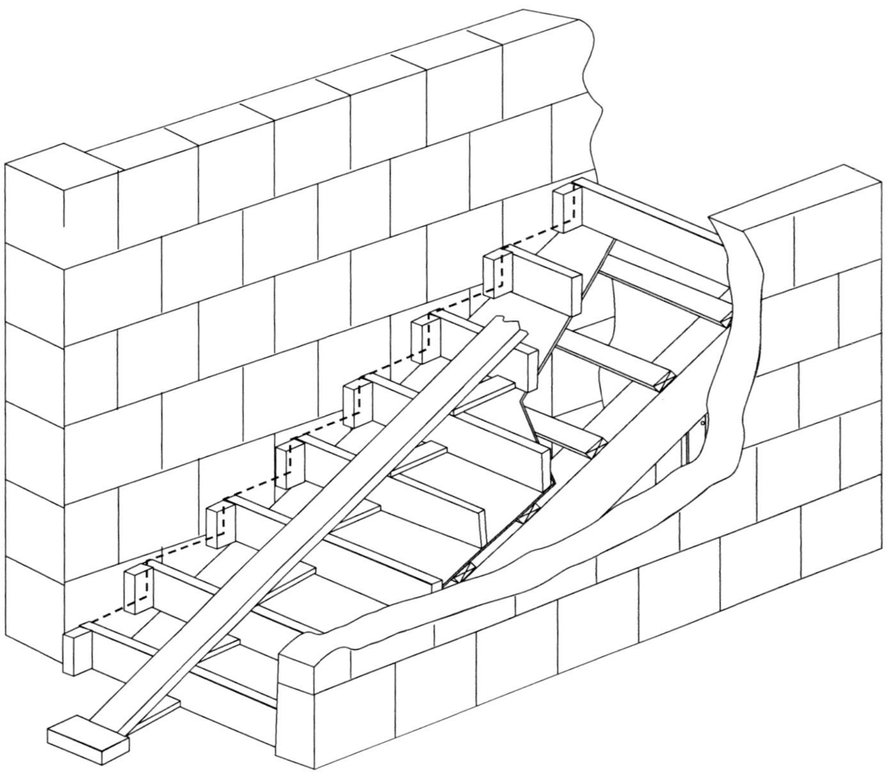

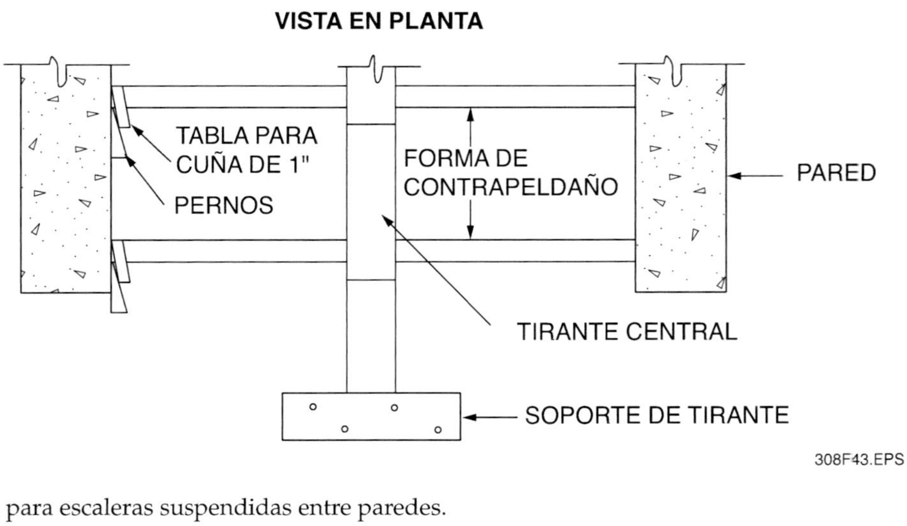

Figura 43 ◆ Forma para escaleras suspendidas entre paredes.

Todos estos factores pueden afectar el color y/o la textura de las superficies expuestas, sin importar cuánto cuidado se pone en la preparación de la forma.

Cuando lea los esquemas para cualquier trabajo, encontrará una sección sobre diseño. Estará acompañada por dibujos de diseño, que se refieren al número de ubicación y artículo, así como a elementos tales como aberturas, juntas de control, **líneas de estría** y juntas de expansión. (Las líneas de estría son hendiduras hechas en un panel de concreto colocando un listón cónico delgado de madera o plástico a la forma).

Estos esquemas proporcionan descripciones detalladas de la manera en que deben construirse estas zonas. Se incluyen recomendaciones para accesorios, técnicas de cerrado, ocultamiento de juntas y el sellado de las formas para hacerlos im-

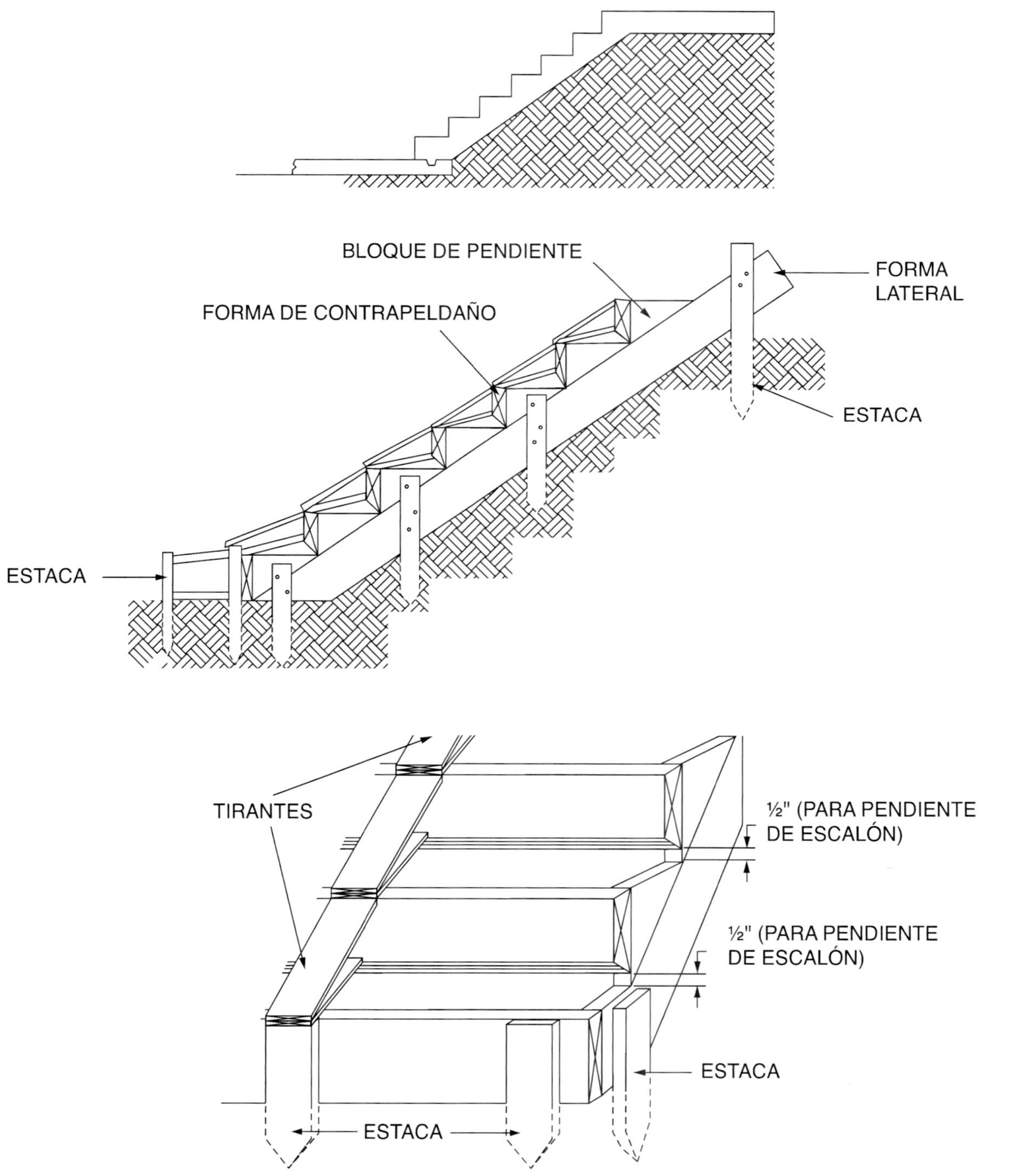

Figura 44 ◆ Escaleras apoyadas en tierra y formas.

permeables para superficies lisas o con líneas. En parte, la necesidad de que sean impermeables se debe a una situación provocada por las variaciones en el contenido de agua del concreto y también por el movimiento de la humedad dentro del concreto durante el fraguado. La decoloración relacionada con el agua penetra el concreto hasta una profundidad considerable y no puede ocultarse comúnmente por medio de voladuras abrasivas o moldeado de la superficie. Es importante completar esta parte de la construcción tan cuidadosamente como sea posible para evitar el daño por agua.

CARRIL INTERNO

Formas para escaleras

Cuando se construyen formas para escaleras, asegúrese de controlar los esquemas y las especificaciones para ver si se requieren pasamanos. Además, asegúrese de que los contrapeldaños están inclinados en la parte inferior para permitir el acabado.

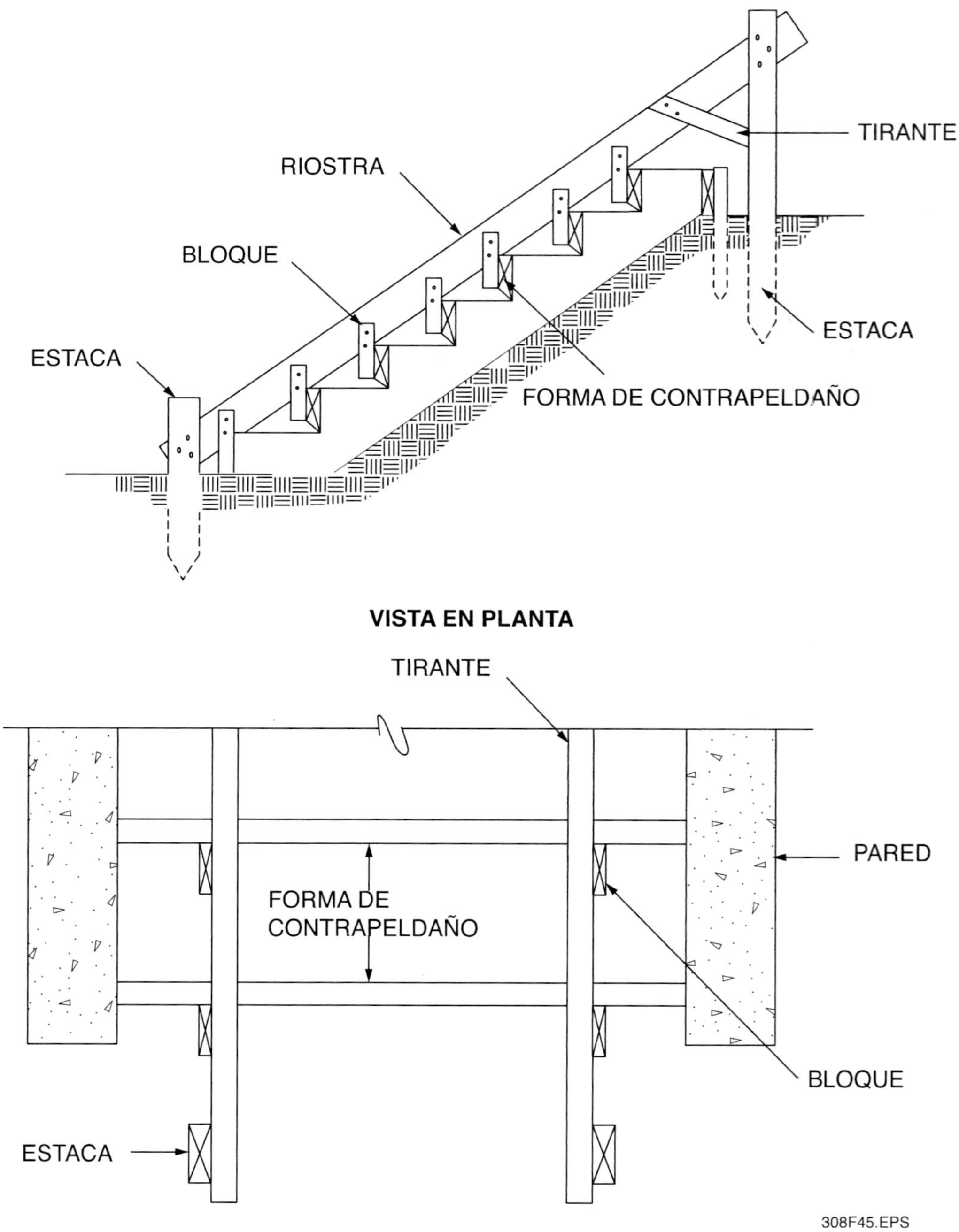

Figura 45 ◆ Forma para escaleras apoyadas en tierra entre paredes.

El diseño contemporáneo demanda una gran variedad de texturas y tratamientos de superficie. La *Figura 50* es un ejemplo. El diseño de una superficie puede variar desde un acabado liso semejante a un vidrio hasta un acabado que necesita una ornamentación de escultura especial. Estas superficies requieren diferentes tipos de revestimientos de forma. Los retrasadores químicos aplicados a la superficie de la forma hacen posible eliminar el mortero de la superficie y exponer los agregados después de que se retiraron las formas. Las diferencias en el acabado también pueden lograrse mediante pulverizaciones, cincelado, martilleo y chorro de arena una vez que el concreto ha fraguado. Los paneles premoldeados utilizados como formas o almohadillados también proporcionan el acabado de superficie deseado. En formas arquitectónicas debe utilizarse un aceite o capa para forma que no manche para evitar la coloración no uniforme del concreto.

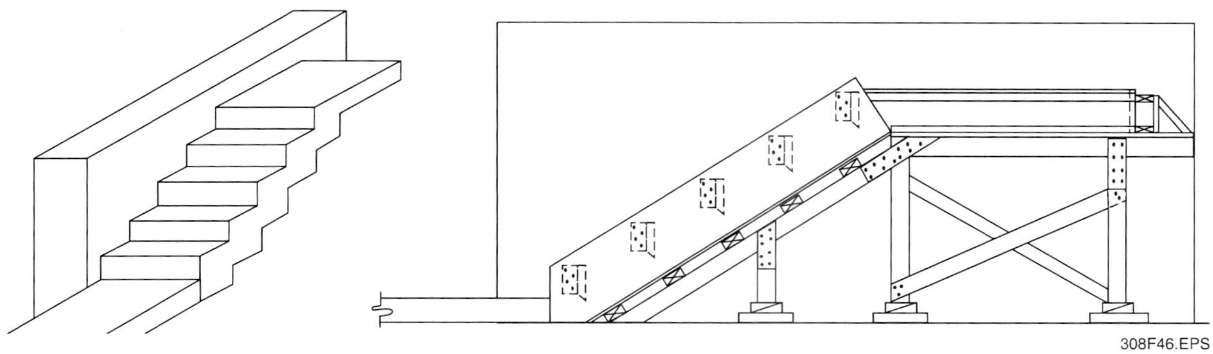

Figura 46 ◆ Escaleras en voladizo y forma.

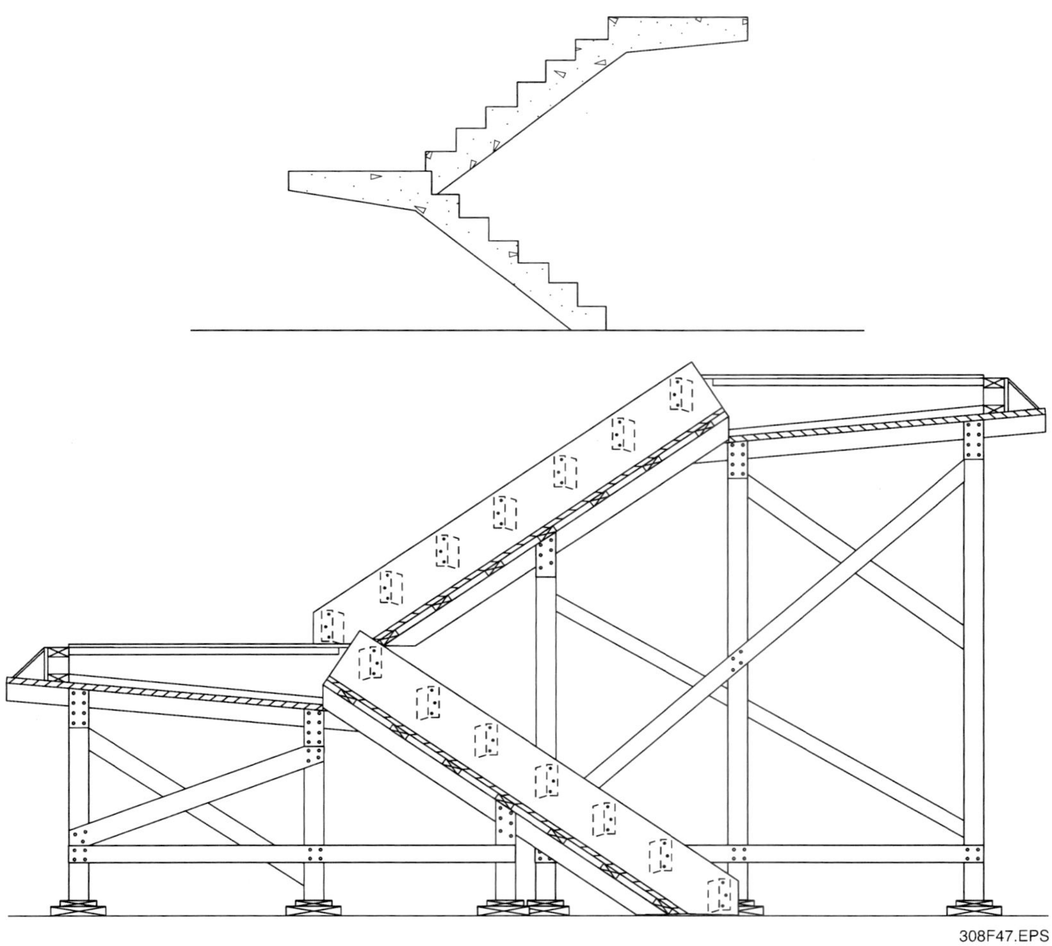

Figura 47 ◆ Escaleras autoestables y forma.

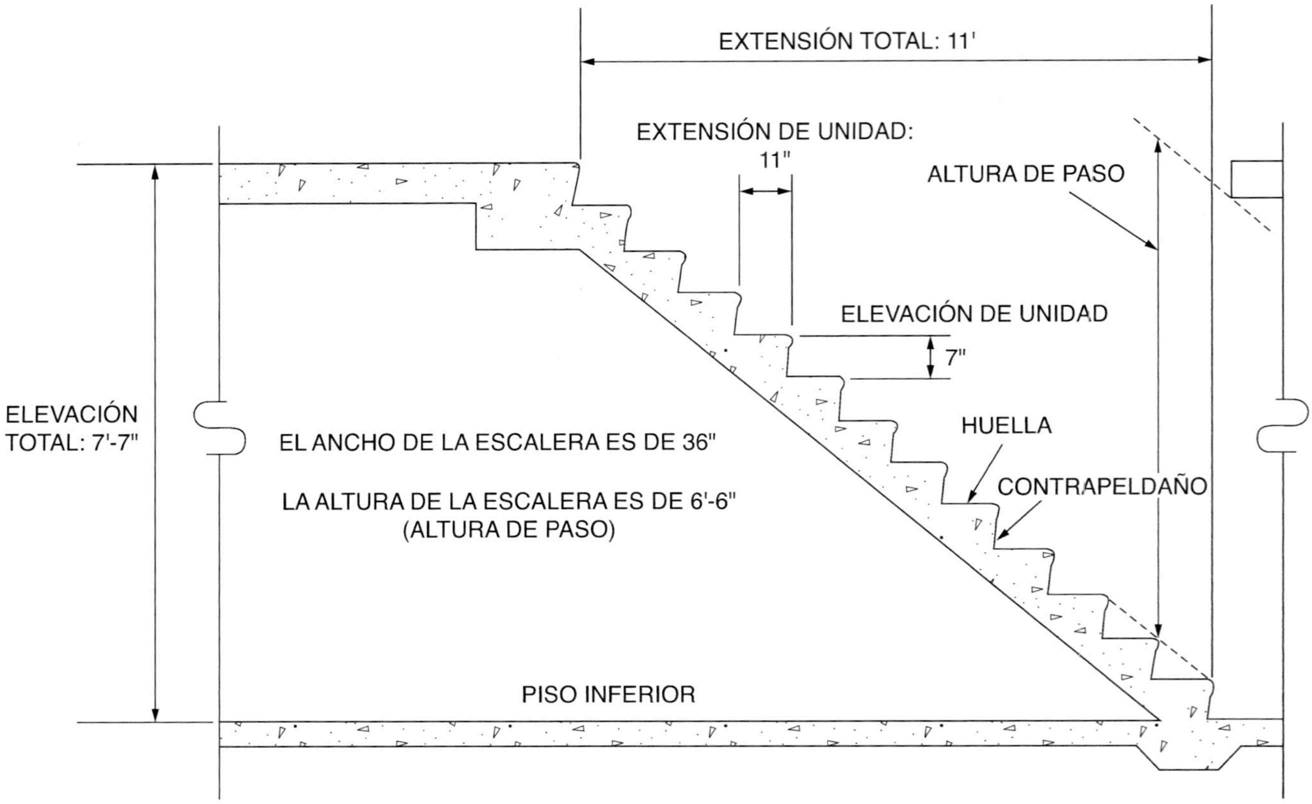

Figura 48 ◆ Determinación de la elevación y extensión de las escaleras.

9.1.0 Acabados lisos

Los acabados lisos suelen moldearse contra materiales como acero, contrachapado, plástico reforzado o no reforzado, y chapas de madera dura. Las superficies de contacto de la forma deben instalarse cuidadosamente para producir patrones de juntas simétricas y prolijas a menos que se especifique otra cosa. En los acabados lisos de edificios, generalmente se utilizan grandes formas modulares para minimizar las marcas que deja el material de revestimiento. Las formas modulares también pueden construirse horizontalmente, lo que minimiza los vacíos llamados bolsas de aire o poros. Estos vacíos suelen ser provocados por burbujas de aire o agua atrapadas en la superficie de la forma mientras se endurece el concreto.

Si se utiliza madera de revestimiento para construir la forma de superficie lisa, el material cepillado es una necesidad; es preferible el sistema de lengüeta y ranura, o el **traslapo**. La madera cepillada es más fácil y precisa de colocar.

Cuando el material de revestimiento es el contrachapado o chapas de madera dura, es mejor y más económico utilizar láminas enteras. Las juntas deben calzar ajustadamente y rellenarse o cubrirse con cinta para una mejor apariencia.

Las formas de metal y las almohadillas producen una superficie lisa, pero es difícil ocultar las juntas. Esto es especialmente cierto en los intervalos entre superficies lisas y texturadas.

Tabla 1 Combinaciones típicas de contrapeldaño/huella

Contrapeldaño	Huella	Total
7"	11"	18"
7¼"	10"	17¼"
7⅜"	10½"	17⅞"
7½"	10½"	18"

308T01.EPS

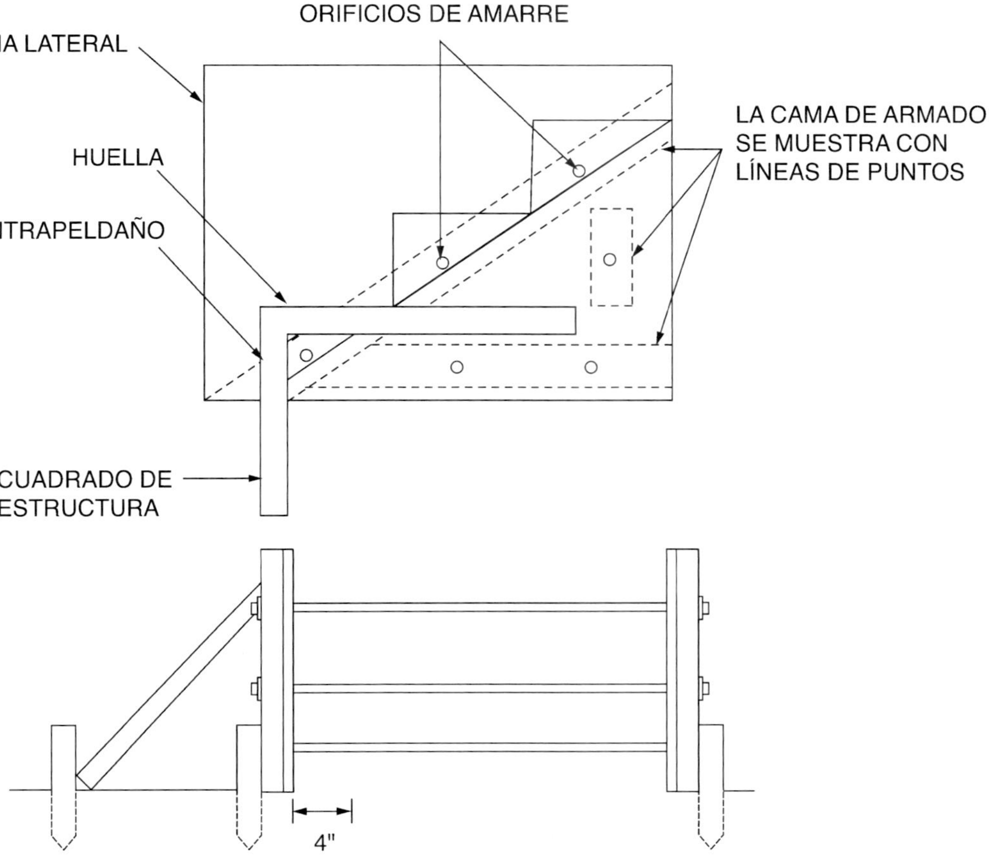

Figura 49 ◆ Vista lateral de una forma para escalera.

Figura 50 ◆ Acabados de concreto arquitectónico.

CARRIL INTERNO

Escaleras autoestables

Esta escalera autoestable de concreto está ubicada en una estación de tránsito por ferrocarril.

9.2.0 Superficies texturadas

Las superficies texturadas se utilizan por varias razones, incluidas su apariencia y su capacidad para cubrir defectos notorios (*Figura 51*). Las superficies texturadas pueden obtenerse mediante el uso de un revestimiento de forma, o una almohadilla unida a las formas. Estas almohadillas texturadas, o formas texturadas, pueden hacerse de plásticos reforzados con vidrio, contrachapado, poliestireno, cloruro de polivinilo, maderas cortadas rústicas, caucho, aluminio y otros materiales.

10.0.0 ◆ FORMAS DE POLIESTIRENO

Las formas permanentes inamovibles hechas en espuma de poliestireno (*Figura 52*) han adquirido popularidad como una alternativa a los cimientos y las paredes de bloques de concreto que demandan más trabajo en aplicaciones residenciales y comerciales livianas (*Figura 53*). Más recientemente, las formas de espuma han sido utilizadas en trabajo de construcción comercial más pesado (*Figura 54*). Estas formas son muy livianas, pero su diseño les permite soportar la presión del concreto vertido. Además, proporcionan una aislación importante que hace innecesaria la aislación adicional. Sin embargo, siempre consulte los códigos locales antes de usar cualquier producto nuevo.

Las paredes terminadas tendrán los mismos acabados interiores y exteriores que las paredes de bloque. Algunos ejemplos de aplicaciones sugeridas por los fabricantes son paredes en jardines decorativos, edificios comerciales y residenciales altos y bajos, paredes de sótanos, cimientos, piscinas, paredes a prueba de incendios y muros de retención.

308F51.EPS

Figura 51 ◆ Superficie texturada.

308F52.EPS

Figura 52 ◆ Forma de poliestireno.

308F53.EPS

Figura 53 ◆ Formas con aislante en construcciones de edificios grandes.

308F54.EPS

Figura 54 ◆ Formas con aislante en construcciones altas.

CARRIL INTERNO

Concreto arquitectónico

Cuando se reutilizan almohadillas de formas para concreto arquitectónico con patrones para crear un acabado arquitectónico en una pared de concreto como la que se muestra aquí, la clave para lograr un acabado de alta calidad es la limpieza cuidadosa de la almohadilla de la forma entre usos.

308SA07.EPS

Resumen

Los carpinteros deben saber armar diversas formas para concreto para paredes, escaleras y columnas. Las formas para concreto construidos en el lugar pueden hacerse en su totalidad de listones y revestimientos de madera. Sin embargo, en la práctica, muchos de los componentes de sujeción como los amarres de forma, están hechos de metal.

Lo más importante que se debe recordar sobre la construcción o el armado de formas es la seguridad. Si las formas se construyen de manera incorrecta, o no son los apropiados para la presión de concreto que deben soportar, puede morir o lesionarse gente como resultado de una falla de la estructura. Por lo tanto, es muy importante seguir los planes y las especificaciones establecidas por los diseñadores del edificio, en especial cuando se trata del apoyo y arriostramiento de las formas.

En la construcción comercial, se utilizan ampliamente las formas para concreto y los accesorios para formas de producción. Son muy duraderos y por eso pueden volver a utilizarse muchas veces. También son fáciles de armar y desarmar. Las formas patentadas vienen en una variedad de tamaños y formas para satisfacer cualquier necesidad de la construcción. Varían de formas pequeñas, livianas y armadas manualmente para construcciones livianas hasta formas grandes, de acero reforzado que deben trasladarse y armarse con la ayuda de una grúa.

Muchas compañías producen formas para concreto y accesorios relacionados. Para armar y utilizar estas formas de manera segura, el carpintero debe estar familiarizado totalmente con las formas específicas que se utilizan, especialmente las limitaciones que tienen esas formas. Se deben seguir las instrucciones que se brindan con las formas. En algunos casos, puede ser necesario realizar un curso de entrenamiento en el uso y armado apropiado de las formas.

Notas

Preguntas de repaso

1. ¿Cuál de los siguientes enunciados es una afirmación correcta sobre la economía de la forma?
   a. Generalmente es menos costoso construir formas que comprar o alquilar formas de producción.
   b. La mayoría de las formas de producción pueden utilizarse sólo una vez.
   c. Los sistemas de formas de producción son todos casi iguales, por lo que una vez que conoció uno, los conoció a todos.
   d. Un contratista probablemente utilice siempre el mismo tipo de sistema de forma.

2. La mejor manera de trabajar con seguridad con el concreto es _____.
   a. prueba y error
   b. darse cuenta de que la mayoría de las formas son básicamente iguales
   c. familiarizarse con el sistema de forma
   d. situarse cerca de la forma mientras se coloca el concreto

Para las preguntas 3 a 8, una la letra en el dibujo con su nombre.

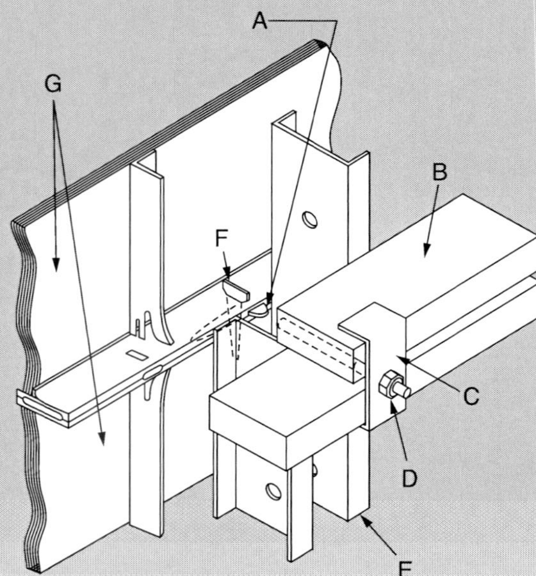

308RQ01.EPS

3. _____ Panel
4. _____ Larguero
5. _____ Soporte vertical
6. _____ Placa de larguero de entibación modular
7. _____ Perno de cuña
8. _____ Varilla de larguero de entibación modular

Preguntas de repaso

Para las preguntas 9 a 12, una la letra con la descripción para cada amarre de forma.

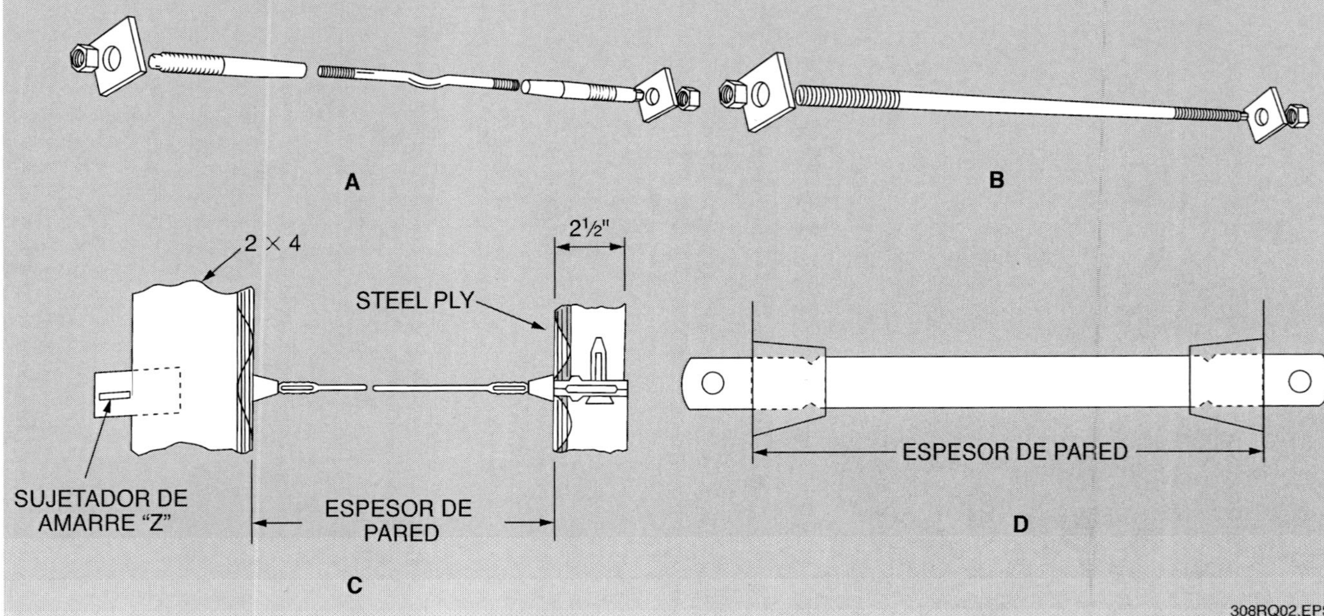

9. _____ Amarre cónico desmontable

10. _____ Amarre de línea de quiebre

11. _____ Amarre para travesaño de quiebre dentro de pared

12. _____ Perno hembra descartable

13. ¿Cuál de los siguientes materiales se considera inapropiado para la creación de formas para concreto arquitectónico?

a. Acero
b. Plástico
c. Aluminio
d. Contrachapado

14. ¿Cuál de los siguientes enunciados es una afirmación correcta sobre las formas modulares?

a. Son más livianos y fáciles de manipular que las formas de armado manual.
b. Pueden armarse en menos tiempo que las formas de armado manual.
c. Rara vez pueden volverse a utilizar.
d. Demandan más tiempo para desmoldarlos que las formas de armado manual.

15. El propósito de cortar muescas en el revestimiento para formas de paredes curvas construidas en el sitio de trabajo es _____.

a. aumentar la resistencia de la forma
b. permitir que el revestimiento se doble más fácilmente
c. facilitar el desmolde de la forma
d. permitir el drenaje del agua en caso de lluvias

16. En la construcción de formas para columnas, los listones de madera se utilizan _____.

a. para aislar la forma
b. como patrón para la forma
c. para eliminar la necesidad de abrazaderas para columnas
d. como apoyos verticales para evitar que el revestimiento se combe

Preguntas de repaso

17. Cuando se arma una forma para columna, las abrazaderas de columna se _____.
    a. separan de manera uniforme de arriba a abajo, sin importar la altura de la forma
    b. colocan juntas cerca de la parte superior, sin importar la altura de la forma
    b. colocan juntas cerca de la parte inferior, sin importar la altura de la forma
    d. separan de manera uniforme de arriba a abajo si la altura de la forma no supera los 10 puntales

18. Cuando se utiliza contrachapado para los revestimientos de formas deslizantes, se le humedece antes de su uso para permitir que se hinche.
    a. Verdadero
    b. Falso

19. En general, las formas deslizantes se elevan con _____.
    a. bases niveladoras
    b. una grúa
    c. montacargas
    d. mecanismos para levantar carga con cadena

20. Una forma trepadora es lo mismo que una forma deslizante.
    a. Verdadero
    b. Falso

21. Cuando se hacen mediciones para una forma para escalera, el término extensión de unidad se refiere a _____.
    a. la distancia desde la parte superior de un escalón hasta la parte superior del siguiente.
    b. la distancia desde la parte inferior del primer escalón hasta el descanso
    c. la profundidad de cualquier huella
    d. el ancho de cualquier huella

22. Una línea de estría es un tipo de junta de expansión.
    a. Verdadero
    b. Falso

23. Los retrasadores químicos se aplican a la superficie de la forma cuando se hacen formas para concreto arquitectónico para _____.
    a. evitar que el agregado se vea expuesto
    b. eliminar el mortero de la superficie para exponer el agregado
    c. acelerar la hidratación de modo que la superficie pueda grabarse al aguafuerte
    d. mantener la superficie lisa

24. Las bolsas de aire son _____.
    a. orificios hechos en el concreto por insectos
    b. hendiduras hechas por los amarres de forma
    c. vacíos provocados por burbujas de agua o aire en la superficie de la forma
    d. orificios perforados en el concreto acabado para fijar carteles

25. ¿Cuál de los siguientes enunciados es una afirmación *incorrecta* sobre las formas de poliestireno?
    a. Permanecen en el lugar después de que el concreto fraguó.
    b. Proporcionan aislación importante.
    c. Pueden utilizarse para hacer paredes a prueba de incendios.
    d. No se pueden hacer los mismos tipos de acabados que a las paredes de bloques.

Términos especializados introducidos en este módulo

Concreto arquitectónico: Concreto que sirve de material de acabado arquitectónico.

Concreto plástico: Concreto en un estado líquido o semilíquido y moldeable.

Forma deslizante: Forma que se mueve de manera continua mientras se coloca el concreto.

Forma modular: Estructura con paneles prefabricados que se unen para formar una unidad de mayor tamaño.

Forma trepadora: Forma utilizada para construir paredes verticales en coladas sucesivas. Con cada colada se eleva hasta alcanzar un nivel más alto.

Línea de estría: Hendidura hecha en un panel de concreto colocando un listón cónico delgado (por ejemplo, ¾") de madera o plástico a la forma.

Listón: Tabla fina y angosta que se utiliza para cubrir las juntas de tablas más anchas. En las formas, los listones son tiras angostas de madera que se colocan sobre el revestimiento a modo de refuerzo.

Marco: Armazón que se coloca dentro de una estructura de concreto, para generar la abertura en la que se insertará una ventana o puerta.

Puntales: Miembros verticales de un panel de forma que se utilizan para apoyar el revestimiento.

Revestimiento: Contrachapado, placas o planchas de metal que forman la superficie de una forma.

Riostra: Pieza de apoyo diagonal que se utiliza para reforzar una estructura contra el peso del concreto.

Soporte vertical: Pieza de apoyo vertical unida a la parte posterior de una forma para rigidizarlo o reforzarlo, en especial cerca de las aberturas de puertas y ventanas.

Taco separador: Objeto de metal o madera que se utiliza para mantener separados los lados de una forma.

Traslapo: Tablas en las que se han hecho muescas de manera que se superpongan al colocarlas juntas.

Recursos adicionales

Este módulo tiene como objetivo presentar un recurso sólido para el entrenamiento de tareas. Se recomiendan los siguientes trabajos de referencia para profundizar el estudio. Estos son materiales ideales para una capacitación continua más que para el entrenamiento de tareas.

Principles and Practices of Commercial Construction (Principios y Prácticas de la Construcción Comercial), Prentice Hall, Upper Saddle River, NJ.

Scaffold, Shoring, and Forming Institute (Instituto de andamiaje, apuntalamiento y moldeado). www.ssfi.org.

SERIE EDUCATIVA CONTREN® — COMENTARIOS DEL USUARIO

NCCER hace el esfuerzo de mantener estos libros de texto actualizados y libres de errores técnicos. Apreciamos su ayuda en este proceso. Si tiene una idea para mejorar este libro de texto, o si encuentra algún error, ya sea tipográfico, o de contenido en los libros de texto de *Contren®*, favor de escribirnos usando esta forma o una fotocopia de la misma. Asegúrese de incluir el número exacto del módulo, la página, una descripción detallada, y la corrección, si es aplicable. Su comentario será traído a la atención del comité técnico de revisión. Gracias por su ayuda.

Instructores – si usted encontró que algún material adicional es necesario para enseñar este módulo con eficacia, por favor déjenos saber para poder incluirlos en la lista de Equipo y Materiales en la guía anotada del instructor.

Dirección postal: Departamento de Desarrollo de Productos
National Center for Construction Education and Research
3600 NW 43rd Street, Bldg. G, Gainesville, FL 32606

Fax: 352-334-0932

E-mail: curriculum@nccer.org

Oficio ____________ Nombre del Módulo ____________

Fecha del Copyright ____________ Número del Módulo ____________ Número(s) de Página(s) ____________

Descripción

____

____

____

____

Corrección (opcional)

____

____

____

Su nombre y dirección (opcional)

____

____

____

Formas horizontales

27309-07

27309-07
Formas horizontales

Los temas que se presentarán en este módulo incluyen:

Generalidades

Las formas de concreto se utilizan en la construcción de pisos de edificios, plataformas de puentes, conductos subterráneos, vigas, vigas maestras y otras estructuras de concreto horizontales. La mayoría de las formas horizontales que encontrará serán formas especializados fabricados para un propósito específico, como la forma de una plataforma de puentes o de pisos de un edificio alto. Cuando se está encofrando y vertiendo una plataforma, ésta se debe apuntalar desde abajo hasta que se endurezca el concreto. Todos los que hagan trabajos de carpintería industrial o comercial de gran envergadura tienen la posibilidad de trabajar con estos sistemas especiales de apuntalamiento y forma.

Objetivos

Cuando haya completado este módulo, podrá hacer lo siguiente:

1. Identificar los riesgos de seguridad relacionados con la forma de plataformas elevadas y explicar cómo evitarlos.
2. Identificar los diferentes tipos de plataformas elevadas.
3. Identificar los diferentes tipos de sistemas de formas móviles.
4. Identificar los diferentes tipos de sistemas de formas de colocación manual.
5. Montar, nivelar, riostrar y emparejar los diferentes tipos de sistemas de formas de plataforma de colocación manual.
6. Instalar formas de borde, aislamientos, empotramientos y uniones de construcción.
7. Identificar los sistemas típicos de forma de conductos subterráneos y puentes.

Términos especializados

Acartelamiento	Corrugado
Capitel	Fosfatizado
Carga muerta	Perfil
Carga viva	

Materiales necesarios para el estudiante

1. Lápiz y papel
2. Equipo protector personal adecuado

Prerrequisitos

Antes de comenzar este módulo, se recomienda haber finalizado con éxito los cursos *Currículo Básico; Introducción a la Carpintería Nivel Uno; Estructuras y Acabados de Carpintería Nivel Dos;* y *Formas para Carpintería Nivel Tres*, Módulos 27301-07 a 27308-07.

Este mapa del curso muestra todos los módulos del tercer nivel del currículo de *Carpintería*. El orden de entrenamiento sugerido comienza de abajo hacia arriba. Los niveles de dificultad aumentan a medida que usted avanza en el mapa del curso. Es posible que el auspiciador del programa de entrenamiento local ajuste el orden de entrenamiento.

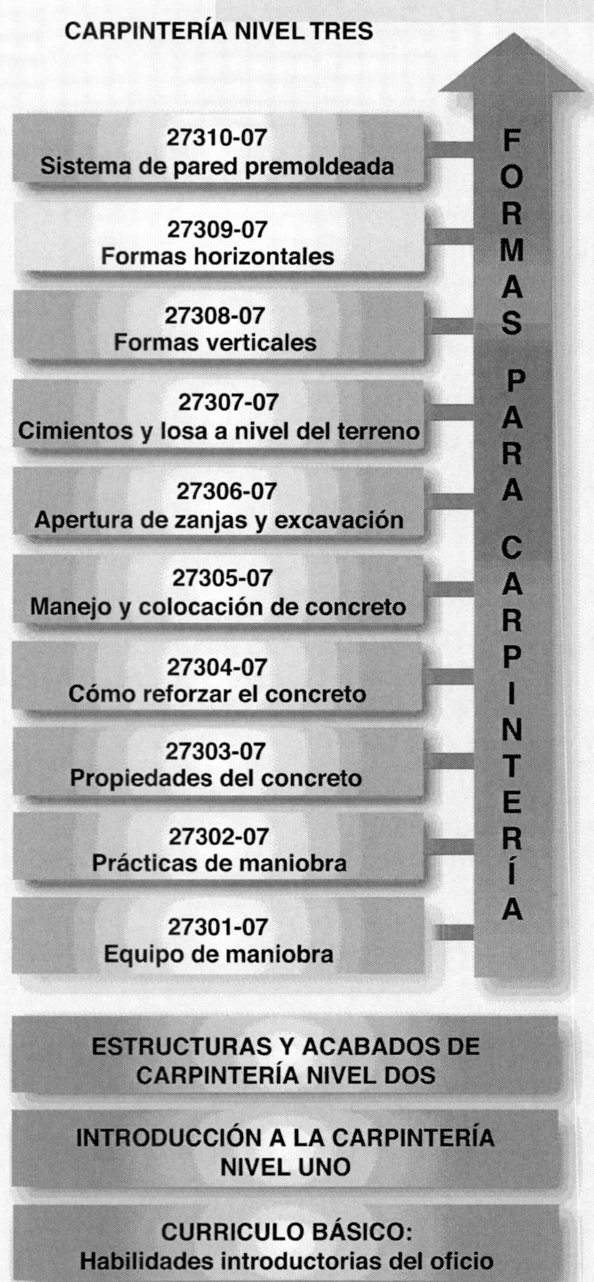

309CMAP.EPS

1.0.0 ◆ INTRODUCCIÓN

Este es el tercer módulo en una serie de tres módulos acerca de los sistemas de forma de concreto. Proporciona información acerca de los diferentes tipos de sistemas de formas horizontales utilizados ampliamente en la construcción comercial pesada. Los sistemas de formas horizontales se utilizan principalmente en la construcción de losas estructurales elevadas para pisos y plataformas en edificios y garajes, en la construcción de plataformas de puentes y en la construcción de sistemas de drenaje y conductos subterráneos. Además, en este módulo se describen los métodos de apuntalamiento utilizados con los sistemas de formas horizontales y las consideraciones de seguridad relacionadas con el trabajo con sistemas de formas horizontales y de apuntalamiento.

2.0.0 ◆ TIPOS DE LOSAS DE CONCRETO ESTRUCTURAL PARA PISOS Y TECHOS

Para la construcción de edificios, se utilizan varias clases de losas elevadas de concreto con estructura reforzada para pisos y techos (*Figura 1*). El tipo utilizado depende de las cargas a las que se somete la losa, el tramo de la losa que existe entre los soportes, el tipo de estructura utilizada para el edificio y la cantidad de pisos. Las losas estructurales se diferencian de las losas a nivel del terreno en que deben soportar su propio peso (**carga muerta**) y el peso que se coloque sobre ellas (**carga viva**). El material compactado debajo de la losa sirve como soporte de las losas a nivel del terreno y de las cargas colocadas sobre ellas.

2.1.0 Losas macizas en una dirección

Las losas macizas en una dirección también son conocidas como pisos o techos de losa y viga en una dirección. Las losas macizas en una dirección se extienden a través de líneas paralelas de soporte formadas por las vigas o las paredes. En la mayoría de los casos, el concreto para las vigas y las losas se coloca al mismo tiempo. A veces, el concreto para las columnas de soporte se coloca al mismo tiempo que las vigas y las losas. El refuerzo de la losa se coloca a través del tramo a las vigas o las paredes. El acero por contracción se coloca de manera perpendicular al tramo. Estos tipos de losas pueden soportar cargas relativamente altas en tramos cortos y se usan generalmente para tramos menores a 20', porque su masa es muy costosa para aplicaciones más extensas. El espesor de la losa varía de 4" a 10". Los ingenieros estructurales deben diseñar el apuntalamiento que soporte la forma para las losas y las vigas debido al enorme peso del concreto colocado al mismo tiempo.

En lugar de las vigas estándar con una profundidad dos o tres veces mayor al ancho, a veces se utilizan vigas con un ancho mayor a la profundidad (franjas de losas). La franja de losa es más fina que las vigas exteriores. Además, reduce el ancho de la losa que, a su vez, reduce el espesor de la losa y la cantidad de refuerzo de la losa.

2.2.0 Losas planas en dos direcciones

Estas losas tienen el refuerzo en ambas direcciones a 90 grados entre sí (dos direcciones). Salvo en el perímetro, normalmente no se necesitan vigas ni paredes como soporte de las losas planas en dos direcciones, porque las columnas de los edificios con paneles deprimidos espesos (cabezales) centrados por encima de cada columna sirven como soporte de la losa. Estos pisos normalmente se utilizan para depósitos y estacionamientos cubiertos. Para pisos industriales con mucha carga, a veces se coloca una losa en dos direcciones sobre una armadura de vigas y vigas maestras con columnas como soporte. Se denominan pisos de losas y vigas en dos direcciones. Las losas planas en dos direcciones se moldean sobre plataformas de contrachapa provisorias con apuntalamientos, y vigas y zancas de madera o metal provisorias como soporte. En muchos casos, se utilizan plataformas desmontables (móviles) cubiertas con contrachapa, para no tener que demoler y volver a montar las plataformas para cada piso. Más adelante en este módulo, se trata la colocación de apuntalamientos y plataformas, incluidas las plataformas móviles.

Los espesores de las losas varían entre 4" y 12", según el ancho del tramo, que normalmente es menor a 34'. El tamaño mínimo del panel deprimido es ⅓ del tramo y su espesor normalmente es 1½ veces el espesor de la losa. En una época, se utilizaban **capiteles** con forma de hongo decorativo en la parte superior de las columnas, además de los paneles deprimidos; sin embargo, ya no se utilizan demasiado por su alto costo de construcción.

2.3.0 Losas de placas planas en dos direcciones

Las losas de placas planas en dos direcciones son versiones para trabajos más livianos de las losas planas macizas en dos direcciones sin paneles deprimidos. Tienen un espesor que varía entre 5" y 10" con tramos de hasta 32'. Por su forma sencilla, se utilizan generalmente en edificios altos de apartamentos y oficinas con cargas de piso livianas. Tanto las losas planas macizas en dos direcciones

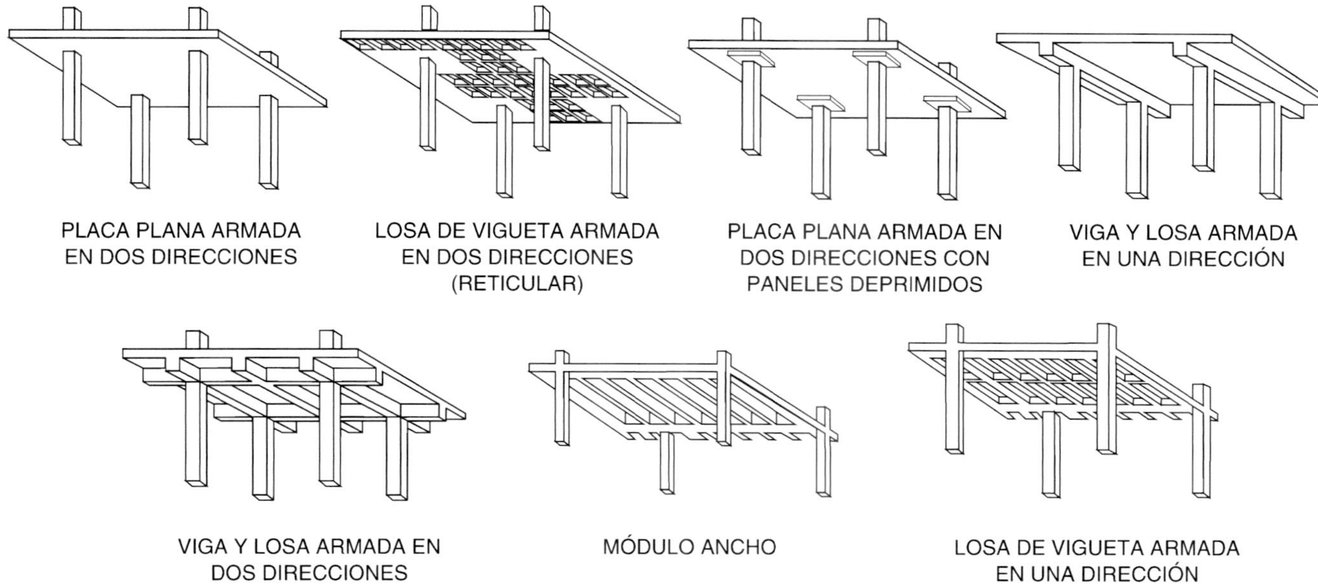

Figura 1 ◆ Tipos de losas de concreto estructural para pisos y techos.

como las losas de placas planas están generalmente en voladizo después de la última fila de columnas por una distancia de alrededor del 30% del tramo interior, para aprovechar la continuidad estructural de la losa. Si no se utiliza el voladizo, se agrega un refuerzo adicional al borde de la losa, para soportar los mayores esfuerzos que se producirán. Al igual que las losas planas en dos direcciones, las losas de placas planas se moldean utilizando plataformas construidas con componentes individuales o plataformas móviles.

2.4.0 Losas de viguetas en una dirección

Las losas de viguetas en una dirección, también conocidas como losas nervuradas, están conformadas por nervaduras o viguetas de concreto reforzado que están coladas monolíticamente con una losa delgada en la parte superior (*Figura 2*). Las viguetas (nervaduras) están encofradas en las vigas o las franjas de vigueta de soporte, como se muestra en la figura. A veces, se ensanchan los extremos de las viguetas que están formadas en las vigas o en las franjas de vigueta de soporte. Dado que generalmente no se utilizan estribos en las viguetas por limitaciones de espacio, el concreto ensanchado en los extremos proporciona la resistencia suficiente para soportar las fuerzas de tensión diagonal. Las franjas de vigueta, que tienen la misma profundidad que la losa, son vigas muy anchas que se colocan sobre columnas de soporte y reemplazan a las vigas estructurales, que serían más profundas y complicarían la forma. Las franjas de vigueta se moldean con la misma forma que sirve como soporte de la losa. A veces, se puede utilizar una nervadura de distribución en la mitad del tramo para distribuir las cargas vivas del piso en las viguetas.

Queda muy poco concreto no aprovechado en una losa de viguetas en una dirección. Esto reduce la carga muerta y permite tramos más anchos. Dado que el acero de refuerzo se concentra en las nervaduras, la losa puede ser mucho más delgada y sólo requiere un refuerzo por contracción y temperatura. El espesor de la losa varía entre 2½" y 4½". El espaciado de las viguetas varía entre 20" y 30" con profundidades de 6" a 20". Los tramos pueden ser de hasta 45' de ancho. Para moldear estos

Figura 2 ◆ Una porción de una losa de viguetas en una dirección.

CARRIL INTERNO

Losas de viguetas de módulo ancho

Otra versión muy utilizada de una losa en una dirección es la losa de viguetas de módulo ancho, también conocida como losa de viguetas no continuas. Estas losas están encofradas con casetones anchos y profundos construidos en obra o de metal que resultan en viguetas más profundas con un espaciado ancho de 4' a 6'. Estos tipos de losas se utilizan cuando se requiere una losa con un espesor de 4½" o más para ignifugación. La losa más espesa permite el uso de un espaciado más ancho de viguetas. En la figura, se está ensamblando la forma para la losa sobre una plataforma plana de contrachapa provisoria. Observe la franja ancha de la vigueta en el primer plano de la figura. El refuerzo para las viguetas y la franja de vigueta aún no se han colocado. Las cargas son más altas en las viguetas de módulo ancho que en las viguetas en una dirección normales. Esto generalmente requiere que se utilicen estribos cerca del extremo de cada vigueta. Dado que el espacio de las viguetas es restringido, los estribos en U se deben instalar en ángulo o se deben utilizar estribos de una sola pata. La figura muestra casetones de viguetas no continuas construidos en obra.

309SA01.EPS

tipos de losas, se pueden superponer casetones de acero fabricado o de plástico reforzado con fibra de vidrio (FRP) a la plataforma de contrachapa. De ser necesario, se puede utilizar un casetón cónico para encofrar los extremos ensanchados de las viguetas. Además, se pueden usar casetones de madera construidos en obra utilizando viguetas de madera mecanizada y contrachapa.

2.5.0 Losas de viguetas en dos direcciones

Las losas de viguetas en dos direcciones, también conocidas como losas casetonadas, tienen un costo similar al de las losas de viguetas en una dirección. Están conformadas por viguetas o nervaduras de concreto reforzado que se cruzan en un ángulo de 90 grados (*Figura 3*). Las losas casetonadas se pueden encofrar utilizando cajones de metal fabricado o FRP ajustados a la plataforma de contrachapa. Desde un punto de vista estético, se prefieren los lados inferiores de las losas casetonadas que las losas de viguetas en una dirección. Además, permiten tramos más anchos. En la mayoría de los casos, no se instalan cajones alrededor de las columnas. Esto permite que las secciones reforzadas macizas, conocidas como cabezales, que tengan el mismo espesor que las viguetas sean moldeadas junto con la losa. Estos cabezales cumplen la misma función que los paneles deprimidos en las losas planas en dos direcciones.

309F03.EPS

Figura 3 ◆ Lado inferior de una losa de viguetas en dos direcciones.

Anclajes de perno soldados

CARRIL INTERNO

Además de las losas de material compuesto, también se utilizan puntales(studs) soldados con otros tipos de losas que se colocan en los edificios de acero estructural. En estos casos, los puntales proporcionan el único anclaje para las losas.

A pesar de haber otros tamaños disponibles, los cajones de tamaño estándar (30" × 30" o 19" × 19") resultan en viguetas con 6" de ancho sobre centros de 3' o en viguetas con 5" de ancho sobre centros de 2' con profundidades de 8" a 20". El espesor de la losa generalmente varía de 3" a 5" y los tramos pueden ser de 25' a 50'. Si la losa tiene un borde sin voladizo, se necesitará una viga perimetral reforzada en ese borde.

2.6.0 Losas de material compuesto

Las losas de material compuesto combinan la resistencia a la compresión del concreto con la resistencia a la tensión del acero. De esta manera, se logra una combinación ligada más fuerte que ambos materiales por separado. La plataforma de acero **corrugado** que se ajusta a las vigas y las viguetas de acero estructural de un edificio se utiliza como la forma de losa. El concreto y la plataforma, que se deja en su lugar, conforman la losa de material compuesto. La plataforma se adhiere a la losa y actúa como refuerzo de la losa después de que se cura el concreto.

Se utilizan dos métodos para la construcción de losas de material compuesto. El primero, requiere que el acero estructural del edificio sea lo suficientemente fuerte como para soportar la plataforma y el concreto sin soporte adicional, mientras que el concreto se cura y se adhiere a la plataforma. El segundo, requiere acero estructural más liviano como soporte provisorio, hasta que el concreto se cura y se adhiere a la plataforma.

En ambos casos, la plataforma debe estar ajustada con seguridad al acero estructural mediante soldadura de tapón o soldadura de puntos. También se utilizan anclajes de perno para proporcionar mayor anclaje de la losa entre el concreto y el acero estructural. Existe una amplia variedad de plataformas disponibles para usar en losas de piso o techo en varios calibres, con nervaduras de distintas alturas y capacidades específicas de carga. Normalmente, la resistencia de la plataforma especificada por los ingenieros estructurales es tal que no se requiere soporte para la plataforma entre los tramos de acero estructural cuando se coloca el concreto de la plataforma y mientras se cura el concreto.

Losas a nivel del terreno postensadas

CARRIL INTERNO

El postensado de las losas a nivel del terreno es común en algunas zonas del país, especialmente en el sur y el sudoeste, donde el suelo que se requiere como soporte de la losa puede ser deficiente. En estas aplicaciones, los tendones de postensado están espaciados de igual manera a lo ancho de la losa en ambas direcciones. Esto prácticamente elimina las fisuras de la losa y la necesidad del refuerzo de alambre soldado.

2.7.0 Losas de concreto postensado

Se pueden utilizar tendones de postensado plastificados hechos de cable de acero trenzado de alta resistencia en cualquiera de las losas moldeadas en obra descritas anteriormente y en cualquiera de las vigas de soporte, las vigas maestras o las viguetas. Se utilizan para reducir el tamaño de estos miembros, eliminar la necesidad del refuerzo por temperatura, reducir la cantidad de refuerzo estándar requerido, reducir el agrietamiento de las losas y extender el tramo de una losa. Generalmente, las losas de placas planas en dos direcciones son postensadas. La colocación de los tendones de postensado en estas losas es diferente a la colocación del refuerzo convencional.

En una instalación típica, los tendones se colocan cerca entre las columnas en una dirección a lo ancho de la losa. Estos tendones con una separación estrecha se llaman tendones concentrados. Otros tendones, llamados tendones distribuidos, se colocan de manera uniforme en la otra dirección a lo ancho de la losa. Sin embargo, en ambas direcciones se utiliza la misma cantidad de tendones. También se puede utilizar una barra de refuerzo en la columna para proporcionar resistencia adicional de corte para la losa. Los tendones concentrados se instalan arriba en las columnas y abajo entre las columnas y en los bordes de la losa, a menos que una columna esté en el borde de la losa.

Los tendones distribuidos se instalan arriba sobre los tendones concentrados y abajo entre los tendones concentrados y en los bordes de la losa. Después de que el concreto está curado y los tendones tensionados, este drapeado provoca presión ascendente sobre la losa en los puntos bajos de los tendones y presión descendente en los puntos altos. Para las losas que como soporte tienen vigas de acero estructural, vigas maestras y columnas (como losas de material no compuesto sobre una plataforma de metal o losas de forma desmontable), los tendones se distribuyen de manera uniforme en ambas direcciones y se instalan arriba a lo ancho de las vigas y de las vigas maestras y abajo entre las vigas y las vigas maestras.

Los ingenieros estructurales calculan las cargas muertas y vivas, además de las pérdidas de tensión a corto y largo plazo, para determinar la cantidad de tensión requerida. Las pérdidas incluyen la reducción de elasticidad del concreto, la fricción de los tendones, el movimiento inicial (fijación) de los anclajes, la relajación del acero, la contracción del concreto y la fluencia lenta. Sólo personal certificado debe colocar y tensar los tendones de postensado.

3.0.0 ◆ TIPOS DE SISTEMAS DE FORMA

Se utiliza una gran variedad de sistemas de forma para moldear las losas de concreto estructural en la construcción pesada. Estos incluyen sistemas para:

- Losas de concreto con vigas y vigas maestras de concreto
- Losas de concreto sin vigas (losas planas)
- Viguetas y losas de concreto con casetones de metal o FRP
- Losas de concreto de material compuesto con formas de plataformas de acero corrugado

Las formas de losa elevada deben estar apuntaladas (*Figura 4*) durante el moldeado y el curado del concreto. El apuntalamiento es una estructura provisoria diseñada para soportar el peso del concreto fresco, el acero de refuerzo y la forma, además de cualquier carga viva (personas, máquinas, etc.) que se puedan aplicar al concreto durante la construcción. El apuntalamiento no se retira hasta que el concreto haya alcanzado una resistencia específica, generalmente el 75 o el 80%.

Un piso de concreto debe tener el soporte adecuado. Para este propósito, se utilizan varios métodos. Para los pisos que deben soportar cargas pesadas, se puede utilizar un sistema de vigas o vigas maestras (*Figura 5*). En este tipo de sistema, las vigas y las vigas maestras se sujetan y se apoyan a las columnas. En algunos casos, las columnas se vierten primero y luego se encofran las vigas y las vigas maestras. En otras aplicaciones, las columnas, las vigas y las vigas maestras se encofran monolíticamente, lo que significa que el concreto se vierte para los tres componentes al mismo tiempo, para encofrar una pieza maciza. Las vigas y las vigas maestras están reforzadas con barras de acero que se sujetan a las barras de

Figura 4 ◆ Apuntalamiento con andamio como soporte en su lugar para un piso en construcción.

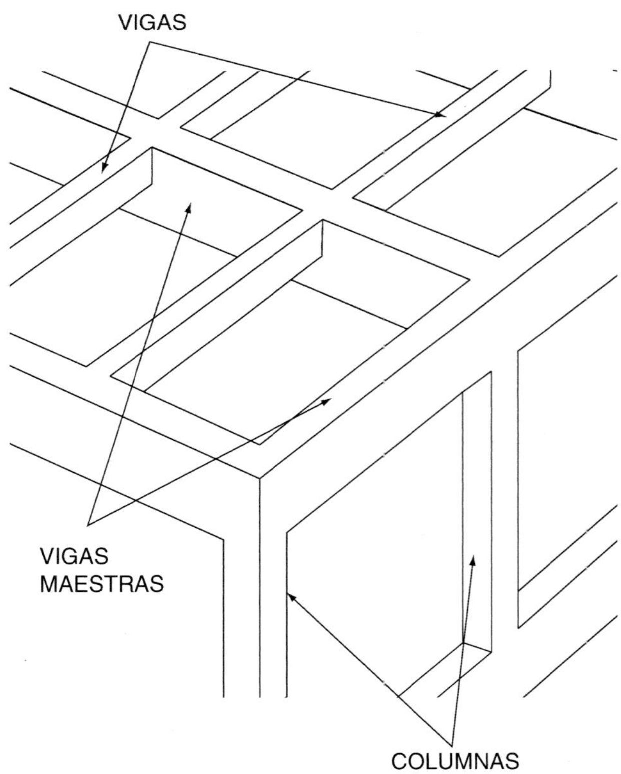

Figure 5 ◆ Sistema de vigas/vigas maestras.

refuerzo de las columnas por encima y por debajo del piso.

Cuando se manipulan cargas más livianas, el soporte principal de la losa son las columnas. En algunos casos, se coloca un panel deprimido (*Figura 6*) entre la columna y la losa. En la disposición que se muestra, se agrega un capitel a la parte superior de la columna. El capitel es una característica arquitectónica más que una estructural.

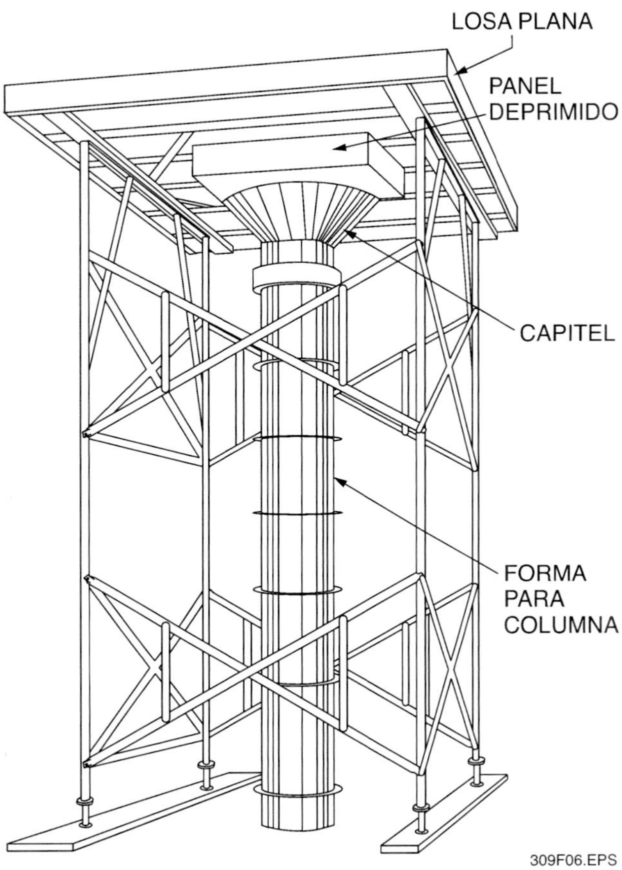

Figura 6 ◆ Sistema de soporte con paneles deprimidos.

3.1.0 Casetones

Los casetones comerciales son formas de FRP o acero tipo moldeado que se utilizan para construir sistemas de viguetas y losas de concreto. Se utilizan dos tipos: Casetones cuadrados o cajones y casetones largos. Los casetones cuadrados o cajones se utilizan para la construcción de losas tipo casetonadas o en dos direcciones. Las formas de borde son dispositivos de retenida utilizados para limitar el esparcimiento horizontal del concreto plástico para losas.

Como se mencionó en la sección anterior, los casetones cuadrados o cajones estándar fabricados están disponibles en 19" × 19" y 30" × 30". Hay tamaños más grandes con mayores profundidades para usar como soporte de tramos de hasta 50' (*Figura 7*). La losa casetonada que se muestra en la figura se encofró con cajones grandes. En esta aplicación, las vigas se encofraron sobre las columnas colocando los casetones más apartados en las ubicaciones de las vigas.

En una instalación típica, se contraponen las bridas de los bordes de los casetones para encofrar las viguetas. Al contraponer los casetones, se logra una superficie lisa en la parte inferior de la vigueta que mejora la apariencia. Los casetones normalmente se clavan a la plataforma a lo largo de cada borde, especialmente si la plataforma y los casetones se desmoldan y se usan varias veces para otros pisos en la misma obra. Cuando se debe encofrar el cabezal de la columna o la viga, los bordes de los casetones que están de frente se clavan o se atornillan con más seguridad, para que resistan la presión del concreto que se coloca para la viga o el cabezal.

Una vez que la losa ha alcanzado la resistencia específica, se baja la plataforma provisoria con todos los casetones firmemente sujetos. A veces, si los casetones no están bien asegurados entre ellos

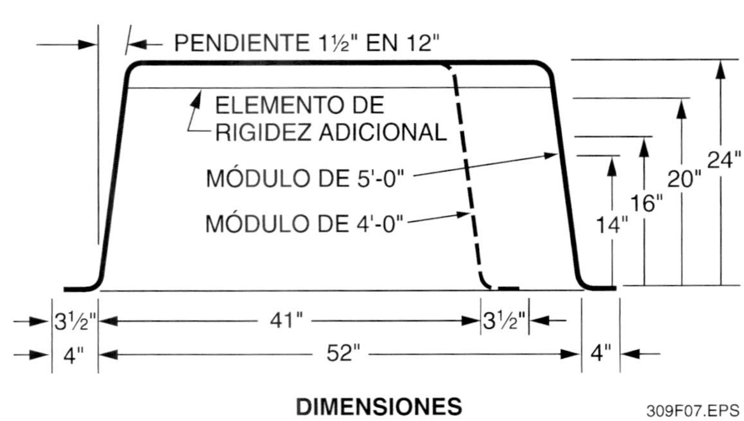

Figura 7 ◆ Cajones grandes.

cuando se baja la plataforma, estos se quedan en la losa. Algunos cajones tienen una válvula (sopladura) del lado inferior para que sea más fácil desmoldar los casetones.

Además, hay casetones de acero fabricado para encofrar las losas de viguetas en una dirección. Están disponibles en varios largos y anchos. Las secciones anchas y angostas de los casetones con un largo estándar se muestran en las *Figuras 8* y *9*. Estas secciones de los casetones, disponibles con un largo de 2', 3' y 4', tienen los extremos superpuestos para encofrar la losa y las viguetas. Cuando la apariencia es importante, estas formas no son los adecuadas, dado que las numerosas superposiciones se reflejan en la superficie inferior de la losa. Observe que las hendiduras de superposición están sobre el lado inferior de la losa y las hendiduras de la brida sobre los bordes inferiores de las viguetas de la losa. Cuando están aseguradas a una plataforma de contrachapa, las bridas de estos casetones no están contrapuestas para evitar que los casetones queden juntos, dado que las bridas no tienen el ancho suficiente como para permitir el ancho adecuado de las viguetas. Cuando se forma la terminación del cabezal de una viga, una nervadura de distribución o una columna, se utilizan capuchones de superposición en los casetones.

Existen versiones largas (8', 12' y 16') de los casetones angostos y anchos para eliminar la mayoría de las uniones de solape y mejorar la apariencia del lado inferior de la losa (*Figura 10*). Como se muestra en la figura, los paneles de soporte separados se instalan en la plataforma antes de colocar y asegurar los casetones largos y anchos. Para obtener la mejor apariencia del lado inferior, siempre habrá una empresa que

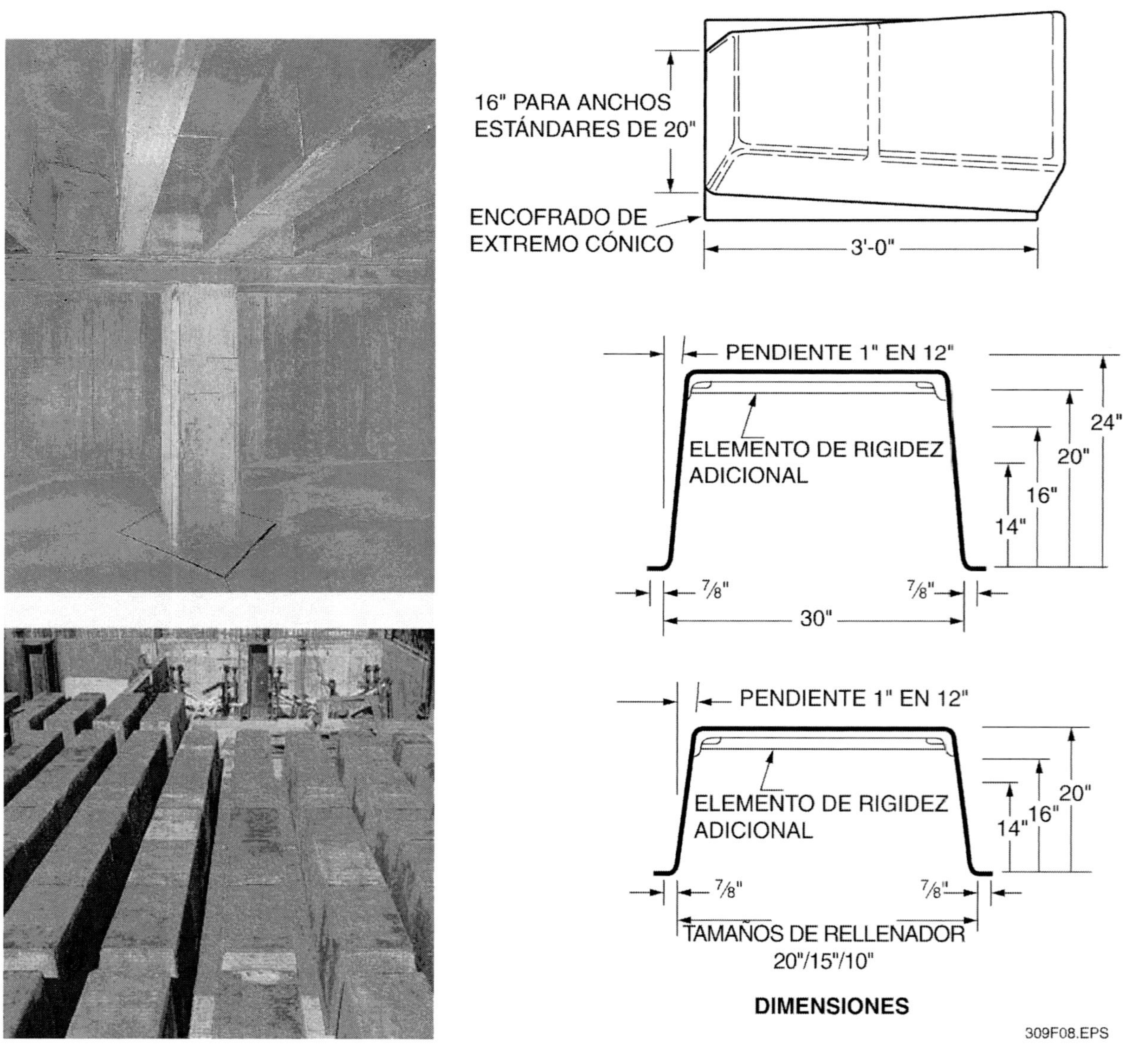

Figura 8 ◆ Casetones angostos de longitud estándar.

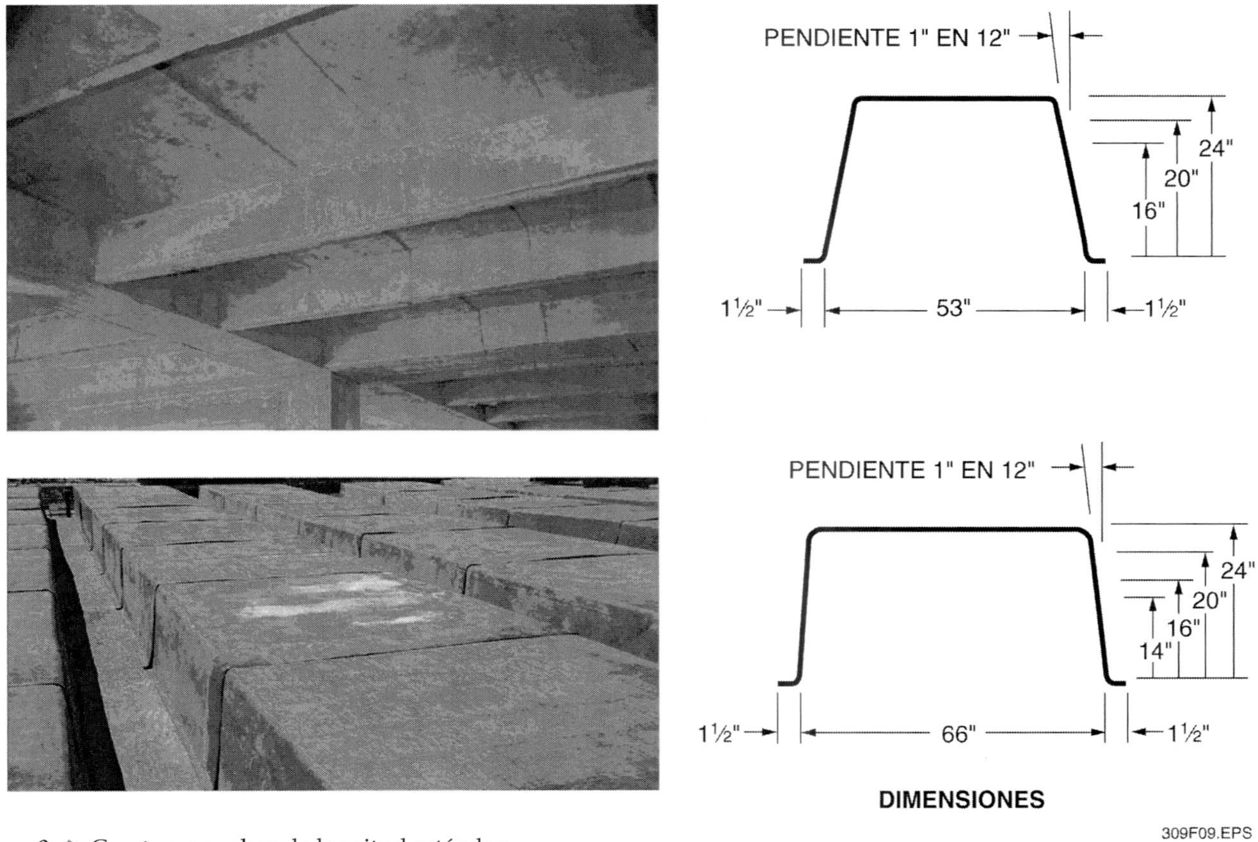

Figura 9 ◆ Casetones anchos de longitud estándar.

Figura 10 ◆ Casetones de longitud larga.

fabrique casetones con los largos y los anchos de las bridas especificados, soldando a tope los casetones de gran calibre. Esto elimina todas las hendiduras de las bridas y de las uniones de solape del lado inferior de la losa y las viguetas.

Al igual que con los cajones, los casetones para losas de viguetas en una dirección se deben clavar o atornillar a la plataforma. Se deben usar clavos o tornillos adicionales para asegurar los capuchones, por la alta presión causada por el concreto en estas zonas. Al igual que con otras formas, se deben revestir las secciones de los casetones de acero y de las plataformas expuestas con un desencofrante (aceite para formas) antes de colocar el concreto, pero no se debe revestir el refuerzo. En la *Figura 11*, se muestran casetones largos de FRP, no muy usados hoy en día. En esta figura, están sujetos a una superficie de contrachapa de una plataforma móvil que se está colocando junto a otras plataformas colocadas anteriormente.

309F11.EPS

Figura 11 ◆ Casetones de FRP montados sobre una plataforma móvil.

3.2.0 Casetones de viguetas doble T

Los casetones largos o los casetones de módulo ancho se pueden fabricar en obra utilizando viguetas con enrejado de madera o viguetas doble T cubiertas con contrachapa. En la *Figura 12*, se muestra la construcción parcial de casetones de módulo ancho con soportes de viguetas con enrejado de madera aseguradas a fajas de contrachapa. Las fajas de contrachapa, que descansan sobre un bastidor de apuntalamiento, son las formas inferiores para las viguetas de la losa que se verterán junto con la losa. En la *Figura 13*, se muestra la lámina contrachapada asegurada a la parte superior y a los lados de las viguetas con enrejado de madera, y a la barra de refuerzo que se está colocando. Observe en la sección ancha a la izquierda que una franja de vigueta tiene la misma profundidad que las viguetas de losas. Se encofrará la franja alrededor de los amarres de columna vertical en la parte de atrás de la losa cuando se coloca el concreto para las viguetas de la losa y la losa. Además, observe los lados cónicos de los casetones y las viguetas de la losa que se utilizan para retirar los casetones después de que la losa haya alcanzado la resistencia suficiente para desmoldarla. En la *Figura 14*, se muestra una losa parcialmente desmoldada sin las fajas de la forma inferior de las viguetas de la losa y con los casetones listos para desmoldarlos.

309F12.EPS

Figura 12 ◆ Soportes de viguetas con enrejado de madera.

309F13.EPS

Figura 13 ◆ Casetones de madera.

309F14.EPS

Figura 14 ◆ Losa parcialmente desmoldada.

3.3.0 Formas de losa y viga en una y dos direcciones

Normalmente, los pisos de viga y losa (*Figura 15*) sólo se utilizan para aplicaciones especiales que involucren cargas vivas pesadas. Esto es porque su construcción es muy costosa. Las formas de vigas, vigas maestras y losas se pueden construir en obra o se pueden utilizar formas fabricadas.

3.3.1 Formas de losa y viga construidas en obra

Las vigas y las vigas maestras están bien reforzadas con barras de acero que se amarran a las barras de refuerzo de las columnas sobre las que descansan. En la *Figura 16*, se muestran cuatro tipos de vigas:

- Viga interior
- Viga en voladizo
- Viga invertida o T
- Viga de tímpano

La forma de viga o viga maestra se puede fijar en una columna o a lo ancho de varias columnas (*Figura 17*). Si la viga o la viga maestra no tiene una columna como soporte directo, debe estar apuntalada (*Figura 18*). Si la viga se fija a lo ancho de las columnas y las columnas están muy separadas, se deben colocar apuntalamiento entre las columnas (*Figura 19*).

La configuración de la forma será diferente para vigas grandes (*Figura 20*). Con las formas de vigas grandes, se pueden utilizar contrafuertes (puntales), largueros, riostras y amarres de forma, al igual que con las formas de pared. Por ejemplo, los largueros se utilizan entre los montantes de una forma de viga para servir como soporte de andamios o plataformas. Además, la plataforma se puede extender para proporcionar una plataforma de trabajo de ambos lados de la forma.

Las formas de las vigas y las vigas maestras generalmente se integran a la forma de la losa, como en la viga de tímpano, que se muestra en la *Figura 21*. En este caso, la losa y la viga se vierten uniones.

Las formas de viga y las de columna se pueden cruzar con la forma de viga que descansa y usa como soporte la forma de columna, como se muestra en la *Figura 22*.

Las partes inferiores de las formas de viga generalmente están construidas con miembros estructurales y de contrachapado de forma de ¾" (mínimo) de 2 × 4 de material. Los lados de las vigas están construidos de maderos o de enchapado

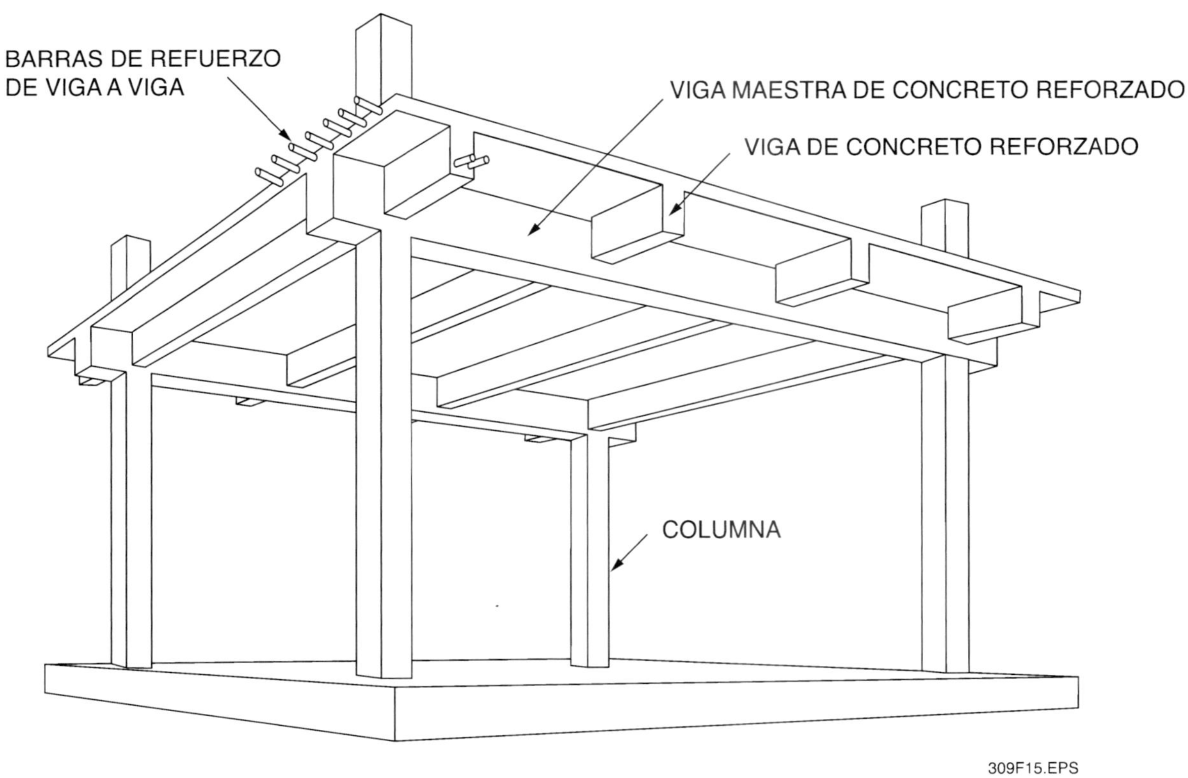

Figura 15 ◆ Piso de viga y losa.

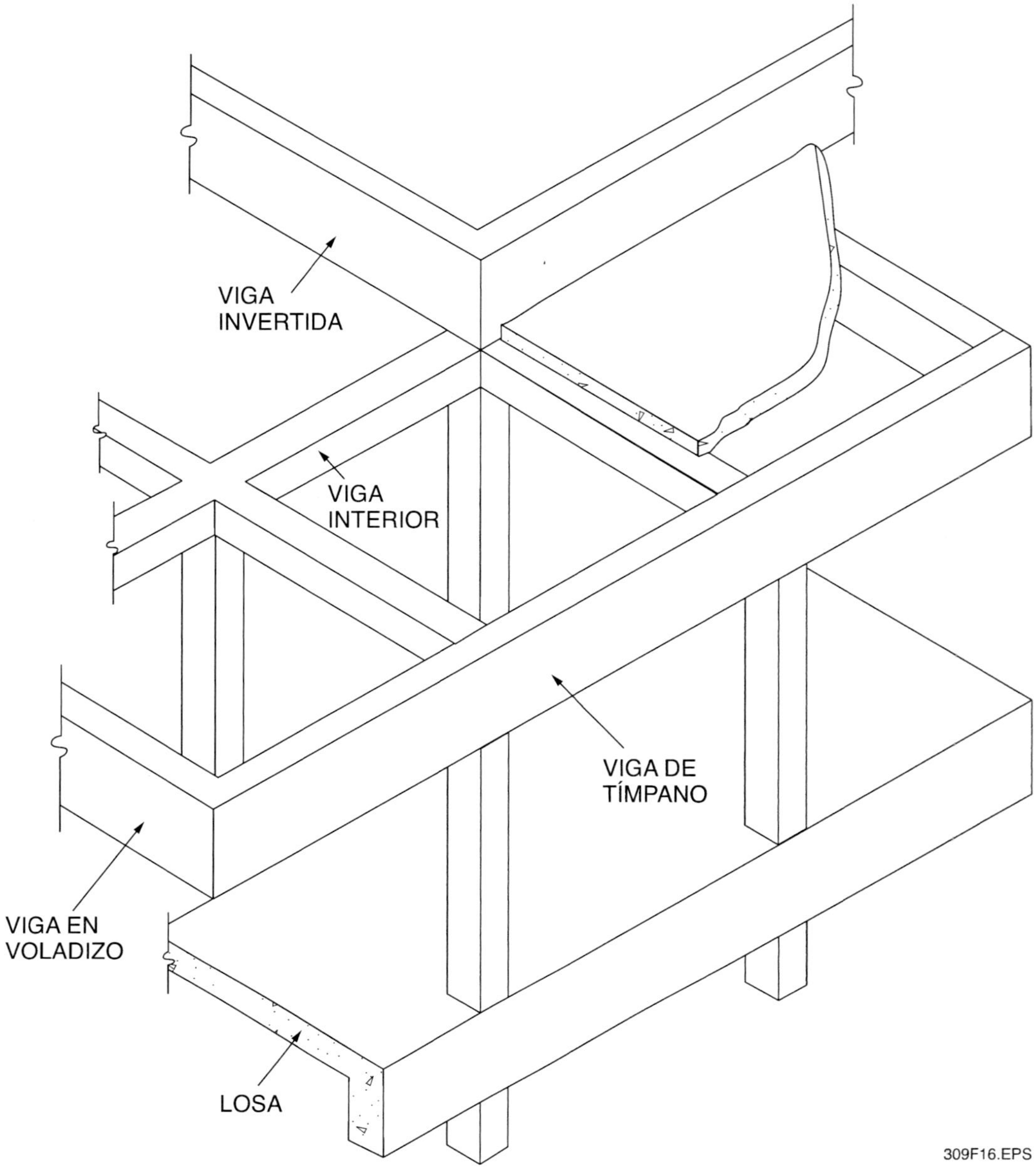

Figura 16 ◆ Tipos de vigas.

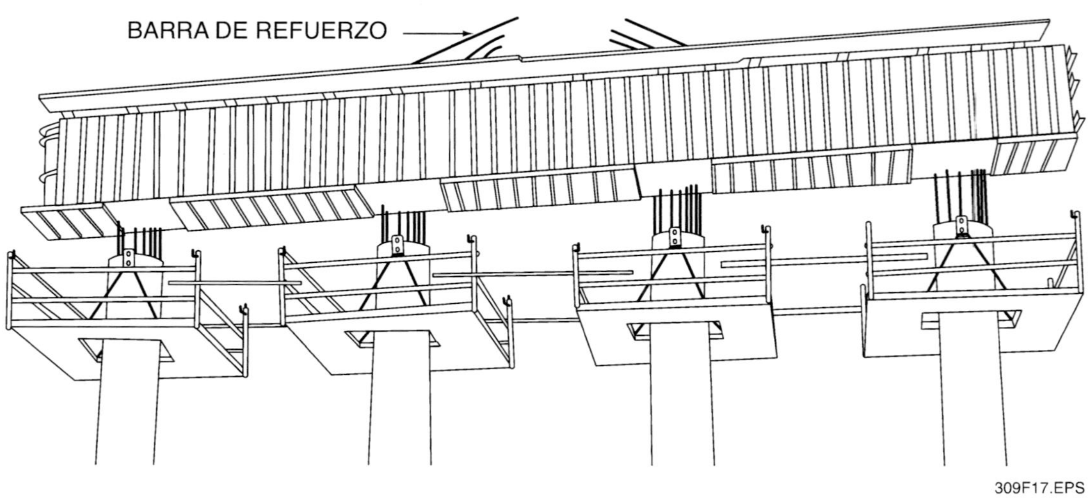

Figura 17 ◆ Forma de vigas maestras de acero sin apuntalamiento intermedio.

de forma; nuevamente el mínimo es ¾". Si las formas están construidas de maderos, se deben utilizar listones verticales de 2 × 4. Si los lados de las formas están construidos de contrachapado de forma, se eliminarán los listones verticales y se utilizarán contrafuertes verticales de 2 × 4. Los listones para los lados de la forma de maderos deben estar sobre centros de 2 a 2½'. Los contrafuertes verticales se colocarán de acuerdo con los planes y las especificaciones.

El puente de andamio se clava al lado de la forma de viga en un punto determinado debajo de la parte superior para permitir la profundidad de las viguetas que pueden necesitar el soporte de los lados de la viga. En otro método de diseño, se sugiere la colocación del puente de andamio lo suficientemente bajo sobre el lado de la forma de viga para permitir el espesor del revestimiento de la losa.

El tablón de estabilidad se clava a nivel a la parte inferior del lado de la forma de viga y luego se clava a los cabezales del apuntalamiento. En algunos casos, el tablón de estabilidad no se clava al lado de la forma de viga hasta que el lado de la forma de viga esté en su lugar. Esto facilita la instalación. Sin embargo, si se instala el tablón de estabilidad al momento de la construcción, se logra mayor rigidez en el lado de la forma de viga.

Tanto los puentes de andamio como los tablones de estabilidad generalmente se cortan más cortos que el lado de la forma de viga para darle espacio a la estructura de los miembros que se cruzan.

Los contrafuertes verticales generalmente se clavan en su lugar cuando el lado de la forma de

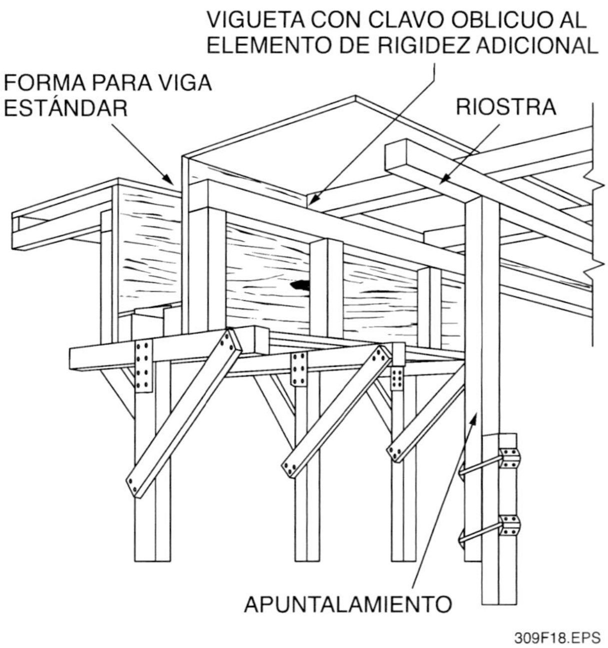

Figura 18 ◆ Forma para una viga pequeña.

Figura 20 ◆ Forma para una viga grande.

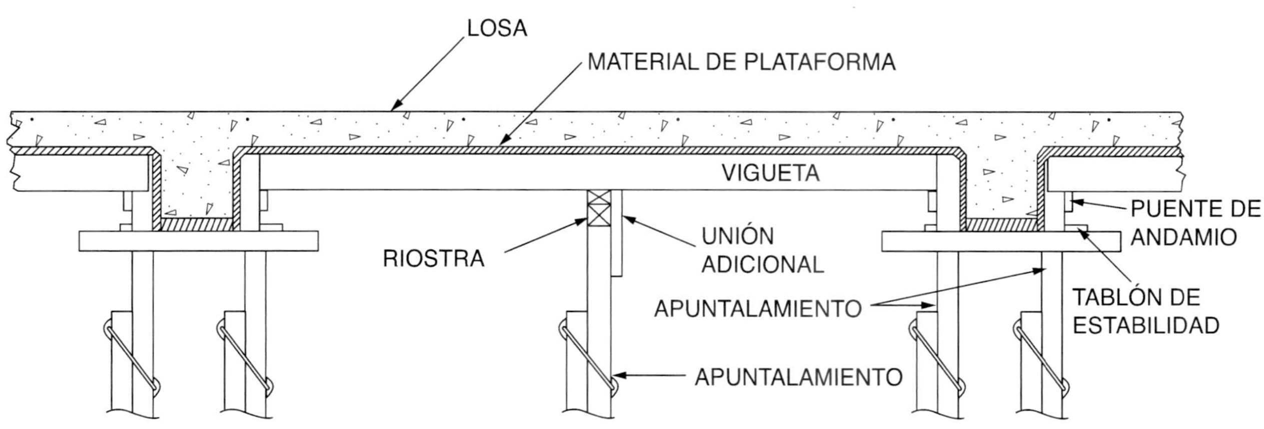

Figura 19 ◆ Formas de losa y viga con puntales intermedios como soporte.

viga es fabricado. Cuando los lados de la forma de viga son construidos, tal vez sea necesario hacer perforaciones previas para los amarres de forma. Si los miembros verticales actúan como puntos de transferencia para transmitir las cargas de las losas a los apuntalamientos, muchos contratistas prefieren cortar el número requerido de piezas verticales y colocarlas de manera holgada al lado de la forma de viga. Se ubican cuando está colocado el lado de la forma de viga.

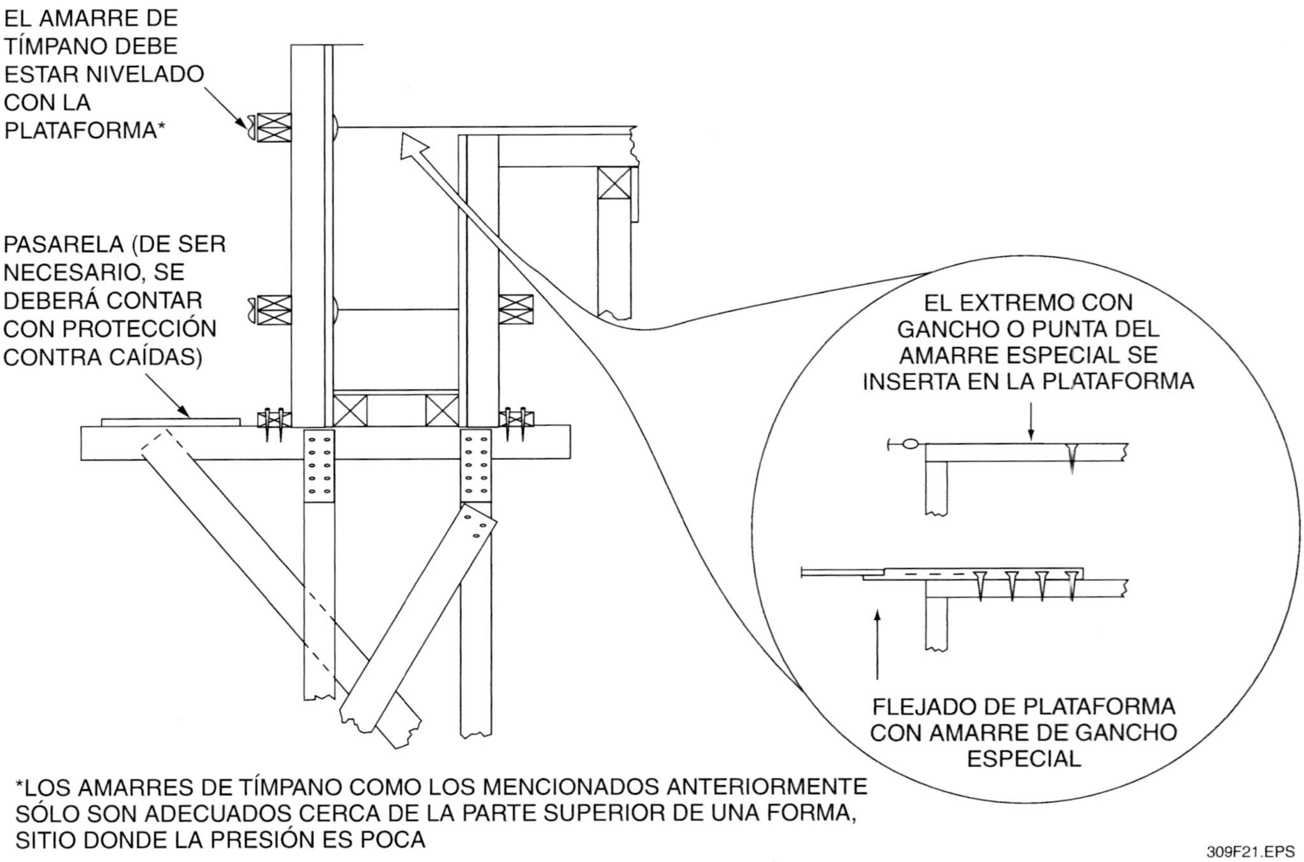

Figura 21 ◆ Forma de viga de tímpano.

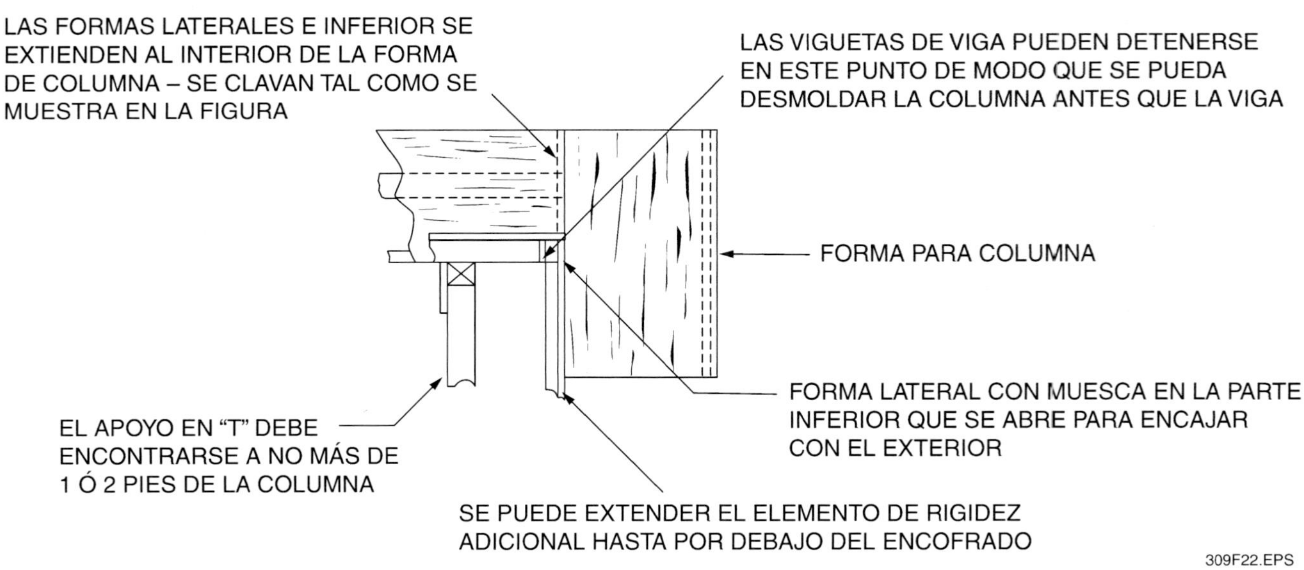

Figura 22 ◆ Intersección de formas de viga y columna.

Esto permite instalar el bloqueo directamente sobre los cabezales de los apuntalamientos, en caso de que haya una diferencia en la colocación del apuntalamiento. Cuando la forma no se ensambla en obra, se deben colocar códigos a todas las piezas para facilitar la identificación y la instalación.

Los largos de los lados de la forma de viga dependerán de los métodos de estructura utilizados, el método de traslación y la técnica de colocación del concreto empleada en el lugar de trabajo. Las formas pueden estar construidas del mismo largo que el tramo libre, menos el espesor del revestimiento de los miembros de las vigas cruzadas, así como un margen específico para cada extremo (por ejemplo, 1½"). El espacio restante se llena con un 2 × 4 en bisel u otro material adecuado para una abertura más grande.

Cuando se arma la estructura de las cajas para viga en los lados de la viga maestra, normalmente se utilizan dos métodos:

- La caja para vigas puede estar construida del tamaño exacto de la dimensión final de la viga, con un margen para las formas. La forma de viga se coloca contrapuesto a la abertura en la forma de viga maestra.
- En el segundo método, la forma de viga se hace del tamaño de la viga más el espesor de los laterales y la parte inferior de la viga. Se hace la abertura en la viga maestra para darle espacio a la forma de viga y asegurarse de que la forma de viga no sobrepase el borde interno de la forma de viga maestra.

3.3.2 Formas de losa y viga fabricadas

Estas formas reducen el tiempo y la cantidad de trabajadores requeridos para construir las formas de losa y viga. Una de estas aplicaciones son los pisos de losa y viga en una dirección postensados de tramo largo, muy utilizados en estructuras para estacionamiento con pocas columnas (*Figura 23*). En la *Figura 24*, se muestra una versión de un sistema de forma fabricado de losa y viga. En este sistema, el único apuntalamiento utilizado está directamente debajo de las vigas. En este ejemplo, se utilizó un apuntalamiento de estructura, pero también se pueden utilizar tablas con armadura móvil. En ambos casos, se necesita un levantamiento mecánico para fijar y desmoldar las formas de viga y plataforma.

Las formas de viga de acero con un largo de hasta 60' y una profundidad de hasta 31" están disponibles con un ancho fijo de 14" o como formas con la parte inferior dividida de 16" de ancho

309F23.EPS

Figura 23 ◆ Estructura típica de tramo largo para estacionamiento con pocas columnas.

para cubrir los requerimientos de las vigas más anchas. Para reducir los costos del proyecto, las profundidades de las vigas generalmente se mantienen constantes y los anchos de las vigas varían para cubrir las diferentes cargas dentro del proyecto. Para los proyectos que no pueden cubrir este sistema de forma de acero del fabricante, el fabricante también tiene componentes para la forma de madera mecanizada disponibles que se construyen en obra para otros anchos y profundidades de vigas y losas (*Figura 25*).

3.4.0 Formas de placas planas o losas planas

Las formas de placas planas o losas planas pueden ser formas montadas (de colocación manual) que generalmente tienen contrachapado en la superficie y tienen apuntalamiento de poste como soporte con estructura de zanca y vigueta o algún otro tipo de sistema de plataforma. También se utilizan las formas panelizadas fabricadas con apuntalamiento de poste. La construcción de la forma de losas planas es más costosa, porque necesita paneles deprimidos para cada columna. En la *Figura 26*, se muestra la parte superior de la forma para una losa plana típica con paneles deprimidos. En la *Figura 27*, se muestra la parte inferior de una forma de panel deprimido. Observe la combinación de zancas y viguetas de aluminio para la estructura de plataforma con la forma y las zancas de madera utilizadas para el panel deprimido. Además, observe la combinación de la estructura de metal con el apuntalamiento de poste de madera utilizada como soporte de toda la forma.

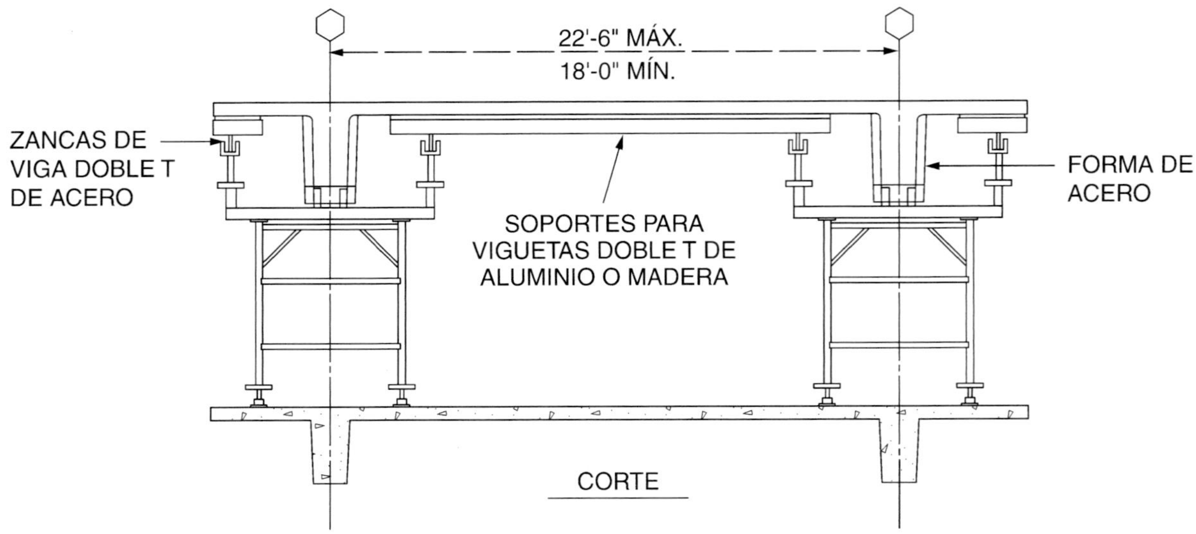

309F24.EPS

Figura 24 ◆ Un sistema de forma de losa y viga de aluminio y acero fabricado.

309F25.EPS

Figura 25 ◆ Forma de losa y viga construida en obra con componentes de forma de madera mecanizada.

309F26.EPS

Figura 26 ◆ Forma típica de losas planas con paneles deprimidos.

309F27.EPS

Figura 27 ◆ Lado inferior de la forma de losas planas con panel deprimido.

3.5.0 Formas de plataformas de losa de material compuesto

El material de la forma de plataforma de acero, denominado plataforma de material compuesto para pisos o plataforma estructural, está hecho con láminas corrugadas de acero galvanizado, acero pintado **fosfatizado**/o acero inoxidable. Con viguetas de acero, vigas de acero o viguetas de concreto premoldeado como soporte, el material de la plataforma se instala como una plataforma de piso donde se coloca concreto para encofrar una losa de concreto para pisos (o techos). La plataforma de material compuesto para pisos tiene muchos usos. Actúa como una plataforma de trabajo, estabiliza la estructura y sirve como una forma de concreto para la losa. Además, refuerza la losa de concreto para soportar las cargas de diseño especificadas para pisos de edificio.

Generalmente, la plataforma de acero de material compuesto utilizada se hace con acero de calibre 16, 18, 20 y 22 en paneles con un acho de 24" o 36". Los paneles de las plataformas cuentan con largos variados que llegan hasta 24'. Los hoyuelos con nervaduras profundas, los formatos elevados o las varillas que atraviesan las estrías se fabrican en los paneles de las plataformas junto con los solapes laterales del panel de enclavamiento para crear una adherencia física con el concreto y así encofrar una losa de piso resistente. En la *Figura 28*, se muestra un **perfil** típico para los paneles de plataformas de material compuesto para pisos y plataformas de material compuesto tipo celular para pisos. La porción elevada del perfil del panel de plataforma alcanza diferentes alturas. Las más comunes son 1½", 2" y 3" de alto. Generalmente, mientras mayor sea la altura del perfil utilizado, mayor es la resistencia y la profundidad de la losa de concreto resultante. Los paneles tipo celular tienen una parte inferior plana soldada al panel corrugado que proporciona conductos de uso general e introduce un cielorraso liso en el piso que está debajo.

Cuando utiliza una plataforma de acero de material compuesto con un acabado pintado fosfatizado, la superficie superior desnuda (fosfatizada) es la que entra en contacto con el concreto. El lado inferior del panel de la plataforma está cubierto con una capa de imprimación. En comparación, la plataforma de acero galvanizado tiene una capa de zinc de ambos lados. La

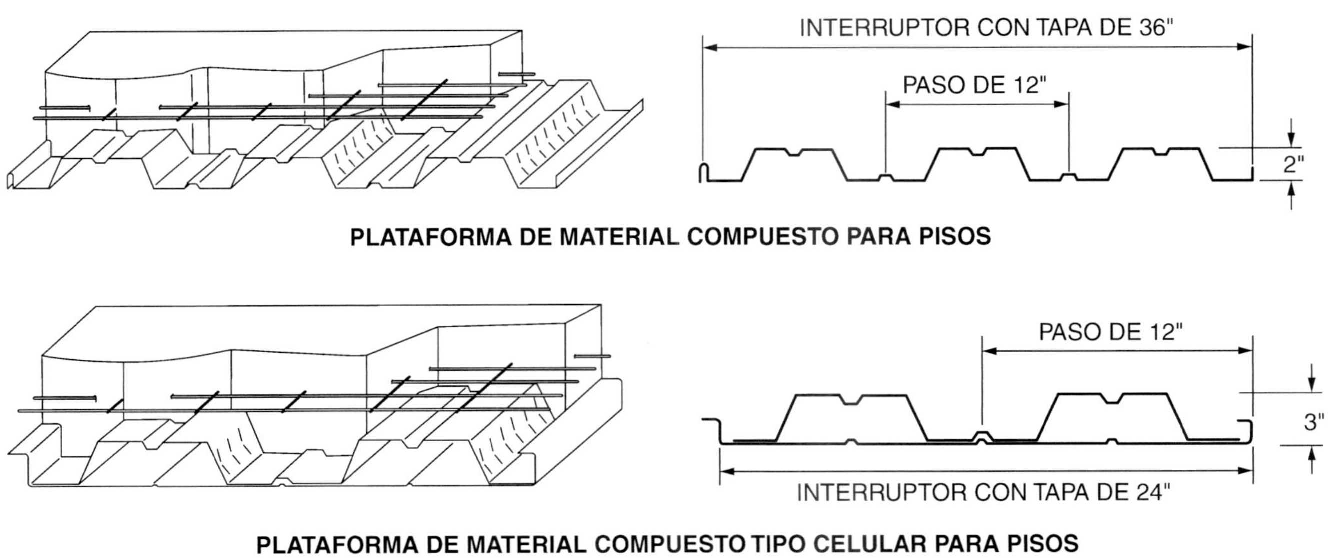

309F28.EPS

Figura 28 ◆ Perfil típico de plataforma de material compuesto para pisos.

plataforma está instalada de acuerdo con las pautas generales del fabricante y los esquemas de la erección del trabajo. Durante la instalación, los paneles de la plataforma deben superponerse e instalarse en la dirección opuesta al lugar donde se colocará el concreto para prevenir la pérdida de concreto a través de las uniones. Es importante mantener la alineación de las nervaduras a lo ancho de la estructura para lograr la continuidad de las nervaduras de concreto empalmadas a los extremos del panel.

Los paneles de la plataforma de piso deben estar ajustados en su lugar lo antes posible después de su colocación. La soldadura de puntos o soldadura de tapón por arco eléctrico es el mejor y más eficiente método para ajustar los paneles de la plataforma de material compuesto a los soportes estructurales. En muchos casos, los puntales están soldados por arco a través de los paneles al acero estructural para anclar la losa de concreto. Los puntales están soldados con una herramienta especial (*Figura 29*).

Una vez que la plataforma está instalada, se colocan las formas de borde para contener el concreto para la losa. Donde se necesiten penetraciones, un método de forma es apartar el concreto de la ubicación del piso. Después de que el concreto está lo suficientemente curado, se debe utilizar una antorcha de corte para cortar y quitar la plataforma de la zona de penetración. El concreto se debe colocar en la forma de la plataforma desde un nivel bajo de manera uniforme sobre la estructura de soporte y se debe distribuirlo hacia el centro del tramo de la plataforma. Si es necesario almacenar la plataforma en obra antes de su instalación, se le debe almacenar despegada del suelo con un extremo elevado y protegido con una tela alquitranada o una cubierta a prueba de intemperie. Además, se debe ventilar para prevenir la condensación.

Algunas de las consideraciones específicas de seguridad cuando se trabaja con plataformas de material compuesto incluyen:

- Las plataformas de material compuesto que no están ajustadas no se deben usar como plataforma de trabajo o de almacenamiento.

309F29.EPS

Figura 29 ◆ Puntales de anclaje soldados por arco a través del panel.

- Se deben tomar precauciones con las cargas para la construcción, de manera que no se exceda la capacidad de la plataforma y que no se dañe la plataforma.
- Cuando se coloca concreto en la forma de plataforma, se debe tener cuidado para que la plataforma no sufra impactos que superen su capacidad de diseño.

PRECAUCIÓN

No se debe usar concreto que contenga aditivos de cloruro o aditivos que contengan sales de cloruro con plataformas de acero de material compuesto. Esto se debe a que tales aditivos pueden deteriorar el acero.

4.0.0 ◆ TIPOS DE APUNTALAMIENTO

El apuntalamiento y el reapuntalamiento son los aspectos más importantes de la construcción de losas elevadas. El apuntalamiento es el sistema de soporte provisorio construido para soportar la carga muerta de concreto fresco moldeado en obra para losas y plataformas horizontales, inclusive la carga muerta del acero de refuerzo y las formas, además de las cargas vivas que aparecen

CARRIL INTERNO

Paneles de plataforma de metal

A veces se utilizan paneles de plataforma de metal corrugado sin relieves o perfiles con nervaduras profundas para construir losas de piso del tipo no compuesto. Cuando dicha plataforma de metal se utiliza sólo como forma, el refuerzo de la losa y el concreto deben soportar la carga total de la losa.

durante la construcción. El reapuntalamiento es la operación que se lleva a cabo en la construcción de edificios de varios pisos cuando se retira el equipo de apuntalamiento de una losa parcialmente curada. El reapuntalamiento se instala cuando se retira el equipo de apuntalamiento. Cuando avanza la construcción de edificios de concreto de varios pisos, el apuntalamiento para la losa apuntalada más baja se desmolda y se coloca en la parte superior de la losa apuntalada más alta, con el fin de moldear la siguiente losa de piso (*Figura 30*). Las losas desmoldadas de más abajo, por lo general al menos dos losas de piso más abajo, deben permanecer reapuntaladas para servir de soporte de las cargas de construcción y de concreto parcialmente curado.

Al menos que se especifique lo contrario, normalmente el reapuntalamiento se lleva a cabo en un patrón de pata por pata, como precaución de seguridad. Esto significa que los soportes verticales para cada piso reapuntalado se colocan directamente debajo de cada uno de los soportes para el piso de arriba. El reapuntalamiento de estas losas se debe liberar y volver a fijar después de colocar el concreto en el piso que está siendo moldeado. A veces se utiliza el apuntalamiento previo, también denominado apuntalamiento de respaldo, cuando se debe desmoldar la forma de un piso que fue moldeado, pero que aún no alcanzó la resistencia suficiente para soportar su propio peso. Se instalan soportes verticales en la forma cuando se retira cuidadosamente la forma. Algunos sistemas de forma fabricado permiten retirar la forma sin alterar el apuntalamiento existente (*Figura 31*). El apuntalamiento de respaldo no se debe confundir con el reapuntalamiento. El reapuntalamiento se utiliza para soportar cargas desde apuntalamientos o apuntalamientos de respaldo hasta los pisos de abajo.

Si aún no se ha colocado ni curado una losa a nivel del terreno, se deben colocar durmientes (*Figura 32*) en el suelo debajo del apuntalamiento o el reapuntalamiento para el primer piso. Los durmientes por lo general están hechos de madera dura y pueden ser placas o almohadillas cuadradas, de acuerdo con el suelo. Se utilizan para evitar que el apuntalamiento o el reapuntalamiento se hunda en el suelo y haga que colapse el piso cuando se coloca el concreto para el primero y cualquiera de los pisos siguientes.

Se debe tener en cuenta tanto la seguridad como los costos para determinar el método apropiado de apuntalamiento o reapuntalamiento. Los factores que se deben tener en cuenta son: El tiempo necesario entre la colocación de concreto de cada losa de concreto, la resistencia del

309F30.EPS

Figura 30 ◆ Reapuntalamiento en un edificio de varios pisos.

309F31.EPS

Figura 31 ◆ Forma extraída del apuntalamiento existente.

309F32.EPS

Figura 32 ◆ Durmientes tipo almohadilla.

concreto, la configuración del edificio y las dimensiones de los miembros estructurales de apuntalamiento y del edificio. La instalación de la plataforma, la colocación de la estructura de la plataforma, el apuntalamiento y el reapuntalamiento inadecuados o inapropiados pueden resultar en el colapso catastrófico de uno o más pisos de un edificio cuando se está colocando el concreto en el piso que se está construyendo.

Es fundamental que todos los apuntalamientos y los reapuntalamientos sean instalados por personas calificadas de acuerdo con los planes de construcción y las instrucciones del fabricante con respecto al apuntalamiento. Salvo en ciertas aplicaciones que involucran el soporte de borde de losas en voladizo y de plataformas de trabajo, todos los miembros de apuntalamiento y reapuntalamiento se deben nivelar de manera vertical cuando se instalan, para prevenir cargas laterales sobre el miembro de apuntalamiento y sobre todos los miembros de plataforma por encima del apuntalamiento. La carga lateral puede reducir de manera significativa la capacidad de carga vertical del miembro de apuntalamiento y del miembro estructural de la plataforma que están por encima.

Cuando se está colocando concreto para un piso, las personas calificadas deben controlar constantemente el lado inferior de la plataforma, la estructura de la plataforma, el apuntalamiento y el reapuntalamiento desde abajo para verificar que no haya ninguna señal de fisuras, concavidades o dobleces que puedan indicar fallas inminentes. Si se observan dichas señales, se deben comunicar de inmediato para que se detenga la colocación del concreto y para que los trabajadores abandonen la zona. Luego, los ingenieros estructurales u otras personas calificadas deben evaluar la plataforma, la estructura de la plataforma, el apuntalamiento y el reapuntalamiento para determinar la estrategia adecuada. Por esta razón, tanto el apuntalamiento como el reapuntalamiento para un edificio deben ser diseñados y planeados por anticipado por un ingeniero estructural calificado, aprobados por el arquitecto o el ingeniero del proyecto e instalados y vigilados por personas calificadas.

Los apuntalamientos verticales se pueden construir con madera utilizando componentes de metal fabricado patentado. También se utilizan otros tipos de apuntalamientos de aluminio y acero fabricados patentados.

4.1.0 Apuntalamiento de madera ajustable

Un tipo de apuntalamiento de madera tipo poste ajustable muy usado está hecho de dos postes de madera de 4 × 4 (nominal) y dos sujetadores de apuntalamientos patentados de 4 × 4 (sujetadores de apuntalamientos Ellis™). Este tipo de apuntalamiento también se puede hacer con postes de madera de 4 × 6 o 6 × 6 (nominal) con los sujetadores de apuntalamientos del tamaño apropiado.

CARRIL INTERNO

Puntales Ellis™

Se están utilizando puntales de madera ajustables para reapuntalar el piso inferior y para apuntalar la forma del segundo piso de un edificio.

309SA02.EPS

El largo típico del poste del apuntalamiento inferior es 5' 6" o 6', con un poste del apuntalamiento superior con el largo suficiente para alcanzar la altura deseada, además de 24" de superposición de los dos postes de madera.

Los dos sujetadores de apuntalamientos se sujetan al poste del apuntalamiento inferior separados 12" en el centro con el sujetador superior colocado 2" por debajo de la parte superior del poste. Luego, los sujetadores de apuntalamientos se clavan a través de los orificios en las piezas moldeadas de los sujetadores. A continuación, el poste del apuntalamiento superior se coloca junto al poste del apuntalamiento inferior y se desliza a través de los sujetadores hasta lograr la altura deseada. Luego, se hacen los ajustes de altura finales con una llave de base niveladora desmontable especialmente diseñada para los sujetadores de apuntalamientos. La base niveladora prensa la madera del poste del apuntalamiento inferior, y el poste del apuntalamiento superior puede ser levantado alrededor de 1" por recorrido por una leva en la palanca de la llave. Luego de conseguir la altura final, se dan golpes ligeros a los sujetadores del poste del apuntalamiento superior para asentarlos y se coloca un clavo de seguridad en el poste del apuntalamiento superior encima de las dos piezas moldeadas de los sujetadores para evitar que los sujetadores se aflojen al vibrar. Este apuntalamiento se afloja y se quita sacando sólo los clavos de seguridad del poste del apuntalamiento superior y luego aflojando cada una de las piezas moldeadas de los sujetadores mediante golpes ligeros hacia arriba con un martillo uno por vez.

El apuntalamiento 4 × 4 Ellis™ puede soportar cargas de 3,000 a 6,000 lb, de acuerdo con la altura. Los apuntalamientos de 4 × 6 y 6 × 6 pueden soportar de 3,200 a 9,600 lbs y de 7,200 a 16,000 lbs respectivamente, de acuerdo con la altura. Las ventajas de estos apuntalamientos son que no son costosos y que se pueden fabricar en obra según sea necesario. Sin embargo, en comparación con los apuntalamientos de aluminio o acero, son pesados para su manipulación; se prefieren los anteriores por su capacidad de peso más baja.

Cuando se le usa como reapuntalamiento, este apuntalamiento de madera tipo poste puede estar equipado con un resorte de reapuntalamiento que se clava a la parte superior del poste superior. El resorte sostiene el apuntalamiento apretado suavemente en su lugar contra una losa durante la fijación inicial y durante todas las operaciones posteriores de liberación y fijación.

Cuando el apuntalamiento está en su lugar, el resorte de reapuntalamiento se comprime hasta quedar plano entre el poste del apuntalamiento superior y la losa cuando se aplican fuerzas de 200 lbs o mayores. Cuando se deja de comprimir, recupera su forma original y se puede usar en repetidas ocasiones. Otros accesorios para el apuntalamiento, inclusive las bases niveladoras roscadas para maderos, las bases de apuntalamientos fijos o pivote y los cabezales de cable, también están hechos para usarse con apuntalamientos tipo poste de madera.

4.2.0 Apuntalamiento fabricado

Hoy en día, el apuntalamiento vertical utilizado para la mayoría de los trabajos comerciales grandes se construye con sistemas y componentes de metal fabricado patentados. Existen muchas configuraciones, según el fabricante y la aplicación. Generalmente, se incluyen apuntalamientos de estructuras de acero o de poste simple utilizados con viguetas y zancas de madera, laminado o aluminio.

4.2.1 Apuntalamiento de estructura

El apuntalamiento de estructura típico se muestra en la *Figura 33*. Observe el riostrado cruzado utilizado entre las estructuras, que sirven de soporte y mantienen las posiciones de la estructura. Además, observe las bases niveladoras roscadas en la parte superior de las estructuras que se utilizan para nivelar la forma para la losa de piso que está por encima y para desmoldar la forma.

Normalmente, las secciones de la estructura se hacen de 2' o 4' de ancho y de 3, 4, 5 y 6' de alto. Se hacen con diferentes capacidades de carga, que generalmente varían entre 20,000 y 50,000 libras por estructura. Las bases niveladoras roscadas inferiores y superiores sirven para ajustar la nivelación y la altura del apuntalamiento. Las riostras conectan las estructuras de apuntalamiento para

309F33.EPS

Figura 33 ◆ Apuntalamiento típico de estructura.

lograr la rigidez de la torre. Se utilizan clavijas de conexión cuando se apilan estructuras de apuntalamiento. Generalmente, se utilizan zancas (vigas) junto con el apuntalamiento de estructura, colocándolas en bases niveladoras roscadas con cabeza en U instalados en la parte superior de los miembros de la estructura más alta (*Figura 34*).

4.2.2 Apuntalamientos de aluminio y acero

Los apuntalamientos de acero (*Figura 35*) vienen de diferentes tamaños y capacidades de carga. La mayoría consiste de dos secciones de tubos, superiores e inferiores, y un collar roscado con un mango que permite hacer ajustes de altura (*Figura 36*). Los ajustes de altura del apuntalamiento se realizan deslizando el tubo superior hacia arriba e insertando una clavija según corresponda en una de las ranuras, que están espaciadas de manera regular a lo largo del tubo. Para proporcionar ajustes finos, se gira el collar de ajuste con el mango anexado.

Para bajar la forma, se desajusta el collar con un martillo y se lo gira con el mango (*Figura 37*). Este apuntalamiento se muestra con un accesorio de cabeza en U sujeto a la parte superior del poste y un accesorio de soporte tipo trípode sujeto a la parte inferior. La cabeza en U se utiliza como soporte de zancas de madera o aluminio. Se utilizan trípodes como soporte de grupos de postes individuales hasta que haya la suficiente cantidad de zancas y viguetas colocadas y aseguradas para otorgar estabilidad a una plataforma en construcción.

Las versiones estándar de estos tipos de apuntalamientos son capaces de soportar de 4,000 a 7,000 libras, según la altura. Las versiones para trabajo pesado pueden soportar de 3,000 a 11,000 libras, según la altura. Muchos cuentan con un mecanismo de liberación rápida que facilita el desmolde. Algunos utilizan una clavija vertical ajustable con martillo que es parte del tubo de poste inferior (*Figura 38*). Cuando se quita de su

Figura 35 ◆ Apuntalamiento de acero.

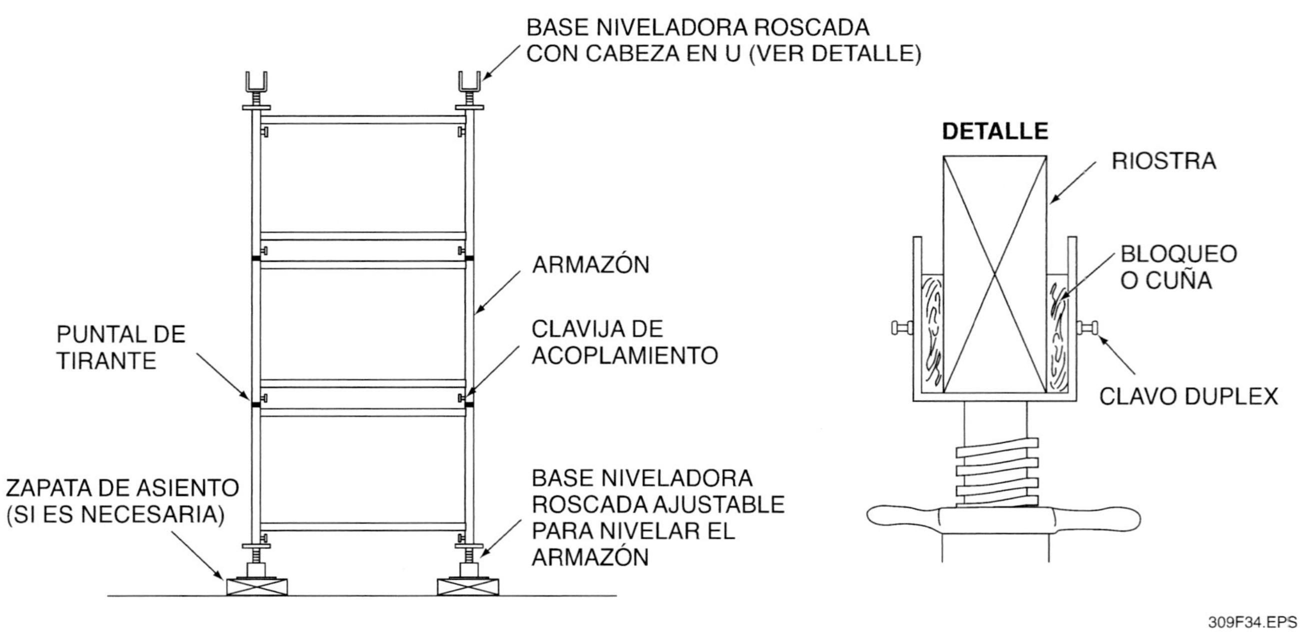

Figura 34 ◆ Instalación de zancas.

posición, la clavija vertical hace que el tubo de poste superior baje alrededor de ⅛" para que se pueda quitar la forma y los postes.

Otros postes utilizan un accesorio con cabezal de refuerzo separado que se conecta a la parte superior del poste. El cabezal de refuerzo se libera quitándole una clavija o una barra ranurada. En la *Figura 39*, se muestra una versión de un cabezal de refuerzo del fabricante que se liberó, lo que produjo que los miembros estructurales de la forma se bajen varias pulgadas. Esto permite quitar los miembros estructurales sin alterar los postes. Con esta versión en particular, la plataforma de contrachapa queda retenida contra la losa por la placa plana en la parte superior del cabezal de refuerzo. Otros tipos permiten quitar los miembros estructurales y los paneles de la plataforma sin alterar los postes.

Los apuntalamientos de aluminio de alturas variadas también están disponibles con capacidades de carga similares. Estos tipos de apuntalamientos pesan mucho menos que sus equivalentes de acero. En la *Figura 40*, se muestra una versión de un apuntalamiento de aluminio con una cinta métrica integrada. Para la colocación inicial, el collar de ajuste se coloca previamente a la altura deseada para el poste, utilizando la cinta métrica (*Figura 41*). Una vez que los postes y la forma están fijados, se utiliza una barra para girar el collar cuando se nivela la forma (*Figura 42*). Se puede instalar un cabezal de refuerzo, generalmente utilizado con estos tipos de postes, en ambos extremos del poste. En postes altos, permite que el collar de ajuste quede en la parte inferior, para facilitar el ajuste cuando se nivela la forma.

5.0.0 ◆ TIPOS DE PLATAFORMAS

Muchas plataformas están montadas (manualmente) como componentes múltiples para trabajo intensivo utilizando apuntalamientos de postes o estructura con miembros estructurales de viguetas y zancas separados y láminas contrachapadas separadas para la forma de plataforma.

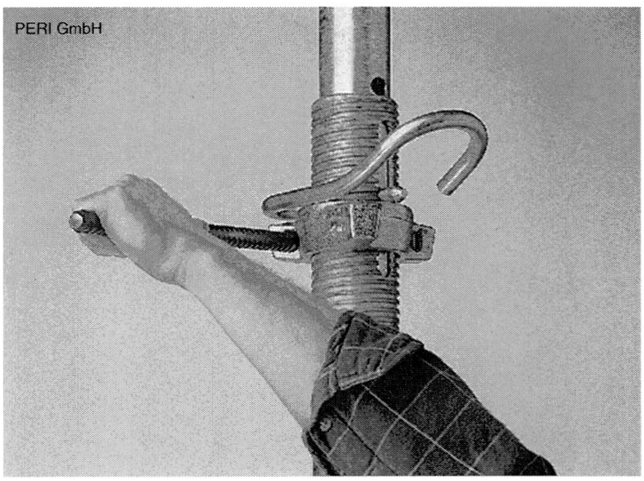

309F36.EPS

Figura 36 ◆ Ajuste de la nivelación.

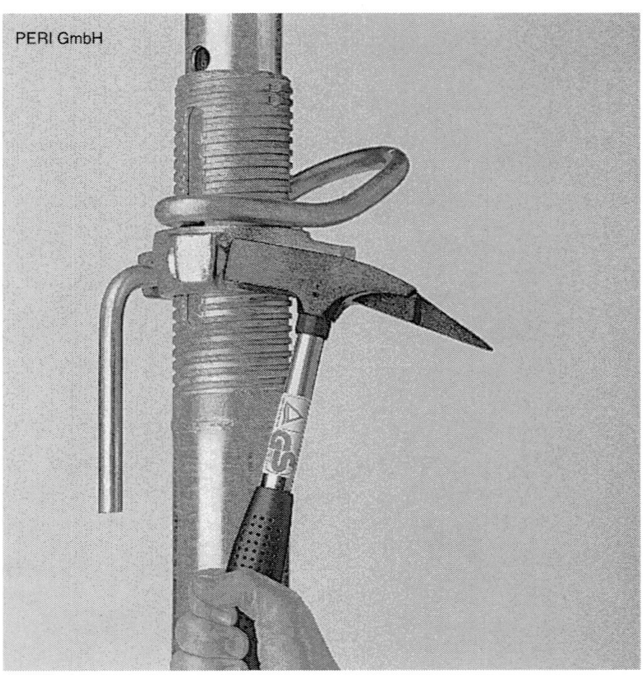

309F37.EPS

Figura 37 ◆ Descenso de la forma.

309F38.EPS

Figura 38 ◆ Clavija vertical integral montada en poste.

Otras plataformas están construidas con sistemas panelizados de colocación manual que están compuestos por formas de plataforma panelizada y apuntalamientos con superficies de plataforma de contrachapa y estructura integral o, en algunos casos, superficies plásticas. Estos tipos de plataformas requieren menos intensidad de trabajo para su colocación. En muchos proyectos de gran altura, se utilizan tablas con armadura o tablas montadas en columnas como plataformas. Las tablas se ensamblan una vez en la obra y luego se transportan de piso en piso con una grúa, a medida que avanza la construcción. Las tablas, generalmente conocidas como plataformas móviles o formas móviles, son el tipo de plataforma que requiere menos intensidad de trabajo. Sólo necesitan paneles rellenadores de colocación manual con el apuntalamiento apropiado alrededor de las columnas y a lo ancho de

309F39.EPS

Figura 39 ◆ Accesorio con cabezal de refuerzo montado en poste.

PERI GmbH

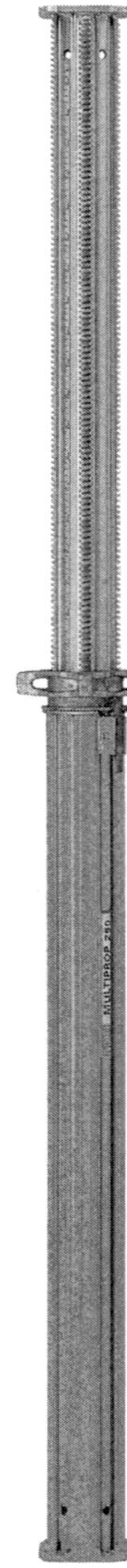

309F40.EPS

Figura 40 ◆ Puntal de aluminio.

309F41.EPS

Figura 41 ◆ Fijación de la altura del poste.

Apuntalamientos horizontales ajustables

CARRIL INTERNO

Estos tipos de apuntalamientos normalmente no requieren soporte intermedio y se utilizan como soporte de la estructura de plataforma sin el uso de apuntalamiento de poste. Están disponibles en varios largos para cubrir los tramos de 4½" a 20'. Están construidos con secciones de acero con enrejado doble que se extienden hacia afuera y se pueden utilizar como patrones al nivel del piso a la longitud establecida, se pueden trabar y luego se pueden instalar sobre zancas o sobre vigas de edificio de acero estructural con un colgador en cada extremo. La mayoría tiene una contraflecha predeterminada para alojar la deformación de la carga. Los bloqueos tipo cuña sobre el apuntalamiento mantienen el largo del apuntalamiento y todas las contraflechas.

309SA03.EPS

las plataformas adyacentes. Todas las tablas de plataforma y de estructura de plataforma se deben colocar con cuidado de manera que queden en la posición adecuada para los bordes de la losa y alineados con las paredes o las columnas de soporte. Una vez fijadas, se debe nivelar (equilibrar) la estructura de plataforma o la plataforma panelizada, al igual que las tablas, como se describe más adelante en este módulo.

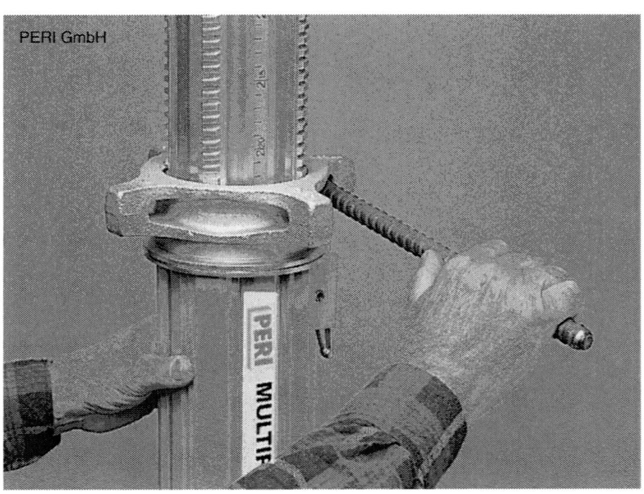

309F42.EPS

Figura 42 ◆ Ajuste final.

5.1.0 Superficies de plataforma

Las superficies de forma más utilizadas para todos los tipos de plataformas son grados (impermeables) exteriores de contrachapa. Se puede utilizar cualquier contrachapa de grado exterior, pero la industria de la contrachapa fabrica un producto especial patentado llamado Plyform®, recomendado para la forma. Plyform® está limitada a ciertas clases de madera y muros de revestimiento (superficies de cara externa) para alto rendimiento. Los productos Plyform® vinculados con la marca registrada *APA-The Engineered Wood Association* están disponibles en tres grados básicos que están marcados en la contrachapa. Los tres grados de Plyform® están disponibles con o sin resinas termoestables con capa superpuesta de densidad media (MDO) o capa superpuesta de densidad alta (HDO):

- *Estructural I*: este grado tiene laminados de alta resistencia en toda su extensión y es el grado más fuerte. Se recomienda en caso de que el veteado de las caras se deba utilizar en forma paralela a la estructura de soporte.
- *Clase I*: este grado cuenta con caras con muros de revestimiento de alta resistencia para trabajos en los que se necesita mucha resistencia y rigidez.

- *Clase II*: este grado tiene caras con muros de revestimiento de menor resistencia, pero con la resistencia adecuada para la forma.

Las superficies con MDO y HDO se adhieren a las caras contrachapadas que sean sometidas a mucho calor y presión. Estas capas superpuestas agregan estabilidad, reducen la adherencia del concreto a la superficie y proporcionan una superficie de forma duradera y lisa. La MDO regular está diseñada para superficies pintadas, pero no se debe utilizar para forma de concreto. Se debe utilizar la contrachapa con MDO especial para la forma de concreto. La MDO generalmente se aplica sólo a una superficie. La HDO es una superficie más dura y resistente a la abrasión que generalmente se aplica a ambas caras de la contrachapa. Este tipo de capa superpuesta puede producir una superficie de concreto casi pulida del lado inferior de la losa. Sin embargo, los raspones y las abolladuras del lado posterior del panel, provocados al ajustar los paneles a los miembros estructurales, pueden hacer que sea poco práctico el uso de lado posterior, en caso de que se requiera una apariencia de concreto pulido. Si se tiene el cuidado necesario, una superficie con HDO normalmente se puede volver a usar entre 20 y 50 veces o más. En algunos casos, se han logrado 200 o más usos.

Otro tipo de producto Plyform® que no está revestido es el B-B Plyform®. Está hecho con diferentes caras con muros de revestimiento que están lijadas de ambos lados y tratadas con un desencofrante en la planta (lubricado en la planta). Está disponible como Estructural I, Clase I y Clase II y se pueden volver a usar de 5 a 10 veces. Con los productos Plyform®, se debe colocar un sellador de borde antes del primer uso (si no se aplica en la planta). Se debe aplicar un desencofrante a la superficie del lado de la losa antes de colocar el concreto, para facilitar el desmolde. El desencofrante también se debe aplicar después del desmolde y la limpieza para preservar la superficie.

Para la mayoría de las formas de losa, se utilizan láminas contrachapadas de ¾" o más gruesas de 4×8. Generalmente, el veteado del muro de revestimiento de la cara es paralelo a los lados largos de la lámina. Para lograr la máxima resistencia, se debe colocar el veteado de las caras (lado largo de la lámina) de manera que cruce por encima de los miembros estructurales de soporte directamente debajo de la lámina. Una excepción es la contrachapa Estructural I donde el veteado de las caras puede ser paralelo a los miembros estructurales. Para evitar que los paneles de contrachapa se tuerzan y prevenir problemas de instalación resultantes a lo ancho de toda la plataforma, se debe colocar una fila de paneles a lo largo del borde más largo de la losa y se debe controlar para asegurarse de que esté en ángulo recto con la estructura de soporte.

5.2.0 Plataformas de varios componentes de colocación manual

Este tipo de plataformas puede resultar económico para proyectos pequeños o medianos. Generalmente, las zancas se colocan encima del tramo de las viguetas y del apuntalamiento y a lo ancho de la parte superior de las zancas. La sección transversal de las zancas de aluminio típicas, también denominadas vigas, y las viguetas se muestran en la *Figura 43*. Tienen un inserto de plástico o madera en la parte superior y algunos tienen orificios en la brida de base para que se pueda clavar. Otros tienen sujetadores para asegurar las zancas a los apuntalamientos de estructura o de postes. En otros casos, como se muestra en la *Figura 44*, se utilizan viguetas doble T de madera mecanizada como zancas y viguetas. Las que se muestran en la figura están especialmente diseñadas para estructuras de forma y están disponibles con varios largos. En muchos casos, las viguetas doble T de madera mecanizada estándar utilizadas en construcción se reemplazan por viguetas doble T especialmente diseñadas. En la figura, observe el uso de trípodes que sirven de soporte de algunos apuntalamientos de postes mientras se está instalando la estructura.

Una estructura de plataforma que utiliza un sistema de aluminio patentado de varios componentes se muestra en la *Figura 45*. Este tipo de estructura es más costoso que las viguetas y las zancas de estructura de aluminio individuales. El fabricante de este sistema en particular denomina las zancas como vigas principales y las viguetas como vigas secundarias. Las vigas principales y secundarias se ofrecen sólo en dos largos estándar, 5'-7" y 3'-9". Esto hace que la estructura sea muy modular y uniforme cuando se instala. Las vigas secundarias se enclavan con un pico en la parte inferior de las vigas principales en cualquier punto, y las vigas principales se pueden enclavar entre ellas y con cabezales de refuerzo patentados utilizados en apuntalamientos de poste, como se muestra en la *Figura 46*. En la figura, observe que la estructura del panel deprimido que utiliza vigas principales cortas (rellenadoras) y que como soporte usa colgadores del pico de las vigas principales cortas utilizadas debajo de la plataforma de la losa. En la *Figura 47*, se muestra una instalación típica de dos personas de este tipo de estructura de plataforma

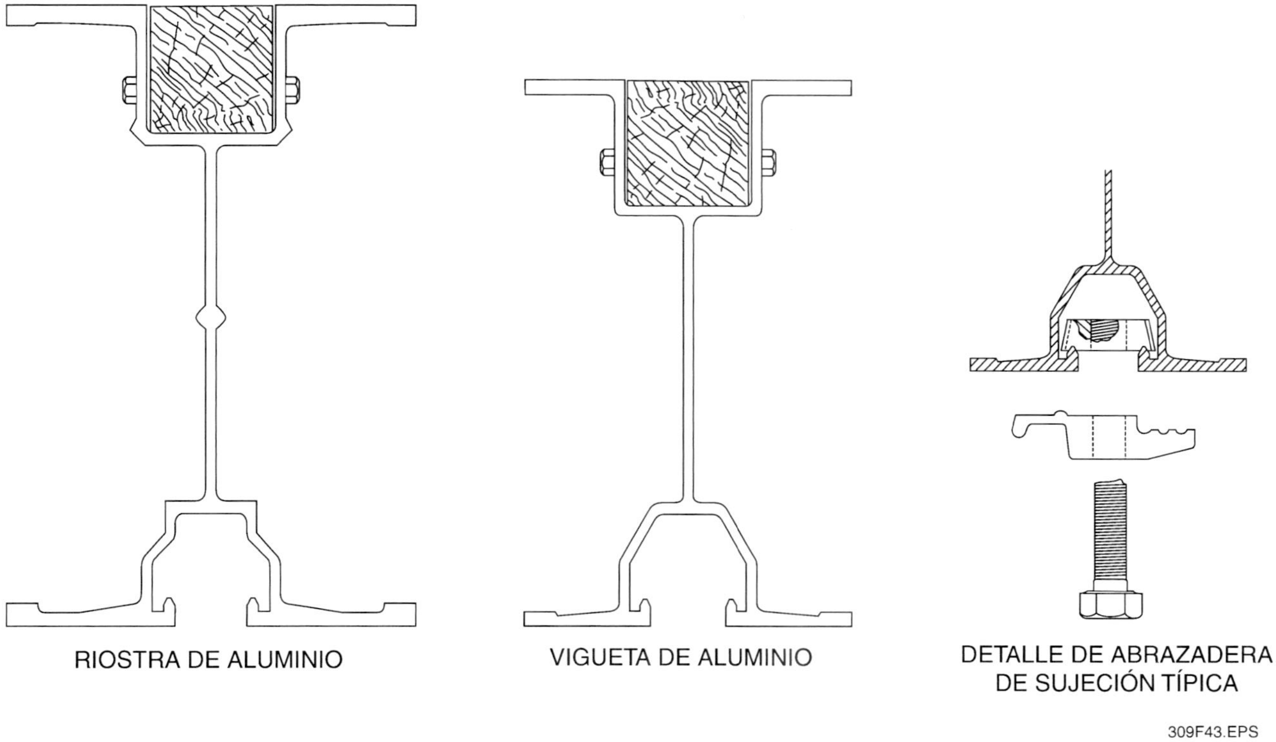

Figura 43 ◆ Secciones transversales de zancas y viguetas típicas de aluminio.

Figura 44 ◆ Miembros estructurales de vigueta doble T de madera mecanizada.

309F45.EPS

Figura 45 ◆ Estructura de plataforma de aluminio de varios componentes patentada.

309F46.EPS

Figura 46 ◆ Estructura de panel deprimido.

309F47.EPS

Figura 47 ◆ Instalación típica de dos personas en curso.

que como soporte usa apuntalamientos de poste con cabezal de refuerzo. Observe que se utilizan trípodes para el soporte del apuntalamiento de poste a medida que avanza la instalación. En la *Figura 48*, se muestra la estructura de la plataforma completa en su lugar donde se están instalando cajones y la plataforma de contrachapa.

5.3.0 Plataformas panelizadas de colocación manual

Muchos de estos tipos de sistemas de plataformas utilizan sólo dos componentes: apuntalamientos y paneles de plataforma patentados (*Figura 49*). Los paneles de plataforma se fabrican con tamaños y formas variados, con el material de plataforma y la estructura de soporte proporcionados como una unidad completa. El material de plataforma reemplazable generalmente es de contrachapa. Un fabricante de Asia proporciona paneles de plataforma hechos enteramente de plástico. Estos paneles de plataforma pueden estar enclavados con otros paneles para hacer una colocación modular.

Todos los fabricantes de los sistemas de plataforma panelizados requieren cabezales de refuerzo patentados para el apuntalamiento y el desmolde. Estos tipos de plataformas son, en principio, costosos, pero son las plataformas disponibles que más rápido se colocan manualmente y se desmoldan. Los contratistas para proyectos grandes utilizan sistemas de plataformas panelizadas para acortar el tiempo de construcción y reducir la mano de obra. En la *Figura 50*, se muestra la erección típica de una plataforma panelizada. Los paneles 6 × 6 en esta instalación pesan alrededor de 100 libras, por lo tanto los trabajadores pueden levantarlos y engancharlos sobre los cabezales de refuerzo patentados. Luego, el panel se eleva y se apoya en posición con un poste de erección. Finalmente, el apuntalamiento, fijado a un largo predeterminado, se coloca en las esquinas del panel que no tienen soporte. Este proceso se repite para cada panel.

Cuando se está desmoldando cada uno de los paneles y se está reapuntalando la losa, se revierte el proceso. Se liberan los cabezales de apuntalamiento, se apoya el panel y se quita el apuntalamiento de uno de los extremos. Luego, el panel se oscila hasta apoyarse y se quita. Después de quitar el panel, se quitan los cabezales de refuerzo del apuntalamiento y los mismos apuntalamientos se pueden volver a fijar contra la losa. Para los rellenos alrededor de las columnas, hay disponibles curvas y otros objetos, en especial paneles con formas, paneles ajustables y paneles más pequeños, que se utilizan con fajas de listones para clavar, como se muestra en la *Figura 51*.

309F48.EPS

Figura 48 ◆ Estructura de plataforma completa donde se están instalando cajones y la plataforma de contrachapa.

309F49.EPS

Figura 49 ◆ Plataforma panelizada en construcción.

5.4.0 Botalones

Cuando desmoldan o reapuntalan las losas construidas con plataformas de colocación manual, muchos contratistas utilizan uno o más botalones, a veces denominados estabilizadores (*Figura 52*), como plataformas de andamiaje. Los botalones permiten colocar la forma desmoldada afuera de la losa para transferirla a la siguiente losa que se esté construyendo o en el suelo. En la figura, observe los resguardos laterales y la malla en el extremo del botalón. Esto evita que el material y los trabajadores se caigan al suelo. Los resguardos laterales también se extienden hacia el interior del edificio. Los botalones como el que se muestra tienen dos vigas horizontales que se extienden hacia el interior del edificio.

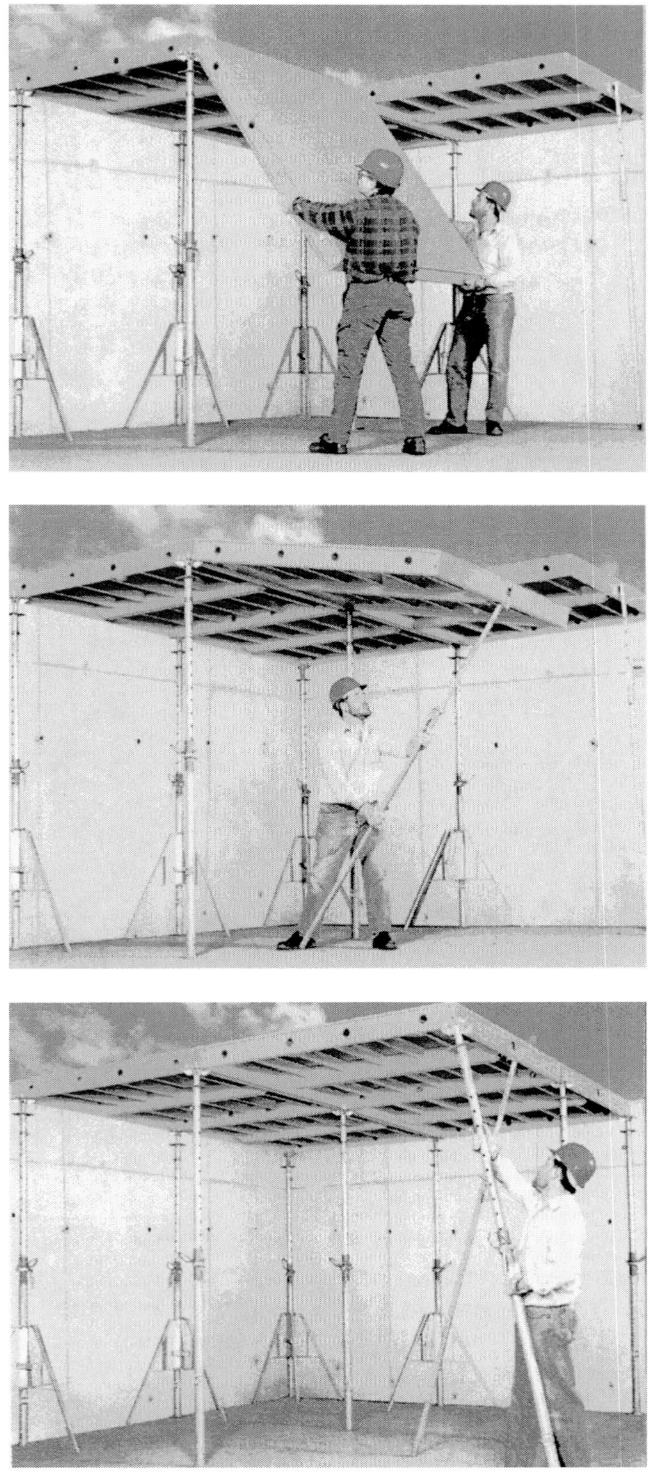

309F50.EPS

Figura 50 ◆ Erección típica de plataformas panelizadas.

Cuando una losa se está por desmoldar, se retiran algunos de los apuntalamientos y la forma del borde de la losa y se coloca el botalón con grúa, de

309F51.EPS

Figura 51 ◆ Paneles pequeños con fajas de listones para clavar utilizados para rellenar alrededor de una columna.

309F52.EPS

Figura 52 ◆ Un botalón típico.

manera que las vigas están adentro del edificio, como se muestra en la *Figura 53*. Las vigas están riostradas contra la losa debajo y la losa que se desmolda colocando los apuntalamientos de poste en bases sobre la viga. Una vez que se riostran las vigas, se retiran las eslingas. Las vigas funcionan como soportes en voladizo para el botalón. Observe la parte inferior de un resguardo ajustado al apuntalamiento de poste dentro del edificio.

5.5.0 Plataformas móviles

Las plataformas móviles son, fundamentalmente, unidades de forma de losa completas con sus miembros estructurales, plataforma y apuntalamientos propios. Son tablas que se mueven (por el aire) con grúa desde una losa de piso hasta la siguiente locación de la losa que se vaya a construir en un proyecto. Existen tres tipos básicos de uso general: tablas con armaduras, tablas de vigas y tablas montadas en columnas. Generalmente se utilizan para encofrar losas planas y la plataforma generalmente es de contrachapa. Sin embargo, se pueden montar casetones y formas de viga moldeados en obra sobre tablas de viga o con armadura, de acuerdo con la altura entre las losas. Las tablas de armadura también se pueden modular para ahorrar tiempo cuando se desmoldan y se vuelven a fijar.

5.5.1 Tablas de vigas y de armadura

Estas tablas utilizan un sistema de vigas o de armadura de acero o aluminio como soporte de la estructura de plataforma y la plataforma de contrachapa (*Figuras 54* y *55*). Las tablas de armadura hasta 30' de ancho y que superen 35' de largo se pueden ensamblar y transportar como una unidad única. En la *Figura 56*, se muestran los componentes de una tabla de armadura típica disponible de un fabricante.

Varios fabricantes recomiendan diferentes métodos para extraer y transportar sus tablas de armadura. Uno de los métodos implica inclinar la tabla hacia afuera del edificio para que sea levantada por una grúa, como se describe en esta sección. Otro método implica usar un mecanismo para levantar carga con cadena eléctrico auxiliar sujeto al gancho de una grúa (*Figura 57*) para no tener que inclinar la tabla. El método con el mecanismo para levantar carga con cadena auxiliar se describe en la siguiente sección para tablas montadas en columnas.

Para una tabla de armadura típica, se retiran todos los apuntalamientos de los paneles rellenadores y se bajan las bases niveladoras que se usan de soporte de las armaduras hasta colocar la tabla sobre rodillos de inclinación anclados en el borde exterior de la losa, y los rodillos o las carretillas de posicionamiento, debajo de otras porciones de las armaduras. Se retiran todos los paneles rellenadores alrededor de las columnas y a lo ancho de las tablas adyacentes según sea necesario. Luego, la tabla se amarra a uno o varios puntos de anclaje (columnas) con sogas de un diámetro de 1", que tienen sólo el largo suficiente para permitir que las aberturas del panel para desmoldar que están sobre la tabla queden afuera del edificio cuando se empuja la tabla hacia el extremo del amarre. Con la ayuda de dos a cuatro trabajadores que empujen la tabla afuera del edificio (*Figura 58*), se conectan eslingas relativamente largas de igual medida desde un gancho de grúa ubicado afuera del edificio, a través de las aberturas del panel para desmoldar, hasta las armaduras (*Figura 59*).

309F53.EPS

Figura 53 ◆ Riostrado de viga de botalones.

309F54.EPS

Figura 54 ◆ Sistema de tabla de armadura.

La tabla se empuja aún más afuera del edificio hasta que el centro de gravedad (C.G.) supere los rodillos de inclinación en el borde de la losa. Esto hace que la tabla se incline hacia arriba levemente hasta que la parte trasera de la tabla descanse contra la losa superior (*Figura 60*). Después de inclinar la tabla, el gancho de la grúa, ubicado encima de los paneles exteriores para desmoldar, levanta la tabla levemente y la aleja lentamente del edificio, mientras se baja el gancho para mantener la inclinación, hasta que el movimiento de la tabla quede limitado por los cabos de amarre. Durante esta operación, las eslingas traseras quedan flojas por la inclinación de la tabla. La grúa levanta el frente de la tabla hasta que se rota hasta una posición nivelada y las eslingas traseras quedan tensas. Se levanta la tabla levemente, por lo que la mayor parte del peso queda despegada de los rodillos.

309F55.EPS

Figure 55 ◆ Sistema de tabla de viga.

CARRIL INTERNO

Plataforma panelizada construida en obra

Algunos contratistas fabrican sus propios paneles de plataforma utilizando viguetas doble T de madera mecanizada y contrachapa de HDO, como se muestra en la figura. Al igual que con las plataformas panelizadas patentadas, se montan más rápido, pero requieren levantamiento mecánico para fijarlos o desmoldarlos por su propio peso. Para losas postensadas de 6", el contratista sugiere que es posible tener tramos más largos con viguetas doble T que con viguetas de aluminio. Los paneles que se muestran promediaron 24 usos antes de tener que reemplazar la superficie de contrachapa.

309SA04.EPS

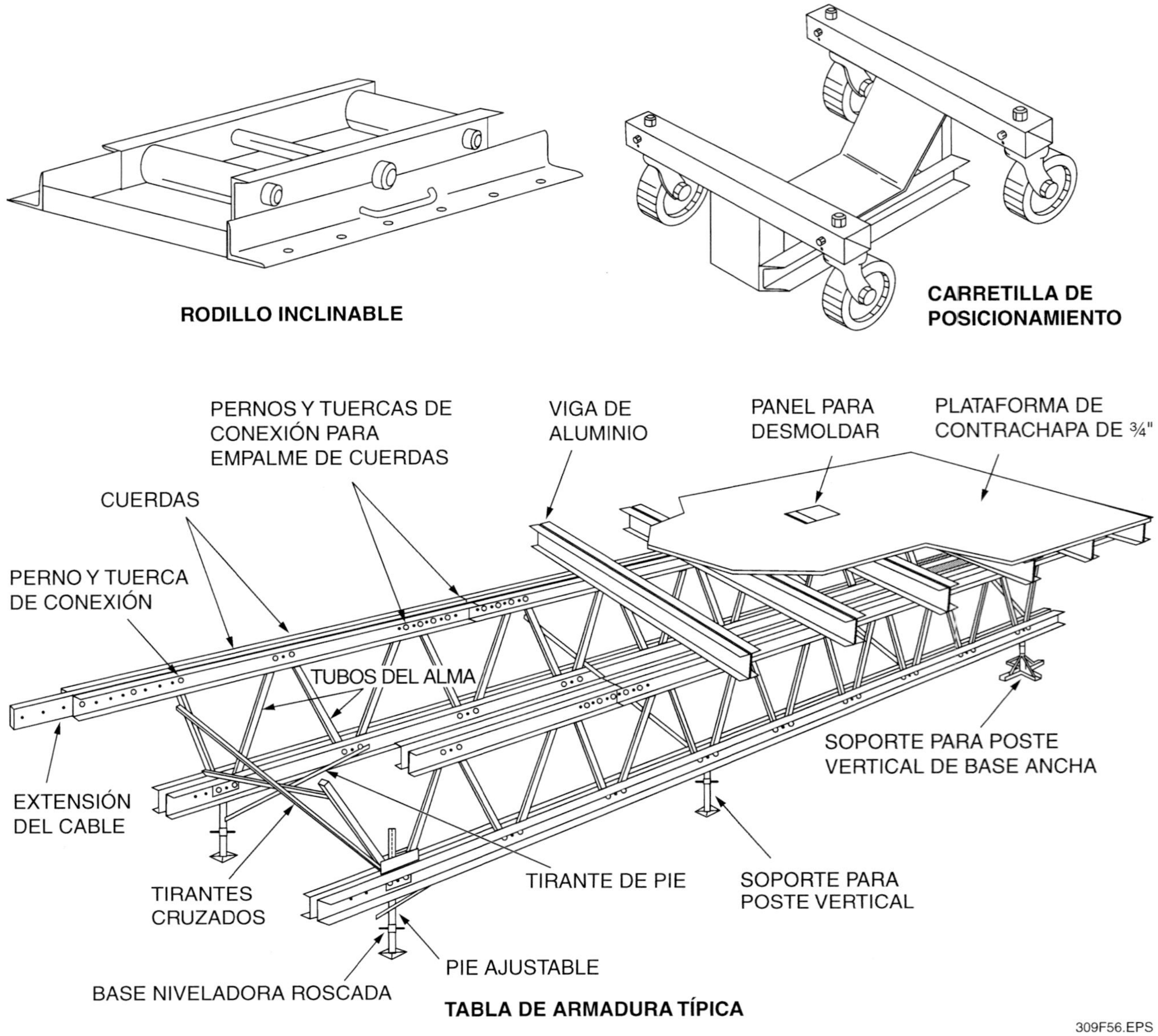

Figure 56 ◆ Componentes de tabla de armadura típica.

Figura 57 ◆ Tabla de armadura que está siendo levantada con una grúa equipada con un mecanismo para levantar carga con cadena eléctrico auxiliar.

Figura 58 ◆ Tablas de armadura parcialmente retiradas de los vanos del piso.

La grúa mueve la tabla levemente hacia el edificio y se desconectan los cabos de amarre. Luego, se ata un cable guía largo a la parte trasera de la tabla. El cable guía se extiende desde la zona donde se colocará la tabla después de retirarla del edificio. La grúa levanta la tabla levemente para retirar el peso de la tabla de los rodillos. Luego, con la ayuda de los trabajadores del edificio, la grúa se retira del edificio para retirar la tabla.

Cuando la tabla se retira del edificio, los trabajadores usan el cable guía para eliminar la rotación horizontal. La grúa levanta la tabla hasta el siguiente piso que se construirá (o hasta el suelo) mientras los trabajadores la guían a su posición (*Figura 61*). Una vez que la tabla está en su posición sobre las bases niveladoras (*Figura 62*), se alza hasta el nivel correcto para la losa y se nivela (se equilibra). Luego, se colocan los paneles

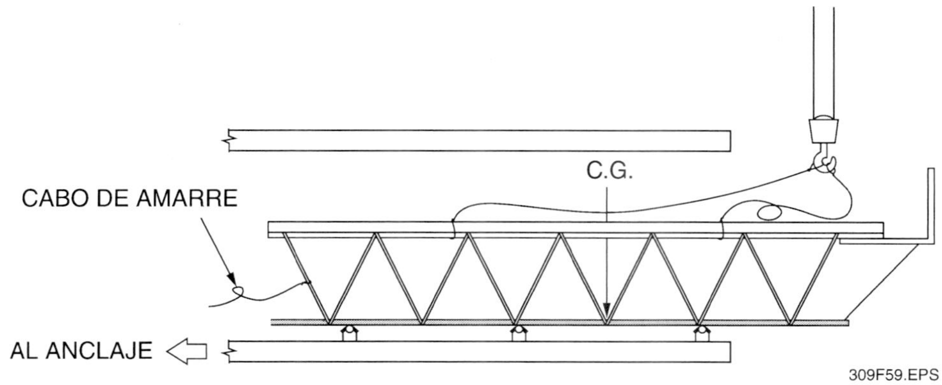

Figura 59 ◆ Preparación para desmontar una tabla de armadura.

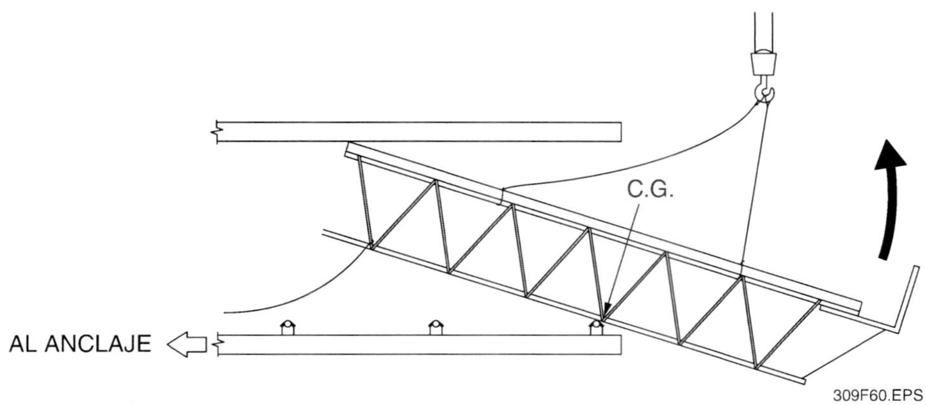

Figura 60 ◆ Inclinación de una tabla de armadura.

Figura 61 ◆ Tabla de armadura guiada a su lugar en el siguiente nivel de piso.

Figura 62 ◆ Tabla de armadura sobre bases niveladoras.

rellenadores, una vez retirados, a lo ancho de las tablas adyacentes y alrededor de las columnas. Se usan apuntalamientos adicionales como soporte (*Figura 63*).

5.5.2 Tablas montadas en columnas

Las tablas montadas en columnas, denominadas "plataformas de rodillo" por uno de los fabricantes, usan como soporte ensambles de tesado que se anclan con pernos a las columnas o las paredes del piso que se está construyendo (*Figura 64*). Cada base niveladora está calificada para soportar la carga de trabajo de 50,000 lbs. Las tablas se construyen con zancas laterales de acero o aluminio para trabajo pesado, con viguetas de aluminio o viguetas doble T de madera y con una plataforma de contrachapa que puede soportar tramos libres de hasta 26' de ancho con una losa de 8". La ventaja de estos tipos de tablas es que la zona debajo de la tabla permite el acceso libre a otros trabajos, otras operaciones de acabado y espacio para el almacenamiento del material. Una vez que la losa vertida sobre la tabla y sobre las columnas o las paredes para el siguiente piso de arriba o adyacente alcanza la resistencia suficiente y una vez que se haya retirado su forma vertical, se puede desmoldar la tabla y moverla con grúa al piso de arriba o a otra locación.

Los procedimientos para quitar y transferir la tabla a otra locación o al piso son similares a los utilizados para las tablas de armadura. Si se transfiere la tabla al siguiente piso de arriba o adyacente, los ensambles de tesado se conectan en las posiciones apropiadas sobre las columnas o las paredes para esa locación. Luego, se retiran todos los apuntalamientos para los paneles rellenadores alrededor de la tabla que se vaya a desmoldar.

309F63.EPS

Figura 63 ◆ Apuntalamiento y paneles rellenadores entre las tablas.

Cada conexión de tesado para la tabla se baja, una por vez, para permitir que el ensamblaje de rodillo se inserte entre el cabezal de la base niveladora y la zanca (véase la *Figura 64*). Luego, todas las bases niveladoras se bajan más para desmoldar la tabla de la losa. Se quitan todos los paneles rellenadores, según sea necesario. Luego, se coloca una grúa con un mecanismo para levantar carga con cadena eléctrico auxiliar conectado al gancho, junto con un par de eslingas desde el gancho y un par de eslingas desde el gancho del mecanismo para levantar carga con cadena auxiliar, afuera del edificio. Se bajan las eslingas para que queden lo suficientemente flojas para conectarlas a las zancas a través de los paneles para desmoldar en la plataforma de la tabla. Las eslingas del gancho de la grúa se conectan a través de los agujeros ciegos del extremo de la tabla lo más cerca posible del borde de la losa. Las eslingas del mecanismo para levantar carga con cadena auxiliar se conectan a través de los agujeros ciegos al otro extremo de la tabla. Los cabos de amarre se atan a la tabla y a los

309F64.EPS

Figura 64 ◆ Una tabla montada en columnas.

anclajes dentro del edificio. También se ata un cable guía largo desde la locación destinada a la parte trasera de la tabla. Luego, los trabajadores empujan la tabla con palos de empuje o montacargas hacia afuera del edificio para permitir que la grúa aplique una tensión leve a las eslingas frontales en el borde exterior de la tabla. Las eslingas del mecanismo para levantar carga con cadena auxiliar permanecen flojas. Mientras se aleja la tabla del edificio, la grúa mantiene la tabla en una posición horizontal con las eslingas frontales (*Figura 65*). Una vez que las eslingas traseras están alejadas del borde de la losa superior, se ajusta y se centra el gancho de la grúa sobre el medio de la tabla con el mecanismo para levantar carga con cadena auxiliar. Mientras se ajustan las eslingas traseras, el gancho de la grúa se mueve hacia abajo para mantener la tabla en una posición horizontal. Después de centrar el gancho, se alza la tabla levemente para alivianar el peso de los rodillos que están debajo. Se quitan los cabos de amarre y se aleja el gancho de la grúa del edificio, mientras los trabajadores empujan la tabla el resto del camino afuera del edificio. Los trabajadores usan el cable guía para evitar que la tabla gire horizontalmente cuando se la retira del edificio. La grúa levanta la tabla hasta la siguiente piso que se construirá (o hasta el suelo) mientras los trabajadores la guían a su posición sobre los ensambles ajustables retraídos que se colocaron anteriormente (*Figura 66*). Una vez que la tabla está en posición sobre las bases niveladoras, se alza desde las bases niveladoras a la altura y la nivelación de la losa correctos. Luego, los paneles rellenadores con sus apuntalamientos, que se quitan de la posición anterior de la tabla, se colocan a lo ancho de las tablas adyacentes y alrededor de las columnas.

5.5.3 Seguridad de las plataformas móviles

En esta sección, se describen los procedimientos de seguridad relacionados con el uso del equipo de forma de las plataformas móviles. Para garantizar su propia seguridad, al igual que la de los demás, cumpla rigurosamente con las instrucciones del fabricante, con todos los códigos aplicables y con las siguientes pautas:

- Siga todos los códigos, las ordenanzas y las reglamentaciones estatales, locales y federales relacionados con el apuntalamiento.
- Inspeccione todo el equipo antes de usarlo. Nunca use equipo dañado.
- Asegúrese de que el diseño de la forma esté en la obra todo el tiempo.
- Inspeccione la forma y el apuntalamiento montados:
  - Justo antes del vertido
  - Durante el vertido
  - Después del vertido hasta que el concreto se haya curado
- Ante cualquier duda, consulte a su proveedor de equipos para el apuntalamiento. El apuntalamiento es la especialidad de ellos. Nunca se arriesgue.
- No exceda las cargas de trabajo seguras recomendadas por el fabricante para el equipo que se está utilizando.
- Todas las formas móviles de plataforma deben ser ensamblados, transportados y conservados en buenas condiciones de acuerdo con los procedimientos que recomienda el proveedor.
- Si utiliza equipo motorizado para concreto, asegúrese de que el diseño de la forma se haya planeado para usarse con este equipo y que esta información figure en el diseño.

309F65.EPS

Figura 65 ◆ Tablas montadas en columnas siendo retiradas de los vanos del piso.

309F66.EPS

Figura 66 ◆ Tabla montada en columnas siendo guiada a su posición.

- Se debe proporcionar un método de ajuste en todos los miembros estructurales de la forma móvil de plataforma para la nivelación de la forma, el posicionamiento vertical, la facilidad de desmolde y el ajuste en condiciones de terreno desnivelado.
- Asegúrese de que todos los miembros estructurales estén firmes en contacto con el puente de andamio o la zanca de la forma móvil y que los soportes estén ubicados en la posición correcta, como se muestra en el diseño del apuntalamiento.
- Tome precauciones especiales cuando apuntala desde o hacia superficies en pendiente.
- El procedimiento de reapuntalamiento, si corresponde, debe estar aprobado por el ingeniero registrado.
- Utilice materiales para la forma de plataforma con las propiedades establecidas en el esquema de diseño de apuntalamiento. No empalme viguetas o puentes de andamio entre los soportes, a menos que se especifique en el diseño de apuntalamiento.
- No libere las formas hasta que las autoridades lo aprueben.
- Todas las operaciones de campo deben estar bajo la autoridad directa de un supervisor calificado que esté familiarizado con los procedimientos para el armado, la erección, el desplazamiento y el movimiento horizontal del sistema de forma de plataforma móvil que se esté utilizando.
- Asegúrese de usar un método positivamente controlado de sujeciones o frenado cuando mueva la forma de plataforma. El sistema nunca debe tener movimientos horizontales no controlados.
- Los puentes de andamio o las zancas y las viguetas deben estar estabilizados y riostrados lateralmente, para asegurarse de que el sistema de forma de plataforma esté estable ante cualquier carga lateral previsible.
- La grúa empleada para transportar la forma de plataforma no se debe utilizar para retirar la forma de plataforma del vano del edificio. Se necesita un dispositivo o una fuerza independiente y controlada para movilizar horizontalmente la forma de plataforma.
- Las eslingas y las maniobras de elevación utilizadas en el desplazamiento del sistema de forma de plataforma deben cumplir con todas las prácticas de seguridad, los códigos aplicables y las reglamentaciones correspondientes a su uso.
- No haga cambios ni sustituciones no autorizados del equipo; consulte siempre a su proveedor antes de hacer cambios requeridos por las condiciones del lugar de trabajo.
- Todo el personal involucrado en las maniobras de elevación de la forma móvil de plataforma debe respetar las medidas de seguridad.
- Durante la colocación del concreto y las maniobras de elevación de la forma de plataforma, el voladizo del extremo libre de un forma de plataforma no debe superar la cantidad recomendada por el proveedor. Siga el procedimiento para estructuras móviles recomendado por el proveedor.
- Cualquiera y todos los componentes sueltos del sistema de forma de plataforma (piezas de obturación, laterales de la viga, fajas rellenadoras, etc.), en caso de transportarse con la forma, se deben ajustar con seguridad a la forma de plataforma antes de moverlas.
- Consulte a su proveedor si adjuntará una cubierta a prueba de intemperie o de un material similar al sistema móvil.
- Todo el personal en la zona debe estar bien informado y protegido durante todas las operaciones móviles.
- Todos los resguardos perimetrales, la protección de carril central y los tablones de pie adheridos deben respetar los códigos y las reglamentaciones aplicables.
- El peso de la forma móvil de plataforma no debe exceder la capacidad de la grúa en todo el radio de trabajo.

6.0.0 ◆ NIVELACIÓN DE PLATAFORMAS ELEVADAS DE LOSA

Antes de colocar concreto en una plataforma de colocación manual o móvil, la plataforma debe estar nivelada (equilibrada). Generalmente, se logra

CARRIL INTERNO

Sistema de túneles

Otro sistema de forma móvil utilizado es el sistema de medio túnel. Un sistema de medio túnel es un sistema de forma totalmente de acero con ruedas. Está anunciado como un sistema de un día autoportante donde se colocan la plataforma y dos o tres paredes alrededor de la forma al mismo tiempo. Luego, el sistema se derrumba levemente y se transporta por completo, o por mitades, al siguiente nivel para la forma de la siguiente habitación.

mediante el control periódico de la parte inferior de la plataforma a lo largo de las zancas y las viguetas de tramo largo a lo ancho de toda plataforma y mediante el ajuste de los apuntalamientos según sea necesario. Se puede lograr utilizando una persona y un nivel de rayo láser giratorio armado en varios puntos cerca del centro de la plataforma, como se muestra en la *Figura 67*. También puede haber dos trabajadores con un nivel de albañil. Inmediatamente después de la colocación del concreto y antes de su curado, se debe volver a controlar la graduación de la plataforma para determinar si se han producido movimientos apreciables que puedan requerir ajustes de altura de algún apuntalamiento o agregado de apuntalamientos.

7.0.0 ◆ FORMAS PARA BORDES DE LOSA ELEVADA, AISLAMIENTOS, EMPOTRAMIENTOS Y UNIONES

Antes de que se pueda colocar el concreto en una plataforma de losa nivelada, se deben instalar formas para bordes, aislamientos, empotramientos y uniones de construcción, junto con el refuerzo de la losa requerido.

- *Formas de borde*: las formas de borde convencionales construidas en obra, con tablón de estabilidad en el borde inferior y riostras de madera ajustadas a la plataforma, se utilizan mucho para contener el concreto para losa elevada en el perímetro de una losa y dentro de la losa para encofrar aislamientos para aberturas grandes como escaleras. Para ahorrar madera, muchos contratistas importantes utilizan riostras de metal ajustables, a veces denominadas tablones de estabilidad ajustable, para reemplazar los tablones de estabilidad y las riostras de madera que se usan normalmente. Estos dispositivos, que se pueden utilizar muchas veces, se muestran en la *Figura 68*. Se pueden ajustar a una plataforma de madera o a una superficie de concreto, o se puede estacar en el suelo para aplicar losas a nivel del terreno. El contrafuerte vertical se articula para que se pueda ajustar en cualquier ángulo. Para usarlo varias veces en plataformas móviles, el tablón de estabilidad se puede ajustar a la plataforma con un soporte que permite retirar todo el dispositivo hacia atrás, inclusive la forma, para desmoldar la forma, como se muestra en la figura. Cuando la plataforma se vuelve a posicionar para una losa nueva, las formas se pueden volver a la misma posición y se pueden asegurar para la colocación de la siguiente losa. Los soportes también están disponibles para que el contrafuerte permita ensamblar formas de borde de metal en lugar de las formas de borde de madera.
- *Aislamientos*: en lo posible, los aislamientos para cualquier penetración que se necesite realizar en la losa elevada, ya sea para cañerías, conductos o ductos, se deben colocar antes que el concreto. La colocación previa evita tener que hacer perforaciones en la losa y, posiblemente, tener que colocar refuerzos por daños después de que se haya curado la losa.

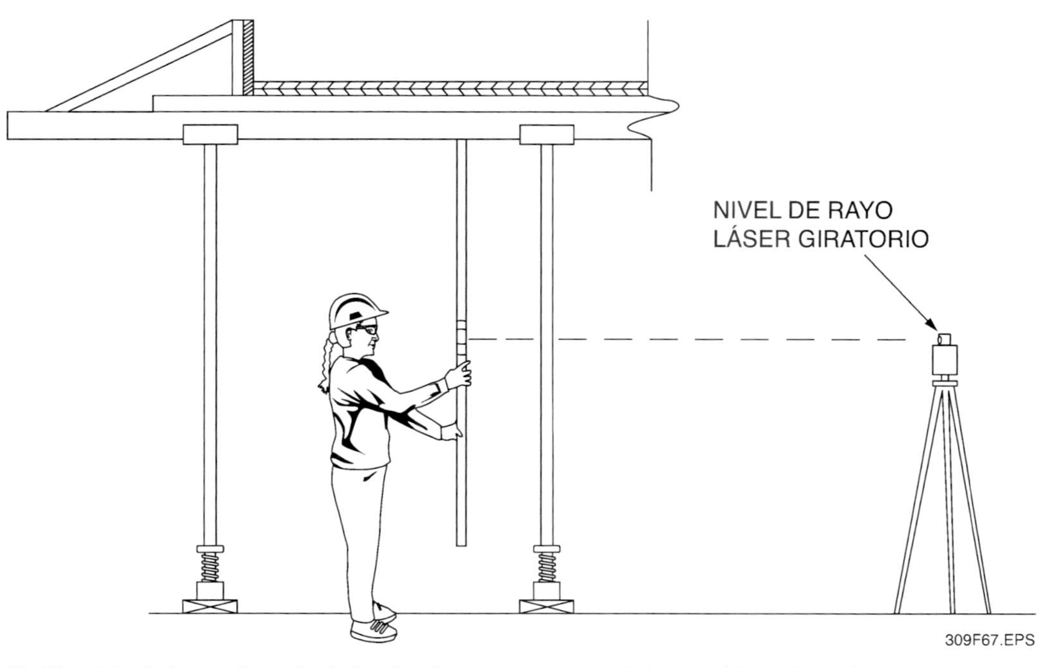

Figura 67 ◆ Verificación de la graduación de la plataforma con un nivel de rayo láser giratorio.

309F68.EPS

Figura 68 ◆ Instalación típica de un tablón de estabilidad ajustable.

- *Empotramientos*: antes de colocar el concreto, se debe controlar la elevación de la parte inferior de la plataforma de losa, la elevación del refuerzo utilizado y todos los empotramientos, como cañerías, conductos eléctricos y cajas de salida. Las formas de plataforma muy altas pueden tener empotramientos y refuerzos de losa que superen la elevación deseada de la losa. Se deben fijar rieles o guías de enrasado para compensar cualquier movimiento inicial hacia abajo de las formas de plataforma curva durante el vertido del concreto. Además, se pueden fijar para compensar cualquier desviación hacia abajo de la estructura después de colocar el concreto y desmoldar las formas.
- *Uniones*: las uniones de construcción, en caso de requerirlas para las losas elevadas, deben estar especificadas por los diseñadores del edificio. Dado que las uniones pueden introducir planos verticales débiles en un miembro de concreto monolítico, están ubicadas donde las fuerzas de corte son bajas. En la mayoría de las condiciones, las compresiones de corte son bajas en el medio del tramo. Como pauta general para las losas en formas desmontables, las uniones de construcción en pisos están normalmente ubicadas dentro del tercio medio de los tramos de las losas, las vigas y las vigas primarias. Las uniones en las vigas maestras se deben separar una distancia mínima de dos veces el ancho de cualquier viga que las intercepta.

Para las losas de material compuesto, la ubicación de las uniones de construcción puede afectar la desviación de la estructura de piso cerca de la unión. Las uniones de construcción que se extienden en paralelo a las vigas de acero estructural normalmente se deben colocar cerca del punto medio de la losa entre las vigas. Las uniones de construcción que se extienden en paralelo a las vigas de acero estructural primarias y cruzan las vigas de acero secundarias se deben colocar cerca de la viga primaria. La viga primaria no se debe incluir en la colocación inicial de concreto. Si coloca la unión a una distancia de 4′ de la viga primaria, toda la carga muerta de la colocación del concreto se desvía a las vigas secundarias incluidas en la colocación inicial. Esta acción también carga y desvía parcialmente la viga primaria. La segunda colocación en la unión de construcción debe incluir la viga primaria. Esto cargará por completo la viga primaria y permitirá la desviación total de la viga primaria, antes de que el concreto en la viga primaria se endurezca. Las uniones de construcción que cruzan una viga de acero primaria se deben colocar cerca de un soporte en un extremo de la viga primaria. Esto permite que la viga se desvíe por completo antes de que se endurezca el concreto. La colocación de uniones de construcción en losas de material no compuesto sobre una plataforma de metal tiene las mismas pautas generales que las formas desmontables.

8.0.0 ◆ FORMAS DE PLATAFORMAS DE PUENTES

Una plataforma de puente es la superficie de montaje de un puente. Las formas para plataformas de puentes sirven como soporte del concreto entre los miembros estructurales adyacentes hasta que se endurece lo suficiente como para no necesitar soportes. Las formas de plataforma deben estar ajustadas al concreto y ser lo suficientemente rígidas para servir como soporte del concreto sin deformarse al someterlos a cargas. Las formas de plataforma pueden ser desmontables o permanentes. La mayoría de las formas desmontables son de madera. Las formas permanentes por lo general son de metal y de concreto pretensado. Las formas de madera desmontables utilizadas con plataformas de concreto reforzado convencional generalmente están hechas con láminas contrachapadas de grado exterior de ¾" para el vertido del piso (*Figura 69*). Es común que la plataforma tenga como soporte zancas y viguetas de metal o madera colgadas de colgadores de vigueta de metal ajustables.

Los paneles prefabricados para plataforma de puente de metal hechos de acero corrugado generalmente se utilizan como formas permanentes donde se coloca el concreto. Son similares a las formas de metal descritas anteriormente para las plataformas de material compuesto para pisos. Al igual que las plataformas de material compuesto para pisos, tienen muchos usos. Actúan como una plataforma de trabajo, estabilizan la estructura y sirven como formas de concreto para la losa de plataforma de puentes. Además, refuerzan la losa de concreto para transportar las cargas de diseño especificadas para la plataforma de puente. Generalmente, estos paneles tienen como soporte ángulos de metal que se sueldan o se amarran a las bridas superiores de las vigas o las vigas maestras de acero de soporte. Sin embargo, es importante que no haya ángulos de soporte soldados a las bridas de las vigas maestras o de las vigas de acero que están en tensión. Los paneles de plataforma de metal están superpuestos e instalados en la dirección opuesta al lugar donde se colocará el concreto, para prevenir la pérdida de concreto a través de las uniones. Los paneles deben estar soldados en su lugar tan pronto se coloquen y alineen para evitar que se desalineen o se vuelen por el viento.

Hoy en día, uno de los métodos de colocación de plataformas más usados para puentes implica el uso de paneles de plataforma de puentes Exodermic™ modular. Cada uno de estos paneles de plataforma modular consiste en una losa de concreto reforzado colocada en la parte superior de una armadura de acero sin relleno. Mediante este método de construcción, la resistencia de la armadura de acero reemplaza la mitad de la parte inferior de una losa de concreto reforzado convencional. Como resultado, el panel de plataforma Exodermic™ normalmente pesa alrededor de 35 a 50% menos que una plataforma de concreto reforzado convencional del mismo tamaño y tramo, sin sacrificar resistencia o rigidez. Al reducir el peso de la plataforma, la carga muerta de la plataforma se reduce, por lo tanto se puede alcanzar un valor nominal de carga viva mayor en el puente. La porción de concreto de los paneles de plataforma Exodermic™ puede ser premoldeada por un fabricante certificado antes de colocar los paneles en el puente o se puede moldear en obra en el lugar del puente. Por su construcción modular, el uso tanto de paneles premoldeados como de paneles moldeados en obra reduce el tiempo de construcción, al compararlo con la construcción de plataformas de concreto reforzado convencionales.

Antes de colocar los paneles de plataforma en el puente ya sean premoldeados o moldeados en obra, los **acartelamientos** están formados generalmente con abrazaderas de espuma autoadhesivas, lámina de acero galvanizado o ángulos estructurales conectados con correas o soldados a maderos o vigas de soporte. La construcción de paneles de plataforma premoldeada proporciona aislamientos en los paneles, por lo tanto no hay concreto sobre la armadura en las zonas que están ubicadas directamente sobre las bridas superiores de las zancas, las vigas maestras o las vigas del piso en la superestructura de puente. La instalación de los paneles premoldeados implica colocar los paneles en su lugar sobre la superestructura del puente y fijarlos a la elevación correcta utilizando los pernos de nivelación incorporados. Los paneles están sujetos a la superestructura del puente mediante soldaduras de puntal de corte con cabezales sobre las zancas, las vigas maestras o las vigas del piso de abajo a las que se puede tener acceso a través de las zonas de aislamientos en el panel. Luego, las zonas de aislamientos se llenan a tope de la profundidad con concreto de fijación rápida, para hacer el material compuesto de la plataforma con la superestructura.

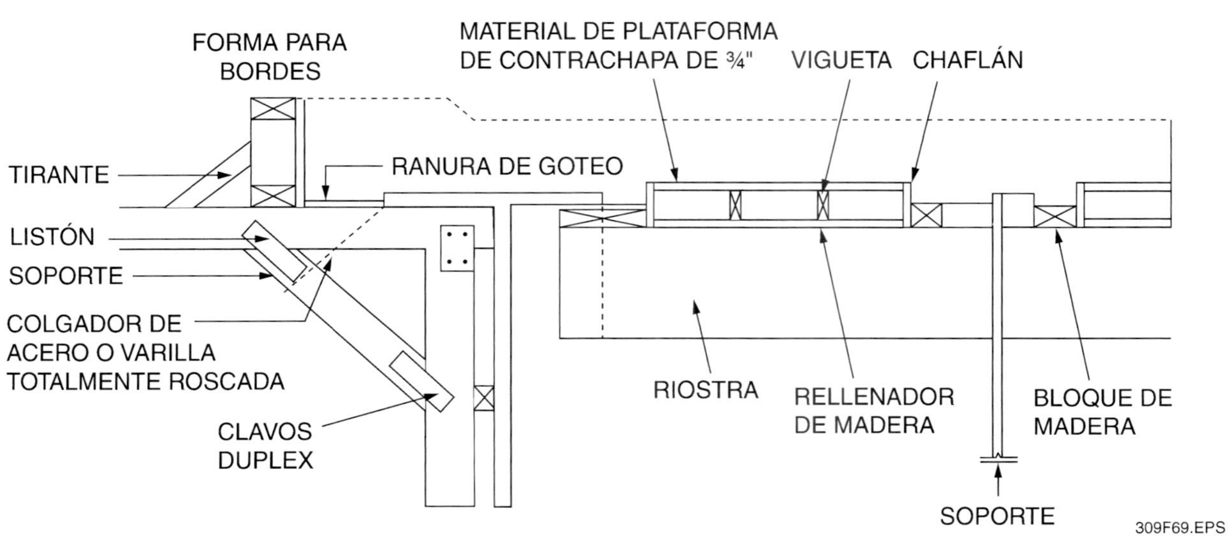

Figura 69 ◆ Forma típica de plataforma de puentes de madera.

Cuando el concreto está moldeado en obra, se colocan los paneles de armadura de acero precortados y prefabricados Exodermic™ sobre la estructura de soporte del puente para servir como una forma permanente. Se colocan y se fijan los paneles a la elevación requerida utilizando abrazaderas de nivelación incorporadas y se ajustan a la superestructura de acero del puente soldando puntales de corte con cabezales a través de la armadura a las zancas, las vigas del piso y las vigas maestras de abajo. Luego se coloca la barra de refuerzo sobre la armadura. A continuación, los puntales con cabezales en las zonas de acartelamiento se empotran en el concreto al mismo tiempo que el concreto se coloca para la plataforma. Este procedimiento hace el material compuesto de la plataforma con la superestructura.

También están disponibles paneles de plataforma de puentes hechos de material de polímero reforzado con fibras (FRP). El uso de paneles de plataforma de FRP aumenta la capacidad de resistencia de las plataformas de puentes ante los efectos corrosivos de las condiciones climáticas y de las sales de deshielo de los caminos en comparación con las plataformas hechas con materiales de concreto y acero. Esto ayuda a aumentar la durabilidad de la plataforma y reduce las tareas de mantenimiento. Los paneles de FRP normalmente se prefabrican en módulos grandes y livianos que se pueden instalar con facilidad y con equipos para trabajo liviano. Las plataformas de FRP se están usando cada vez más como plataformas de superficie maciza para reemplazar las plataformas de concreto deterioradas existentes de puentes y puentes levadizos más viejos. Esto se debe a que su uso reduce la carga muerta de la plataforma y, por lo tanto, aumenta la capacidad de carga viva del puente. Por estas razones, su uso a veces permite el ensanchamiento de la plataforma de puente. La construcción de paneles de plataforma de FRP es un tanto similar a la de los paneles de plataforma de concreto. Esta permite la conexión de la plataforma a la viga con puntales de corte incrustados en concreto de la misma manera que se hace en la construcción de plataformas de concreto premoldeado.

9.0.0 ◆ SISTEMAS DE FORMA DE CONDUCTOS SUBTERRÁNEOS EFCO

Las formas de conductos subterráneos (*Figura 70*) se utilizan para una variedad de trabajos, ya sea para desagüe de aguas pluviales, cloacas sanitarias, túneles principales, canales de irrigación y túneles para transporte masivo.

Estas formas patentadas se pueden mover con facilidad de una colocación de concreto a la siguiente, dado que toda la forma de andamio móvil interno se fija sobre ruedas y se puede mover sin desmontarlo. Los cabezales y las patas de la estructura del andamio móvil son ajustables, por lo tanto se puede encofrar más del tamaño de una caja con una sola estructura de andamio móvil.

En una fijación típica, se adjunta un trinquete a varios cabezales (*Figura 71*). El trinquete retraerá los cabezales aproximadamente 2" para retirar la forma de la pared. Se utiliza un tirante de tubo entre los ensamblajes de las patas en la parte inferior para retirar la forma de la pared en

309F70.EPS

Figura 70 ◆ Ejemplo de un sistema de forma de conductos subterráneos.

Paneles de plataforma Exodermic™

CARRIL INTERNO

Los paneles de plataforma Exodermic™ de un diseño inicial se usaron por primera vez en 1984 en el New Jersey Parkway para el puente Driscoll sobre el río Raritan. Más tarde, se desarrollaron paneles de plataforma Exodermic™ más eficientes y más fáciles de instalar como se describe en este módulo, y estos paneles se han utilizado muchísimo desde 1998 en la construcción de todos los proyectos de plataforma de puente Exodermic™.

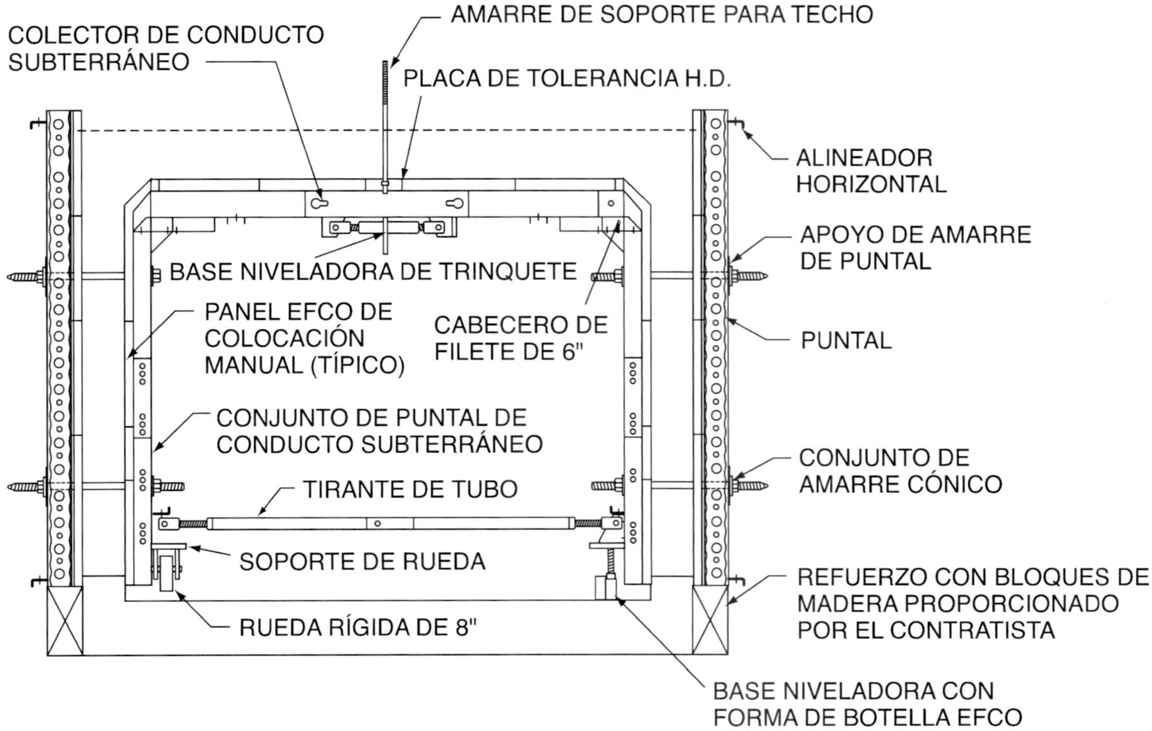

Figura 71 ◆ Fijación de una forma de conducto subterráneo.

la parte inferior de la fijación. Se realizan ajustes verticales secundarios con bases niveladoras hidráulicas de uso manual en ambos extremos de la fijación. Se utilizan bases niveladoras de base debajo de cada sección de la estructura para mantener la posición cuando la fijación se alza para separarla de las ruedas.

10.0.0 ◆ SEGURIDAD GENERAL PARA FORMAS Y APUNTALAMIENTOS

¡ADVERTENCIA!

Pueden producirse lesiones graves si no se respetan las prácticas de seguridad al montar, desmantelar o utilizar el equipo de apuntalamiento o forma. Las personas involucradas en la erección, el desmantelamiento o el uso del equipo de apuntalamiento deben estar familiarizadas con las prácticas de seguridad, y las leyes y las reglamentaciones relacionadas con el apuntalemiento. Las reglamentaciones de la OSHA requieren el uso de sistemas de resguardos o dispositivos de protección de las caídas de personas en todos los niveles de trabajo, los lados abiertos y todas las aberturas en las plataformas y las áreas de trabajo en ciertas alturas. En todos los casos, donde un trabajador esté expuesto a un peligro de caída, se deben utilizar sistemas de resguardos u otros dispositivos de protección de caídas del personal.

La reglamentación de la OSHA *subparte Q, 1926.703* del *29 CFR del apartado 1926* indica lo siguiente con respecto al apuntalamiento y el reapuntalamiento:

- Todo el equipo de apuntalamiento, incluso el equipo utilizado en las operaciones de reapuntalamiento, debe ser inspeccionado antes de la erección para determinar si el equipo cumple con los requisitos especificados en los esquemas de la forma.
- El equipo de forma que presente daños, por ej., la reducción de la resistencia a menos de lo que se requiere en el apartado *1926.703(a)(1)*, no se debe utilizar para el apuntalamiento.
- El equipo de apuntalamiento montado debe ser inspeccionado inmediatamente antes, durante e inmediatamente después de la colocación del concreto.
- El equipo de forma que se encuentre dañado o debilitado después de la erección, por ej., por la reducción de la resistencia a menos de lo que se requiere en el apartado *1926.703(a)(1)*, debe ser reforzado de inmediato.
- Las zapatas para el apuntalamiento deben ser firmes, rígidas y capaces de transportar la carga máxima especificada.
- Todas las placas base, los cabezales del apuntalamiento, los dispositivos de extensión y los tornillos de ajuste deben estar en contacto firme y, de ser necesario, asegurados con los cimientos y la forma.

- Las formas y los apuntalamientos, excepto los utilizados para losas a nivel del terreno y formas deslizantes, no se deben quitar hasta que el empleador determine que el concreto ha alcanzado la resistencia suficiente para soportar su propio peso y las cargas superpuestas. Tal determinación se debe basar en uno de los siguientes puntos: los planes y las especificaciones estipulan condiciones para la remoción de las formas y los apuntalamientos, y tales condiciones fueron respetadas, o el concreto fue probado adecuadamente con un método de prueba estándar apropiada de la ASTM diseñado para indicar la resistencia a la compresión del concreto, y los resultados de la prueba indican que el concreto ha alcanzado la resistencia suficiente para soportar su propio peso y las cargas superpuestas.
- No se debe retirar el reapuntalamiento hasta que el concreto que se está soportando haya logrado la resistencia adecuada para soportar su propio peso y todas las cargas a las que se someta.

Otras consideraciones de seguridad específicas para la forma, el apuntalamiento y el reapuntalamiento son:

- Utilice maderos que tengan la capacidad de esfuerzo, clase, nivelación y tamaño especificados en el esquema de diseño. Sólo utilice maderos que estén en buenas condiciones. No empalme miembros de maderos entre sus soportes.
- Proporcione cimientos apropiados debajo de las placas base para la distribución de las cargas en las patas a las losas de concreto o al suelo. Si hace la instalación en el suelo, se deben utilizar durmientes. Los cimientos deben estar nivelados y compactados por completo antes de montar los apuntalamientos para evitar la consolidación. El área debe estar limpia de obstáculos y residuos. Se deben considerar las condiciones climáticas adversas como la inundación, la congelación y la descongelación del suelo. Consulte a un ingeniero calificado especializado en suelos para determinar el tamaño apropiado de los cimientos requeridos para las condiciones del suelo existentes.
- No realice cambios o sustituciones del equipo no autorizados.
- Proporcione sistemas de resguardos en todos los lados abiertos y las aberturas en la forma y las losas.
- Se debe proporcionar acceso a todos los niveles de la plataforma de forma. Si no se tiene acceso desde la estructura, se deben proporcionar escaleras de acceso o torres escalera. Las escaleras de acceso deben extenderse al menos tres (3) puntales por encima de la forma.
- Si utilizará un equipo motorizado de colocación de concreto, asegúrese de tener en cuenta las cargas laterales, la vibración y otras fuerzas y de tomar las precauciones adecuadas para asegurar la estabilidad.
- Planee los métodos y las secuencias de colocación del concreto para asegurarse de que no haya cargas desequilibradas en el equipo de apuntalamiento.
- Ajuste todas las riostras con seguridad.
- Verifique que todas las abrazaderas, los tornillos, las clavijas y el resto de los componentes estén cerrados y bloqueados.
- Asegúrese de que todas las placas base y los cabezales de corte están en contacto firme con los cimientos y el material de forma.
- Evite cargas excéntricas sobre los cabezales en U y las placas superiores centrando las zancas sobre estos miembros.
- Evite cargas de choque o de impacto que el diseño del apuntalamiento no resista.
- No coloque cargas provisorias adicionales sobre la forma montada o las losas vertidas sin controlar la capacidad del apuntalamiento o la estructura para soportar con seguridad dichas cargas adicionales.
- Asegúrese de que la fijación del apuntalamiento completo tenga el riostrado específico para proporcionar estabilidad lateral.
- Asegúrese de que la erección del apuntalamiento esté bajo la supervisión de una persona competente y experimentada.
- Cuando construya apuntalamientos de estructura, siga los esquemas de diseño del apuntalamiento. No exceda el espaciado de la estructura de los puntales o las alturas de la torre que se especifican en el diseño de apuntalamiento. La carga de apuntalamiento se debe soportar en todas las patas y todas las estructuras de apuntalamiento se deben nivelar y equilibrar a medida que avanza la erección. Además, asegúrese de volver a controlar que las torres de apuntalamiento estén niveladas y equilibradas justo antes de colocar el concreto.

Resumen

Este módulo ha proporcionado los aspectos generales de las formas de concreto horizontal utilizadas en la construcción comercial. Además, se concentra en los métodos de apuntalamiento y reapuntalamiento y en los equipos utilizados como soporte de los diferentes tipos de formas horizontales. La construcción para la forma de pisos generalmente implica el uso de casetones, de formas de plataforma de material compuesto o de formas de plataforma móvil. Las formas de viga y losa están construidas para vigas interiores de losa, vigas en voladizo, vigas T o invertidas y vigas de tímpano. Las plataformas de puentes se pueden construir utilizando formas de metal o madera convencionales. Algunos métodos más nuevos para la forma de plataformas de puentes implican el uso de paneles de plataforma premoldeada modular patentados. Los paneles de plataforma de puentes modular patentados hechos de material de FRP se están utilizando cada vez más, especialmente para el reemplazo de plataformas en puentes viejos. Se utilizan formas de conductos subterráneos movibles cuando se construyen sistemas de desagüe de aguas pluviales, cloacas sanitarias y estructuras similares. Las formas horizontales se pueden construir de madera o ensamblando el equipo o las formas de metal fabricado patentado. Hoy en día, las formas patentadas se utilizan mucho más, porque son fáciles de ensamblar y desmontar y se pueden volver a usar muchas veces. Para ensamblar y usar formas patentadas con seguridad, el carpintero debe estar completamente familiarizado con las formas que se estén utilizando, especialmente con las limitaciones de dichas formas. Se deben respetar las instrucciones proporcionadas con las formas.

Se necesita el apuntalamiento como soporte de las plataformas de concreto elevado mientras se está endureciendo el concreto. En una construcción de varios pisos, se utiliza el reapuntalamiento en la plataforma debajo de la plataforma apuntalada.

Notas

Preguntas de repaso

1. Las losas macizas en una dirección se usan generalmente para tramos *menores a* _____ puntales.
   a. 10
   b. 20
   c. 50
   d. 100
2. Las losas planas en dos direcciones normalmente se usan para _____.
   a. edificios de departamentos altos
   b. pisos industriales
   c. edificios de oficinas
   d. estacionamientos cubiertos
3. Las losas conformadas por nervaduras de concreto reforzado que se cruzan en 90 grados se llaman losas _____.
   a. de concreto postensado
   b. de placas planas en dos direcciones
   c. casetonadas
   d. de material compuesto
4. Las losas que usan concreto adherido a la plataforma de acero se llaman losas _____.
   d. de material compuesto
   b. reforzadas
   c. casetonadas
   a. postensadas
5. El componente designado C en la *Figura 1* es una viga _____.
   a. de tímpano
   b. invertida
   c. en voladizo
   d. interior
6. El componente designado B en la *Figura 1* es una viga _____.
   a. de tímpano
   b. invertida
   c. en voladizo
   d. interior

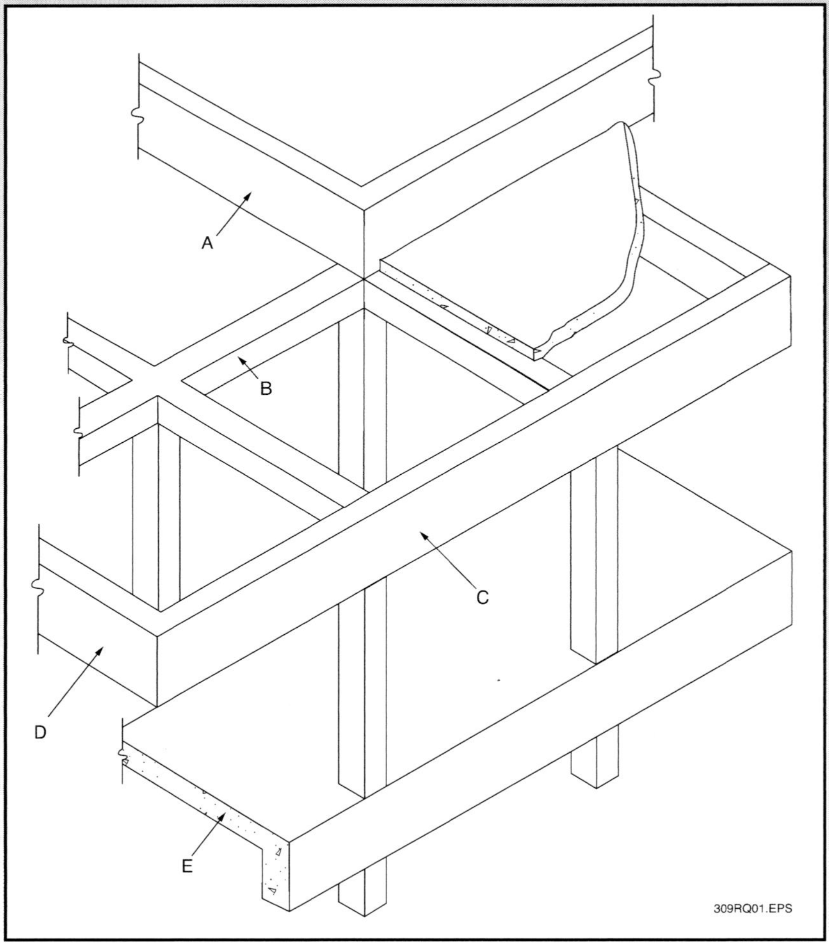

Figura 1

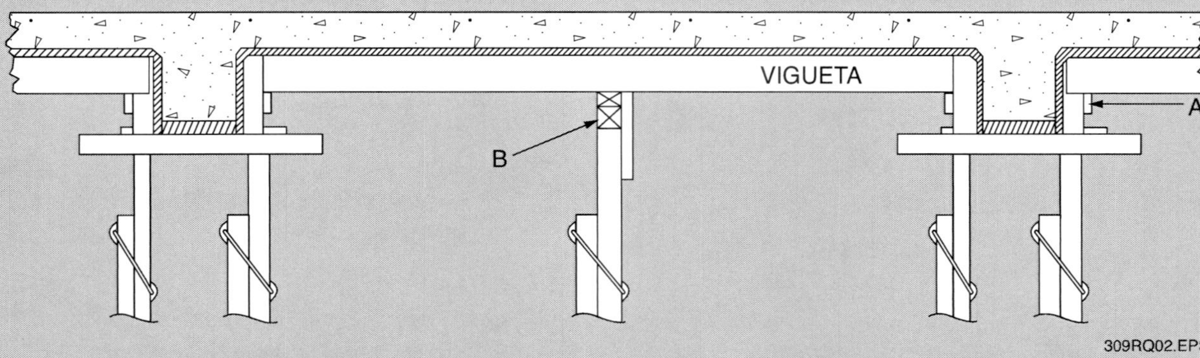

Figura 2

7. El componente designado A en la *Figura 2* es un(a) _____.
   a. zanca
   b. unión adicional
   c. tablón de estabilidad
   d. puente de andamio

8. El componente designado B en la *Figura 2* es un(a) _____.
   a. zanca
   b. unión adicional
   c. tablón de estabilidad
   d. puente de andamio

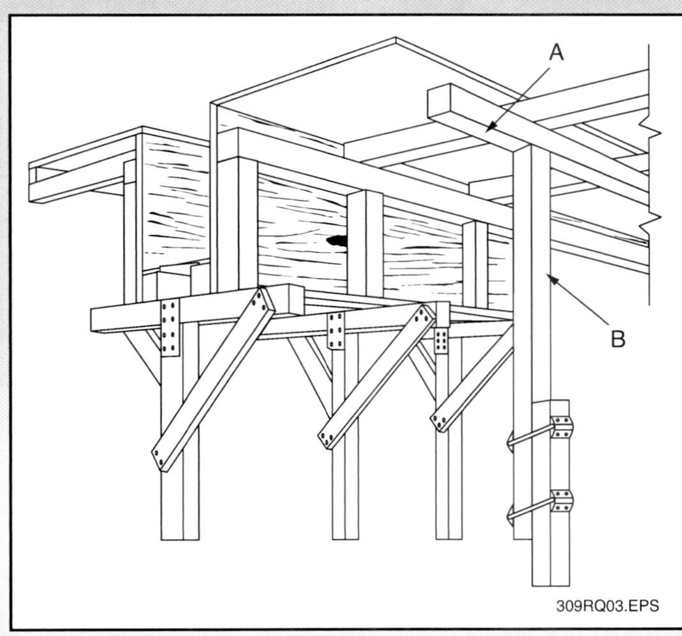

Figura 3

9. El componente designado A en la *Figura 3* es un(a) _____.
   a. vigueta
   b. tablón de estabilidad
   c. zanca
   d. puente de andamio

10. El componente designado B en la *Figura 3* es un(a) _____.
   a. apuntalamiento
   b. tablón de estabilidad
   c. zanca
   d. puente de andamio

Preguntas de repaso

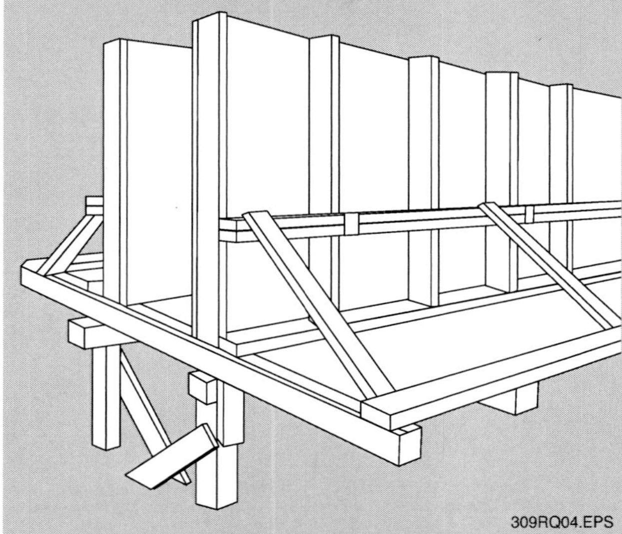

Figura 4

11. La forma que se muestra en la *Figura 4* es una forma típica para un(a) _____.
    a. viga pequeña
    b. viga grande
    c. viga de tímpano
    d. intersección entre una viga y una columna

12. Cuando usa paneles de plataforma de acero de material compuesto para encofrar una losa de piso, se obtendrá la losa de piso más fuerte y más profunda cuando el perfil de la porción elevada del panel de plataforma tenga una altura de _____.
    a. 1"
    b. 1½"
    c. 2"
    d. 3"

13. Cuando una losa de piso está hecha de paneles de plataforma de acero de material compuesto, la superficie fosfatizada/ pintada es la que entra en contacto con el concreto.
    a. Verdadero
    b. Falso

14. La estructura provisoria utilizada para soportar el peso del concreto fresco y de otras cargas mientras el concreto se endurece es conocida como _____.
    a. zapatas
    b. cimientos
    c. contrafuertes verticales
    d. apuntalamientos

15. Cuando se están construyendo apuntalamiento ajustable de madera utilizando sujetadores de apuntalamientos Ellis™, los sujetadores deben estar ubicados en el poste del apuntalamiento inferior separados _____ sobre el centro.
    a. 6"
    b. 10"
    c. 12"
    d. 16"

16. El apuntalamiento de estructura típico tiene una capacidad de carga de _____ libras por estructura.
    a. 1,000 a 5,000
    b. 2,000 a 5,000
    c. 20,000 a 50,000
    d. 100,000

17. Los apuntalamientos de acero estándar pueden soportar cargas de _____ libras.
    a. 1,000 a 3,000
    b. 4,000 a 7,000
    c. 8,000 a 11,000
    d. 12,000 a 15,000

18. El tipo de plataforma de menos intensidad de trabajo es la plataforma _____.
    a. de varios componentes
    b. panelizada
    c. de material compuesto
    d. móvil

19. El tipo de plataforma más económico para proyectos pequeños es la _____.
    a. tabla de vigas y de armadura
    b. plataforma de varios componentes de colocación manual
    c. tabla montada en columnas
    d. plataforma móvil

Preguntas de repaso

20. El tipo de plataforma que más rápido se coloca manualmente y se desmolda es la plataforma _____.

a. de varios componentes de colocación manual
b. panelizada de colocación manual
c. panelizada construida en obra
d. móvil

21. Antes de colocar concreto en una plataforma de colocación manual o móvil, la plataforma debe estar _____.

a. elevada
b. ajustada
c. nivelada
d. liberada

22. En las plataformas de puentes, los ángulos de soporte deben estar soldados sobre las bridas que están en tensión.

a. Verdadero
b. Falso

23. Comparada con una losa de plataforma de concreto reforzado convencional, una plataforma de puente construida con paneles Exodermic™ generalmente pesan alrededor de _____% menos.

a. 10 a 20
b. 20 a 25
c. 25 a 30
d. 35 a 50

24. *No* se pueden retirar las formas o los apuntalamientos hasta que: (1) se hayan respetado las condiciones estipuladas en los planes y las especificaciones del proyecto o (2) se haya probado el concreto utilizando una prueba estándar de ASTM apropiada para indicar la resistencia a la compresión del concreto.

a. Verdadero
b. Falso

25. Justo antes de colocar el concreto, vuelva a controlar que el/los/la(s) _____ esté(n) nivelado/a(s) y emparejado/a(s).

a. dispositivos de extensión
b. dispositivos de equipamiento
c. material de cimiento
d. torres de apuntalamiento

Términos especializados introducidos en este módulo

Acartelamiento: Estructura provista en todos los puentes con vigas maestras de acero o vigas doble "T" de concreto pretensado. Permite rea lizar el ajuste final de la elevación de la losa del tablero, para que coincida con el perfil y la pendiente transversal de la carretera. El acartelamiento permite realizar este ajuste sin que el ala superior de la viga maestra se proyecte hacia el tablero estructural.

Capitel: Sección ensanchada en la parte superior de una columna de concreto.

Carga muerta: En el caso de un puente, el peso real del tablero mismo.

Carga viva: En un puente, la capacidad de carga del tablero, incluido el peso de la carga muerta del tablero.

Corrugado: Material con estrías o canales paralelos.

Fosfatizado: Tratamiento del metal con ácido fosfórico como preparación para un revestimiento de acabado. En los tableros superficiales de varios componentes, esta superficie sin pintar es la que entra en contacto con el concreto.

Perfil: Forma de un tablero superficial visto transversalmente.

Recursos adicionales

Este módulo tiene como objetivo presentar un recurso sólido para el entrenamiento de tareas. Se recomiendan los siguientes trabajos de referencia para profundizar el estudio. Estos son materiales ideales para una capacitación continua más que para el entrenamiento de tareas.

American Concrete Institute (ACI). www.concrete.org.

Cement Association of Canada. www.cement.ca.

Portland Cement Association. www.cement.org.

NCCER hace el esfuerzo de mantener estos libros de texto actualizados y libres de errores técnicos. Apreciamos su ayuda en este proceso. Si tiene una idea para mejorar este libro de texto, o si encuentra algún error, ya sea tipográfico, o de contenido en los libros de texto de *Contren*®, favor de escribirnos usando esta forma o una fotocopia de la misma. Asegúrese de incluir el número exacto del módulo, la página, una descripción detallada, y la corrección, si es aplicable. Su comentario será traído a la atención del comité técnico de revisión. Gracias por su ayuda.

Instructores – si usted encontró que algún material adicional es necesario para enseñar este módulo con eficacia, por favor déjenos saber para poder incluirlos en la lista de Equipo y Materiales en la guía anotada del instructor.

Dirección postal: Departamento de Desarrollo de Productos
National Center for Construction Education and Research
3600 NW 43rd Street, Bldg. G, Gainesville, FL 32606

Fax: 352-334-0932

E-mail: curriculum@nccer.org

Oficio ______________________ Nombre del Módulo ______________________

Fecha del Copyright __________ Número del Módulo __________ Número(s) de Página(s) __________

Descripción

____

____

____

____

Corrección (opcional)

____

____

____

Su nombre y dirección (opcional)

____

____

____